ESSAI DE TOPOGRAPHIE ARRAGEOISE

Plan d'Arras-Ville en 1382

reconstitué d'après les documents contemporains

PAR

E. MOREL

Membre de l'Académie d'Arras
et de la Commission départementale des Monuments Historiques

ARRAS
Imprimerie Rohard-Courtin, F. Guyot Successeur
1914

Essai de Topographie Arrageoise

PLAN D'ARRAS-VILLE EN 1382

RECONSTITUÉ

D'APRÈS LES DOCUMENTS CONTEMPORAINS

ESSAI DE TOPOGRAPHIE ARRAGEOISE

Plan d'Arras-Ville en 1382

reconstitué d'après les documents contemporains

PAR

E. MOREL

Membre de l'Académie d'Arras
et de la Commission départementale des Monuments Historiques

ARRAS
Imprimerie Rohard-Courtin, F. Guyot Successeur
1914

INTRODUCTION

Cet ouvrage, simple étude de *topographie* arrageoise, sans prétentions *historiques*, a été édité sous les auspices de l'Académie d'Arras, avec le concours pécuniaire de la Municipalité. C'est pour moi un agréable devoir de remercier tout d'abord mes Collègues de l'Académie et les Conseillers municipaux d'avoir bien voulu apprécier l'utilité que présenterait pour l'intelligence de nombreuses pièces d'archives et la rectification d'erreurs accréditées, un ensemble de documents authentiques et coordonnés, relatifs à la configuration de notre vieille ville au moyen âge.

Pour écarter toute équivoque et prévenir une déception possible, je dois déclarer que mes recherches ont porté uniquement sur Arras-Ville et non sur la ville d'Arras telle que l'a constituée l'édit de réunion de Novembre 1749. Jusques à cette époque, en effet, la *Ville* et la *Cité*, malgré leur juxtaposition, formaient des agglomérations urbaines complètement autonomes, vivant chacune de leur vie propre. « Au point de vue politique, elles n'avaient de commun que le nom ; la *Ville* était placée sous l'autorité du Comte d'Artois, tandis que la *Cité*, le vieux municipe, enclavé dans le Comté, mais indépendant du Comte, relevait de la seigneurie temporelle de l'Evêque, sous la suzeraineté immédiate du Roi » (1). De cette définition si claire, donnée par M. Guesnon, de la dualité administrative des villes

(1) A. Guesnon : *Sigillographie de la ville d'Arras et de la Cité*, p. XVII.

jumelles, soudées l'une à l'autre, mais plus profondément séparées par d'incessants conflits d'intérêts et de juridictions que par leurs fossés et leurs murailles, il résulte que les sources d'information pour établir une topographie simultanée de la Ville et de la Cité au XIVe siècle sont tout à fait distinctes et surtout inégalement abondantes (1).

Après m'être rendu compte des difficultés presque insurmontables auxquelles se heurterait, faute de documents, un essai de reconstitution topographique de la Cité au moyen âge (2), je me suis borné à rétablir, aussi exactement que possible, la physionomie de la commune médiévale.

J'espère que ce travail, fruit de plusieurs années de patientes recherches, contribuera, par le rapprochement d'une grande quantité de références, à dissiper, pour les auteurs et les lecteurs de notre histoire locale, l'obscurité des textes anciens isolément considérés. Nombreuses sont les erreurs topographiques dues à l'interprétation hâtive et insuffisamment contrôlée d'un document unique. Rien n'est plus souvent malaisé, en effet, que de situer avec précision les maisons seigneuriales, hospitalières et privées, les hôtelleries et les tavernes mentionnées par les actes, les contrats, les mémoriaux et même par les récits des chroniqueurs ou des historiens.

S'il est un savant averti des particularités les plus intimes

(1) Les archives de l'Evêché et du Chapitre ont plus souffert du temps et des diverses causes de destruction, fatales ou intentionnelles, que les archives communales. Ce qui en reste est, d'autre part, moins abordable. On n'y trouve rien d'équivalent aux répertoires généraux des maisons et aux registres des embreveures sans lesquels mon travail sur la Ville eût été impossible.

(2) Dans ses notices sur la Cité (*Antiquités du Cloître*, Arras, 1875 ; *La Cité* : Mémoires de l'Académie d'Arras. T. XXV et XXVII), M. le baron Louis Cavrois a recueilli un certain nombre des rares actes anciens qui donnent des indications sur l'emplacement de quelques maisons, mais la plupart des documents qu'il a colligés ne remontent guère au delà du XVIIe siècle.

de la vie arrageoise dans les temps anciens, c'est M. Guesnon. Qu'il ait besoin, cependant, comme dans sa notice sur *le hautelisseur Pierre Féré*, par exemple, de déterminer l'emplacement de la maison occupée par cet artiste, il le fera, sans doute, avec la sûreté impeccable d'information qui caractérise ses ouvrages, mais il devra consacrer toute une page à la description détaillée du vieux quartier des maisiaux, dont la construction de l'Hôtel-de-Ville et l'extension de cet édifice au cours des siècles suivants modifieront l'aspect. « Ce qui complique surtout le problème, ajoutera-t-il, c'est que les noms donnés aux rues, ruelles et impasses qui s'y entrecroisaient, présentent, selon les temps et le caprice des scribes, des variations et une imprécision absolument déconcertantes. Un croquis du terrain ne sera donc pas inutile à qui voudra s'y orienter » (1). On ne saurait mieux dire.

Lorsque dans : *Une mutinerie militaire à Arras en 1372*, j'ai voulu compléter les renseignements recueillis sur les témoins de l'enquête par l'énumération des propriétés que plusieurs d'entre eux, bourgeois notables, possédaient en ville, je n'ai souvent pu en indiquer la situation que d'une façon approximative.

En présence des notations insuffisantes, énigmatiques et parfois contradictoires, du moins en apparence, qu'on rencontre dans les actes rédigés par des scribes insoucieux de précision, je me suis promis de tracer le graphique du vieil Arras, si, après examen des documents, j'estimais que l'entreprise, en soi évidemment utile, était réalisable. La condition essentielle était de trouver, en l'espace d'un siècle au plus, des séries d'actes de provenances diverses, pouvant se compléter et se contrôler les uns par les autres.

Pour qu'un travail topographique de ce genre offre aux

(1) *Le hautelisseur Pierre Féré, d'Arras, auteur de la tapisserie de Tournai, 1402,* p. 9.

historiens le maximum de certitude et, par suite, d'intérêt, il doit correspondre à une époque bien déterminée ou du moins se resserrer en des limites si étroites que les changements survenus entre les dates extrêmes soient à peu près négligeables. L'idéal, en cet ordre d'idées, serait, si la chose était possible, de dresser un plan par chaque siècle. La superposition de ces plans successifs révélerait immédiatement les transformations dues à l'action du temps ou des évènements politiques et préviendrait toute méprise grave de topographie ou de toponymie. N'est-ce pas pour s'être contentés de confronter à un trop petit nombre de documents anciens les titres empruntés au XVIIIe siècle que les auteurs des *Rues d'Arras* et des *Places d'Arras* ont commis tant d'erreurs ? En voulant forcer les rares documents d'un passé lointain à entrer dans le cadre rigide du plan de la ville moderne, ils ont dû souvent les déformer, comme au jeu de *puzzle*, les joueurs inexpérimentés ou impatients, trompés par une certaine analogie de forme et de couleur, brisent les fragiles découpures en les faisant brutalement pénétrer dans les creux qui ne leur étaient pas destinés.

Il me paraît donc indispensable d'établir le plan de l'Arras moyenâgeux tel qu'il apparaît dans les documents *contemporains de l'époque choisie*, sans aucune préoccupation des modifications qu'il pourra subir dans les siècles suivants et de réserver à des études ultérieures la confrontation avec des graphiques plus modernes et avec l'état actuel des choses (1).

C'est à la fin du XIVe siècle et dans la première moitié du XVe que se rencontrent dans nos archives des collections de registres et de titres assez considérables pour justifier la témérité d'une reconstitution qui semble, à première vue, si hasardeuse.

(1) La publication du répertoire de dom Page (1700) accompagné du plan qu'il a dû tracer en entier mais dont il ne reste qu'une partie, serait très utile, à ce point de vue.

La base solide de ce travail est le registre des *rentes foraines de 1382* (1), qui contient l'énumération de toutes les maisons de la ville. On sait que les bourgeois formaient une « *communauté* » dont l'échevinage élu gardait jalousement les droits et répartissait les charges. Si lourdes souvent et si écrasantes étaient ces charges que pour s'y soustraire, certains habitants de la ville, malgré les rappels et les injonctions du Magistrat, négligeaient de solliciter leur inscription au *registre des bourgeois* ou même, soit par renonciation formelle à la bourgeoisie, soit par un exil volontaire, devenaient de simples *forains*. Il est aisé de comprendre que, si les échevins n'avaient pris à cet égard de sérieuses et efficaces mesures, les propriétés foraines se seraient multipliées, en constituant une sorte de biens de main-morte, au détriment des propriétés bourgeoises soumises à toutes les impositions. Il fut donc admis en principe que lorsqu'un forain hériterait d'un bourgeois, la Ville prélèverait sur la valeur de la succession la moitié des meubles et le quart des immeubles. Dans la pratique, intervenaient presque toujours des tempéraments et des transactions qui atténuaient la rigueur de la règle. En conséquence, le Magistrat fit établir un registre de toutes les maisons de la Ville, avec l'indication précise de celles qui étaient *foraines*, de celles *qui étaient tenues de rentes envers des forains* et de celles *qui ne devaient nient* (rien) *à forain*.

Sur ce registre, les propriétés sont groupées par paroisses et les paroisses, au nombre de dix, sont subdivisées en tours « *pour la visitation* » (2) c'est-à-dire pour la facilité des quêtes et de l'administration des sacrements. Ces subdivisions sont appelées *tours*, parce qu'elles ne comprennent souvent qu'un

(1) Voir le XXXVIIIe volume des Mémoires de l'Académie d'Arras (1866), p. 275.

(2) Ces mots, inscrits dans le préambule du rôle dressé en 1467 pour la restauration de l'église St-Géry (voir plus loin), donnent l'explication de la division des paroisses en tours.

îlot de maisons. Le scribe commence sa description à l'un des coins ou touquets de cet îlot, le *contourne* et revient à son point de départ. En bien des cas, le *tour* ne mérite pas son nom et ne présente qu'une ligne courbe ou brisée qui ne forme pas un circuit fermé.

Bien que soient assez vagues et tout à fait insuffisants les renseignements topographiques fournis par le Rentier de 1382, c'est lui que je suivrai pas à pas, en le complétant, en le rectifiant même, le cas échéant, à l'aide des actes énumérés plus loin.

Afin de pouvoir les reporter sur le plan, j'ai numéroté, tour par tour, les propriétés, dans l'ordre où les avait disposées le scribe. Bien entendu, *cette numérotation est artificielle* et ne correspond à aucune réalité ancienne, à aucun usage médiéval. C'est seulement, en effet, à la fin du XVIIIe siècle (1768), que les plaques indicatrices des noms de rues, ainsi que les numéros appliqués aux maisons ont été mis en adjudication par les échevins (1).

Un second registre du même genre, daté par M. de Cardevacque (*Les places d'Arras*) de l'année 1358 (2), mais qui,

(1) Arch. Com. — *Registre aux adjudications 1750-1768* in fine — adjudication, le 23 juin 1768, des plaques à poser au coin des rues et des numéros à mettre au dessus des portes.

Les plaques doivent être de fer blanc, de 12 pouces 1/2 de long, sur 9 pouces 1/2 de haut, peintes en blanc avec les noms des rues en lettres noires, moulées, de un pouce 1/2 de haut. Les numéros doivent avoir 4 p. de long sur 3 de haut. Première mise à prix des plaques y compris la peinture et la pose, une livre quatre sols la pièce. Après rabais successifs elles sont adjugées à Dominique Malpaux, moyennant 14 sols.

Chaque numéro mis à prix à 5 sols finit par être adjugé à Le More pour 1 sol 6 deniers.

(2) La date 1358, figure bien en tête de la première page, mais en *chiffres arabes*. Cette particularité aurait dû éveiller l'attention de M. de Cardevacque, car ce sont les seuls chiffres arabes contenus dans cet in-folio, où tous les nombres, conformément à un usage qui durera

en réalité, fut dressé par les ordres de l'échevinage de 1395-96, sur le modèle de celui de 1382, peut servir de contrôle au premier. Un peu moins avare, en effet, d'indications topographiques que son prédécesseur, le scribe de 1396 suit à peu près le même itinéraire, et, chemin faisant, rencontre un certain nombre de maisons, qui, à quatorze ans de distance, sont encore aux mains des mêmes propriétaires. D'autre part, les enseignes n'ont guère changé en ce court laps de temps et sont de précieux points de repère. S'agit-il encore d'un registre de rentes foraines? C'est probable, car le rédacteur ne manque pas de spécifier la qualité de bourgeois ou de forain de chaque propriétaire des maisons et de chaque bénéficiaire des rentes dont elles sont chargées. Pourtant, comme il ne se borne plus à déclarer que telle ou telle maison ne *doit nient à forain* mais qu'il donne la liste complète des rentes dont elle est tenue, on peut croire que cet in-folio devait renseigner le Magistrat et à l'occasion les acheteurs sur la valeur réelle des immeubles en cas de vente ou de transaction. Au prix d'achat indiqué par les contrats d'acquisition s'ajoutaient les nombreuses rentes qui grevaient la plupart des maisons et se capitalisaient au taux de 4 à 6 et même 7 %. Nos ancêtres arrageois, grands manieurs d'argent, à défaut des ressources de la spéculation moderne, aimaient ces sortes de placements hypothécaires, prêtaient volontiers leurs écus pour l'achat ou la réparation des maisons et acceptaient une rente pour leur part de succession dans une propriété immobilière.

Selon toute vraisemblance, « le *papier où sont déclairées les rentes des maisons de la ville* » fut renouvelé à des intervalles plus ou moins rapprochés, sans que cette réfection fît toujours l'objet d'une décision officiellement prise et enre-

encore plus d'un siècle, sont exprimés en *chiffres romains*. Ils ont donc été tracés à une époque postérieure. D'ailleurs la véritable date est inscrite plus loin en toutes lettres.

gistrée. On trouve cependant trace de ces renouvellements. En 1500, par exemple, l'échevinage « pour le bien publicque de ceste ville » ordonne d'établir un nouveau registre pour remplacer l'ancien, « lequel est fort caducque et perdus et adirés (égarés) plusieurs fœuillets » (1). Journellement manipulés, ces Rentiers étaient voués à une rapide détérioration. En fait, celui de 1396 nous est parvenu dans un état de délabrement lamentable. Je ne sais quel conservateur de nos archives municipales en a fait relier au hasard les feuillets épars et incomplets, sans aucun souci de la pagination primitive, si bien que pour utiliser ce document, il faut préalablement se livrer à un pénible travail de reconstitution. Sachons lui gré néanmoins, d'avoir ainsi préservé d'une destruction définitive un registre d'autant plus précieux que tous les Rentiers, sauf ceux de 1382 et de 1396 ont disparu.

Ces deux « *papiers* », comme on les appelait, m'ont servi de guides, mais ils ne m'auraient pas empêché de m'égarer dans l'enchevêtrement des vieilles rues, ruelles et ruellettes, si pour m'indiquer la bonne direction, je n'avais eu entre les mains d'autres documents plus explicites, parmi lesquels il convient de citer en première ligne *les Registres aux embreveures* (2).

En 1354, pour obvier aux inconvénients résultant de l'emploi des chirographes (3), les échevins assistés des XXIIII,

(1) Reg. mém. 11, p. 140 v°.

(2) Embrefs, embreveures ; actes ainsi appelés parce qu'on y mettait plusieurs clauses en *abréviation* (Répert. de jurisp. de Merlin Paris 1814. T. IV, p. 528).

(3) « On nommait ainsi les divers exemplaires d'un titre transcrits sur une même feuille de parchemin, eu égard au nombre de contractants, puis séparés de façon que le rapprochement des parties pût, à toute occasion, constater leur authenticité ». (A. Guesnon. *Sigillographie d'Arras*, p. XXXII). Entre les divers exemplaires et sur la ligne de séparation, comme dans nos livres à souche, étaient tracés des mots ou des chiffres.

de la XX[ne] et des mayeurs des gheudes (1), décidèrent que désormais tous les contrats se passeraient par lettres revêtues du sceau nouvellement créé à cet effet (le scel aux contrats) et « demourroient enregistrés tout au long en un registre en cascun eschevinage » (2). Analogue à notre *Enregistrement* actuel, cette création devait simplifier les recherches, mettre les actes civils à l'abri des causes de déperdition et assurer à la caisse municipale une perception des droits de scel. Quelle mine de renseignements précieux aurait offerte aux travailleurs la collection des *Embreveures* si elle nous était parvenue dans son intégrité ! Contrats de ventes, de mariages et même d'apprentissage, transmissions de propriétés, dons manuels entre vifs, entravestissements, testaments, emprunts hypothécaires, achats de rentes, etc., etc., tous les actes de la vie économique, sociale et familiale de notre vieille ville sous leur forme la plus concrète et la plus vivante, voilà ce qu'on aurait trouvé dans ces cahiers officiels ! Malheureusement le temps, l'incurie ou la malfaisance de certains gardiens de nos dépôts publics, le désordre inséparable des révolutions politiques ont fait leur œuvre de dévastation. Nombre de registres ont disparu dont plusieurs à des dates relativement peu éloignées de nous, puisque en 1717 l'Abbaye de St-Waast, pour ses intérêts particuliers, put encore en faire tirer des extraits.

Par une heureuse coïncidence, le premier des registres *originaux* qui subsistent renferme les actes de 1390 à 1393, c'est-à-dire d'une époque intermédiaire entre les deux Rentiers précités. La série presque complète de 1414 à 1440 ne laisse pas de jeter une assez vive lumière sur une période assez rapprochée pour que la physionomie de la Ville ne se

(1) Voir pour les Vingt quatre et la Vintaine : A. Guesnon. *Introd. au livre rouge de la Vintaine*, p. 30.

(2) Cette délibération est transcrite en tête des extraits que l'Abbaye de St-Waast fit tirer des embreveures en 1717. Elle figure aussi au reg. mém. I, f° 1 r°. Cf. A. Guesnon : *Sigillographie*, p. XXXI.

soit guère modifiée dans l'intervalle et pour qu'on n'en puisse parfois rattacher directement les indications à celles des Rentiers.

Les cueilloirs *annuels* des rentes de l'Abbaye de St-Waast, dont le premier de ceux qui nous restent est précisément de l'année 1396, apportent un appréciable contingent d'informations complémentaires aux titres précédents. Propriétaire du tréfonds de la Ville, le Monastère prélevait une légère redevance de quelques deniers sur la plupart des maisons situées aux divers pouvoirs qui relevaient directement de sa juridiction (Grand jardin, Petit jardin, Cronerie, Pré, Bloc, Estrée, Porte de Cité) et sur quelques immeubles de la grande Comté et de la petite Comté (1). Comme les détails topographiques sont assez nombreux dans ces cueilloirs, je m'en suis fréquemment servi pour corroborer les données des autres documents et pour suppléer, le cas échéant, à à leur insuffisance.

Par suite d'une erreur d'attribution, on avait inscrit sur la couverture d'un Etat des rentes et revenus de la *Pauvreté d'Arras*, c'est-à-dire d'une sorte de *Bureau de Bienfaisance*, la date de 1496. Ainsi daté, le registre sortait des limites que je m'étais imposées. Il ne me fut pas difficile d'établir, par comparaison avec le Rentier de 1396, que ce « *papier des rentes de le Povreté* » avait été dressé non en 1496, mais vers 1395 et que, en conséquence, il fallait en tenir grand compte pour la détermination de l'emplacement des héritages chargés de rentes et le nom des propriétaires. Quatre « comptes » de ladite Pauvreté pour la période 1419-1425 augmentaient encore l'intérêt de cet état. Si je n'en ai pas fait plus souvent usage, c'est pour ne pas surcharger un

(1) Nul ne pouvait construire un four dans sa maison, jeter un ponchel ou une simple planche sur le Crinchon ni établir un caniveau sous la chaussée pour l'écoulement des eaux sans l'autorisation de St-Waast, accordée moyennant le versement annuel de un ou deux deniers.

travail déjà touffu de notes qui n'auraient été qu'une répétition, sans nouvel apport de précisions topographiques.

Lorsque, vers 1465, on dut rebâtir et agrandir l'église de St-Géry, les « Marglisiers », avec la permission du Magistrat, frappèrent les louages de chaque maison de la paroisse d'une contribution de deux sols par livre en 1467 et de quatre sols par livre en 1468. En 1473, cette taxe ou « assiette » de quatre sols atteignit non seulement les loyers mais encore les rentes dues par les immeubles. Pour assurer la perception intégrale de ce lourd impôt d'un dixième puis de deux dixièmes, on établit des rôles sur le modèle des Rentiers de 1382 et de 1396. Le scribe, en effet, et c'est ce qui constitue l'intérêt particulier de ces documents, suit, pour les huit tours de la paroisse St-Géry, la plus centrale et la plus riche de la Ville, l'itinéraire de ses devanciers. Toutefois, comme il ne fait la plupart du temps que confirmer l'exactitude des actes déjà cités, je me suis borné à lui emprunter quelques détails inédits ou typiques.

A ces divers recueils assez volumineux déjà pour former un total de plus de 20.000 pages, il faut ajouter un état des recettes effectuées dans la paroisse de Ste-Croix pour travaux à l'église en 1467, les archives de l'hôpital St-Jean en l'Estrée et les registres mémoriaux de l'époque. Je n'ai pas manqué de consulter également, et souvent avec fruit, les ouvrages imprimés relatifs à l'histoire d'Arras et notamment les nombreux mémoires publiés par M. A. Guesnon.

Donc, grâce à la rencontre fortuite et à la concordance aux environs de l'année 1400 de plusieurs collections de documents échappées à toutes les causes de destruction, le projet de tracer le plan d'Arras n'était pas inabordable et les innombrables petits problèmes que soulève un pareil travail n'étaient pas insolubles. Est-ce à dire qu'ils ont été tous résolus ? Je n'ose me flatter, malgré la plus scrupuleuse attention apportée au récolement et à la comparaison des actes, d'avoir évité les erreurs et les méprises. Les lacunes des archives, les interprétations fautives de certains titres ambigus, les préjugés inconscients qu'insinuent dans l'esprit les affirmations antérieures d'historiens plus ou moins autorisés et la considération de l'état actuel des choses, tous ces motifs, séparés ou réunis parfois, ont pu, en certains cas, orienter mon choix vers des solutions contestables. Mais je suis convaincu que dans ses grandes lignes et dans la plupart de ses détails, le plan que je soumets au public est conforme à la réalité du XIVe siècle, manifestée et vérifiée par un grand nombre d'actes authentiques.

On sait qu'après les invasions normandes, l'abbé de St-Waast, Hrodolf, entre 885 et 890, avait, pour résister à de nouvelles attaques, élevé des fortifications autour du Monastère. Cette circonstance détermina un afflux de campagnards apeurés, qui vinrent chercher la sécurité dans le *Castrum* et autour des retranchements. De là un accroissement considérable de la population. Les nouveaux venus se groupèrent sur le domaine de l'Abbaye, d'après les dispositions plus ou moins favorables d'un terrain assez accidenté et surtout d'après les convenances des moines qui réglèrent le lotissement dans les dépendances successivement envahies du Monastère. Ainsi se constituèrent, l'un après l'autre, les différents pouvoirs ou quartiers énumérés plus haut (1). On ménagea quelques longues artères, comme les rues de *l'Abbaye, du grand Jardin, du Pré, du Bloc*, etc., transversalement coupées par des venelles plus ou moins étroites et tortueuses. Telle fut l'origine de ces îlots irréguliers, de ces encoches, impasses et échancrures qui donnent au vieil Arras une allure désordonnée, commune d'ailleurs aux villes établies sans dessein préconçu et que les plans d'alignement modernes ne peuvent que très imparfaitement rectifier.

(1) Voir A. Guesnon : *Les Origines d'Arras*... T. I. *Castrum Nobiliacus ; vetus et novus burgus*.

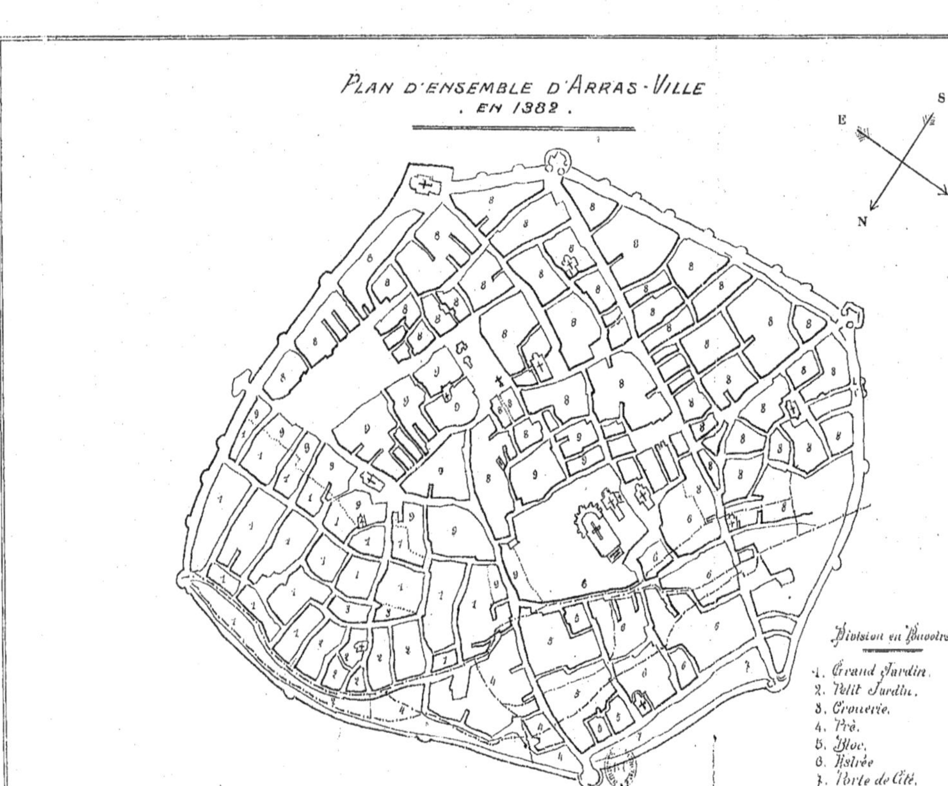
PLAN D'ENSEMBLE D'ARRAS-VILLE
. EN 1382 .
E
S
N
O
Division en Pouvoirs.
1. Grand Jardin.
2. Petit Jardin.
3. Crouerie.
4. Prè.
5. Bloc.
6. Estrée
7. Porte de Cité.
8. Grande Comté
9. Petite Comté
Cours du Crinchon
Limites des Pouvoirs

Lorsque, vers 1100, le comte Robert de Flandres, en lutte avec l'empereur Henri V, eut entouré cette agglomération d'une belle muraille de pierre blanche pour la mettre à l'abri d'un coup de main (1), la ville d'Arras prit sa physionomie définitive.

Enserrées par les murs de la forteresse en un espace restreint, sujettes pour toute emprise même de quelques pouces sur « le flégart et voierie » (2) à l'autorisation du Magistrat, représentant d'une ville « *noblement fondée en corps, collège et communauté* » par la charte de Philippe Auguste ou au congé du monastère de St-Waast « *seigneur foncier et voyer* » (3) en vertu du diplôme de Thierri III, c'est-à dire de deux pouvoirs rivaux qui veillaient avec un soin jaloux sur leurs droits (4), les maisons fréquemment « *arses et fondues* » étaient nécessairement rebâties sur leur emplacement primitif. Que d'ailleurs elles fussent réédifiées ou « *réduites à jardin* », dédoublées ou réunies, multipliées même sur des terrains non encore amasés ou « *wides* » par suite d'incendie ou d'écroulement, toutes ces transformations pouvaient changer l'aspect architectural de la Ville, mais ne modifiaient pas sensiblement le tracé, la largeur et la direction des rues.

Il résulte de ce fait indéniable que si certaines rues pré-

(1) *Ibid.*, p. 45.

(2) Ces deux mots souvent accolés signifient : le réseau des rues. Le mot *flégard*, maintenant inusité, sauf parfois encore dans les campagnes, mais qu'on rencontre à chaque page dans le présent ouvrage, s'appliquait à tout endroit découvert, place, passage ou *rue* appartenant à la communauté.

(3) Les mots soulignés sont tirés du jugement rendu par Ferry de Hangest, bailli d'Amiens, dans un procès (1410) entre l'Abbaye et le Magistrat au sujet du *moulin de Poterne*. Chacune des parties invoquait les titres susdits pour appuyer ses droits. (Arch. départ., H, 408, nos 11 et 12.

(4) Voir pour ces diverses servitudes l'accord intervenu entre la ville et l'Abbaye. A. Guesnon : *Cartulaire d'Arras*, p. 130.

sentent en 1382 et en 1913 le même nombre de maisons, il y a non pas certitude absolue, mais sérieuse présomption que la répartition des propriétés est restée la même. Mais la plus grande chance d'identification est pour les immeubles situés au coin ou touquet des rues, car leur emplacement n'a pu varier qu'à la suite de remaniements considérables et *connus*, tels, par exemple, que l'élargissement des rues Vinocq et de la Braderie après la construction de l'Hôtel de Ville.

Aussi, n'ai-je pas été surpris de voir apparaître trait par trait, et surgir maison par maison, rue par rue, des milliers de folios compulsés de nos archives, non la figure énigmatique d'une ville inconnue, mais, comme on disait au XVIIe siècle, le « *portraict* » encore aujourd'hui reconnaissable du vieil Arras.

Supposons, en effet, que par un de ces sortilèges, dont les nécromants du moyen âge prétendaient avoir le secret, on évoque, du fond de quelque ancien âtre abandonné, les ombres de deux bourgeois du XIVe siècle. Supposons que de ces deux bourgeois, l'un fut un de ces riches trafiquants du grand Marché, « moitié banquiers, moitié facteurs, entreposeurs et hostellains » (1), en somme, un usurier, *inhians lucris et fœnore gaudens* (2), âpre au gain et assoiffé de richesses ; l'autre, un de nos vieux artistes, à l'âme ingénue et désintéressée, orfèvres, entailleurs d'images, ou peintres des cartons de nos belles tapisseries. Sont-ils dépaysés au point de se perdre dans le labyrinthe des carrefours ? Non, sans doute ; ils se dirigent, au contraire, dans presque tous les quartiers, à travers des rues dont la configuration et souvent même le nom sont restés immuables depuis six cents ans ; mais ils cherchent en vain les visions familières du passé ; car dans notre ville, moins heureuse à cet égard que

(1) A. Guesnon : *Décadence de la tapisserie à Arras*, p. 20.
(2) Vers souvent cité de *la Philippide* de Guillaume le Breton.

nombre de localités de moindre importance, il ne reste aucun monument contemporain des anciens temps. Des neuf églises paroissiales, pas une ne dresse encore ses tours vénérables au-dessus de nos toits; l'église abbatiale, cette merveille, *miraculum urbis*, au dire de Locrius, a disparu. Bâties pour braver l'effort des siècles, elles sont tombées en quelques mois sous la main des démolisseurs. Des antiques manoirs de pierre, signalés dans les actes pour leur rareté et leur élégante solidité, à peine trouvent-ils quelques vestiges, plus ou moins authentiques (1), noyés dans la masse des reconstructions modernes. Seules, les caves ont échappé aux atteintes du temps et au vandalisme des hommes. Ces cryptes romanes ou gothiques, semblables à des chapelles souterraines, les voilà, telles que les ont connues nos deux bourgeois et même leurs pères, dans un passé plus lointain encore; les voilà, avec leur double nef dont les voûtes en plein cintre ou en ogive reposent sur des pilastres de pierre et sur des colonnes de grés monolithes (2).

Au sortir de ces caves séculaires, bien que douloureusement surpris de ne plus apercevoir sur le petit Marché désert, la massive Maison Rouge, la svelte Pyramide et la Croix de grès, ils s'extasient néanmoins sur la halle échevinale élevée longtemps après leur mort, et sur son majestueux beffroi, où bourdonne encore la *Joyeuse* d'autrefois. Le financier s'arrête avec complaisance devant le fouillis architectural des façades modernes (3), mais l'artiste réserve toute son admiration au *corps de logis gothique* qui forme avec la tour et les arcades de la place un ensemble si har-

(1) Voir Le Gentil: *le vieil Arras*. La chapelle dite du Temple, p. 229; le refuge St-Eloy (Hôtel de Chaulnes), p. 317. — A. Guesnon: *Excursion*... Les trois Luppars, p. 23.

(2) Voir A. de Cardevacque: *les places d'Arras*. Dessin et description des caves de *la Baleine*, p. 383, et Le Gentil: op. cit. p. 515.

(3) Le Gentil, *ibid.*, p. 426. Critique sévère, passionnée, mais en très grande partie juste de ces façades modernes.

monieux. Puis, tous deux parcourant la ville avec la rapidité légère des fantômes, éprouvent, selon leur tempérament et leurs goûts revivifiés, les impressions les plus différentes. Ce qui surtout frappe l'homme d'affaires, c'est la régularisation, relative d'ailleurs, des rues et leur éclairage; la belle ordonnance et l'aspect confortable des habitations, le flamboiement des magasins, comparé à l'obscurité des sombres boutiques de jadis et l'étalage tentateur des marchandises ; l'installation luxueuse des banques, en contraste violent avec la simplicité des échoppes de la rue *des Changes* sur le petit Marché ; c'est, par dessus tout, les facilités que doivent offrir au commerçant les merveilleuses découvertes de la science. A quel degré de richesse et de puissance ne se serait-il pas élevé, songe-t-il, s'il avait eu à son service les moyens prodigieusement rapides de communications et de transports, qui maintenant centuplent les efforts de l'activité individuelle. Peut-être, si la vue de ces nouveautés ne leurrait son esprit d'une vaine illusion, ne tarderait-il pas à reconnaître que la Ville d'Arras n'a pas tiré de ces instruments de travail et de progrès l'accroissement de prospérité qui, au premier abord, lui paraissait devoir en être la conséquence et qu'elle est bien déchue de son antique splendeur.

L'artiste, lui, ne s'y trompe pas. Il ne se laisse ni éblouir, ni abuser par de spécieuses apparences. Jette-t-il un coup d'œil à l'intérieur des maisons? Il n'aperçoit presque partout que des ameublements de pacotille dont la fragilité ne survivra pas à une génération de propriétaires. Quelle différence avec ces bahuts, ces coffres sculptés, ces meubles familiaux, laborieusement ouvrés en plein cœur de chêne, avec ces floraisons de fer forgé, écloses sous le marteau industrieux des fèvres, avec ces somptueux tapis de haute lisse qui portèrent la renommée d'Arras jusques à Rome et à Constantinople (1), avec tous les chefs-d'œuvre d'habileté et de

(1) Lecesne. *Hist. d'Arras*. T. I, p. 235. — Tapisseries offertes au sultan Bajazet pour une part de la rançon du Comte de Nevers.

patience des maîtres ouvriers ! Où sont les lourds hanaps et les aiguières d'argent, les orfèvreries ciselées, les joailleries précieuses, dont les testaments des seigneurs et des grands bourgeois contiennent l'étonnante énumération (1) ? De toutes parts, son regard dédaigneux ne rencontre que faux objets d'art, en simili-bronze, en simili-argent, en simili-or ; ornements en carton-pierre, en stuc ou en ciment et tous les produits d'une fabrication hâtive et mercantile substitués aux productions originales des artistes.

Se tourne-t-il vers les habitants ? Quelle morne pauvreté de forme et de couleur dans le costume des hommes ! De quel douteux aloi sont, en général, les joyaux, les fourrures et les étoffes des atours féminins ! Et quelle médiocrité d'apparat dans les manifestations officielles ! Il se rappelle alors, avec mélancolie, les fastueux cortèges qui se déroulèrent sous ses yeux, à travers ces mêmes rues, au cours de sa longue existence.

Dans sa prime enfance, du haut des fenêtres de cette maison, il vit passer le roi de France, Charles VI (1382) et le premier duc de Bourgogne, souverain de l'Artois, Philippe le Hardi (1384). Jeune homme, il courut à la porte St-Michel au devant de Jean sans Peur et de sa femme Marguerite de Bavière (1405). Dans son âge mûr, il collabora à la décoration des hourds élevés sur la place et les carrefours pour l'entrée solennelle de Philippe le Bon (1421). Il fut le spectateur assidu des tournois et des joutes dont le récit émerveille encore les lecteurs des chroniques arrageoises. A l'arrivée du duc de Bedfort (1427), régent de France pour le roi d'Angleterre, il était au premier rang des curieux et trois ans plus tard, il réussissait à se trouver sur le trajet de l'infortunée Jeanne d'Arc qu'on emmenait prisonnière à Blangy,

1) Voir l'histoire de l'Art en Flandre, en Artois et en Hainaut par l'abbé Dehaisnes, archiviste du Nord. Documents. T. I et II, passim.

au château de Bellemotte (1430) (1). Puis, ce fut, pendant le Congrès de la paix (1435), qui mit fin à la lutte centenaire de l'Angleterre avec la France, la plus extraordinaire réunion qu'ait vue le XVe siècle, de princes, de cardinaux, de prélats et d'ambassadeurs venus de tous les points de l'Europe et le pompeux appareil des magnificences qui entourèrent ce mémorable événement. Enfin, vieillard nonagénaire, il fut encore le témoin de l'entrée du roi Louis XI (1464) et de la réception du duc Charles le Téméraire (1469) (2).

Il a gardé dans ses yeux et dans sa mémoire l'image éblouissante de ces spectacles féériques, le miroitement au soleil des étoffes de soie et de satin, des draps d'or et d'argent, la splendeur des houppelandes de velours cramoisi, fourrées d'hermine et bordées « tout environ des manches », de perles et de pierreries (3), l'éclat des armures lamées d'or ciselé qui « reflamboient d'estancèles » (4) (étincelles), le frémissement au vent des oriflammes et des bannières qu'illuminent les éclairs des métaux et les reflets des émaux, gueules, pourpre, azur, sinople et sable des blasons brodés. Oh ! le faste prodigieux de ces cavalcades de rois, de princes, de prélats dont les « destriers » chargés de caparaçons chatoyants « orgueilleusement se démènent » (5) dans un cliquetis de harnois dorés, où les échevins d'Arras, revêtus de robes

(1) Voir Mémoires de l'Académie d'Arras. T. XXXI, p. 198. *Jeanne d'Arc captive au château de Bellemotte*, par M. Fr. Blondel. Il est, en effet, très probable que Jeanne ne fut enfermée ni à la Cour le Comte ni à la Cour le Châtelain, mais à Blangy-lez-Arras.

(2) Il serait facile d'allonger démesurément l'énumération des fêtes de toutes sortes qui eurent lieu à Arras, sous les ducs de Bourgogne. Voir *l'Histoire d'Arras* de M. Lecesne pour cette période.

(3) Dehaines. Op. cit. Documents. T. II, p. 847. Inventaire des joyaux et objets laissés par Philippe le Hardi.

(4) Recueil des historiens des Gaules et de la France, Guillaume Guiart : *La branche des royals lignaux*, vers 20.511.

(5) *Ibid.*, vers 19.612.

écarlates (1), pour faire à leurs hôtes souverains les honneurs de la ville, chevauchent précédés de leurs sergents à masse, mi-parties rouges et noirs (2), entre deux haies d'arbalétriers aux cottes mi-parties blanches et bleues, ornées de rats noirs, pour les soldats, blanches et vermeilles pour les officiers! (3) Inoubliables visions d'art et de somptuosité ! Notre artiste ne s'étonnera donc pas d'apprendre que pour attirer les foules, il suffit de tenter la reconstitution même pâle, chétive et décolorée de ces splendides défilés, reconstitution dont la dépense totale n'atteint pas la valeur d'un seul des anciens costumes (4).

Du moins la physionomie de l'Arras moderne pourra-t-elle atténuer pour cette ombre attristée, le chagrin que lui cause la déchéance politique, artistique et industrielle de l'antique capitale de l'Artois ? Hélas ! non. Certes, et notre artiste, d'accord sur ce point avec le financier, le reconnaît, la ville est moins sale, plus saine et moins exposée que de son temps aux ravages de la peste, mais combien elle lui semble moins pittoresque que la vieille cité arrageoise, enclose de murailles et de remparts gazonnés, où tournaient gaiement, sur les terre-pleins, les ailes blanches des moulins à vent (5).

(1) E. Morel : *Le costume des échevins d'Arras*, p. 28.

(2) Reg. mém. 9, fº 132.

(3) A. Guesnon : *Documents inédits sur l'invasion anglaise*, p. 18. La tenue des arbalétriers ne fut pas toujours de la même couleur. En 1421, l'uniforme de ceux qu'on envoya au siège de St-Riquier était de drap vert avec des rats noirs. (Mém. 6, fº 49).

(4) Bernard et Henri Prost : *Inventaires du mobilier et extrait des comptes des ducs de Bourgogne*. Paris, Ernest Leroux 1913. On y trouve quantité de détails curieux sur les costumes des ducs et des gens de leur suite, sur les harnachements, les armes, etc. Parmi les fournisseurs: orfèvres, hautelisseurs, peintres, etc , apparaissent maints bourgeois cités dans le présent ouvrage.

(5) Reg. mém. 5, fº 28 vº. Permission à Jean Sacquespée d'élever un moulin à vent sur les téraux de la forteresse. Le plan de Désilly (1704) en montre encore sept sur les remparts de la ville et trois sur les remparts de la Cité.

Pourquoi, se demande-t-il, a-t-on partout recouvert la rivièrette du Crinchon dont les méandres et les multiples bras serpentaient jadis à ciel ouvert, entre leurs talus verdoyants, à travers les rues de la vallée ? (1) Quoi de plus original, cependant, que les innombrables planches, ponceaux rustiques et ponts de pierre qui reliaient leurs rives et sur lesquels, de part en part, aux abords des taintureries, des foulleries, des « liches » et des étuves se profilait la silhouette étrangement dégingandée des bicquebacques (2).

Les rues étaient sombres le soir ; mais comme il était plaisant de voir à la clarté rouge des torches ou à la lueur blafarde des lanternes (3), les ombres falotes des bourgeois attardés grimper brusquement le long des maisons, s'accrocher aux saillies des auvents et des « breteches » se briser aux angles des étages en encorbellement ou se déformer comiquement dans les décombres des masures effondrées.

Il n'est pas jusqu'aux perspectives champêtres ouvertes autrefois en Héronval, en Haiserue et dans les bas quartiers dont le charme agreste n'éveille un regret en son cœur. Fermes aux toits de chaume moussus, murs de terre débordés par les frondaisons des jardins, maisoncelles construites avec des poutres hourdées de torchis et couvertes de tuiles rouges, toutes ces bicoques branlantes, tordues et

(1) Un ruisseau traversant une ville finit par tenir lieu d'égoût collecteur. Nombre d'ordonnances témoignent cependant du souci des échevins de maintenir propre « le courant de la ville » : (Mém. 3, f° 96 v°) Défense de jetter quelconques fiens, ordures ne empeschemens ès Crinchons, sur amende de x sols et ou remain estre puni de prison. (*Ibid.*, f° 163 r°). Ordre d'ouvrir le ventaille Trébusquel pour que les ordures ne s'arrêtent pas en ville et s'en voisent au dehors, etc.

(2) Appareils primitifs à puiser l'eau, analogues aux *shadoufs* égyptiens, dont on voit la représentation dans les plus anciennes sculptures de la vallée du Nil.

(3) (Mém. 3, f° 112 v°). Ban que aucuns ne voist de nuit sans lumière depuis le darraine cloque sonnée sur x sols d'amende — cette défense est souvent réitérée.

ézardées offraient alors à l'œil du peintre des coins riants de paysages, dont son compagnon, l'homme de finance, n'a conservé qu'un odieux souvenir d'étables et de fumier.

C'est que leur vieil Arras, ville capitale et forteresse, mais en même temps village, présentait les contrastes les plus heurtés. Palais et donjons, églises et hôpitaux, manufactures et brasseries, manoirs seigneuriaux et masures de bois, hôtelleries célèbres et tavernes louches, y voisinaient dans une confusion pleine d'imprévu, capable de réjouir ou d'offenser les regards ; mais cet ensemble pittoresque et bizarre, animé par la circulation d'un peuple affairé donnait l'impression, qu'on ne ressent plus aujourd'hui, d'une activité prospère, d'une vie grouillante et intense.

L'étaple des vins, les marchés, le commerce et l'industrie de la laine, les mouvements des armées en campagne, le train d'une cour souveraine, emplissaient d'une foule d'étrangers les rues souvent encombrées de bétail errant (1). Pour loger tous ces hôtes de passage et les paysans qui approvisionnaient la ville, un grand nombre d'hôtelleries et d'auberges ouvraient sur le trajet des portes aux marchés et surtout sur les deux places et les rues adjacentes, leur porche hospitalier. Elles se recommandaient à l'attention de cette clientèle flottante par de grandes enseignes qui, suspendues par des chaînes à des potences de bois ou de fer forgé, se balançaient, en grinçant, jusques à six pieds de la façade. A chaque pas, des cabarets et des tavernes sollicitaient par des peintures naïves et violentes l'arrêt des passants et tout le long du Crinchon s'échelonnaient quantité d'étuves dont les noms seuls : étuves de Plaisance, étuves

(1) (Mém. 3, f° 48 v°). Défense que aucuns laist aler ses pourchiaux par la ville, sans warde, et quiconque fera le contraire, ses pourchiaux seront tués et donnés aux povres. — (Mém. 4, f° 50). Défense de laisser errer les pourceaux et les chèvres sans gardien. — (Mém. 8, f° 45). Défense de laisser pâturer les bestiaux sur les téraux, etc., etc.

du Dieu d'amour, ou de la grande Margot (1), indiquaient la destination suspecte.

Tout cela a disparu, avec tant d'autres aspects originaux de l'antique commune. Le financier, séduit par les nouveautés, par les possibilités entrevues d'enrichissement rapide et le mirage des vastes spéculations n'a plus pour les choses du passé qu'un souvenir méprisant : l'artiste déplore la grise monotonie et la médiocrité banale de la vie moderne, dans cette ville jadis si brillante et si forte qu'elle excita longtemps la convoitise des Français et des Flamands et fut parfois l'enjeu de luttes acharnées.

Tous deux, au premier chant du coq, regagneront l'âtre désert, l'un, avec le chagrin de quitter un monde transformé, où son génie financier lui aurait, croit-il, assuré une place prépondérante ; l'autre avec l'amère désillusion d'avoir trouvé la Métropole de l'Artois déchue au rang d'une modeste ville de province, — en France !

Ce regret exprimé par une ombre fictive du XVe siècle paraîtra peut-être invraisemblable et presque sacrilège aux Arrageois modernes. Il faut reconnaître pourtant que nos pères l'ont éprouvé pendant de longues années et qu'ils n'ont cessé qu'à la Révolution d'être *des Artésiens obstinés* pour n'être plus que des *Français*. C'est en frémissant que l'Artois se vit, en 1640, arraché à la Maison d'Espagne et ce cri d'un poète anonyme d'Arras, après la capitulation, fut certainement l'écho des sentiments de ses concitoyens :

> O malheur sans pareil ! Puis-je donc bien entendre,
> sans me pasmer d'ennui,
> Que ma ville d'Arras, sans qu'on l'ait pu défendre,
> soit *franchoise* aujourd'hui ! (2)

Fondue maintenant dans l'*Unité nationale*, notre ville,

(1) (Mém. 2, f° 31). On rappelle Margot Barbe, *la grande Margot*, bannie pour avoir tenu « hostel diffamé de ribaudie ».

(2) Mémoires de l'Académie d'Arras, 1888. T. XIX, p. 177. — *A quelle époque la ville d'Arras est-elle devenue réellement française ?* par M. Aug. Wicquot.

depuis la suppression des provinces, s'est attachée de cœur à sa nouvelle patrie; mais il ne lui est pas défendu de se souvenir qu'elle fut une capitale et d'être fière de ce passé brillant qui, lors de son union définitive avec la France, fut comme son apport dans la communauté et dans le patrimoine de gloire de notre beau Pays.

Or, le plan qui fait l'objet du présent travail correspond à une période particulièrement intéressante de notre histoire locale, période qui s'étend de l'avénement du dernier comte d'Artois, Louis de Mâle, à la mort de Charles le Téméraire, le quatrième et le dernier des ducs de Bourgogne, souverains de l'Artois et des Pays-Bas. Pendant la première moitié du XVe siècle, ces régions, sous le gouvernement de Philippe le Bon jouirent d'une telle prospérité que Philippe de Commines les compare alors à un véritable *Paradis terrestre* (1). Il ne sera donc pas indifférent de connaître en détail, en ce qui concerne Arras, la scène où se déroulèrent les grands évènements cités plus haut et de retrouver, dans la nomenclature des propriétés, les hôtels notoires où logèrent tant d'illustres personnages et dans la liste des propriétaires, les noms des bourgeois notables qui à un titre quelconque, politique, militaire ou artistique figurent avec honneur dans les annales artésiennes.

Arrivé au terme de ce long travail, je suis heureux d'adresser mes plus sincères remerciements aux personnes qui ont bien voulu me prêter le concours de leur expérience et de leur bonne volonté : à M. A. Guesnon, le savant auteur de tant d'intéressantes études sur le vieil Arras, qui me donna de précieux conseils, lorsque je lui soumis l'esquisse de ce plan ; à M. Déprez, l'ancien archiviste, qui facilita ma besogne en mettant très obligeamment à ma

(1) Pirenne. *Histoire de la Belgique*. T. II, p. 263.

disposition les nombreux documents dont j'avais besoin; à M. Lavoine, chef de bureau des Archives, et à mon collègue, M. Lennel, dont je n'ai pas hésité à mettre à contribution, le cas échéant, les connaissances paléographiques et l'érudition, et enfin à M. Guyot, imprimeur, qui apporta tous ses soins à la bonne présentation typographique de l'ouvrage et à la délicate correction en premier des épreuves d'un texte où abondent les actes en vieux français.

CORRECTIONS

Page 41, *1re ligne.* Au lieu de : (27-28), lire : (26-27).

— 45, *12e ligne.* Au lieu de : nos 28 et 26, lire : 26 et 24.

— 50, no 4 : Le marcheteur était un ouvrier fabriquant les tapis *à la marche*, c'est-à-dire au métier de basse lisse (voir p. 226, no 1).

— 190, *7e ligne.* Au lieu de : no 77, lire : no 78.

— 305, *Avant dernière ligne.* Au lieu de : 4 du 5e tour, lire : 6-7 du 5e tour.

— 426, *12e ligne.* Au lieu de : 56 du 3e tour, lire : 60.....

— 358, **La Blanque Lévrière.**

J'ai dit que la *Blanche Lévrière* ne formait pas le coin de la rue de l'Ierre (Refuge-Mareuil), c'est une erreur, provenant de ce que j'ai tout d'abord identifié la *rue des Bordiaux* dont les nos 64 et 65 du 6e tour de St-Aubert font le touquet avec la *rue de l'Ierre.* Cette rue des Bordiaux ou des Fillettes qui n'apparaît guère dans les actes du XIVe et du XVe siècles, mais qui est nettement indiquée dans les cueilloirs de St-Waast au début du XVIe siècle, était une impasse de la rue des Teinturiers, située entre les nos 63 et 65.

(H, 653-1508, fo 58). Petit Jehan Gamant, pour une maison sur le touquet de la rue aux Fillettes, VII drs.

Guillaume des Molins, pour deux maisons qu'on nomme le Blanque Lévrière tenant à la rue aux Fillettes et d'autre part faisant coing de rue.

(H, 669-1553, fo 96). Absalon des Moulins pour une

maison à usage de four, nommée la *Blanque Lévrière* tenant à la rue aux Fillets et *faisant coing de la rue de la Croix St-Andrieu.*

L'acte suivant, relatif aux n°s 64-66, confirme les indications précédentes.

(Emb. ext. 1430, p. 27 r°). Jehanne Cufforde, fille de Mahieu Cufford, vend à Willaume le Maire trois maisons tenans ensemble tout d'un membre, au devant du pont St-Waast tenans par devant et par derrière aux héritiers dud. Willaume et faisant touquet de *la rue des bordiaus de l'Arsin.*

Ces textes sont formels. *L'erreur a été rectifiée sur le plan.*

PAGE 420. Il convient de reporter au n° 35 du 1er tour de la Madeleine les actes mis à la suite du n° 34. En effet, en 1394 (reg. mém 3, f° 68 v°), Messire Jean de Coulommiers, chapelain de la chapelle du duc de Bourgogne, arrente à Michel le Bourguignon la maison de la Capellerie de la Cour le Comte, « séant au derrière de le Madelaine, joignant de front à le maison du presbitaire d'une part et d'autre part à une maison en lequelle demeure ad présent maistre Laurent Noppe, maistre des tentes dud. Monseigneur et par derrière aboutant à une petite ruelle estant à l'opposite de l'ostel des Gouverneurs ».

D'où il suit que la maison habitée par Laurent des Tentes puis par Jacque Daret est le n° 35. (Le nom de Laurent Noppe, gardien des tentes du duc, apparaît à plusieurs reprises dans l'*Inventaire du mobilier des ducs de Bourgogne* par Bernard et Martin Prost. N°s 1671, 1778, 2567, 2672).

PLANCHE IV. Le n° 33 du 1er tour de Ste-Croix doit être reporté sur la rive droite du Crinchon, près du n° 32.

ADDITIONS

PAGE 42. **Le Rouge Auwe** (L'oie rouge) était le n° 38 du 1er tour de St-Nicolas sur les Fossés.

(II, 649-1470, f° 94). Piérot Couturelle, pour le maison de le *Rouge Auwe* et fut à Tassart de Lommel, II drs.

PAGE 78. **L'Escu de France**, partie du n° 3 du 5e tour de St-Nicolas.

(II, 649*-1473, f° 260). Benoît et Jehan de la Grange, Aélips et Yzablet, leurs seurs, pour une partie de la maison du *Plonc* nommée l'*Escu de France*, contenant LXX piés d'éritage et fut à Hugo de la Grange, XI drs.

Cette enseigne donna son nom à l'impasse située en face.

PAGE 92. Le n° 19 du 1er tour de St-Géry, qui s'appelait : *le petit angle*, les *petites pumettes* et la *verde maison* porta aussi le nom de **Saint-Micquiel**.

(1467. Assiette pour la restauration de St-Géry, f° 2 r°). La maison de Saint-Micquiel [placée entre les Pumettes et le Dragon] est à Pierre de Bailloeul et vault à louage X lbs.

PAGE 106. **Le Bouton**, n° 17 du 2e tour de St-Géry.

(1467, *Ibid.*, f° 5 r°). La maison du *Bouton, emprès la porte de la Rose* est à Adam Cauderon et vault à louage, IIII lbs.

PAGE 109. **Le Change d'argent**, n° 13 du 3e tour de St-Géry.

(1467, *ibid.*, f° 6 r°). La maison du *Change d'argent*, est à Jehan de Latre, marchant de saies, et vault à louage VIII lbs. X s.

La maison ens. est à Fuscien de Monchi, barbieur, et vault à louage IX lbs.

La maison ens. est à la v^ve de feu de Willaume le Preudomme et vault à louage X lbs.

Ces indications sont corroborées par l'acte suivant :

(Emb. 1454, f° 88 r°). Fulcien de Monchy, viézier, et Ysabel le Preudomme, sa femme, gagent une obligation sur une maison (14) tenant à le maison du *Cambge d'argent* et à Willaume le Preudomme (15) et *aboutans par derrière aux boucheries de la Ville.*

PAGE 147. **Le Singe,** 21 du 6e tour de St-Géry.

L'acte suivant s'ajoutant à celui que j'ai cité (p. 147) prouve sans contestation que la maison de *la Chapelle* s'est bien appelée *le Singe* à la fin du XIVe siècle.

(Reg. mém. 3, f° 145 r°). Le 18 février 1395, Vincent, sergent du Châtelain, se présenta à « l'ostel du *Singhe* et de *l'Amiral*, ou petit Marchié, et fist commandement à Philippot de la Vigne... » de ne pas toucher à une porte nouvellement faite à la maison de *l'Amiral* « par lequelle on aloit de la maison dud. *Amiral* en le maison du *Singhe* ».

PAGES 195 et 206. **Les moulins de poterne.**

Il y avait au XIVe siècle dans la rue du Crinchon, alors appelée *rue des Crinchons*, deux bras de la rivière (voir p. 207 et Arch. dép., H, 408, n° 11 ; jugement rendu par Ferry de Hangest en 1410). L'un coulait au pied intérieur du rempart, derrière les maisons du 3e tour de Ste-Croix. *Il convient de l'ajouter au plan de la paroisse Ste-Croix,* en le faisant partir de la maison Jehan Trébusquel (9-10 du 3e tour de St-Maurice), où se trouvait « *le ventaille Trébusquel* », c'est-à-dire la vanne qui, en cas « d'eslavasses » (crues subites) déchargeait directement les eaux dans les fossés de la ville, à peu près à l'endroit où sera plus tard la porte d'eau.

Ce Crinchon actionnait le *moulin à l'huile,* que le Rentier de 1396 place tout au commencement du 3e tour de Ste-Croix et qui, d'après l'acte de vente de 1426 (voir p. 195) *tenoit aux téraux des murs de la ville.* L'autre (figuré sur le plan) était commandé par « *le ventaille fonssier* » et faisait mouvoir le *moulin à blé,* qu'il ait été placé au nº 33, en bas de la rue de Paris ou aux nºs 74 et 75 en bas de la rue de l'Avalleau ou de l'Aubel. Les indications fournies à cet égard par les Rentiers manquent de clarté puisque celui de 1382 place le *moulin à l'huile* et celui de 1396 le *moulin à blé* au nº 33, que l'emplacement attribué dans la rue de l'Aubel par le répertoire de dom Page (1700) et par le plan de Desailly (1704) au moulin au blé est occupé en 1382 par une maison et un jardin allant du coin de la rue Bonne Sœur au pont de l'Aubel et en 1396, par le jardin Gillot Maret (34 *bis)* tenant d'une part au nº 34 (dont la situation *près du pont de Paris et en face* du nº 28 est bien déterminée) et d'autre part au pont de l'Aubel. Peut-être la nécessité de défendre un point faible et particulièrement exposé des remparts, sur lequel, au siège de 1414, avait porté le principal effort de l'attaque, amena-t-elle le déplacement du moulin au blé. C'était, il est vrai, un fief de St-Waast, mais l'Abbaye paraît avoir prévu toutes les éventualités, même le cas de force majeure, en stipulant dans le contrat de vente (H, 408, nº 12, original parchemin) que « si, ou temps advenir, lesd. molins aloient à ruyne et désolation... *par quelque moien que ce soit...* » la redevance féodale continuerait à être payée par les échevins et en défendant d'établir « plus grand nombre de molins ». Tous ses droits étaient donc réservés. Dans le répertoire de Dom Page, plusieurs fiefs, notamment le *Four de l'Aubel* et le *Four de la Place* n'occupent plus le même emplacement qu'au XIVe siècle. Ce petit problème mériterait une étude spéciale.

PAGE 348. **Le Pas Salhadin**. (23 du 6e tour de St-Aubert).

On lit dans Froissard, (liv. IV chap. I) que, à l'entrée de la reine Isabeau de Bavière à Paris, en 1389, sur un échafaud dressé près du moustier de la Trinité « estoit ordonné *le Pas du roi Salhadin*... et là estoient, par personnages, tous les seigneurs de nom qui jadis *au Pas Salhadin* furent... »

« Dans beaucoup de salles de châteaux, au XIIIe siècle, on peignait ce qu'on appelait *le Pas Salhadin*. Cette peinture représentait douze chevaliers gardant un défilé, que s'efforçait de passer une immense armée sarrazine, commandée par Salhadin... Cet usage de peindre dans les châteaux *le Pas Salhadin* est attesté par le petit poème qui porte ce nom et doit remonter à la fin du XIIIe siècle. (*Le Pas Salhadin*, publié par G. S. Trébution, Paris, 1836, in-8°)... De la peinture, la représentation du *Pas Salhadin* dut passer à la tapisserie et à l'état de spectacle. » (Gaston Paris. *Journal des Savants*, août 1913, p. 491).

Voir aussi : *Histoire littéraire de la France*. T. XXIII, p. 485.

Il était d'autant plus facile de faire une enseigne, avec ce fait d'armes, vrai ou légendaire, que les peintures des châteaux ne montraient que quelques chevaliers près d'un rocher qui cachait complètement l'armée sarrazine.

INDICATION DES SOURCES

Archives communales.

SÉRIE BB. — Registres mémoriaux (1 à 10).

SÉRIE CC. — Registre des rentes foraines de 1382, in-4°, 159 fos.

SÉRIE CC. — Registre des rentes foraines de 1396, in-folio, 262 fos.

SÉRIE FF. — Registres aux embreveures. — *Emb. ext.* Extraits tirés des registres originaux en 1717 par l'Abbaye de St-Waast. 20 cahiers (1354 à 1443) en deux cartons, 641 fos.

Emb. 19 registres originaux, in-4° (1390-1475), 3,560 fos.

SÉRIE GG. — Papiers de rentes et revenus appartenant à le Povreté (1395), 19 fos, Cueilloirs des rentes de le Povreté 1419-20; 1420-21 ; 1423-24 ; 1424-25 ; en tout 135 fos.

Archives départementales

SÉRIE G. — Déclaration des maisons de la paroisse St-Géry pour lever II sols par livre à cause des ouvrages faits en icelle église, trois registres : 1467, 1468, 1473, 97 fos.

SÉRIE G. — Assiettes ou contributions pour travaux à l'église Ste-Croix.

SÉRIE H. (631 à 649). — Cueilloirs des rentes de St-Waast. 23 registres in-4°, 5.445 fos

Archives de l'hôpital St-Jean, I. B. 7.

PAROISSE S^T^-JEHAN-EN-RONVILLE

Li premiers tours commence à le maison Rogier de l'Escache sur le touquet de le plache St-Jeri *(fos 1 et suiv.)*

(1396 : même rédaction, fos 1 à 3 vo ; 12 ro à 16 vo ; 26 ro et vo ; 20 ro et vo ; il manque un folio à la fin du tour).

---

1. **L'Escache** *(l'Échasse* ou *les Échasses)* aud. Rogier de l'Escache. (1396 : aud. Rogier).

(Émb. 1401, fo 269 vo). Jehans li Hauls homs et Agnès de l'Escache, sa femme, vendent à Pierre de Barli, espachier, III maisons qu'ils avoient séans sur le plache St-Géry, l'une nommée *l'Escache* et les deux autres tenans à icelle, tenans as *Boujons d'or* (95 du présent tour).

(Émb. 1436-38, fo 124 ro). Cornille Baudechon et Katerine le Burière, sa femme, vendent à Pierre Féré (le hautelisseur auquel M. Guesnon a consacré une notice), leurs rentes sur une maison *assez près de St-Jury*, nommée *les Esquaches*, appartenant à Thierman d'Oisemont, espacier, (gendre dud. P. Féré), tenans à le maison des *Boujons d'or* audit Thierman.

(*Ibid.*, fo 160 vo). Willaume d'Oisemont vend à son père Thieremant tout tel droit qu'il pouvait avoir sur *l'Escache* et deux maisonchelles appendantes à icelle maison tenant aux *Boujons d'or*...

2. A Thumas Bouchel. (1396 : aud. Thumas).

3. A Jehan du Tertre. (1396 : à Thomas de Noeville, cordowanier).

4. A Adam des Singes. (1396 : coin de folio déchiré).

5-6. A Nicaise Postel. (1496 : aud. Nicaise, clerc de le baillie d'Arras).

(Voir sur Nicaise Postel ma notice sur *Une Mutinerie militaire à Arras en 1373*, p. 58).

7. **Le halle de Messieurs les eschevins d'Arras.** (1396 : Le maison de le halle de l'eschevinage et le maison de l'artillerie sont à le ville d'Arras).

Cette maison (le nº 4 de la rue Emile Legrelle), sera jusqu'au XVIe siècle l'hôtel de ville d'Arras, avec le clocher de l'église St-Géry, située en face, comme beffroi.

8. Au Mayeur de le ville d'Arras.

9. A Mahieu le Fèvre. (1396 : aud. Mahieu, clerc de le ville).

10. A Monseigneur le *Conte de le Marche*. (1396 : audit Seigneur).

Cette maison était située au coin d'une rue qui, tout naturellement, a pris, dès le XIVe siècle, le nom de *rue de la Marche* qu'elle porte encore aujourd'hui. On voit qu'il était inutile de supposer (*Les Rues d'Arras*, t. II, p. 197), que ladite ruelle, inaccessible aux voitures, « était fermée à ses extrémités par des *marches* de grès ».

11. A Colart Beauvarlet. (1396 : à Caterine Harache, vve Colart Beauvarlet). **Le Goudendas** (sorte de *pique flamande*).

(Emb. 1429, fº 177 vº). Adam Barbau, cervoisier, vend à Jeh. de Villers le quart qui lui reviendrait « après le trespas de Pasques Escarlate, sa mère, en une maison séans en le grant rue Saint-Nicolay, tenans à léritage des *Pappegais*, appartenant à Jeh. Wallois, et d'autre part *tout du long de le rue de le Marche* et aboutans par derrière, *derrière l'église Saint-Jehan*.

(Emb. 1436-38, fº 172 vº). La veuve de Philippe Nepveu, Pierre d'Arras et Martine Nepveue, sa femme, « vendent à Me Jeh. de Villers, advocat, conseillier en le court du Roy, les rentes qu'ils prenoient sur une maison appartenant aud. Me Jehan, tenans *à le ruelle de le Marche* et à l'éritage des *Pappes gais (sic)* et aboutans par derrière *sur le rue par lequelle on va à l'Église Saint-Jehan-en-Ronville* ».

(A. Guesnon, *Nicolas Gosson*, p. 21). « Me Pasques Gosson posséda, du chef de sa femme, Annie le Comte, l'*hôtel du Goudendas*, rue Saint-Nicolas à *l'angle de la ruelle de la Marche* ».

12. **Les Pappegais** *(Les Perroquets)* à le vve Jak. Dufleu. (1396 : à led. vve Jak. du Fleu ; en note marginale : Vendue par led. vve à Simon Lionne le VIIIe jour de may IIIIxx et XVI).

(H, 632-1398, fo 90). Simon Lionne pour le maison *des Pappegais*, XVI drs.

(Emb. 1426-28, fo 26 vo). Partage amiable de la succession de Simon Lionne entre Simon David et Jehanne Lionne, sa femme, et Jeh. Wallois et Jacotte Lionne, sa femme. « Jeh. Wallois et sa femme aront une maison séans *emprès le rue des Balanches*, nommée *les Pappegais*, tenans à Pierre du Quesnoy, d'autre part à Colart le Borgne, cambgeur et, par derrière, *aians yssue sur le rue de le pourchession de St-Jehan-en-Ronville*...

13. A le vve Savale le Borgne. (1396 : à Jacquemart le Borgne). **Le Fauchon** *(Le Faucon).*

(H, 639-1429, fo 92). Colart le Borgne pour le maison nommée *le Fauchon, contre* (c'est-à-dire : en face de) *le rue des Ballanches*, VIII drs.

(A. Guesnon, *Nicolas Gosson*, p. 20). « Jean Gosson eut, du chef de sa femme, la maison du *blanc Faucon* entre les *Pappegais* et *l'Irechon* ».

14. A Jeh. Cochu. (1396 : **L'Irechon** *(Le Hérisson)* aud. Jehan).

(H, 632-1398, fo 90). Jeh. Cochus pour se maison, XXI drs.

(H, 635-1415, fo 98). Le vve Tassart Amion pour le maison de le *Hyrechon*, XXI drs.

15 A Willaume de Neuwe. (1396 : à le vve dud. Willaume de Noe).

(H, 638-1424, fo 97). Percheval Hallant pour une maison tenans à l'Irechon, *contre le porte Jacques Wallois*, XX drs.

(Jacques Wallois était alors propriétaire d'une maison de la rue des Balances, nommée *le Cerf*, qui avait une *porte* de sortie près des *Faucilles* [no 8 du 6e tour de Saint-Nicolas-sur-les-fossés]; l'indication est donc précise).

16. A Jeh. de Chandri, parmentier. (1396 : à Jeh. de Chambli, parmentier. Le même sans doute, dont le nom aura été mal orthographié dans un des rentiers).

(Emb. 1432, f° 48 v°). Jehanne Pouchine, fille de Pierre Pouchin et de Jacotte de Tiennes, vend « à Maistre Quentin le Bloncq, consillier du duc de Bourgogne, une maison avec un gardin et une autre petite maison, séans *en le grant rue St-Nicolay*, tenans à l'éritage de le vve de Tassart Amion et à l'éritage de Jeh. Paris du Dragon (mayeur en 1433-34) et aians yssue par derrière *à l'encontre de la maison Maistre Jeh. de Boubers* c'est-à-dire dans la rue actuelle des Baudets).

17. A Willaume Trisse. (1396 : aud. Willaume, mechon).

18. A Henri le Messagier. (1396 : à le vve dudit Henri).

19. A Waast le Carbonnier. (1396 : à Grard de Halenghes).

20. A Colart de Paris. (1396 : le maison *à l'autre costé de le rue* est à Johan le Bouchier, vicaire ad présent de Monsgr l'évesque d'Arras). **Le Fleur de l'Englantier.**

(Emb. 1415-16, f° 68 v°). Contestation entre les héritiers de Jeh. de Baudart : « Sainte Walois, vve de Martin de Baudart, Andrieu Sacquespée, tuteur et curateur des enfans meuredans (mineurs) dud. Martin d'une part et Jeh. de Baudart dit le Borgne et Tristeran de Paris époux de Marye Cardon paravant femme dud. feu Jehan ». Les parties font valoir leurs droits « sur la maison nommée LE PETIT DROMONT (36), *tenans d'une part à l'éritage qui fu Messire Pierre des Essars* (le présent n° 20) *et d'autre part à l'éritage de Maistre Jehan Haterel* (l'hôtel de Séchelles).

(En 1422 (emb. f° 189 v°) « Anthoine des Essars, chevalier, seigneur de Glatigny et Monsgr Philippe des Essars, évêque d'Auserre, » déclarent « avoir eu et receu de Mesdames les relligieuses de le Thieuloye lez ceste ville, la somme de VI livres pour le louage de la maison où demeurent à présent lesd. relligieuses », louage que déjà ils avaient consenti à prolonger en 1419 (emb. f° 127 r°).

(Emb. 1424-25, f° 96 r°). Robert Pippelart, comme procureur de Monsgr Jeh. de Thoisi, évêque de Tournay, conseiller du duc de Bourgogne, vend à *Jehan de Boubers*, « une maison séans *en le rue Saint-Nicolay*, que led. révérend père en Dieu eut aux hoirs de *Pierre des Essars, faisant touquet de le rue de Séchelles,* tenans d'une part à l'éritage Valanche Taffin et *par derrière au* PETIT DROMONT.

Il semble bien résulter des indications très précises qui précèdent que LE PETIT DROMONT (36) était, *à cette époque,* situé dans la rue de Séchelles (actuellement rue des Baudets), près de la maison Pierre des Essars, devenue la propriété de Jehan de Boubers. Il est probable que le *Petit Dromont* fut primitivement une dépendance, *un quartier de derrière du grand Dromont.* Voici un acte qui me paraît confirmer cette opinion :

(Emb. 1428, f° 104 r°). Martin Baudart vend à Monsgr Philippe de Saveuses, chevalier, une maison nommée *le petit Dromont tenant d'une part à l'héritage Maistre Jehan de Boubers et d'autre part à l'héritage dud. Sgneur de Saveuses,* qu'il tient en fief du Sgneur de Sauty, et *par derrière au Grand Dromont,* à Colart Lanstier.

Donc, à partir de 1428, l'ancien *Petit Dromont*, disparaît, annexé à l'hôtel de Séchelles qui, dès lors, tient par derrière à l'hôtel Pierre des Essars, le futur hôtel de Bucquoy (voir pour l'historique de ces grandes résidences seigneuriales : A. Guesnon, *Les origines d'Arras*, t. II, l'hôtel de Séchelles).

La constatation de cette contiguïté ne tarde pas à apparaître dans les actes.

(Emb. 1438, f° 284 v°). Jehanne, Mariette et Pérotin de Boubers, enfans de M° Jehan de Boubers, vendent à M° Robert le Jonc, chevalier, seigneur de Forest, gouverneur des bailliages d'Arras, de Bappalmes, d'Avesnes et d'Aubigny, une maison scituée en le grant rue St-Nicolay, *faisant touquet d'une ruelle par lequelle on va de led. rue St-Nicolay à le grant rue Ronville,* tenant d'une part à *l'héritage de l'Englentier* et d'autre part, *par derrière, à l'héritage de Monsgr de Saveuses.*

En 1475 (emb. f° 29 r°), Marguerite de Lulli, vve de Monsgr Guillaume, en son vivant, chevalier, Sgneur de Contay et gouverneur d'Arras donne à Charles Adrien de Contay, son nepveu, l'hostel où elle demeure présentement, en le grant rue St-Nicolay, *faisant touquet* et *ayant yssue en une rue par laquelle on peult aler en le rue Ronville, tenant à l'Englen-*

tier, et *par derrière à l'hostel de Séchelles* appartenant à le v^ve, hoirs ou ayans cause de feu Monsg^r de Saveuses.

Quant à l'enseigne du *Petit Dromont*, elle a été transférée près de la porte de Ronville où nous la retrouverons.

21. A Piérot Wardavoir. (1396 : **L'Englentier** *(l'Eglantier)* à Gille le Fèvre).

(H, 632-1398, f° 90), Gille le Fèvre, ad cause de se femme, pour se maison de *l'Englentier*, VIII drs.

(H, 648¹-1466, f° 99). Pierre Laisné pour le maison de l'Englentier, VIII drs.

Vers 1466, cette grande maison est démembrée. En effet, on trouve au Cueilloir de 1467. (H, 648², f° 257), les trois articles suivants : Jeh. de Goire pour le maison de *L'Englentier* et fut à Pierre Laisné, III drs. Willaume d'Alongeville pour le maison du *Petit Englentier* et fut aud. Pierre Laisné, II drs. Jeh. Walois pour une aultre maison ens. nommée *Le Fleur de l'Englentier* et fut pareillement aud. Pierre Laisné, II drs.

La *fleur de l'Eglantier* était le n° 20. « L'hôtel de Bucquoy qui faisait à la fin du XVIIe siècle, le coing de la rue des Fauchilles sur la rue des Baudets », était constitué par la réunion de *l'Englantier le petit*, *l'Englantier* et *la Fleur de l'Englantier* », (Répertoire des maisons d'Arras par Dom Nicolas Page, Arch. dép., H. 1183, f° 391).

22. A Jeh. de Villers. (1396 : le maison *qui fait le touquet est* à le v^ve Nicaise de Villers).

23-24. A Robert le Lonc *en le rue des Pos d'argent*. (1396 : à Robert le Conte, dit le Long).

La maison des Pos d'argent (n° 9 du 6e tour de St-Nicolas-sur-les-fossés), située à l'angle opposé donnait parfois son nom à la *rue du Dromont* ou *de Ronville*.

25-26. A Tassart de Wavrans. (1396 : aud. Tassart).

27. **Le Dromont** *(sorte de vaisseau rapide)*, à Wautier Haterel. (1396 : Le maison du *Dromon* et une autre petite tout un membre à Tassart de Wavrans).

(H, 632-1398, f° 94). Waltier Haterel, pour le maison du *Dromon*, II s.

(Emb. 1415, f° 32 v°). Huchon de Wavrans et sa sœur Willemette, femme de Martin de Paris, se partagent d'un commun accord la succession de leur père Tassart. Huchon aura dans son lot « le maison du *Grant Dromon*, séans en le *rue de Ronville*, au devant du gardin de Jacquemart de Guiéry (n° 6 du 6e tour de St-Nicolas), *tenans par derrière au Petit Dromont* »...

28. A Bauduin Froisset. (1396: à Baudin Froisset). **Saint-Martin.**

(Emb. 1401, f° 263 r°). Willaume de Beaudignier vend à Alexandre Maillot une maison *lez le porte de Ronville*, nommée *Saint-Martin tenans à l'éritage du Dromont* et à une autre maison aud. Willaume.

(H, 633-1408, f° 116). Jaquemart de Guiéry pour une maison ensiévant *(le Dromont)*, nommée *St-Martin*, IX s.

(H, 644-1446, f° 104). Collart Cornette, cordouanier, pour le maison de *St-Martin*, IX s.

29. A Baudin Froisset. (1396 : aud. Baudin). **Le Petit Dromont.**

(H, 639-1429, f° 98). Jaquemart de Guiéry, pour une maison ensiévant (le maison de Saint-Martin), II s.

(Emb. 1444, f° 40 v°). « Jeh. Thibaut le Jone et Ysabel de Cagnicourt, sa femme, d'une part, Jaquemart Truye, haulteliceur, et Jehanne de Cagnicourt, sa femme, d'autre part, recongnoissent que par le trespas de Jehan de Cagnicourt et de demiselle Marie de Guiéry, sa femme, et de *Jaquemart de Guiéry*, leur tayon », leur est échu en héritage entre autres propriétés « une maison *assez près de la porte de Ronville* tenant d'un lez à *Colart Cornette* et de l'autre aux hoirs de *Pierre Loncle*.

Or, dix ans plus tard, en 1454, (emb. f° 42 v°). Martin de Paris vend à Pierre Guosset la moitié d'une maison nommée *le Petit Dromont* scituée *en le rue du Dromont, assez près de le porte de Ronville* tenant à *Colart Cornette* et *par derrière à Monsgr de Saveuse.*

On voit que, ainsi placé, il n'est pas possible que le *Petit Dromont* ait tenu d'une part à Me Jehan de Boubers (voir n° 20), et d'autre part à Monsgr de Saveuse. Tout s'explique parfaitement, si on admet le transfert de l'enseigne, après l'annexion au grand hôtel de Saveuse, en 1428, du *petit Dromont* primitif. Pour compléter la démonstration, il reste à prouver que le petit Dromont, tenant d'un lez à *Colart Cornette*, joignait d'autre part à la maison de *Pierrot Loncle.*

30. A Simon Landrieu, cordewanier. (1396 : le maison ens, *à l'opposite de le porte de Ronville*, aud. Simon).

(H, 631-1396, f° 57). Simon Landrieu, pour une maison *sur le touquet*, VII s.

(H, 639-1420, f° 98). Le v^{ve} Jehan de Fain, pour une maison *qui fail le touquet*, VII s.

(Emb. 1433-35, f° 21 v°). Œde Landrieu, v^{ve} Jeh. de Fain, donne à Piérot Loncle, sergent à verge, et à Maroie de Fain, sa femme, une maison *emprès le porte de Ronville, faisant le touquet de deux rues* estans emprès de led. porte et tenant à Jacquemart de Guiery et d'autre part à Andrieu Ousson.

31. Le maison *devant le porte de Ronville* est à le v^{ve} Gille Crespin. (1396 : à Colart Loys).

(H, 632-1398, f° 94). Colart Loy, pour se maison, IIII s.

(H, 639-1420, f° 98). Piérot Ousson, cordier, pour se maison ensiévant (le v^{ve} Jeh. de Fain), IIII s.

(Emb. 1428, f° 30 v°) Pierre Ousson gage une obligation sur une maison séans assez près de le porte de Ronville, tenant à Pierre Loncle et à *Pierre Bachelier* et par derrière à l'héritage de *Saint-Martin*, à lui appartenant.

« Il est probable que la disparition des n°s 30 et 31 ou tout au moins du n° 30 a produit cette placette que nous avons tous connue au fond de laquelle se trouvait *la Tête d'Or*, enseigne substituée à celle du *Petit Dromont*, vers 1700. » (A. Guesnon : *Origines d'Arras*, t. II, p. 41).

32. A Jak. le Carbonnier. (1396 : à Jaquemart au Dent dit le Carbonnier).

(H, 632-1398, f° 94). Jaquemart Audent, aultrement le Carbonnier, pour se maison, VIII s.

(Emb. 1436, f° 46 v°). Jacques de Tilloy vend à Colart le Borgne ses rentes sur plusieurs maisons, entre autres, celle de *Pierre Bachelier* emprès le porte de Ronville, tenant à Monsg^{r} de Saveuses.

33. A Wautier Haterel. (1396 : le maison **de Scelles,** aud. Wautier).

(H. 639-1429, f° 98). Monsgr de Saveuses pour *le grant maison de Secelles.*

(Voir A. Guesnon : loc. cit. : *Le Véritable Hôtel de Séchelles).*

34. **Le Four de Scelles** à Wautier Haterel. (1396: aud. Wautier).

35. **Le Rouet,** *derrière le Dromont,* à Nicaise le Fèvre et Robert Drievart. (1396 : à Bétrémieu le Machoclier).

Je ne puis fournir la preuve directe, par la production d'un acte de vente, que *l'hôtellerie du Rouet,* englobée dans « le grant maison » de Séchelles a transporté son installation, en face, de l'autre côté de la rue ; mais les documents, dont je donnerai le texte plus loin me semblent probants à cet égard.

36. L'autre maison *derrière le Dromont* est à Waast le Coutelier. (1396 : le maison *contre,* qui fu Waast le Coutelier est as hoirs de Pierre de Baudart).

(II, 632-1398, f° 73). Martin de Baudart, pour se part du *Dromon,* II drs.

Le mot *contre* signifie en face, à l'opposite. Faut-il croire que dès lors existait à cet endroit une amorce de la ruelle signalée par dom Nicolas Page, en son répertoire (II, 1183, f° 390 v°) et indiquée dans un ancien plan d'Arras ? (Arch. dép., 1460, carton 1). Le mot *contre* s'expliquerait ainsi et la maison n° 36, appartenant aux *hoirs de Pierre de Baudart,* serait le *Petit Dromont* primitif, dont il a été question plus haut (n° 20).

37. A Mikiel Lasne. (1396 : le maison *contre icelle en ledite rue* est à Miquiel Lasne).

Ici, pas de doute sur la signification du mot *contre.* On passe bien de l'autre côté de la rue de Séchelles.

Il est très important de noter qu'entre la maison de Mikiel Lasne et les maisons de Joh. Prounier, le rentier de 1396 place « une maison et grange, *derrière St-Jehan-en-Ronville,* à le vve Jaques du Fleu ». (37 bis).

Or, le 26 mai 1401 (emb. 1399-1402, fo 304 vo). Jaquemart, Ysabelle et Willaume du Fleu vendent à Jaque le Borgne, pour 34 livres 8 sols, « une maison et gardin appendant à ycelle, séans *en le rue que on dit de Scelles,* tenant d'une part à le porte de le pourcession de l'Eglise (1) St-Jehan et d'autre part à Jeh. Pélerin ».

Quelques jours après, le 13 juillet *(ibid.,* fo 321 ro), Noël Truye vend au même Jaque le Borgne, pour 35 livres 4 sols « une maison et tout l'héritage appendant à icelle qu'il avoit *en le rue de Secelles,* nommée le MAISON DU ROUET, tenant à Jeh. Pélerin d'une part et à l'héritage de le vve Jeh. Pronnier, d'autre part et *par derrière aboutans à l'Eglise de St-Jehan-en-Ronville* ».

La conclusion qu'on est en droit de tirer des termes explicites de ce dernier acte est, comme je l'ai dit plus haut, que l'enseigne du *Rouet* a traversé la rue entre 1396 et 1401.

38. A Jehan Pronnier. (1396 : aud. Jehan).

(Emb. 1414, fo 36 ro). Thumas Broellet vend à Jehan du Tertre, dit du Moien four, une maison séans en Ronville et *faisans le touquet, contre le four de Sécelles.*

(Comptes de le Povreté, 1424-25). Jehan du Moyen four, mesureur au blé, pour se maison qui fu Jeh. Pronnier, XII drs.

39. A Jeh. Pronnier. (1396 : aud. Jehan). **Les quatre fils Aymon.**

(Comptes de le Povreté, 1419-20). Jeh. Hauroye *haulteliceur* (qualifié *paintre* dans les comptes de 1424-25), pour se maison, seans en Ronville, XII drs.

(Emb. 1436-38, fo 8 ro). Jeh. Haurroye, paintre, gage une dette sur une maison séans en le rue de Ronville nommée *les IIII fieus Emon,* tenans d'une part à Jeh. du Tertre et d'autre part à le maison qui est de le capellerie de le halle.

(*Ibid.,* fo 90 vo). Led. Haurroye vend cette propriété à Rollant Cardon.

(1) La procession de St-Jehan, c'est-à-dire la rue du Fresne (*des Portes-Cochères*), devait être, ainsi que maintes autres petites rues que nous rencontrerons plus loin, fermée la nuit par une porte

Donc, vers 1437, il y avait là une des quatre ou cinq hôtelleries d'Arras où pendait comme enseigne *les quatre fils Aymon.* La légende de ces chevaliers, qui n'avaient pour eux quatre qu'un seul cheval, nommé Bayard, était tellement populaire au moyen-âge qu'il n'y a guère de villes où on ne trouve encore maintenant, parfois à plusieurs exemplaires, cette vieille enseigne.

40 A Andrieu le Caron. (1396 : le maison tenant à celle devant escripte [Jeh. Pronnier] est *de le Capelle de le halle d'Arras* appartenant à sire Andrieu le Caron, prestre).

(Emb. 1401, f° 271 v°) Monsgr de Berbenchon vend ses rentes sur le maison de le cappelle de l'eschevinage de le halle d'Arras *seans en le rue de Ronville,* tenans à le vve Jeh. Pronnier et à le maison du curé.

41. Le maison de *le Curé de Saint-Jeh.-en-Ronville.*

(Répertoire Dom N. Page, f° 405 v°). *Le presbitaire tenant au chimetière de St-Jean.* Il en était ainsi dès le XIVe siècle.

42. A Waast le Court, *faisans le touquet d'en costé* St-Jehan-en-Ronville. (1396 : le maison *qui fait le touquet devant St-Jehan* est à Jehan Triboul).

(Emb. 1433-35, f° 162 v°). Colart de Paris, « tisseran de toilles, et sa femme, qui sont gens de anchien eage, non puissans de faire quelle labeur, ne gagnier leurs povres vies », pour finir « honnorablement leurs jours », cèdent à Frémin Vincent « deux maisons *emprès St-Jehan,* tenans ensemble et d'une part faisans *touquet d'une rue qui vient dud St-Jehan en le rue Ronville* et d'autre part tenans à l'éritage du *Bœuf* » pour leur vivre et le couvert et les frais « de leurs obsecques ».

(Emb. 1435-36, f° 30 r°). Après le décès de Colart de Paris, Frémin Vinchent, tisseran de toilles, garantit sur ses deux maisons l'exécution de l'arrangement qu'il conclut avec la veuve pour qu'elle aille « demourer hors de le maison ».

43. **Le Boef en Roncville** à vve Baudin le Cras. (1396 : à Jehan Barbau, et deux autres maisons tenans à icelle *maison du Boef).*

(Emb. 1433-35, f° 31 v°). Adam Barbau gage une obligation sur les droits qu'il possède « en le maison du *Bœuf en Ronville* et en deux autres maisons tenans ensemble et audit *Bœuf* d'une part et d'autre part à sire Jacques de Courcelles, prestre.

(Emb. 1436-38, f° 65 r°). Quentin Chobaut donne en garantie d'une dette les droits qu'il a sur le maison du *Bœuf* tenans à Fremault Vinchent et sur *deux petites maisonchelles* tenans aud. *Bœuf* et à sire Jaquemart de Courchelles.

(Emb. 1438-39, f° 59 r°). Adam Barbau vend à Jacques le Mangnier la moitié d'une maison nommée le *Bœuf* tenans à un nommé Fremault, tisseran de toilles, et à une maisoncelle, à lui appartenant, et *par derrière yssans et aboutans en le rue du Fresne.*

(*Ibid.*, f° 287 v°). Quentin Chobaut vend à Collart Doffay le quart d'une maison tenant d'une part aux hoirs Adam Barbau, et d'autre part à Jaque de Courchelles et aboutans par derrière à une rue *par laquelle on va en le place de* LE MIAUWE (la rue du Fresne ou des Portes-Cochères).

C'est la seconde des deux maisons ou maisoncelles qui dépendaient du *Bœuf* et qui ne figurent pas au rentier de 1382.

A noter qu'à partir du *Bœuf*, le scribe du rentier de 1396 suit un itinéraire différent de celui qu'avait adopté le scribe de 1382 et revient au *Bœuf* par la rue St-Géry. La fin du tour, c'est-à-dire les quelques maisons suivantes, a disparu du registre.

44. A Mikiel Bernart,

(Emb. 1428-29, f° 84 r°). Dans le partage de la succession de Michel Bernart, Jeh. Caulier le jone, fils de Marie Bernart, a dans son lot « le maison en le rue Ronville où demeure messire Jaque de Courchelles, prestre coustre de l'Eglise de St-Jehan-en-Ronville (6 juin 1429) et vend cette maison audit Jaque le 1er août 1429. (*Ibid.*, f° 104 v°).

45-47. Les III maisons ens. sont à Enguerran le Cauffourier.

48. A Jak. Hanebot.

49. A Thumas de Reu.

50. A Jeh. de le Mote.

51. A Gillot des Pochonnés. (1396 : le maison **des Pochonnés** (*les Ecuelles ou pots de terre*) *à le gou-*

dale et II autres maisons tenans à icelle sont aud. Gillot).

(Emb. 1433, fº 59 vº). Willaume le Fort, vend à Jeh. Longuebraye, une maison séans en le *rue Ronville,* nommée les *Pochonnés,* faisant le touquet *de le rue du Cauffour.*

52. **Le Cauffour** à le vve Gillot Crespin, carton. (1396 : à Maroie Crespine, caufourière). **L'Espée en Ronville.**

(Emb. 1391, fº 73 rº). Hanotin Lescaudé vend ses rentes sur le maison Enguerran le Caufourier, nommée *l'Espée en Ronville.*

S'il n'y a pas erreur de la part du scribe, une des trois maisons (45-46-47) de Enguerran le Caufourier aurait déjà, en 1392, porté le nom de *l'Espée ;* mais c'est certainement la maison du Cauffour de Maroie Crespine qui désormais est désignée par cette enseigne.

(Emb. 1421, fº 181 vº). Robert le Flament vend à Mahieu Lequin, cauffourier, une maison nommée *l'Espée,* en lequelle a ung cauffour, séans en le rue de Ronville, tenans d'une part *à le rue des Pochonnés* et d'autre part *à une rue qui est entre l'éritage vendu et l'éritage de Jeh. de Wamin* et par derrière à l'éritage de Mahieu de St-Amand.

Le chaufour de la taverne de *l'Epée* était évidemment situé dans la rue des Pochonnés, d'après les termes de l'acte précédent. On s'explique alors que pour marquer la place des Pochonnés, le scribe ait dit plus haut que cette hôtellerie formait le coin de la rue du chaufour.

Mahieu le Quin (emb. 1426, fº 240 vº), loue pour six ans à Willaume Dammesent, caufourier, la maison nommée *l'Espée* avec le cauffour et le droit de tirer « de sa quarrière autant de moëllon qu'il convenra pour led. cauffour ».

53-55. A Simon de Wamin. (1396 : aud. Simon).

(Emb. 1423, fº 45 rº). La vve de Jeh. de St-Waast donne à son gendre Jeh. Cocquet, échevin, ses rentes sur nombre de maisons entre autres la maison Jeh. de Wamin *séant en Ronville,* où demeure Simon le Fèvre et sur les deux maisons tenans ensamble, seituées *assez près de Darnestal*, acquestées par Jeh. le Festailler aud. Jeh. de Wamin.

56. Courtieux aud. Simon de Wamin.

57-61 Les cinq maisons *qui font le touquet de Darnestal*, furent Audeffrin Louchart. (1396 : à Jeh. Louchart, à Audefroy Louchart et as hoirs de Flourent de Paris).

62-63. A Jeh. Davredoing. (1396 : les II maisons à Jeh. Martin, coutelier).

64. A Allart de Guise, pourpointier. (1396 : les deux maisons à Gille d'Ansaing).

65. A Hanotin de Malines. (1396 : aud. Hanotin).

66. A Piérot Roussel, desquerkeur. (1396 : le maison ens. *en Darnestal* à Piérot de Barli).

Ce qu'on appelait *Darnestal* commençait à l'angle de la place l'Advoé (place des Etats ou d'Adolphe Lenglet).

67-68. A Simon le Wainier, (1396 : Les deux maisons dont li une fait le touquet devant *Les Hotiers* (n° 13 du 7e tour de St-Géry) sont as hoirs de Simon le Wainier.

(Emb. 1400, f° 138 v°). Jeh. Bienfait gage un achat de sayes sur le moitié d'une maison qui fu Simon le waignier, séans devant *les Hotiers*, faisans *le touquet de le plache l'Advoé* et tenans à le maison Loy Fulcien.

Ces deux maisons pouvaient être réunies en un seul membre de même, on l'a constaté un peu plus haut, qu'une maison se démembrait en deux parties distinctes.

(*Ibid.*, f° 176 r°). Jeh. Bronstart vend à Simon Pinchon le moitié d'une maison qu'il avoit à l'encontre (en copropriété) dud. Simon, séans en Darnestal, tenans à le maison de le femme qui fu Baudin *Roussel*, de présent femme Andrieu Larguette, et faisans le *touquet de le plache de le Miauwe* et par derrière à le maison Loy Fuscien.

69. A Jakem. le Carbonnier. (1396 : à Loy Fuscien dit le clarier).

70-71. As hoirs Mah. Blanc Baston. (1396 : Willame Campions, parmentier, soloit avoir deux maisons en le place *l'Advoué* qui furent arses et sont laissiés pour les rentes. Et depuis icelles masures et places sont rebailléés à rente à Loy Fuscion).

72. A le v[ve] Adam d'Avennes. (1396 : Le maison à Jaquemart des Planches est toute désolée et en ruyne).

73. A Mahieu Doudon. (1396 : aud. Mahieu, maronnier [c.-à-d. marinier ou marchand de bois de charpente]).

74. A Jeh. le Prévost. (1396 : le v[ve] Jeh. Némeri a deux maisons en *le rue du Fresne.*

(Emb. 1400, f° 214 r°). Jeh. Nemeri vend à Tassart Malin une maisonchelle séans derrière le porte de le *Miaue,* faisans le touquet d'une rue marchissans à (longeant) l'éritage Mah. Doudon et par derrière à léritage Maroie Crespine, caufourière (52).

(Emb. 1436-38, f° 12 r°). Robert le Flament (ancien propriétaire de *l'Espée* — voir note 52) vend à Jeh. le Sot, conseiller de la ville, « une petite maison et ung petit gardin séans au derrière de le maison Mah. de St-Amand (*le Miauwe*), tenans à une maison que on nomme *l'Espée,* où ot jadis un cauffour et de tous *autres sens aboutans au flégart de le ville.*

(Emb. 1436-38, f° 81 v°). Tristran de Paris, escuier, lieutenant de Monsg[r] le gouverneur d'Arras, donne à son gendre Simon le Borgne, changeur, ses rentes sur plusieurs maisons, dont « le maison de Me Jeh. le Sot, en *le rue du Fresne, au devant de le porte de le maison de Mahieu de St-Amand, nommée le Miaue.*

75-77. Les trois maisons ens. furent Colart Rostée. (1396 : à Robert de Waubercourt).

78. A Piérot le Barbyer. (1396 : aud. Piérot, *à l'autre reng, rue du Fresne).*

Pour comprendre et interpréter ces mots : à *l'autre reng,* il faut savoir que le scribe de 1396, arrivé à la maison du *Bœuf* (43) remonte la petite rue St-Jean ; il saute de là au n° 95, les *Boujons d'Or,* revient à la place de l'Avoué ou de la Miaue, s'engage dans la rue du Fresne, côté gauche, et après les maisons Jacques de Baraffle passe au côté droit, *à l'autre rang,* à la maison Piérot le Barbier, descend jusqu'en Darnestal et se dirige vers le *Bœuf*. Il était d'autant plus difficile de suivre cette marche inverse, que le volumineux registre de 1396, détérioré au cours des siècles, a été relié dans les temps modernes, sans aucun souci de la pagination primitive. Il résulte de ce qui précède que parvenus avec le scribe de 1382 à la maison de Piérot le barbier nous devons rejoindre, *à l'autre rang* les maisons Jaques de Baraffle.

79-81. Les trois maisons sont à Jak. de Baraffle. (1396 : aud. Jacques).

82-83. A Jeh. le Maieur. (1396 : à le fille Jeh. le Maire).

Il s'agit de ces maisons dans les actes suivants : (emb. 1428-30, f° 149 v°). Simon Agache et Roberde Pinchon, sa femme, héritent de Gille Pinchon de deux maisons *séans en le rue du Fresne*, tenans ensemble (80-81 sans doute), tenans à Robert de Bainas et à Jehanne Danvet.

(Emb. 1435-36, f° 16 v°). Simon Agache, procureur en le Court du roy à Beauquesne et Robine Pinchon, sa femme, vendent à Ricard Pinchon, aussi procureur à Beauquesne, deux petites maisons, séans en le rue du Fresne, tenans ensemble et d'une part à Robert de Baynas et d'autre part à Jehan Danvet.

(Emb. 1436-38, f° 24 v°). Jeh. Danvet et Ysabel Caulier, sa femme, vendent à Ricard Pinchon, procureur du Roy, deux maisons (82-83) séans *au derrière de l'Ostel de le Marche* (10) tenans d'une part *à le porte dud. hostel*, en *faisant le touquet sur rue* et d'autre part à deux autres maisons appartenant aud. Ricart qu'il achetta nagaires de Simon Agache.

84-86 Une grange et deux maisons qui *sont devant le grant huys de l'église Saint-Jehan* à maistre Jehan de Fontaines. (1396 : aud. Jehan).

87. A Nicaise Tout le Monde, gisternour. (1396 : à Marguerite Moquette).

(Emb. 1401, f° 242 v°). « Marguerite Moquette, v^ve^ de Jaque de Bughelin, vend à Nicaise Tout le Monde, une maison séans *devant le plache St-Jehan-en-Ronville*, tenans à dem^elle^ du Luiton ». (Exemple de ces rachats assez fréquents de maisons par les anciens propriétaires, ou leurs descendants directs portant souvent le même prénom).

88. A demiselle du Luiton, (1396 : à ledite dem[lle])

89 **Le Miauwe** (*La Mauve, sorte de Mouette*). As hoirs Jak. de Sauty. (1396 : à Mikiel de Paris).

(H, 631-1396, f° 57). Miquiel de Paris, pour le maison de le Myaue en III membres, XXIX drs.

Cette grande maison occupait le fond de la place de l'Avoué (actuellement place Adolphe Lenglet) à laquelle elle donna son nom. Elle faisait retour sur la rue du Fresne, où était, comme aujourd'hui encore, sa porte d'entrée. Dans l'angle intérieur de la place, la halle échevinale avait une issue..

(H, 633-1408, f° 115). Le ville d'Arras, pour le peustich (porte) de le maison qui *vient de le hale en le place l'Avoué.*

90. A Waast-le-Fèvre. (1396 : aud. Waast, deux maisons tout un membre).

(Papiers des rentes de le Povreté, 1395). Sur le maison Waast le Fèvre, faisant le *touquet de le place l'Advoué,* tenant à le maison du *Constentin,* XXVI s.

(Comptes de la Povreté, 1419-20). Maistre Jeh. le Sot, pour une plache, où il soloit avoir deux maisons, tenans à celle où il demeure, qui *faisoient le touquet de le plache l'Avoé,* lesquelles maisons sont toutes queues et est led. plache wide... et dist yceluy maistre Jehan que led. plache ne ly a riens valu en ceste présente année et, pour ce, en ce présent compte, nient.

(Emb. 1424-26, f° 205 r°). Les échevins aians le gouvernement des rentes de le povreté de le ville, vendent à M° Jeh. le Sot, conseiller de le ville, XXVI sols parisis de rente que led. povreté avoit sur deux maisons, estans d'un comble, appartenant aud. conseiller, *faisans le touquet sur le place de le Myauwe et de le rue St-Jury* et tenans à l'héritage dud. Conseiller.

91. **Le Constentin de Saint-Jéri** as hoirs de Jeh. de Herzelle. (1396 : à Jeh. Poissant, advocat).

(H, 632-1398, f° 94). Jeh. Poissans, pour le maison du *Constentin à St-Géry,* III drs.

(Emb, 1444, f° 15 r°). Jehan le Sot et sa femme donnent à leur fils David le maison nommée *le Constentin* où ils demeurent et les deux petites maisons tenans à icelle, le darraine *faisant le touquet de le place de le Myauwe.*

92. **Les Cappelles** *(Les chapelles ou les chapelets)* à Jeh. Cochu et as hoirs Mikiel Augrenon. (1396 : à Loy Augrenon et à Gillot le Curé, pourpointier).

(Emb. 1444, f° 2 r°). Toussains de Raincheval et Sainte le Carpentier, sa femme, Quantin le Carpentier et Jehanne de le Porte, sa femme, vendent à Jeh. le Sot, conseiller de la ville, la part de droits qu'ils avoient « en une maison, séans en le rue St-Jury, tenans d'une part à l'héritage dud. Me Jehan et d'autre part à le maison nommée *le Haume.*

93. **Les Hayaumes** *(Les Heaumes)* à Jeh. Bourse. (1396 : à le v^{ve} Jehan Bourse — en note marginale : vendue par led. vesve et Jeh. Boidin et sa femme à Jeh. Fourment, cordewanier, le VIe jour de sept^{bre} IIII^{xx} et XVII).

(Emb. 1414, f° 125 v°). Martin Sacquesquée vend à Pierre de Lespine et à Jacotte Sacquespée, sa femme, une maison séans en le grant rue St-Géri, nommée le maison des *Heaumes* tenans d'une part à Gillot le Curé et d'autre part à Jeh. de Fénin et aboutans par derrière à l'héritage qui fu Jeh. Poissant. Un peu plus tard (emb. 1415, f° 88 r°). Pierre de Lespine revend cette maison à Martin Sacquespée.

94 A Willaume de Zélande. (1396 : aud. Willaume). **Les blancs Moisnos** *(Moisnos, moisnel, moniot,* signifient aussi bien *moineau,* petit moine, que *moineau,* passereau*)*.

(Emb. 1414, f° 53 r°). Jeh. de Fénin et dem^{elle} Jehanne du Mont-St-Eloy, sa femme, paravant femme de Willaume de Zélande donnent « à Roberde de Choques, niepce de lad. dem^{elle}, à présent femme de Jeh. Querquefeulle seellier, une maison nommée *les blans Moisnos* au devant *des Pinchons* (n° 14-15 du 2e tour de St-Géry), tenans à l'héritage *des Heaumes* à Martin Sacquespée et aux *Boujons d'or* à Nicaise Denis pour joïr après le trespas desdits conjoints.

(Emb. 1421, f° 84 v°). Jeh. Querquefeulle donne en garantie « d'un prest », une maison dont il doit hériter, « icelle maison nommée les *blans Moisnos*, au devant des Pinchons, tenans... (comme dessus).

En 1425 (emb. f° 167 r°), ledit Jeh. vend les *blans Moisnos* à Thiereman d'Oisemont.

95. As hoirs Simon le Parmentier. (1395 : **Les Boujons d'or** *(Boujon ou bougon, grosse flèche, gros trait d'arbalète)* en le grant rue St-Géry, tenans à le maison Rogier de l'Escache sont à Nicaise Denis, pourpointier).

(Emb. 1391, f° 37 r°). Benoît Guillebert vend à Nicaise Denis sesdroits sur les *Boujons d'or* tenans à Willaume de Zélande et à Rogier de l'Escace.

Li IIe tours de led. parosche commence à le porte de Roncville en venant tout à val (f°s 6 et suiv.)

(1396 : Le scribe de 1396 ne suit pas non plus en ce deuxième tour la même route que son devancier. Il faut, pour retrouver ses traces, d'ailleurs INCOMPLÈTES, se reporter aux folios 16, 21, 22, 17, 11).

---

1. Le maison tenans à led. porte de Ronville à le v^ve Gille Crespin, carton. (1396 : folio perdu).

(Emb. 1444, f° 5 r°). Jehannin, Bettremet et Marion le Cuvelier, frères et sereur, enffans de feu Jeh. le Cuvelier, en son vivant merchier, vendent à Jeh. Dupire une maison séans *assez près de le porte de Ronville, tenans d'un costé aux t(e)raux de le ville* et de l'autre costé et par derrière à léritage de Messire Guillebert de Lannoy, chevalier.

Il est assez difficile, on va le voir, que cette maison tienne à celle de Guilbert de Lannoy (4) à moins que, un peu avant 1444, ce que je n'ai pu constater par un acte, ledit seigneur n'ait acquis les deux maisons suivantes.

2. A Gauwain Brongnart. (1396 : les deux maisons *vers le porte de Ronville* à Colart de le Machue, fournier).

3. Aud. Gauwain Brongnart. (1396 : aud. Colart de le Machue). **Le vert Chevalier.**

(Emb. 1428, f° 111 r°). Gaudeffroy d'Arleux gage une obligation sur une maison à lui appartenant, séans en le rue de Ronville, nommée *le vert Chevalier*, tenans d'une part à Jeh. le Cuvelier et d'autre par à Monsgr Guillebert de Lannoy.

Led. Gaudeffroy d'Arleux (*ibid.*, f° 184 r°) engage de nouveau cette maison « *aboutans aux téraux de le ville* »

En juillet 1433 (emb., f° 66 r°), Œude Landrieu, vve de Jeh. de Fain, Pierre Loncle, sergent à verge de l'échevinage, et Maroie de Fain, sa femme, vendent à Jeh. Gavelle « *ou nom et comme procureur de la ville, deux* maisons tenans ensemble, *emprès le porte de Ronville,* tenans d'une part à l'éritage *Jeh. le Cuvelier* et d'autre part à Monsgr Guillebert de Lannoy, chevalier, et *aboutans par derrière aux téraux* ».

4. Au Visconte des Quesnes. (1396 : Le maison du Visconte des Quesnes, chevalier, *à l'opposite de le maison de Wautier Haterel.*— C'est-à-dire la maison de Séchelles, n° 33 du 1er tour). **Les Quesnes.**

Voir (A. Guesnon, *Origines d'Arras,* t. II, p. 53) comment l'hôtel *des Quesnes* entra dans la famille des Seigneurs de Lannoy par le mariage d'Eléonore des Quesnes avec le susdit Guillebert ou Gilbert de Lannoy.

5 6. Le maison du *Cauffour* et une autre maison à Mikiel Bernart. (1396 : le caufour et le petite maison d'en costé aud. Mikiel). **Le noir Lion.**

(Emb. 1423, f° 122 v°). Jeh. Caulier (argentier de la ville), veuf de Marie Bernart et Gille Bernart demandent le partage des nombreuses propriétés de Mikiel Bernart, parmi lesquelles « une maison séans en le rue de Ronville nommée le *Noir Lion, où soloit avoir un cauffour*, et une autre maison tenant à ledite maison du *Noir Lion* ».

En 1426 (emb. 3 r° et 5 r°), à l'occasion du mariage de Jehan Caulier, fils dud. Jeh. argentier et de Marie Bernart avec Monice Hoël, fille de Agnieulx Hoël, échevin, un nouveau règlement intervient, où il est encore question de la maison de la rue Ronville, nommée le Cauffour, tenans à madame des Quesnes et d'une autre petite maison y attenante.

Il est probable que, comme pour le chaufour (52 du 1er tour) devenu *l'Épée en Ronville*, une taverne, à l'enseigne du *Noir Lion*, s'était installée dans la maison de Michel Bernard, sans que le chaufour cessât de fonctionner.

7-9. Les trois maisons à Mik. Lasne. (1396 : aud. Mik.).

(Emb. 1401, f° 267 v°). Toussains du Hamel vend à Henri Ploiebien, une maison séans en le rue Ronville (9), tenans à le maison dud. vendeur et par derrière à Mikiel Bernart et d'autre part *faisant le touquet de le ruelle qui est emprès le maison Jeh. Gauchin.*

(*Ibid.*, f° 309 r°). Ledit Toussains vend aud. Henri Ploiebien deux *maisoncelles* (7 et 8), tenans ensemble et d'une part à Mik. Bernart et d'autre part à l'éritage dud. acateur.

Le n° 9 avait pour enseigne : **Les Cocquelés.**

(Emb. 1436-38, f° 179 r°). Pierre Carée donne en garantie d'une avance d'argent, « la maison et héritage *des Cocquelés*, situés en le rue Ronville ». Voir A. Guesnon, *Origines d'Arras*, t. II, p. 43).

10. Le maison *tenant as Maillés en Roneville* à Willaume le Bocheux. (1396 : à Jeh. de Gauchin).

(Emb. 1436-38, f° 44 v°). Jeh. de Gauchin vend à Jeh. des Pois une maison en le rue Ronville, tenans *d'une part au frégart de le ville* et d'autre part *à l'éritage des Maillés.*

11. Les Maillés en Ronville à le Trinité. (1396 : à Jaquemart des Planches). **Les Maillés d'or.**

Comme le fait remarquer M. Guesnon (*Origines d'Arras*, t. II. p. 50) *les Maillés* sont devenus les *Maillés d'or* (armes de la famille de Mailly) lorsque les trinitaires eurent arrenté leur propriété à un seigneur de Mailly.

(Emb. 1428, f° 24 v°). Noble homme, Monsgr de Mailli, dit le Bègue, chevalier, seigneur du Quesnoy et de Bienvillers, fils de feu Monsgr d'Autheville, vend à Jeh. de Diévat, recepveur général du païs d'Artois pour Monsgr le duc de Bourgogne, la v° partie, avec tout le droit qu'il avoit sur une maison seituée en le rue de Ronville, *nommée les Maillés*, (ces mots sont biffés, mais il s'agit sans conteste de la maison des Maillés), avec droit à la rente *que doivent les archers de la confrérie de la ville pour l'arrentement par eulx fait de certain gardin* qui est dudit héritage.

(*Ibid.*, f° 50 v°). Madame Jehanne de Mailli, dame duwagière de Maucourt, Jeh. Fourmentin, escuier, et demelle Jehanne de Mailli, sa femme, vendent à sage et honnorable Jeh. de Diévat, conseiller de Monsgr le duc de Bourgogne et son recepveur général d'Artois, tous leurs droits en une maison scituée en le rue de Ronville, qui jadis appartint à Monsgr Gille de Mailli, chevalier, Sgneur d'Autheville et à Marguerite de Longueval, sa femme, et en xl. sols de rente qui se prent et cœille chacun an, *sur ung gardin, séans au derrière de le maison dessus déclairée, qui soloit estre de led. maison, nagaires baillié à rente aux roy, connestable et confrères des archers à main de led. ville par feue madame de Longueval.*

(Emb. 1436, f° 26 r°). Jeh. Hoel dit Petit Jehan vend à Colart le Borgne ses rentes sur la maison des *Maillés d'Or* en Ronville, appartenant à Jeh. Julien et tenant à l'éritage Pierre Carée, brasseur de cervoise.

12. Saint-Jehan à le goudale à Colart de St-Jehan. (1396 à le vve Colart de St-Jehan).

(Emb. 1423, f° 78 v°). Jeh. de Saumer, fils de feu Jeh. de Saumer et de Maroie Mauroye, jadis femme dud. feu et ad présent femme de Pierre Carée, cervoisier, vend aud. Pierre Carée et à led. Maroie ses droits sur la brasserie *Saint-Jehan* tenans aux *Maillés* et par derrière à Jeh. Tasquet et *à une ruelle qui va à un puch lez led. maison.*

(Emb. 1438-39, f° 122 r°). Pierre Carée donne en garantie d'une obligation « une maison en le grant rue St Jeh. en Ronville, tenans d'une part à l'éritage de le Trinité, aboutans par derrière à Jeh. Tasquet et *faisant touquet d'une ruelle lez led. maison.*

En 1445 (emb. 1444-45, f° 107 v°), il engage de nouveau cette même « maison, à usage de brasserie, nommée *St Jehan en Ronville*, tenant d'une part à une maison appartenant à l'église de le Trinité, nommée les *Maillés* et d'autre part *à une ruelle estans entre led. brasserie et une petite maison appartenant à Jeh. Tasquet* et aboutans au gardin dud. Tasquet.

(Emb. 1464, f° 34 v°). Pierre de Saumer et Marie de Dompierre, sa femme, reconnaissent que pour payer leurs dettes ils devaient vendre et vendent en effet, « à Hues de Dompierre dit Baudin, une maison à usage de brasserie, *séans devant l'église St-Jehan,* tenant d'une part à une maison appartenant à le Treritté et d'autre part à l'héritage Jeh. Tasquet, avec les enchines, vaisseaulx, mollin, tonneaulx et tout ce entièrement que à led. brasserie deppend... »

Voir pour cette maison et les maisons voisines A. Guesnon (loc. cit. p. 50).

13-16. Les IIII maisons ens. à Monsgr de Divion. (1396 : le grande maison et III maisonchelles tenans à icelle sont à Jeh. Tasquet dit Hidoux). La grande maison (13) est **le Pavillon en Ronville.**

(Papiers des rentes de le Povreté, 1395). Sur le maison de feu Jeh. Tasquet et les petites tenans à icelle séans en le rue de Ronville *devant l'Eglise de Saint-Jehan,* XXIIII s. et II cappons bourgois.

(Emb. 1427, f° 218 r°). Jeh. Tasquet vend à Pierre Carée, une Courtelle (Courtille ou jardin, situé, dans le cas présent, derrière les maisons nommées), tenant de deux costés à le maison du *Pavillon en Ronville,* à lui appartenant, et d'autre part à l'héritage Jeh. Jullien que on dist *les Maillés* et à l'héritage *Saint-Jehan,* appartenant à Pierre Carée.

(Emb. 1464, f° 31 v°). Estene Crété (Crestet ou Crestel, les trois formes du nom se rencontrent) vend à Philippot de Dompierre, trois maisons tenans ensemble, tenans à une petite ruelle de flégart qui maisne à une yssue du gardin Jeh. Tasquet, et aboutans aux téraux.

(Emb. 1475-77, f° 6 v° et 29 v°). Acte par lequel « maistre Jeh. de le Vacquerie, licencié es loix et conseiller de le ville » vend à Jeh. Tasquet fils, le tiers qu'il a « en le maison et *hostel du Pavillon, situé au devant de l'église St-Jehan,* aveuc trois petittes maisons tenans à icelle, qui furent, Jeh Tasquet. En cet acte intervient Pierre de le Vacquerie, époux de Gille Tasquet, sœur de l'acheteur.

17-18. Maison et gardin à Messire Willaume d'Arras.

19-20. Deux maisoncelles *derrière* (sans doute dans la rue de Pavie) aud. Willaume.

21-22. **Le Rouet en Ronville** et une maison ens. sont à Philippache Gabriel. (1396 : Les deux maisons tenans ensemble dont li une est nommée le *Rouet en Ronville* et l'autre **Le Croche d'or** sont à Névelot Gabriel En note marginale : vendues par Névelot Gabriel à Robert Lescaudé le XXVe jour de juing IIII[xx] et XVI).

(Emb. 1426-28, f° 8 v°). Marguerite de Longueval, vve de Monsgr d'Autheville, vend à Jeh. Mille, orphèvre, une maison en le rue Ronville, *faisans touquet de le rue de Pavie.*

(Emb. 1426-28, f° 174 r°). Le vve Annieulx de Nédonchel et ses enfants, Jeh. de la Haie, escuier, et Marglte de Nédonchel, sa femme, vendent à Jeh. de Sacquespée, maieur de la ville, leurs rentes sur un grand nombre de propriétés, entre autres, « sur le maison des hoirs de feu Monsgr d'Autheville, tenant d'une part à l'héritage du *Rouet* et d'autre part à une *petite ruelle par laquelle on soloit aler aux téraulx de la ville.* »

23. Le rentier de 1396 place à côté du Rouet une maison nommée **Le Vigne** appartenant à Monsgr de le Vigne, chevalier. Je ne vois guère qu'un moyen de la situer à cet endroit ; admettre que le *Rouet* et le *Croche*, « tenans ensemble » ne formaient qu'un seul membre, et que la *Vigne* constituait l'angle de la rue de Ronville et de la rue de Pavie. En ce cas, les documents qui précèdent s'appliqueraient à *la Vigne,* et non au *Croche.*

24-25. A Mik. Augrenon, maison et gardin *en le rue de Pavie.*

26. A Jeh. Paste. (1396 : Est-ce la maison sans nom de propriétaire dont le registre de 1396 dit qu'elle est *en Ronceville* (la précédente étant en la rue de Pavie) à *l'opposite de le maison Monsgr de le Vigne)?*

27-28. A Jeh. Paste. (1396 aud. Jeh.).

(Emb. 1392, f° 122 v°). Les enfants de feu Laurent Lescaudé vendent à Pierre Querquefoeulle les rentes que leur père avait sur diverses maisons « ...sur le maison Jeh. Paste séans en Ronville, *faisans le touquet de le rue de Pavie*

(Emb. 1418, f° 144 v°). Le vve de Jeh. Paste donne à Mikiel Lois et à Maroie Toppine, sa femme, les louges qu'elle a et prent sur III maisons (26-28), séans en Ronville, *faisans le touquet de le rue de Pavie* et d'autre part tenans à Gille Bernart », à la condition que lesd. conjoints seront tenus de l'entretenir selon son état et « de la faire enterrer et faire faire son obsecque comme il appartient ».

(Emb. 1438, f° 112 r°). Maroie Toppine, vve de Mik. Loys, Jeh. et Bellotte Loys, ses enfants, vendent à Foursi Pouchin une maison, séans en le grant rue de Ronville (26), *faisans touquet de le rue de Pavie*. Ce projet de vente a dû être interrompu par la mort de lad. Maroie, car, quelques jours après (*ibid.*, f° 127 v°), Jeh. et Ysabellet Loys se partagent les trois maisons en question et (*ibid.*, f° 128 r°) Jehan conclut le susdit marché avec Foursi Pouchin.

29. A Mik. Bernart. (1396 : aud. Michel). **Le Rouge Chevalier.**

(Emb. 1423, f° 122 v°). Dans le partage déjà cité fait entre Jeh. Caulier, veuf de Marie Bernard, et Gille Bernard, des biens de Michel Bernard, led. Jeh. obtient « le maison que on nomme : *Le Rouge Chevalier*, séans en le rue Ronville, tenans à le maison du *Gayant* appartenant à madame d'Anteville et par derrière aboutans au gardin et héritage dud. Gille Bernard (31-33).

30. **Le Gayans en Ronville** à Jeh. Pronnier et à Jak. de le Pierre. (1396 : à Jaquemart de le Pierre et Jeh. Pronnier et le mère Tassart de l'Écluse — en note marginale : vendue le moitié de led. maison par Jacquemart de le Pierre à Tassart de l'Ecluse le XIIe jour de février IIII^{xx} et XVI).

(Emb. 1426, f° 3 r° et 5 v°), acte déjà cité aux n°s 5 et 6 ; il est aussi question de « le maison du *Gaians*, situé en le rue de Ronville, où *demeurent à présent les Lombars*, tenans par derrière au gardin de Gille Bernard.

31-33. Les deux maisons et le grange *en le rue as Testes, derrière le Gayant*, à Mahieu de l'Ermite. (1396 : aud. Mahieu).

(Emb. 1401, f° 263 v°). Guillaume de Berbenchon, dit d'Oustrevent vend les rentes qu'il prend sur deux maisons, grange et gardin appartenant à Mahieu de l'Ermite *en le rue as Testes*, tenans led. gardin à Mik. Bernart (le rouge Chevalier), et les deux maisons aud. gardin.

(Emb. 1427, f° 122 v°). Gille Bernart vend à Jeh. Caulier le fils, (dont le père, on l'a vu plus haut avait épousé Marie Bernart, fille de Mikiel), et à Estène Crestel (époux de Marie Caulier), une maison amazée de grange et ung gardin derrière led. maison, tenans ensemble, séans *en le rue as Testes par devant, par derrière à le rue de Pavie,* à le maison *du Rouge Chevalier* d'un lez par derrière, appartenant aud. acateur et de l'autre lez à l'héritage de feu Jaquemart Galant.

(Emb. 1428-30, f° 84 r°). Dans un dernier règlement de l'héritage de Mik. Bernart, Estène Crestel a dans son lot « deux petites maisons grange et gardin séans *en le ruelle du Gayans,* c'est-à-dire la propriété qu'il avait achetée de compte à demi avec Jeh. Caulier.

34-35. A Jeh. Bonnefoy. (1396 : aud. Jeh. Bonnefoy, goudalier). Maison nommée **Beauffort.**

(Emb. 1423, f° 41 v°). La vve Jaquemart Gallant vend à Robert Galant son fils, la moitié d'une maison, séans *en le rue as Testes,* tenans à l'éritage Gille Bernart *et faisant touquet de le rue de Pavie* (on constatera à plusieurs reprises que les scribes appellent rue de Pavie la rue Deslions actuelle).

(Emb. 1424-26, f° 221). Robert Galant et sa fille Jaquette vendent à Jeh. Loinne, boucher, une maison nommée *Beauffort* séans en le rue as Testes, tenans à Gille Bernard et *faisant le touquet de le ruelle qui va en Pavie.*

36-37. A Mahieu de Wailli. (1396 : aud. Mah., en le *rue as Testes).*

38. A Mahieu de Wailli. (1396 : à Colart Cornet, bouchier, en le rue as Testes).

(Emb. 1401, f° 288 r°). Colart et Adam Cornet frères et hoirs de feu Colart Cornet, boucher, vendent à Tassart d'Arras, boucher, une maison séans *en le rue des Testes* tenant d'une part à l'héritage Jeh. Poulain (c'est-à-dire à la porte de sortie du n° 52) et à l'héritage des hoirs de feu Mahieu de Wailli.

39. Le maison *en le grant rue de Roncville* à Jacote de Croisettes. (1396 : le maison *devant le maison du Cauffour* (52 du 1er tour) à Jaquemart le Carbonnier.

40. A Mah. de Wailly. (1396 : aud. Mahieu).

41. A Ricart le froumégier. (1396 : le maison qui fu Willaume de Moy est à Jeh. Marchand, chavetier).

(Papiers de le Povreté, 1395). Sur le maison Willaume de Moy qui fu Richart Linde, froumegier, tenant à le maison de Mahieu le Coqu. x s. IIII drs.

42-43. Le Tournois en Ronville et un courtieux d'alés. (1396 : à Colart Plouvier).

(II, 632-1398, f° 94). Noël Darlyés, pour se maison du *Tournoy en Ronville*, I blanc coulon.

44. A Jeh. Robert. (1396 : à Baudet). **Le Barisel** ou **les Barisiaulx** (*le Tonneau, le Baril*).

(Emb. 1391, f° 84 r°). Jeh. Robert garantit sur *les Barisiaulx* un emprunt de XLV frans qu'il a contracté pour la réparation de ladite maison.

(Emb. 1426-28, f° 171 r°). Waast Doffay vend à Jeh. le Courtois une maison « séans en le grant rue de Ronville, nommée *le Barisel*, tenans d'une part au *Tournois* à Noël Darliez et d'autre part à *le Garbe d'or*, et, par derrière, *aians yssue en le rue de Héronval* ».

45. Le Garbe d'or (*la Gerbe d'or*) à Tassart Loscaudé. (1396 : à Jeh. Mœut).

(Emb. 1423, f° 153 r°). Les héritiers de Thibaut de Beugni concluent un accord au sujet de « le maison nommée *le Garbe d'or*, seituée et faisant front sur le grant rue de Ronville, tenant et costant tout au long d'un lez à l'héritage Waast Doffay et d'une autre petite maison tenant à le maison dessus déclairée d'une part et d'autre part à le maison *l'Ours et le Lion*, aux hoirs de feu Pierre le Preudomme dit du Moutonchel.

(Emb. 1424-26, f° 47 v°). Hanequin et Ysabellet de Beugni, enfans de Jeh. de Beugni, vendent à Guillaume Innocent, clerc du bailli d'Arras, tous leurs droits sur lesdites maisons.

(*Ibid.*, f° 178 v°). Pierre de Beugni vend audit Guillaume Innocent ses droits sur deux maisons séans en le grant rue Ronville, joignant ensemble, nommées *le Garbe d'or* et *le petite Garbe d'or* tenant du lez de deseure et par derrière à l'héritage des *Barisaux* as hoirs messire Gille Doffay et du lez de desous à le maison nommée *l'Ours et le Lion* à Jeh. le Preudomme.

(Emb. 1454, f° 27 v°). Noël Innocent, fils de Guillaume, et sa sœur Aélips, femme de Jeh. de Bailly, vendent à Jeh. de Mernes deux maisons tenans ensemble, nommées *le grande et petitte Garbe d'or* en le grant rue de Ronville.

46. A Adam le Moult. (1396 : à Jeh. Mœut). **Le petite Garbe d'or.**

47. **L'Ours et le Lion** à Jeh. Frémin. (1396 : le maison qui fait le touquet de le rue Héronval à l'opposite de le maison *des Mazenghes* est à Jeh. Tourtel, sergant à mache).

(Emb. 1414, f° 101 v°). Piérot du Mez gage une obligation sur une maison nommée *l'Ours et le Lion*, tenans à *le Garbe d'or* et faisans touquet en Héronval.

Un peu plus tard (*ibid.*, f° 131 r°), il vend cette maison à Pierre le Preudomme.

48. A Waast Rémi. (1396 : à Jaquemart Hanebot).

L'accord intervenu en 1423 (voir n° 45) entre les héritiers de Thibault de Beugni visait une troisième maison « *faisant front sur le rue de Haironval*, en laquelle a ung petit gardinet ; led. maison costoians tout au long et tenans d'un lez à le court de le maison de *le Garbe d'or* et d'autre lez à un gardin appartenant à Waast Doffay (*le Barisel*) ».

49. A Waast Rémi. (1396 : **Le Vignete en Ronville** à Pierre Aurri, prestre chanoine).

Le nom de *Vignette en Ronville* est un peu déconcertant, puisqu'on est ici en *Héronval ;* mais cette maison dans le registre de 1396 est bien la deuxième après *l'Ours et le Lion* dont elle est séparée par Jaquemart Hanebot. Je n'ai malheureusement trouvé dans les embreveures aucun acte relatif à ladite *Vignette*.

50-51. A Waast Remi. (1396 : aud. Waast, tenans ensemble, *séans en Héronval*).

(Papiers de rentes de le Povreté 1395). Sur les deux maisons Waast Remi, bouchier, séans en Héronval, tenans à Jeh. Poulain, XII s.

52. A Jeh. Poulain. (1396 : aud. Jehan). **Le Hairon.**

(II, 639-1429, f° 156). Jeh. Poullain pour son four au *Hairon*, I dr.

Je n'ai rencontré dans les embreveures que deux mentions de cette maison, l'une en 1454 (f° 23 v°) l'autre en 1475 (f° 9 r°). Il est spécifié dans cette dernière que « la maison du *Héron* aboute *par devant et par derrière au flégard de la ville* ». C'est le cas de l'héritage Jeh. Poulain qui s'étendait jusque à la rue *as Testes* (Voir note n° 38).

53-54. A Jak. Galland. (1396 : aud. Jaquemart Galant, boucher).

(Emb. 1423, f° 12 v°). Robert Galant et la vve Jaquemart Galant donnent à maistre Leurent Bar une maison séans en le rue de Héronval, tenans d'une part à l'éritage qui fu Jeh. Poullain *et d'autre part à le ruelle de Pavie* (c'est-à-dire ici encore à la rue actuelle *Deslions*) *et fait les deux touquets de led. ruelle* pour en joir par led. maistre Leurent, sa vie durant, tant seulement, *pourveu qu'il sera tenus de demourer en led. maison.*

Comme Laurent Bar, qui était un personnage important, avait son habitation personnelle en la rue des Jongleurs, il dut refuser de souscrire à cette clause et quelques mois plus tard (*ibid.*, f° 41 v°), la vve Jaquemart Gallant vend aud. Robert la moitié qu'elle avait en cette maison « séant en *Héronval*, tenant à le maison qui fu Jeh. Poulain *et faisant le touquet de le rue de Pavie* ».

En juillet 1426 (emb. 1424-26, f° 221 v°), Robert Galant et sa fille Jaquette, pour s'acquitter de leurs obligations envers Leurent Bar, vendent à Piérot le Prévost, boucher, une maison séans *en le rue de Héronval*, en laquelle demouroit au jour de son trespas feu Jaque Gallant, tenant d'une part à l'héritage de le vve Jeh. Poullain *et faisant le touquet de la rue as Testes.*

On voit, comme il serait difficile, si on n'avait sous les yeux plusieurs actes relatifs à la même maison, de se reconnaître parmi ces dénominations imprécises de rues. En fait, les propriétés de Jak. Galant bordaient notre rue Deslions, depuis la rue Héronval jusqu'à la rue as Testes (rue actuelle de la Charité) et (voir n° 35) depuis la rue as Testes jusqu'à la rue de Pavie (rue actuelle de Sainte-Marguerite).

55-56. A Piérot le Trippier.

57. Grange à Jakemart le Carbonnier.

58. A Robert Gayolle. (1398 : à Robert Hanon, boucher).

(Emb. 1428, f° 33 r°). «Maistre Leurent Bar, recepveur des villes, terres et seignouries de Careney, Ais en le Gohelle, Duisans et Aubigny », donne en garantie d'un reliquat de comptes de Vc (500) livres, toutes ses propriétés. Herbert Thiré et Jeh. Paien, qui avaient répondu pour lui, mettent également leurs biens, selon la formule consacrée, « en le main des eschevins ». Jeh. Paien « rapporte à le loy pour lad. seureté et caupcion III maisons, tenans ensemble, en *le rue aux Testes*, tenant d'une part à Jeh. de le Haie, et d'autre part à Cornille Baudechon.

(Emb. 1435, f° 17 v°) Jeh. Caulier vend à Guillaume Giquel, dien (doyen ou serviteur) des arbalestriers, III petites maisons et un gardin tenans ensemble, en *le rue de Pavie, tenans au gardin des arbalestriers* et à l'héritage des hoirs de Jeh. de le Haie et aboutans par derière à Jeh. Paien.

Il est évidemment question dans ces actes, des petites maisons qui du n° 55 au n° 58 bordaient l'autre côté de la rue as Testes ou de Pavie (rue Deslions). Identifier chacune d'elles serait malaisé et oiseux, mais il est intéressant de constater que ces maisons, avec celles de la rue Héronval (59 à 64) encadraient le jardin des arbalétriers. Ce jardin n'occupait donc pas (*Les Rues d'Arras*, t. II p. 323) le terrain sur lequel s'élève la caserne Héronval, pour l'excellente raison que la rue Héronval se prolongeait alors jusqu'aux remparts. L'acte suivant qui, je crois, n'a jamais été publié nous fournira des données assez précises sur la situation dudit jardin.

(Emb. 1435, f° 78 v°). Jeh. Gavelle, comme procureur de le ville, a recongnut que pour le prouffit de led. ville et icelle acquitter et deschargor de pluiseurs et grans debtes dont présentement elle est chargée et par le conchession et ottroy de nostre très redoubté seigneur et princhc, Monsgr le duc de Bourgogne, de Brabant, de Lothier et de Lembourg, conte d'Artois, fait à led. ville par ses lettres et mandemens, passés en las de soie et chire verte, et moiennant le pris et somme de XXVI lbs. VI s. VIII drs., monnoie coursable en pays d'Artois, que les roy, connestable et confrères de l'arbaleste, estans en ceste ville, en ont paié, baillié et délivré comptant à Jeh. Caulier, notre argentier, pour icelle somme emploier ainsi et par le manière que lesd. lettres dud. ottroy fait par notre dit et très redoubté seigneur le prescrivent; Icellui procureur, par l'ordonnance et commandement de nous (eschevins), avoit et a vendu bien loyamment, werpy et clamé quitte hiretablement et à tousjours ausd. roy, connestable et confrères la somme de XXVI s. III drs. de telles monnoies que dessus, que paravant ces présentes la ville avoit et prendoit chascun an de rente héritière sur ung gardin ou partie d'icellui et qui *à présent est apliequé au jeu et esbattemens desd. arbalestriers*, appartenant à lad. confrairie estans soubs nous et en ceste loy, *marchissant du long aux téraux de lad. ville*, tenant d'une part à l'héritage Piérot de Camiers, boucher, et *faisant yssue en le rue de Héronval* et d'autre part à l'héritage Jeh. Tasquet et *ayans yssue en le rue de Pavie* pour desd. XXVI s. III drs. de rente héritière dessus dite, ainsi vendue que dit est, joyr et possesser par lesd. roy, connestable et confrères de l'arbalestre depuis ores en avant hiretablement et à tousjours...

(H, 639-1429, f° 98). Les confrères des *archers* ad main de lad. ville pour certaine partie d'accroissement pris sur le frégart de le rue de Pavy par le consentement de l'église (de St-Waast) et paient héritablement par certaines lettres passées par devant auditeurs du roy en l'an IIII^c et XXI, III drs.

(*Ibid.*, f° 99). Les confrères des *arbalestriers* de lad. ville pour certaine partie d'accroissement pris sur le frégart de le rue de Pavye, ensiévant le gardin des archers ad main par... en l'an IIII^c XXII, II drs.

On se souvient que le n° 22 tenait à une ruelle par laquelle dit un acte de 1427 *on soloit* aller aux téraux. Le verbe *soloir* indique toujours que la chose dont on parle existait autrefois mais n'existe plus. Il est donc probable que les accroissements pris par les archers et les arbalétriers en l'étroite ruelle de Pavie ont eu pour résultat d'interdire l'accès des remparts de ce côté. Le fait que le jardin des arbalétriers tenait aux propriétés de Jeh. Tasquet confirme cette conjecture.

59-61. A Mah. le Burier. (1396 : aud. Mahieu).

(Emb. 1401, f° 263 v°). Monsgr Guillaume de Berbenchon dit d'Oustrevent, chevalier, vend à Jaque le Borgne les rentes qu'il a sur II maisons appartenans à Mahieu le Burier, séans *en Héronval*, tenans ensemble et d'une part à une maison qui fu Robert Han in et d'autre part à une autre maison appartenans aud Mahieu.

(Comptes de le Povreté 1419-20). Les hoirs Mah. le Burier pour leurs III maisons et gardins, tenans ensemble en Héronval, XVIII s.

(Emb. 1421, f° 19 r°). Cornille Baudechon et Katerine le *Burière*, sa femme, vendent à Jeh. de la Haie III maisons tenans ensemble et les gardins appendans à icelles, tenans d'une part à Villette dit de le Fontaine et d'autre part *tenans tout du long à l'héritage des arbalestriers*... et par derrière aboutans à l'héritage desd. vendeurs ; *icelles III maisons séans en le rue de Héronval et faisans front sur rue.*

62-64. Les maisons ens. et un courtil à Mahieu de Camiers. (1396 : une maison et gardin, *tenans as murs de le ville* à le v^ve^ Mahieu de Camiers).

(Emb. 1423, f° 45 r°). La v^ve^ de Jeh. de Saint Waast donne à sa fille Péronne, à l'occasion de son mariage avec Jeh. Cocquet, échevin, les rentes qu'elle prend sur un grand nombre de maisons, entre autres, « sur le maison Pierre de Camiers, située *en Héronval*, tenant à l'héritage qui fu le v^ve^ Mahieu le Burier, *assez près des murs de la ville* ».

(Emb. 1454, f° 37 v°). Pierre de Camiers, boucher, vend à Pierre Sevestre, une maison et gardin séans *en le rue de Héronval*, tenans par derrière au gardin des arbalestriers, d'une part à l'héritage de Jaquotte de Camiers, sa sereur et *d'autre part aux murs et téraux de la ville.*

PAROISSE DE St-JEHAN EN RONVILLE (deux tours)

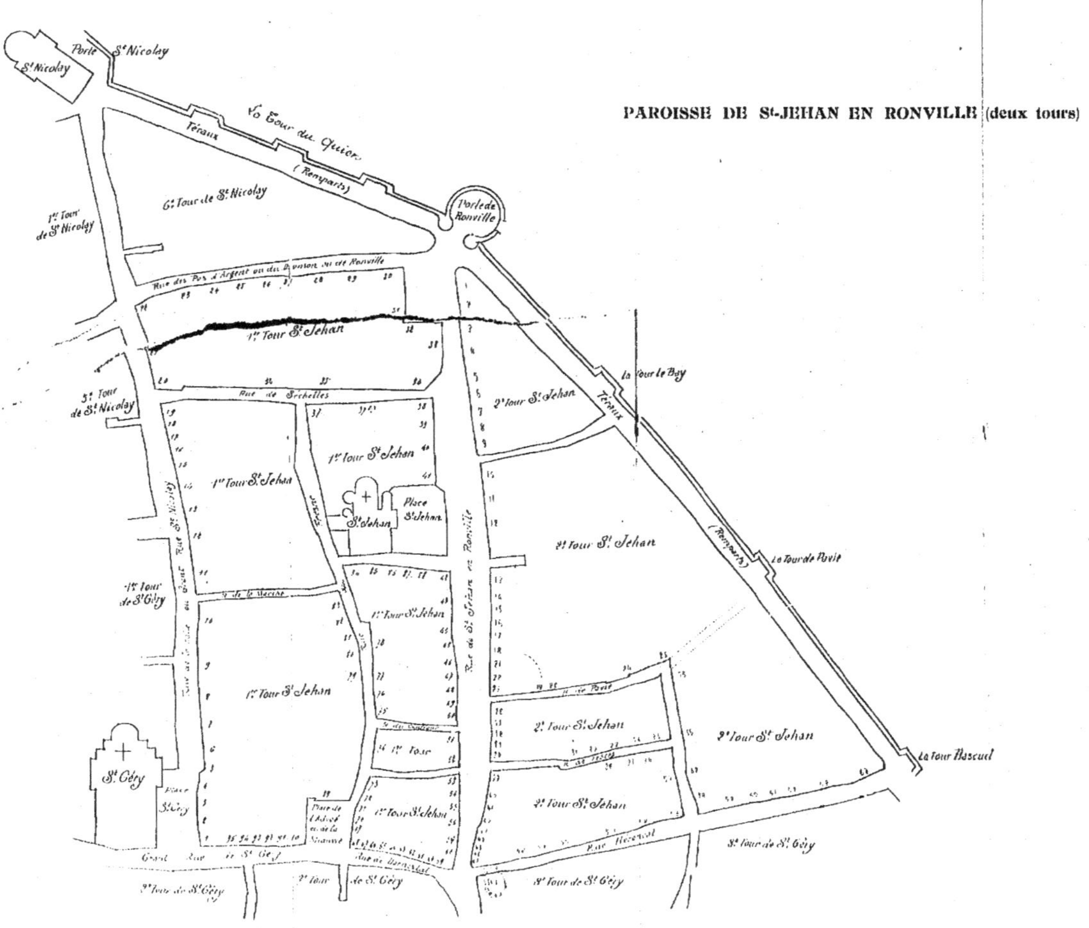

Paroisse St-Nicolas-sur-les-Fossés

Li premiers tours de led. parosce commenche à le porte Saint-Mikiel en alant à le porte Saint-Nicolay (f° 16 r°).

(1396 : même rédaction, fos 37, 42, 36, 7 et 8).

---

1. Le maison *tenans à led. Porte Saint-Mikiel, à* Rifflart Faymal. (1396 : le maison *tenans as murs de le ville,* aud. Rifflart Faimal.

2. A vve Simon de Lens. (1396 : à led. vve Simon de Lens). **Les Innocens.**

(Emb. 1415, f° 90 r°). Jehan, Jaquet et Huet le Camus, enffans de feu Bauduin le Camus, vendent à Colart Tannerye, cordewanier, une maison nommée *les Innocens* séans *assez près de le porte Saint-Mikiel.*

3. A Piérot Mayet. (1396 : à Piérot Maiet).

4. A Piérot Mayet. (1396 : aud. Piérot). **L'Estoille.**

(Papiers de rentes de le Povreté, 1395). Sur le maison Piérot Mayet, tenans à le maison Rifflart Faymal *assés près de le porte St-Miquiel,* XLIX S.

(Comptes de le Povreté, 1419-20). « Le vve Jeh. le Fèvre des Braqués pour une plache, séans emprès le porte St-Mikiel qui fu à Gille Mayet.... lequelle plache estoit et soloit estre tout desclose et y faisoient pluiseurs personnes leur repair et nécessité ». Le 13 février 1419, les échevins avaient baillé cette place à Jeh. le Fèvre en diminuant toutes les rentes dont elle était chargée. La rente due à la Pauvreté est fixée à IIII S. VI drs.

5. A Rifflart Faymal. (1396: aud. Rifflart). **Le Vert Bos. Le Porte Saint-Miquiel.**

(Emb. 1428, fº 91 rº). Robert Locurent dit Corbel et Colle de Meuricourt, sa femme vendent à Jeh. Boidel, eschoppier, une maison séans ou grant marchié, *assez prés de le porte Saint-Miquiel*, nommée *le Vert Bos ou grant marquié* tenans d'une part à l'ostel de *l'Estoille* à Jeh. Macheglier et d'autre part à l'héritage et court de l'ostel *des Braqués* à Pierre Canart.

(Emb. 1435, fº 50 rº). Jeh. Boidel, eschoppier, vend à Jeh. Bouchart dit Galois l'aisné une maison séans *emprès le porte St-Miquiel*, tenant d'une part à Jeh. Machecllier et d'autre part à une court estans de l'héritage *des Bracqués* (en marge : acte non passé).

(*Ibid.*, fº 100 vº). Led. Jeh. Boidel vend à Thumas Orient une maison nommée *le Porte St-Miquiel*, tenant d'une part à Jeh. Machecllier et d'autre part et par derrière aux *Bracqués*.

La similitude des renseignements fournis par ces trois actes, l'identité du prix d'achat et de vente (VII^{xx} couronnes d'or) ne laissent aucun doute sur le changement d'enseigne. *Le vert Bois* et *la Porte Saint-Michel* ne sont qu'une seule et même maison.

6. **Les Braqués** *(Brachet, Braquet, sorte de chien de chasse)* à Jeh. Volant. (1396 : à Gillot de le Grange, mari le Chavarde).

(Emb. 1389-1393, fº 145 vº). Jaquemart Waast et Marguerite Chavarde, sa femme, vendent à Jeh. le Grant, mesureur au blé, une maison séans sur le grant marquiet, nommée *les Bracqués*, joignans à Rifflart Faymal d'une part et à Jeh. Coulemont d'autre part.

(Emb. 1444, fº 66 vº). Jaquemart Ladan, sergent à vergue de l'eschevinage donne en garantie d'un règlement de comptes d'héritage la maison *des Bracqués, séans emprés le porte St-Miquiel* tenant à l'héritage des hoirs de feu Thomas Orient.

7. A Grard de Paris. (1396 : à Jeh. Faverel, boulengier).

8. **Le Panchel** *(le petit Paon)* à Andriou de Ternois. (1396 : *Le Paonchel*, à Guy de Ternois).

(Emb. 1402, f° 340 v°). Guy de Ternois garantit le paiement d'un « tappis contenant LXV aunes et demie quarrées » qu'il a acheté trente-neuf livres six sols, sur une maison qu'il a « séans ou grant marquiet *tenans à l'héritage des Braqués* d'une part et *au Plat d'estain* d'autre part ».

Le scribe a sans doute ici commis une inexactitude, car il faudrait admettre que depuis 1396, le n° 7 a été annexé soit aux *Bracqués* soit au *Paonchel.*

On remarquera que dans les actes qui précèdent, il n'est nullement question de la ruelle que les anciens plans et le répertoire de Dom Nicolas Page (f° 335 v°) signalent à cet endroit entre les n°s 7 et 8. Mais la forteresse construite par Louis XI a dû bouleverser cette partie du grand marché avoisinant la porte Saint-Michel.

9. **Le Plat d'estain** à Baudin Fourdin. (1396 : *Le Plat d'estain* ou grant marquiet, tenans au *Paonchel*, à Jeh. du Bos cabaretier).

(Emb. 1438, f° 23 v°). Piérot Bataille gage une dette sur sa maison du *Plat d'estain* tenant au *Cat Cornu.*

(Emb. 1464, f° 21 r°). Miquiel Dourlens, au nom de sa femme, Jehanne Brousse dite Caillel, et comme procureur de Colart Brousse dit Caillel, vend à Gille Foucart, marchant de chevaulx, une maison, séans sur le grant marchié, *vers le porte St-Miquiel,* nommée *le Plat d'estain,* tenant d'une part à l'héritage du *Pan* et d'autre part au *Cat Cornu.*

10. **Le Cat Cornu** *(le Chat Cornu, chat huant)* à le v^ve Lourent le Mayeur. (1396 : à Andrieu de Courcelles).

(Emb. 1428, f° 45 r°). Tristran de Paris cède à Percheval le Grant XV sols de rente sur *le Cat Cornu* à Flourent le Vasseur.

(Emb. 1436, f° 167 v°). Flourent le Vasseur vend à Guy Mannerqué, brasseur de cervoise, une maison ou grant marchié, nommée *le Cacornu (sic),* tenant d'une part au *Pot d'estain* (erreur pour : *Plat d'estain*) à Robert Bataille, marissal, et d'autre part à le maison de *le Vignette* à Jeh. Tabuel et aboutans par derrière aux téraux de la ville.

Dans *Les Places d'Arras* (p. 305), M. de Cardevacque cite un document du 5 mars 1422 extrait du Registre Mémorial commençant en 1419 (f° 79 v°). Notre Flourent le Vasseur, dont la maison avait empiété sur les remparts est mis en demeure de faire les travaux nécessaires pour se conformer à l'ordonnance du Gouverneur et des échevins « que nuls ne eust hiretages ne emposchemens contigus à le forteresse, à vingt quatre piés près ». On lui alloue une subvention de xx livres pour l'exécution immédiate de ces travaux.

11. A Henri Daulé, (1396 : à Simon Labitte). **Le Vignette.**

L'auteur des *Places d'Arras* dit (p. 308) que cette maison s'est appelée *l'Etrille* puis *l'Etoile* au XVIIe siècle. *L'Etrille* autrefois *l'Estrille* est une mauvaise lecture du mot *l'Estoille*.

12. A Jeh. de Coulemont et à Pierre le Fèvre. (1396 : à Jeh. le Fèvre et à Jeh. de Coulemont). **Saint-Martin.**

(Emb. 1421, f° 80 r°). Jeh. de Hamelaincourt loue à Huart Roussel le maison nommée *Saint-Martin* ou grant marchié, tenans d'une part à Jeh. Tabue et d'autre part à Jeh. de Lens.

(Emb. 1438, f° 50 v°). Led. Jeh. de Hamelaincourt donne à maistre Jeh. Reblouequié *l'ostel de Saint-Martin* tenans d'une part à Simon Tabuel, d'autre part à l'héritage qui fu Jeh. de Lens et par derrière aux téraux de le ville.

13. A Piérot Cavelare. (1396 : à Jeh. de Lens, gorrelier).

(Papiers de rentes de le Povreté, 1395). Sur le maison Jeh. de Lens, fil Pierre Cavelare, xxviii s., ii drs.

(Comptes de le Povreté, 1419-20). Jeh. de Lens, gorrelier pour se maison *emprès le Plat d'Estain*, xxviii s. ii drs.

Le mot *emprès* indique le voisinage et non la contiguïté.

(Emb. 1433, f° 69 v°). Piérot de Lens et Jehanne de Lommel, sa femme, vendent à Simon le Voiseux le quart qu'ils avaient « en une maison, séans ou grant marchié, tenans d'une part à l'héritage *de Saint-Martin* à Jeh. de Hamelaincourt et d'autre part à *Colart le Caron* ».

(Emb. 1434, f° 146 v°). Jeh. de St-Ricquier et Jacobte de Lens, sa femme, vendent à Simon le Voiseux le quart qu'ils avaient sur ladite maison tenans à *St-Martin*.

(Emb. 1436-38, f° 78 v°). Julien Achement et Guye de Lens, sa femme, vendent à Simon le Voiseux, gorrelier le quart... etc.

(Ibid. f° 125 v°). Jeh. Hoel vend à Colart le Borgne ses

rentes sur le maison des hoirs Jeh. de Lens tenans à *St-Martin* et à Colart Goubain.

14. A Simon Labite. (1396 : aud. Simon).

(Emb. 1427, f° 118 v°). Piérot le Roy et Jacobte Hurtaut, sa femme, paravant femme de Colart Goubain cèdent à *Colart le Caron* et à Marie Goubain, sa femme, une maison tenant d'une part à Jeh. de Lens et d'autre part à Jeh. de Bailli et par derrière aux téraux de le ville.

15. A Jeh. Roussel. (1396 : aud. Jehan).

16. **Saint-Christoffle** à Jeh. Roussel. (1396: aud. Jehan. — En note marginale : donné par led. Jeh. Roussel et sa femme à Jeh. Roussel leur fils après le trépas d'iceux le Xe jour de May IIII^{xx} et XVI).

(II, 632-1398, f° 84). Jeh. Roussel, le fil, pour le maison de *Saint-Christoffle ou grant marquiet*, une maille.

(Emb. 1436-38, f° 119 r°). Jeh. Hoel le Jone et Marie de Tilloy, sa femme, vendent à Jeh. de Bailly, sept sols six deniers de rente qu'ils avaient sur « une maison appartenant aud. Jeh. de Bailly, nommée *Saint-Christoffle*, tenans à l'héritage dud. Jeh. de Bailly, *au lez vers le porte Saint-Miquiel* (15) et aboutans par derrière aux téraulx de le ville ».

17. A Simon Labite. (1396 : aud. Simon).

(Emb. 1438, f° 123 r°). Jeh. le Brun dit de Flandres et Marguerite Yvain, sa femme, gagent un prêt « sur maison à eulx appartenant en laquelle ils demeurent, séans sur le grant marchié, tenans d'une part à le maison de *Saint-Christoffle* et d'autre part à une maison ou est posée *le Roe de fer* à Jeh. Ronchin ».

18. A Jeh. de Riencourt. (1396 : **Le Roe de fer** *(la Roue de fer)* à Huart le Macheclier, caron).

(Emb. 1418, f° 65 r°). Pierre Ousson et Katerine le Borgne, sa femme, vendent à Colart le Borgne, échevin, leurs rentes sur la maison Gillot Watet nommée *le Roe de fer* séans ou grant marchié et *faisant le touquet contre l'ospital de le Magdelaine.*

(Emb. 1433, f° 69 r°). Gillot Watet vend à Jeh. Ronchin une maison nommée *le Roue de fer* tenans à l'éritage Jeh. de

Flandres, marissal, et d'autre part *faisant le touquet de le ruelle de l'ospital de le Madelaine* et aboutans par derrière à l'héritage de *Saint-Christoffle.*

19. Le maison *en le ruelete,* à Jeh. de Bailli. (1396 : le maison *en le ruelete de le Roe de fer* est à Jeh. de Bailli).

20. **Li hospitaux de le Magdelaine** est on le warde de Jeh. de Hées. (1396 : *Li ospital de le Magdelaine).*

21. **Le Mouton d'argent** à Jeh. de Bailli. (1396 : aud. Jehan).

(Emb. 1435, f° 75 v°). Pérotte de Caucourt, vve de Martin du Gardin, dit Coupillart, donne à Wibert du Gardin, son fils, son droit de viage « en une maison, nommée *le Mouton d'argent,* et en une petite maison (19) séant au derrière d'icelle et *tenans ensemble par derrière,* ledit *Mouton d'argent* tenans à l'ospital de le Madelaine et à l'éritage *du Lossignol,* à Jeh. de Bailli et ledite petite maison tenans aud. Jeh. et aux téraux de le ville.

22. **Le Rousignot** *(le Rossignol)* à Frémin le Sauvage. (1396 : *Le Loursignot,* à Jeh. de Bailli).

(Emb. 1436-38, f° 15 v°). Jeh. de Bailly vend à Raoul du Hamel et à Jehanne de le Ruelle, sa femme, une maison nommée *le Lousignol,* ou grant marchié, tenant au *Mouton d'argent* et aux *Pourcellés,* maison que lui avait donnée Jeh. de Bailly, son oncle, (emb. 1418, f° 226 r° et 1424-26, f° 194 v°).

23. **Le Pourchelet** *(Le Porcelet)* à Nicaise de le Mote. (1396 : *Le Pourcellet* à Piérot Cavelare).

(Emb. 1433-35, f° 85 r°). Tassart Wion et Jehanne Danesin, sa femme, fille de feu Jeh. Danesin et de feue Marie le Séneseal, vendent à Pérotte d'Arras, que led. Jeh. avait épousée en secondes noces, « la moitié d'une maison, nommée *les Pourchellés,* tenant au *Lousignol* à Jeh. de Bailli et à *Le Fleur de lis* à Jeh. le Caron et *aboutans aux téraux* ».

24. **Le Fleur de lis** à Raimon de Reli à cause de sa femme. (1396 : à le demiselle du Luiton).

(Emb. 1423, f° 20 v°). Yzabel de Relly, vve de Hue de le Houssière, vend à Jeh. de le Fosse le quart qu'elle a en le maison de *le Fleur de lis,* où demeure led. Jehan, tenant à l'éritage des *Pourchellés* et à l'éritage des *Heaumes.*

(*Ibid.*, fo 74 ro). Marguerite de Relly, vve de Jeh. de Mons, vend aud Jeh. de le Fosse la part qu'elle a en *le Fleur de lis*... (comme dessus).

(II, 641-1437, fo 84). Le vve Jeh. de le Fosse, pour le maison de le *Fleur de lis*, I marcq et demi ferton d'argent.

25. **Le Hayaume** (*le Heaume*) à le vve Savale de le Plache. (1396 : *le Heaulme*, à Ysore Surien et à Jacobte de le Plache, sa femme).

(II, 632-1398, fo 84). Ysores Suriens, pour le maison du *Leaume*, marcq et demi de fin argent. Item, pour une maison ens., tenant à icelle, I marc et I ferton de fin argent.

(Emb. 1438, fo 209 ro). Jeh. Havard garantit une obligation sur une maison, séant ou grant marchié, nommée le *Hayaume*, tenant d'une part à *l'ostel de le Fleur de lis* et d'autre part au *petit Hayaume*.

25 *bis*. **Le petit Hayaume.**

Cette maison qui ne figure ni au rentier de 1382 ni au rentier de 1396 n'est sans doute qu'un dédoublement fait au début du XVe siècle de la maison du *Heaume*. En cas de pareils dédoublements l'ancienne maison conservait le nom de l'enseigne *parfois* précédé du mot *grand*, et la nouvelle maison prenait le nom de l'enseigne, *toujours* accompagné du mot *petit* : on en verra de nombreux exemples, *le petit Leu, le petit Luppart*, etc., etc.

(Emb. 1421, fo 93 ro). Dans le partage des biens de Jeh. de Lommel, Pierre de Lens et Jehanne de Lommel, sa femme, ont la maison nommée *les petits Heaumes*, tenans d'une part à l'héritage *des Heaumes* et d'autre part à l'héritage de *le Dautoire*.

(II, 639-1429, fo 84). Piérot de Lens, ad cause de sa femme, pour une maison ens., I marcq et demi.

26. A vve Savale de le Plache. (1396 : à Ysore Surien). **Le Dautoire** (*la Hache*).

27. A Accart Ronchin. (1396 : à Nicaise Ronchin, caron).

(Papiers de rentes de le Povreté, 1395). Sur le maison Nicaise Ronchin, *tenans à l'ostel du Heaume*, XXXII s.

A cette date les n°s 25 et 26, appartenant à Isore Surien, devaient constituer le Heaume. Les modifications signalées sont sans doute postérieures.

(Emb. 1429, f° 212 v°). Jeh. Ronchin, hostelain, vend à Adam Ronchin la moitié d'une maison dont led. Adam a l'autre moitié, tenant d'une part à l'héritage du *Petit heaume* et d'autre part aux hoirs Warnier Pouchin.

Il y a là, semble-t-il, une inexactitude. C'est à *le Dautoire* que cette maison devait tenir. Il faut toujours envisager, d'autre part, la possibilité d'une erreur du scribe, surtout si les changements survenus sont récents.

(H, 631-1396, f° 51). Nicaise Ronchin, pour se maison *sur le touquet* un ferton de fin argent.

Cette indication prouve que déjà au XIVe siècle la saillie de cette maison était assez prononcée pour qu'il y eût une sorte de touquet.

28. A le v^ve Savale de le Plache. (1396 : le maison *estans ou coing* est à Warnier Pouchin).

(Emb. 1391, f° 60 v°). Ysore Surien et Jacobte de le Plache, sa femme, vendent à Warnier Pouchin une maison ou grant marchiet, tenans à Nicaise Ronchin d'une part et d'autre part à Vincent le Fèvre et par *derrière marchissans* à le maison de *le Dautoire* tenans à *l'ostel du Héame* et d'autre part as héritages dem^elle Blance Beauparsis que elle a en le ruelle des Gobelés.

(Emb. 1426, f° 167 r°). Cateline Pouchine, fille de feu Warnier Pouchin, vend à Piérot Bélot le quart qu'elle a « en une maison, ou grant marchié, tenans d'une part à Adam Ronchin et d'autre part à le maison *de le Beste Sauvage*, à Jeh. de Héronval et aboutans à Mik. Lanstier.

(Emb. 1434, f° 146 v°). Pierre et Martin de Baudart, vendent leur rente sur une maison ou grant marchié, tenant à Jeh. Ronchin et à Jeh. de Héronval et par derrière à le maison du *Heaume*.

(H, 633-1408, f° 98). Simon Pouchin, pour une maison *en l'Anglet. (Anglet, anguelet,* angle, recoin. Ex : Pierre d'Orchies, rue du gardin emprès un puch qui est en un *anguelet)* III drs.

Les façades des deux maisons (27, 28) ont été abattues et remises à l'alignement dans le courant du XIXe siècle.

29. A Vinchan le Fèvre. (1396 : aud. Vinchan, marischal). **Le Beste Sauvage.**

(H, 632-1398, fo 84). Vinchans le Fèvre, pour une maison cns., IIII drs.

(Emb. 1426, fo 108 ro). Piérot Bataille et Baudine Hideux, sa femme, vendent à Jeh. de Wamin, une maison nommée *le Beste Sauvage*, tenant à Pierre Bélot et faisant toucquet de le rue des Gobelés et par derrière à Colart Lanstier.

Jeh. de Wamin revend presque immédiatement cette maison (*ibid.*, fo 113 ro), à Jeh. de Héronval, marissal.

(H, 639-1429, fo 85). Jeh. de Héronval, pour se maison *nommée le Beste Sauvage*, IIII drs.

30 34. Les V maisons *en le ruelle derrière led. Vinchan* sont à demiselle Blanche Beauparsis. (1396 : les V maisons *estans en le ruelle des Gobelés*, à led. demelle).

35. Le maison *au bout de led. ruelle* est à Toussain Clay. (1396 : le maison *au bout de le ruelle des Gobelés*, aud. Toussains).

(Emb 1392, fo 117 ro). Marguerite Louicharde donne à sa niepche Marguerite, fille Englebert Louchart, ses rentes sur le maison Toussains (Clay dit) des Cauderons, séant *en le rue des Ghobelés*, ou grand marquiet.

(Emb. 1421, fo 120 vo). Englebert Fastoul vend à Tassart de Lommel une maison *en le rue des Gobelés*, aboutans *par derrière à le rue des Cauderons.*

(Emb. 1464, fo 15 ro). Pierre de Beaucamp vend à Jeh. de Bar une maison court et héritage séant *au bout de la rue des Gobelets*, sur le grant marchié, aveucq les estables estans en led. court, tenant d'une part à l'héritage des *Healmes* d'autre part à le maison *des Cauderons* et par derrière *aboutant aux murs de la ville.*

Ces actes prouvent que la rue des Gobelets était alors une impasse et que la maison du fond s'étendait assez loin derrière un certain nombre de propriétés de la Grande-Place.

36. Les Gobelés d'Argent à le v^{ve} Savale de le Plache (1396 : à Joh. du Hamel).

(Emb. 1435, f° 25 v°). Jeh. de Mingreville vend à Thumas le Cuvellier une maison, nommée *les Gobelés*, faisant d'une part *le toucquet de le ruelle des Gobelés* et d'autre part tenant à l'héritage de *Saint-Nicolay* appartenant à le v^{ve} de Jeh. de le Fosse dit le Caron et à Jeh. Théry, à cause de sa femme, et aboutans à l'éritage Tassart de Lommel.

(H, 641-1437, f° 85). Le v^{ve} Thomas le Cuvelier, pour le maison des Gobelés, IIII drs.

37. A led. v^{ve} Savale de le Plache. (1396 : à Foursi Driévart, boulengier). **Saint-Nicolay. — Le Buisson Saint-Nicolay.**

(Emb. 1423, f° 14 r°). Jeh. Théry, gorrelier, et Gillotte de le Fosse, sa femme, fille de Jeh. de le Fosse, caron, et de le fille de feu Jeh. de Lommel, vendent aud Jeh. de le Fosse la V° part qu'ils avoient en une maison, nommée *Saint-Nicolay*, tenant d'une part aux *Gobinés* (*sic* pour Gobelés) et d'autre part à Tassart de Lomel.

(Emb. 1429, f° 241 r°). Jeh. de Hari, tissseran de toilles, et Jehanne de le Fosse, sa femme, vendent à Jeh. de le Fosse, la V° part de la maison de *St-Nicolay*, tenant aux *Gobelés*, etc.

Cette maison avait été donnée par Joh. de Lommel à ses cinq petits enfants. Son gendre Joh. de le Fosse rachète les parts.

(Emb. 1436-38, f° 110 r°). Pierrot Logier et Jehanne de le Fosse, sa femme, (autre Jehanne que la précédente ; il n'est pas rare de voir les parents et plusieurs enfants porter simultanément ce prénom de Jehan ou de Jehanne, fort répandu à l'époque), vendent à Marguerite Patoise, v^{ve} de Jeh. de le Fosse, les droits qu'ils avaient en le maison de *St-Nicolay*...

(H, 641-1437, f° 85). Hanotin, Jehenne, Gillette, Collette et Jehenne, enfans de feu Jeh. de le Fosse, pour le maison de *Saint-Nicolay*, II drs.

(H, 647-1458, f° 94). Le v^{ve} Jeh. de le Fosse, pour le maison appelée le BUYSSON SAINT-NICOLAY, II drs.

38. A le v^{ve} de Joh. Tave. (1396 : à Camus Danesin, gorrelier).

(H, 635-1415, f° 90). Jeh. de Lommel, pour se maison cens, II drs.

(Emb. 1421, f° 93 r°). Tassart de Lomel a pour sa part dans la succession de Jeh. de Lomel « une maison tenans d'une part à l'héritage *de l'enseigne de Saint-Nicolay*, à Jeh. de le Fosse, caron, et d'autre part *à le ruelle des Caulerons* ».

(Emb. 1436-38, f° 46 r°). Jaquemart de Tilloy, vend à Colart le Borgne ses rentes sur la maison qui fu Jeh. de Lomel, nagaires appartenant à Tassart de Lomel, tenant *à l'ostel Saint-Nicolay* et à l'héritage des *Cauderons*.

(Emb. 1444, f° 78 r°). Tassart de Lomel garantit le règlement d'un compte de succession sur sa maison, tenant *à St-Nicolay*, à le vve Jeh. le Caron (Jeh. de le Fosse, dit le Caron) et aux *Cauderons* et aboutans par derrière à Pierre de Beaucamp.

La maison de Pierre de Beaucamp (35) située au fond de l'impasse *des Gobelés* tenait aussi aux *Cauderons*. Il résulte de ces indications que la *rue des Cauderons* n'aboutissait pas non plus alors aux remparts.

39. **Les Cauderons** *(les Chaudrons)* à Toussains Clay. (1396 : aud. Toussains).

(H, 635-1415, f° 90). Jeh. le Machon, à cause de se femme, pour le maison des *Cauderons*, III drs.

(Emb. 1415, f° 122 r°). Jaquemart de Sailli, vend à Pierre de le Bricque ses rentes sur la maison, nommée *les Cauderons*, tenans *d'une part à le ruelle des Cauderons* et d'autre part *au Pot de Queuvre* à Jeh. Machon.

(Emb. 1418, f° 114 v°) Mahieu Lanstier donne à son fils Miquiel, à l'occasion de son mariage, les rentes qu'il prend sur diverses maisons, entre autres, sur le maison *des Cauderons*, tenans à Jeh. de Lommel et d'autre part au *Pot de Cœuvre* à Jeh. Machon.

40. **Le Pot de Cœvre** *(le Pot de Cuivre)* à Jeh. Machon. (1396 : *Le Pot de Queuvre* à Jeh. le Machon).

(H, 635, f° 90). Jeh. le Machon, pour se maison *du Pot de Cœuve*, I ob.

(Emb. 1475, f° 33 v°). Jeh. Coulon, gorrelier, gage une obligation sur sa maison, *le Pot de Cœuvre*, tenant à l'ostel des *Cauderons* et à *le Truye qui fille*.

41. A Pierre de Vaux. (1396 : à le vve dud. Pierre). **Le Truye qui fille.** *(La Truie qui file).*

(H, 632-1398, fo 85). Le vve Pierre de Vaulx, pour se maison ens., une maille.

42. A Jak. de Reu. (1396 : aud. Jak. de Reu, mareschal. **Les Tourtereulles** *(Les Tourterelles).*

(Emb. 1401, fo 278 vo). Jaquemart de Reu, marissal, donne à Marguerite le Fonderesse, fille de sa niepche, une maison ou grant marchié tenant au *Pot de Cœvre* et faisant le *touquet de le rue du Cherf Volant*, et aboutans par derrière à *l'ostel des Cauderons*.

(Emb. 1423, fo 142 ro). Dans la succession de Jeh. de Baudart, Jeh. Bellot et Sainte Walois, sa femme, ont la maison du *touquet du grant marchié emprès le Chierf-vollant.*

(Emb. 1433-35, fo 18 ro). Marguerite le Fondeur (1), vve de Guérart de Paris, Colart de Paris et Jehanne Walois, sa femme, vendent à Guérart de Reu une maison tenant à l'héritage *de le Truye qui fille* et faisans le *toucquet de le rue du Cherf-volant* et aboutans par derrière aux *Cauderons.*

(*Ibid.*, fo 161 vo). Grard de Reu gage un prêt sur sa maison tenant à *le Truie qui fille* et faisans le *toucquet de une ruelle estans entre led. maison et le maison du Cerf-volant.*

(Emb. 1436, fo 150 ro). Guérard de Reu, marissal, vend à Willaume de Noielle, plétier, une maison, nommée les *Tourtereulles,* tenant au *Pot de Ceuvre* et à une ruelle qui maisne aux téraux et aboutans aux *Cauderons* et aians yssue en led. rue.

(Emb. 1444, fo 17 ro). Simon Agache loue à Jeh. de Héronval, marissal, une maison tenant à *le Truye qui fille* et à le ruelle estans entre led maison et le maison Madame de le Mote qui fu Colart Honnère et par derrière *à l'ostel des Cauderons.*

Donc, pour les scribes du Moyen-Age, parfois assez peu soucieux de l'exactitude absolue, la maison des *Tourterelles* touche tantôt au *Pot de Cuivre,* tantôt à la *Truie qui file.* Mais il est aisé de discerner la vérité et de voir que les *quatre*

(1) C'est la Marguerite le Fonderesse citée plus haut Les noms de femme sont souvent féminisés : Le Fondeur devient Le Fonderesse, Le Clerc, Le Clergeresse, Le Roy, Le Royne, L'Empereur, L'Empérière, etc.

maisons, situées entre l'impasse des *Chaudrons* et la ruelle du *Cerf-Volant,* nommée plus tard de la *Grosse-Tête,* se suivent bien dans l'ordre que j'indique. L'auteur des *Places d'Arras* (p. 338 et suiv.) ayant confondu, comme on s'en convaincra plus loin, la rue du *Cerf-Volant* ou de la *Grosse-Tête* avec l'impasse du marché aux fromages (impasse des Dominicains) et même avec la rue du *Saumon* est obligé de supposer que les trois premières maisons : *les Chaudrons, le Pot de Cuivre* et *la Truie qui file,* ont constitué les nos actuels 32 et 30 de la Grande-Place ; et que les maisons de Johanne Valentine et de Ghillebert d'Allemagne (placées en réalité à l'angle de la rue du Saumon) portent les nos 28 et 26. C'est une erreur que les textes précités rectifient d'eux-mêmes.

43. A Sire Bauduin d'Arras. (1396 : **Le Cherf volant** qui fu Guillaume d'Arras, chevalier, est à Colart Honnère).

44. **Le Ghisarme** (*La Guisarme,* sorte de hache d'armes) à Joh. Louchart Beckart. (1396 : à Colart Honnère).

A partir de cette maison, nous quittons la Grande-Place pour entrer dans la rue « du Markiet as fromages » (rue des Dominicains) ou en Quiévremont.

45. Le maison du *four de le ruelle, derrière le Ghisarme* à le vve Jak. Wagon. (1396 : *le maison du four de le rue as fromages,* à Monsgr de Miraumont.

46. Le maison *du touquet de led. ruelle* est à *Jehenne Valentine.* (1396 : le maison *du touquet de le rue as fromages* est as hoirs de feue le Valentine).

M. de Cardevacque transforme ainsi ce texte (loc. cit. p. 342) : « La maison du touquet *de la ruelle (Grosse-Tête)* ». Or le registre de 1396, qu'il ne cite pas ici, dit positivement : *rue as fromages.* De plus il y a entre la maison Jak. de Reu, dont il fait le no *actuel* 28 et celle de Johanne Valentine, à laquelle il attribue le nº 26, trois maisons dont il ne tient pas compte.

47. A ladite Jehenne Valentine. (1396 : aux hoirs de led. Jehenne).

48. Le maison qui fait *le touquet du markiet as fourmages* (et non aux *fourrages, ibid.* p. 342) en alant à l'Eglise St-Nicolay est à Ghillebert d'Alemaigne. (1396 : le maison qui fait *le touquet devant le Kiévrette* (32 du 2e tour) est à Maroie Ghileborde (et non à Marc Guillebert (p. 343).

C'est à cette maison, séant devant *la Chevrette* (le futur couvent des Dominicains), par conséquent au coin de la rue du Saumon, que l'auteur des *Places d'Arras* donne le nº 24 du grand marché et le nom de *Grosse-Tête* qui ne convient qu'à l'ancien *Cerf-volant.*

(Emb. 1399, fº 17 rº). Maroie Fressette, vve de Guillebert de Lalemagne, vend à Henri Ployebien une maison en *Quiévremont, sur le marquiet as fromaches* tenant à l'héritage qui fu Valentin Bonnefoy et faisant le *touquet de le rue par lequelle on va à l'Esper de mer* et d'un autre lez tenant à le maison de ledite venderesse (49).

(Emb. 1425, fº 235 vº). Colart Honnère expose qu'il a nagaire acheté à Jeh. Gode et à Pasque Ploiebien, sa femme, « une maison *couverte d'esteule* (de chaume), séans en le lieu que on dist *en Quiévremont,* tenant d'un lez à léritage dud. Colart et d'autre lez à Jeh. de Marle et *faisant le touquet devant le maison de le Quiévrette,* contenant icelle maison XVIII piés et XXVII piés de lonc et non plus, moiennant le somme de XXX frans; que icelle maison estoit et ancore est *en ruyne et en voye de cheoir* ». Comme Jeh. Gavelle fils « meuredans » ou mineur de Jeh. Gavelle et de feue Jehanne Ploiebien, pourrait, dit-on, à sa majorité, revendiquer quelque droit sur cette maison, Colart Honnère, avant de la réparer, demande à être garanti contre tout recours de ce genre. Les échevins, « pour le bien et embellissement de le ville », autorisent led. Colart à « rédiffier ledite maison, sans ce qu'il soit tenus, si le cas advenoit, en plus grant intérest envers led. meuredans ».

On voit par cet exemple quelles masures avoisinaient le quartier commercial de la ville.

49. Aud. Ghillebert d'Alemagne. (1396 : à lad. Maroie Ghilleborde).

(Emb. 1427, f° 194 v°). Jeh. de Marle vend à Colart Honnère une maison, séant en Quiévremont, *à l'opposite de l'éritage de le Quiévrette*, tenant de part et d'autre aud. Colart.

50. A le v^{ve} Jacq. Wagon.

51. A Jak. le Burier. (1396 : aud. Jaquemart le Burier, le maison *à cellui renq*. — C'est-à-dire avant le coude fait à cet endroit par la rue du Bailliage ou du Saumon).

(Comptes de la Povreté, 1419-20). Jak. le Burier, pour se maison en Kiévremont. xxi drs.

(Emb. 1401, f° 291 v°). Jak. le Burier gage une dette sur une maison séans ou marchié as fromages tenant *au four du marchié as fromages* (45) et à le maison de *l'Esperdemer*.

La maison de Jak. le Burier tenait *par derrière* au four qui peut-être avait une issue dans la rue du Bailliage. Il est possible aussi que ledit Jak. ait acquis la maison suivante et se soit trouvé le voisin immédiat de *l'Espert de Mer*, ou que l'hôtellerie se soit agrandie de son côté, ou tout simplement que le scribe se soit contenté d'une approximation.

52. A le v^{ve} Waast de Paris. (1396 : à Henri de Harnes).

53. **L'Espert de Mer** (Que signifie cette enseigne? *Espert* ou *Espart* = *expert*. Il s'agirait donc d'un *marin expérimenté*, d'un fin matelot) à domiselle Emelot de Halemmes. (1396 : *L'Espart de mer* à Jak. de Reu).

54. A domiselle Blanche Beauparsis. (1396 : à led. Blanche).

55. A Mayequin Lanstier. (1396 : à Mahieu Lanstier).

(Emb. 1424, f° 14 r°). Mahieu Lanstier l'aisné et Marine Baudart, sa femme, donnent à leur fils, Colart Lanstier, à l'occasion de son mariage avec Ysabel Cardonne, une maison séans en *le rue de Quiévremont*, tenant d'une part à l'éritage de présent appartenant à Miquiel Lanstier, frère dud. Colart, et d'autre part à *le maison du bailli d'Arras*.

56. **Le Baillie d'Arras.** (1396 : le maison *du Bailliage* d'Arras, appartenant à Monsgr le duc de Bourgogne).

(H, 635-1415, f° 97). Le conte d'Artois, pour le maison du Bailliage, xi drs.

57. As hoirs Monsgr d'Androhem. (1396 : Le maison du Sénescal de Hénau, chevalier). **Le Beau Bergier.**

(Emb. 1400, f° 186 v°). Noble et puissant seigneur, Monsgr Walleran, seigneur de Raineval et conte de Fauquemberghe, nobles et puissantes personnes Monsgr Vaugoys d'Ally, visdame d'Amiens et seigr de Picquigny, et Madame Jehanne de Raineval, sa femme, fille dud. Monsgr Walleran, vendent à noble dame, Madame Jehanne de Hondescotte, viscontesse d'Amerlle, une maison séans en *le rue que on dist le Bailliage*, tenant d'une part à le maison dudit Baillage et d'autre part à le maison du presbitaire de le curé de Saint-Nicolay-sur-les-Fossés et par derrière *aboutans aux murs de le ville.*

(Emb. 1435, f° 76 r°). Jeh. de Wailly, échevin, vend à demelle Agnès en Vigne une maison séans *en le rue Saint-Nicolay*, tenant d'une part à l'héritage du Bailliage d'Arras et d'autre part à l'héritage de le curé de l'Eglise St-Nicolay et par *derrière aux téraulx de la forteresse*, en laquelle maison demeure à présent noble et puissant seigneur, maistre Guy Touppet, *seigneur de Laval*, de Gaure et de la Bazeccle, conseiller et chambellan de Monsgr le duc de Bourgogne.

(Emb. 1436, f° 180 v°). Demiselle Anès S[illegible]en reconneît qu'elle doit payer au nom de *Monsgr de Laval* à [illegible]oble personne Loys Bousnel, chevalier, six salus d'or et en garantit le paiement sur la maison du Beau Bergier à elle appartenant, scituée en *le rue St-Nicolay* et où demeure led. Monsgr de Laval.

58. **Le maison de le Curé** de Saint-Nicolay-sur-les-Fossés.

Le presbytère de St-Nicolas était donc, comme toutes les maisons curiales, tout près de l'église. St-Nicolay s'élevait, en effet, sur les remparts près de la porte.

Li IIe tours de led. parosce commenche devant le porte Saint-Nicolay *en alant* vers le HOUCHE GILLET *et revenant* vers LE MACHUE en Quiévremont *jusque à led. porte et reprenans à* LE QUIÉVRETTE *en revenant jusques à le porte de led. maison (fo 19 vo et suiv.).*

(1396 : même rédaction fos 35 vo, 35 ro, 38, 39 et 40).

---

1. Le maison qui *fait le touquet devant le porte Saint-Nicolay* est à Jehan et à demiselle Marguerite de Monchi. (1396 : le maison qui fait *le touquet devant l'église Saint-Nicolay* est à Marguerite de Monchi).

(II, 632-1398, fo 89). Pierre de Monchi, pour se maison *sur le touquet*, v drs.

(Emb. 1436-38, fo 181 vo). Masse Charenton, veuf de Marguerite de Montbertaut, vend à Loys Truie une maison, séans en le rue St-Nicolay, *faisant touquet au devant de l'église St-Nicolay*, tenant au flégart de la ville et à l'héritage Monsgr de Torsy.

(Emb. 1438-39, fo 99 ro). Loys Truye gage une obligation sur une maison, en le rue lez l'église St-Nicolay, faisant touquet de le rue du Bailliage et tenant à l'héritage qui fu Pierre de Monbertaut.

(Emb. 1454, fo 50 ro). Obert de Saint-Ylaire, hautelischeur, vend à Jaquemart du Mur une maison et hostel en *le grant rue St-Nicolay*, faisant *touquet devant le porte dud. Saint-Nicolay*, tenant d'une part et par derrière à l'héritage Monsgr de Torsy, à cause de sa femme et de tous autres sens au flégart de la ville.

2. A Jeh. et Marguerite de Monchi. (1396 : à Pierre de Monbertaut, trésorier de Monsgr le duc de Bourgogne).

(II, 632, fo 89). Pierre de Monbertaut, pour le maison qui fu Jeh. de Monchi, x drs.

(II, 641-1437, fo 91). Monsigneur de Torsi, ad cause de madame sa femme, pour une maison qui fu à Jeh. de Monchy, x drs.

3. A Leurent Payon. (1396 : **Le Païen** à Robert de Bertlangle. — Nom en général orthographié Bertangle).

(II, 632-1398, f° 87). Robert de Bertrangle, pour se maison en le rue Saint-Nicolay, *au Payen*, v drs, vi cap.

(Emb. 1429, f° 127 v°). Me Hue Couronnel, advocat et conseiller en court laye, au nom et comme procureur de Baudin Laisné, procureur de le ville, déclare que led. Baudin donne « par don irrévocable aux relligieuses, prieuse et couvent de l'Eglise de la Thieuloye lez Arras une maison nommée *le Païen* qu'il avoit *en le grant rue St-Nicolay*, tenant d'une part à l'héritage qui fu feu Pierre de Monbertault, *par derrière à une ruelle ouvrant contre le porte de l'ostel du Plonc* (3 du 5e tour) et en revenant en ledite grant rue tenant à le maison qui fu Simon Agache (5) et à le maison Jeh. Loquerelle (4).

(Emb. 1444, f° 23 v°). Jaque Sévérondel vend à Pierre Laisné les rentes qu'il prend sur une maison, séans en le grant rue St-Nicolay, appartenant aud. Pierre, tenant à Monsgr *de Torsy* et à Jeh. Loquerelle.

4. A maistre Jeh. de Fontaine et à Willaume de Neuwe. (1396 : à Nicaise Loquerelle, marcheteur ; — c'est-à-dire, d'après Godefroy, l'ouvrier chargé de reproduire les armoieries ; peintre en armoieries).

5. A Simon Agache, taneur. (1396 : aud. Simon).

(Emb. 1399, f° 21 r°). Simon Agache loue pour six ans à le vve de Jeh. Poulain « une maison et tout l'éritage appendant à icelle, séans en le rue St-Nicolay, tenans à l'éritage Régnault d'Anvaing ».

6. A Régnaut d'Anvin. (1396 : aud. Régnault d'Anving).

Cette maison, au rentier de 1382, est rattachée aux nos 8 et 9, tandis qu'au rentier de 1396, les nos 8 et 9 sont groupés avec le n° 6. Parfois, les scribes qui, dans leurs registres de rentes, font, non de la topographie, mais de la comptabilité, rapprochent, pour la simplification de leurs écritures, des maisons qui ne se tiennent que par derrière, mais appartiennent au même propriétaire.

7. Le maison *faisant le touquet* est à Jeh. Béhourt. (1396 :

le maison qui fait le touquet devant *le Plonc* est à Jeh. Poulain, merchier).

(Emb. 1421, f° 21 r°). Baudin Larguette gage un prêt de xvi couronnes d'or, à lui consenti par Jaquemart Hodet sur une maison séant en le *rue St-Nicolay*, faisant le touquet de le *rue de le Houche Gillet*, tenant de part et d'autre à léritage de *l'Escu d'argent*.

(*Ibid.*, f° 37 r°). Baudin Larguette loue à Jaquemart Hodet sa maison « faisant le touquet *de le rue Saint-Nicolay en alant envers le Houche* et tenant de tous costés à l'éritage de *l'Escu d'argent* ».

Enfin, en 1433, (emb. f° 62 r°) led. Baudin vend aud. Jaquemart cette même maison « séant *en le rue St-Nicolay, faisant le touquet d'une rue par laquelle on va des portes de Ronville et de St-Nicolay, par le rue de le Houche, au petit marchié de le ville* ».

8-9. Les deux maisons ensiévant et *une par derrière* (6) *qui œvre* (ouvre) *devant les Pos d'argent* (9 du 4e tour) sont à Régnaut d'Anvin. (1396 : aud. Régnault d'Anving). **L'Escu d'Argent.**

Cette disposition explique comment la maison du touquet peut tenir de part et d'autre à *l'Escu d'argent.*

(Emb. 1392, f° 122 v°). Hanotin Lescaudé vend à Pierre Querquefoelle, sellier, les rentes qu'il a sur nombre de maisons, dont celle de Régnault d'Anving, séans en *le rue de le Houche Gillet devant le maison du Ploncq* (3 du 5e tour).

(Emb. 1423, f° 106 v°). Marguerite des Gardins, vve de Jeh. le Pèle dit des Rozettes, qui, en 1414, (f° 7 v°) avait loué à Jeh. de le Grange deux maisons, l'une en le rue St-Nicolay (6) tenant aux hoirs de feu Jeh. Poulain (7) et l'autre en le rue Houche Gillet (8) tenant auxd. hoirs, vend à Leurent de le Grange « cette maison contenant deux lieuages, l'un d'iceulx louages *au devant de le maison du Ploncq*, l'autre au devant de le maison qui fu à Henri de Harnes *(les Pos d'argent)*; icelle maison nommée *l'Escu d'argent* ».

10. A Nicaise de Dury. (1396 : le maison après Régnaut d'Anvin est à le vve dud. Nicaise).

11. A Simon d'Arloes dit le Wainyer. (1396 : à Jeh. d'Arras cordewanier).

(Emb. 1391, f° 54 v°). Jeh. de Sailly, fils de feu Pierre, cordewanier, vend à Jeh. Flahier, dit d'Arras, le moittié d'une maison, séans en le rue de le Houche Gillet, *à l'opposite de le porte du Ploncq, faisans le touquet d'une ruelle qui est entre led. maison et l'éritage Jacobte de Dury* et d'autre part joignant à Pierre Patin.

(*Ibid.*, f° 109 v°). Simon d'Arloeux, wannier, vend à Jeh. Flahier dit d'Arras le moitié qu'il a en une maison... (comme dessus).

(H, 632-1398, f° 88). Jehan d'Arras, cordewanier, pour se maison qui fu Simon d'Arloex devant le porte *du Plonc*, XXII drs.

(Emb. 1434, f° 146 v°). Pierre de Baudart vend la rente qu'il prend sur « une maison séans en *le rue Houche Gillet*, a Pierre Bataille, *tenant à un puch estans devant le porte du Plonc*q et à l'éritage Vallenche Taffin ».

(Emb. 1435, f° 133 v°). Piérot Bataille loue à Mah. Jourdain, cordewanier, une maison en le rue de le Houche Gillet *tenant à une ruetle close qui est du flégart de le ville*. (C'est-à-dire que cette impasse n'appartient pas, comme plusieurs autres, aux propriétaires riverains, mais qu'elle fait partie du « flégart et voierie de la ville » et que par suite elle est publique et banale).

12. A Martin Loir, dit de le Soyoire. (1396 : à Piérot Patin, cordier).

(1435, f° 62 r°). Valenche Taffin vend à Jeh. le Lecteur une maison, séant en *le rue de le Houche*, tenant d'une part à Piérot Bataille et d'autre part à l'héritage de *le Soioire* à Jeh. Maton l'aisné.

13-14. Les deux maisons ens. sont à Katerine Kalote. (1396 : à Vinchan Quivala, lanternier). **Le Soloire** *(la Scie)*.

(Emb. 1418, f° 151 v°). Dans un procès, Jeh. de Bourges donne en garantie « une maison, en le rue Houche Gillet, nommée *le Soioire*, faisant le *touquet d'une rue devant le Vert Escu* ».

(Emb. 1432, f° 21 v°). Jeh. de Bourges, lanternier, gage une dette sur « une maison, nommée *le Soioire*, tenant à l'éritage

Valanche Taffin et d'autre part *faisant le touquet de le ruelle du Vert Escu* ».

(Emb. 1435, f° 37 v°). Jeh. de Bourges vend à Jeh. Maton l'aisné, drappier, une maison, nommée *le Soioire*, tenant à Valanche Taffin, cordewanier, et *faisant touquet d'une ruellette estans emprès et par derrière le Vert Escu.*

15. Le maison *par derrière* est à Piérot Picquette.

16. **Le Vert Escu** à sire Robert du Castel. (1396 : à Messire Ector du Chastel, chevalier).

(H, 632-1398, f° 88). Messire Ector du Castel, pour le maison du *Vert Escu*, IX s. IIII drs.

(Emb. 1434, f° 190 r°). Jehanne Diser, vve de Jeh. de Croisettes, Jeh. Sorel, cordewanier, et Marie de Croisettes, sa femme, vendent à Jeh. Gavelle une maison, nommée *le Vert Escu, faisant touquet d'une ruelle estans entre led. maison du Vert Escu et l'héritage de le Soioire* et d'autre part tenant à le maison nommée *le Houche Gillet.*

17. **Le Houche Gillet** (*Gillet* est certainement un nom propre. Le houche de Gillet. Le mot *houche* a plusieurs sens. Il signifie *manteau*, *caparaçon*, et même en certains endroits *jardin potager auprès d'une maison*, d'où les noms de famille Delouche et Deloche. Peut-être n'y a-t-il là qu'une particularité locale, claire pour les contemporains) à Simon Augrenon. (1396 : à Henri de Harnes).

(H, 632, f° 88). Henri de Harnes, pour le maison et le porte de *le Houche Gillet*, XI drs. II cap.

(Emb. 1414, f° 81 r°). Gille du Cange loue à Pierre le Caron, brasseur de cervoise, demourant à l'ostel que on dist le *Houche Gillet*, alée et voie par lequelle on peut aler par le porte estans entre led. maison de *le Houche Gillet* et le maison que on dist *l'Ermite*, pour aler, passer et rappasser à brouette, à queval, à piet et aultrement... toutes heures et quanteffois qu'il plaira aud. Pierre, entre deux solaulx (soleils), ses gens, familliers, mainies et toutes personnes quelconques, pour aler, venir en led. maison de le *Houche Gillet*, pour le tamps et espace de cinq ans... »

Ce n'est pas le seul exemple qu'on rencontre de ces autorisations accordées ou louées à un propriétaire de pénétrer chez lui par la grande porte du voisin. Parfois même, ces passages sont appelés *ruelles*, ce qui complique la difficulté de déterminer la topographie du vieil Arras.

(Emb. 1421, f° 156 v°). Oudart de Harnes, fils de feu Henri de Harnes, Jeh. Hernes et Martine de Harnes, sa femme, vendent à Pierre le Caron, cervoisier, et Jehanne de Brestel, sa femme, la maison nommee *le Houche Gillet* tenant à l'héritage du *Vert Escu* et d'autre part à l'héritage de *l'Ermite*, aboutans *par derrière sur le rue et flégart de le ville* et aux héritages Monsgr de Waincourt (25), *le Castel d'argent* (26) et Jeh. de le Machue (22).

(Emb. 1436, f° 4 v°). Jeh. Dampvet, propriétaire de *l'Ermite*, renouvelle avec Tassart Bachelier et Jehanne de Brestel, sa femme, le bail qui permet aud. Tassart de passer par la porte, située entre les deux propriétés, « à carette, à cheval et à brouette » et d'y introduire toutes « marchandises de blés, soucrions, avoines, buisse et autres choses » aux mêmes conditions que précédemment.

(Emb. 1438, f° 141 v°). Tassart Bachellier et Jehanne de Brestel, sa femme, gagent une dette sur leur maison de le *Houche Gillet* tenant à Henri Gavelle *(le Vert Escu)* et à l'héritage de *l'Ermite*.

18. A le v^ve^ Bauduin du Castel. (1396 : **l'Ermite**, à Jeh. Deques).

(H, 632-1398, f° 88). Jeh. Deps *(sic)*, pour le maison et porte de *l'Ermite*, III drs.

(Emb. 1414, f° 94 r°). Pierre le Maistre, Jeh. Cardon et Marguerite le Maistre, sa femme, vendent à Jeh. Danvet tout tel droit qu'ils pouvaient avoir après le trespas de Marguerite Decques, v^ve^ de Jaquemart le Maistre, à présent femme de Gille du Cange « en une maison nommée *l'ostel de l'Ermite*, avec une plache nommée *le four de le Machue*, sur lequelle a à présent une grange, tenans led. *Ermite* à l'éritage nommé le *Houche Gillet* et aboutans par derrière à led. grange et aux maisons du bailli de Béthune (20) et à Tassart Poulier (21) ».

(H, 635-1415, f° 94). Jeh. Caulier, pour le maison *de l'Ermite* et se part de le porte, III drs,

(Emb. 1421, f° 68 v°). Jeh. Caullier loue à Jeh. Basset *l'ostellerie de l'Ermite*.

19. **Le four de le Machue** et une petite *maison devant*, à sire Robert du Castel. (1396 : à messire Ector du Chastel, chevalier).

20. Le maison ens., qui *fait le touquet*, à Jak. Wambourt. (1396 : le maison qui *fait le touquet du four de le Machue*, à le v^ve Jaques Wambourt).

(Emb. 1424, f° 79 r°). Maistre Guérart Wambourg, bailli de Béthune, vend à Simon Poullier une maison séans en *le rue de Justiche*, faisant touquet derrière *les Bouteilles* (1 du 4e tour) et *front devant le maison* Paris du Dragon (47 du 3e tour) et tenant à l'éritage dud. Simon.

21. A Philippache Gabriel. (1396 : le maison qui fu à le v^ve Philippace Gabriel est à Tassart Poulier, cordewanier). **Le Leu Marin** *(Le Loup marin)*.

(Emb. 1424, f° 43 v°). Tassart Poulier donne à son fils Simon son droit de viage sur une maison, séant *en le rue de Justice*, tenant à Me Guérart Wambourg et d'autre part à *le Machue*.

22. **Le Machue** *(la Massue)* à Jeh. Dent de Fer. (1396 : aud. Jehan).

(Emb. 1400, f° 111 r°). Simon le Vasseur vend à Jeh. Ghinart une maison séans en *le rue de le Justiche*, nommée *le Machue*, tenans au vendeur et à Jeh. Vasseur.

(Emb. 1436, f° 216). Jaquemart Bouchel vend à noble dame Aelips de Sempy une maison, nommée *le Machue*, tenant à l'héritage du Leu Marin appartenant à Simon Poullier.

Je n'ai trouvé dans ces parages aucune trace de la ruelle qu'on remarque dans les plans du XVIIe siècle et qui peut-être n'a été ouverte plus tard que pour servir de *procession* à l'église St-Nicolas, transférée du rempart sur l'emplacement actuel de l'église St-Jean-Baptiste.

23-24. A Jeh. Dent de Fer. (1396 : aud. Jehan).

(Emb. 1427, f° 174). La v^ve et les héritiers de Annieulx de Nédonchel vendent à Jeh. Sacquespée, maïeur d'Arras, leurs rentes sur trois maisons, tenans ensemble (22-24), appartenant à Mᵉ Jeh. de Sebour, tenant d'une part à Simon Poulier, poissonnier de mer, et d'autre part à l'ostel de Monsgʳ de Waincourt.

25. Le maison qui fu Tassart de Boulongne est à le vᵛᵉ dud. Tassart. (1396 : à Willaume Wagon).

26. **Le Castel amoureux** à Jeh. du Castel. (1396 : **Le Castel en Klévremont** avec une grange, à Colart Honnère). **Le Castel d'argent.**

(Emb. 1424, fᵒ 53 rᵒ). Mik. Dausque et Jehanne Sacquel, sa femme, vendent à Jeh. Wernier, cervoisier, une maison manable, nommée *le Castel d'argent,* avec un petit gardinet, acquestée à Colart Honnère auquel héritage compertoit une grange et un gardinet derrière led. grange ». Les vendeurs retiennent pour leur usage la grange et le jardinet. « *Le Castel d'argent* tenant d'une part à l'éritage de Monsgʳ de Waincourt, d'autre part à l'éritage retenu par les vendeurs et par derrière aud. seigneur de Waincourt et au gardinet retenu et sy, *fait front de rue en le rue de Justiche d'un lez et, de devant, au devant de l'éritage du bailli d'Arras, faisant touquet desd. rues* ».

(Emb. 1426, fᵒ 58 vᵒ). Jeh. Wernier vend à noble et puissant seigneur Monsgʳ de Waincourt une partie du gardin estans derrière, partie de l'héritage du *Castel d'argent* » : 72 pieds de long et 27 de large « et est led. partie *au lez vers l'yssue d'une ruelle où il y a plusieurs yssues estans des héritages du* Vert Escu, *de Jaque de Guiéry et de Jeh. de Caignicourt, lequelle ruelle a yssue en le rue St-Nicolay au devant de l'ostel de Madame de Beauregard* ».

27. A le vᵛᵉ Jak. Louchart, Barbe Dorée. (1396 : à led. vesve. — En note marginale : par le mort de led. vᵛᵉ lesd. maisons [27 et 28], sont à Mah. Bonnier).

(Emb. 1401, fᵒ 294 vᵒ). Martine Poulière donne à Tassart Poulier une maison, séans *en le rue du Bailliage,* tenans au *Castel d'argent* et à Loy Poulier.

(Emb. 1426, fᵒ 7). Pierre du Praiel vend à Mah. Pisson, viézier, une maison, séant *en le rue St-Nicolay-sur-les-Fossés,* tenant à l'héritage du *Chastel d'argent* et à l'héritage Jaques de Guiéry, maison escheue aud. Pierre, à cause de sa femme, vᵛᵉ de Loy Poulier.

(Emb. 1427, f° 221 v°). Led. Mah. Pisson revend à Jak. Cornette cette maison tenant... (comme dessus).

28. A led. v^{ve} Jak. Louchart, Barbe Dorée. (1396 : à led. vesve). **Le Saumon d'argent.**

(Emb. 1400, f° 184 v°). Martine Poulière donne à son nepveu, Loy Poulier, une maison, séans *en le rue du Bailliage*, nommée le *Saumon d'argent*, tenant à le maison de led. demiselle (27) et à l'héritage qu'on dist appartenir à Jaquemart Poulier.

(Emb. 1424, f° 60 v°). Jeh. de Cagnicourt et Marie de Guiéry, sa femme, recongnoissent que pour certaines promesses faites à leur contrat de mariage, Jaquemart de Guiéry, leur beau-père et père, « aura, sa vie durant, une maison en *le rue du Bailliage*, nommée *le Saumont d'argent*, tenant d'une part à Pierre du Praiel et d'autre part à l'héritage desd. conjoins et aboutant au *Castel d'argent* et à une ruellette qui a yssue sur *le rue St-Nicolay* (autre nom de la rue *du Bailliage* ou *du Saumon*).

Emb. 1444, f° 97 r°). Jeh. Truye gage une dette sur la maison du *Saumon d'argent*, séans *au devant et assez près de la maison du Bailliage* et tenant à Jeh. Thibaut.

(II, 648*-1467, f° 256). La v^{ve} Mah. du Carieul, pour le *Salmon d'argent* en Quiévremont, VIII drs.

29. A Colart Beauvarlet. (1396 : à Katerine Harache, v^{ve} dud. Colart et à Jaquemart Poulier).

(Emb. 1444, f° 40 v°). Jeh. Thibault et Ysabel de Cagnicourt, sa femme, Jaquemart Truye, haultelicheur, et Jehanne de Cagnicourt, sa femme, reconnaissent que « par le trespas de Jeh. de Cagnicourt, de Marie de Guiéry, sa femme, et de Jaquemart de Guiéry, leur tayon, leur est escheu les héritages suivants : le *Saumon d'argent*, en le rue du Bailliage, et la maison *joignant d'emprès, faisant le touquet de le ruelle du Vert Escu* et deux autres maisons, tenans ensemble, *faisant le touquet à l'autre lez* et tenant à Pierre de Monbertaut.

Le Saumon, presque immédiatement constitué par les n°s 28 et 29, formait le coin de la ruelle où on le retrouve encore au XVIIIe siècle. (Répert. Dom Page, H. 1183, f° 371 : Maximilien Beaurains pour une maison et brasserie nommée *Le Saumon d'argent*, tenant à la ruelle qui maine à la portelette de l'église de St-Nicolas,'— c'est-à-dire de l'actuelle église de St-Jean-Baptiste).

30. Au roy des Franchois. (1396 : à Jeh. Béchons, boulangier).

(Emb. **1400**, f° 178 v°). La vve de Jeh. Béchons donne à Colart Rémi une maison, en le rue du Bailliage, tenans à une ruelle et d'autre part à Pierre de Monbertaut et par derrière aboutans au gardin du *Vert Escu*.

On vient de voir que cette maison qui faisait le second angle de *la ruelle du Vert Escu* (ainsi appelée parce que l'hôtel de ce nom y avait une porte de sortie) s'était dédoublée. A peine en possession de leur héritage, Jeh. Thibaut le jone, drappier, et sa femme Ysabel de Cagnicourt vendent à Pierre de Montbertaut :

(Emb. **1444**, f° 42 v°). « Ces deux maisons et gardin, tenans ensemble en le rue et *assez près de le maison du Bailliage*, qui furent Jeh. de Cagnicourt, *faisant le touquet d'une ruelle estans entre lad. maison et la maison du Saumon d'argent*, tenant aud. Pierre de Monbertaut et aboutant par derrière au gardin du *Vert Escu* ».

31. A Jeh. et à Marguerite de Monchy. (1396 : à Jeh. de Monchi).

(Emb. **1414**, f° 89 v°). Pierre de Monbertaut, conseiller du duc de Bourgogne, et sa femme, donnent à leur fille, à l'occasion de son mariage avec Robert du Maisnil, escuier, une maison séans en le rue St-Nicolay, « tenant à l'héritage desd. conjoins, *faisant front par devant à le maison du presbitaire de St-Nicolay* (58 du 1er tour) et tenant par derrière à un héritage que lesd. conjoins acquestèrent à Jeh. de Monchi (2).

(Emb. **1436-38**, f° 175 r°). Masse Charenton, receveur des aides à St-Quentin, veuf de Marguerite de Montbertaut, en contestation avec messire de Paien de Beauffort, chevalier, au sujet de l'achat d'une cense, donne en garantie de la somme de cinquante francs qu'il devra payer s'il perd son procès « une maison séant en le rue que on dist du Bailliage en Quiévremont, faisant front *par devant et contre le maison du presbitaire* de l'église Saint-Nicolay, joignant d'un costé et par derrière à l'ostel de Monsgr de Torchy, chevalier, lequel fu piéça acquesté par Pierre de Montbertaut de feu Jeh. de Monchy ».

Après avoir fait le tour de cet ilot, le scribe reprend à la *Chevrette.*

32 **Le Klévrette** à Jak. Mulot. (1396 : *Le Quiévrette en Quiévremont* à Marie le Borgne, v^{ve} de Jaquemart Mulet).

33. A Jak. Mulot. (1396 : le petite maison tenant à icelle est à Colart le Carpentier). **Le petite Klévrette.**

34. A Pierre de Thilloy, cangeur. **Le four de Klévremont** ou **de le Quiévrette.**

(Emb. 1427, f° 153 r°). Jeh. le Marchant loue à Gillet le fournier *le four de Quiévremont.*

(Emb. 1432, f° 64 v°). Simon Agache, procureur en le court du roy, à Beauquesne, et Robine Pinchon, sa femme, vendent à Colart de Beauffort dit Paien, chevalier, seigneur de Ransart, de Wailly et Moury, le moitié d'une maison en lequelle a ung four nommé *le four de le Quiévrette,* ledite maison et four tenant d'un costé à l'ostel de le *petite Crevette (sic,* pour Quiévrette) aud. Colart de Beauffort et d'autre part à l'héritage Colart Lanstier et par derrière au gardin de led. maison *de le Quiévrette.*

(*Ibid.,* f° 90 r°). Marguerite le Bouchier, v^{ve} de Colart Bétrémieu, vend à Monsg^{r} de Beauffort le quart qu'elle a en une maison et four, *séant en Quiévremont,* tenant à *l'ostel de le petite Quiévrette* et d'autre part au gardin et héritage Colart Lanstier et par derrière au gardin de *le grande Quiévrette.*

(Emb. 1436, f° 77 v°). Maroie le Bouchière vend à noble homme Monsg^{r} Colart de Beauffort, dit Paien, le quart qu'elle a en une maison *en Quiévremont* où est *une enchine de four* tenant à le *petite maison de le Quiévrette* et d'autre part au gardin Colart Lanstier et *faisant front sur deux rues.*

35. Le maison *devant le maison de le Baillie,* à Robert de Mailli. (1396 : le maison estans à l'opposite de le maison de le Baillie d'Arras soloit estre à Robert de Mailli, pélletier et de présent est as dames du Vivier).

(Arch. hôp. St-Jean, II, E. 3, comptes de 1422-23). Les dames du Vivier, pour une maison *faisant le touquet de le rue de Justice, devant le Bailliage,* v s.

36. Grange et gardin derrière le maison dudit Robert de Mailli à Tassart de Wavrans. (1396 : le grange et gardin du **Blanc Rosier** aud. Tassart).

Dans le partage des biens dud. Tassart de Wavrans (emb. 1415, f° 32 v°), Huchon de Wavrans a dans son lot « le maison du *Blanc Rozier* en *le rue de le Justiche*, tenans à le maison des dames du Vivier et d'autre part à *le Quiévrette* ».

(H, 635-1415, f° 147 v°). Hue de Wawrans, pour son four au *Blanc Rosier* en le rue de Justice, IX drs.

Le III° tour de le parosce de St-Nicolay commence en le ruelle devant le Machue, *en venant par le grant marquiet et par le taillerie en alant* au Pryer *(f° 21 v° et suiv.)*.

(1396 : le III° tour commenche *en le rue dame Tasse Poulière*, etc., f°s 40, 41, 43, 44 et 45).

Cette ruelle devant *la Massue* (22 du 2° tour), est la rue actuelle du Presbytère St-Nicolas. La famille Poulier possédait de nombreux immeubles dans ce quartier et dans cette rue *dame Tasse Poulière*, encore appelée en 1424 *rue Baude Poulier*.

---

1. A Jeh. Hanebelle dit l'Esculier. (1396 : le maison qui fu Jeh. l'Escuelis est à Jaquemart Poulier, pissonnier).

L'auteur des *Places d'Arras* transporte les trois premières maisons de ce tour sur la Grande Place. Il les identifie sous la dénomination de *Veau d'or*, de *Soleil Levant* et de *Herse* avec les maisons portant actuellement les n°s 22, 20 et 18 ; puis il passe au *Kiévron d'or* auquel il applique le n° 16.

2-3. A le v^ve Simon de Lens. (1396 : à led. vesve).

(Emb. 1424, f° 70 v°). Jeh. le Marissal vend à Jeh. Régnault, boulengier, une maison séans en le rue Baude Poulier, tenans à le maison Jak. Poulier, et, par derrière, aboutans au gardin du *Porcq Espy*.

4. A Téry Lallemant. (1396 : à Téry Haillenant, — Sans doute le même nom mal orthographié et dénaturé).

5. A Margot Moullarde. (1396 : à Margot Moillarde).

(Papiers de rentes de le Povreté, 1395). Sur le maison Margot Moillarde, tenans à le maison du *Porch Espi devant le Quiévrette* en Quiévremont, xxxv s.

(Emb. 1426, f° 73 r°). Vve Tassart Godefroy et Gillet de St-Ricquier, son fils d'un premier lit, vendent à Robert Grenet « une maison séans en *le rue de Quiévremont*, tenant au *Porq Espy* ».

En 1454 (emb., 45 v°), Jeh. d'Oby, mesureur de blé, vend à Jeh. de Lille cette maison séans « en *le rue de Quiévremont*, tenant d'une part et par derrière à Colart Hoel et d'autre part au *Porq Espy* ».

6. **Le Porck Espy** *(Le Porc épic)* à le v[ve] Jak. Wagon. (1396 : *Le Porc espi* à Mons[gr] de Miraumont, chevalier).

On disait autrefois porc espin ou porc d'espine ; Espi provient d'une confusion entre épi et épine.

(Emb. 1429, f° 238 v°). Jeh. de le Vacquerie, escuier, vend à Jaquemart le Climent, sellier, une maison, nommée *le Porc espy*, en Quiévremont, tenant à Robert Grenet.

7. A Vinchan de le Rive. (1396 : aud. Vinchan).

8. A Dem[elle] Nevelote de Chérisy. (1396 : à Mourée de Baudart, fille de feu Pierre).

9. A Pierre de Baudart. (1396 : à Henri de Baudart). **Le Van d'or** *(Le Van* et non *le Veau d'or)*.

(Emb. 1432, f° 6 r°). Guérart Wambourt, bailli de Béthune, et sa femme Jehanne de Baudart, donnent à leur fille Marie, femme de Flourent de Habart, escuier, paravant femme de Jeh. de Paris, leurs rentes sur diverses maisons, parmi lesquelles « *le Van d'or* séans sur le grant marchié ».

10-11. A Pierre de Baudart. (1396 : à Henri de Baudart).

(Emb. 1421, f° 92 r°). Jeh. de Baudart, dit le Borgne, et Katerine Wionne, sa femme, baillent à rente à Bos le Serurier et à Marie Flandrine, sa femme, la moitié d'une « maison séans ou grant marchié (11) tenant à Agnieulx Hoel et *faisant tou quet à une ruelle* entre led. héritage Jeh. de Baudart et l'héritage le vve Jeh. de St-Waast (12) ».

En septembre 1424 (emb. 1423-24, fo 142 ro), il y eut un partage des biens de la famille de Baudart, partage singulièrement compliqué par la facilité avec laquelle les veufs et les veuves se remariaient en ces temps lointains. Comparaissent, en effet, devant les eschevins « Tristran de Paris et Marie Cardon, sa femme, vve de Jeh. de Baudart, Jeh. de Baudart dit le Borgne, frère dud. feu Jehan, et Katerine Wionné, sa femme, Agneulx Hoel, veuf de Marie de Baudart, au nom des enfans, Piérot, Jehan, Mourée, Petit Jehan, Régnauldin et Collinet, qu'il eut de lad. femme ; Jeh. Bellot et Sainte Walois, sa femme, vve de Martin de Baudart, au nom de Piérot et Martignet, fils dud. Martin ; Marguerite de Baudart, vve de Agnieulx de Nédonchel, et ses quatre enfans ; Maistre Guérart Wambourt, mari de Jehanne de Baudart ; Robert de Lapanot, escuier, et Mourée de Baudart, sa femme, vve de Jeh. de Bertangle, et son fils Jeh. de Bertangle ».

Je donne une fois pour toutes l'énumération des membres de cette famille importante, mais enchevêtrée, ce qui servira à expliquer, à l'occasion, un certain nombre de transmissions.

Dans le partage qui suivit cette comparution, Tristran de Paris et le Borgne de Baudart ont, par moitié, la maison qui tient à l'héritage de Agnieulx Hoël et d'autre part à *le ruelle du Quiéveron*.

12. **Le Klevron d'or** *(Le Chevron d'or)* à Jeh. de St-Waast.. (1396 : aud. Jehan).

(H, 632-1398, fo 85). Jeh. de St-Waast, pour le *Quiévron d'or*, III drs, et pour le maison ens., II drs.

(Emb. 1414, fo 114 ro). Mahieu Laustier et Martine Baudarde, sa femme, donnent à leur fils Miquel leurs rentes « sur le *Quiévron d'or*, tenant d'une part à le maison le Borgne de Baudart et d'autre part à le maison des *Pastourelles* ou grant marchié ».

Double inexactitude. *Le Chevron d'or* est bien *entre* la maison Le Borgne de Baudart et la maison des *Pastourelles*, mais il ne *tient* ni à l'une ni à l'autre, séparé qu'il est de la première par une ruelle et de la seconde par la *Croix d'or*.

13. **Le Croix d'or** à Jeh. de St-Waast. (1396 : aud. Jeh.).

14. A Willaume de Valhuon. (1396 : **Les Pastourelles** à Anthoine le Roy).

(H, 632-1398, fo 85). Anthoine le Roy, pour le maison *des Pastouriaulx*, II drs.

(Emb. 1421, fo 126 vo). Baudin Larguette renonce en faveur de Jaquemart Foarment à tous ses droits sur « le maison, séans ou grant marchié, nommée *les Pastourelles*, tenant d'une part à l'héritage de le demelle de St-Waast et d'autre part aux hoirs de Jeh. Danvet ».

(Emb. 1432, fo 49 vo). Le vve de Simon le Machon et son fils vendent à Guillaume Fournier leurs droits sur le maison *des Pastourelles* tenans à l'héritage Jeh. Cocquet, qui fu deffunct Jeh. de St-Waast, et à l'héritage Jeh. Danvet, qui fu Thomas de Neufville, et, *par derrière, aboutans à une ruelle aians yssue sur le grant marchié.*

15-16. A Jeh. du Tertre. (1396 : à Thomas de Noeville, cordewanier).

(H, 631-1396, fo 52). Jeh. du Tertre, keutissier, pour II maisons, II drs.

17. **Le Griffon** à Loys Fuscien dit le Claryer. (1396 : à Estène Fuscien. — En note marginale : Estène Fuscien vend cette maison à Piérot Floure le XVIe jour d'aoust IIIIxx et XVII). **Le Griffon Vollant** vers 1450. (H, 647 fo 95).

(H, 632-1398, fo 85). Piérot Floure, pour le maison *du Griffon*, II drs.

18. **Le Lunette** à Guillaume de Noewe. (1396 : à Jeh. du Ponchel ou à Mourée de Teluch). **L'Estoille d'argent.**

(H, 631-1396, fo 52). Demelle Mourée, vve de Gille de Neue, pour II maisons, IIII drs.

(H, 637²-1422, fo 261). Mahieu de Reut, pour une maison et fu à Raoul du Hamel et *fait le touquet de le ruelle*, II drs.

(Emb. 1444, fo 12 ro). Grart de Reu, marissal, vend à Jeh. de Héronval, aussi marissal, la moitié qu'il avait « en une maison, nommée *l'Estoille d'argent*, séans sur le grant marchié, d'une part *faisant touquet d'une ruelle qui maine du grant marchié par derrière le Regnart* (34) *en le halle aux draps* (c'est-à-dire à la porte de derrière de lad. halle) et d'autre part tenant *au Tournoy* à Jeh. Cornet.

Jeh. de Héronval ne tarde pas à revendre (*ibid.*, f° 32 v°) cette maison de *l'Estoille d'argent* à Flourent le Roux, cordier.

Dans quelques actes on pourrait lire *l'Estrille*; mais dans la plupart des documents le mot *Estoille* est incontestable.

19. A Guillaume de Noewe. (1396 : à Jeh. du Ponchel). **Le Tournoy.**

(H, 637*, f° 261). Madame Jehenne de Flandres, vve de messire Jeh. du Ponchel, pour une maison ens., I dr.

20. A Guillaume de Noewe. (1396 : le maison où demeure Jeh. de Monchi, cordier, est aud. Jeh. du Ponchel).

(H, 637, f° 261). Jeh. le Roux, cordier, pour une maison ens., I dr.

(Emb. 1464, f° 36 v°). Flourent le Roux, cordier et eschoppier, et sa femme donnent à leur fils Jehan, à l'occasion de son mariage, une maison tenant d'une part *au Tournoy* et d'autre part à l'héritage du *Noir Lyon* à Jeh. de Reu.

(H, 648*-1467, f° 249). Jeh. le Roux, pour le maison du **Petit Tournoy**, I dr.

21. A Jeh. du Tertre, dit du moien four. (1396 : aud. Jehan). **Le Noir Lion.**

(H, 632-1398, f° 86). Jeh. du Tertre du Moyenfour, pour se maison, II drs.

(Emb. 1433, f° 42 r°). Jeh. Esterlin, sergent du roy, et Jehanne du Tertre, sa femme, gagent un prêt sur le *Noir Lion*, tenant de tous sens à Jeh. le Roux, cordier, et vendent un peu plus tard (1435-36, f° 20 r°) cette maison du *Noir Lion* à Mahieu Pisson.

(H, 640-1435, f° 87). Jeh. Estrelin, pour le maison du *Noir Lion* au renq du *Marquiet aux poullés*, II drs.

(Emb. 1444, f° 21 v°). Jaques Sévérondel et Marguerite le Borgne, sa femme, pour eulx aidier à eulx acquitter et deschargier de pluiseurs grans charges et debtes, à quoi ils sont obligiés tant envers Monsgr le duc de Bourgongne, à cause de sa prévosté de Monstreul que a tenu à ferme led. Sévérondel par aucun temps, comme envers leurs créanchiers... vendent à Ricard Pinchon leurs rentes sur divers héritages... entre autres sur l'héritage que on dist le *Noir Lyon*, séant ou grant marchié, appartenant de présent à Mahieu Pisson, viézier, tenant à Baudin le Barbier, demourant à le *Selle dorée.* »

22. A Jeh. de Lattre, cordier. (1396 : aud. Jehan). **Le Selle dorée.**

Dom Nicolas Page en son Répertoire (f° 455 v°), constate que cette maison séparée de celle qui formait le coin de la Taillerie par *le Chat* s'appelait *du passé la Selle.*

(H, 632-1398, f° 86). Jeh. de Lattre, pour se maison ens., II drs.

(H, 648-1465, f° 91). Bauldin le Grant, pour le maison de *le Seele dorée,* II drs.

23. A le v^ve Piérot le Roux. (1396 : à Danel le Marischal). **Les Estriers d'or.**

(H, 632, f° 86). Danel le Cordier, marescal, I dr.

(Emb. 1428, f° 42 r°). Jeh. Sorel, cordewanier, vend à Jeh. Boinvarlet dit Cuvelette le jone, deux maisons tenans ensemble, scituées sur le grant marchié, l'une nommée *les Estriers d'or* tenant à *Simon Mas,* marissal.

24. A Piérot Querquefoelle. (1396 : le maison *qui fait le touquet* est à Jeh. Sorel, cordewanier).

(Emb. 1399, f° 37 r°). Guillaume de Brebenchon, chevalier, vend à Jeh. Poissant, advocat, ses rentes sur « le maison Jeh. Sorel, cordewanier, séans *au touquet* du grant marchié, tenans à Danel le marissal ».

(H, 633-1408, f° 100). Jeh. Sorel, pour une maison ens., *sur le touquet,* I dr.

(Comptes des rentes de le Povreté d'Arras, 1424-25). Simon Mas, marissal, pour se maison *faisant le touquet de le Lormerie,* XIIII s.

En 1464 (emb., f° 27 v°). Jaque Mauchevalier, au nom de Jeh. Mauchevalier, escuier, seigneur de Wailly et de Namps-au-Val, et de sa femme Ysabel de Rély, vend à Baudin de Rély ses rentes sur « le maison appartenant à le v^ve et hoirs de *Simon Masse,* marissal, séant *au coing du grant marchié.*

La maison de Simon Mas *faisait le touquet de la Lormerie.* Nous entrons ici, en effet, dans le quartier des maréchaux, des selliers et *des lormiers*, qu'attirait le voisinage du grand marché. Les lormiers travaillaient le cuir et les métaux. Ils fabriquaient des freins et des lorrains, courroies garnies de clous ou d'ornements en métal qui paraient le poitrail et la croupe des chevaux. De là le nom de *Lormerie* donné à la rue qui prit ensuite le nom de rue de la Taillerie.

25. A Jeh. de Saumer, sellier. (1396 : à Piérot Loncle, sellier).

(II, 632-1398, fo 86). Piérot Loncle, ad cause de se femme, pour le maison qui fu Saumer, II drs.

26. A Willaume d'Aire. (1396 : aud. Willaume). **L'Espée.**

(II, 632, fo 86). Willaume d'Aire, pour se maison tenant aud. Piérot Loncle, II drs.

(Emb. 1399, fo 82 ro). Jeh. de Noeue, sellier, garantit un dépôt sur « une maison séans en *le Lormerie,* tenant à Piérot Loncle et à Piérot Querquefoelle ».

(Emb. 1434, fo 127 vo). Mailin Doré, sellier, et Péronne de le Helle, sa femme, gagent un prêt sur leur maison « séant en *le Taillerie,* nommée *l'Espée,* où ils demeurent, tenant à le vve Jeh. Cuvelette et d'autre part à Jeh. Querquefeulle ». Ils renouvellent plusieurs fois cette opération et enfin, le 24 octobre 1438, (emb., fo 76 vo) il vendent à Jeh. de Laval cette « maison de *l'Espée* tenant... (comme dessus) et aboutans par derrière à Mahieu Pisson ».

(II, 641-1437, fo 86). Maillin Doré, pour se maison nommée *l'Espée,* II drs.

27. A Piérot Querquefoelle. (1396 : aud. Piérot). **Le Cheval Escappé.**

(II, 632, fo 86). Piérot Querquefoeulle, pour se maison ens., I dr.

(Emb. 1423, fo 150 ro) Le commencement de l'acte manque ; on ignore donc qui vend ou donne ses rentes sur divers immeubles, dont « le maison de le vve Pierre Querquefeulle, nommée le *Queval esquépé* ».

(Emb. 1434, fo 146 vo). Pierre et Martin de Baudart vendent à Colart le Borgne leurs rentes « sur le maison Jeh. Querquefeulle, nommée le *Cheval escappé*, tenant à Mailin Doré et à Henri le Climent ».

En 1436 (emb., f° 23 r°), Catherine Wion, vve de Jeh. de Baudart dit le Borgne, donne à sa cousine Marguerite du Bos ses rentes sur *le Queval escapé*.

(*Ibid.*, f° 81 v°). Tristran de Paris, escuier, lieutenant de Monsgr le Gouverneur d'Arras et Maroie Cardon, sa femme, donnent à leur fille Marie, à l'occasion de son mariage avec Simon le Borgne, changeur, leurs rentes « sur la maison du *Cheval eschappé* ».

(H, 641-1437, f° 86). Jeh. Querquefoelle, pour se maison du *Queval escappé*, I dr.

28. A Hermant le Lormier. (1396 : aud. Hermant). **Le Vert Chevalier.**

(H, 632, f° 86). Hermant de Coulongne (lormier), pour se maison ens., I dr.

(Comptes des rentes de la Povreté, 1419-20). Jaquemart Outrage, cordewanier, pour se maison séans *en le Lormerie* qui fu Hermant le Lormier, XII s. V drs.

(Emb. 1421, f° 17 r°). Aélips Aubrie, vve de Jeh. de Barly, donne à sa nièce « Marguerite Obrie, femme de Jeh. Robechais, dit du Cornet, saietteur, les rentes qu'elle prent sur le maison de Jaquemart Outrage, *en le Taillerie*, tenant d'une part à le maison de le vve Jeh. Querquefeulle, nommée le *Cheval escappé* et à l'héritage Simon le Sellier, nommé *le Frein d'or* ».

(H, 644-1446, f° 92). Jeh. Querquefeulle (mots raturés et remplacés par) : Baudin de Flers, pour une maison ensiévant *le Cheval escappé*, I dr.

(H, 647-1458, f° 96). Bauldin de Flers, pour une maison qui fut à Jeh. de Querquefoelle, nommée LE VERT CHEVALIER, I dr.

29-29 *bis*. **Le Frain doré** et le maison en le ruelle à Henri Béchon. (1396 : à Simon le Climent, sellier).

(Emb. 1392, f° 48 r°). Les exécuteurs testamentaires de Pérote de Chérisi, vve de Henri Béchon, vendent à Simon le Climent « le maison du *Frain doré*, séans en *le Lormerie*, joignans à le maison Hermant le Lormier, et une autre petite maison *au derrière* de lad. maison du *Frain doré*.

(H, 633-1408, f° 100). Simon Climent, pour une maison qui fu Henri Béchon, I dr. — *Item*, pour se maison ens, *faisant le touquet*, II drs.

(H, 637-1420, f° 89). Led. Simon, pour se maison faisant le *touquet le ruellette de Loliette,* II drs.

Ou bien le scribe s'est trompé, ou cette ruellette, pour la même raison que la rue située au bout du grand marché, portait le nom *de Loliette.*

30. A Thiébaut Castelain. (1396 : à Jeh. du Moien Four).

(Emb. 1399, f° 31 r°). Pierre de Tilloy et Gille d'Auby, sa femme, claucteur, donnent à Rose de le Porte, fille de lad. Gille, à l'occasion de son mariage avec Godeffroy Sifflot, tous leurs droits sur une maison « tenans au *Frain doré* d'une part et *faisant d'autre part le touquet d'une ruelle,* maison qui fu Thiébaut Castellain et fu donnée à led. Gille d'Auby par demelle Méhaut d'Auby et par Jeh. du Tertre dit du Moien Four, mary d'icelle Méhaut ».

(Emb. 1432, f° 68 v°). Simon le Climent avait donné (1418) en mariage à son fils Henri la jouissance d'une maison tenant d'une part au *Frain doré* et d'autre part *à une ruelle,* mais « pour certaines causes à ce les mouvans », ledit Simon et son fils Henri sont d'accord pour échanger cette maison contre une autre maison « tenant aud. Simon et à le vve Piérot Querquefeulle (28) ».

31-32. A le vve Jak. Demain. (1396 : Les deux maisons sont de présent as hoirs de le demelle du Jobart et furent nagaires à Andrieu de Ransart. — En note marginale : vendues depuis par Jeh. d'Escaubeque et sa femme aud. de Ransart le IXe jour d'avril IIIIxx et XVI). **Le Rouge Maison.**

(H, 632-1398, f° 87). Andrieux de Ransart, pour deux maisons qui furent le vve Jak. de Main, IIII drs.

(Emb. 1415, f° 32 v°). Andrieu de Ransart loue à Jaquemart Outrage, cordewanier, « deux maisons tenans ensemble, en *le Taillerie, faisant le touquet d'une ruelle par lequelle le halle aux draps a yssue par derrière* ».

33. A Jak. de le Mote. (1396 : aud. Jaquemart de le Mote).

(H, 632, f° 87). Jacquemart de le Motte, pour se maison en II membres, IIII drs. ob.

(Emb. 1438, f° 93 v°). Cole de Chérisi, vve de Pierre de Barli, vend à Jeh. de Barli « le quart d'une maison séant en *le Taillerie* tenant d'une part à *le Rouge Maison* et d'autre part à le vve Piérot, sellier ».

(Emb. 1444, fo 73 vo). Jeh. le Caudrelier dit de Barli, espachier, gage une dette sur un héritage « tenant d'une part à *le Rouge Maison* et d'autre part à Jeh. Thibaut ».

34. A Piérot de Barli. (1396 : **Le Regnard** *(le Renard)* où demeure à présent Leurent Hauel, est à Tassart Willin).

(H, 632-1398, fo 87). Piérot de Barli le fil, pour se maison ens., II drs.

(Emb. 1435, fo 21 ro). Jeh. Thibaut, eschoppier, et sa femme donnent à leur fils Willaume, à l'occasion de son mariage, une maison, nommée *le Regnart*, tenant à *le halle aux draps*.

Le Renard tenait peut-être à *la halle aux draps, par derrière,* mais il ne lui était pas contigu.

35-36. A Pierre d'Orchies. (1396 : il n'y a plus là qu'une seule maison appartenant à Piérot de Barli, le père, espachier).

(H, 633-1408, fo 101). Les hoirs Pierre de Barli, pour une maison qui fu Piérot d'Orchies, II drs.

(Emb. 1414, fo 7 ro). Jaquemart Coquart vend à Tassart Willin les rentes qu'il a sur une maison séans en le Taillerie, tenant d'une part à l'héritage Piérot de Barli, nommé *le Regnart, appartenant de présent aud. Tassart Willin* et d'autre part *à le halle à draps*. — Cet acte prouve l'inexactitude de l'acte précédent.

37. **Le Halle as draps** à Gérard de le Rose.

La halle aux draps, centre d'une grande activité commerciale avait, comme en font foi les actes relatés aux nos 18 et 31, une issue dans la rue actuelle du Cardinal. C'est de la *taillerie* ou aunage des draps que la rue tire son nom, simultanément employé alors avec celui de *Lormerie*, provenant, on l'a vu plus haut, de l'industrie du harnachement qui s'était concentrée entre les deux marchés.

(H, 632-1398, fo 87). Jeh. Louchart Becquart, pour *le halle as draps*, X drs. II cap.

38. **Le Halle as toilles** aud. Gérard de le Rose. (1396 : le nom du propriétaire des halles n'est pas indiqué)

(H, 632, f° 87). Led. Jeh. Louchart, pour le moitié de le Halle as toilles, v drs. I cap.

(Emb. 1421, f° 27 v°). Rolant Crépin, fils de feu Gille, vend à Mahieu de St-Amand la moitié qu'il avait « *en le Halle as toilles*, séans en *le Taillerie*, tenans à *le Halle as draps* et à *l'ostel St-Julien* ».

39. A Pierre d'Orchies. (1396 : le maison de **Saint-Julien** est à Tassart Willin).

(Emb. 1436, f° 46 r°). Jaquemart de Tilloy vend à Colart le Borgne ses rentes sur le maison et *hostel Saint-Julien*, à le vve Mik. Dausque, tenant à *le Halle aux toilles* et à Pierre Loncle.

(Emb. 1475, f° 56 v°). Pierre de Hénin gage un prêt sur une maison « séant en *le Taillerie* entre les grant et petit marchiés, tenant à la *Halle aux toilles* et d'autre part à l'héritage de la vve et hoirs de Willaume de Beauffort ».

40. A Philippe Huquedieu. (1396 : à Baudin du Sauchoy).

41. **L'Esquelle** *(l'Echelle)* à Robert de Bertangle. (1396 : aud. Robert). **L'Esquelle d'argent.**

(H, 632, f° 87). Robert de Bertangle pour le maison de *l'Esquelle*, III drs.

(Emb. 1454, f° 74 r°). La disparition de deux feuillets en ce registre ne permet pas de savoir le nom du bourgeois qui, en 1454, gage un prêt sur « une maison séans *sur le petit marchié*, nommée *l'Estrille d'argent (sic*, lapsus de copiste rectifié plus loin) tenant d'un costé, au lez vers le Taillerie, à l'héritage Willaume de Beauffort et de l'autre costé *faisant coing* de le rue de le Justice avec trois autres maisons, toutes tenant ensemble, séant en ladite rue de le Justice, tenant d'une part à le maison de *l'Esquelle d'argent* et d'autre part à l'héritage dud. Willaume ».

(Emb. 1464, f° 71 r°). Jeh. Povillon, parmentier, garantit une dette sur « la maison de *l'Esquelle d'argent* et les III petites maisons y tenant, tenant à l'héritage Willaume de Beauffort et *faisant coing et touquet* de la ruelle de la Justice ».

42-43. *Deux* petites maisons *derrière l'Esquelle* à Robert de

Bertangle. (1396 : *deux* petites maisons *en le rue de le Justice*, aud. Robert).

D'après l'acte précédent, il y aurait eu *trois* petites maisons, faisant partie de l'héritage de *l'Echelle d'argent*, au cours du XVe siècle. Il est probable que cette troisième maison est celle qui est inscrite en 1396 au nom de Simon Monnart et ne figure pas au rentier de 1382 (43 *bis*).

44. A Jeh. de le Touche. (1396 : à Jeh. Houillet).

45. A le vve Waghon. (1396 : à Jaquemart Poulier).

(Emb., **1424,** fo 19 vo). Jehanne Agache, vve de Jaquemart Poulier, donne à son nepveu Regnault Agache une maison séans en le rue de Justice, tenant à le porte de le maison *Saint-Julien* (39) et à Pierre Loncle.

(Emb. **1434,** fo 114 ro). Regnault Agache revend cette maison à Sire Hue Briet, prestre, curé de Croisilles.

46. Le maison joignant au *Pryer* est à Gillot Cardevaque. (1396 : à Piérot d'Estroeng).

(Emb. **1400,** fo 135 vo). Pierre Bourguelin, dit d'Estruen, dont la maison avait été saisie et « mise en le main du roy » pour non paiement d'une dette, conclut un arrangement et engage comme garantie cette maison, « séans en le rue de Justice *devant les Bouteilles* (1 du 4e tour) tenant à le porte de *l'ostel St-Julien d'une part* et d'autre part à le maison du *Priel* ».

(Emb. **1427,** fo 223 ro). Jeh. de Hénin, hautelicheur, vend à Miquiel Dausque une maison, séant en le rue de Justice, tenant aud. Miquiel et à l'héritage *du Piré (sic,* pour *Prier).*

(Emb. **1454,** fo 58 ro). Guillaume de Beauffort, pour garantir une dette de six vingt-huit livres, engage une maison, séant *en le rue de le Justice,* tenant d'une part à l'héritage *et porte derrière de l'ostélerie de St-Julien,* que on dist de présent appartenir à Pierre de Hénin et d'aultre part à le maison que on dist *le Prier* à Robert de Wailly.

Comme Johanne Agache, vve de Jaquemart Poulier, donne à son neveu Régnauld Agache, en même temps que le no 45, une autre maison, « séans en le rue *Baude Poulier* (1) tenans à Jeh. de Paris (47) et *aboutans à Jeh. de Hénin* (46) », il faut nécessairement que ces maisons (1, 46 et 47) se trouvent dans le même îlot. Pour comprendre que, dans ces conditions, la maison de Jehan de Hénin tienne à la porte de l'hôtellerie *de St-Julien* (située dans l'îlot voisin) et au *Prier*, il est indispensable d'admettre que, comme aujourd'hui encore d'ailleurs, la ruelle qui sépare les deux îlots, n'était alors à son débouché dans la rue de Justice qu'un passage couvert, « une vautelette », servant de porte à ladite hôtellerie entre les nos 45 et 46.

47. Le maison du **Pryer** (?) est as hoirs de feue Marie de Hennin. (1396 : Le maison du *Prier* est à Marie de Hénin).

(Emb. 1423, fo 145 vo). Parmi les biens partagés entre les membres de la famille de Baudart, on rencontre une rente sur le maison Jeh. de Paris dit du Dragon, scituée en le rue de le Justiche, nommée *le Pryer* ».

Li IIIIe tours (de Saint-Nicolas) commenche en le rue de le Justice as Bouteilles d'argent, *en alant au petit marquiet, en retournant en le rue de le Houche Gillet et finant as* Bouteilles d'argent *(fos 24 ro et suiv.).*

(1396 : même rédaction, fos 45 et 46).

---

1. Les Bouteilles d'argent à Mik. de Paris. (1396 : à Willaume Wagon).

Dans le Répertoire de Dom Page, (II, 1183, fo 367 vo) cette maison fait encore, comme au XIVe siècle, le coin des rues de *Justice* et de *l'Ermite* et s'étend jusqu'à « l'issue de la Balaine ».

2. A Thumas Haton. (1396 : à le vve Thumas Haton, nommée Bétris Calonne).

3. A dem^elle Marie de Hennin. (1396 : à Piérot le Conte).

4. A Piérot Amion et à le v^ve de Tassart de Boulongne. (1396 : à Piérot le Conte). **Le Soret d'Or.**

(H, 635-1415, f° 93). Jeh. Caulier, à cause de sa femme, pour une maison en le rue de Justice, nommée le *Soret d'or*, XVII drs.

Par suite d'une mauvaise lecture et de la ressemblance de la lettre *s* à la lettre *f*, les scribes ont fini par faire de cette enseigne le *Foret d'Or*. On rencontre même le *Piet d'Or*, par suite d'une autre forme de la lettre *s* qui, soudée à la lettre *o*, prend l'apparence d'un *p*.

5. A Piérot Amion et à le v^ve Tassart de Boulongne. (1396 : à Piérot le Conte).

(H, 633-1408, f° 102). Piérot le Conte, pour une maison qui fu Pierre Amion et le v^ve Tassart de Boullongne, II drs.

6. Le maison qui *fait le touquet de le rue de le Justice* est aud. Piérot Amion et à led. v^ve Tassart de Boulongne. (1396 : le *petite* maison qui fait *le touquet* est à Mahieu le Burier.

(H, 633-1408, f° 102). Mahieu le Burier, pour une maison *sur le touquet*, II drs.

7. **Les Cappellés** *(Les Chapelets* ou *les Chapelles)*, ou petit Markiet, à le v^ve Tassart de Boulongne. (1396 : à Piérot le Conte).

8. **Les Turpinés** (tupin, turpin = *pot* ou *marmite*. Il est probable, car on n'est pas bien fixé sur le sens de ce mot, que les turpinés ou turpinets étaient des *petits pots* ou des *petites marmites*) à Mik. de Paris. (1396 : *Les Trupinés* à Willaume Wagon).

(H, 632-1398, f° 87). Guillaume Wagon, pour le maison des Trupinés tenant aux *Capelés* et à *le Bretesque*, V drs. ob.

(H, 635, f° 93). Jeh. Caulier, pour le maison des *Truppinés au bout du Cange*, V drs oboles.

Le *Cange* était une sorte de rue formée sur le petit marché par les boutiques des changeurs, nombreux dans une ville frontière où circulaient les monnaies les plus diverses. Les changeurs étaient banquiers, prêteurs et surtout usuriers.

(Emb. 1432, f° 40 v°). Cornille Baudechon et Catherine le Burier, sa femme, vendent à Jeh. Danvet xxxIIII drs. de rente qu'ils avaient sur « une maison appartenant aud. Jehan séans sur le petit marchié, nommée *les Truppinés*, tenant *aux Cappellés* et à *le Bretesque* de le ville ».

M. A. Guesnon a déjà signalé les inexactitudes de l'auteur des *Places d'Arras*, qui, à cet endroit, intervertit l'ordre des maisons.

9. Le maison de **le Bretesque**, à Mik. de Paris. (1396 : à Mainfroy de Paris).

La ville avait naturellement le droit d'user, à son gré, de *la Bretèque*, sorte de guérite ou de petit balcon couvert, du haut duquel on proclamait les édits et les bans, mais la maison ne lui appartenait pas, ce qui ne devait pas laisser d'avoir des inconvénients. Aussi, le 14 avril 1426, achète-t-elle à Piérot Morguet, sergent à masse du duc de Bourgogne, l'immeuble entier (emb. 1426, f° 61 r°), avec tous les droits que ledit Pierre avait sur *la halle des caucheteurs* installée dans sa maison et « sur les caucheteurs eux-mêmes à cause de ladite halle ».

10. A Monsgr de Ransart. (1396 : le maison *tenant à le Bretesque* est à Jeh. Louchart). **Les petits Barrois.**

(Arch. com., papiers aux ouvrages, 1464-65, f° 5). A Pierre Danel de Paris, machon, pour refaire un mur de bricque entre le maison de *le Bretesque*, appartenant à le ville, et le maison des *petits Barrois* appartenant à Jeh. Tacquet et aux hoirs de feu Jaque le Borgne.

Y a-t-il un rapport entre cette maison et la maison des *Barrois (grands Barrois* et *petits Barrois)*, nos 3 et 4 du 1er tour de la Madeleine ? Je l'ignore.

11. **Le Baleine** à Willaume le Cras. (1396 : à Andrieu de Monchi).

(Emb. 1426-28, f° 168 r°). Le 18 avril 1428, l'office des quatre des héritages visite le maison et hostel de *le Balainne*, à le vve Colart Louchart, tenant à l'héritage *du Pan* à Willaume le Mas, et constate que le mur de clôture entre les deux maisons est en péril de choir, s'il n'est immédiatement procédé à sa réfection.

(Emb. 1464, f° 33 v°). Simon le Borgne, chambgeur, vend à Jeh. de Reubempré, échevin, « la moitié de la maison de *la Balaine*, tenant à Jeh. Tasquet et à l'héritage *du Pan* ». *La Balaine* avait été, en effet, achetée aux exécuteurs testamentaires de Guillaume le Mach par Simon le Borgne et Jeh. de Reubempré.

D'après le Répertoire de Dom Page (f° 363 v°), un promeneur arrêté sur la Petite Place devant l'entrée de la ruelle, aurait vu la *Baleine* à l'angle gauche et la *petite Baleine*, à l'angle droit du couloir ou de « la vautelette ». Au XV° siècle, le passage couvert conduisant à *la cour de la Baleine* était non un flégart public, mais l'entrée des dépendances de l'hôtellerie. *La Baleine* occupait donc alors les deux côtés du passage.

12. **Le Paon** à Jeh. Landrieu. (1396 : aud. Jeh.).

(Emb. 1424, f° 73 v°). Jeh. Landrieu donne à Willemet le Mách, la maison *du Paon* et la maison du *Saumon d'argent* (18) tenant *par derrière au Paon*.

13. A Régnaut Wion et as enfans Loys le Claryer. (1396 : à Loy Fuscien dit le Clarier). **L'Escu de Ghines** *(l'Ecu de Guisnes)*.

(II, 632-1398, f° 87). Loys Fussien, pour le maison de *l'Escu de Ghuines*, xv drs.

(Emb. 1424, f° 42 r°). Jehanne Caulier, vve de Colart Sarazin, et paravant vve de Colart d'Avesnes, donne à ses enfants du premier lit les droits qu'elle a « sur le maison de *l'Escu de Gines*, tenant d'une part à le maison *du Paon* à Jeh. Landrieu et sur une autre maison (14) tenant de part et d'autre à le maison Piérot Floury, nommée *l'Abalestre* ».

14. A demiselle Marie d'Avions. (1396 : à Simon de Hanoncamps). **Saint-Martin.**

(Emb. 1444, f° 101 r°). Colart Leclerc, orfèvre et Maroie le Cuvelier *dite d'Avesnes*, sa femme, gagent une obligation sur

« une maison nommée *Saint-Martin*, tenant d'une part à *l'Escu de Ghines*, à Pierre le Cuvelier, et d'autre part à le maison qui fu Piérot Floury. Ils avaient déjà engagé (emb. 1433, f° 115 v°) cette même maison « tenant à *l'Escu de Ghuignes* et aud. Piérot Floury ».

C'est à cette maison de *St-Martin* que l'auteur des *Places d'Arras* donne indûment le nom *d'Ecu de Guisnes.*

15-16. **L'Abalestre** *(l'Arbalète)*, et une petite maison d'alés (16), à Colart de Harmaville. (1396 : *l'Arbalestre*, qui *fait le touquet* et une petite maison ens. *en le rue de le Houche Gillet*, à Colart de Habart).

(Emb. 1414, f° 44 r°). La vve de Colart de Habarcq loue à Piérot Floury « la maison nommée *l'Abalestre*, tenant d'une part à le vve Simon de Hanencamp et d'autre part *faisant toucquet de le rue de le Houche Gillet* ».

(Emb. 1427, f° 114 v°). Piérot de la Barc vend à Pierre Flouri la maison de *l'Arbalestre, faisant le touquet de le rue de le Houche Gillet* et tenant de part et d'autre aux hoirs de Colart d'Avesnes.

(Emb. 1436-38, f° 119 v°). Jeh. Hoel le jone vend à Piérot Floury la rente qu'il avait sur « le maison de *l'Abalestre* appartenant aud. Piérot, tenant à l'héritage Colart le Clerc, espachier, faisant *le touquet de le rue de le Houche Gillet* et aboutans à l'héritage des hoirs Colart le Cuvelier dit d'Avesnes ».

17. A Régnaut Wion et as enfans Loys [Fuscien dit] le Claryer. (1396 : Le maison en *le rue de le Houche Gillet* est à Loy Fuscien).

(Emb. 1400, f° 132 v°). Loy Fuscien vend à Toussains du Hamel une maison séant en le rue de le Houche Gillet tenans d'une part à le maison de *l'Abalestre*, à Colart de Habart et à le maison Jeh. Landrieu et *marchissans par derrière à l'Escu de Ghines* ».

18. As hoirs Leureuch Lescaudé. (1396 : **Le Saumon d'argent** à Jeh. Landrieu).

(H, 633-1408, f° 101). Jeh. Landrieu, pour le maison du *Saumont d'argent*, II drs.

La maison du *Saumon d'argent* tenait par derrière au Pan (voir 12). Elle ne peut donc en aucune façon être identifiée (*les Places d'Arras*, p. 389 et *les Rues d'Arras*, t. II, p. 91), avec *l'Arbalète* et faire *le coin du petit marché*.

19-19 *bis*. A Jak. Wardavoir le jouene. (1396 : le maison qui fu Jaquemart Wardavoir le jone, faisant ouverture ou petit marquiet et en le rue de le Houche Gillet est à Piérot Querquefeulle et à Danel le Marissal. — Note marginale : *l'une desd. maisons qui fait entrée et issue sur le petit marchié* est vendue par Danel le Cordier à Andrieu de Monchi, le XVIIIe jour de janvier IIII^xx et XVII). **L'Escu de Pontieu.**

19. (Emb. 1390-93, f° 145 v°). Jaquemart Wardavoir vend à Piérot Querquefeulle et à Danel le Cordier, marischal, une maison, séans *en le rue de le Houche Gillet*, tenans d'une part à Jeh. Landrieu et d'autre part à Jaquemart de Baraffle et par derrière aboutans à le maison de *le Balaine* à Andrieu de Monchi.

La note marginale précitée et l'article suivant des Cueilloirs de St-Waast, prouvent que le n° 19 se composait de deux maisons dont l'une même fut divisée en deux membres.

(H, 633-1408, f° 101). Andrieu de Monchi, pour une partie de le maison qui fu Jak. Wardavoir, tenant à le maison de *le Balainne* par derrière, I dr. — Pierre Querquefeulle, pour l'autre partie de le maison *sur le rue de le Houche Gillet*, I dr.

19 *bis*. (Emb. 1414, f° 65 v°). Jak. Wardavoir et Jacotte le Roy, sa femme, gagent une obligation sur une maison nommée *l'Escu de Pontieu*, tenant d'un lez à l'héritage *de le v^ve Piérot Querquefeulle* et de l'autre *faisant le touquet de le rue de l'Ermite*.

(Emb. 1438, f° 24 v°). Jacotte le Roy, v^ve de Jak. Wardavoir, garantit encore un prêt sur la maison « où elle demeure, à elle appartenant, nommée *le maison de l'Escu de Pontieu*, séans *en le rue de le Houche, faisant toucquet de le ruelle de l'Ermite* ».

L'Ecu de Ponthieu figure encore à cette même place, à la fin du XVIIe siècle. (Rép^ro de Dom Page, f° 365 v°).

20. A Jak. de Baraffle. (1396 : aud. Jak.).

Li V^e^ *tours (de St-Nicolas) commenche à* l'Escu de Bourgogne *en alant* au Plonc, *et tournant tout le tour tant que on revient à led. maison du Plonc (f*° *25 r*°*).*

(1396 : même rédaction, f°s 47 et 48).

1-2. Le maison de **l'Escu de Bourgongne** et une petite derrière sont à Mik. des Rosettes. (1396 : à Jeh. Malebranque, sergent du Roy).

(Emb. 1454, f° 75 v°). Nicaise Malebranque donne en garantie d'un prêt « une maison, nommée *l'Escu de Bourgongne,* séant *en le rue de le Houche et faisant coing au devant de l'Ermite* (17 du 2e tour).

3. **Le Plonc** à Gille Crespin, à cause de sa femme [Jehanne, fille de Nevle du Luiton]. (1396 : à demiselle du Luiton).

On a vu que les n°s 8 et 9 du 2e tour étaient situés devant *le Plonc* et le 11 à l'opposite de la porte *du Plonc,* ce qui indiquait déjà pour la demeure de l'important personnage qu'était Gille Crespin, un développement considérable de façade et de clôture sur la rue Houche Gillet (actuellement rue St-Nicolas). Mais voici une preuve directe et des mesures précises. En 1459 (H, 647[1] f° 287), la maison du Plonecq en trois membres paie xxviii deniers à St-Waast. Elle est partie (divisée) en 1461, et le registre de 1467 (H, 648[2] f° 254), donne le détail de cette partition et des redevances dont le total est xxviii drs.

Mah. Frémin, pour une partie de la *grande maison du Ploncq faisant le touquet de la rue, contenant XXXV piés d'héritage en longueur,* viii drs.

Jacquemart de Ray, fournier, pour une maison qui est partie *du Ploncq contenant XXVIII piés en longueur sur la rue* et fut partie en l'an mil IIII^c^ LXI, v drs.

Hugue de la Grange, pour une maison qui fut partie du

Ploncq, contenant LXX pieds de loncq sur la rue, partie en deux membres aud. an LXI, XI drs.

Coulont le Rougier, drappier, pour deux maisons ens. qui sont parties dud. *Ploncq*, IIII drs.

4. Une autre maison joignant au Plonc est aud. Gille Crespin. (1396 : à le dem^{elle} du Luiton). **Le Petit Plonc.**

(II, 634-1410, f° 108). Guyot de Rély, pour une maison d'en *costé le four*, nommée *le Petit Ploncq*, IX drs.

5-6-7. Les deux maisons et four sont à Jeh. du Beuf. (1396 : Le four et les IIII maisons sont aud. Jehan). **Le Four des Mortelez** (?).

(Arch. de l'hôp. St-Jean I, B, 11, 1356). Arrentement du *four des Mortelez* tenant *au Plonc*. — Modération (1411) de l'arrentement du *four des Mortelez* tenant d'une part au *petit Plonc* et d'autre part à la porte du *Tambour d'argent* (n° 16, ayant issue dans *l'impasse* actuelle des *Trois-Faucilles*).

(Emb. 1400, f° 201 r°). Jeh. Burget dit du Boef et Jehanne de Paris, sa femme, vendent à Jaquemart Monami et à Jacotte Brongnarde, sa femme, une maison et enchine (installation) de four, nommée *le four des Mortellés* aveuc *quatre petites maisonchelles* appendans et appartenans aud. four et tout tenans ensemble, séans en le rue St-Nicolay, au devant de l'ostel Me Jeh. le Bouchier, joignans à le maison du *petit Luton (le petit Plonc)* et d'autre part à l'héritage qui fu Jeh Doffay (16).

(II, 633-1408, f° 104). Jaquemart Monami, pour une maison en le ruellette, IIII drs. — Pour le maisoncelle faisant *le touquet au four*, IIII drs. — Pour le maison du four, IIII drs. — Pour le maison tenant à le dem^{elle} du Luiton, IIII drs.

Dans les Cueilloirs suivants, on lit : pour une maisoncelle *faisant le touquet où estoit le four*. Ce qui prouve que le four était d'abord au coin de l'impasse *des Faucilles*.

8. **Les Fauchilles** (enseigne qui donna son nom à la rue des *Trois-Faucilles* et à l'impasse des Trois-Faucilles) as frères prescheurs. (1396 : auxdits frères prescheurs. — En note marginale : vendue par lesd. frères Jacobins à Piérot le Trippier le XVe jour de May IIII^{xx} et XVII).

9. A Jeh. Bourgois dit Gayet. (1396 : à Jeh. le Gay, dit Gayet).

(H, 632-1398, f° 89). Le vve Jeh. le Gay, pour se maison *emprès le puch*, v drs.

10. Le maison qui *fait le touquet* est à Jeh. Pintart. (1396 : le maison qui *fait touquet devant le Pellican* [31 du 1er tour de St-Géry], aud. Jehan).

(Emb. 1392, f° 122 v°). Hanotin Lescaudé vend à Pierre Querquefeulle ses rentes sur de nombreuses maisons : sur le maison Jeh. Bourgois (9) joignans à Jeh. Pintart ; sur le maison Jeh. Pintart *faisant le touquet de le rue St-Nicolay ;* sur le maison Jaquemart Harduing (11) en le *rue dame Sarre Wagonne,* joignans à l'héritage de Robert de Wanbercourt ; sur le maison de Wanbercourt (12) en led. rue...

(H, 632-1398, f° 89). Le vve Jeh. Pintart, pour se maison faisant le touquet, v drs.

11. A Jak. Harduin. (1396 : aud. Jak.).

12. A Robert de Wanbercourt, parmentier. (1396 : aud. Robert).

(H, 632-1398, f° 88). Le vve Robert de Wambercourt, pour se maison, v drs.

(Emb. 1399, f° 57 v°). Mik. de le Plache vend à Jeh. Landrieu une maison séans *en le rue des Balanches,* tenans à Jak. Harduin et à le maison dud. Jeh. Landrieu.

13. A Jeh. Landrieu. (1396 : aud. Jehan).

14. **Le Cherf. Le Cherf-Vollant** à Boidin Haton. (1396 : à Tassart le Jone, procureur d'Artois).

(H, 632-1398, f° 89). Tassart le Jouenne, pour le salle de se maison joignans à Jeh. le Gay (9), xxi drs.

(Emb. 1421, f° 86 r°). Jeh. Walois, au nom et comme procureur de Me Nicole de Faucquemberghe, seigneur de Beaussart, vend à Jak. Walois une maison séant *en le rue des Balanches,* nommée *le Chierf,* qui fu Tassart le Jone, tenant par derrière à l'héritage des *Fauchilles* (8) et aians yssue sur le rue St-Nicolay.

15. A Rifflart du Mont et à Nieule de Paris. (1396 : à Jak. Cardon).

PAROISSE DE St-NICOLAS-SUR-LES-FOSSÉS (Six Tours)

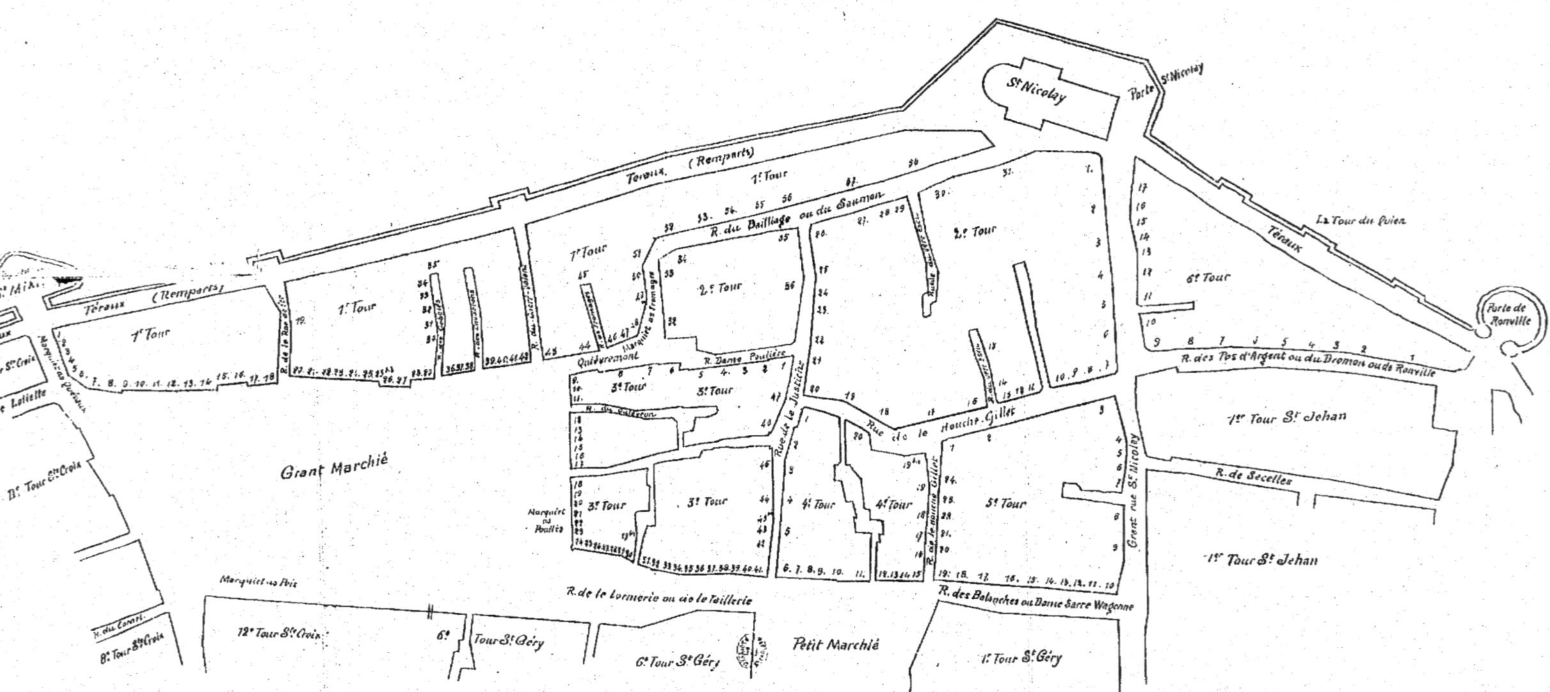

(Emb. 1432, f° 26 v°). Tassart Cardon, dit Rolant Cardon, escuier, fils de feu Jaque et de dem^elle^ Marie du Mont, vend à Robert de Paris dit Tristran, échevin, et à Marie Cardon, sa femme, ses droits sur une maison en le rue des Balanches, tenant à l'héritage *du Cherf* à Jaque Walois et à l'héritage *du Tambur* aud. Tristran.

Peu après (*ibid.*, f° 66 v°), les gendres de feu Jaque Cardon : Robert de Paris, dit Tristran, pour sa part et celle par lui « nagaires acquestée » à Tassart Cardon ; Colart Lanstier et Robert de Baynas, chacun pour sa part, vendent à Pierre Lainé la susdite maison « tenant au *Chierf-Vollant* et au *Tambur* ». En outre, Tristran cède à Pierre Lainé, moiennant soixante salus d'or, une allée à prendre sur sa propriété du *Tambour*, de manière à ce que l'héritage acquis par led. Pierre ait « *une yssue sur le ruelle* (impasse des Trois-Faucilles) *où le porte dudit* Tristran *a yssue sur le rue St-Nicolay* ».

Certaines maisons de la rue des Balances ont encore aujourd'hui une sortie dans la susdite impasse. Il serait intéressant de savoir si ces maisons correspondent aux n°s 14, 15 et 16 du Rentier de 1382.

16. A Martin de Croisettes. (1396 : à Jeh. Doffay). **Le Tambur d'argent** (*Le Tambour d'argent*).

(H, 632-1398, f° 88). Jeh. Dauffay, pour se maison et *le porte* en deux membres, x drs.

(Emb. 1401, f° 171 r°). « Jaquemart Cavrel et Maroye Doffay, sa femme, Mah. Busque et Simonne Doffay, sa femme, vendent à Jeh. de Baudart, laisné, de présent argentier de le ville », la part qui leur revient « en le maison *du Tambur d'argent*, en le rue dame Sarre Wagonne, tenans à le maison qui fu Rifflart du Mont et à l'éritage Jeh. de Fontaine ».

17-18. **Les Balanches** et une autre maison joignant, sont à M° Jeh. de Fontaines. (1396 : aud. Jeh.).

(H, 633-1408, f° 103). Jaquemart de Fontaines, pour le maison des *Balanches*, VI drs.

19. **Le Pennevaire** (les expressions *penne vaire* et *vaire plume* se rencontrent dans les chansons du moyen âge avec le sens de panache bigarré, de *plumet* de diverses

couleurs) à Joh. Alart. (1396 : à Tiébaut Flouri, cordewanier).

(Emb. 1421, f° 81 r°). Thibaut Floury baille à rente à Jeh. de Beaumont, sergant à vergue, et Jehanne Floury, sa femme, une maison, nommée *le Pennevaire*, tenant à M° Tristran de Fontaines. Le 1er février 1428 il fait enregistrer le reçu de LXX sols, montant d'un terme échu des rentes de led. maison de *le Pennevaire séant sur le petit marchié*.

Située à l'angle de la rue des Balances et de la rue de la Housse, la maison « de le Pennevaire » pouvait, sans invraisemblance, être considérée par les scribes, comme étant sur la Petite Place.

20-21. Les deux maisons ens. sont à Jak. Ghillebert. (1396 : Les deux maisons ens. en *le rue de le Houche Gillet* sont à Jeh. Petit, cordewanier).

(Papiers de rentes de le Povreté, 1395). Sur II maisons en le rue de le Houche Gillet qui furent à Jaquemart Ghillebert, qui ont été laissées pour rentes qu'elles devoient à le Povreté et rebailliés à Jeh. Petit, cordewanier...

22-23. Les deux maisons ens. à Joh. de Hées. (1396 : à Piérot de Buissi, boulongier).

(Emb. 1392, f° 81 r°). Jeh. de Hées vend à Piérot de Buissy deux maisons tenans ensemble, *en le rue de le Houche Gillet*, joignans à Jaquemart Ghillebert et à le maison nommée *Saint-Julien*.

24. A Joh. de Froimont. (1396 : à Margot Froimonde. — En note marginale : vendue à Jaquemart Wardavoir le XX° jour de Juing IIII^{xx} et XVI). **Saint-Julien.**

Li VIe tours (de St-Nicolas) commenche à le porte de Ronville, en revenant tout ce renc à le porte Saint-Nicolay (fo 26 vo).

(1396 : même rédaction, fo 49).

1-2. Le maison et gardin joignans à le porte de Ronceville, sont à Adam le Mayeur à cause de sa femme. (1396 : à Gillot le Postieu). **Le Sartérion.**

(Emb. 1391, fo 50 ro). Adam le Maieur, cordewanier et Maroie Robiquelle, sa femme, vendent à Jaquemart Ghillebert tout tel droit qu'ils avoient en une plache de terre vuide, nommée jadis *le Sartérion*, séans *assés près de le porte de Ronville ;* ycelle plache de terre joignans d'une part et d'autre à l'iretage qui fu Jaquemart Faucquet.

(*Ibid.*, fo 50 ro). Jacotte Faucquette, fille de feu Jaquemart Faucquet, donne à Jaquemart Guillebert et à Maroie de Habart tout tel droit qu'elle pouvoit avoir en une pièche wide, *séans assés près de le porte de Ronville*, à l'opposite de le maison du *Droit Mont (sic*, pour *Dromon)*, joignans à l'éritage Jaquemart Faucquet, de présent aud. Jaquemart Guillebert.

(*Ibid.*, fo 51 ro). Jaquemart Ghillebert vend à Gillot le Postieu, toillier, une maison avec une pièce de terre qui de présent est ordenée à gardin et où jadis il heut (il y eut) une maison nommée *le Sartérion*, séans en le rue des *Pos d'argent* et à *l'opposite* de le maison de *Saint-Martin* et du *Dromon, assés près de le porte de Ronville*, joignans led. maison d'une part à une maisoncelle qui est des appartenances de le porte de Ronville et appartient à le ville d'Arras, et le courtillet ou plache marchissant à l'éritage que lesd. vendeurs ont oudit lieu et par derrière aboutans sur les murs de le ville.

(Emb. 1399, fo 13 ro). Gillot le Postieu gage un prêt sur le maison en lequelle il demeure, tenans aux murs de le ville lez le porte de Ronville.

3-4. A Adam le Mayeur. (1396 : à Jaquemart Gillebert).

5. A Jeh. de Regibais. (1396 : à Willame Doffay, les II maisons tout un membre). **Le Quien d'Espaigne** *(le Chien d'Espagne ; l'Epagneul).*

(Emb. 1454, fo 41 vo). Pierre *Guosset* vend à Jeh. Blondel, marchant de draps, une maison séans *en le rue du Dromont assés près de le porte de Ronville*, nommée *le Quien d'Espaigne*, tenant à Jeh. le Bosquillon et aboutant aux téraux.

6. A Jeh. de Regibais. (1396 : à Willame Doffay). C'est la deuxième maison comprise dans le no 5.

(Emb. 1423, fo 58 vo). Jaquemart de Guiéry et Marguerite le Posticue, sa femme, vendent à Guillebert Petit, tonnelier, un gardin et héritage aveuc un peutich et porte estans sur icellui, séans en le rue *des Pos d'argent, assés près de le porte de Ronville*, tenant à Mahieu *Gosset* et à Simon Finet.

7. A Jeh. Robiquel. (1396 : à Jonart Robiquel).

(Emb. 1436, fo 13 ro). Piérot Finet, sergant à mache, vend à Jeh. de Conin une maison, séans en *le rue des Pos d'argent*, tenant à Mah. Gosset et aboutans aux téraulx.

8. A Bernart le Vaasseur. (1396 : aud. Bernard).

(Comptes des rentes de le Povreté, 1419-20). Jeh. du Pré, cabaretier, pour se maison séans *en le rue des Pos d'argent* et fu à Bernart le Vasseur, xxxiiii s. viii drs.

(Emb. 1425, fo 206 ro). Baudin Lainé, procureur général de le ville, vend à Bertran le Jone, échevin, la rente que la Pauvreté d'Arras avait sur plusieurs maisons, entre autres « sur la maison Jeh. du Pré, cabaretier, scituée en le rue *des Pos d'argent* en alant à le porte de Ronville tenant à Simon Finet, potier de terre, et à le vve Henri de Harnes ».

9. **Les Pos d'argent** à Jeh. de Hées. (1396 : à Henri de Harnes).

La maison des *Pots d'argent* formait le coin des rues actuelles de *Ronville* et *Pasteur*.

10. A le vve Waast de Paris. (1396 : à Henri de Harnes). **Le Pooir du Faucon**. (*Le Pouvoir du Faucon*, siège d'un fief).

(H, 632-1398, fo 88). Henri de Harnes, pour le maison tenant aux *Pos d'argent, en le rue St-Nicolay*, xii drs.

(Emb. 1432, fo 49 vo). Demelle Catherine de Herselles vve de Henri de Harnes, et sa fille Martine vendent à noble dame Marie de Mailli, dame de Lousignol, etc. « ung courtillet contenant de IX à X vergues de terre ou environ, séans sur le costé *tout du long de le ruelle du lez l'Esquéquier à le goudale*, en le rue St-Nicolay au lez vers l'héritage de ledite dame, tenant à l'héritage desd. vendeurs et aud. *Esquéquier* et aux téraux de le ville ».

Il y avait donc alors entre les nos 10 et 11, comme en beaucoup d'endroits de la ville, une ruelle aujourd'hui disparue. L'existence de lad. ruelle est confirmée par cet article du cueilloir des rentes de St-Waast pour 1429 (H, 639 fo 91). Colart Rémi, pour une maison à degrés tenant à le ruelle de *l'Esquéquier*.

Ladite dame de Herzelles (emb. 1434, fo 140 ro) donne à sa petite fille Catelline, fille de Jeh. de Hermes et de Martine de Harnes, à l'occasion de son mariage avec Jeh. de Beaumés une maison, nommée le *Pooir de Faucon*, séans en le rue St-Nicolay tenant d'une part à l'héritage des *Pos d'argent* et d'autre part à *l'Eschéquier*.

L'abbaye de St-Waast possédait dans la « grande Comté » les pouvoirs isolés du Faucon et de l'Echiquier (A. Guesnon, *Orig. d'Arras*, t. II, p. 7).

11. **L'Esquéquier à le goudale** *(brasserie de l'Echiquier)* à Morel Béchon. (1396 : à Henri de Harnes).

12. A Jeh. as Pois. (1396 : aud. Jeh. as Pois dit de le Clef).

(H, 632-1398, fo 89). Jeh. as Pois, pour se maison as degrés, VI drs.

13. **Saint-Martin** à Régnaut Wion. (1396 : à Martin Sacquespée).

14. **Saint-Nicolay à le goudale** à Huart le Sergant. (1396 : à vve Gillot des Pochonnés).

(Emb. 1392, fo 95 vo). Huart le Sergant et Katerine Pappillonne, sa femme, vendent à Gillot de St-Pol, dit des Pochonnés, une maison, nommée *St-Nicolay à le goudale*, tenant à le maison de *Saint-Martin* et à Jaquemart as Roses.

(H, 633-1408, fo 106). Miquelet de St-Pol, pour se maison de *le goudale à St-Nicolay*, VIII drs.

15-16. A Jeh. le Hauthomme, (1396 : à Grard le Patinier).

(Emb. 1392, f° 128 r°). Guérard le Patinier baille à rente à Nicaise le Marissal deux maisons tout d'un membre joignans à le maison de *St-Nicolay à le goudale* et à léritage Jaquemart as Roses.

17. A Jeh. le Hauthomme. (1396 : à Jaquemart as Roses. — En marge marginale : vendue à Nicaise le Marischal le IXe jour de juillet IIII^{xx} et XVI).

(H, 632-1398, f° 89). Nicaise le Marescal, pour une maison emprès le porte, VI drs.

(Emb. 1429, f° 108 r°). Piérart du Puch et Leurente Marischal, sa femme, vendent à sire Guérart Marischal, prestre cappellain de l'église Notre-Dame d'Arras, le tierche part qu'ils avoient en une maison, séans *emprès le porte St-Nicolay*, tenant d'une part à une petite maisonchelle appartenant aud. messire Guérart et d'autre part aux téraux de le ville et aboutans par derrière aux héritages de *St-Nicolay* et de *St-Martin*.

PAROISSE St-GÉRY

Li premiers tours de le dicte parosce commenche à l'uis de Saint-Jéri, *tenant à le maison Willaume Wagon, en venant tout à mont au petit marquiet et en tournant jusques à* le rue dame Sarre Wagonne *et finant à* le Wautelette derrière Saint-Jéri *(fos 40 ro et suiv.).*

(1396 : même rédaction fos 68 ro et suiv.)

---

1. Le maison *tenans à l'uis de Saint-Jéri* est à Willaume Wagon. (1396 : **Le Lion d'or** à le vve Prévost de le Porte).

(Emb. 1414, fo 121 ro). Jeh. de Bailly, parmi d'autres dons faits à sa famille, cède à Guérardin de Bailly « LXIX sols, IIII drs. de rente qu'il avoit sur une maison appartenant à Pierre de Tilloy, nommée *le Lion d'or*, en le grant rue Saint-Jéry, tenans *à le ruelle et pourcession* d'icelle église de Saint-Jéry ».

(*Ibid.*, fo 128 ro). Gille d'Auby, vve de Pierre de Tilloy, pour sûreté d'obligations contractées par son mari « met en le main des eschevins » plusieurs immeubles, entre autres « deux maisons, tenans ensemble, séans emprès l'église Saint-Jéry, l'une d'icelles nommée *le Lion d'or*, joignans d'une part *à le pourchession de lad. église* et d'autre part à Lanoys, espachier ».

Autour de toutes les églises il y avait une *procession*, c'est-à-dire un passage permettant aux cortèges religieux, sortis par « le grant uis », de rentrer dans l'église par une porte latérale ou même de faire le tour de l'édifice.

2. Aud. Willaume Wagon. (1396 : à led. vve Prévost de le Porte).

(Emb. 1392, fo 162 ro). Simon Lamand, coryer, vend à demelle Gille d'Auby « une maison, séans *emprès l'église Saint-Jéri*, joignans d'une part à l'éritage de lad. acateresse et d'autre part à Saulet de Lannoy.

3. A Jak. le Burier. (1396 : aud. Jaquemart le Burier).

4. A Tassart de Massent dit le Clarier. (1396 : à le vve Tassart le Clarier).

Le clarier était un marchand de claré, sorte de vin de liqueur.

(Emb. 1433, fo 50 ro). Baudin Larguette vend à Gillot Loy, orphèvre, une maison séans en le rue Saint-Jéry, tenant d'une part à Colart le Clercq, et d'autre part à Simon de Coupigny, orphèvre, et *aboutans par derrière* au four de le Vautelette.

Ledit Gillot la revend (1435, fo 142 vo) à Robert de Wailli, pourpointier.

(Emb. 1454, fo 96 ro). Jaques *Parent*, escuier, garennier du bos de Mofflaines, et demelle Anthoine des Quesnes, sa femme ; Ysabelet de Boves, fille de feu Colart de Boves et de Gillette *Parent*, sa femme, sœur dud. Jaques, vendent à Jeh. Leureux, merchier, une maison en le rue St-Géry, *aboutant au four de le Vautelette* (56).

5-6. A Pierre d'Esquencourt. (1396 : à Jeh. Crestien, orfèvre).

(Emb. 1426, fo 68 vo). Ysabel de St-Omer, vve de Jeh. Chrétien, vend à Simon de Coupigny, orphèvre, une maison, séans en le rue St-Géry, tenans d'une part à l'héritage Baudin Larguette et d'autre part à maistre Jeh. Parent, barbier, et *aboutans par derrière et ayans yssue en le rue de le Vautelette* avec une petite maisonchelle tenant à l'héritage dessus dit et *au four Carcaude* (56) ; icelles deux maisons estans tout d'un membre.

7. A Pierre d'Esquencourt. (1396 : à Clay Lours, orfèvre).

(Papiers de rentes de le Povreté, 1395). Sur le maison ou demeure Clay Lours, orfèvre, *devant l'Escu de Flandres*, (5 du 2e tour) tenans d'une part à Jeh. Plevel, III libs. x s.

(Comptes de le Povreté, 1419-20). Maistre Jeh. le Barbyer,

pour se maison séans *emprès St-Jury* qui fu Clay Lours, orfèvre, IIII libs. x s.

8. A Willaume Wagon. (1396 : à Jeh. Platel).

(Comptes de le Povreté, 1419-20). Jeh. Platel, merchier, pour se maison oudit lieu et tenans à le maison dessus dite, XVII s. IIII drs.

9-10. A Jak. de Douay. (1396 : Le maison ens. est à Jaquemart de Douay et est une eschope de orfèvre. Item, celle ens. où Bonnœil demeure est aud. Jaquemart).

11. A Jak. de Douay. (1396 : **Les Hanas d'argent** *(Hanap, grand vase à boire, ouvragé et ciselé)* aud. Jaquemart.

(Papiers de rentes de le Povreté, 1395). Sur les III maisons Jaquemart de Douay, cordewanier, tenans à le maison Jeh. Platel et au *Croissant*, LXIX s. III drs.

(II, 631-1396, f° 56). Jaquemart de Douay, pour se maison des *Hanas d'argent*, II drs.

(II, 633-1408, f° 110). Le vve Jaquemart de Douay, pour se maison des *Hanaps d'argent*, II drs.

(Comptes des rentes de le Povreté, 1419-20, f° 7). Le vve Jaquemart de Douay, pour se maison des *Hanas d'argent, faisant le touquet du petit marquiet* devant *le Chercle d'or* (1 du 3e tour), LXIX s. III drs.

(Emb. 1436-38, f° 143 v°). Philippe Nepveu vend aux enfans de feue Marguerite de Douay une maison, nommée les *Hanaps d'argent*, séans *sur le petit marchié* et tenans à Willaume de Buissy.

12. **Les Croiscans** *(sic)* à Jeh. Cardon. (1396 : le maison nommée *le Croissant ou petit marquiet* est à Robert le Borgne).

(Emb. 1399, f° 30 v°). Robert le Borgne, dit le petit frommegier, et Jehanne Lescaudée, sa femme, donnent à leur niepce Bétrémieue le Borgne, femme de Jeh. de Heudebinel, une maison séans *sur le petit marquiet*, tenant à le vve de Jaquemart de Douay d'une part et à le maison Loy Augrenon d'autre part.

(Emb. 1438, f° 231 v°). Simon de Buissy gage une obligation sur une maison, séans *au petit marchié devant le croix*, tenant au *Bar d'or*, à Simon Vicery.

Il s'agit ici de la Croix de grès décrite par tous les historiens d'Arras.

13. **Le Bar d'or**, à dem^elle^ Marie Villaye. (1396 : à Loy Augrenon.

(II, 632-1398, f° 91). Loys Augrenon, pour se maison *desseure le vautelette.*

(Emb. 1424-26, f° 45 v°). Jeh. de Croisettes et Colle Sacquespée, sa femme, donnent en garantie d'un prêt de cent douze couronnes d'or que leur a consenti Jeh. de Wailly, échevin, « une maison séans *sur le petit marchié,* nommée le *Bar d'or,* tenant à Willaume de Buissy, cordewanier, et d'autre part à Jeh. Roche ».

(*Ibid.*, f° 94). Lesd. conjoints, deux mois après, vendent à Jeh. de la Haie, échevin, cette maison du *Bar d'or* tenant à Jeh. Roche et à *une ruellette nommée le Vautelette.*

14. A le v^ve^ Pierrot Cokart. (1396 : **Le Crois d'or** à le v^ve^ Mahieu de Vauchelles).

La maison de *la Croix d'or* était constituée par le tiers de la maison du *Carieul.*

(II, 632-1398, f° 91). Le v^ve^ Mah. de Vaucelles, pour se part du *Carioel,* III ob.

En suivant les transmissions dans les cueilloirs de Saint-Waast on arrive à préciser cette situation d'une façon formelle.

(II, 644-1446, f° 100). Willaume des Marquays, *pour le tierche part de le maison du Carieul, nommée le Crois d'or,* III ob.

15. **Le Carioel** *(La Carriole)* à Lambert de St-Waast. (1396 : aud. Lambert).

(II, 635-1415, f° 100). Jeh. de Pernes, pour les *deux pars de le maison du Carieul,* VI drs.

16. **Le Couronne d'or**, à Thumas de Rou. (1396 : à messire Pierre Aurry, canoine d'Arras. — En note marginale : vendue par led. canoine à Piérot de Tilloy, clauteur, le VIe jour de sept. IIII^xx^ et XVII).

(II, 632-1398, f° 91). Pierre de Tilloy, claucticr, pour le maison de le *Couronne d'or,* VII drs.

(Emb. 1428-30, f° 227 v°). Estene Cresté vend à Jaquemart Ladan, sergent à vergue, une maison, nommée *le Couronne d'or*, tenans au *Carieul* et au *Haubercq* et aians *yssue sur une ruelle qui maine de le Vautelette à l'ostel de le Marche* (10 du 1er tour St-Jehan-en-Ronville).

(Emb. 1433-35, f° 139 r°). Led. Jaquemart Ladan vend à Paquier dit Waban le maison de le *Couronne d'or*, tenans d'une part au *Carioeul* à Jeh. de Pernes, d'autre part au *Haubercq* à Estène Crestel et par derrière *ayans yssue en une ruelle derrière led. Hauberc.*

17. Le maison **du Haubert et le Carebonchel** ensiévant et che *derrière* sont à Andrieu de Courchelles. (1396 : le maison du Haubert, les estables derrière et II maisons en le vaultelette sont à Jeh. du Crotoy).

Seul le *Haubert* faisait front sur la Petite Place. Qu'était-ce au juste que la maison du *Carebonchel* ou des *Carebonchiaux* ? Une sorte de quartier de derrière du *Haubert* que nous retrouverons au n° 48.

(Emb. 1423, f° 45 r°). Demelle Jehanne Maugard, vve de Jeh. de St-Waast, donne à Jeh. Cocquet ses rentes sur la maison du *Haubert*, tenant d'une part à *le Couronne* et d'autre part aux *Pumettes*, à Robert de Baynas.

(Emb. 1428-30, f° 227 r°). Robert de Baynas et sa femme, Marguerite Cardon, vendent à Estène Cresté deux maisons tenans ensemble (l'une d'icelles nommée *le Haubert* et l'autre *les Carbonchiaux*) tenans d'une part tout du long à l'héritage de *le Couronne*, d'autre part à l'héritage *des Pumettes* et *du Dragon* et aboutans *par derrière à une ruelle qui maine de le Vautelette devant l'ostel de le Marche,* avec une alée estans au deseure d'icelle ruelle.

(II, 640-1435, f° 94). Estène Cretel, pour *le Hauberch*, VIII drs. ; pour *les Carbonchiaus*, IIII drs.

18. **Les Pumettes** *(Les Pommettes)* à Jak. de Paris. (1396 : à Gillot le Seellier).

(Emb. 1423, f° 150 v°). Rentes sur le maison *des Pumettes* à vve Gillot le Sellier. (Il manque un folio au registre, de sorte qu'on ne sait qui est vendeur ou donateur de cette rente).

(Emb. 1426-28, f° 82 r°). Jeh. le Fèvre, hautelicheur, et Marie Quinquet dite le Sellier, sa femme, et Jeh. Quinquet dit le Sellier, se partagent l'héritage de Guérardin Quinquet dit le Sellier, leur frère. Jeh. le Sellier aura les deux pars de le maison *des Pumettes*, à l'encontre de Jaquemart de Héroguières, qui a l'autre part, tenant lad. maison *au Haubert* et à Jeh. de Buissière.

(Emb. 1428-30, f° 136 r°). Jeh. Quinquet gage une dette sur les droits qu'il a en le maison *des Pumettes*, tenant à *l'ostel du Hobert* et à l'héritage Jeh. de le Boussière.

19. A Mik. de Hazebrœcq. (1396 : à Jeh. de le Magdelaine. **Le Petit Angle** *(Le petit Ange)*. **Les Petites Pumettes**.

(Emb. 1444, f° 15 r°). Jeh. le Fèvre dit Fustaillier et Marie de le Boussière, sa femme, vendent à Jaquemart le Vasseur, eschoppier, le quart qu'ils ont en une maison, nommée *le petit Angle*, tenant d'une part aux *Pumettes* et d'autre part au *Dragon*.

(H, 644-1446, f° 99). Jeh. Boussière, drappier ; Jeh. Hanart ; Piérot de Hénin et Jeh. Fustaillier le Jone, ad cause de leurs femmes, pour une maison tenant au *Dragon*, II drs. ob.

(H, 648-1465, f° 101). Jeh. de Bailloel, appoticaire, pour **Le Verde Maison** qui fu à Jeh. Boussière et à Piérot de Hénin, II drs. ob.

C'est au cueilloir de St-Waast pour 1465 que cette maison est ainsi spécifiée pour la première fois. Il est donc probable que les appellations de *Petit Angle*, de *Petites Pumettes* et de *Verde Maison* furent moins des enseignes que des désignations éphémères.

20. **Le Dragon** à Jak. Paris. (1396 : aud. Jaque).

(Emb. 1425, f° 182 r°). « Honorable et sage Jeh. Paris, maieur de le ville d'Arras et demelle Huline de Bergnemicourt, sa femme, » donnent à leur fille Marie Paris, à l'occasion de son mariage avec Jeh. de Beauffort « le maison, lieu, pourprins et appartenanches du *Dragon*, où ils demeurent de présent *tenant d'une part à le maison des* PETITES PUMETTES et d'autre part à le maison de *l'ensengne du Chisne* ».

21. **Le Chine** *(le Cygne)* à Mik. de Paris. (1396 : à Gillot le Roy).

(Emb. 1392, f° 132 v°). Jeh. Brange dit de Croisettes, chirier, et Marguerite Gabrielle, sa femme, vendent à Willaume de

Canteleu une maison, nommée *le Chine*, joignans à le maison du *Dragon* à Jak. Paris et à le maison des *Pastourelles*.

(Papiers des rentes de le Povreté, 1395). Sur le maison du *Chisne* à Willaume de Canteleu, qui fu Jeh. de Croisettes, LXXVI S.

(Emb. 1419, f° 228 r°). Jeh. de Bailly et Aelips Aubrie, sa femme, donnent à Hanotin de Bailly, fils de feu Gille de Bailly, leurs rentes sur nombre de maisons, entre autres LX S. sur le maison du *Chine* ou petit marchié, appartenant à Jeh. Ramon dit Danel.

(Comptes de le Povreté, 1419-20, f° 7). Danel le Marissal, pour le maison du *Cisne* séans ou petit marchiet, LXXVI S.

(*Ibid.*, 1424-25). « Pierre Quennel dit du Cine, cabaretier », rachète cette rente aux échevins le 4 octobre 1424.

(Emb. 1436-38, f° 128 v°). Pierre Quesnel gage un prêt, que lui a consenti Jeh. de Beauffort, sur sa maison du *Chine* tenant au *Dragon* et aux *Pastouriaux* audit de Beauffort.

(*Ibid.*, f° 138 r°). Pierre Quesnel dit du Chisne, loue à Jeh. Hoel le jone le chellier estans au desoubs de le maison du *Chisne* tenant au *Dragon* à Jeh. de Beauffort et aux *Pastouriaux* aud. Jehan...

22. **Les Patinés** à le v^ve^ Jeh. de Croisettes. — C'est la seule mention de cette enseigne. Peut-être est-ce une erreur de copiste. (1396 : le maison des **Pastouriaux** (*Pastoureaux, bergers*) à Enguerran Louchier et y a un quart Willaume Wagon).

(Emb. 1392, f° 140 r°). Andrieu de St-Waast et Marie de Croisettes, sa femme, vendent à Pierre Lalexandre dit d'Ouppy le V° part avec tout tel droit qu'ils ont en le maison des *Pastouraulx*, joignans à l'éritage Jeh. de Croisettes, chirier.

23 24. **Le Pappoire** (*La Papoire*, dit M. A. Guesnon [*La Satire à Arras au XIII*^e^ *siècle*, p. 79], était une figure grotesque, le *Manducus* des Romains, sorte de Croque-Mitaine qu'on promenait dans certaines fêtes du Nord) et le halle ens. sont à Gille Bernart. (1396 : **Le Halle as Cauchiers** à v^ve^ Jeh. de Lens).

(H, 632-1398, f° 90). Jehanne Bernarde, pour *le Halle à pain*, XVI drs.

(Emb. 1438, f° 197 r°). Marie de Fain, vve de Pierre Loncle, loue à Jeh. le Vasseur ung chelier ensemble le bosve et ce qui y append, séans sur *le petit marchié*, qu'on *nomme l'enseigne de le Pappoire* ».

Il se peut que *la Papoire* n'ait été qu'une de ces grandes caves de la Petite Place, que nous avons encore connues et qui étaient utilisées par diverses industries. La halle aux cauchiers (cauteurs et non *canteurs* [*Places d'Arras*, p. 400] chausseteurs, chaussetiers, fabriquants de chausses), puis *Halle au pain*, fut démembrée par la suite et forma plusieurs maisons.

25. **Le Pourpais** (*le Marsouin*) à Raoul de Behaignies. (1396 : *Le Pourpays* à Jaquemart Chevalier).

(Emb. 1421, f° 147 r°). Jeh. Ploncart et Jehanne de Dourlens, sa femme, vendent à Jeh. Bonnier, échevin, une maison, nommée *le Pourpais*, tenant d'une part à le *halle des Cauteurs* et d'autre part aux hoirs de Jeh. de Beaumés et aboutans par derrière à l'héritage desd. hoirs.

(Emb. 1424, f° 37 v°). Jeh. Bonnier revend à Martin Quiquemaque, la maison du *Pourpais* tenant à le *halle du Cauteur* et à le vve Jeh. de Beaumés.

(*Ibid.*, 218 r°). Jeh. de Dourlens donne quittance à Jeh. Bonnier d'une somme de cinquante écus d'or, gagée par feu Toussains de Dourlens « sur le maison du *Pourpais* tenant à le *halle du Cauteur* et à le maison des *Louchettes* », laquelle maison ledit Jeh. Bonnier « avoit achepté aux hoirs dud. feu Toussains à le charge d'icelle somme et de présent revendu à Martin Quiquemaque, échevin ».

(II, 640-1435, f° 94). Martin Quiquemaque, pour le maison du *Pourpais*, v drs.

26. **Les Louchettes** à Jeh. Cousin. (1396 : Le maison des *Louchettes* est à Jeh. de Beaumés, Jeh. Landrieu, à le vve Jeh. Cousin et à Jeh. Daulé).

(II, 632-1398, f° 90). Jeh. de Beaumés, pour le maison des *Louchettes*, v drs.

(Emb. 1428-30, f° 116 r°). Baudin le Chensier et Jehanne Cousin, sa femme, gagent une obligation sur le maison des

Louchettes, tenant d'une part à Martin Quiquemaque et d'autre part à *le Harpe d'or*.

(*Ibid.*, f° 180 v°). Emile le Mas et Ysabel d'Avions, sa femme, vendent à Colart Mannare, receveur de Bappalmes pour le duc de Bourgogne, le VIIIe partie qui leur appartenoit en le maison des *Louchettes* tenant au *Pourpais* à Martin Quiquemaque et à le *Harpe d'or* à Lambert le Fèvre et ayans yssue *par derrière en une ruelle qui va devant l'ostel de le Marche en le Vautelette*.

(Emb. 1432, f° 12 v°). Baudin le Chenssier et Jehanne Cousin vendent à Baudin le Fèvre tout tel droit qu'ils avoient sur le VIe partie de le maison des *Louchettes*... aboutans par derrière à *le Cornemuse* (35) appartenant à Jeh. Wallois.

(*Ibid.*, f° 64 r°). Anthoine Cousin, saicteur, vend au susdit Baudin le Fèvre tout tel droit qu'il avoit en le maison des *Louchettes*... aboutans aux héritages de la demelle de Bermicourt (36), de Jeh. Walois (35) et au flégard de le ville.

(Emb. 1464, f° 35 r°). Jeh. Sacquespée vend à Martin du Ploich la VIe partie qu'il a en *le maison, court et gardin des Louchettes*.

27. **Le Harpe d'or** à Mik. Derkin. (1396 : à Jeh. Pot).

(H. 632-1398, f° 90). Jeh. Pot, pour le maison de *le Harpe*, v drs.

(Emb. 1424-26, f° 37 r°). Jaquemart Ladan, sergant à vergue, vend à Lambert le Fèvre une maison, nommée *le Harpe d'or*, tenant d'une part aux *Louchettes* et d'autre part au *Cambge d'or*.

(H, 640-1435, f° 94). Lambert le Fèvre, pour le maison de le *Harpe d'or* et fu jadis **Le Blanc Coullon**, v drs. ob.

28. **Le Cange d'or** et deux autres maisons d'alés sont à Jeh. le Fèvre. — De ces deux maisons l'une est le n° 29 et l'autre le n° 33. (1396 : *le Campge d'or* et une maison tenant, et *une en le rue des Balanches* sont à le vve Jeh. le Fèvre).

Là encore, M. de Cardevacque (*Places d'Arras*, p. 392 et suiv.) pour faire cadrer avec les Rentiers du XIVe siècle, l'état actuel des propriétés a interprété les documents d'une façon fantaisiste. L'acte suivant est formel à cet égard.

(Comptes de le Povreté, 1419-20). Willaume le Fèvre, marchans de vins, pour le *Cange d'or*, x libs.

(Emb. 1432, f° 12 r°). Willaume le Fèvre le père et Willaume le Fèvre le fils; Colart le Borgne et Marie le Fèvre, sa femme, sœur dud. Willaume fils, reconnaissent que, en compensation du consentement donné par led. Colart au don de plusieurs héritages fait par led. Willaume père aud. Willaume fils à l'occasion de son mariage, « led. Willaume père cède à iceux conjoins Colart et sa femme la maison du *Cambge d'or en trois membres* dont les *deux sient et font froncq sur le petit marchié* et tiennent d'une part à *le Harpe d'or* et d'autre part à le maison qui fu Gillet Pinchon, et l'autre maison *siet et fait froncq sur le rue des Balanches*.

Le 20 mars 1432 (*ibid.*, f° 19 r°), à la requête de Colart le Borgne, l'office des quatre des héritages visite deux maisons, tenant ensemble sur le petit marchié, l'une d'icelles nommée *le Cambge d'or* et l'autre *le petit Cambge d'or*. Il fait, en un langage technique presque incompréhensible aujourd'hui, un rapport sur l'utilité de divers travaux à effectuer.

(Emb. 1438, f° 182 r°). Les susdits Willaume le Fèvre père et fils (rentrés en possession de ces immeubles, quand et comment, je l'ignore) vendent à Jeh. Théry la maison du *Cange d'or* tenant à *le Harpe d'or* à Lambert le Fèvre et *au petit Cange d'or* ausd. vendeurs.

29. A Jeh. le Fèvre. (1396 : à le v^ve^ Jeh. le Fèvre). **Le Petit Cange d'or.**

30. A le v^ve^ Colart de Goy. (1396 : as enfans de Colart de Goy).

31. **Les Ermines** *(les Hermines)* à le v^ve^ Mik. du Bos. (1396 : à Jeh. du Bos).

(Emb. ext. 1402, f° 3 r°). Jeh. du Bos et Natalis de Bourse, sa femme, donnent à leur fille *les Ermines* et une autre maison (32) tenans à icelle, *séans devant les Balanches*.

32. A le v^ve^ Mik. du Bos. (1396 : à Jeh. du Bos).

33. A Jeh. le Fèvre. (1396 : à le v^ve^ dud. Johan). Cette maison est le troisième membre du *Cange d'or* dont il a été question plus haut.

(II, 639-1429, f° 93). Willaume le Fèvre, pour une maison *devant les Balanches*, tenant au *Tonnelet*, VIII drs.

34. **Le Tonnelet** à Nicule de Paris. (1396 : à dem^elle Marie de Hellaville).

(II, 640-1435, f° 93). Jeh. Bellot, pour le maison du *Tonnelet*, VIII drs.

(Emb. 1435, f° 143 v°). Jeh. Belot demande aux échevins la reconnaissance du droit qu'il s'était réservé dans son contrat de mariage de vendre « le maison *du Tonnelet*, en le rue des Balanches, tenant à l'héritage de *le Cornemuse* », opposition est faite à cette vente, en raison de l'entravestissement consenti par les conjoints dans led. contrat.

35. **Le Cornemuse** à le v^ve Englebert Louchart. (1396 : à Marote Wagonne).

(II, 640-1435, f° 93). Jeh. Walois, pour le maison de le *Cornemuse*, I blanc coulon.

36 **Le Grant Lion** à le v^ve maistre Régnaut d'Anvin. (1396 : à Régnault d'Anving).

(Papiers des rentes de le Povreté, 1395). Sur le maison du *Grant Lyon*, à Régnault d'Anving, LV s.

(Emb. 1401, f° 253 v°). Jeh. le Pele, dit des Rosettes, vend à Jeh. de Pressy une maison séans *en le rue des Balanches*, nommée le *Noir Lion* (erreur du scribe pour *Grant Lion*), qui fu à feu Régnault d'Anvaing, tenant à *le Cornemuse* et à l'héritage du *Petit Pellican*.

(*Ibid.*, f° 286). Jeh. de le Plache renonce, au profit de Martin Quiquemaque, à ses rentes sur le *Grant Lion* qui fu Régnaut d'Anvin et sur le *Pellican* (38) à Jaquemart le Jouenne.

(Comptes de le Povreté, 1419-20). Le v^ve Witasse de Bernemicourt, pour se maison en le rue de Balanches, qui fu Régnault d'Anvin, LV s.

(Emb. 1434, f° 230 v°) Jaque de Bernemycourt vend à Jeh. Sacquespée, fils de feu Jeh. Sacquespée, en son vivant receveur des aides du roy, une maison, nommée *le Grant Lion*, tenant d'une part à le *Cornemuse* et d'autre part au *Perlicant* et aboutant à une rue derrière le *Haubercq* (rue de le Vautelette).

37. A v^ve Regnaut d'Anvin. (1396 : à Caterine du Pré). **Le Petit Pellican.**

38. **Le Perlican** *(le Pélican)* à Joh. du Boef. (1396 : *le Pellican* aud. Johan).

(Emb. 1400, f° 150 r°). Jeh. du Boef vend à Jaquemart le Jouenne une maison, nommée le *Perlican*, séans en le rue St-Nicolay, faisans *touquet sur le rue dame Sarre Waghonne, devant et à l'opposite des Pappega's* (12 du 1er tour St-Jehan-en-Ronville) et tenans à l'éritage feu Regnault d'Anving, par derrière à l'éritage Jeh. des Rosettes (36) et *ayans porte et yssue sur le rue Saint-Nicolay.*

(Emb. 1423, f° 10 v°). Jeh. de Houdaing loue à Nicaise de le Porte le maison du *Perlicant* faisant *touquet de le rue des Balanches*, où demeure maistre Hue Couronnel.

39. **Sanse le Fort** *(Samson)* à Flourent Sacquel. (1396 : à le vve Flourent Sacquel).

(Emb. 1401, f° 262 v°). Adam Sacquel dit Maillard vend à Jeh., son frère, le quarte partie qu'il a en le maison nommée *Sansse le Fort*, séans en le *rue de le Halle* tenant à Gillot de Croisilles et par derrière aboutans à Jak. de Paris (20, *le Dragon*).

(Emb. 1419, f° 194 r°), Jeh. de Wailly vend à Mik. Dausque, échevin, le quart de le maison de *Sansse le Fort* qu'il avoit à l'encontre dud. Miquiel auquel le moitié dud. héritage appartenoit et l'autre quart à le vve Mik. Hourier.

(Emb. 1421, f° 84 r°). Robert Pippelart vend à Mik. Dausque le quart qu'il avoit en le maison de *Sansse le Fort* à l'encontre dud. Mik. qui a les III autres quars, lequel quart ledit Robert a nagaires acquesté et fu appartenant à deffuncts Hourier, se vesve et héritiers. Icelluy héritage de *Sansse le Fort* situé et assis *est au devant de le maison qui fu Simon Faverel, maieur*, (8 du 1er tour St-Jehan) tenant d'une part à l'héritage des hoirs Gillot de Croisilles et *faisans toucquet d'une ruelle par lequelle on va au Haubert et au Dragon.*

(Emb 1423, f° 45 v°). La vve de Jeh. de St-Waast donne à Jeh. Cocquet, échevin, ses rentes sur *Sansse le Fort* séant au *devant et assez près de le Halle d'Arras* (7 du 1er tour St-Jehan).

(Emb. 1435, f° 81 r°). Jehanne d'Athies, vve de Mik. Dausque, Jehan et Péronnelle Dausque, ses enffans, vendent à Jeh. de Wailly, échevin, une maison, nommée *Sansse le Fort*, tenant *à une ruelle à l'oppositte de le maison de le Marche* (10 du 1er tour St-Jehan) *par lequelle on va à le porte du Dragon* et par derrière à l'héritage et gardin Jeh. Lenffant.

Comme toutes les voies étroites et tortueuses de la ville, cette ruelle était un vrai dépotoir. C'est pourquoi, le 7 mai 1464, les échevins ordonnent :

(Reg. mém. IX, f° 23). « Que aux deux entrées et yssues de le ruelle *devant Lam wche, alant a le Vaustellette*, seront mises et attachées deux portes treillées pour pourvoir *aux grans ordurés* et immondices que on y mettoit ; lesquelles portes seront fremées de nuit... »

40. A maistre Jeh. Hairon dit le Mire. (1396 : le maison qui *est au cavet Saint-Géry* est à le v^ve^ Flourent Sacquel).

41-42. Le maison de **l'Escu de Hainau** et une autre petite *devant le Halle d'Eschevins* sont aud. Me Jeh. Hairon. (1396 : Les II maisons *devant le Halle de l'Eschevinage* sont à Jeh. de Croisilles).

(Emb. 1414, f° 61 r°). Testament de Marguerite Willay, v^ve^ de Jeh. de Quevaussart. Elle lègue à Jehanne de Castenoy, v^ve^ de Jaque Crespin, dix livres de rente sur *les maisons* de *l'Escu de Haynau sur le place Saint-Jéry.*

43. A Jeh. de Bairy. (1396 : le maison en le vautelette après celle de le v^ve^ Flourent Sacquel est à Jeh. du Crotoy).

(Emb. 1444, f° 32 r°). Lambin Quiéquin, fils de deffuncts Pierrot Quiéquin et d'Agnès du Crotoy, moiennant la somme de XXIIII livres reçue de Jeh. Sacquespée, reconnaît la vendicion faite par Jaquemart le Mangnier, son beau-père, et ladite Agnès du Crotoy, sa mère, à deffunct Jeh. Sacquespée, en son vivant changeur, père dud. Jehan, d'une maison séant en le *rue de le Vautelette derrière l'église Saint-Jury*, tenans d'une part par derrière à Benoît le Poix et d'autre part à le maison du *Croissant d'or* à Willaume Thibaut, rostisseur.

44. Aud. Jeh. de Bairy. (1396 : Le maison *en le vautelette* à Lambert de St-Waast). **Le Croissant d'or.**

(Emb. 1432, f° 136 v°). Robert de Baynas, échevin, et Marguerite Cardon, sa femme, vendent à Jaquemart Ladan, sergent à verge, « une grange et héritage séant en *le Vautelette*, au derrière *du grant ostel de l'église Saint-Jury*, tenant d'une part ausd. vendeurs, d'autre part à l'héritage Mahieu Lanstier et aboutant par derrière à Benoît le Poix, parmentier.

(Emb. 1438, f° 173 v°). Jaquemart Ladan vend à Jeh. Thibaut une maison en le *rue de le Vautelette derrière l'église Saint-Jéry*, nommée le *Croissant d'or*, tenant à Robert de Baynas et à Mah. Lanstier et *aboutant par derrière* aux héritiers de Jeh. de Wailly et de Benoît le Poix.

45 A Flourent Sacquel. (Il y a là une lacune dans le Rentier de 1396). **Le Beffroi.**

(Emb. 1414, fo 83 ro). Jeh. Sacquel vend à Mah. Lanstier une maison que on dist *le Beffroi*, séant *en le rue de le Vautelette* derrière l'église *Saint-Jury*, marchissans par derrière à l'héritage que on dist de *Sausse le Fort* et tenans à l'héritage du *Haubert* (c'est-à-dire aux dépendances du Haubert ; voir no 17) appartenant à Gérard Maugard.

46. A Jeh. du Haubert.

47. A Andrieu de Courchelles.

48. A Jeh. du Haubert. **Les Carbonchiaux.**

Ces trois numéros représentent très probablement les *Carbonchiaux* et les deux maisons signalées au no 17 comme des dépendances du *Haubert*, situées en le rue de la Vautelette et ayant appartenu successivement à Jeh. du Haubert, à Andrieu de Courchelles et à Jeh. du Crotoy.

(Emb. 1401, fo 312 ro). Mik. Augrenon vend à Andrieu de Courcelles la part qu'il a en le maison du *Haubert* et les deux maisoncelles qui sont les appendances de led. maison du *Haubert*, *estans derrière ycelle maison*, tenans à le porte dud. Haubert d'une part et à le maison qui fu Jeh. du Crotoy d'autre part.

On a vu que vers 1429 (no 17), Robert de Baynas vend le *Haubert* et les *Carbonchiaux*.

(Emb. 1436-38, fo 125 vo). Jeh. Hauvel, dit Petit Jehan, et Marie de Tilloy, sa femme, vendent à Simon Agache l'héritage des *Carbonchiaux* avec une maisoncelle et *tous les édiffices estans entre lad. maison des* CARBONCHIAUX *et la maison du* BEFFROY d'une part et à madame de Beaumont d'autre part et aboutant par *derrière sur la place Saint-Géry*.

Erreur manifeste du scribe. Tous les documents attestent que les *Carbonchiaux* tenaient au *Haubert* et que par suite ils s'élevaient sur le côté de la rue de la Vautelette qui en aucune façon ne pouvait communiquer avec lad. place Saint-Géry.

49. A Lambert de St-Waast.

50. A Pierre de Thilloy, cangeur. (1396 : le maison derrière *le Couronne d'or* est à Messire Pierre Aurry, canoine d'Arras) qui était aussi propriétaire de lad. *Couronne d'or* (16).

51-52. Les deux maisons *qui font le touquet* sont à Robert de Reu.

(Emb. 1438-39, f° 17 r°). Jeh. de Raincheval vend à Benoît le Poix une maison séans en le rue de le Vautelette *au devant du four* (le nom est laissé en blanc, mais il s'agit évidemment du four Carcaude) tenans à Robert de Baynas et *faisant touquet* d'une ruelle qui maine derrière le *Haubert* et aboutant à l'héritage dud. acateur.

53. Le maison de **Le Vautelette** à Tassart Caillel.

54. (1396 : le maison *à l'autre renq* est à le v^ve^ Andrieu Wion.

55. (1396 : à Jeh. Crestien, orfèvre). C'est la maisoncelle dont il est question dans l'acte de 1426, aux n°s 5 et 6.

56. **Le Four Carçaude** à Robert Carcaude. (1396 : à Nicaise Tassel, fournier).

(Emb. 1419, f° 226 r°). Jeh. de Bailly partage entre ses enfants ses rentes sur diverses maisons, entre autres « sur *le four Carcaude en le Vautelette* à Enguerran de Ronville ».

(Emb. 1425, f° 176 v°). Baudin de Calonne vend ses droits sur le maison *et four de le Vautelette* à le vve Enguerran de Ronville, *tenant à l'yssue de l'éritage de Jeh. Chrestien, orfèvre*, et à l'éritage qui fu Jeh. de Bertangle, escuier.

(Emb. 1436, f° 11 r°). Régnault de Crezecques dit de Beaugrant et sa femme, Jehanne Tasselle, fille de Nicaise Tassel, vendent à Jeh. Grané, dit le Caron, une maison, four et ténement que on nomme le *four Carcaude*, à led. Jehanne Tasselle appartenant, séant en le rue de le Vautelette, tenant à Colart Cardon et à Simon de Coupigny, orphèvre.

(*Ibid.*, f° 71 r°). Piérot le Caron dit Granel vend à Jaquemart Ret une maison et enchine de four, nommée *le four Carcaude*, en le Vautelette, tenant à Simon de Coupigny et aboutant à Robert de Wailly, pourpointier (4).

Jaque Ret revend, en 1451, (emb., f° 35 v°) cette maison à Gillot le Preudomme, barbier.

57. **Le Four Goret** et les maisons ensiévantes sont aud. Careaude. (1396 : Les III maisons ens. sont as hoirs Pierre de Baudart).

Je n'ai rien trouvé concernant ces maisons, petites maisoncelles sans doute, qui se tassaient d'un côté ou de l'autre du portail latéral de St-Géry.

Li IIe tours (de St-Géry) commenche à le Fontaine de Jouvent, *en alant tout à val jusques à le maison Willaume Saint-Mahieu et de là on va à* le porte de le Rose *jusques au* Chercle d'or *(c'est-à-dire jusque devant le Cercle d'or) (fos 43 ro et suiv.).*

(1396. L'itinéraire est indiqué plus clairement : Le IIe tour... en alant jusques en le rue des Prestres à le maison Guffroy Deqües et se recommenche à le porte de le Rose en venant *jusques en le rue Winok* as maisons qui sont *de le Truie qui danse* (fos 73 ro et suiv.)

---

1. **Le Fontaine de Jouvent** *(La Fontaine de Jouvence)* à Joh. Boinefoy. (1396 : à Joh. Bonnefoy, goudalier).

(Emb. 1418-20, fo 228 ro). Joh. de Bailly donne à ses neveux ses rentes sur le *Fontaine de Jouvent* emprès le *Truye qui danse* appartenant à Piérot Villette.

(Emb. 1424, fo 79 vo). Piérot Villette vend à Mah. Lanstier une maison, nommée le *Fontaine de Jouvent, faisant touquet de le rue Winocq* et tenant d'autre part et par derrière à l'héritage dud. Mah. Lanstier, nommée *le Truie qui danse* où de présent il demeure.

2. **Le Truye qui danse** sans nom de propriétaire. (1396 : *Le Truie qui danse et deux petites maisons par derrière en le rue Ynocq* sont à Thumas d'Estampes).

On retrouvera ces deux maisons à la fin du tour.

(II, 632-1398, f° 92). Thomas d'Estampes, pour se maison de *Le Truy qui danse*, xvi drs.

3. A Pierre de Baudart. (1396 : à Hédroit, barbier).

(Emb. 1400, f° 124 v°). Maroie Gardière, v^{ve} de Jeh. le Clerc, dit Hédroit, et son fils, Jeh. le Clerc, vendent à Rogier Culier, lad. Maroie pour son viage et led. Jehan pour le treffons et propriété une maison séans *en le grant rue St-Géry*, tenans à l'éritage de le *Truye qui danse* et d'autre part à Robert du Carioel.

4. A le v^{ve} Waast de Paris. (1396 : à Mik. de Paris, sergant à verghe).

(II, 632-1398, f° 92). Robert du Carioel, ad cause de se femme, et Mikiel de Paris, pour une maison qui fu Jaque de Paris, xiiii drs.

(II, 635-1415, f° 101). Jeh. Mule et le v^{ve} Mik. de Paris, pour lad. maison, xiiii drs.

5. A Pierre de Baudart. (1396 : **l'Escu de Flandres**, à Jeh. Mauclerc d'Avredoing).

(Emb. 1415, f° 38 v°). Jeh. de Tenquettes dit Lionnel, escuier, lieutenant de Monsg^r le Gouverneur du Bailliage d'Arras, et dem^{elle} Lignor de Haguival dite Rousselle, sa femme, vendent à Mah. Lanstier le jone, demourant en l'ostel de le *Truye qui danse*, une maison séans en le grant rue St-Géry, nommée *l'Escu de Flandres*, tenans à Jeh. Mulle, orphèvre, d'une part, et d'autre part à l'éritage des *Pauvillons* qui fu à Crestien le Boef et de présent à se femme et aboutans par derrière à le maison et hostel de *le Truye qui danse*.

6. **Les Paullons** *(Les Poulets ?)* à le v^{ve} Jeh. le Conte. (1396 : *les Pauellons* à Crestien le Boef).

(Emb. 1425, f° 181 r°). Dem^{elle} Asseline Patoul donne à Asseline Désirée, ad présent femme de Pierre de Humbert, sa niepce, fille de Jeh. Désiré et de deffuncte Asseline Béchonne, une maison en le grant rue St-Jury, qu'on nomme *les Pouillons*, tenans d'une part à Mah. Lanstier et d'autre part au presbitaire de St-Jury et par derrière *ayans yssue sur une ruelle que on nomme le rue Innocq*.

(Emb. 1427, f° 199 r°). Pierre de Humbert et Asseline Désirée, sa femme, donnent en garantie d'une dette la maison des *Paullons* tenant... (comme dessus).

(Emb. 1435, f° 31 v). Robert le Merchier et Jehanne de Blaringuehem, sa femme, paravant femme de Jeh. David, reconnaissent que, d'accord avec Jeh. David, fils dud. feu Jehan et de lad. Jehanne, ils avaient acheté de Pierre de Humbert et Asseline Désirée, sa femme, une maison que on dist des *Pouillons* tenant... (comme dessus) pour en jouir lad. Jehanne sa vie durant et après son trespas led. Jehan et ses hoirs.

(Emb. 1464, f° 23). Jeh. Longuet dit Morlet et Ysabel David, sa femme, vendent à Jeh. Rogier et à Marie David, sa femme, le quart qui leur revient en « le maison des *Pouellons* tenant d'une part à *l'Escu de Flandres* et d'autre part à le maison de le curé de Saint-Géry, maison à eux escheue par porchion faite entre les hoirs de feu Jeh. David.

7. Au Curé de Saint-Jéri. (1396 : aud. Curé).

8. Le Rose à Pierre Caulier. (1396 : aud. Pierre).

(Emb. 1400, f° 97 r°). « Gilles Caullier renonche au pourfit de Jeh. Caullier, son frère, » à tout tel droit qu'il peut avoir à raison du trépas de leur mère et qu'il pourra avoir en la succession et hoierie de Pierre Caullier, leur père, « en le maison et *hostel de le Rose* et appendances d'icelle, séans *devant l'église Saint-Jéry*, tenans à le maison de le curé St-Jéry d'une part et à le maison Baudin Hanoque d'autre part ».

(Emb. 1428, f° 84 r°). Arrangement entre les héritiers de Mik. Bernard au sujet du partage de ses biens. Marie Caulier, fille de Jeh. Caulier et de Marie Bernard et femme de Estène Crestel, cède à son frère Jeh. Caulier le jone le quart qui lui revient « en le maison *de le Rose* ».

La Rose avait une sortie dans la rue dite : *de le porte de le Rose* (actuellement rue du Canon d'or). Cette sortie existe encore aujourd'hui.

9. A Clay le Barbyer (1396 : à Baudin Hanoque).

(Emb. 1434, f° 202 v°). Théry de Coulongne, barbier, et Yde Toulouppe, sa femme, renoncent au profit d'Olivette Touloupe, sœur de lad. Yde, à tout tel droit qu'ils avaient « en une maison *séans devant l'église de Saint-Jéry*, tenant d'une part à l'héritage de *le Roze* à Jeh. Caulier et d'autre part à l'héritage de Jeh. Flahier, orphèvre.

10. A Jeh. Németri. (1396 : à Rasse le Courtoise, v^{ve} dud. Jehan).

(Emb. 1428, fo 95 vo). Jeh. Mulle et Jehanne Broque, sa femme, vendent à Jeh. Flahier, orphèvre, « une maison séans en *le rue St-Jury*, tenant d'une part à l'héritage Danry Touloppe, barbier, et d'autre part à *l'ostel des Caillaux* à Gille Bernard.

11. **Les Cailllaux** *(les petits Chiens)* à Jeh. Némori. (1396 : à le vve dud. Johan).

(Emb. 1400, fo 177 vo). Jeh. Némori loue à Gille Bernard une maison, nommée *les Cailleaux, devant l'église St-Géry.*

(Emb. 1423, fo 122 vo). Jeh. Caulier, veuf de Marie Bernard ; Estène Cretel et Marie Caulier, sa femme, et Gille Bernard demandent la liquidation de la succession de Mik. Bernard. Dans l'énumération des propriétés du défunt, on trouve « la maison, nommée *les Caillaux*, séant *devant l'église Saint-Géry*, tenant d'une part à Jeh. Mulle et d'autre part à le maison nommée *le Clef* ».

(Emb. 1454, fo 8 vo). Pierre Caulier, fils de feu Jeh. Caulier, et Pasque Viecry, sa femme, vendent à Martin de Paris « une maison que on nomme *les Cailleaulx*, tenant à l'héritage des hoirs de feu Jeh. Flahier et à l'héritage de *le Clef* à Colart de Paris et aboutant par derrière aux héritages de *le Rose* et de *l'Angle* ».

12. **Le Clef** à Robert le Lonc. (1396 : aud. Robert le Long).

13. **L'Angèle** *(l'Ange)* à Piérot le Miésier [brasseur d'hydromel]. (1396 : *L'Angle*, à Robert le Long).

14 15. Les deux maisons ens. sont as enfans de feu Colart de Paris. (1396 : le maison nommée : **Les petits Pinchons** et une autre joignans nommée : **Les Pinchons** *(les Pinsons)* sont à Mah. Hazequin),

(Emb. 1426-28, fo 135 vo). Marie Willarde, vve de Pierre de Monchiaux, et son fils Anthoine de Monchiaux gagent une obligation « sur les maisons à eulx appartenant, situées en le rue St-Jury, nommées les *grans* et les *petits Pinchons*, tenant à l'héritage de *l'Angle* à Percheval le Grant et faisant *touquet de le rue des Prestres* ».

(Emb. 1433-35, fo 11 ro). Anthoine de Monchiaux et Willemote de Cault, sa femme, empruntent cent salus d'or sur leur maison *lez St-Jéry*, nommée *les Pinchons*, où ils demeurent, faisant *touquet de le rue as Prestres.*

(*Ibid.*, f° 73 v°). Nouvel emprunt « de chinquante salus d'or » également garanti par « le maison *des Pinchons faisant touquet de la rue des Prestres* ».

(Emb. 1438, f° 154 r°). Pour la sûreté d'un prêt de deux cents livres qui leur est fait par Jaquemart de Güiéry, tuteur des enfants « meuredans » de Jeh. de Cagnicourt, lesd. conjoints rapportent et mettent entre les mains des échevins « deux maisons, séans en le rue de St-Géry, nommées, l'une d'icelles l'ostel des *Pinchons*, et l'autre *les Petits Pinchons, tenans ensemble et à l'héritage de l'ostel de l'Angle* et faisans *touquet de la rue des Prestres* ».

(*Ibid.*, f° 183 v°). Anthoine de Monchiaux vend à Jeh. de Mernes, brasseur de cervoise, deux maisons... (comme dessus).

16. Le maison ens. joignant à le porte de *l'Angèle* est à Willaume Saint-Mahieu. (1396 : à Guffroy Docques).

17-22. Les VI maisons *tenans à le porte de le Rose* sont à le v^ve^ Jeh. le Conte, (1396 : les IIII maisons *d'alés le porte de le Rose* et tenans à led. porte, sont à Jaquemart Blonderie, caudrelier ; la maison ens. à Jeh. Courcol, machon, et la maison ens. à Huart Savary).

(Emb. 1423, f° 45 r°). Jehanne Maugard, v^ve^ de Jeh. de St-Waast donne à Jeh. Cocquel ses rentes sur IIII maisons tenans ensemble, *estans entre le porte de le Rose et le porte des Pauvillons, par derrière lesd. héritages*, dont une d'icelles maisons à Enguerran du Mes, les deux autres à Jeh. Maledenrée, lignier, qui furent à Nicaise Cabace, et le IIIIe à Jeh. Blonderie, caudrelier ; item sur II maisons estans aud. lieu et tenans aux IIII dessus dites, appartenant à Olivier de Heudrival.

C'est une de ces deux dernières maisons, le n° 21 probablement, que, en 1475, (emb., f° 11 r°) Jeh. le Coustellier, caudrelier, vend à son frère Régnault, maison séant sur la *place des Caudreliers* et tenant à l'yssue de derrière de le *Truye qui danse.*

Déjà, en 1454, (emb., f° 90 v°) Regnault le Coustelier, caudrelier, avait donné en garantie d'un prêt une maison séans en le *rue de derrière les Maiseaux* tenant à le porte de derrière *des Pouillons* et aboutant à l'héritage de le v^ve^ Mah. Lanstier.

23 24. A Grard Diser. (1396 : aud. Grard, bouchier).

25. A Grard Diser. (1396 : à Robert Lescaudé).

(Emb. 1419-20, f° 226 r°). Jeh. de Bailly donne à ses neveux ses rentes sur une maison qui fu Guérart Diser (24) en le rue Ynocq et sur deux maisons en ledite rue qui furent Robert Lescaudé, de présent à Guillaume Guffroy, brouetteur.

26. A Wille le Grumelier. (1396 : à Robert Lescaudé).

27. Audit Wille le Grumelier. (1396 : à Jeh. Buridan).

28. As hoirs Robert Wion. (1396 : as hoirs Monsgr de le Tiouloie).

29. C'est ici que se trouvaient les deux petites maisons dépendant de *la Truie qui danse*, qui ne tarderont pas à disparaître.

(Emb. 1426-28, f° 175 v°). Annieux de Nédonchel vend à Jeh. Sacquespée ses rentes sur « *une plache non admasée*, à présent appartenant à Robert Pippelart, séans en le rue Ynoc, tenant à l'héritage de le *Fontaine de Jouvent*, à Mah. Lanstier. xx sols de rente vendus III drs. le denier sont LX sols ».

Li IIIe tours (de St-Géry) commenche au Chercle d'or *en alant tout à mont en le rue Winocq (f° 44 v°).*

(1396 : Le IIIe tour.., en tournant par le Warance par derrière les Maisiaux et par le rue Ynoq en venant au Chercle d'or, f° 75 v°).

---

1 **Le Chercle d'or** *(Le Cercle d'or)* à Jeh. de Royville. (1396 : à Jeh. Cauproiet).

(Emb. 1426, f° 205 r°). Cateline d'Aubin vend à Martin Mazenghe, échevin, son fils, deux maisons tenans ensemble, l'une en le rue Ynocq (23) et le plus grande, nommée le *Chercle d'or*, séans sur le petit marchié, faisant *le touquet de le rue Ynocq* et d'autre part tenant à *l'Asne royet* à Jeh. de le Haye.

(Emb. 1438, f° 175 v°). Jeh. de le Viesrue et Agnès de Quesne, sa femme, donnent à Marion et Sainteron de le Viesrue, leurs enfans, deux maisons séans sur le petit marchié, l'une nommée le *Chercle d'or, aboutant d'un costé à le rue Ynocq* et d'autre costé tenant à l'héritage Jeh. de le Haye et l'autre (23) séant sur led. rue Ynocq et tenant *par derrière* à le maison du *Chercle d'or*.

(Emb. 1444, f° 39 v°). Foucart Malassis vend à Sainteron Viesrue, fille de Jeh. Viesrue, la moitié qu'il avoit à cause de deffuncte Marie Viesrue, qui fu sa femme et sereur de led. Sainteron, en le maison du *Chercle d'or, faisant touquet de le rue Ynocq* et tenant à *l'Asne royé*, et aboutant *par derrière* à une petite maison appartenant à led. Sainteron (23).

(Arch. de l'hôp. St-Jean, II B, 3, 1598). Rente de trente-cinq sols sur le *Cercle d'or*, faisant le coin de la rue Vinocq.

2. **L'Asne Royet** *(L'âne rayé; le zèbre)* à Jeh. de Niedon. (1396 : *L'Asne roiet* à Colart Honnère).

(Papiers des rentes de le Povreté, 1395). Sur le maison de *l'Asne roiet* à Colart Honnère, XLVIII s.

(Emb. 1415, f° 122 r°). Jaquemart de Sailly vend à Pierre de le Bricque ses rentes sur *l'Ane roiet*, estans au petit marquiet, appartenant à Jeh. de le Haye dit de Lens, cervoizier, tenans d'une part à l'héritage du *Cerqle d'or* et d'autre part *à le Halle des grans draps*. (Erreur qui sera rectifiée par d'autres actes ; *l'Ane rayé* tenait à la Halle aux cuirs).

(*Ibid.*, f° 135 r°). Thumas le Roy et Engleberde de Wavrans, sa femme, vendent à Jeh. de le Haye le tierch qu'ils avoient en le maison de *l'Ane roiet*, estans sur le petit marchié *devant le croix*, tenans d'une part au *Cequele d'or (sic)* et d'autre part à *le Halle aux cuirs*, led. maison de *l'Ane roiet* appartenant aud. Jeh. de Lens à cause d'accat par lui fait ausd. conjoins.

(Comptes de le Povreté, 1419-20). Jeh. de le Haye, cervoisier, pour se maison de *l'Asne royet* et fu à Gille de Wavrans, XLVIII s.

(Emb. 1426-28, f° 218 v°). Philippe Nepveu vend à Jeh. de le Haye X s. VIII drs. de rente qu'il a sur une maison appartenant aud. Jeh., nommée *l'Anne royé*, tenans d'une part au *Cerquelle d'or* et d'autre part à le *Halle aux cuirs*.

Un feuillet resté blanc à cet endroit dans le Rentier de 1382, constitue une lacune qui intéresse la partie du troisième tour de St-Géry située sur le petit marché. On peut combler cette lacune à l'aide du registre de 1396.

3. (1396 : **Le Halle as cuirs** et le célier dessoubs sont à le Ville).

4. (1396 : **Le Halle as draps** et le célier dessoubs sont à le Ville).

5. **Les Maisiaux** *(Maisel, Maiseau = Boucherie)* au *lés devers le Halle as cuirs.*

6. **Les Maisiaux** au *lés devers le Warance.*

7-8. Deux maisons estans sur le petit marquiet à un lés et à l'autre desd. maisiaux avec un célier dessoubs sont à plusieurs personnes bourgeoises.

(Voir dans le Registre Mémorial 11 (1495 à 1508) les délibérations concernant la construction de l'hôtel de ville sur l'emplacement de ces diverses maisons et des maisiaux ou « estaux » des bouchers. Ces documents ont d'ailleurs été publiés par tous les auteurs qui ont décrit notre maison commune et son beffroi.

9. A Jak. Cosset. (1396 : à le vve Jeh. de Saumer).

10. A Henri de Wailli. (1396 : au Bèghe de Raise).

(H, 633-1408, f. 111). Herry de Wailly, pour une maison qui *fait touquet vers les Maiseaux et à le Warance.*

11. A le Pippelarde. (1396 : à Colart le Roy).

12. As hoirs Jeh. de Lille. (1396 : à Robert du Carioeuil, campgeur).

13. Ausd. hoirs Jeh. de Lille. (1396 : à le vve Thumas Amion et à Robin Pippelard. — En note marginale : vendue par lesd. à Robert du Carioeuil le XVIIe jour d'Avril IIIIxx et XVI).

14. A le Pippelarde. (1396 : à vve Thumas Amion et à Robin Pippelard. — En note marginale : vendue à Piérot du Moutonchel le XVIIe jour d'Avril IIIIxx et XVI).

15. A le vve Robert du Fresnoy. (1396 : à Piérot du Moutonchel).

16. A Mah. l'Ermite. (1396 : aud. Mah. de l'Ermite).

17. Le maison du *Puch en le Larderie* est as hoirs Robert Wion. (1396 : le maison d'alés le *Puch de le Larderie* est à v^ve^ Thumas Amion. — En note marginale : vendue à Colart le Roy le XVIe jour de Juing IIII^xx^ et XVI).

18. A Jeh. de Corbie. (1396 : à Mik. Lansquier, waitour).

19. A Thumas Amion. (1396 : à Tassart Amion).

20. **Les viés Halles de Douay** *devant le Moutonchel*, (1396 : **Le Halle as sales** avec les appendances, à le Ville).

(A. Guesnon, *Le hautelisseur Pierre Féré*, p. 11, note 2). « Une halle construite au-dessus des boucheries, faisant face au *coin en face de l'impasse du Moutonchel*, servit d'abord aux drapiers de Douay, qui venaient y vendre leurs écarlates. Elle devint ensuite *Halle aux grands draps d'Arras* et *Halle aux saies* ».

21. A Jeh. de Royville. (1396 : à Jeh. Cauproiet, cabaretier).

22. A Robert le Borgne. (1396 : Le maison *en le rue Ynoq* est à Thumas de Malli).

23. (1396 : Le maison ens. à Jeh. Cauproiet ne doit rien de rente pour ce qu'elle est du membre du *Chercle d'or*). C'est, en effet, la petite maison dont il est fait mention au n° 1.

(Emb. 1436, f° 46 r°). Jaquemart de Tilloy vend à Colart le Borgne ses rentes sur une maison séans en *le rue Ynocq*, qui fu Wille de Buissy, tenant au *Chercle d'or*.

(*Ibid.*, f° 98 v°). Raoul du Hamel vend aud. Colart le Borgne, de présent maieur de le ville d'Arras, ses rentes sur le maison Agnieulx de Nédonchel, séant en *le rue Ynocq*, tenant par derrière à l'éritage du *Chercle d'or* et qui fu paravant Wille de Buissy.

Li IIIe tours (de St-Géry) commenche en le rue de le Porte de le Rose *et s'en va tout ce rencq en le Waranche jusques à* le Clef *en l'abbaye (fos 45 vo et suiv.).*

Il suffit de jeter un coup d'œil sur le plan pour voir que cette indication : rue *de la porte de la Rose* est tout à fait fantaisiste. La rédaction du registre de 1396 est plus précise et plus claire : (Le IIIe tour commenche derrière les Maisiaux, *au touquet d'une ruelle* qui est à l'encontre de le porte Crestien le Boef, à le maison Jeh. du Pré en alant, etc... [comme dessus], fos 78 vo et suiv.).

L'expression *derrière les Maisiaux* s'applique, d'une façon générale, à tous les immeubles situés derrière le troisième tour de St-Géry jusqu'aux murs St-Waast.

---

1. Le maison qui fu à Margot le Porresse est à Jeh. du Pré. (1396 : aud. Jehan).

2. A Jeh. Laffoelle. (1396 : à Jeh. le Nain).

3-4. Les II petites maisons ens. sont à Oudart le Bailly.

5. A Jeh. Warnier. (1396 : aud. Jehan).

(Emb. 1433-35, fo 13 ro). Jeh. le Bouchier vend à Thumas le Cuvelier une maison séans *en le rue de le Larderie derrière les Maisiaux*, tenant à l'éritage Thireman d'Oisemont.

6. A Jeh. de Mailly. (1396 : à Jaquemart de Valenchiennes).

(Emb. 1438, fo 163 vo). Sainte *Feré*, vve de Thieleman d'Oisemont et Willemet d'Oisemont, son fils, donnent à Jehanne d'Oisemont, leur fille et sœur, à l'occasion de son mariage avec Jeh. Bauchart dit Gallois, une maison tenant à l'éritage Pierre *Feré*.

(*Ibid.*, fo 241 ro). Jeh. Bauchart dit Galois et Jehanne d'Oisemon, sa femme, donnent en garantie d'un prêt lad. maison, tenant à Sainte Feré d'une part et d'autre part à l'éritage de Pierre Feré.

7 As hoirs Philippot du Cornet. (1396 : à Joh. de Nongent, grapeur).

(Emb. 1428, f° 92 v°). « Jeh. Belot et Sainte Walloise, sa femme, vendent à Pierre Feré et à Colle Barbier, sa femme, ung chellier et tous aultres édeffices ainsi et par le manière qu'il a couru à louage au temps passé, ledit chellier et édeffices séans au desoubs de le maison dud. Pierre Feré et du flégart de le ville ». C'est le cellier dont il sera question au n° 9.

(Emb. 1433-35, f° 9 v°). Jeh. Feré et Marguerite Poulain, sa femme, gagent une obligation « sur une maison séans en le *rue de le Teste*, tenant d'une part à l'éritage de Thireman d'Oisemont, armoieur, beau-frère dud. Jehan et d'autre part à l'éritage du *Moutonchel* », maison *où demeure Pierre Feré qui en est l'usufruitier.*

8-8 *bis.* **Le Moutonchel** as hoirs Savale le Borgne. (1396: *le Moutoncel à le goudale* à Jaquemart le Roy).

(Emb. 1423, f° 147 v°). Règlement de la succession de Pierre de Baudart. — Rente sur la maison de la v^{ve} Jaquemart le Roy, séant *derrière les Maisiaux*, xx s.

(Emb. 1428, f° 36 r°). Jaquemart le Roy, sergant à maque du duc de Bourgogne, vend à Jeh. de Viaue trois maisons séans *derrière les Maisiaux*, en *le rue de le Larderie*, l'une d'icelles nommée *le Moutonchel* et une autre tenant tout du lonc à icelle, tenans icelles deux maisons sur deux sens à l'éritage Pierre Feré et faisant *coin de led. rue de le Larderie*, la III° maison faisant l'autre coing de led rue.

(Emb. 1444, f° 57 r°). Jaque Sévérondel vend à Jeh. Robaut, recepveur d'Artois, deux maisons, tenans ensemble, séans *au derrière des Maiseaux*, nommées l'une **Le Grant Moutonchel** et l'autre **Le Petit Moutonchel**, tenans d'une part à l'éritage Pierre Feré et de l'autre au gardin Pierre Gavelle.

9. Le gardin ens. à le v^{ve} Vinchan Boursette. (1396 : **Le Halle des bouchiers** est à Jeh. Manchion, pour se demeure, par le consentement des bouchiers).

(Emb. 1423, f° 163 r°). Marguerite Boursette, v^{ve} de Huart Walois, vend à Pierre Feré ung gardinet tenant à le Halle des bouchiers et aussi à l'éritage du *Moutonchel*... sur condition que ne porra icelluy Pierre Feré estouper deux larmiers de cellier qui sont aud. gardinet... ni démolir ung mur de pierre qui est séans entre le gardinet dessus dit et l'éritage dud. Pierre Féré, lequel mur est de x piés de longeur ou environ et de xx piés de haulteur ». En outre, on démolira un passage par lequel « on pooit venir et dessendre ou gardinet dessus dit par le maison de Jeh. des Rosettes, nommée *le Miroir* ».

10. Le maison *du touquet* à le v^ve^ Vinchan Boursette. (1396 : à Huart Walois). **Le Miroir.**

11-12. A led. v^ve^ Vinchan Boursette. (1396 : aud. Huart Walois).

(Emb. 1432-33, f° 112 r°). Guillaume des Pochonnés, au nom et comme procureur de le v^ve^ de Pierre de le Bricque, paravant femme de feu Gille de Herlin, vend à Colart le Borgne les rentes que led. v^ve^ avait « sur deux maisons à Jeh. Gilleron, dit des Rosettes, séans *devant le Halle as saies* et *emprès* le maison nommée *l'Escu de Portugal* ».

Ce mot *emprès* semble bien indiquer que *l'Escu de Portugal* pendait comme enseigne à la maison du coin (13) où d'ailleurs on le retrouve vers 1700 (Rép. Dom Page, f° 254 v°). C'est même à cette particularité que la rue *du Moutonchel* ou *de la Larderie* devra plus tard le nom de *rue du Portugal*. Pourtant on va voir que la maison du *Gaiant* (18) tenait à *l'Escu du Portugal* à *Pierre Lambert.* J'essaierai plus loin de concilier ces deux indications qui paraissent contradictoires.

Le 10 mars 1436 (emb., f° 165 r°, Simon des Rosettes et Jacotte d'Auby, sa femme, vendent à Jaquemart Ladan trois maisons (10, 11, 12), séans en le *rue de le Larderie, devant le Halle as sayes,* tenans ensemble et d'une part *à une ruelle qui va à le Halle des bouchers* avec une alée traversante desseure ledite ruelle, tenant au gardin de Pierre Féré *et de toutes autres parts à l'héritage des hoirs de feu Pierre Lambert* à charge des rentes qui s'ensieuvent : le maison *faisant le touquet, nommée le Miroir,* XIIII sols au Capitle d'Arras ; l'autre petite maison, VIII s., VII drs. à le Carité Notre-Dame-des-Ardans ; la IIIe maison, XVII s. III drs. à Colart le Borgne et x s. au Capitle.

(Emb. 1438-39, f° 126 r°). Jaquemart Ladan revend à Simon de Coupigny ces trois maisons « séans en *le rue du Moutonchel,* tenans ensemble, faisant *touquet de le ruelle qui maine à le Halle des bouchers*, avec une alée tenant à icelles maisons tenant au gardin Pierre Féré et aux *hoirs de Pierre Lambert* ».

Il résulte de ces documents que deux maisons (13 et 16) appartenant à Pierre Lambert, se tenaient par derrière et qu'elles étaient sans doute connues sous l'unique désignation *d'Escu de Portugal* qui, plus tard, se restreindra à la seule maison (13) formant le coin de la rue du Portugal et de la rue de la Warance.

13. Le maison *faisant le touquet* est à Piérot de Sauti. (1396 : à Mik. de Cambray). **L'Escu de Portingal.**

(Emb. 1392, f° 115 v°). Thibaut Clay et Jehanne le Gillonne, sa femme, vendent à Michiel de Cambray, lantrenier, une maison séans *en le rue de le Warance*, joignans à le maison dudit Michiel et faisans *le touquet de le rue du Moutoncel* et par derrière à le maison Pierre de Tilloy des Claux d'argent.

(Emb. 1414, f° 3 r°). Toussains du Hamel, dit le Lignier, vend à Jeh. Warnier deux maisons tenans ensemble, séans en le *rue de le Warance*, faisans d'une part le touquet de le *rue du Moutoncel* et tenans d'autre part à Jeh. Sarazin.

(H, 639-1429, f° 95). Le v^ve Jeh. Warnier, pour sa maison qui fu Mik. de Cambray, faisant le touquet, III drs.

(Emb. 1428-30, f° 233 v°). Philippe Nepveu vend à Jeh. de Caieu ses rentes sur une maison faisant touquet de le *rue du Moutonchel* et tenant à l'éritage Jeh. Sarrazin, icelle maison appartenant aud. Jeh. de Caieu.

14. A Willaume de Wavrans. (Cette maison ne figure pas au Rentier de 1396, sans doute parce qu'elle a été réunie au n° 13).

15. A le v^ve Sauwale le Borgne. (1396 : à Tassette de Tilloy, fille de Pierre de Tilloy).

(Papiers de rentes de le Povreté, 1395). Sur le maison Tassette de Tilloy, fille Pierre de Tilloy, claueteur, séant en le Waranche, qui fu Savalle le Borgne, XLV s. II drs.

(Comptes de le Povreté, 1419-20). Jeh. Sarasin, eschoppier, pour se maison XLV s. II drs.

(H, 639-1429, f° 95). Jeh. Sarazin, pour se maison ens , III drs.

16. A Adam le Mayeur. (1396 : à Piérot Loncle).

(Emb. 1390, f 101 r°). Adam le Maire, cordewanier, et Maroie Robicquelle, sa femme, garantissent un achat de « scieu (suif) de candelles » montant à xxxvi lbs. par. sur le revenu locatif de leur maison séant en le Warance, joignans à Pierre Tilloy, claueteur, d'une part et d'autre part à Huart Walois.

(*Ibid.*, f° 124 v°). Maroie Robicquelle, v^ve de Adam le Maire, loue à Jeh. Boinebroque dit Bosquet une maison... (comme dessus).

(H, 639-1429, f° 95). Piérot Lambert, pour se maison *tenant à le Halle des Béguines*, v drs ob.

17. A le v^ve Vinchan Boursette. (1396 : à Huart Walois). **Le Halle des Béghines** (devenue dans des textes postérieurs : la halle aux légumes !).

(H, 633-1408, f° 112). Huart Walois, pour une maison qui fu Jeh. Fastoul et fu *le Halle des Béghines*.

Voir, pour les maisons du Hautelisseur Huart Walois dans ce quartier, A. Guesnon (*Le Hautelisseur Pierre Féré*, p. 10 et p. 11, note 2).

18. A le v^ve Vinchan Boursette. (1396 : à Huart Walois). **Le Galant** *(le Géant)*.

(Emb. 1425, f° 130 r°). Arrangement entre Pierre Gavelle, mari de Marguerite Caulier, Jeh. Caulier, son beau-père, argentier de la ville, et Ysabel Caulier, sa belle-sœur, relativement à la maison *du Gaiant* où demeure Marguerite Boursette, v^ve de Huart Walois. Ysabel renonce à la moitié du *Gaiant*, au profit de Marguerite, moiennant le renoncement de Marguerite à ses droits sur *l'hôtel de la Rose*, sauf les droits de viage de Jeh. Caulier.

(Emb. 1426, f° 31 r°). Jeh. Caulier renonce, en faveur de sa fille Marguerite, femme de Pierre Gavelle, drapier, « qu'il ot de feue Jacotte Walois, sa femme, » au droit de viage qu'il avait en une « maison, nommée le *Gaiant*, qui fu à feu Hue Walois, père de led. Jacotte, séans en le Warance, tenant d'une part à l'éritage de Piérot Lambert, nommé *l'Escu de Portingal*, et d'autre part à l'éritage des hoirs de feu Martin de Baudart, nommé *le lait Loudier* ».

Dans ces conditions, il ne pouvait y avoir *contiguïté* entre le *Géant* et *l'Ecu de Portugal* que *par derrière*.

19. A Jak. de Berneville. (1396 : **Le Let Loudier** [*Le Pauvre Gueux*] à Huart Walois).

(Emb. 1433-35, f° 145 r°). Pierre de Baudart vend à Andrieu Yvain une maison, en le rue de le Waranche, nommée *le Lait Loudier*, tenant au *Gaiant* à Pierre Gavelle, drappier, et à le maison que on dist les *Patinés*, à Guffroy Larmoieur, et séans *à l'opposite des Marmousés* (9 du 6° tour) sur condition que ledit Pierre Gavelle et les propriétaires du *Gaiant* auraient toujours leurs allées et leurs venues au puch estans en led. maison du *Lait Loudier*.

20-21. A Piérot de Douay. (1396 : les deux maisons des **Patynés** [*Les Patinets*, espèce de gros souliers] aud. Piérot).

(II, 635-1415, f° 103). Piérot Ousson, pour le maison des *Patinés* et fu à Piérot de Douay, II drs.

(Emb. 1421, f° 10 v°). Pierre Ousson et Cateline le Borgne, sa femme, louent à Jaquemart de Beaufor la maison *des Patinés*, séans en le *rue de le Warance*, tenant à l'éritage du *Let Loudier* et à l'éritage *des Truppinés*.

22. A Huart des Paullons. (1396 : **Les Trupinés** [enseigne déjà rencontrée au n° 8 du 4° tour de St-Nicolas] à Jeh. Calet).

(II, 635-1415, f° 103). Jeh. Calet, pour *deux* maisons qui furent aux enfans Robert Wyon, nommées les Trupynés, v drs.

(Emb. 1425, f° 197 v°). Jaquemart Calet, sergant à macque du duc de Bourgogne, et Marie Grongnarde, sa femme ; Jeh. Joly dit Gallois et Marie Calet, sa femme, conformément aux dispositions prises de son vivant par Jeh. Calet, se partagent ses biens... Jaquemart Calet aura... *les Trupinés en le Waranche*, tenans d'une part aux *Patinés* et d'autre part à l'éritage qui fu Jeh. Vacque.

(Emb. 1428, f° 10 r°). Led. Jaquemart vend à Jaquemart Marielle lad. maison des *Trupinés*, tenant aux *Patinés* à Guffroy Larmoieur et d'autre part à l'éritage Régnault Gosson...

23. A Jeh. Vacque. (1396 : aud. Johan).

(Emb. 1432-33, f° 134 r°). Régnault Gosson et Pérotte Querquefeulle, sa femme, vendent à Jeh. de Latire, cordewanier, une maison, séans en le Waranche, tenant d'une part à l'héritage *des Truppinés* et d'autre part à l'héritage dud. Jeh. et tenant par derrière aux *Truppinés*.

24. A Jehanne Clève. (1396 : au susdit Jeh. Vacque).

(H, 633-1408, f° 112). Jeh. Vacque, pour une maison qui fu Jehanne Clève, tenans à le sienne qui tient as *Truppinés* III drs.

25-26. A le v^{ve} Robert Wion. (1396 : à Jeh. Calet).

(Emb. 1391, f° 16 v°). Jeh. Buridan et Jacobte Wionne, sa femme, fille de feu Robert Wion, vendent à Jeh. Calet deux maisons tenans ensemble, séans en le Warance, *à l'opposite de le Bourse d'or* (42 du 5° tour), joignans à l'éritage de Jehanne Clève et d'autre part à l'éritage Jeh. Monnart, jadis portier de madame d'Artois, et par derrière *marchissans à le maison des Truppinés* aud. accateur.

27. A Huart Warnier. (1396 : à Jeh. Monnart).

(H, 635-1415, f° 103). Jeh. de Croisettes, pélletier, pour une maison qui fu Jeh. Monnart, IIII drs.

28. A Tassart de Wavrans. (1396 : aud. Tassart).

(Emb. 1415, f° 32 v°). Dans la succession de Tassart de Wavrans, Willemotte de Wavrans, femme de Martin de Paris, a dans son lot « une maison, séans en le rue de le Waranche, au devant du *Chierf* (41 du 5° tour), tenans à le maison Jeh. de Croizetes, plétier, et aux enfans de le femme Jeh. Bellot.

(H, 640-1435, f° 97). Symon Yvain, pour se maison, III drs.

29. **Les Pastourlaux** à Jeh. Méhaut. (1396 : à Jeh. Rambaut).

(Emb. 1427, f° 221 v°). Hanotin Méhault vend à Mah. Pisson, viézier, une maison séans *en le rue de le Warance*, tenant à Simon Evrart et à Jeh. des Fresnes dit Machue.

(*Ibid.*, f° 222 r°). Mah. Pisson vend à Jeh. des Fresnes dit Machue une cambre et alée estans au derrière de le maison dud. Mah. aujourd'hui par lui acquestée à Hanotin Méhault. Icelles cambre et alée tenant *par derrière à le Halle des bouchers et tenant tout du long à l'éritage des Truppinés*.

(Emb. 1428-30, f° 25 r°). Mah. Pisson vend à Jaquemart Ladan, sergant à vergue de messieurs les eschevins, une maison, nommée *les Pastourelles en le Waranche*, tenant à Simon Evrard et à Jeh. des Fresnes dit Machue.

(*Ibid.*, f° 197 v°). Jaquemart Ladan et Jehanne Robiquette, sa femme, vendent à Jeh. des Fresnes, dit Machue, « une cusinette et une petite establette en laquelle a ung aisement, estans tout ung membre qui estoit de le maison des *Pastouriaux*. Icelles cusinette et establette contenant de xxx à xxxii piés de long ou environ, tenant de deux sens à l'héritage dud. Machue, d'autre part à Simon Yvain et d'aultre costé *aux Pastouriaux*.

Enfin, (*ibid.*, f° 216 v°) ledit Jaquemart vend à Colart Blassel la maison des *Pastouriaux* tenant à Simon Yvain et à Jeh. des Fresnes.

(Emb. 1444, f° 6 v°). Jaque Sévérondel et Marguerite le Borgne, sa femme, vendent à Jeh. le Carlier, tuteur et curateur de Jeh. Blassel, fils meuredans dud. Colart, moiennant la somme de dix francs douze sols, sept sols deux deniers de rente qu'ils avoient sur une maison appartenant aud. meuredans, nommée Les Petits Pastoureaux, tenant à l'héritage du *Vert Hostel*.

30. A Jeh. Méhaut. (1396 : **Le Vert Hostel,** au susdit Jeh. Rambaut).

(Emb. 1427, f° 100 v°). Hanotin Méhault vend à Jeh. des Fresnes, dit Machue, et à Marguerite de le Cambe, sa femme, une maison nommée le *Vert Hostel*, tenant d'une part à l'héritage dud. Hanotin et d'autre part à le maison du *Griffon d'or*.

(Emb. 1454, f° 58 v°). Mah. le Sénescal donne en garantie d'une somme de 385 livres que lui a prêtée Robert de Wailly « la maison du *Vert Hostel* séant *au devant de le maison du Cherf* » (41 du 5e tour). Ledit Robert s'était en outre porté caution de la somme annuelle de xxii livres que led. Mah. le Sénescal était tenu de payer à Marguerite de le Cambe, v^ve^ de Jeh. des Fresnes, dit Machue « pour raison et à cause de l'accat fait par lui du *Vert Hostel* ».

31. A Simon Augrenon. (1396 : **Le Griffon d'or,** à Jaquemart Béchon).

(Emb. 1401, f° 30 r°). Crestien le Boef et Asseline Patoul, sa femme, donnent à Asseline Béchonne, fille d'un premier lit de lad. Asseline Patoul, tout le droit de viage qu'ils pouvaient avoir en « une maison séans en *le rue de le Warance*, nommée le *Griffon d'or*, joignans d'une part à le maison du *Vert Hostel* et d'autre part au *Prayel des Ardans*.

(II, 635-1415, f° 104). Piérot Trucquet et le v^ve^ Pierre de Baudart, pour le *Griffon d'or* tenans au praïel des Ardans, iii drs.

(Emb. 1423, f° 149 r°). Parmi les nombreuses propriétés faisant partie de la succession de Pierre de Baudart on trouve « xlviii s.

vi drs. de rente sur *le Griffon en le Warance*, à Piérot Trucquet ».

(Emb. 1433-35, f° 187 r°). Piérot Trucquet et Jehanne le Fèvre, sa femme, et Hanotin Trucquet, fils dud. Pierre et de Aélips de Chérisi, sa première femme, donnent à Marie Trucquet, sœur de Hanotin, à l'occasion de son mariage avec Colart Doré, leur droit de viage et autres sur « une maison séant emprès le *Praiel Notre-Dame-des-Ardans* tenant d'une part au *Vert Ostel* à Jeh. de le Machue et l'autre part et par derrière aud. *Praiel* ».

(Emb. 1[illegible], f° 256 v°). Colart Doré et Marie Trucquet, sa femme, gagent un emprunt sur le *Griffon d'or*, tenant... (comme dessus).

Il est donc bien certain que, au XIVe siècle, *le Griffon* était placé dans la rue de la Warance *au-dessus* du Praiel des Ardans. Quand et comment s'est-il installé *au-dessous*, à l'endroit où fut la caserne du Griffon et l'hôtel que nous avons encore connu ? Je l'ignore.

32. Le maison du *Prayel*. (1396 : **Le Prayel des Ardans** à le Carité des Ardans).

33. A Robert Roussel, dit le Caudrelier. (1396 : à Colart Bourdin). **Les Vielles**.

(Emb. 1401, f° 238 v°). Colart Bourdin, caudrelier, donne en garantie d'un dépôt « de LV frans une maison séans devant le *Couppe d'or* (39 du 5e tour) tenant au *Praiel des Ardans* d'une part et à le maison de *Le Tour* d'autre part.

(Emb. 1433, f° 134 v°). Tasse Cardon, vve de Colart Bourdin vend à Piérot de Hennin une maison tenant au *Praiel des Ardans* et d'autre part à Jeh. Robault et par derrière aud. Praiel.

(H, 640-1435, f° 97). Piérot de Hennin pour le maison *des Vielles*, VIII drs.

Les cueilloirs antérieurs de St-Waast portent que cette maison était *emprès les Vielles*. J'ignore ce que signifie ici ce mot : vielles, vieles ou viellés qui a plusieurs sens bien différents.

34-36. Les III maisons ens. qu'on dist de **Le Tour**. (1396 : Les III maisons ens. sont à Jeh. Calot, marronnier).

(Emb. 1418, f° 6 v°). Jeh. Calot vend à Jeh. Robaut, receveur d'Artois pour le duc de Bourgogne « une maison nommée

Le Tour, auquel héritage soloit avoir deux maisons joignans, séans au devant de le *Couppe d'or*, tenans aux hoirs de feu Colart Bourdin et à le maison des *Nonnettes* à Jeh. Sacquespée, ledit héritage nagaires acatté par led. Jeh. Calet à Philippe Nepveu.

(II, 635-1415, fo 160). Jeh. Calet, homme vivant et mourant pour le four de LE BLANQUE TOUR devant *le Couppe d'or*.

(II, 636[a]-1418, fo 305). Jeh. Robaut pour III maisons qu'on dist *de le Tour* tenans aux *Nonnettes*, VIII drs.

(II, 648-1465, fo 105). Le vve Jeh. Robaut pour III maisons nommées **Le Tour des Nonnettes**, VIII drs.

37. **Les Nonnettes** à Simon Sacquespée. (1396 : à le vve dud. Simon).

(Emb. 1400, fo 142 ro). « Maistre Jeh. Sacquespée pour le bonne amour qu'il a à Jeh. Sacquespée, son frère, lui donne tous ses droits sur le maison des *Nonnettes* tenant à le maison Jeh. Calet, d'une part et d'autre part à *l'ostel de l'Eghe (sic) d'or*.

(Emb. 1433-35, fo 230 vo). Jeh. Sacquespée, fils de feu Jeh. Sacquespée, en son vivant receveur des aides du Roy, vend à Jeh. Robaut « une maison en l'abbeye, nommée les *Nonnettes* tenant d'une part à l'héritage de *Le Tour*, appartenant aud. Jeh. Robaut et d'autre part à *l'Esgle d'or* aud. Jeh. Sacquespée et *aians yssue par derrière au derrière de le salle de Notre-Dame-des-Ardans*.

38. **L'Egle d'or** *(l'Aigle d'or)* à Simon Sacquespée. (1396 : *L'Egle d'or* et les gardinés, à le vve dud. Simon).

(Emb. 1436, fo 116 vo). Jeh. Sacquespée et Ysabel Mansel, sa femme, vendent à Jeh. Poutrain, sérurier, le maison de *l'Esgle d'or*, séans *emprés le Couppe d'or* (c'est-à-dire dans le voisinage de), tenant d'une part à l'héritage Jeh. Robaut, nommé *les Nonnettes*, et d'autre part à l'héritage de *l'Espée* à Simon Herlin et aians *yssue par derrière au devant de le Halle des Fèvres* (no 9 du 3e tour de la Madelaine).

(II, 641-1437, fo 97). Jeh. Poutrain, pour le maison de *l'Egle d'or*, VI drs.

39. **L'Espée** à Simon Sacquespée. (1396 : à le vve dud. Simon).

(Emb. 1435, fo 63 vo). Jeh. Sacquespée vend à Simon Herlin

une maison, nommée Les Espées, tenant d'une part à *l'Esgle d'or*, appartenant aud. Jehan et d'autre part à le maison Martin Hollande, nommée *les Bachinés*. Anthoine Sacquespée, échevin, frère dud. Jeh., et sa femme Liénor de Lens, renoncent à tout droit qu'ils pourraient avoir sur lad. maison.

(Emb. 1438, f° 158 r°). Jeh. Herlin gage un achat de « ouvrages et marchandises du mestier de mandelier » sur « une maison séant en le rue de le *Couppe d'or*, tenant à *l'Esgle d'or* et *aux Bachinés* ».

40. **Les Bachinés** *(Les Bassinets)* sans nom de propriétaire. (1396 : à Gillot le Gillon).

(Emb. 1391, f° 44 v°). Gillot le Gillon et Jacobte Lorbateresse, sa femme, gagent une somme de IIIIxx et VIII lbs. parisis, receu en garde et dépost, sur leur maison *des Bachinés* séans *devant le Couppe d'or*, joignans à l'éritage Simon Sacquespée et à l'éritage Jeh. de Gauchin.

(*Ibid.*, f° 66 v°). Jeh. des Rosettes vend à Gillot le Gillon LX sols de rente qu'il avait sur la maison dud. Gillot « séans *devant le Couppe d'or* ».

Depuis le n° 33, les maisons sont dites : *situées devant la Coupe d'or*, ce qui signifie qu'elles faisaient front sur le carrefour de la rue actuelle du Marché-au-Filet.

(H, 640*-1436, f° 265). Martin Hollande, pour le maison des *Bachinés*, IIII drs.

(Emb. 1438, f° 15 r°). Martin le Bouq dit *Hollande* donne à Colart de Paris, sa maison séant en *le grant rue de l'Abbeye*, nommée *les Bachinés* tenant à Simon Herlin.

41. A Piérot de Gauchin. (1396 : à Jeh. de Gauchin).

(Comptes de le Povreté, 1419-20). Jeh. de Gauchin, pour se maison séans en l'Abbeye *devant les Naquaires* (n°s 24-25 du 5e tour de St-Géry), LIIII s.

(*Ibid.* 1424-25). Collart du Meullin, drappier, pour se maison qui fu Jeh. de Gauchin. Led. Colart rachète aux échevins le 4 octobre 1424, cette rente de LIIII s.

42. A Colart le Merchier. (1396 : à Jeh. le Cuvelier).

(Emb. 1392, f° 127 r°). Jeh. Danvel et Julianne Lionne, sa femme, fille de feu Pierre Lionne, vendent à Jeh. le Cuvelier, le quart et tout tel droit qu'ils avoient en une maison joignans à Jeh. de Gauchin et d'autre part à l'éritage desd. vendeurs et de Simon Lionne.

(*Ibid.* f° 133 r°). Simon Lionne vend à Jeh. le Cuvelier, le quart et tout tel droit qu'il avoit en une maison joignans à Jeh. de Gauchin, faieteur et à l'éritage à lui appartenant.

43. A Colart le Merchier. (1396 : à Jeh. le Cuvelier).

(H, 635-1415, f° 104). Baudin le Prévost, pour une maison qui fu Colart le Merchier, tenant à le Blanque Cloque, II drs.

44. **Le Blanque Cloque** *(La Blanche Cloche)* sans nom de propriétaire. (1396 : à Martin le Grant).

(H, 632-1398, f° 93). Martin le Grant (le nom est biffé et remplacé par) : Philippot Pillon pour le maison de le *Bancloque (sic)*, III drs.

(Emb. ext. 1407, f° 4 r°). Philippot Pillon vend à Colart le Clerc, une maison en le grant rue de l'Abbeye, nommée le Blanque Cloque, tenant à Martin le Prévost et d'autre part aud. Philippot.

Cette vente ne fut pas définitive car Philippot Pillon et, après lui, Martin Pillon continuent longtemps à figurer dans les cueilloirs de St-Waast et de la Pauvreté comme propriétaires de la Blanche Cloche.

(Comptes de le Povreté, 1419-20). Philippot Pillon pour se maison de le Blanque Cloque, LII s.

Item. pour une autre maison tenant à led. Blanque Cloque, LII s.

(*Ibid.* 1424-25). Martin Pillon rachète ces rentes aux échevins, le 4 octobre 1424.

(H, 647-1458, f° 109). Jeh. de Rumaucourt, pour le maison de la *Bancloque*, III drs.

(Emb. 1464, f° 8 v°). Jeh. de Rumaucourt vend à Charle Peccart une maison séans en le grant rue de l'Abbeye, nommée le CLOQUE, tenant à Jeh. Boinvin.

45. Le maison qui fu jadis le Barbier de St-Waast. (1396 : à Philippot Pillon).

(H, 640-1437, f° 97). Martin Pillon, pour le *Blanque Cloque*, III drs. et *pour le maison ensièvant*, III drs.

(H. 647-1458, f° 109). Jeh. Boinvin, pour se maison qui fut à Martin Pillon).

(Emb. 1464, f° 17 v°). Joh. Boinvin vend à Colart le Paon, une maison, grange, gardin et pourpris, tenant d'une part à le *Blanque Cloque* et d'autre part à l'héritage Gille de St-Pol.

46. A Savale le Borgne. (1396 : à Jaquemart le Borgne). **Les Quatre Fieux Emont.**

(II, 634-1410, f° 114). Jaquemart le Borgne, pour II maisons, XXII drs. II cap.

(II, 635-1415, f° 105). Jaquemart Sévérondel, pour II maisons, XXII drs. II cap.

(Emb. 1434, f° 203 v°). Jaquemart Sévérondel vend à Galien Magnier une maison nommée *les Quatre Fieux Emon, en le rue de l'Abbeye* tenant d'une part à l'héritage Martin Pillon et d'autre part aud. Jaquemart.

(Emb. 1438, f° 159 r°). Galien Manier et Marie des Fresnes, sa femme, vendent à Jeh. Parement une maison nommée *les Quatre Fils Emont*, tenant à Martin Pillon et d'autre part aud. Galien et *aboutans par derrière aux murs St-Waast.*

(II, 647-1458, f° 109). Gille de St-Pol, pour se maison en *deux membres*, XXII drs, II cap.

47. A Savale le Borgne. (1396 : à Jaquemart le Borgne). **Le Pume d'or** *(La Pomme d'or).*

(II, 634-1410, f° 114). Jaquemart le Borgne, pour une maison ensiévant, VI drs.

(Emb. 1434, f° 203 v°). Jaquemart Sévérondel vend à Galien Magnier, une maison en le rue de l'Abbeye, tenant d'une part aud. acheteur et *aiant yssue par derrière* devant les murs St-Waast.

(II, 647-1458, f° 109). Jaquemart du Castel, pour se maison, VI dr.

(Emb. 1464, f° 15 v°). Jaquemart du Castel vend à Colart Régnault, marchant de sayes, une maison séant en le rue de l'Abbeye, icelle maison nommée *le Pume d'or*, tenant à l'éritage Gille de St-Pol, et *aboutans par derrière à l'encontre des greniers de St-Waast* (situés, en effet, près de la grande porte de l'Abbaye).

48. A Joh. Potier. (1396 : aud. Joh.).

49. A Maroie Germaine. (1396 : à led. Maroie).

50. A Joh. le Lion. (1396 : à Maroie Germaine).

(Emb. 1392, f° 104 r°). Maroie Germaine, v^ve de Gillot Germain, donne à son fils Jeh. Germain « pour en joir après son trespas et non anchois » une maison et tout l'éritage appendant à icelle, qu'elle avoit en le rue de l'Abbaye, joignant à Jeh. Potier et d'autre part à Colart le Barbier.

51. A Vaast d'Omerval. (1396 : à Colart le Maistre, barbier).

(Emb. ext. 1388, f° 5 r°). Vaast d'Omerval vend à Colart le Maistre une maison séant *au devant des Monios en l'Abbeye* (14 du 5e tour).

(Emb. ext. 1407, f° 25 r°). Colart le Maistre vend à Colart de Coulemont une maison tenant à Willaume du Praiel et aboutans *par derrière à le rue par lequelle on va de lad. maison à l'église St-Waast.*

(H, 634-1410, f° 114). Colart de Coulemont, pour se maison, IIII drs.

(H, 640-1437, f° 97). Jeh. Estottin, pour se maison, IIII drs.

52. A Simon du Boef. (1396 : à Jeh. du Castel, carpentier).

53. Le maison *devant le porte St-Waast* est as hoirs dud. Simon du Boef. (1396 : le *maison devant St-Waast* au susdit Jeh. du Castel).

(Emb. ext. 1407, f° 6 r°). Tassart le Droq vend à Willaume du Praiel deux maisons (52-53) tenans ensemble, l'une devant *les Creviches* en l'Abbeye (13 du 5e tour), tenant à le maison Colart le Maistre, barbier, et l'autre petite maison séant *devant St-Waast.*

(H, 633-1408, f° 114). Willaume du Prayel, dit des Pochonnés, pour deux maisons, l'une *sur le touquet* (52) *devant le Corviel* (12 du 5e tour) et l'autre *sur le touquet devant le porte de chéens* (de céans, c'est-à-dire de l'abbaye, puisque c'est un moine qui rédige le cueilloir des rentes), IIII drs.

(Emb. 1426-28, f° 174 r°). Mah. de Beaumont, procureur des héritiers d'Annieux de Nédonchel, vend à Jeh. Sacquespée, maieur d'Arras, leurs rentes sur une maison appartenant à Colart le Roy, parmentier, *faisant touquet en venant de St-Waast et au devant des Creviches.*

(Emb. 1432, f° 28 r°). Jeh. du Cornet le jone vend à Colart le Borgne ses rentes « sur le maison des hoirs de feu Colart le Roy, *faisant touquet d'une rue par lequelle on va à St-Waast* ».

(H, 640-1437, f° 97). Vve Colart le Roy, pour deux maisons, l'une *sur le touquet devant le Corbel* et l'autre *devant le porte de St-Waast sur le touquet,* IIII drs.

(Emb. 1432, fº 53 rº). Marie de Bouberch, vve de Colart le Roy, et son fils Willemet, en raison du mariage de Colart Garet, serviteur à Messres de l'église de St-Waast et de leur parente Marie Landrie, donnent auxd. conjoins pour VIII ans le logement dans une maison séans *au devant des Creviches* sauf que lesd. mère et fils y ont retenu pour leur demeure II cambres derrière led. maison, l'une desquelles est sur le cuisinette et l'autre sur l'estable aux chevaulx

(Emb. 1436, fº 74 vº). Jeh. Guillemet vend à Willaume le Fer le droit de vinge qu'il avoit sur une maison dont on fait deux louages, séans en le rue de l'Abbeye au devant de le maison de *l'oliffant* (15 du 5e tour), et tenant à l'héritage Jeh. Lestottin, wantier.

(Emb. 1444, fº 67 rº). Jeh. le Brief gage un prêt sur une maison tenant à Jeh. Estottin, wantier, d'une part et d'autre part faisant *touquet de le place qui maine à le porte de St-Waast.*

On remarquera que cette maison est, selon le caprice du scribe, tantôt devant *le Corbeau* ou les *Ecrevisses*, tantôt devant les *Monios* ou *l'Olifant.* L'indication d'ailleurs bien qu'approximative était suffisante, car ces maisons étaient voisines l'une de l'autre.

54-56. Trois maisons tenans as murs des laigniers (bûchers) de St-Waast, sans nom de propriétaire.

57. A Piérot Puignet. (1396 : aud. Piérot).

58. A Jeh. Cauderaye. (1396 : aud. Jehan).

59. A St-Waast.

60. A Gille de Mauville. (1396 : à le vve Piéret de Croix).

61. A Thumas Grigore. (1396 : à Jaquemart as Roses).

(Emb. ext., 1387, fº 10). Jaquemart as Roses vend à Jeh. de Theroane, fèvre, une maison séans en le grant rue de l'Abbeye, *à l'opposite de l'ospital as Chariotte*... Mais il ne tarde pas (*ibid.*, fº 11) à la racheter et revend en 1397 (emb. ext., fº 18 rº) à Andrieu Théry cette maison séans *devant l'ospital la Chariotte* tenant a le maison qui fu Piéret de le Croix.

(II, 632-1398, f° 75). Andrieu le Théry, pour *une maison de pierre* qui fu à Jaquemart as Roses, VI drs.

Les maisons de pierre étaient rares, et le scribe les notait au passage.

(Emb. 1429, f° 187 v°). Pierre Cassart gage une dette sur une maison séans en le grant rue de l'Abbeye, *au devant de l'ospital à Chariottes* tenant à Tassart le Coustelier et à *Robert le Fèvre*.

62. A Jak. d'Aumerval. (1396 : à Jeh. Grumel, carpentier).

(II, 632-1398, f° 75). Jeh. Grumel, dit Gredant, pour se maison, V drs.

(II, 641-1437, f° 74). Robert le Fèvre, pour une maison qui fu à Jeh. Grumel, V drs.

63. **Le Clef** à Jak. de Reu. (1396 : *Le Clef en l'Abie* à Piérot de Reu).

(II, 632, f° 75). Pierre de Reu, pour le maison *de le Clef*, I cap.

(Emb. 1429, f° 236 v°). Agnès le Cornu, v^ve de Piérot de Reu vend à Martin Cornu, saicteur, une maison séant en le rue de l'Abbaye, nommée *Le Clef*, tenant d'une part à l'héritage *Robert le Fèvre* et d'autre part *faisant touquet de le rue de le Sauch*.

Li V° tours (de Saint-Géry) commenche à l'ospital La Chariotte *en alant à le maison qui fu Jeh. le Normant, devant* l'ospital des Drappiers *et en alant aussi tout le renc jusques au* four des Cuvelles *et montant tout à mont par devant* le Cherf en le Waranche *jusques à le maison Andrieu Galoppin (f°s 49 et suiv.).*

(Le tracé de 1396 donne quelques précisions nouvelles : « Le V° tour commenche à l'ospital *de Maingoval*, montant en venant au *Sauvaige*, et repreut au Courtil des *Rosettes* en revenant à le maison le v^ve Thumas Amion et en montant jusques devant le four des Cuvelles et recommenche aud. four, venant à *le Couppe d'or* et à *l'Escu d'or* jusques à le maison *de l'Ours* (f°s 84 v° et suiv.).

---

1. **Li Hospitaux Lacharlote.** (1396 : **L'ospital de Maingoval**).

(II, 633-1408, f° 57). L'ospital qui fu Messire à Chariot, pour une porte entre led. ospital et le maison de Martin Pinon (*Les Maillés*, 8 du 8e tour St-Aubert. C'est l'impasse qui existe encore aujourd'hui).

2. As hoirs Maillin de Gauchin. (1396 : à Thumas Bouchel).

(Emb. 1464, f° 51 r°). La v^ve de Pierre le Cuvelier gage un prêt sur deux maisons tenans ensemble (2-3), tenans d'une part à l'ospital de Maingoval et d'autre part à l'héritage *Jeh. Bourge.*

3. A Mik. Crespin. (1396 : à dame Sainte Darras. — En note marginale : vendue par led. Sainte à Jeh. Sévenier le VIIIe jour de janvier IIII^xx et XVI).

4. A Jeh. Vatos. (1396 : à Jeh. Calet. — En note marginale : vendue par led. Jeh. Calet à Jeh. Sévenier le XVIIe jour de décembre IIII^xx et XVI).

(Emb. 1399, f° 11 r°). Jeh. Sévenier et Katherine de Berle, se femme, garantissent un achat de draps sur II maisons, séans en l'Abbeye, tenans à Thumas Bouchel et *au Sauvage*

(Emb. 1426-28, f° 131 r°). Messire Andrieu Fournier, prestre cappellain de l'église Notre-Dame d'Arras et Jacobte Fournier, sereur dud. cappellain, Jaquemart d'Ablaing et Colle Waast, sa femme, vendent à *Jeh. Bourge* une maison séans en le rue de l'Abbeye, tenant au *Petit Sauvage* à Jeh. Feullet.

5-5 *bis.* — A Monsgr de Maingoval. (1396 : les *deux* maisons sont à Fretel de Humbercourt, escuier). **Le Sauvage.**

La maison dédoublée a formé **Le Petit Sauvage** et **le Grant Sauvage.**

(Emb. 1414, f° 127 r°). Jeh. Feullet et Jehanne Nempont, sa femme, vendent à Jeh. Finet, pottier de terre, une maison, séans en le rue de l'Abéïe, nommée *Le Sauvage,* tenans d'une part à l'éritage desd. vendeurs, nommé *Le Petit Sauvage,* d'autre part à l'éritage des *Plouviers* (8 du 10e tour de Ste-Croix) et aboutans par derrière à l'ospital Acariotte.

(Emb. 1429, f° 170 v°). Jeh. Feullet gage un emprunt sur le *Petit Sauvage,* tenant à Jeh. Bourge, caiellier, et d'autre part au *Grant Sauvage,* à Jeh. Finet.

(Emb. 1432, f° 7). Martin Martin, pottier de terre, et Jehanne Wagonne, sa femme, garantissent une obligation sur le maison du *Sauvage,* tenant à Jaquemart Feullet et faisant front par derrière sur le fégart de le ville (c'est-à-dire sur la rue actuelle des Chariottes).

(*Ibid.*, f° 111 r°). La vve de Pierre de le Bricque vend II s. VIII drs de rente qu'elle avait sur le maison Martin le Martin, nommée *le Sauvage.*

(Emb. 1435-36, f° 26 r°). Martin Martin emprunte XXVIII lbs. sur sa maison du *Sauvage,* tenant à Jaquemart Feullet et aux *Plouviers,*

Enfin (*ibid.*, f° 103 r°) Jeh. Martin vend à Jeh. Bertelot dit Sacquart une maison, nommée *le Grant Sauvage,* tenant au *Petit Sauvage* à Jaquemart Feullet, *faisant toucquet de le rue des Plouviers* et tenant aux *Plouviers* à Jeh. Fourment et *aboutans par derrière à ung gardin* qui est de l'ospital de Chariottes.

On passe ici à l'autre rang de la rue des Chariottes. Avant le n° 6, le Rentier de 1396 place le Courtil des *Rosettes* (22 du 9e tour de Ste-Croix) tout en notant qu'il est de la paroisse Sainte-Croix. C'est sans doute une façon de bien préciser la situation dud. nº 6.

6-7. Les deux maisons sont as hoirs Jeh. le Normant. (1396 : à le vve Jeh. de le Porte).

(Emb. 1432, fº 24 rº). Jeh. du Bus vend à Mah. Lanstier une maison (6) séans en le *rue des Rosettes, au devant de l'ospital des Drappiers,* tenant d'une part à l'héritage *des Rosettes à le goudalle* et d'autre part à Jeh. Viseux.

(Emb. 1454, fº 18 rº). Jeh. Viseux et Colle le Sérurière, sa femme, vendent à Mah. Patequin « une maison (7) séans au *devant l'ospital des Drappiers,* tenant à demelle Lanstière et d'autre part à l'héritage Baudin Mersen, nommée le *Pot d'argent* ».

8. A le fille Nieule du Luiton. (1396 : à le vve Gille Crespin. — C'est la même personne). **Le Pot d'estain.**

Un acte de mai 1437 (emb. fº 77 vº) constate que la maison des *Plouviers* se trouvait devant le *Pot d'estain.* La mention d'une enseigne du *Pot d'argent* est une erreur, ce que prouve l'acte suivant où le scribe rectifie lui-même cette erreur.

(Emb. 1464, fº 62 vº). Bauduin Messent, tisseran de draps et Miquelle de le Croix, sa femme, gagent un prêt sur une maison, nommée le *Pot d'argent,* séant *en le rue des Plouviers.* Et sy (pour dresser l'acte) ont eslu et eslisent leur domicille en *ladite maison* DU POT D'ESTAIN.

9. A Thumas Amion. (1396 : à le vve Thumas Amion).

10-10 *bis.* Aud. Thumas. (1396 : à led. vve Thumas. **Le maison as Pois** (*La maison du Poids).*

(Emb. ext. 1387, fº 5 vº). Simon Amion, fils de Michel Amion vend à Jeh. de Fontaine une maison, rue de l'Abbeye, nommée *maison as pois, faisans touquet d'une rue par lequelle on va de led. rue de l'Abbeye en le rue de l'ospital des Drappiers et d'autre part joignans au Corbel.* (Il est probable que ce n'est pas la maison entière qui a été vendue, mais seulement une rente assez importante sur cet immeuble. Jeh. de Fontaine figure, en effet, pour VI lbs. XI s. de rente sur la *maison des Pois* au Rentier de 1396).

Parmi les rentes que Jeh. Bailly partage (emb. 1419, fº 228 rº) entre ses enfants, on voit V s. IIII drs. sur le *maison des Pois* en l'Abbeye, appartenant à Bétrémieu le Quen.

(Emb. 1426, f° 24 r°). Bétrémieu le Duc vend à Martin le Brun, dit Hollande, une maison, nommée *les Pois, faisant le touquet d'une rue qui maine à l'héritage des Rosettes à le goudalle* et tenant d'autre part à Jeh. Casier.

(Emb. 1433, f° 58 r°). Jeh. Climen dit Le Clerc vend à Robert Climen dit le Clerc, son frère, une maison, nommée *les Poix*, faisant *touquet d'une rue par lequelle on va as Rosettes* et tenant d'autre part à Jeh. Martin.

La maison *du Poids* n'était pas *contiguë au Corbeau*, malgré l'indication de l'acte de 1387. Déjà le cueilloir des rentes de St-Waast pour 1396 (II, 631, f° 43) constate que la veuve de Thumas Amion paie une redevance, pour la maison *des Pois* et pour la maison « que on dist *l'Escu de Flandres en l'Abeye* ».

D'autres maisons, par dédoublement sans doute, s'intercalèrent entre *les Pois* et le *Corbeau*. Le cueilloir de 1435 (II, 641, f° 75) en donne l'énumération suivante :

Robert le Climent pour le maison *des Pois* en *deux membres*, v s.

Jeh. Martin, dit Sirot pour une maison ensiévant, v s.

Les hoirs Jeh. Casier pour une maison nommée *l'Escu de Flandres en l'Abbaye*, VIII s.

Guillaume Paccart (*alias* Pesquart), pour le maison *du Corbel* en *deux* membres, qui fu derrainement à Pierre de Cantelou, II s.

Rien donc d'étonnant à ce qu'on rencontre dans les actes la mention d'une maison *des Petits Poids* et d'une maison du *Petit Corbeau*.

11. A Thumas Amion. (1396 : à le v^ve dud. Thumas).
L'Escu de Flandres en l'Abbeye.

(Emb. 1428, f° 112 v°). Jeh. Casier garantit une somme de LXIIII lbs. que lui a prêtée son frère « sur une maison où il demeure ad présent, tenant à le maison Jeh. Martin et à l'héritage *des Corbiaux* ».

12 12 *bis*. **Le Corbel** à Ysore Surion. (1396 : *Les Corbiaus en l'Abbeye* à Jeh. Mignot).

(Emb. ext. 1407, fo 23 ro). Pierre le Boulenghier gage une dette sur « *le Corbel en l'Abbaye*, tenans à le maison *des Petits Pois* et d'autre part aux *Creviches* ».

(Emb. 1419, fo 228 ro). Jeh. Bailly donne à ses enfants, vi s. de rente sur le maison du *Petit Corbel en l'Abbeye*, tenant à le maison *des Pois* à Jeh. Casier.

(Emb. 1421, fo 102 ro). Pierre de Canteleu vend à Guillaume Pescart, une maison nommée *le Corbel*, tenant à Jeh. Caisier et à l'ostel des *Crevices*.

(Emb. 1438, fo 72 ro). Charles Pescart engage sa maison des *Corbiaux*, tenant aux *Creviches*.

(Emb. 1475, fo 39 ro). Robert Climent garantit à son tour un prêt « sur les Corbeaux *ayans yssue au devant de la maison des Lombars en le rue du Pot d'estain* ».

Nous avons déjà trouvé les Lombards installés au *Gayant en Ronville* (30 du 2e tour St-Jeh.). Les voici dans la rue du *Pot d'estain* (des Chariottes) à laquelle ils donneront leur nom, installés dans la maison *des Plouviers*.

13. A Englebert Louchart, dit des Limechons. (1396 : aud. Englebert). **Les Creviches** *(Les Ecrevisses)*.

(II, 632-1398, fo 76). Englebert Louchart, pour se maison de l'Escreviche emprès le Corbel, vi drs.

(Emb. 1429, fo 146 vo). Gille le Maire et Jehanne de Paris, sa femme, vendent à Willaume le Fer, une maison en le rue de l'Abbeye, nommée *les Creviches*, tenant au *Corbel* à Willaume Pesquart et d'autre part aux *Monyos* à le vve Baudin d'Avesnes.

(Emb. 1432, fo 42 vo). Willaume le Fer cautionne un prêt de cent frans sur sa maison nommée *les Creviches*, tenant aux *Corbiaux* et aux hoirs Baudin d'Avesnes.

(Emb. 1438, fo 166 vo). Dans le partage des biens de feu Willaume le Fer entre ses enfants, Gillot, Henriette et Jacquette, Gillot a *les Creviches* tenant aux *Corbeaux* et aux *Monios*.

(Emb. 1464, fo 58 vo). Led. Gille le Fer donne, lui aussi, en garantie d'un emprunt, la maison *des Escreviches*, tenant aux *Corbiaulx* à Robert Climent et aux *Monnios* à Jeh. Martin.

14. Les Nonnettes *(sic. Erreur certaine pour Monnios)* à dame Sainte le Franque. (1396 : **Les Monnios**

[*Les petits Moines, les Moinillons* — On s'expliquerait ainsi plus facilement la méprise du scribe. Peut-être *Moineaux*] à Henri Casier).

(Emb. ext. 1381, f° 1) Demelle de Bréquin, v^{ve} de Mah. Walois vend à Jeh. Casier ses rentes sur les *Monnios*, tenans à Englebert Louchart et *à l'Oliffant*.

(Emb. ext. 1387, f° 6). Jeh. Casier donne à son fils, la maison des *Monnios*.

(Emb. ext. 1394, f° 7). Henri Casier donne à son fils les *Monnios séans devant ou assès près de le grant porte de St-Waast* et joignans à *l'Oliffant*.

(Emb. 1401, f° 297 r°). Henri Casier vend à Jeh. Aillié les *Monnios*, tenans à *l'ostel de le Creviche* et à *l'Oliffant*.

(II, 637-1422, f° 251). Bauduin d'Avesnes, pour le maison des *Moynios*, VI drs.

(Emb. 1436, f° 31 r°). Bétrémieu de le Porte vend à Pierre Cauvin le maison des *Monyos*, tenant aux *Creviches* à Willaume le Fer, d'autre part à l'héritage Pierre Trucquet, et *aboutans par derrière à l'héritage du Corbel* et *ayans yssue par derrière en le rue des Plouviers*.

15. L'Oliffant *(L'Eléphant)* à Massin Amion. (1396 : à Jaqu'omart Grue).

(Emb. ext. 1379, f° 3 v°). Jehanne de le Porte et Jehanne du Chélier, hoirs de Jeh. le Normant vendent le maison condist *l'Oliffant* en l'Abbeye et le maison de *Saint-Christoffle*, tenans ensemble.

(Emb. ext. 1388, f° 8 v°). Thomas Amion et Jacotte Beharelle, sa femme, vendent *l'Oliffant* à Jaquemart le Grue.

(II, 639-1429, f° 75). Pierre Trucquet, pour le maison de *l'Oliphant*, XII drs.

(Emb. 1464, f° 58 v°). Gille le Fer garantit un prêt sur *l'Oliffant*, tenant aux *Monnyos* et d'autre part à *St-Christoffle* aux enfants de Jeh. Trucquet.

16. Saint-Christoffle à Massin Amion. (1396 : à Robert Laurie).

(Emb. 1427, f° 174 r°). La v^{ve} de Annieux de Nédonchel vend à Jeh. Sacquespée ses rentes sur les maisons de *l'Oliffant* et de *St-Christoffle* appartenant à Pierre Trucquet, tenant à l'héritage qui fu Baudin d'Avesnes et d'autre part à Colart le Gautier, XV s. vendus XX drs le denier sont XV frans.

17. A le fille Nicule du Luiton. (1396 : à Jehan Danvet).

(II, 632-1398, f° 72). Jeh. Danvet, pour une maison devant *le Bancloque*, tenans à *St-Christoffle*, I dr.

18. A led. fille du Luiton. (1396 : à Simon Lionne).

19. A led. fille. (1396 : à Robert le Merchier).

20. A led. fille. (1396 : à Willaume du Carïœul).

21. A led. fille. (1396 : à Bétrémieu de St-Waast).

(II, 632-1398, f° 47). Bétrémieu de St-Waast, pour une maison emprès le maison Jeh. Danvet devant *le Bancloque* (44 du 4e tour), I dr.

22. A led. fille. (1396 : à Andrieu Boinet).

(II, 632, f° 76). Andrieu Boinet, pour le maison qui fu Jeh. Danvet, I dr.

23. A Lambert le Sénescal. (1396 : à Aubert Davaut).

(*Ibid.* f° 76). Andrieu Boinet, pour le maison qui fu Obert Davaut, IIII drs.

24-25. Les deux maisons ens. condist **Les Nacaires** *(les Tambours, les Timbales)* sont à Maillart de Marquette. (1396 : le maison des **Naquaires** et une autre petite d'en costé sont à Simon le Leu).

(Emb. 1390, f° 32 v°). Ysabeaulx Saquelle, vve de Adam de Marquettes dit Maillart et Pierre de Herzelle, son fils, qu'elle eut de Jeh. de Herzelle, jadis son mari, vendent à Jeh. Darras, nagaires receveur d'Artois, toute le maison *des Nakaires*, tenant à Aubert Davaut et à Estène le Clop. (C'est la porte seulement des *Nacaires*, qui tenait aud. Estène).

(Emb. 1434, f° 221 r°). Simon le Leu, gage une obligation sur la maison des *Nacaires*, tenant à Toussains de Quehem et à Jeh. Caigniéré.

(H, 640-1435, f° 76). Symon le Leu, pour le maison nommée les *Nacquaires*, VI drs. II cap.

(Emb. 1436-38, f° 58 v°). Simon le Leu vend à Jeh. Longuebraie une maison, lequelle on nomme communément les *Nacaires*, tenant à Toussains de Quehen, d'autre part à Jeh. Caigniéré, caudrelier, et par derrière à l'héritage *de le Vignette, à l'ospital des Trompettes* et à le maison Piérot Trucquet.

26. A Wicart Quoylle. (1396 : à Jaquemart Polin).

(Emb. 1392, f° 91 r°). Jeh. Poulier, pissonnier de mer, et Jehanne Quoille, sa femme, vendent à Jaquemart Polin, cordier, une maison joignans à l'éritage des *Nacquaires*.

(Emb. 1432, f° 135 v°). Marie Morelle, v^ve de Jeh. Maledouré vend à Jeh. Cagnéré une maison tenant à le maison où demeure Simon le Leu, nommée *les Nacquaires*.

(H, 640-1435, f° 76). Jeh. Caillerct, pour se maison tenant *aux Nacquaires*, II drs.

(Caillerct est la vraie forme du nom de ce bourgeois. Les scribes orthographient les noms propres en reproduisant plus ou moins bien les sons entendus. De là, les formes Cagnéré et Caigniéré).

27 A Estène le Clop. (1396 : à Gillon le Gillon).

(Emb. ext. 1388, f° 12 r°). Estène le Clop reconnaît devoir à Pierre de Herzelle une part dans le coût des ouvrages qui ont été faits entre sa maison et la maison des *Makairs (sic.* Le même scribe de 1717 avait lu dans un autre acte : la maison des *Notaires)*.

(Emb. 1394, f° 55 v°). Estène le Clop loue à Nicaise Locquerelle une maison, séans devant le *Couppe d'or, joignans à le porte des Nacquaires* d'une part et d'autre part, à le maison de *le Vignette*.

(Emb. 1399, f° 14 v°). Gillot le Gillon vend à Jeh. Paris, ouvrier de courtines et queutes pointes les trois pars de cinq pars d'une maison séans *devant le Couppe d'or* tenant... (comme dessus).

(Emb. 1438, f° 96 v°). Jaquemart le Roy vend à Jeh. Sarrasin une maison séans en le *rue du Marquiet au Fillé*, tenant à Tassart Poulier et à *l'ostel de le Vignette*, appartenant aud. Tassart.

28. **Le Vignette** as hoirs Wautier le Fauconnier. (1396 : à Jeh. le Boulenghier).

(H, 640-1437, f° 77). Tassart Poulier, pour le maison de le *Vignette*, scituée devant *le Couppe d'or*, VI drs.

29. A Thumas Froissart. (1396 : aud. Thumas).

30. A Thumas Froissart. (1396 : aud. Thumas). **Les Chinchelles** *(Les Moustiques, les Pucerons. —*

C'est un singulier sujet d'enseigne. Il est vrai qu'on trouve en certaines villes le *Pou Volant).*

(Emb. 1415, f° 36 v°). Jehanne Froissarde, v^ve de Willaume Pauchet, et Marguerite Froissarde, v^ve de Jaquemart le Roy, vendent à Tassart Poulier une maison, nommée *les Chinchelles,* séans *en le rue Ste-Croix,* tenant d'une part à l'éritage desd. vesves et d'autre part à l'éritage de Philippe Nepveu et aboutans par derrière à *le Vignette.*

31. **Le Trannel** *(Le Tremble)* à Jeh. de Paris. (1396 : à Philippe Nepveu).

(Emb. 1418, f° 18 r°). Philippe Nepveu et Philippe des Eauys, sa femme, vendent à Galien Magnier, maistre de l'artillerie de Monsgr le duc de Bourgogne, une maison séans *ou marquiet au fillé,* nommée *le Transles,* tenant d'une part à l'éritage Tassart Poulier et d'autre part à l'éritage Jeh. Rambourt et *par derrière* à le maison du *Béguinage (l'hôpital des Trompettes)* qui fu Simon de Lens et à l'éritage des *Nacquaires* où demeure Simon le Leu, avec un petit gardin appartenant à ledite maison et tenant à le court d'icelle, tenant aud. *Béguinage* par derrière et à Nicaise Rogier (33).

(Emb. 1425, f° 133 r°). Gallien Mangnier, artilleur, et Marie des Fresnes, sa femme, vendent à Jeh. Robaut, recheveur d'Arras et Aélips de Bermicourt, sa femme, une maison nommée le *Transnel* située *ou marquiet au fillé en le rue Ste-Croix,* tenant à Tassart Poulier et à Jeh. Rambourt et *par derrière à l'ospital des Béghines.*

(Emb. 1429, f° 229 v°). Jeh. Robaut et Aélips de Bernemicourt, sa femme, revendent à Gallien Manier, artilleur de Monsgr le duc de Bourgogne, le maison du *Trannel,* tenans... (comme dessus .

(Emb. 1432, f° 58 v°). Ledit Gallien revend le *Trannel* à Micquiel Roussel...

32. As hoirs Jeh. Godeffroy. (1396 : à Jeh. *Hanache).*

(Emb. 1414, f° 72 v°). Jeh. Rambourcq s'étant porté « plège et respondant d'une somme de vixx lbs. pour maistre Gille Pecq, ceppier de le court le Castellain » donne en garantie de sa caution « le maison qui tient d'une part au *Trannel* et d'autre part à Nicaise Rogier » et le *Credo* (n° 38, qu'on verra plus loin).

(Comptes de le Povreté, 1419-20). Jeh. Rambourt, pour se maison qui fu Jeh. Godefroy, dit *Hanache*, séans *au marchiet au fillé*, qui soloit devoir de rente LI s. lequelle rente pour le maison qui estoit en petit estat et pour le remettre en boine réfection a esté diminuée par Messeigneurs les eschevins et remise à xxv s. vi drs. Elle est d'ailleurs rachetée aux échevins (*ibid.*, 1424-25) par Jeh. Rambourt, le 4 octobre 1424.

33. A Jeh. d'Avesnes. (1396 : à Robert Rogier).

(Emb. 1394, f° 72 v°). Hanotin Lescaudé vend à Jeh. Némeri, ses rentes sur le maison Jeh. d'Avesnes, carpentier, séans *devant le Four des Cuvelles*.

34. A Grard de Paris. (1396 : à Grard de Hanencamp).

35. On traverse ici la rue pour rejoindre **Le Four des Cuvelles** à *l'autre rene*, sans nom de propriétaire. (1396 : à Gillot de Moffllaines).

(II, 632-1398, f° 77). Gillot de Moffllaines, pour *le Four des Cuvelles*, IIII drs.

(Emb. 1425, f, 137 r°). Jeh. le Merchier gage un prêt sur le maison nommée *le Four des Cuvelles* séans ou *Marchié au fillé*, tenant d'une part à l'éritage des *Capperons* (1 du 12e tour de Ste-Croix) et d'autre part à Mah. Pisson

36. A Jeh. le Leu. (1396 : à Jeh. Paris, dit Parisot).

37. A Ysabel de Croix. (1396 : à Jaquemart de Douay, cordowanier).

38. **Le Credo** à Grard de Halenghes. (1396 : aud. Grard. En note marginale : led. Grard et sa femme ont vendu led. maison à Piérot d'Estroong le VII° jour de jenvier IIII^xx et XVI).

Jeh. Rambourcq (voir 32) donne en garantie le *Trannel* et le *Credo* tenant à l'éritage qui fu le v^ve Jaquemart de Douay et à l'éritage de *le Couppe d'or*.

Je note ici, en passant, parce qu'on m'a demandé un jour ce renseignement, que la maison du *Credo* deviendra plus tard *l'Ecu d'Artois*.

39. **Le Couppe d'or** à Simon Sacquespée. (1396 : à le v^ve dud. Simon).

(II, 632-1398, fo 78). Le vve Simon Sacquespée, pour le maison de le *Couppe d'or* en IIII membres, XLIII s.

(Emb. 1432-33, fo 137 vo). Jehanne de Herseeque, fille et hoir de Hue de Herseeque, qu'il eut de Jehanne Sacquespée, femme dud. feu, à présent femme de Lanselot Bonnier, chastelain de Harnes, renonce en faveur dud. Lanselot et de Jehanne Sacquespée, sa mère, à tout tel droit qu'elle pouvait avoir « en le maison de le *Couppe d'or* dont on fait ad présent deux lieuaiges, *scituée en le grant rue de l'Abbeye et faisant froncq de le rue de Ste-Croix*.

C'est la grande maison qui fait le coin de la rue actuelle des Trois-Visages.

40. Au grant Val.

41. Le Cherf en le Waranche as hoirs Clay de le Bourse. (1396 : *Le Cerf* à le vve dud. Clay).

(Emb. 1399, fo 1 vo). Jeh. de le Bourse, fils de feu Nicolas de le Bourse, vend à Jeh. des Poulettes, receveur général du duc de Bourgogne, le maison du *Cherf*, séans en le Waranche, *contre le Praiel des Ardans*, joignans à une petite maison appartenant à *l'ospital du Grant Val* et d'autre part à le maison de le *Bourse d'or*.

(II, 635-1415, fo 80). Jeh. as Poulettes, pour le maison du *Chierf*, XII drs.

(Emb. 1432-33, fo 120 vo. Caisin Gauglier vend à Paul du Hamel ses rentes « sur le *Cherf en le Waranche* à Jeh. des Poulettes, tenant à l'héritage du Grant Val et à le *Bourse d'or* : chincquante sols par an ».

(Emb. 1433-35, fo 232 vo). Philippe des Poulettes, conseiller et garde des chartres de Monsgr le duc de Bourgogne, de son païs d'Artois, vend à Martin Cornille, receveur de Fampoux, et à Marie Buride, sa femme, une maison nommée *le Cerf*, tenant à l'éritage Colart Poulet et d'autre part à Robert Pippelart et aboutans par derrière à l'éritage de l'Ours (53).

(Emb. 1436-38, fo 73 ro). Jeh. de Haynau dit Gauguier vend à Guérart Reblouequé ses rentes sur le maison Martin Cornille, nommée *le Cerf*... etc.

42. Le Bourse d'or sans nom de propriétaire. (1396 : à Robert Pippolart).

(II, 632-1398, fo 78). Le femme Jeh. Buridan, pour *le Bourse d'or en le Halle au pois,* III s. IIII drs. (Indication singulière pour marquer que la Bourse d'or est dans le voisinage de lad. halle).

43. A le seur Henri le Cappellier, prieuse de St-Jeh.-en-l'Estrée. (1396 : à Robert du Nef).

(II, 632-1398, fo 78). Robert de le Nef, pour se maison, II drs.

44. A Willaume de Saint-Mahieu. (1396 : à Jeh. le Maire). **Le Grosse Teste.**

(Emb. 1414, fo 99 ro). Jeh. de Villers, merchier, donne en garantie d'une dette une maison séans *en le Warance,* nommée *Le Grosse Teste.*

(II, 639-1429, fo 78). Jeh. de Villers, pour une maison nommée *le Grosse Teste* (inscrite dans le cueilloir entre *la Bourse d'or* et *l'Ecu d'or*), II drs.

45-47. Les III maisons de **l'Escu d'or**, ens. sont à Pierrot Roussel. (1396 : Le maison de *l'Escu d'or* et II autres petites tenans à ycelle sont à Jeh. Calet).

(Emb. 1432-33, fo 122 vo). Caisin Gauglier vend ses rentes sur le maison de *l'Escu d'or faisant touquet de le rue de l'Ours,* aboutans par derrière à le maison de *le Traille* et sur deux maisons tenans ensemble et à *l'Escu d'or* d'une part et à le maison de *le Grosse Teste* d'autre part, appartenans lesd. trois maisons à Willaume des Pochonnés.

D'où il suit que *l'Ecu d'or* était le no 47.

(Emb. 1435-36, fo 56 ro). Marie Hauvel, Monsgr Jeh. de Saucourt, chevalier, seigneur de Torsy, et madame Jehanne Louchart, sa femme, fille de feu Simon Louchart et de lad. Marie, donnent à Jeh. Braquet, à l'occasion de son mariage avec demelle Marie de Saucourt, diverses propriétés et rentes, entre autres huit livres de rentes « sur le maison de *l'Escu d'or* et sur deux maisons tenant à icelle, appartenant à Willaume des Pochonnés, tenant d'une part à l'héritage de *le Grosse Teste* et *faisant d'autre part coing de le rue du Poix de led. ville* ».

(Emb. 1438-39, fo 2 ro). Jeh. Bracquet vend à Jehanne Camp huit livres de rente qu'il avait « sur trois maisons tenans ensemble, l'une d'icelles nommée *l'Escu d'or,* tenant à *le Grosse Teste* à Jeh. de Villers et d'autre part faisant *touquet devant les Conteaulx à pointes* » (8 du 6e tour).

(Emb. 1454, f° 32 v°). Jaquemart de Longcourtil, merchier, et Jacotte Bracquet, sa femme, vendent à Pierre Hennebert une maison en le Warance, *tenant par derrière au four de la Traille et de deux sens faisant front sur rue.* (Seule, la maison de *l'Ecu d'or* formant le coin de la rue de l'Ours et de la rue de la Warance — des Trois-Visages actuellement — répond à cette description).

48. A Philippe Huquedieu. (1396 : le maison est à Jeh. le Maire dit du Cornet *et siet à l'opposite du Veelet* (7 du 6e tour). **Le Traille** *(La Treille).* **Le Four de le Traille.**

(II, 639-1429, f° 153 v°). Gillot à le Barbe, pour son four à le *Traille,* III drs.

49. Audit Philippe Huquedieu. (1396 : aud. Jeh. le Maire).

(Emb. 1400, f° 143 v°). Maroye du Croquet, vve de Jeh. le Maire, vend à Jeh. Calet *deux* maisons (48-49) tenans ensemble, *en le Warance* tenans à l'éritage de *l'Escu d'or* et à le maison *du Pois* de le ville.

(Emb. 1418, f° 24 r°). Jeh. Gauguier dit de Hénau et Jehanne de le Ruelle, sa femme, vendent à Gillot à le Barbe, pourpointier, deux maisons, séans *en le rue de l'Ours,* tenans à *l'Escu d'or* et *au Pois* de le ville.

(Emb. 1427, f° 118 r°). Gillot à le Barbe garantit une dette sur deux maisons, séans devant *le Vellet...* (comme dessus).

50. **Le Halle au Pois** à le ville d'Arras *(Le Poids public).*

51-52. A le vve Jeh. le Candillier. (1396 : **Le Verbos** *(le Vert bois)* à Jeh. Daulé.

53. A Andrieu Galoppin. (1396 : **L'Ours** aud. Andrieu).

(B, 632-1398, f° 78). Le vve Andrieu Galoppin, pour le maison de *l'Ours,* xv drs.

(Emb. 1418-19, f° 140 v°). Le 22 juillet 1419, à la requête de Robert Pippelart, propriétaire de *la Bourse d'or,* de Martin Mazenghe, propriétaire « *de l'ostel de l'Ours* et de Jeh. de Wamin, propriétaire « du *Vert Bos tenant à l'Ours* », les quatre des héritages visitent ces immeubles qui se rejoignaient par derrière et font un rapport sur la défectuosité « d'un nock » et sur les mesures à prendre pour régulariser l'écoulement des eaux.

Li VIe tours (de St-Géry) commenche devant le maison Andrieu Galoppin condist l'Ours, *en venant en le Waranche par derrière les Canges jusques au* Jobart *et retourne par le baterie en alant à le maison qui fu Lambert du Beuf, en alant à le rue qui fu* dame Sare le Loyresse *et remontant l'autre renc jusques as* Rosettes *ou grant marquiet (f° 51 v° et suiv.).*

(1396 : Le VIe tour commenche à le maison qui joint au puch *devant l'Ours,* venant en le Waranche et montant par derrière les Campges et par le Taillerie jusques au Jobart et là, tourne par le ruelle de le Baterie en retournant à *l'Ostrisse...* (f°s 89 v° et suiv.)

---

1. A Jeh. Bataille. (1396 : aud. Johan, carpentier).

(Emb. 1400, f° 203 v°). Jeh. Bataille, carpentier, garantit un achat de bois « sur une maison en laquelle il demeure, tenans à l'éritage de le *Guisterne* (10 du 12e tour de Ste-Croix) d'une part et d'autre part faisant touquet à une ruelle estans emprès *Le Fleur de Lis*

(Emb. 1415, f° 7 v°). Yde de Libersart, v^ve de Jeh. Bataille, vend à Danry Touloueppe, barbier, une maison en *le rue de le Waranche,* tenant d'une part à *le Gisterne* et d'autre part à *le Fleur de lis* et aboutant par derrière à l'éritage des enffans de feu Jeh. le Meur.

(Emb. 1428, f° 17 v°). Danry Touloupppe, barbier, et Ysabel de Vremelle, sa femme, vendent à Baudin de Hu, dit de Sebourg, une maison *séans en le rue de l'Ours* tenant à *le Gayterne,* à Gillet Ladan, et à le *Fleur de lis* à Martin Mazenghe, *mais il y a une ruelle de fégart entre deux qui maine à l'éritage Jeh. Sacquespée* et aboutant par derrière à l'éritage et gardin qui fu Jeh. le Meur.

2. **Le Fleur de Lis** sans nom de propriétaire. (1396 : à Robert de Vroneul et III aultres petites maisons qui sont par derrière — et qu'on retrouvera à la fin du tour).

(Emb. 1418, f° 33 v°). Jaquemart de Tilloy vend à Martin Mazenghe, échevin, une maison, nommée *Le Fleur de lis,* estans et séans *devant l'Ours*, tenans par derrière à le grange Jeh. Sacquespée et d'une part à une ruelle qui maine à led. grange et d'autre part à l'éritage du *Queval d'or*.

3. A Mik. Pinchart. (1396 : **Le Queval d'or** au susdit Robert de Vreneuil).

Le Rentier de 1382 place *Le Queval d'or* au n° 5. Le Rentier de 1396 qui met ici *Le Queval d'or* et au n° 5 *Le Dromadaire*, s'accorde complètement avec les actes que je citerai.

(Emb. 1436, f° 178 v°). Cornille Baudechon vend à Colart le Borgne ses rentes sur la maison du *Queval d'or*, séans *à l'opposite de l'Ours* (53 du 5e tour) appartenant à le vve et hoirs de Robert de Vreneul, VIII s. VI drs.

4. **Le Croix Hémont** à Jeh. de Jumelles. (1396 : à le vve Jeh. de Jumelles).

(Emb. 1427, f° 225 v°). Jeh. Cuvelette, cordewanier, et Jehanne de Libersart, sa femme, vendent à Jeh. Lesene, caudrelier, une maison séans *au devant du Vert Bos* (52 du 5e tour) en le Waranche, tenant d'une part icelle maison à le maison du *Queval d'or*, à Baudin de Hautecloque et d'autre part faisant touquet *de le rue du Dromadaire* et par derrière aboutans à une part de l'éritage dud. *Queval d'or* et à une autre maison appartenant ausd. conjoins.

5. **Le Queval d'or** sans nom de propriétaire. (1396 : **Le Dromadaire** à Pierre Holande).

(II, 632-1398, f° 88). Piérot Holande, pour le *Dromadaire*, III drs.

(Emb. 1426, f° 105 r°). Cateline d'Aubin vend à Martin Mazenghe, échevin, son fils, plusieurs propriétés dont une maison, nommée Le Gros Madaire, *(sic) faisant le touquet de le rue du Gros Madaire* et tenant à l'éritage Colart le Borgne et aboutant par derrière à l'éritage du *Velet*.

6. A Willaume Pesqueboine. (1396 : à Jaquemart le Borgne). **Les Trois Roys**. — C'est peut-être la seule enseigne du XIVe siècle qui existe encore à Arras, à la même place.

(Emb. 1428, f° 21 v°). Simonnet le Borgne, fils de feu Jaquemart, vend à Andrieu de Lattre une maison, nommée *Les Trois Roys, séans en le rue de l'Ours, au devant du Poix de le ville* (50 du 5e tour tenant d'une part au *Dromadaire* et d'autre part au *Velet*.

(Emb. 1438-39, f° 187 r°). Andrieu de Lattre et Gillotte le Clergesse, sa femme, vendent à demelle Marie Sacquespée, dame de Cambrin, vve de Hue de Mazenghehem, paravant femme messire Guy de Gouy, au temps de sa vie chevalier, une maison *en le rue du Poix*, nommée *Les Trois Roys*, tenant au *Dromadaire* à le vve de Martin Mazenghe et d'autre part *au Veellet*.

7. **Le Velet** *(Le Veau)* à Maistre du Vel. (1396 : à Jeh. le Maire, goudalier).

(Emb. 1400, f° 92 v°). Maroie du Croquet, vve de Jeh. le Maire du Cornet, vend à Olivier Bugière une maison et tout l'éritage appendant à icelle, nommée *le Velet*, en le Waranche, tenans à Jaquemart le Borgne et d'autre part aux *Coutiaux à pointes*.

(Emb. 1426, f° 105 r°). Cateline d'Aubin vend à Martin Mazenghe une maison, nommée *le Veellet*, séans en le rue de le Waranche, en lequelle a brasserie de cervoise, tenant d'une part à Colart le Borgne et d'autre part aux *Cousteaux appointes (sic)* à Jeh. Walois et par derrière à l'éritage des *Marteaux* (49) et une petite maison en le rue du *Gros Madaire* en lequelle sont les molins et greniers de brasserie du *Vellet*.

(Emb. 1438, f° 194 v°). Marie Galet, vve de Martin Mazenghe, vend à Marc de Laval et Jacote de St-Pol, sa femme, *l'ostel du Veellet*, tenant à madame de Cambrain et aux *Couteaulx à pointe*, apparteuant auxd. acheteurs, et aboutant par derrière à Jaque de Beauffort, avec tous les vaisseaux servans au mestier de brasserie.

(Emb. 1454, f° 82 r°). Jacote de St-Pol, vve de Marc de Laval, brasseur de cervoise, vend à Thomas le Cuvelier, viézier, *Le Velet* tenant à Andrieu Sacquespée et aux *Couteaux à pointe* appartenant à led. vesve.

Thomas le Cuvelier, « freppier », revend presque immédiatement (*ibid.*, f° 84 v°) « *le Velet* à Alexandre Sarazin, hautelicheur, avec la grange qui fu au Velet et appartient de présent aux *Couteaux à pointe*, séant au bout derrière de le maison de Andrieu Sacquespée ».

8. **Les Coutiaux à pointe** sans nom de propriétaire. (1396 : à Huart Walois).

(Emb. 1414, f° 37 r°). Marguerite Boursette, v^ve de Huart Walois, donne à son fils Jehan, marié à Jaque Lionne, fille de Simon Lionne, son droit de viage « en le maison des *Cousteaulx à pointe*, séans en le *rue de le Waranche*, tenans d'une part au *Velet* aux enffans de feu Olivier de Buzière (c'est bien l'Olivier Bugière du n° 7 avec une mauvaise orthographe d'un côté ou de l'autre) et d'autre part à l'éritage des *Marmousés* à Baudin Bracquet.

(Emb. 1427, f° 144 v°). Jeh. Walois et Jaque Lionne, sa femme, vendent à Mark de Laval, cervoisier, et à Jacote de St-Pol, sa femme, *les Couteaux à pointe*, aveuc le gardin y appartenant et appendances, tenant au *Veellet* et aux *Marmousés* à Colart Bracquet et par derrière *aux Martiaux* (49) et à l'éritage de *le Nasse* (18).

On voit que cette maison dans laquelle sera plus tard installé tout d'abord le collège des Jésuites, était vaste et surtout profonde.

(II, 647-1458, f° 85). Jeh. de Laval, brasseur, pour le maison des *Cousteaulx à pointe*, IIII drs.

(Emb. 1475, f° 63 v°). Miquiel Reffin gage une obligation sur la maison *et brasserie* des *Couteaux à pointe*, tenant au *Velet* et aux *Marmousés*.

9. **Les Marmousés** à Piérot de Choque. (1396 : à Bétrémieu de St-Waast avec une autre *petite maison joignans)*.

(Emb. 1401, f° 287 r°). Pierre Holande donne à Bétrémieu de St-Waast quittance du prix d'achat de la maison des *Marmousés* et de la petite d'en costé.

(Emb. 1423, f° 146 v°). Dans la succession Pierre de Baudart, déjà citée, on trouve « x sols de rente sur la maison Baudin Bracquet, nommée *les Marmousés* ».

(Emb. 1427, f° 143 v°). Jaquemart le Borgne et Sainte Bracquet, sa femme, led. Jaquemart et Jeh. Bracquet, comme tuteurs de Hanotin, fils meuredans de feu Baudin Bracquet, renonchent à tout droit en le maison des *Marmousés* et en le petite maison d'en costé au prouffit de Colart Bracquet, moiennant la somme de six vingts et XIIII couronnes d'or.

10. **Le Petit Leu** n'est sans doute qu'un dédoublement du *Leu*.

(Emb. 1438, fº 124 rº). Nicaise Bolnvin et sa femme ; Martin le Meur et Jehanne Viaue, sa femme, gagent un prêt de cinquante salus d'or « sur une maison, séans en le Warance, nommée *Le Petit Leu*, tenant d'une part à Colart Bracquet et d'autre part à Jeh. de Fressay.

10 *bis*. **Le Leu. Le Grant Leu** *(Le Loup)* sous nom de propriétaire. (1396 : à Toussains du Hamel).

(Emb. 1400, fº 146 vº). Bétrémieu de Hollande et Willemotte de Gaverelle, sa femme, vendent à Toussains du Hamel, qui la revend quelques jours après (*ibid.*, fº 153 vº) à Jeh. le Meur, une maison, nommée *le Leu*, tenant à Bétrémieu de St-Waast et d'autre part à demiselle du Luiton.

(Emb. 1438, fº 29 rº). Jeh. de Fressay et Béatrix le Meur, sa femme ; Martin le Meur et Jehanne de Vyaue, sa femme, se partagent la succession de demiselle Marie Garnière. « Led. Jeh. de Fressay ara une maison en le Waranche, nommée *le Leu*, tenant d'une part à le maison qui, par le présente partichion, appartiendra à Martin le Meur et d'autre part à Lois Hedde, cordewanier.

(Emb. 1444, fº 3 vº). Jeh. de Fressay et Béatrix le Meur, sa femme, vendent à Robert de Noreul dit le Dent cette maison du *Leu* tenant d'une part à Pierre Gorin potier d'estain, et d'autre part à Loys Helde, cordewanier.

(Emb. 1464, fº 9 rº). Andrieu Griffon et Jehanne Huppe, sa femme, paravant femme de Robert de Noureul dit le Dent ; Jaquemart et Aélips de Noureul, enffans dud. Robert et de lad. Jehanne, vendent à Henry Sacquel, dit du Cornet, une maison séans en le rue de le Warance, nommée *le Grant Leu*, tenant à Pierre Gorin et aux hoirs Loys Helde et *aboutant à la maison des Marmousés*.

11. A Raimon de Rely. (1396 : Le maison où demeure Jeh. Cuvelette est à le demiselle du Luiton).

12. As hoirs Baudin Patoul. (1396 : à Jeh. Patoul). **Le Vesque des Asnes** *(l'Evêque des ânes)*.

(Emb. 1399-1402, fº 98 rº). Jeh. Patoul et Marie Sacquelle, sa femme, partagent leurs biens entre leurs trois enfants et « donnent à Hanotin, leur maisné (puîné) fil, une maison en le Warance, nommée *Le Vesque des Asnes*, tenans à le maison le vve Gille Crespin (c'est-à-dire demelle du Luiton) et à le maison des *Miroirs* pour en jouir après leur trespas et sur condition » qu'ils pourront modifier ces dispositions à leur gré ; ce qui leur permet, (*ibid.*, fo 285 vo) peu après, de vendre à Jeh. Boinvarlet dit Cuvelette cette maison tenant à le demiselle du Luiton et à le maison du *Miroil* (sic).

Mais une vente faite dans ces conditions devait soulever quelques difficultés. Aussi, en septembre 1415, (emb. 1414-15, fo 120 vo) « led. Boinvarlet fait adjourner par un sergant à vergue led. Patoul, affin qu'il fust tenus de le garandir et faire joir paisiblement envers 'ses enffans et envers autres, d'une maison, nommée *Le Vesque des Asnes*, tenant à le maison des *Miroirs* » ou de lui restituer le prix d'achat. D'où procès, puis arrangement amiable et confirmation de la vente, attendu que Marie Sacquelle et Hanotin Patoul étant morts tous deux, Jeh. Patoul était rentré en possession de sa maison.

13. Ausd. hoirs Baudin Patoul. (1396 : à Jeh. Patoul). **Les Miroirs.**

Par l'acte de partage précité, Jeh. Patoul donnait à son fils Mahieu une maison, nommée *les Miroirs en le Warance*, et en janvier 1415 (emb. 1415-16, fo 22 vo), il abandonnait aud. Mahieuet, à l'occasion de son mariage avec Marie le Vasseur, le droit de viage qu'il s'était réservé sur *le Miroir*, tenant à Jeh. Cuvelette et à l'éritage qui fu Bétrémieu le Queu.

(Emb. 1423, fo 24 vo). Mah. Patoul et Marie le Vasseresse donnent en garantie d'un prêt de XXXVI couronnes d'or *le Miroir* tenant... (comme dessus). Ils engagent de nouveau, en 1428, (emb. 1427-28, fo 192 vo) pour un prêt de cent dix écus d'or, *le Miroir* tenant à Jeh. Cuvelette et à Gille du Vel. Même opération l'année suivante (1428-29, fo 176 vo) pour trente-huit couronnes d'or.

14. A Philippot de Rue. (1396 : as hoirs dud. Philippot).

15. Le maison qui fu Robert Aurri est aud. Philippot de Rue. (1396 : as hoirs dud. Philippot). **Le Grant Godet** (Le mot *Godet* a plusieurs sens dont celui de *verre à boire*).

16. A Pierre de Thilloy claueteur. (1396 : aud. Pierre. **Les Claux d'argent** *(Les Clous d'argent)*.

(Emb. 1391, fo 27 ro). Baudin le Cressonnier dit Fastoul vend à Pierre de Thilloy des Claux d'argent XXVI s. par. de rente qu'il avoit sur le maison des *Claux d'argent en le Warance.*

(Emb. 1428-30, f° 13 v°). Jaquemart de Tilloy et Jehenne Bougier, sa femme, vendent à Jaquemart le Borgne, changeur, « une maison séant *en le rue de le Warance*, nommée *les Claux d'argent*, tenant d'une part à l'éritage du *Grant Godet* à Gille du Bos et d'autre part à l'éritage de *le Nasse* à Willaume Yvain ».

(*Ibid.*, 184 r°). Lesd. conjoins donnent quittance définitive à Jaque le Borgne, « cambgeur, » du paiement des *Claux d'argent.*

Les Clous d'argent étaient la propriété de Pierre de Thilloy, cloutier, et non comme le dit l'auteur *des Places d'Arras* (p. 188) de la v^ve^ Mainfroy de Paris. Ce sont les deux maisons de *la Nasse* devenues *Les Cornes* et *la Nasse* qui appartenaient à ladite veuve. Il s'ensuit que *les Clous d'argent*, situés en réalité, non sur *le petit marchié*, mais en *la rue de la Warance*, n'auraient pas dû figurer dans *Les Places d'Arras.*

17-18. Les II maisons ens. sont à le v^ve^ Mainfroy de Paris. (1396 : Les II maisons de *le Nasse* sont à Henri et Jeh. de Baudart, frères).

De ces deux maisons, la première devient bientôt la maison **des Cornes** *(les Cornes* ou *les Cornets)* et la seconde conserve seule l'enseigne de **Le Nasse.**

(H, 632-1398, f° 79). Henry de Baudart, pour le maison de *le Nasse*, III drs.

(Emb. 1419, f° 174 v°). Jeh. de Baudart vend à Denys de St-Quentin une maison, séans *sur le petit marchié*, tenans à l'éritage dudit vendeur (17) et d'autre part à l'éritage des *Limechons.*

(Emb. 1428-30, f° 96 v°). Dans le partage des propriétés de Jaque Cardon entre ses gendres, Robert de Baynas, échevin, et Marguerite Cardon ont VIII lbs. de rentes « sur le maison des *Cornes*, séant sur le petit marchié, appartenant à Willaume Yvain, *tenant aux Claux d'argent* à Jaque le Borgne et à le *Nasse* ».

Colart Lanstier et Ysabel Cardon, sa femme, ont VI lbs. de rentes sur le maison de *le Nasse* à Agnieulx Hoel, séant au petit marchié, tenant d'une part à l'éritage Willaume Yvain, merchier, nommé *les Cornes* et d'autre part à le maison des *Limechons* à Gille le Maire.

19. **Les Limechons** *(Les Limaçons)* à le mère Englebert Louchart dit des Limechons. (1396 : à Englebert Louchart).

20. **Les Coquelés** *(Les Coquelets)* à Jeh. Cousin. (1396 : *Les Coquellés* à Jeh. Daulé).

(H, 632-1398, fo 72). Jeh. Daulés, pour *les Coquelés*, I dr.

(Emb. 1400, fo 125 ro). Jeh. Landrieu, échevin, vend à Jeh. de Houdaing tout tel droit qu'il avoit en le maison des *Coquelés*, séans sur le petit marchié, tenans à le maison des *Limechons*.

(*Ibid.*, fo 228 ro). Jeh. du Quesnoy, dit de Houdaing, vend à Jeh. Cocquel la maison des *Cocquellés*, tenans à Jeh. de Paris et à le maison de *le Cappelle*.

(Emb. 1419, fo 225 ro). Jeh. de Bailli donne à ses neveux ses rentes sur nombre de maisons, entre autres IIII lbs. XVI s. sur *les Coquelés* à Luppart d'Ablain.

(Emb. 1427, fo 168 vo). Jeh. d'Ablaing dit Luppart vend à Jeh. de Beaucamp, eschoppier, le maison des *Coquelés* tenant d'une part aux *Limechons* et d'autre part à l'éritage de *le Cappelle* à Jeh. d'Aties.

(Emb. 1435, fo 42 ro). Jeh. Hairel le jone et Marie de Tilloy, sa femme, vendent à Colart le Borgne, maieur de la ville, les rentes qu'ils avaient sur les *Cocquellés* à Jeh. de Beaucamp, tenant aux *Limechons* et à le *Cappelle* à Jeh. d'Aties.

21. **Le Cappelle** *(La Chapelle)* à Pierre de Tilloy. (1396 : à Jehanne de Tilloy, fille Pierre). **Le Singe.**

(Emb. 1392, fo 96). Pierre de Thilloy et Jehanne de Halenghes, sa femme, donnent à Jehanne de Thilloy, leur fille, leur maison et hostel nommé *le Singe*, séans sur le petit marchié, joignans à le maison *des Coquelés* d'une part et à le maison de *l'Amiral de mer*, appartenant à lad. Jehanne, d'autre part et par derrière aux maisons des *Limechons* et des *Coutiaulx à pointe*.

(H, 632-1398, fo 79). Pierre de Tilloy, cambgeur, pour le *Cappelle*, III drs.

C'est la seule mention que j'aie trouvée de l'enseigne *du Singe*. M. de Cardevacque (*Places d'Arras*, p. 193), dit que l'enseigne de *La Chapelle* fut remplacée au XIIIe siècle par celle de *la Sirène*. C'est là sans doute une simple faute d'impression pour XVIe siècle.

(Emb. 1414, f° 15 r°). A la suite du décès de Guillaume Faymal dit Rifflart, ses exécuteurs testamentaires vendent à Jeh. d'Athiez et Jehanne Maugarde, sa femme, la maison nommée *le Cappelle*, qui jadis fu à feu Rifflart, tenans à l'héritage des *Cocquelés* et d'autre part à *l'Amiral de mer*, à Martin Sacquespée, et par derrière à l'éritage *des Marteaux* en le Batterie qui fu aussi aud. feu et ayans *yssue sur le place de le Capelle en le Batterie.*

(Emb. 1426-28, f° 210 r°). Une contestation s'était élevée entre Jehan d'Athies, « soumillier de la saussonnerie » (office de cuisine) de Monsgr le duc de Bourgogne et Jaque de Beauffort, échevin, au sujet de l'écoulement des eaux entre un jardin appartenant à l'héritage « de le Chappelle tenant et contigu à l'héritage des *Martiaulx* en le Batterie que led. Jaque tenoit en fief des relligieux de St-Waast ». Une décision échevinale règle le conflit.

22. **L'Amiral. L'Amiral de mer** à Jeh. Cousin. (1396 : à le soeur Philippot de le Vigne).

(Comptes de le Povreté, 1419-20). Martin Sacquespée, pour le maison de *l'Amiral de mer*, tenans à *l'Escu de France*, XIIII libs. XV s.

(*Ibid.*, 1423-24). « Martin Sacquespée, apostiçaire, » rachète cette rente aux échevins à la Toussaint 1423.

(Emb. 1432, f° 15 v°). Jehanne Sarrazin, v^ve de Martin Sacquespée, donne à Robin le Jone, son nepveu, la maison nommée *l'Amiral*, tenant à *le Cappelle* à Jeh. d'Aties et d'autre part à *l'Escu de Franche*, (*ibid.*, f° 56 v°) à Jeh. Hernier, et *ayant yssue en le Batterie.*

(H, 640-1435, f° 80). Robert le Jone, apoticaire, pour sa maison, III drs.

(Emb. 1475, f° 40 v°). Hughes le Jone, apothicaire, propriétaire de *l'Admiral de mer*, concut un arrangement avec « Colart le Borgne, tayon, tuteur et curateur de Jacotin le Borgne, fils de feux Jaquemart le Borgne et de Marie Daulé », au sujet d'un mur de clôture entre lad. maison et *l'Escu de France* aud. Jacotin.

23. **L'Escu de France** à Gille de Wavrans. (1396 : *L'Escu de Franche* aud. Gille).

(Papiers de rentes de le Povreté, 1395). Sur le maison de

l'Escu de France et toute le Baterie, à Gille de Wavrans, xiiii libs, xv s.

Cette lourde rente, diminuée de moitié en 1420 pour permettre à Jeh. Hernier, tavernier, de faire des réparations, est rachetée par lui (*ibid.*, 1423 24) à la Toussaint de l'an 1423.

(Emb. 1418, f° 109 r°). Thumas le Roy et Engleberde de Wavrans, sa femme, vendent à Jeh. Hernier une maison ou petit marchié, nommée *l'Escu de France*, tenant à l'héritage de le v^ve^ Jeh. de Ranchicourt et *à le rue de le Batterie* et *ayans yssue par derrière à l'encontre de le Cappelle de le Batterie.*

(H, 640-1435, f° 83). Jeh. Hernié, pour une maison nommée *l'Escu de Franche*, vi drs.

24. **L'Empereur** à Simon Sacquespée. (1396 : à le v^ve^ dud. Simon).

(H, 635-1415, f° 82). Le v^ve^ Jeh. de Rancicourt, pour une maison nommée *l'Empereur*, iii drs.

25. A le v^ve^ Jeh. Beaublé. (1396 : à Philippot Nepveu). **Saint-Martin.**

(H, 640-1435, f° 80). Philippe Nepveu, pour une maison nommée *Saint-Martin*, iii drs.

26. A Gille de Wavrans. (1396 : à Colart Honnère). **Le Licorgne** *(La Licorne).*

27. A Gille de Wavrans. (1396 : à Colart Honnère). **Le Merchier.**

Ces deux maisons appartenant à Gille de Wavrans, devaient primitivement constituer l'héritage *de la Licorne*. Puis le 27 se dédoubla pour former *le Mercier* et *l'Epine d'argent*. Le cueilloir des rentes de St-Waast pour 1396 (H, 631, f° 47), constate en effet que cette dernière maison était en deux membres : Colart Honnère, pour le maison *de Le Licorgne* et une autre tenant à icelle *en deux membres*, ix drs.

(Emb. 1426, f° 69 r°). Thumas le Roy et Engleberde de Wavrans, sa femme, gagent une obligation sur le maison où ils demeurent, nommée *le Merchier*, et une autre maison tenant à icelle, nommée *l'Espine d'argent.*

27 *bis*. A Gille de Wavrans. (1396 : à Colart Honnère). **L'Espine d'argent.**

(Emb. 1436-38, f° 123 r°). Thumas le Roy et sa femme vendent à Baudin Camp, drapier, une maison, nommée *L'Espine d'argent*, tenant d'une part à l'éritage du *Merchier* appartenant aux conjoins vendeurs et d'autre part à l'éritage de Jeh. de Canlers et aboutant par derrière au gardin desd. vendeurs.

28. A Waast le Coutelier. (1396 : à Pierrot le Conte). **Le Barge d'or** *(sorte de Barque).*

(Emb. 1401, f° 271 v°). Guillaume de Berbenchon vend à Baudin de Calonne ses rentes sur le maison Pierre le Conte, nommée *Le Barge d'or*, tenant à *le Licorgne* et à le maison qui fu Tassart de Wavrans, nommée *Le Dansse du Lièvre.*

Cet acte semble bien prouver, comme je l'ai noté plus haut, qu'à cette époque *La Licorne* comprenait les deux maisons 26 et 27. Dans les actes subséquents le Barge d'or tiendra toujours à l'Epine d'argent.

(Emb. 1419, f° 168 r°). Baudin Bracquet et Marie Darne, sa femme, vendent à Jeh. Durane, haultelicheur, une maison, nommée *Le Barge d'or*, tenant d'une part à l'héritage de *l'Espine d'argent* à Thumas le Roy et d'autre part à *Le Dansse du Lièvre* à Martin de Paris et aboutant par derrière à l'éritage Piérot Gavelle.

(Emb. 1425, f° 176 v°). Baudin de Calonne, Willaume le Pois et Marguerite de Calonne fille dud. Baudin et de feue Marguerite Sacquespée, vendent à Jeh. Sacquespée, conseiller du duc de Bourgogne, leurs rentes « sur le maison du *Barge d'or*, à Jeh. Durane, tenant à *l'Espine d'argent* et à le *Dansse du Lièvre* ».

(Emb. 1435, f° 85 v°). Jeh. Durane, demourant à présent en son *hostel des Rosettes*, sur le grant marchié, vend à Jeh. de Canlers, pourpointier, *le Barge d'or* tenant à l'éritage Thumas le Roy, le jone, nommé *l'Espine d'argent* et à *le Dansse du Lièvre* à Martin de Paris.

29. A Tassart de Wavrans. (1396 : aud. Tassart). **Le Dansse du Lievre** *(La danse du Lièvre).*

(Emb. 1415, f° 32 v°). Dans le partage des biens de Tassart de Wavrans, Martin de Paris et Willemette de Wavrans, sa femme, ont « *La Dansse du Lièvre*, estans derrière *les Canges du Petit Marchié* ».

30. A Jak. Crespin. (1396 : à Thumas Bouchel). **Le Cappel de fer** *(Le Chapeau de fer)*. **Le Jongleur.**

Cette enseigne du *Cappel de fer*, contrairement à l'assertion de M. de Cardevacque, a été antérieure à celle du *Jongleur*. On la trouve dans les cueilloirs des rentes de St-Waast pour 1408 (H, 634, f° 92), « Thumas Bouchel, pour sa maison nommée le *Cappel de fer* » ; pour 1429 (H, 639. f° 80), « Jaque Walois pour le *Cappel de fer*, III drs ; pour 1435 (H, 641, f° 80), même rédaction ». De ces cueilloirs et des actes qui vont suivre on concluera que les deux dénominations étaient simultanément employées, à moins que le scribe de St-Waast en recopiant annuellement ses registres n'ait continué à employer une désignation tombée en désuétude.

(Emb. 1421, f° 135 r°). Jaquemart Walois loue à Thumas Alart une maison séans *emprès les Campges*, sur le petit marchiet, tenant à *le Dansse du Lièvre* et à *Le Bourse d'argent*.

(Emb. 1428, f° 16 v°). Jaque Walois loue à Jeh. de Lattre, drappier, une maison, séans sur le petit marchiet, nommée le *Jongleur*, tenant d'une part à l'héritage Martin de Paris et d'autre part à *Le Bourse d'argent*.

(Emb. 1436, f° 7 r°). Jaque Walois et Eloïse Bouchel, sa femme, vendent à Jeh. Gauguier dit de Hénau le maison du *Jongleur* tenant à Martin de Paris et à *le Bourse d'argent* à Mah. de St-Amand.

(Emb. 1438, f° 148 r°). Dans la succession de Pierre de Baudart, on trouve des rentes sur le maison *des Jongleurs*, appartenant à Jaque Walois. (C'est une erreur. On vient de voir que Jaque Walois avait vendu sa maison. Peut-être la vente n'avait-elle pas été définitive).

31. A Jak. Crespin. (1396 : **Le Bourse d'argent** à Jeh. de Quevaussart.

(H, 640-1435, f° 80). Mah. de St-Amand, pour une maison, nommée le *Bourse d'argent*, III drs.

(Emb. 1436-38, f° 14 v°). Mah. de St-Amand loue à Colart de le Porte le maison de *le Bourse d'argent* tenant à le maison des *Jongleurs*.

32-32 *bis*. A le v^ve^ Boinacourt Wion. (1396 : le petite maison et une grande qui *fait le cuing de le Taillerie* à Jeh. Crestel, cauchetour).

(Emb. 1434, f° 178 r°). Estène Crestel et Mârie Caullier, sa femme, vendent à Jeh. de Cuinchy, drappier, deux maisons sur le petit marchié, dont le plus grande *fait le touquet de le Taillerie* où demeure led. Jehan et l'autre, qui est le plus petite, tenant à *le Bourse d'argent* et d'autre part à led. maison.

(H, 641-1435, f° 81). Jeh. de Chuinchy, pour se maison au *touquet de le Talerie*, III ob.

33. A Gille Crespin. (1396 : à Mah. le Burier).

(H, 632-1398, f° 80). Mah. le Burier, pour le maison qui fu Gille Crespin, XII drs.

34. A Henri Béchon. (1396 : à Sauwale de le Ruelle).

35. A Herlin du Cornet. (1396 : à Wibert Naret, parmentier).

(Emb. 1438-39, f° 188 v°). Simonne Naret, v^ve^ de Jeh. Parent, et Jeh. Parent, son fils, Pierre Parent, chanoine de l'église St-Estenne à Meaulx, vendent à Jeh. Buissier une petite maison, tenant aux vendeurs et à l'éritage Baudin de Bailloeul et *aboutans* par derrière *à l'ostel de le Bourse d'argent*.

36. A Jak. Postel. (1396 : aud. Jaque).

37. A Gille Crespin. (1396 : à Jeh. Salliot).

(Déclaration des maisons de la paroisse St-Géry, 1467). Le maison des **Bons Enfans en le Taillerie** est à Jeh. du Cornet et vault à louage XX lib.

38. A Jak. Wilaye. (1396 : **Le Halle des vairiers** à Loy Augrenon).

(Emb. 1421, f° 153 v°). Jeh. de Croisettes et Colle Sacquespée, sa femme, vendent à Baudin Bracquet, échevin, une maison nommée le *Halle des plétiers* en le Taillerie, tenant à Pierre Gavelet et à Willaume Estevenin et aboutans *par derrière à l'héritage Thumas le Roy* (27-27 *bis*).

(Emb. 1426, f° 22 r°). Baudin Bracquet et sa femme, à l'occasion du mariage de Sainte Bracquet, leur fille, avec Jaquemart le Borgne, donnent ausd. conjoins une maison, nommée le *Halle as plétiers*, tenant à Pierre Gavelet, drappier, et d'autre part à Willaume Estevenin, toillier, *aboutant* à le maison Thumas le Roy et *faisant front sur le rue de le Taillerie*, aveuc tout le droit de hallage que à cause d'icelle halle se prent et liève chacun an, héritablement, sur les plétiers vendans pléterie en led. ville.

39. A Jeh. de Perreumont. (1396 : à Jeh. Hellant). **Le Noire Teste.**

(Emb. 1391, f° 82 r°). Jeh. de Perreumont et Maroie Merline, sa femme, gagent un emprunt « de IIIIxx frans d'or sur une maison nommée *le Noire Teste* en le Taillerie, tenans d'une part à *le Halle as pennes* à Loy Augrenon et d'autre part *à le Halle où on vend les sollers de vaque* à Jeh. Herlant.

(Emb. 1436, f° 60 r°). Willaume Larmoieur et Agnès Estevenin, sa femme, reconnaissent dans leur traité de mariage que « si Willaume Estèvenin, sergent à cheval du duc de Bourgogne, ou bailliage d'Arras, père de ladite Agnes, que il ot de feue Marie Herlande, qui fu sa femme, alast de vie à trespas avant sa seconde femme » celle-ci bénéficierait pendant trois ans « à compter du jour dud. trespas » de la maison séant en le Taillerie, nommée *Le Noire Teste*.

(Emb. 1438, f° 20 v°). Guillaume Larmoieur et Agnès Estèvenin gagent un achat « de toilles sur leur maison, nommée *Le Noire Teste*, tenant à Jaquemart le Borgne et à l'héritage de le Halle aux sollers de vaque ».

40. **Le Halle des basiniers** sans nom de propriétaire. (1396 : *Le Halle aux saulers de Vache* à Jeh. Hellant).

(II, 639-1429, f° 80). Willaume Estevenon et Jeh. Querquefoelle, pour *le Halle aux saulers de vacque*, III drs.

(Emb. 1438-39, f° 178 r°). Pierre Soumillon vend ses rentes sur le *Halle aux sollers de vaque*, tenant à Guillaume Larmoieur et à le maison Jeh. Querquefoeulle, nommée *le Cache du Cherf*.

41. A Waast de Boumi. (1396 : à Robert Malin). **Le Cache du Cherf** *(La Chasse du Cerf)*.

(Emb. 1401, f° 289 v°). Marie de le Porte, vve de Robert

Malin vend à Bétrémieu de Hollande une maison qui fu Waast de Bouni, tenans à le *Halle des sollers de vaque* et d'autre part à *l'Ansselet*, avec une maisoncelle par derrière tenant au *Jobard* et à le maison qui fu Gillot Climent et *aboutans en le rue de le Baterie*.

(H, 635-1415, f° 84). Piérot Louchier, pour une maison qui fu Berthélémieu de Holande, nommée *le Cache du Serf*, III drs.

(Emb. 1432, f° 77 v°). Marie de Diéval, v^{ve} de Piérot Louchier, vend à Jeh. Querquefoeulle, scellier, son droit de viage en le maison de *Le Cache du Cherf*, tenant à le *Halle des sollers de vaque*, et d'autre part à Jeh. de Pénin et aboutant à l'héritage Jeh. Brantuit.

(H, 640-1435, f° 81). Le v^{ve} Pierre Louchier, pour se maison qui fu à Bétrémieu Hollande, nommée *Le Cache du Cerf*, III drs.

(Emb. 1438-39, f° 146 v°). Marie de Diéval, v^{ve} de Pierre Louchier, Jaquette et Gillette Louchier, ses filles, vendent à Jeh. de Branthuit et Jeh. de Querquefeulle tous les droits qu'elles ont en une maison, séant *en le place condist le Taillerie*, tenant à le *Halle des sollers de vaque* et d'autre part à l'héritage Jeh. de Pénin et par derrière à une petite maison qui est des appendances d'icelle et où de présent a ung four, *qui a son yssue en le rue de le Batterie*, tenant au *Jobart* et à l'héritage dud. Branthuit. La grande maison est vendue à Jeh. Querquefeulle et la petite à Jeh. de Branthuit.

42 A Jak. Hallé. (1396 : à Henri Lespachier). **L'Ansselet** (*L'angelet*, *l'ange*). Prononcé par une personne qui zézaie, le mot angelet devient anselet. Or, les scribes, je l'ai déjà fait remarquer, reproduisaient les sons entendus. De là, une incessante déformation des noms propres.

(H, 632-1398, f° 80). Henri Lespachier, pour se maison tenant au *Jobart*, III drs.

(Emb. 1400, f° 158 r°). Colart de Laubelet vend à Danel le Cordier, marissal, ses rentes sur le maison séant *en le Taillerie*, nommée *L'Ansselet*, tenans à le v^{ve} Robert Malin et au *Jobart*.

(Emb. 1421, f° 58 r°). Danel Ramon vend à Jeh. de Douay, dit de Pénin, une maison tenans à Jeh. Louchier et au *Jobart et aboutans à l'héritage de le Cache du Cherf*.

(H, 640-1435, f° 81). Jeh. de Pénin, pour se maison, III drs.

(Emb. 1475, f° 47 v°). Jaquemart le Bouchier, marchant

de drap, et Willemine de Pénin, sa femme, gagent une obligation « sur le maison où ils demeurent, au lieu que on dist le *Noirmerie (sic* pour *Lormerie)* entre le grant et le petit marchié, nommée *l'Angèle*, tenant à *le Cache du Cherf* et au *Jobart.*

43. **Le Jobart** à v^ve^ Jak. de Main (1396 : à Marie Louchardo).

(Emb. 1435-36, f° 83 v°). Jeh. de Raincheval, procureur en le court du roy à Beauquesne, vend à Piérot le Caudrelier, dit de Bairly, la maison, nommée *le Jobart*, tenant d'une part à Jeh. de Pénin et d'autre part faisant le *touquet de le rue de le Batterie* et aboutant à le v^ve^ Piéront.

(H, 640-1435, f° 81). Jeh. de Rainsseval et Piérot de Barli, pour le maison du *Jobart*, vi drs.

44. A le v^ve^ Jeh. de Vimeu. (1396 : Le maison en alant en le Batterie à Robert Malin).

Cette maison était une dépendance de *la Chasse du Cerf* et suivait le sort de l'hôtel. En 1439, elle est acquise (voir 41) par Jeh. de Brantuit, déjà propriétaire, à cette époque, des maisons suivantes.

45. A Mik. Lamant. (1396 : à le v^ve^ Riquier Briois).

46. A le v^ve^ Baudin le Franchois. (1396 : à Jeh. Hellant).

(Emb. 1426-28, f° 116 r°). Jaquemart Hanequin et Jehanne le Sergant, sa femme, vendent à Colart de Neufville une maison séant *en le Baterie* tenant à l'héritage dud. acateur (45) et d'autre part à l'héritage Baudin Hardoul et *aboutant par derrière à le Halle aux sollers de vaque.*

(Emb. 1433-35, f° 155 r°). Polet de Noefville dit Harel vend à Jeh. de Brantuit le tierch d'une maison *en le Baterie*, tenant aud. acheteur (45) et d'autre part à Baudin Hardoul, à lui venue par succession de Colart de Noefville, son frère.

(*Ibid.*, f° 164 r°). Guérard de Noefville, dit Harel, vend également aud. Jehan le tierch de led. maison faisant *deux membres* tenant à Jeh. de Brantuit et à le v^ve^ Baudin Hardoul.

47. A Gille de Wavrans. (1396 : à Colart Honnère).

(Emb. 1423, f° 38 r°). Baudin Hardoul et Mahieue Watecamp, sa femme, vendent à Willaume Estèvenin et Jeh. Querquefeulle, cordewanier, le creux d'une cuisine, séans au derrière de le maison desd. conjoins, assès près *des Marteaux en le Baterie*, tenant led. creux de cuisine à l'héritage Thumas le Roy (27) et à le *Halle des sollers de vacque* (40).

(Emb. 1435, f° 69 v°). Mahieue de Wastecant, v^{ve} de Baudin de Hardoul, vend à Jeh. de Brantuit une maison séant en le Baterie, tenant à l'héritage dud. acateur et à l'héritage Jeh. Renoul.

48. A Gille de Wavrans. (1396 : à Colart Honnère).

(Emb. 1426-28, f° 38 v°). Baudin Hardoul et Mahieue de Watecamp vendent à Jeh. Régnault une maison tenant d'une part à léritage desd. conjoins et d'autre part *faisant coing devant les Marteaux en le Baterie* et aboutant à l'héritage Thumas le Roy (27).

(Emb. 1433-35, f° 109 v°). Jeh. Renoul (ou Renaut), cordewanier, vend à Jeh. Renoul, drappier, son frère, la moitié qu'il a « en une maison à eulx venue par la succession de Jeh. Renoul, leur père, (Il semble bien que ce Jeh. Renoul ne soit que le Jeh. Régnault ou Renaut de l'acte précédent) clercq des six hommes du vin tenant d'une part à l'héritage qui fu Baudin Hardoul et *faisant le toucquet de le rue des Marteaux* ».

(Emb. 1444, f° 30 v°). Colle du Maisnil, femme de Guillaume le Richard, dit Breton, carpentier, déclare que « led. Breton, dès longtemps, s'est absenté en pays de par dechà, sans qu'elle en ait eu quelque nouvelle » et que, « entendant qu'il eust terminé vie par trespas, » elle s'est remariée avec Piérot Tropidort, « durant lequel mariage ils ont acquesté une maison en le rue de le Baterie, faisant *touquet devant l'éritage des Marteaux* ». Led. Guillaume est revenu ; le second mariage est annulé et tout le monde est d'accord pour attribuer lad. maison en toute propriété aud. Piérot Tropidort.

48 *bis*. Le Rentier de 1396 place ici une troisième maison à Colart Honnère qui est des appartenanches et dépendances de *l'Escu de France* et une autre maison, *devant l'uis de le Cappelle de le Baterie* qui est de l'héritaige de *l'Amiral de mer*.

49-50. **Les Martiaux** et le four ens. à le v^{ve} Simon de Lens. (1396 : Les *Martiaux* et le four en le Baterie à Mons^{gr} d'Aveluis).

(H, 632-1398, f° 79). Jeh. d'Aveluis, pour le maison *du four de le Baterie,* III drs.

51-52. A le v^ve^ de Simon de Lens.

53. A Mik. Pinchart. (1396 : à Robert de Vrenoeul, propriétaire de *la Fleur de Lis.*

Ce sont les dépendances de cet hôtel, signalées au n° 2 comme étant derrière « *le Fleur de Lis* ». Telle est en effet leur situation. Elles sont derrière, mais de l'autre côté de la rue du Dromadaire, si elles avaient été derrière et contiguës à la maison principale, le scribe l'aurait sans doute noté par le mot « aboutant à ».

54-56. Les III maisons ens. sont à Lambert du Boef. (1396 : Les II maisons ens. qui sont Jeh. le Maire, goudalier, sont des appendances et appartenanches du *Velet en le Warance*).

(Voir au n° 7 les actes de vente du *Velet*, d'une maison contenant les moulins et greniers de la brasserie, et d'une grange).

57. A Philippot Gabriel. (1396 : **L'Ostrisse** *(l'Autruche)* à Jeh. Patoul).

(Emb. 1399, f° 98 r°). Jeh. Patoul et Marie Sacquelle, sa femme, donnent à leur fils aîné Flourechon une maison, nommée *l'Ostrisse*, ou grant marquiet, avec ses appendances, dont il jouira seulement après leur trépas.

(Emb. 1432, f° 78 v°). Willaume Robaille et Marie Pastoul, sa femme, paravant femme de Jaquemart de Hées, et Mahieu Pastoul vendent à Colart le Borgne tous leurs droits « en une maison et appendances quelconques, nommée *l'Ostrisse*, sur le grant marchié, tenant d'une part *et tout du long à le rue qui maine dud. marchié en le Batterie* et d'autre part à une maison appartenant à Willaume le Fèvre et faisant *front par derrière sur led. rue de le Batterie* et aboutant à l'éritage de *le Clef* (61).

Pour bien comprendre ce texte un peu obscur il faut savoir que, dès avant 1408, Jeh. Patoul était propriétaire de *l'Ostrisse*, du *Constentin* et d'une maison en la Batterie, ce qu'explique bien le cueilloir des rentes de St-Vaast pour 1415.

(H, 635, f° 84). Jeh. Patoul, pour une maison *faisant le toucquet devant le four de le Baterie adjoustée à le maison du Constentin et à le maison de l'Ostrisse par derrière*, II drs.

Pour le maison de *l'Ostrisse*, VI drs.

Pour le maison du Constentin, III drs.

58. A Philippot Gabriel. (1396 : à Willaume le Fèvre, campgeur). **L'Esprevier** *(l'Epervier)*.

L'auteur des *Places d'Arras* identifie *l'Autruche* avec *l'Epervier*, mais les documents mêmes qu'il cite à l'appui de cette assertion erronée prouvent que, encore à la fin du XVIIe siècle, ces deux enseignes s'appliquaient à des maisons différentes. Il en avait été ainsi dès le début du XVe siècle (et sans doute beaucoup plus anciennement encore) comme l'établit l'acte suivant :

(Emb. 1432-33, f° 12 r°). Willaume le Fèvre et son fils Willaume donnent et transportent à Colart le Borgne et à Marie le Fèvre, sa femme, la maison de *l'Esprevier* et *deux* autres maisons, l'une nommée *le Traielle*, et l'autre où Philippot le Barbier demeure à présent, *toutes trois tenans ensemble* sur le grant marchié et *tenans d'une part à l'éritage de l'Otriche* et de l'autre à l'éritage du *Constentin*.

59. A Phillippot Gabriel. (1396 : à Willaume le Fèvre). **Le Traielle. Le Trelle de fer** *(La Treille)*.

(Emb. 1392, f° 79 r°). Jeh. de Croisettes, chirier, et sa femme, Marguerite Gabriel, vendent à Willaume le Fèvre, campgeur, le maison nommée *Le Trelle de fer*, joignans à *l'Esprevier*, à le vve Philippace Gabriel et à l'éritage Mik. Augrenon.

59 *bis*. Le Rentier de 1396, inscrit, après les trois maisons qui furent à Philippot ou Philippace Gabriel une petite maison à Mik. Augrenon, qui devait être une dépendance du *Constentin*.

60. **Le Constentin** as hoirs Mik. Augrenon. (1396 : à Simon Augrenon. — En note marginale : vendu par led. Simon à Jeh. Patoul et à Mik. du Cambge le XXVIIe jour de juing IIIIxx et XVI).

(Emb. 1399, f° 98 r°). Jeh. Patoul donne à son fils Gillet une maison, nommée *le Constentin*, ou grant marquiet.

(Emb. 1424, f° 16 r°). Jeh. Pastoul et Marie Marcadée, sa femme, vendent à Jaquemart de Beauffort leur maison du *Constentin*, tenant à le maison Willaume le Fèvre et d'autre part à l'éritage de *le Clef*.

(H, 638-1424, f° 85). Jaque de Biaufort, pour le *Constentin*, III drs.

61. **Le Clef** à Martel de Valhuon. (1396 : à Mik. du Campge).

(H, 632-1398, f° 81). Miquiel du Cambge, pour le maison de *le Clef*, III drs.

(Emb. 1414, f° 8 v°). Willaume du Cange gage un achat sur le maison où il demeure, nommée *le Clef*, tenant à Jeh. Patoul et, d'autre part, à Jeh. Sacquespée.

(Comptes de le Povreté, 1419-20). Mahieu Gosset, pour se maison de *le Clef* qui fu Mikiel du Cange, CIIII s.

(Emb. 1426-28, f° 39 v°). Mahieu Gosset donne à Piéret Gosset, son fils, une maison, nommée *le Clef*, tenant d'une part au *Constentin* et d'autre part à une maison nommée *Saint-Jorge*.

(Emb. 1438-39, f° 60 r°). Pierre Gosset vend à Jeh. Josset, pissonnier de doulce eaue, une maison *où pend l'enseigne de le Clef*, tenant à *l'ostel du Constentin* et d'autre part à *l'ostel de Saint-Jorge*.

62. **Saint-Jorge** à Jak. Cardon. (1396 : aud. Jaquemart).

(Emb. 1421, f° 80 r°). Martin Quiquemaque loue à Jeh. du Moulin une maison, nommée *Saint-Jorge*, tenant à *l'ostel de le Clef* et à Jeh. Sacquespée.

(Emb. 1436-38, f° 158 v°). Jeh. Sacquespée, fils de feu Jehan, garantit une dette sur *l'ostel Monsieur Saint-Jorge*, tenant à *l'ostel de le Clef* et à le maison du *Croissant*.

(Emb. 1438-39, f° 68 v°). Jeh. Sacquespée loue à Jaquemart Ladan *l'ostel St-Jorge* tenant à *le Clef* et à l'éritage de maistre Anthoine Sacquespée.

63. A Tassart Amion. (1396 : **Le Croissant** à Régnault Haton).

(H, 640-1435, f° 81). Maistre Anthoine Sacquespée, pour le maison du *Croissant* et gardin derrière, VI drs.

(1467. Assiette ou contribution pour la réparation de l'église

St-Géry, f° 19 v°). Le maison du Croissant d'or est à maistre Anthoine Sacquespée et vault à louage xxiiii lib.

64-64 *bis.* **Le Nef d'argent** sans nom de propriétaire. (1396 : *Le Nef d'argent* et une autre petite tenant à ycelle à Piérot Querquefoeulle).

(Emb. 1434-35, f° 228 r°). Jeh. Théry et Piérote Querquefeulle, sa femme, gagent une obligation sur *deux* maisons séans en le rue du *Cocq Limoge,* que on nomme le *Nef d'argent,* tenant des deux costés aux héritages qui furent Jeh. Sacquespée.

(Emb. 1436-38, f° 13 v°). Piérote Querquefeulle loue à Jeh. Roussel le *Nef d'argent* tenant de tous costés aux héritiers de Anthoine Sacquespée.

(1467. Assiette pour travaux à St-Géry, f° 19 v°). Le maison de le Nef d'argent est à Jeh. Cochon et vault à louage xii libs.

La Petite Nef d'argent, aud. Jeh., vault à louage viii libs. xvi s.

65. A Tassart Amion. (1396 : à Régnault Haton).

66. **Le Collmoge** *(le Coq émaillé, le Faisan)* sans nom de propriétaire. (1396 : *Le Cok Limoge* à Mah. de l'Ermite).

(Emb. 1414, f° 7 v°). Jeh. Sacquespée dit Sacquart et Pasque le Cuvelière, sa femme, vendent à Mik. Sacquespée *l'ostel du Colimoge,* tenant à Jeh. Sacquespée et aud. Michel, à eulx venue de la succession et hoirie de Mah. de l'Ermite.

(*Ibid.*, f° 9 r°). Jeh. Sacquespée dit Sacquart vend à Jeh. Sacquespée, maieur de le ville, une place et héritage qui nagaires estoit à le maison du *Colimoge* appartenant de présent à Mik. Sacquespée à cause d'accat par lui fait aud. aud. Jeh. Sacquart, en lequelle place led. maieur a fait *faire une porte et ychue sur le rue de le Fleur de Lis* (voir actes des n°s 1 et 2), led. place et héritage tenant de deux lès aud. Jeh. Sacquespée et d'autre part au *Colimoge,* icelle plache eschœue aud. vendeurs de la succession de Mah. l'Ermite.

67. A Jeh. Roussel. (1396 : aud. Jehan, desquerqueur). **Les Babuyns** *(Les Babouins).*

(Emb. 1436-38, f° 125 v°). Jeh. Hoel, dit Petit Jehan, vend à Colart le Borgne ses rentes sur le maison *des Babuyns,* en le rue du Cok Limoge aux hoirs Mik. Sacquespée, tenant à l'héritage qui fu Mah. de l'Ermite et d'autre part à l'héritage desd. hoirs.

68. A Jeh. Roussel. (1396 : aud. Jeh.).

(Emb. 1401, f° 277 v°). Micquiel Augrenon, Jehanne du Mont St-Eloy, v^ve^ de Micquiel Sacquespée, Jacotte Sacquespée, v^ve^ de Loy Augrenon, Simon le Fèvre et Andrieu Sacquespée, tuteurs et curateurs de Mariette Augrenon, fille meuredans dud. feu Loy, vendent à Huart Fagot une maison qu'elle avoit en le rue *que on dist dame Maroye le Loresse, de présent appelée le rue du Colimoge*, icelle maison tenant a le maison *des Babuins* qui fu Jeh. Roussel, desquerqueur, et à le maison Tassart de l'Escluze qui fu Gillot Blancpain.

(Emb. 1438-39, f° 171 r°). Jeh. Sacquespée et Ysabel Mansel, sa femme, vendent à Martin le Meur un gardin en une ruellette *devant l'ostel de l'Ours* (la rue de la Fleur de Lis), tenant à le maison des Babuyns aux hoirs de Mik. Sacquespée et à l'éritage du *Noir Chevalier* aud. Martin le Meur.

On a vu aux n°s 1 et 2 que Jeh. Sacquespée avait une grange au fond de la ruelle située entre la maison Jeh. Bataille et la Fleur de Lis, et au n° 66 que led. Jeh. avait acheté une place et fait construire une porte donnant sur cette ruelle. L'acte a été biffé avec la mention : *n'a pas été passé*, mais il n'en est pas moins intéressant au point de vue topographique.

69. A Jeh. Grosset. (1396 : à Jaquemart Sacquespée). **Le Noir Chevalier.**

(Emb. 1435-36, f° 127 v°). Andrieu Ricouart et Marie Garnier, sa femme, Martin le Meur, fils de lad. femme, qu'elle eut de son premier mari, Jeh. le Meur, gagent un prêt sur le louage d'une maison séant en *le rue du Cocq Limoge*, nommée *le Noir Chevalier*, tenant d'une part à l'éritage qui fu Miquiel Sacquespée et d'autre part à Gillot Ladan.

(Emb. 1438-39, f° 30 v°). Martin le Meur et Jehanne de Viaue, sa femme, donnent en garantie d'un emprunt « II maisons et ung gardin, séans en le rue du Colimoge tenans ensemble et... (comme dessus).

(Emb. 1444, f° 10 r°). Martin le Meur et Jehanne de Viaue vendent à Jeh. Bougier une maison en le rue du Colimoge, nommée le *Noir Chevalier*, avec le gardin tenant à icelle, nommé **Le Haulte Loge**, tenant à Gillot Ladan et aboutant par derrière à une *ruelle qui maine de devant l'Ours à le porte de derrière de le maison Maistre Anthoine Sacquespée.*

70. Aux hoirs Mik. Sacquespée. (1396 : à Loy Augrenon).

(Emb. *1444*, f° 66 v°). Jaquemart Ladan gage un emprunt sur deux maisons séant en le rue du Colimoge tenant à Jeh. Bougier. (La seconde de ces maisons est *la Guiterne* tenant à la maison n° 1 du présent tour. — Voir le dernier acte cité à ce numéro).

71-72. Les deux maisons *à l'autre renc* sont à Mah. l'Ermite. (1395 : aud. Mahieu).

73-75. Les trois maisons ens. sont à Simon Louchart. (1396 : Les trois maisons tenans ensemble sont au Bèghe de Raisse).

(Emb. 1435-36, f° 56 r°). Demelle Marie Hauvel, demelle de Bailloeul, Monsgr Jeh. de Saucourt, chevalier, seigneur de Torsy, et madame Jehanne Louchart, sa femme, fille de feu Simon Louchart et de lad. demelle Marie, donnent à Jeh. Bracquet, à l'occasion de son mariage avec Marie de Saucourt, fille desd. chevalier et dame, et niepce à led. demelle de Bailloeul, cinq maisons dont les III, tenans ensemble, en le rue du Colimoge ; les II autres, *derrière le maison des Rosettes, en le Halle à le laine.* (On retrouvera ces deux dernières maisons au 12e tour de Ste-Croix).

(1467. Assiette pour travaux à St-Géry, f° 20 r°). Le maison (73) qui fait *le touquet de le petite ruelle devant le Colimoge* est à Aliame Parent et vault à louage XXXII s.

76. Le Mouton d'or à Gille Bernart. (1396 : *Le Mouton d'or, ou grant marquiet* et les appendances sont à Willaume de Lambres).

77. Les Rosettes à le vve Jeh. Augrenon. (1396 : à Jeh. Augrenon (le fils) et à se sœur. — En note marginale : vendue led. maison par Jeh. Augrenon et sa femme à se sœur, vve Bernart du Gardin, le IIIIe jour de septembre IIIIxx et XVI).

(H, 632-1398, f° 81). Le vve Bernard du Gardin, pour le maison *des Rosettes*, VI drs.

Li VIIe tours de St-Géry) commenche en le rue des Prestres à le maison Robert de Mailly en alant à le plache le Castellain (fo 55 vo et suiv.).

(1396 : Le VIIe tour commenche en le rue des Prestres... se va tout à val en Darnestal ce rencq jusques à le plache le Castellain, fo 97 vo et suiv.)

---

1. A Robert de Mailli. (1396 : Le maison de *l'ospital Saint-Mahieu* où demeure Jeh. Durane est aud. Jeh.).

Led. hôpital, situé dans la rue des Louez-Dieu, arrentait cette maison vi livres x sols par an.

(1467. Assiette pour travaux à St-Géry, fo 20 vo). Le maison *emprès le porte des Hotiers* (13) est à Robert le Dieu et vault à louage xii libs.

2-3. Les deux maisons ens. sont de le curé de St-Jéri. (1396 : sont du curé de St-Jéry).

4. **Le Four des Prestres** à Andrieu Wion. (1396 : à le vve Andrieu Wion).

(1467. Assiette pour travaux à St-Géry, fo 20 vo). Le maison *et four* est à Jeh. Tasquet et vault à louage viii libs. iiii s.

5-6. A Jeh. Buignet le Jone. (1936 : à le vve Buignet le Jone).

(Papiers des rentes de le Povreté, 1395). Sur les ii maisons Jeh. Buignet le josne qui *font le touquet de le rue des Prestres, à l'oposite de le maison des Pinchons*, lxix s. iiii drs.

(Comptes de le Povreté, 1419-20). Willaume de Buissy, gaugeur de vins, pour se maison *faisant le touquet de le rue des Prestres*, fu à Jaquemart du Flos, lxix s. iiii drs.

(Emb. 1435-36, fo 44 ro). Simon de Buissy, fil Willaume de Buissy, cordewanier, vend aud Willaume tout tel droit qu'il avoit et eust peu requérir après le déchès dud. Willaume en une maison faisant *touquet de le rue des Prestres*, tenant au *Four des Prestres* à le vve Tassart Amion et à l'éritage Simon de Coupigny, orphèvre, et aboutant à l'éritage *des Boins Enffans* à Gillot à le Barbe (9).

(*Ibid.*, fo 48 ro). Simon Hardi vend à Jeh. le Feutrier XLIIII s. III drs. de rente qu'il avoit sur le maison Willaume de Buissy faisant *toucquet de le rue des Prestres.*

(Emb. 1454-55, fo 44 ro). La vve de Jeh. Voiture vend à Jeh. de Bailli une rente de XLIIII s. III drs qu'elle avoit sur le maison Jeh. des Tringles, tailleur de robes du duc de Bourgogne, séant en le grant rue St-Géry, *faisant coing d'une part de la rue des Prestres* et tenant d'autre part à l'éritage Hermant Busque et par derrière à l'éritage Jeh. Tasquet.

7. A Mahieu de Mailli. (1396 : aud. Mahieu).

(Emb. 1399, fo 44 ro). La vve de Jeh. de Mailli vend à Thumas Grigore une maison *devant le Constentin en St-Jéry* (91 du 1er tour de St-Jehan) tenant aud. Thumas et à le maison qui fu Jeh. Gambart.

(Emb. 1415, fo 32 vo). Dans le partage des biens de feux Tassart de Wavrans et demelle Mourée Grigore, sa femme, leur fils Huchon a dans son lot une maison tenant d'une part à ung héritage faisant *le touquet de le rue des Prestres* et une autre maison ensuivant (8), tenant à l'éritage *des Boins Enffans.*

8. A Thumas Grigore. (1396 : aud. Thumas).

9. A Thumas Grigore. (1396 : **Les Boins Enfans** aud. Thumas).

(Emb. 1400, fo 86 ro). Dans le partage des propriétés de Thumas Grigore entre ses fils Pierre et Simon, ledit Pierre a la maison des *Bons Enfans,* tenant à le maison de *l'Abrissel* et deux autres maisons (7 et 8) tenans ensemble et joignans à le maison des *Bons Enfans.*

S'il n'y a pas erreur de nom dans l'acte précédent, un arrangement a dû intervenir entre les deux frères, car peu de temps après :

(*Ibid.*, fo 114 ro). Simon Grigore donne à son oncle Gille Grigore cette maison des *Boins Enfans* pour en jouir « incontinent que led. Simon sera alés de vie à trespas et non anchois ».

(Emb. 1425, fo 163 vo). Robert Pippelart vend à Jaquemart Ladan, sergent à verge de l'échevinage, une maison, nommée les *Boins Enffans,* séans en le rue Saint-Jury, *à l'opposite de le maison maistre Jeh. le Sot (Le Constentin),* tenant à Colart

Lanstier et d'autre part à *l'Abrissel* à v^ve Jaquemart le Bouchier et aboutant *aux Hotiers* (13), au *Four des Prestres* à le v^ve Tassart Amion et à l'éritage Willaume de Buissy, cordewanier.

(Emb. 1426-28, f° 42 r°). Jaquemart Ladan vend à Gillot à le Barbe, pourpointier, la maison des *Boins Enffans*, tenant à Colart Lanstier d'une part et d'autre part à l'éritage de *l'Abrissel* et aboutant *aux Hotiers* à Jeh. de Baudart dit le Borgne et au four *de la rue des Prestres*.

10 A Grard de Hendecourt. (1396 : à Jaquemart le Bouchier). **L'Abrissel** *(l'Arbrisseau)*.

11. **Le Tour du Louvre** *(La Tour du Louvre)* aud. Grard de Hendecourt. (1396 : à Robert le Censier).

(Emb. 1414, f° 66 v°). Marie le Bouchière, v^ve de Robert le Censier, donne à Gillot Pinchon et à Gillotte le Censier, sa femme, la maison, nommée *le Tour du Louvre*, tenant à Jaquemart le Bouchier et à Jeh. Gaughier et deux maisons (qu'on trouvera un peu plus loin).

(Emb 1428-30, f° 149 v°). Simon Agache et Roberde Pinchon, sa femme, Jaquemart Fastoul et Jehanne Pinchon, sa femme, filles et héritières de deffuncts Gille Pinchon et Gille le Censière, se partagent l'héritage. Led. Simon aura « le maison de *le Tour du Louvre*, assise en le grant rue St-Géry, *au devant de le place l'Advoé*, tenant à le maison que on nomme *l'Abrissel* à Jeh. Bracquet et d'autre part à l'éritage du *Molin d'or* aux enfans de feu Jeh. de Hénau (c'est-à-dire Jeh. Gaughier dit de Hénau) avec les deux maisons situées plus loin.

12. **Le Moelin d'or** à Jeh. Rebloucquet. (1396 : *Le Molin d'or* à Jaquette Reblouquié).

(Emb. 1432-33, f° 122 v°). Caisin Gaughier dit de Hainau, fils de Jeh., sur le conseil de sa mère, Jehanne de le Ruelle, remariée à Raoul du Hamel, vend à ses frères Jeh. laisné, Andrieu et Jeh. le jone ses droits sur le maison du *Molin d'or* séant *au devant de le place l'Advoé*, faisant *touquet de le ruelle par lequelle on va à le maison des Hotiers*.

(Emb. 1436-38, f° 108 r°). Andrieu Gauguier dit de Hénau reconnaît que « moiennant xviii salus d'or, nommés ridders, qu'il a reçeu de Jeh. Gauguier laisné et de Jeh. le jone, ses frères, il renonche à tel droit qu'il povoit avoir après le trespas de Jehanne de le Ruelle, mère d'iceulx frères, de présent femme de Raoul du Hamel, en le maison du *Molin d'or*, tenant à Simon Agache et *faisant le touquet d'une ruelle qui maine aux Hotiers*.

Cette ruelle n'était alors qu'une impasse, qui, en rejoignant une autre impasse partant de la place le Châtelain ou du Théâtre, formera, environ trois siècles plus tard, la rue actuelle de la Caisse d'Epargne.

13. **Les Hotiers** *(Les Porte-hottes)* à Jeh. Buridan. (1396 : à le v^vo^ Pierre de Baudart).

(Emb. 1391, f° 45 r°). Jeh. Buridan vend à Pierre de Baudart le maison *des Hotiers*, séans à *l'encontre de le plache l'Avoué*, tenans à le maison du *Molin d'or* et à Jeh. Godart et par derrière aux *Barrois* (3 et 4 du 1er tour de la Madeleine).

(Emb. 1429, f° 209 r°). Jeh. de Baudart dit le Borgne vend à Maistre Philippe Maugart, conseiller et maistre des requestes de l'ostel du duc de Bourgogne, le maison *des Hotiers ayant yssue en le rue des Prestres* et tenant par derrière *aux Barrois*

Il est à noter ici que le 15 août 1433 (emb. 1432-33, f° 80 v°) ledit Maugart achètera pour la somme « de chinquante frans de XXXII gros monnaie de Flandres le francq... ung petit gardin qui appartenoit au très redoubté seigneur, Monsgr le duc de Bourgogne, estans au derrière de son hostel que on dist Amblasevelle (38), tenant d'un costé à le court dud. hostel et d'autre costé à l'ostel de le court le Chastellain et d'autre part sur deux sens à l'ostel dud. Me Philippe Maugart... »

C'est ce *petit* jardin, dont l'auteur des *Rues d'Arras* dit, sans indiquer de référence, qu'il a été acheté le 5 juin 1433, moyennant cinquante frans *de rente*, prix excessif pour l'époque.

La maison *des Hotiers* était située au fond de l'impasse. En effet, les maisons voisines 12 et 14 sont notées comme faisant *touquet* de la ruelle.

14. A Jeh. Oudart. (1396 : aud. Jehan). **Le Tournoys.**

(Emb. 1400, f° 211 r°). Simon Lamble et Gille Daullée, sa femme, vendent à Guérart de Hellewart une maison « séant *devant le place l'Advoué* tenans aux *Hotiers* et à l'éritage Robert le Censier.

(Emb. 1421, f° 114 r°). Agnès de le Motte, v^{ve} de Guérart Hérouart (*sic* pour Hellewart) vend à Jeh. de Tarmaison une maison, séant en Darnestal, *faisant touquet de le ruelle par lequelle on va aux Hotiers* et d'autre part tenant à Gillot Pinchon et par derrière aboutant aux *Hotiers.*

(1473, f° 27 v°. Assiette pour la restauration de l'église St-Géry). Le maison qui *fait le toucquet* ensiévant (*Les Hotiers*), nommée *Le Tournoys*, est à Robert Courcol et vault à louage XII lbs.

15. A Robert le Censier. (1396 : aud. Robert).

16. A Jak. le Taisseteur. (1396 : à Robert le Censier).

Ce sont « les deux maisons tenans ensemble et tenans l'une à Guérart Hellewart et l'autre à *l'Erche* et aboutans aux *Hotiers* que la v^{ve} de Robert le Censier donna à ses gendres avec la *Tour du Louvre.* (Voir au n° 11).

(Emb. 1428-30, f° 149 v°). Avec *La Tour du Louvre*, (voir aussi au n° 11) Simon Agache et Roberde Pinchon héritent du n° 16, « séant au lieu que on dist Dernestal », tenant d'une part à l'héritage de son beau-père Jaquemart Fastoul et d'autre part « à le maison Hermant Busque, nommée *l'Erche d'or* ».

17. **L'Erche** *(La Herse)* à Tassart Lescaudé. (1396 : à v^{ve} Jeh. Rebloucquet). **L'Erche d'or.**

(Emb. 1414, f° 4 r°). Guérart Rebloucquet vend à Hermant Busque une maison nommée *l'Erche d'or*, tenant à l'éritage qui fu Robert le Censier et à l'éritage Simon Durlin.

18. A Baudin du Four. (1396 : à Simon Durlin).

(Emb. 1428-29, f° 2 r°). Jeh. du Four, gage un prêt de « XXVII frans » consenti par Hermant Busque « sur une maison, séans en Dernestal où demeure Simon Durlin, marissal, tenant à *l'Erche d'or* et d'autre part à Andrieu Berté.

19. A Gille de Wavrans. (1396 : à Colart Honnère).

20. A v^{ve} Simon de Duisans. (1396 : à led. vesve).

(Emb. 1414, f° 25 v°). Caterine le Boulenguière vend à Aléame le Fier, orfèvre, une maison séans *en Dernestal* tenant d'une part à Thumas le Roy (mari de Engleberde de Wavrans) et d'autre part à Piérot Barli et par derrière à le maison des *Hôtiers*.

(Emb. 1433-35, f° 147 v°). Pierre de Baudart vend à Colart le Borgne ses rentes sur la maison Piérot Régnault, huchier, séans en Dernestal, qui fu Mah. Mourain, tenant d'une part à Andrieu Berté, orphèvre, et d'autre part à Jeh. de Barly.

(Emb. 1436-38, f° 81 v°). Tristran de Paris, escuier, lieutenant de Monsgr le gouverneur d'Arras et Marie Cardon, donnent à leur fille Marie, à l'occasion de son mariage avec Simon le Borgne, changeur, leurs rentes sur diverses maisons, entre autres celle de Jeh. Régnault, tenant à Jeh. de Barli.

21. A Piérot de Bareli. (1396 : aud. Piérot de Barli).

22-23. A Jeh. Gherle. (1396 : as hoirs Henri Gobert. — En note marginale : vendue par lesd. hoirs à Jeh. Monnart, espissier, le IX° jour de juillet IIIIxx et XVI).

(Emb. 1392, f° 86 v°). Jehanne Waucquière, vve Henri Gobert donne en garantie du prix d'achat (ix frans xvi sols) d'une tapisserie « une maison séans *rue Dernestal*, joignans à Piérot de Barli et d'autre part à Jaquemart Pinte, le père.

(Emb. 1401, f° 254 r°). Jeh. Monnart vend à Jeh. Régnault deux maisons tenant à Piérot de Barli et d'autre part à Jaquemart Pinte le vieil.

(Comptes de le Povreté, 1419-20 . Jeh. de Cault, tavrenier, pour ses maisons en Dernestal qui furent Jeh. Monnart, xiii s.

(Emb. 1435, f° 71 v°). Jeh. et Philippe de Cault, à l'occasion du mariage d'Anthoine de Moncheaux avec Willemotte de Cault, fille dud. Jeh. et sereur aud. Philippe, donnent ausd. conjoins deux maisons séans en Dernestal, tenans ensemble et d'une part à Jeh. de Barli, espachier et d'autre part à l'éritage de deffunct Jeh. le Caron.

(Emb. 1436-38, f° 41 v°). Anthoine de Monchiaux et sa femme vendent à Pierre Dardy, boulengier, deux maisons, séans en le rue de Dernestal, tenant à Pierre de Barli et d'autre part aux hoirs de Jeh. le Caron.

24. Le maison *est waste et laissiée pour le rente* et fu Gillot de Corbie. (1396 : à Jaquemart Pinte le père). **Le Cappel rouge** (*Le Chapeau rouge*).

(Emb. 1423, f° 15 v°). Martin Sacquespée et Jehanne Sarazin, sa femme, vendent à Bertran le Jone leurs rentes sur plusieurs maisons, entre autres « x s. VII drs. sur le maison Jeh. le Caron, viézier, séant en Dernestal, *au devant des Quevallés* (47 du 8e tour), tenant à léritage Jeh. de Caut et d'autre part à l'éritage Jeh. du Bos.

(Emb. 1428-30, fo 96 ro). Dans le partage des biens de Jaque Cardon, Robert de Bainas, échevin, et Marguerite Cardon, sa femme, ont VI sols de rente sur le maison du *Cappel rouge*, scituée en Dernestal, à Jeh. le Caron, tenant d'une part à l'héritage de Moncheaux et d'autre part à le maison dud. Caron qui fu Jeh. du Bos.

(Emb. 1454, fo 56 vo). Demolle Méhault de le Folie, vve de feu Jeh. Richart et paravant femme de Jeh. le Caron, et Jeh. le Caron, son fils, clerc de le cappelle du duc de Bourgogne, vendent à Jeh. le Castellain, sergant à macque du duc de Bourgogne, une maison en Dernestal, nommée *le Capeau rouge*, tenant aux hoirs de feu Piérot d'Arras et à Thibaut Flory.

(1467. Assiette pour la restauration de l'église St-Géry, fo 22 ro). Le maison nommée le *Rouge Cappel* est à Henry le Chastellain et vault à louage : VIII lbs.

25. A Gillot de Corbie. (1396 : aud. Gillot).

(Emb. 1428-30, fo 200 ro). Jeh. le Caron, viézier, et Méhault de le Folie, sa femme, vendent à Thibaut Flouri le jone une maison en Dernestal tenant auxd. vendeurs et à Jeh. Régnault.

(1467, fo 22 ro. Assiette etc...) Le maison ensiévant est à Thiébault Floury et vault à louage : VIII lbs.

26. A Flourent Sacquel. (1396 : à le vve dud. Flourent). **L'Escu de France.**

(1467, fo 22 ro. Assiette etc...) Le maison ensiévant, nommée *l'Escu de France*, est à Olivier Ladan et vault à louage VIII lbs.

27 A Piérot Lohois. (1396 : à Willaume Aubry, viésier).

(Emb. 1414, fo 6 vo). Willaume Obery vend à Simon Herlois une maison, séans en Dernestal, tenant à Jeh. Régnault et à Pierre Trucquet.

28. A Jeh. du Luppart. (1396 : à Jeh. le Fèvre, goudalier).

(Emb. 1428-30, fo 107 ro). Piérot Trucquet et Jehanne le Fèvre, sa femme, vendent à Wibert le Caudrelier dit de Barly une maison en Dernestal, tenant à Simon Herlois et à le vve Jeh. Broussain.

(Emb. 1436-38, f° 43 v°). Pierre Boulsiot et Jehanne Hermaulde, sa femme, vendent à Jaquemart de Mailly une maison en Dernestal, tenant à Simon Herlois et à Enguerran du Mes.

29. A Jeh. Broussaine. (1396 : aud. Jeh. Broussaigne).

(Emb. 1428-30, f° 96 r°). Robert de Bainas et Marguerite Cardon héritent de Jaque Cardon d'une rente sur le maison qui fu Jeh. Broussain tenant à Pierre Trucquet et à Jeh. Brisson.

(Emb. 1432, f° 16 r°). Baudin du Pont et Jehanne du Mes, sa femme, vendent à Enguerran Maynart dit du Mes tout tel droit qu'ils ont en le maison et gardinet qui paravant appartint à Wibert de Barly, en le rue de Dernestal, tenant à l'éritage Perrin Boursiot et à l'éritage Waast Brisson et led. gardinet aux *Hotiers* et aux hoirs de feu Jeh. Régnault, icelle maison à eulx venue à cause de deffuncte Marie du Mes, v^ve^ de Jeh. Broussain, et ante de lad. Jehanne.

30. A Mik. Loir. (1396 : aud. Mikiel).

(Emb. 1436-38, f° 39 r°). Waast Brisson, viézier, et Péronne Courtois garantissent un prêt « de xxvi philippus d'or, nommés ridders, sur une maison séans en Dernestal, tenant à Enguerran du Mez et à Jeh. Brisson, père dud. Waast ».

31. A Piérot de le Fontaine. (1396 : à Jeh. Brisson).

(Emb. 1433-35, f° 23 r°). Jeh. Brisson, viézier, reconnaît qu'après sa mort appartiendra à Waast Brisson, son fils, « une maison, séant en le rue de Dernestal, tenant à l'éritage dud. Waast et d'autre part à Jeh. Petit, viézier ».

(Emb. 1436-38, f° 152 r°). Waast Brisson et Péronne Courtois, sa femme, vendent à Jeh. Petit, viézier, une maison tenant à l'éritage dud. Waast et à l'éritage dud Jehan.

32 33. A Jeh. Bougier. (1396 : à Robert le Cuvelier).

(Emb. 1432, f° 94 v°). Jeh. de le Veucquière et Jehanne Martin, sa femme, vendent à Jeh. Petit, viézier, et Marguerite le Cuvelier, sa femme, deux maisons tenans ensemble, séans en le rue de Dernestal, tenans à Jeh. Brisson et à Jaquemart Hanequin et *aboutans aux Hotiers*.

34. As hoirs Jeh. Bougier des *Bougons d'or*. (1396 : à Jeh. des Bourgois (sans doute pour Bougons).

35. As hoirs dud. Jeh. Bougier. (1396 : à Colart Honnère).

(Emb. 1438-39, f° 254 r°). Martin le Brun dit Hollande et Gille de le Ruelle, sa femme, donnent par leur testament, entre autres legs, à Jehanne des Muliers, fille de Willaume des Muliers et de Jehanne de le Ruelle, serour de lad. Gille, une maison en Dernestal, tenant à Jaquemart Hannequin et d'autre part à l'éritage qui fu dem^elle^ Gode, assez près de le maison de *Blainsevelle* (*sic* pour Ablainsevelle).

36. A Jeh. de le Gode. (1396 : à Jeh. de le Gote, orfèvre).

37. A v^ve^ Hacquette de Paris. (1396 : à Maillin de Paris).

(Emb. 1401, f° 244 v°). Guillaume de Berbenchon, chevalier, vend à Jaque le Borgne VIII s. de rente sur le maison Martin de Paris, en Dernestal.

(Emb. 1436-38, f° 64 r°). Mah. Pisson et Jacobte le Fèvre, sa femme, vendent à Jeh. de Villers le jone une maison en Dernestal, *au devant et à l'opposite du Luppart tenant à le porte et court de Ablainsevelle* au duc de Bourgogne et aboutant à ung gardin de led. maison *d'Amblainsevelle.*

38. Au conte d'Artois. (1396 : le maison est à Mons^gr^ le duc de Bourgogne *et est de le Castellerie).*

Le maison **du Vlés Maïeur,** à présent nommée **Blainsevelle** (H, 635-1415, f°109). Voir pour cette maison (actuellement la Salle des Concerts), A. Guesnon : *Excursion historique..,* p. 14.

(1473, f° 30 r°. Assiette pour la restauration de St-Géry). Le maison ens., nommée *Le Blaissevelle,* est à maistre Jeh. Vinchent et vault à louage XXII lbs.

Il manque ici un folio au Rentier de 1396. Lacune regrettable qui nous prive de renseignements complémentaires et intéressants sur la fin de ce septième tour.

39. A Margot Plouvière.

(Emb. 1414, f° 125 r°). Martin Sacquespée vend à Pierre de Lespine et Jacotte Sacquespée, sa femme, une maison en le rue de Darnestal, tenant d'une part à un héritage appartenant à Mons^gr^ le duc de Bourgogne et d'autre part à Simon Caillel et aboutant à le maison de le Chastellerie.

40. A Andrieu des Castelés.

(II, 635-1415, fo 100). Simon Caillel, pour une maison *d'en costé les Castellés à le Goudalle* en Darnestal, I dr.

(Emb. 1425, fo 208 vo). Simon Cailliel vend à Georges le Flament une maison en Darnestal, tenant à Martin Sacquespée et à l'éritage des *Castelés à le goudale*.

41. **Les Castelés** (*Les Châtelets*) aud. Andrieu des Castelés.

(Emb. 1432-33, fo 122 ro). Colart Baudoul gage une dette sur le « maison *des Castelés* en Darnestal, tenant d'une part à Willaume Estevenon et d'autre part à Guy de Ternois ».

(Emb. 1436-38, fo 20 ro). Led. Colart Baudoul engage de nouveau *les Castelés*, tenant à Simon Cailliel et *aboutant à le maison de le Castellerie*.

(Emb. 1454, fo 29 ro). Jeh. Boutevillain vend à Jeh. Maquerel, le maison Courtelle et héritage nommée le maison *des Castelés, faisant front rue Darnestal*.

(1467, fo 23 ro. Assiette etc...) Le maison (40) est à Jeh. Macquerel et vault à louage VI lbs. VIII s.

Le maison des *Chastellés* est aud. Macquerel et vault à louage VIII lbs.

42. A Pierre le Gay.

(Emb, 1423-24, fo 45 ro). Jehanne Maugart, vve de Jeh. de St-Waast, fait un partage de ses biens, parmi lesquels III drs. de rente sur le maison Guy de Ternois, située en Darnestal, tenant d'une part à le maison *des Castelés* à le goudale et d'autre part à Luppart d'Ablaing.

(Emb. 1454, fo 11 ro). Mah. Pisson et Marguerite le Cuvelier vendent à Jeh. Maquerel, une maison, en Darnestal, *assés près de le place le Castellain*, tenant à Jeh. Boutevillain et *aboutant à le Castellerie;* sauf que les vendeurs retiennent, derrière led. maison, un gardin, tenant aux *Castellés* qui cy devant a esté de l'héritage desd. *Castelés* et qui de présent est approprié à leurdite maison tenant *ausd. Castellés*.

43 **Le Blanque Lévrière** sans nom de propriétaire.

(Emb. 1391, fo 52 ro). Hellin Robechais dit du Cornet vend à Simon Louchart, ses rentes sur la maison Andrieu de St-Amand dit le Liévour séans en le rue Dernestal, *faisant le touquet de le plache le Castellain* et sur deux maisons estans au derrière d'icelle et séans sur led. plache.

(1473, fo 30 vo. Assiette etc...) Le maison, nommée **Saint-**

Christofre, qui fait *le touquet de le plache Castelain,* est à Pierre le Dor... et vault à louage x lbs. XIII s.

44-47 Les quatre maisons ens. sont à Jeh. Cousin.

Ces maisons étaient par conséquent sur la place.

Li VIIIe tours de St-Géry commenche en le rue derrière les Cauderons, *en alant tout le rencq jusques* as Mazenghes *et alant en Héronval jusques au Four du Temple et finant au courtil Mahieu le Fort (f° 58 v° et suiv.).*

(1396 : même rédaction, f°s 102 r° et suiv.)

(1467, f° 23 v°. Assiette pour la restauration de St-Géry). Le VIIIe tour qui commenche en *le rue des Cauderons* et vient jusques *as Mazenghes* et en alant le renq qui y tient jusques aux murs de la ville et fine *derrière le Fumier.*

---

1. Le maison *en le ruelle des Cauderons* est à Mik. de l'Abrissel. (1396 : à Baudine Merlière, v^ve dud. Mik.).

2-3. A le v^ve Tassart des Cauderons. (1396 : à Jeh. de Jumès).

4. **Les Cauderons,** à led. v^ve Tassart. (1396 : *Les Cauderons en le place le Chastelain* aud. Jeh. Jumès).

(Emb. 1399, f° 114 v°). Jeh. de Jumès vend à Pierre Bourghelin la maison des *Cauderons, en le place le Castelain,* et deux maisoncelles derrière (2 et 3) tenans à icelle.

(Emb. 1415, f° 122 v°). Jaquemart de Sailli vend à Pierre de le Bricque ses rentes sur les *Cauderons,* en le plache le Castellain, *faisans touquet de le rue des Cauderons,* et tenans à l'éritage des *Minionnés.*

(1467, f° 23 v°. Assiette etc...) Les trois maisons (2-4), nommées *les Cauderons,* sont à Willaume de Canteleu et valent à louage XXIIII lbs. x s.

5. **Les Ménlonnés** (*Les Mignons*) à le vve Mik. Derkin. (1396 : *Les Menionés* à Martin Penel).

L'*i* n'étant pointé ni au Rentier de 1382 ni au Rentier de 1396, on peut lire Mémonnés et Mémonés, orthographe qui se justifierait par le fait que dans l'ancien français (voir le Dictionnaire Frédéric Godefroy), ce mot, sous les formes : mainmonnet, mémonnet, mémonet, mimonnet..., au pluriel, memonnés, etc... signifiait une sorte de singe. On ne tarde pas à trouver dans les actes : les Ménionnés et les Minionnés, c'est-à-dire les *Mignonnets*. Est-ce une altération graphique du mot de l'enseigne ? Est-ce une malicieuse antiphrase pour désigner le mémonet qu'un écrivain du temps appelait « la laide, orde et vile beste » ? Je n'en sais rien.

(Emb. 1400, fo 17 ro). Martin Penel et sa femme donnent à leur fils Pierrot la maison où ils demeurent, nommée Les Minionnés, séans *en le plache le Castelain*, tenans à le maison des *Cauderons* et à l'éritage des *Bracqués*.

6. A Willaume d'Ouppy. (1396 : à Flourent de Bourges). **Les Bracqués** (*brachet, braquet*, petit braque, sorte de chien de chasse).

(Emb. 1399, fo 78 ro). Flourent de Bourges et sa femme Marguerite Penelle, fille de Martin Penel, passent un contrat qui attribue au mari, en cas de prédécès de la femme, « la maison des *Braqués*, séans *devant le plache le Castelain*, tenant à l'éritage des *Minionnés* et aux *Flajos d'argent*.

(1467, fo 23 vo. Assiette etc...) Le masure que on nomme **Les Becqués** vault à louage XII lbs. — Sans doute erreur de copiste pour *Bracqués*. Si c'est une erreur, elle est reproduite aux registres de 1468 et de 1473.

7. **Les Flagos d'argent** (*Les Flageolets d'argent*, et non *les Fléaux* comme le dit l'auteur des *Rues d'Arras*, t. I, p. 262) à Piérot de Bappaumes. (1396 : aud. Piérot de Bappalmes).

Les Flajos ou Flagos (avec un *g* doux) ont donné plus tard leur nom à la rue actuelle *du Collège* qui, au XIVe siècle et au début du XVe siècle, s'appelait *la rue du Fumier* ou simplement *le Fumier*. C'est dans un acte de 1438 (emb. f° 275 v°) que j'ai trouvé pour la première fois la dénomination de *rue des Flagos*. L'hôtel, non seulement aboutissait à cette rue, mais encore il avait ses dépendances, consistant en trois petites maisons sur le rang opposé de la rue du Fumier.

8. A Mah. de Builly. (1396 : à Jeh. Hellant). **Le Soioire** *(la Scie)*.

(Emb. 1423-24, f° 127 v°). Willaume Estevenin et Marie Herlant, sa femme, donnent à Gillot Havet une maison, nommée *le Soioire* tenant aux *Flagos d'argent* et à Jeh. Querquefeulle. (Emb. 1436-38, f° 108 v°). Gillot Havet baille à ferme ou louage à Jeh. Boutevilain, *paintre*, une maison séant *devant le place le Chastellain*, nommée **Le Petite Soioire**, tenant aux *Flagos d'argent* et à Jeh. Querquefeulle. Il vend presque immédiatement aud. Jeh. Querquefeulle (*ibid.*, f° 109 v°), sous le nom de *Le Soioire*, cette même maison, tenant aux *Flagos* à Fouquart Vichery et aud. acheteur.

Il ne s'agit donc pas ici d'un dédoublement de la maison et de l'enseigne, comme on en a déjà vu plusieurs exemples. Peut-être n'y a-t-il qu'une distraction du scribe, à moins qu'on n'ait, dans la pratique, distingué ainsi cette *Soioire* de la *Soioire* du 2e tour de St-Nicolas (13 et 14).

9. A Mah. de Builly. (1396 : à Jeh. Hellant).

10. A Andrieu des Castellés. (1396 : à Jeh. le Boef, haulteliceur).

11. A Jeh. de St-Venant. (1396 : à le vve dud. Jehan).

12. A demelle Yde du Panchel. (1396 : **Le Paoncel** *(Le petit Paon)* et un bordel par derrière à Colart Béquet).

(Emb. 1391, f° 37 v°). Par jugement de l'échevinage, en date du 25 octobre 1391, les frères de la Trinité, Baudin Fauchoys et d'autres rentiers sont mis « en possession et saisine d'une maison séans en Darnestal, tenans à le maison de Jeh. de St-Venant et d'autre part *faisant le touquet d'une ruelle par lequelle on va au fumier* », par défaut de paiement des rentes qui leur étaient dues.

(Emb. 1434-35, f° 201 et 208 v°). Jeh. Touloupppe et Piérot Touloupppe, son frère, religieux de l'Eglise de la Trinité-lès-Arras, vendent à Guillaume de Noielle, pelletier, une maison *séant devant les Castellés à le goudale* (41 du 7° tour) nommée *le Paonchel en Darnestal* et faisant *le touquet d'une ruelle par lequelle on va au fumier.*

(1467, f° 24 r°. Assiette etc...) Le maison, nommée *le Panchel*, qui fait *le tousquet d'une petite ruelle*, est à Mah. de Reubempré et vault à louage VII lbs. IIII s.

13 20. Les huit maisons ens. sont à Jak. de le Pierre. (On ne voit plus là en 1396 qu'une maison et un gardin à Colart le Roy, armoieur, et une maison (20) à Gillot Gloria).

21. A Jeh. d'Ansain, drappier. (1396 : aud. Jeh. d'Ansaing). **L'Escu de Pontieu.**

(Emb. 1400, f° 40 v°). Pierrot Hellin vend à Bétrémieu de Hollande, une maison *en le grant rue Darnestal*, tenans à Michel Gloria et *faisans touquet de le rue du Panchel.*

Ledit Bétrémieu (*ibid.*, f° 164 r°), revend cette maison à Colart Hary et il est spécifié dans l'acte qu'elle aboutit « *par derrière au grant fumier de le vile* ».

(Emb. 1415, f° 122). Jaque de Sailli vend à Pierre de le Bricque, ses rentes sur diverses maisons entre autres « sur le maison que on dist *l'ostel de l'Escu de Pontieu,* en Darnestal, tenans à Gillot Gloria et *faisans touquet d'une ruelle vers le fumier* ».

22. As hoirs Gille de l'Ermite. (1396 : à Baudin Loissel, parmentier).

23-25. Le maison ens. et *deux petites derrière* sont à le v^ve^ Hacquette de Paris.

(1467, f° 24 v°. Assiette etc...) Le maison (23) *qui fait le tousquet d'une ruelle devant Blainsevelle...* vault à louage XII lbs.

Les deux petites maisons *derrière* étaient dans la ruelle actuellement appelée rue des Jésuites.

26-27. A Jeh. le Baubeur. (1396 : à Mailin de Paris, paintre).

(II, 635-1415, f° 109). Hennequin, fil Mailin de Paris, pour deux maisons, est assavoir *le maison du touquet de le ruelette*, IIII s. VI drs. et l'aultre tenant à icelle, III s. VI drs. Ces maisons sont en Darnestal *devant le maison du Viés Maieur*, à présent nommée *Blainsevelle*.

28-28 *bis*. **Le Luppart** *(Le Léopard)* à Jeh. le Fèvre. (1396 : Le maison du *Luppart* et un autre petite d'alès sont aud. Jehan, goudalier).

La position du *Luppart* est déterminée par les actes relatifs au n° 29.

29-41 Le maison ens. et *douze petites derrière* sont à Leurent Days. (1396 : Le maison ens. et XI petites derrière, *en le rue du Fil d'or*, sont à Jeh. Petit, viézier).

(Emb. 1391-92, f° 58 r°). Catherine du Fauchoys, v^ve^ de Leurent Dais, vend à Jeh. Petit, viézier, « ses maisons en Darnestal, *faisans touquet de le rue du Fil d'or*, et d'autre part *joignans et marchissans à* (longeant sur le côté) *le maison du Luppart à le goudalle* ».

(Papiers des rentes de le Povreté, 1395). Sur le maison Jeh. Petit, viézier, *faisant touquet contre le maison des Agaches*, XV s.

A diverses reprises (emb. 1425, f° 178 v° ; 1426, f° 51 r° ; 1427, f° 225 r°), Jeh. Petit garantira une dette, tantôt sur trois, tantôt sur deux maisons tenant au *Luppart* et *faisant touquet de le rue du Fil* ou *du Fieu d'or*.

(Emb. 1415, f° 122 v°). Jaque de Sailli vend à Pierre de le Bricque ses rentes « sur le maison Jeh. Petit, en Darnestal, tenant au *Luppart* et d'autre part à l'éritage du **Fieu d'or**.

L'auteur des *Rues d'Arras* (t. I, p. 207) se scandalise de ce que *l'impasse des Bordaux*, dont il n'a pas du reste, déterminé exactement la position, se soit appelée au XVIe siècle *impasse Jésus*. Or, cette impasse *Jésus* n'est pas autre chose que l'ancienne rue du *Fils d'or* et, selon toute vraisemblance le *Fils d'or* était *Jésus*. Il n'y aurait donc pas là, comme le pense M. Godin, une désignation « bizarre, pour ne pas dire scandaleuse », mais la survivance d'une appellation très ancienne et nullement irrespectueuse.

42. A Jeh. de Perroumont.

Cette maison est évidemment dans la rue du *Fieu d'or*, puisque la suivante forme le coin de cette rue.

43. Les Agaches *(Les Pies)* à Andrieu de St-Venant. (1396 : à Jeh. de St-Venant).

(Emb. 1418, f° 58 v°). Cette maison devait annuellement « xxviii s. de rentes à le Povreté de le ville ; xxiv drs. à le Trinité ; iv s. à le Madelaine et xiv s. iii drs. à l'Abbeye d'Avesnes-les-Bapaumes ». Jeh. de St-Venant « héritier et possesseur d'icelle maison » cessa pendant plusieurs années d'en payer les rentes et « ne vollu faire paiement ne satisfaction aucune ». En conséquence, les procureurs des divers rentiers et « les marglisiers de l'église de le Magdelaine » demandent aux échevins que « le maison des *Agaches* en Darnestal, *faisans le touquet de le rue du Fieu d'or* et tenans d'autre part à l'éritage Jeh. Caumonnart, sergant à vergue, *qui fu Jeh. Sifflot*, soit, selon le coustume de le ville.. déclaré et ajugé au profit desd. rentiers » et que par jugement led. Jeh. de St-Venant soit « fourclos et débouté d'icelle maison à toujours... et pour ce que icelle maison est de présent *en grant ruyne et désolation* et que par ce, lesd. rentiers estoient en aventure de perdre leurs dites rentes », lesd. procureurs la donnent à rente perpétuelle à Pierre de Barly et à ses hoirs à la condition qu'il emploiera trente livres à la remettre en état et qu'il en acquittera régulièrement les rentes.

(Comptes de le Povreté, 1419-20). Pierre de Barly, pour se maison des *Agaches* qui fu Jeh. de St-Venant, xxviii s.

44. A Jeh. Sifflot. (1396 : aud. Jehan, tonnelier).

(Emb. 1423, f° 45 v°). La v^ve^ de Jeh. de St-Venant donne à Jeh. Cocquet, échevin, ses rentes sur nombre de maisons, entre autres « sur le maison Jeh. Caumonnart, sergant à vergue, qui fu Jeh. Sifflot, tenant aux *Maillés à le Goudalle* ». Cette maison avait « *voye et yssue par derrière les Agaches dans la rue du Fieu d'or* ».

45. Les Maillés *(Les Maillets)* à Mah. le Fort. (1396 : Les *Maillés à le goudalle* et les appartenances à Jaquemart Hanebot).

(Emb. 1425-26, fo 134 ro). Andrieu Hanebot vend les *Maillés* tenant à l'héritage du *Four des Quevalés.*

46. **Le Rouge Chevalier** sans nom de propriétaire. (1396 : à Jeh. de Malines, fournier).

Telle est, en 1382 et 1396, l'enseigne de cette maison, qui, bientôt après s'appelle **Le Four des Quevallés.**

(Emb. 1400, fo 172 ro). Robert de Fontaine vend à Jeh. de Malines les rentes qu'il avait sur le *Four des Quevallés* appartenant aud. Jehan.

(Emb. 1428-29, fo 24 vo). Simon Herlois gage une dette sur une maison, nommée *le Four de Darnestal*, tenant d'une part aux *Maillés* et d'autre part à une ruelle qui maisne auprès du *Four du Temple.*

Il est vraisemblable qu'après cette transformation du *Rouge Chevalier en Four des Quevallés*, l'enseigne a été transférée un peu plus loin. On la rencontre en effet, vers cette époque, dans la rue St-Jehan-en-Ronville (29 du 2e tour St-Jehan).

47. **Les Quevallés** (*Les Chevalets*, probablement avec le sens de petits chevaux) à Colart Plouvier. (1396 : à Jaquemart Hanebot).

(Emb. 1419-20, fo 205 vo). Les quatre des héritages visitent la maison *des Quevalés* pour vérifier l'état d'un mur qui la séparait *de la brassérie des Mazenghes.*

(Emb. 1421, fo 97 vo). Jaquemart Hanebot et Jehanne Plouvière, sa femme, vendent à Jeh. de le Haie, cervoisier, une maison en Darnestal, nommée *les Quevallés, faisant touquet de le rue des Quevalés en alant au Four du Temple* (117) *et à le Boule* (57) et d'autre part tenant *tout du lonc* aud. Jeh de le Haie.

(Emb. 1428-29, fo 96 ro). Dans le partage de la succession de Jaque Cardon, Percheval le Grant et Esmelot Cardon, sa femme, ont les rentes « sur le maison *des Quevallés* à Jeh. de le Haie, *faisant touquet à l'opposite du Four des Quevallés* et d'autre part tenant à le maison *des Mazenghes.*

48 50. Les deux maisons ens. et **Les Masenghes** (*Les Mésanges*) sont à Jeh. Bougier. (1396 : Les deux maisons, le maison des *Masenghes* sont à Jeh. Cochu).

Puisque les *Querallés* tenaient tout du long aux *Mazenghes*, il s'ensuit que les deux maisons (48 et 49) n'étaient que des dépendances de l'importante brasserie, sur l'emplacement de laquelle s'élève aujourd'hui la banque de France.

(Emb. 1414, f° 102 v°). Jeh. de Mons vend à Jeh. de le Haie ses rentes sur l'héritage des *Mazenghes* appartenant aud. de le Haie, séans *rue Darnestal et faisant touquet de le rue de Héronval.*

(Emb. 1434-35, f° 126 r°). Demelle Jehanne de Raincheval, vve de Jeh. de le Haie, loue à Robert de Mernes, brasseur de cervoise, les maison et enchine *des Mazenghes* avec tous les vaisseaux servans à led. enchine et le maison et *Four du Temple au derrière de led. enchine.*

Ce texte est intéressant parce qu'il détermine de façon précise la situation du *Four du Temple* (117).

51. A Colart Fouquet. (1396 : à Piérot le Machon).

(Emb. 1427-28, f° 216 r°). La vve de Piérot le Machon vend à Jeh. de le Haie, échevin, une maison, séans en le rue Héronval, tenant à l'héritage dud. Jeh. et *par derrière au Four du Temple.*

52. A Tassart Sorel. (1396 : Les maisons ens. qui *font une masure* sont à Colart Fouquet).

(Papiers des rentes de le Povreté, 1396). Sur le maison Colart Fouquet, séans en Héronval, joignans à le grange des Masenghes, IIII s. IX drs.

(Emb. 1415-16, f° 132 r°). Tassart de Lannoy gage une dette sur une maison, séans *en Héronval,* tenant à l'éritage Hue de Wavrans (voir plus loin) et aboutans au *Four du Temple.*

53-57. Les cinq maisons suivantes sont respectivement en 1392 à Thumas Grigore (53), à Jak. de Bréquin (54), à Jacot de Noefville, (55 et 56) et à Pierrot le Trippier. (1396 : Toutes ces maisons sont à Thumas Grigore).

De Thumas Grigore, marié à Willemette de Wavrans, ces cinq maisons passent à Tassart de Wavrans, époux de Mourée Grigore. Après le décès dud. Tassart, ses enfants (emb. 1415, f° 32 v°), se partagent les immeubles de la succession. Hue ou Huchon de Wavrans a dans son lot « quatre maisons en

Héronval, *tenans ensemble*, et tenans d'une part à Tassart de Lannoy, et *faisans front de rue au devant de le maison et héritage de Jaquemart Gallant* (53 et 54 du 2e tour de St-Jehan). Item, le maison de **Le Boule**, *tenans par derrière à icelles quatre maisons* d'une part et d'autre part au *Four du Temple.*

(Emb. 1418, fo 102). Le vve Hue de Wavrans vend à Piérot Morguet, une grange et un gardin, séans rue *du Petit Héronval* (57), faisant le touquet devant *le Peutich* (77), tenant à l'héritage du *Temple* et par derrière à l'héritage de led. vesve.

(Emb. 1423, fo 113 vo). Jeh. de Croisettes vend ses rentes « sur le maison et courtil, Piérot Morguet, tenant à le *rue as Testes* et à le grange *du Temple* ».

(Emb. 1434, fo 182 ro). Mah. Morguet vend à Jeh. Parmentier une grange où est ad présent *Le Boule* et ung gardin tenant à icelle grange, *en le rue du Piet de Boef* (*alias* rue du Petit Héronval), tenant à l'héritage *du Temple* et à Gillot de Thiéboval.

En effet, des maisons, qui ne figurent pas aux Rentiers, apparaissent alors en cette ruelle reliant la rue Héronval à la rue du Petit Héronval, ruelle appelée *rue du Peutich* et même, par une fantaisie assez singulière des scribes, *rue as Testes*, parce qu'elle prolonge, après la traversée de la rue Héronval, la rue actuelle *Deslions*, qui, elle-même, était considérée (on l'a vu plus haut) comme la continuation de la *vraie rue as Testes* (actuellement rue de la Charité).

(Emb. 1432, fo 107 ro). Régnault Avelot vend à Gillot de Thiéboval une maison en *le rue qui va du Piet de Boef en Héronval*, tenant à Piérot Morguet et aboutant à Colart Lanstier (propriétaire, après Jeh. de la Haie, des maisons qui furent Hue de Wavrans).

Led. Gillot de Thiéboval (1436, fo 61 vo) revend à Jeh. Martin Barbier cette maison séans en le *rue du Peutich.*

La Boule, c'est-à-dire le jeu de boule, occupait encore en 1434, l'angle de la rue du Peutich et de la rue du Petit Héronval (57). Vers 1440, le jeu de boule fut transféré presque en face (voir no 84).

On aborde avec le no 58 la deuxième partie du 8e tour de

St-Géry, la plus difficile à explorer. Rien dans l'état actuel des choses, ne rappelle, en effet, la configuration du vieux quartier situé entre Héronval et Haisorue. Les ruelles qui le sillonnaient ont disparu, englobées par les établissements des Capucins et des Jésuites et par la caserne Héronval. Occupaient-elles, au XIVe siècle les emplacements et suivaient-elles les directions que leur assignent les plus anciens plans d'Arras, dressés, vers la fin du XVIe siècle par Guichardin et par Braun? Une étude attentive des documents contemporains permet de répondre par l'affirmative. Malheureusement, le scribe du Rentier de 1382 est avare d'indications topographiques et celui du Rentier de 1396 ne semble pas avoir toujours suivi le même itinéraire que son prédécesseur. Il convient aussi de noter que ce quartier, un peu champêtre, se composait de jardins, granges, courtils, masures, maisoncelles, estables et « establettes à pourceaux » ; que ces propriétés morcelées passaient de main en main avec une telle rapidité, qu'il est malaisé, en raison des lacunes dans les registres aux embreveures, d'en indiquer les transmissions avec une certitude absolue. En outre, on trouve parfois, à la place de ces bicoques, « arses » ou « fondues » des places « wastes et wuides ». Il n'est pas rare non plus de constater des variations appréciables dans l'importance des « héritages », démembrés ou arrondis, selon les convenances des propriétaires successifs. Je crois cependant avoir signalé assez de points de repère, bien déterminés par des documents explicites, pour que la fin du présent tour puisse être considéré, en son ensemble, comme conforme à la réalité. L'examen minutieux des trois registres (1467, 1468 et 1473) de l'assiette pour la restauration de l'église St-Géry, registres sur lesquels je n'ai mis la main qu'après avoir rédigé mon travail, m'a prouvé que je ne m'étais pas égaré dans le dédale des ruelles.

58-60. A Piérot le Trippier. (1396 : à Jaquemart de Blangi).

61-63. A Jeh. de Dourlens. (1396 : aud. Jehan).

64-65. A Enguerran Castelain. (1396 : à Robert Lescaudé).
Le Noir Lion. Le Lion de Flandres (65).

66 et **67** sont respectivement à Enguerran Castelain et à Marie Cordewane. (1396 : à Jaquemart le Carpentier dit Miregaude, parmentier).

Lors d'un partage fait en 1390 (emb., f° 5) entre Enguerrant Castelain et Jaquemart le Carpentier, mari de Sainte Castelaine, Enguerrant reçoit « deux maisons tenans, à Jeh. de Dourlens, qu'il rétrocédera bientôt à Robert Lescaudé, et Jaquemart, deux maisons tenans aud. Enguerrant et à Robert Bouté (68). Robert Lescaudé, d'après une note marginale du Rentier de 1396, vend en juillet 1397 une maison à Jeh. le Bouchier qui (emb. 1414, f° 91) donne en garantie d'une dette cette maison tenant à Jeh. Crespin et à Robert Lescaudé.

68. A Colart Bouté. (1396 : aud. Colart, saqueur de vin).

69. A Jaque le Maieur.

Vers 1435, presque toutes ces maisons, situées dans la deuxième partie de la rue Héronval, après une série de transmissions qu'il serait difficile et d'ailleurs fastidieux de suivre, appartiennent à Simon Héré ou Hérel dit de Ternois, ce qui permet de fixer d'une façon assez précise la position du *Lion Noir* et du *Lion de Flandres*. Pour les raisons ci-après indiquées ces deux dénominations s'appliquent, sans aucun doute, à une seule et même maison.

Le 25 février 1436, (emb. f° 45 v°) un accord intervient entre les hoirs d'Annieulx Hauwel et Cornille Baudechon au sujet de rentes qu'ils avaient « sur une maison, séant en le rue de Héronval, nommée le *Noir Lion*, tenant *de part et d'autre* à Simon Héré, dit de Ternois, et *aboutans par derrière à le croisié des rues des Plachettes et de le Couppette* ». Cette maison devait tomber en ruine, car les rentiers consentent à ne recevoir pendant dix ans, dont sept sont déjà écoulés, que la moitié de leurs rentes, soit pour lesd. hoirs VI s. III drs., au lieu de XII s. VI drs., et pour led. Cornille, V s., au lieu de X s., à la condition que, pendant ce temps, *Jaquemart le Carbonnier* remettra l'immeuble en état.

Le n° 65 correspond exactement aux indications contenues dans cet acte.

(*Ibid.*, f° 162 v°). Simon Hérel vend à Jeh. Rambourt trois maisons tenans ensemble (66-68) tenans d'une part aux hoirs Simon de Thiembronnes (65) et d'autre part à Willaume Brochart.

(Emb. 1438-39, f° 184 r°). Ysabel et Willemine de Thiembronnes vendent à Simon Héré dit de Ternois la moitié d'une maison, séans en le rue de Héronval, qu'elles avaient à l'encontre de (en co-propriété avec) Jehan de Thiembronnes et de *Jaquemart le Carbonnier*, à cause de sa femme, tenant led. héritage d'une part à Simon Henne (n° 64, vendu aud. Simon Henne par Simon Héré, le 1er mars 1437 [emb. f° 161 r°]) et d'autre part à Jeh. Rambourt (66) et aboutant *à le rue de le Coupette* et à Colart Cappelain à la charge de plusieurs rentes..., XII s. VI drs. aux hoirs Anieux Hauel, X s. à Cornille Baudechon...

Enfin en 1444 (emb. f° 37 v°). Jehanne de Sacquespée, vve de Jeh. Rambourt revend à Simon Héré de Ternois, ces trois maisons tenans ensemble en le rue Héronval, tenant d'une part et par derrière à l'héritage dud. Simon, nommé le *Lion de Flandres* et d'autre part à Willaume Brochart.

Comme les armes de Flandres sont d'or au Lion de *sable* on s'explique fort bien que, pour les scribes, ce *Lion de Flandres* n'ait été qu'un *Noir Lion*.

70. A Jeh. de le Bare.

71. A Pierre le Gay. (1396 : Les deux maisons *au bout de Héronval* sont à Jeh. Patoul).

(1467, f° 26 r°. Assiette etc...) Les deux derraines maisons, séans en Héronval, *auprès des murs de le ville*, sont à Pierre Senestre et valent à louage VI lbs.

72. A Colart Capellain. (1396 : le maison *faisant touquet du Petit Héronval* est à Jaquemart de Blangi).

73. A Piérot le Trippier. (1396 : le mais ons. fu Piérot le Trippier et est laissée pour les rentes et font [s'écroule] toute).

74. A Jeh. d'Arras.

(Emb. 1392, f° 104 v°). Robert le Machon, dit le Cuvelier vend à Colart Cappelain deux maisons, en Héronval, tenant audit acateur et d'autre part à le maison *des Trois Roys*.

(1467, f° 26 v°. Assiette etc...) Les deux petites maisons devant *le Boule* (84) sont à Henry de Royville et valent à louage IIII lbs. XVI s.

Le maison ens. que on nomme *Les III Roys* est à Henry le Chastellain et vault à louage XXXII s.

75. A Jeh. d'Arras. **Les Trois Roys.**

76. A Jeh. d'Arras. **Le Coppegeule.**

(Emb. 1400, f° 154 r°). Tassart Willin vend à Colart Morguet, une maison séans au lieu dit *as plachettes*, nommée le maison *de Coppegeule*, tenans à le maison *des Trois Roys* et à Colart Cappellain.

(1467, f° 26 v°. Assiette etc...) Le maison ensiévant *Les Trois Roys*, nommée **Le Rouge Maison**, est à Adam de Leaue et vault à louage *pour chacune sepmaine*, II s.

Y a-t-il un rapport entre le nom de *Coppegeule* (peut-être Coupe-Gorge) et le nom de *Rouge* Maison ?

77. A Colart Capellain. (1396: **Le Poestich en Héronval** [*poterne* et aussi *portail ou portique* à front de rue donnant accès à une avant-court] aud. Colart).

On a vu plus haut (57) que *La Boule faisait touquet devant le Peustich*, qui formait *l'autre coin des rues du Petit Héronval et du Peustich.*

(Emb. 1414, f° 104 r°). Jeh. Mariette, marié en premières nocces à Jehanne Capellaine, vend à Willaume des Cressonnières, viézier, « une maison, nommée *le Peutich*, tenant à Piérot Morguet et par derrière à Jeh. Crespin.

(Emb. 1415, f° 102 r°). Jeh. Quesnel, sergent à macque du duc de Bourgogne, vend tous ses droits « sur un héritage, nommé *le Peutich en Héronval, faisant le coing devant le Piet de Boef* » (82).

78-79. A Katerine de Maizières. (1396 : à Colart Bouté *à l'opposite du four du Temple*).

80. A Willaume le Grumelier. (1396 : à Colart Bouté).

(Emb. 1432, f° 97). Willaume Brochart vend à Jeh. le Caumonnart, sergent à vergue, trois maisons (78-80) tenans ensemble, séans en le *rue du Four du Temple, faisant le touquet de le rue du Fumier* et tenans à *Jeh. le Parmentier*.

(1467, f° 26 v°. Assiette etc...) Les III premières maisons *au renq du Piet de Boef, séans derrière le porte des Mazenghes*, sont à Henry le Chastellain.

Le maison ens. (81) est aud. Henry et vault à louage VIII lbs.

Le maison du *Piet de Boef* ens. est aud. Henry et vault à louage V lbs IIII s.

81. A Willaume le Grumelier. (1396 : à Jeh. Witart).

(Emb. 1414, f° 79 r°). Thumas le Maire dit Witart (héritier de Jehan) vend à Toussains du Hamel une maison séans *en le rue des Placettes*, tenant d'une part à Jehanne Bouté et d'autre part à l'héritage du *Piet de Boef* à Piérot Trigal. Toussains du Hamel (*ibid.*, f° 110 r°) la revend à Jak. Portingal.

82. Aux hoirs Sandrart d'Escurry. (1396 : à Jeh. Witart). **Le Piet de Boef** *(Le Pied de Bœuf)*.

(Emb. 1399, f° 28 v°). Jeh. le Maire dit Witart vend à Pierre de Sommereel, dit le Miro, le maison, nommée le *Piet de Boef*, tenant à le maison dud. Jeh. et d'autre part à le maison qui fu Sandrart d'Escurry.

(Emb. 1415, f° 75 v°). Piérot Trigal, cordewanier, vend à Colart Baudoul, goudalier, une maison, nommée le *Piet de Boef, au Petit Héronval*, tenant à Jeh. de Portingal et à Bertran des Vignes.

(Emb. 1423, f° 46 r°). Jehanne Maugart, v^ve^ de Jeh. de St-Waast, donne à Jeh. Cocquet II sols de rente sur le *Piet de Boef* à Andrieu Willepin et qui fu à Colart Baudoul, tenant d'une part à *Jeh. le Parmentier* et d'autre part à le maison qui fu Bertran des Vingnes.

La détermination précise de l'emplacement du *Pied de Bœuf* offre un certain intérêt, parce que cette maison qui existait encore au début du XVIIe siècle fut englobée dans l'enceinte du Collège des Jésuites (Arch. dép. II, 3065). Elle était en 1604 dans la *rue du Soleil*, ainsi appelée à cause des étuves du *Soleil*, situées « dans la rue du Petit Héronval ». C'est toujours, on le voit, le même arbitraire dans la désignation du nom des rues, arbitraire qui persistera jusqu'en

1768, époque où les échevins mettront en adjudication la fourniture de plaques indicatives et de numéros.

83. As hoirs Sandrart d'Escurry. (1396 : à Huart de Wailli).

(Emb. 1390, f° 17 v°). Jeh. le Maire dit d'Escurry et Sainte Morelle, sa femme, vendent à Huart de Wailli et à Marguerite le Maire, dite d'Escurry, sa femme, le quart et tout tel droit qu'ils avoient en une maison séans devant le *Pestich en Héronval*, joignans à Jeh. Witart, conreur, et à Jeh. de Mailli.

(*Ibid.*, f° 85 r°), Michelot d'Escurry, fils de Sandras d'Escurry vend aud. Huart de Wailli, le moitié qu'il avait en une maison... (comme dessus).

(Emb. 1415, f° 25 r°). Piérot du Bos, dit le Moisne, vend à Bertran des Vignes, caucheteur, une maison, séans en le *rue du Piet de Boef*, tenant d'une part au *Piet du Boef* à Piérot Trigal et d'autre part à Loeurent Wendin.

84-88 Le courtieux et IIII maisons ens. sont à Jeh. de Mailli (1396 : Le gardin et *V petites maisons* tenans ensemble sont à Mah. et Jeh. de Wailli).

(Emb. 1401, f° 265 v°). Le v^ve^ Jeh. de Mailli vend à Colart Mor.uet, trois maisons et un courtillet, tenans à icelles, séans au *toucquet des Plachettes*, tenans d'une part à Huart de Wailli et d'autre part à Jeh. Poulier.

(Emb. 1421, f° 180 r°). Leuren Vaindin et Margueritte d'Escury, sa femme, garantissent un emprunt sur le produit de la vente d'une maison qu'ils ont, séant *au devant du Peutich en Héronval* et tenant à Benoît le Roy.

(Emb. 1426, f° 101 v°). Benoît le Roy vend à Jeh. de St-Obin une maison séant *en le rue des Plachettes, faisant le toucquet de le rue de le Couppette*, tenant d'une part à Leurent le Waindin et d'autre part à Jaquemart Poulier.

C'est dans une de ces maisons (84) que sera installée **La Boule** vers 1440.

(Emb. 1441, f° 21 v°). Jacque Sévérondel vend ses rentes sur deux maisons séans en *le rue de le Boulle*, l'une (83) à le v^ve^ Bertran des Vignes, tenant au *Piet de Boef*, l'autre où l'on *tient le Boulle de le ville*, à le v^ve^ Me Jeh. Parent, barbier, *tenant à le maison ci-dessus*.

(1467. Assiette pour la restauration de l'église St-Géry, f° 27 r°).

Les IIII maisons ens., nommées LE BOULE, sont à Henri de Royville et valent à louage xx lbs.

89-92. Les III petites maisons ens. sont à Jak. Coset.

93. Courtieux à Enguerran Castelain.

94. A Robert Bosquet.

95. A Agnès de Gréviller.

96. A Jeh. Bridelle.

97-98. A Colart Cappelain.

99. Au mayeur de Sailli.

100. A Willaume le Cras.

Au Rentier de 1396, le nombre de ces bicoques est réduit de près de moitié. En voici la disposition.

Le maison tenans as maisons Mah. et Jeh. de Mailli est à Jaquemart Poulier.

Les deux maisons ens. à Wautier Triboul.

(97-98). Les deux maisons ens. à Colart Capellain.

(99). A le vve du maire de Sailli-au-Bos.

(100). Le maison ens. est as hoirs de feu Grard du Boef et *fait le touquet de le rue Savalle le Bastard.*

Cette disposition correspond assez exactement aux indications des registres aux embreveures postérieurs à 1396.

(Emb. 1427, f° 148 r°). Jeh. Petit, viézier, vend à Jeh. de Mons une maison, séans *en le rue de le Couppette*, tenant à Jeh. de St-Obin et à Wautier Triboul.

(Emb. 1414, f° 104 r°). Jeh. Mariette vend à Willaume des Cressonnières une maison, séant *en le rue de le Couppette, tenant à Wautier Triboul* et à Enguerrant de Ronville.

(Emb. 1418, f° 65 r°). Pierre Ousson vend à Colart le Borgne ses rentes sur plusieurs maisons, entre autres II sols sur le maison Enguerran de Ronville, fournier, (100) faisant le touquet devant le porte du Boef en Haiserue (9 du 1er tour de St-Etienne. Il s'agit naturellement de la porte de derrière) et tenant à l'héritage dud. Enguerrant.

(Emb. 1421, f° 195 v°). Maroie le Bouchière, vve de Enguerrant de Ronville, donne en garantie d'une dette deux maisons (99-100), séant en le rue de le Couppette, tenant à Colart Capellain *et faisant le touquet d'une ruelle par lequelle on va au Fumier.* (C'est-à-dire de la rue Savale le Bâtard).

En 1467 (Assiette pour l'église St-Géry, f°.27 v°), il n'y a que deux maisons et deux jardins entre les quatre maisons de *la Boule* et « le petite maison qui fait *le tousquet devant* LES NOEUSVES ESTUVES » (17 du 1er tour de St-Etienne). Cette petite maison est louée « II sols à le sepmaine ».

101-102. Les II petites maisons à Gillot d'Origny.

103-108. Les VI maisons à Jeh. Graine, potier d'estain.

(Emb. 1391, f° 14 r°). Le 29 mars 1391 « furent le maieur d'Arras, demelle Marguerite le Sauvage, vve de Gille Crespin, et Jeh. de le Were, procureur de messire Ector du Castel, chevalier, mis en possession et saisine d'une maison séant *emprès le Fumier*, qui soloit appartenir à Jeh. Graine, tenant à le mairesse de Sailli et d'autre part à Simon du Chevalier, pour non paiement de rente.

L'expression : *emprès le Fumier*, se rapporte bien à la situation des maisons de Jeh. Graine, dans la partie de la rue Savale le Bâtard avoisinant la rue du Fumier. Comment cette maison, objet de la saisine, tenait-elle à la mairesse de Sailli-au-Bois (99) ? Peut-être par derrière à l'héritage précité, le seul qui figure au Rentier de 1396 ; peut-être à une acquisition faite après 1382, puis rétrocédée avant 1396, sans laisser de traces dans les documents qui subsistent. Bien entendu, toutes ces bicoques nous sont, par elles-mêmes, indifférentes. Le seul point intéressant à noter, c'est que les scribes suivent un itinéraire, dont on retrouve exactement le tracé dans les plans du XVIe siècle.

109-111. Les III maisons à Simon du Chevalier.

En 1467 (Assiette etc., f° 27 v°), ces maisons appartiennent à Henry le Chastelain. Les deux dernières font *le touquet « au renq de le rue du* FIU D'OR ». Henri le Chastellain possède également les huit maisons suivantes (f° 28 r°).

112. A Mik. de l'Abrissel. (1396 : à le vve dud. Mikiel).

113-114. A Mah. de l'Ermite. (1396 : à Jeh. Witart, conreur).

Ces maisons devaient rejoindre par derrière les héritages (81 et 82) appartenant aud. Jehan.

115-116. A Méhaut de Lattre. (1396 : plache waste qui fu Gillot de Lattre.

117. Le Four du Temple. (1396 : Dans l'itinéraire du Rentier de 1396, *le Four du Temple,* venant après *le Peustich en Héronval,* aurait porté le n° 77. Il n'en eût pas moins été, comme on l'a vu plus haut, situé derrière les *Mazenghes* et les premières maisons de la rue Héronval. Il ne formait donc pas, ainsi que le prétend l'auteur des *Rues d'Arras* (t. II, p. 89), l'angle opposé au fief de l'abbaye de St-Waast, pas plus d'ailleurs que ce fief ne faisait retour sur la rue *des Quatre-Crosses* qui n'existait pas.

Les religieux de l'hôpital de St-Jean de Jérusalem (les Templiers) étaient propriétaires du *Four du Temple.* Ils prétendaient être, eux et les locataires dudit four, exempts de toute imposition, prétention à laquelle s'opposaient le procureur du duc de Bourgogne et le Magistrat d'Arras. De là procès. « Les religieux disoient que par led. Monsgr le duc, maire et eschevins ils avoient esté empesché en leurs drois, justiche, signourie, franchises et libertés que ils ont par toute leur terre, et par espécial, sur une maison, nommée *le Four du Temple,* en lequelle ils ont toute justiche et signourie haute, moienne et basse, seuls et pour le tout, sauf le ressort au roy et avecc (par suite) les demourans en ycelle, à le cause dite (pour cette raison), sont et doivent estre francqs de toutes exactions, tailles, assises, imposts et maletôtes ». Un accord intervient, le 21 novembre 1398, entre les parties. Les religieux cèdent leurs droits de juridiction et tout autre droit de seigneurie à la ville moyennant une rente annuelle de VI livres. (Reg. mém. 4, 1398-1405, f°s 1 v et 18 r°).

(H, 635-1415, f° 107). La ville d'Arras, pour le *Four du Temple emprès le Fumier,* XII drs.

118. A Mah. le Fort (propriétaire des *Maillés).* (1396 : à Jeh. Monnart *à l'opposite du Four du Temple).*

(Emb. 1392, f° 107 v°). Jeh. Calet vend à Jeh. Monnart ung maset et tout l'éritage *séant devant le Four du Temple,* joignans à l'éritage Jaquemart Hanebot (propriétaire des *Maillés*) et faisant touquet d'une ruelle par lequelle on va en le rue du *Fief d'or* (*sic* pour Fieu).

PAROISSE S^TE^-CROIX

Li premiers tours commenche à le porte Saint-Mikiel en alant jusques à téraux (f°s 63 et suiv.).

(1396 : f°s 110 et suiv.)

1. Le maison *joignans à le porte Saint-Mikiel* est à Jeh. Bougier. (1396 : à Jeh. Cochu). **L'Erche** *(La Herse).*

2. As hoirs Jak. Brongnart et à Jak. de Caucourt. (1396 : à Jaquemart Brongnart).

(Papiers des rentes de le Povreté, 1395). Sur le maison Jaquemart Brongniart, tenant à le maison de *l'Erche* et à le maison Foukart le Barbier, cordewanier, XVIII s.

(Emb. 1414, f° 107 v°). Baudine Blondelle, v^ve^ de Jeh. Rondel laisné, vend à le v^ve^ de Jeh. Rondel le jone le quart qu'elle avait en « une maison séans *emprès le porte Saint-Miquiel, tenans à l'Erche* d'une part et d'autre part à une enchine qui fu à Foucart Cordewanier ».

3. A Fouquet (erreur pour Fouquart) le cordewanier. (1396 : **Le Chine** *(le Cygne), faisans touquet de le rue à Loliette* aud. Fouquart dit le Barbieur).

(Emb. ext. 1396, f° 9 r°). Gille d'Ansaing vend à Willaume de Canteleu, ses rentes « sur le maison du *Chine ou marquiet as quevaux,* appartenans aux enfans Foucquart le Barbier, *estans sur le touquet de le rue de Loliette.*

4. A Climent Riquier. (1396 : à Fouquart le cordewanier).

(Emb. ext. 1388, f° 4 v°). Clément Riquier gage une dette sur la maison où il demeure *en le rue à Loliette*

5. A Jakemart de Caucourt. (1396 : Le maison *ens. à celle rentrans en le rue à Loliette* est à Jaquemart Poulier. — Cette indication s'explique par le fait que le Rentier de 1396 à réuni sous le nom de Fouquart les deux maisons [3 et 4] dont l'une faisait touquet et dont l'autre par suite *rentrait* en le rue de Loliette). **Saint-Miquiel.**

(Emb. 1390, f° 88 v°). Il est stipulé au contrat de mariage de Pierre de Moncheaulx et de marie Wilarde que, en cas de prédécès du mari, la femme jouirait des propriétés « acquestées » par led. Pierre à Jak. de Caucourt et notamment d'une maison *scituée en le rue à Loliette,* laquelle tient à le maison Climent Riquier et à le maison qui fu Baudin Fourdin.

(Emb. 1427, f° 161 v°). Jehanne de Caucourt, v^ve^ de Raoul Postel, vend à Jeh. de le Masure une maison, séans en le rue de Loliette, nommée *Saint-Miquiel,* tenant à l'éritage qui fu Jeh. Fourdin et aboutant aux cresteaux de le ville.

6. A Baudin Fourdin. (1396 : à Polet de le Folie, marchant de quevaux).

7. A Pierre Béquet. (Il manque ici un folio au Rentier de 1396).

(H, 633-1408, f° 35). Pierre Becquet, pour une maison en le rue à l'Oliette derrière le puch, I blanc coulon.

8. A Pierre de Monchiaux.

9. A Jeh. Renel.

10. A Pierre Mayet.

(Emb. ext. 1379, f° 11 r°). Alison Briette, fille Willaume Briet, careton, vend à Pierre Mayet une maison *séans en le rue à Loliette,* tenans à Jak. de Baraffle.

11. A Jak. de Baraflle.

12-13. A Jak. Bridoul.

14-15. Le maison et une grangete d'alès sont à Robert Maillin.

16-19. Les IIII maisons petites sont à Jak. de Caucourt et à Jak. Brongniart. (1396 : Les IIII maisons et un gardin qui furent Jaquemart de Caucourt sont à Pierre de Monchiaux).

(Emb. ext. 1387, f° 7 r°). Jak. de Caucourt et Jehanne Herlande, dite Brongnarde, sa femme, vendent à Pierre de Monchiaux IIII maisons, tenans ensemble, *au bout de le rue à Loliette*. (*Ibid.*, f° 10 v°). Jaquemart Herlant, dit Brongniart, vend à son tour tous ses droits sur lesd. maisons aud. Pierre.

(Emb. 1436-38, f° 169 v°). Piérotin de Loblet vend à Jeh. du Ploich trois maisons en le rue de Loliette tenant à Fleury le Vasseur dit du Cat cornu et *faisant touquet en alant sur les cresteaux de le ville*.

20-22. Le maison *en l'autre rencq d'alès les téraux* et II autres maisons d'alès et un grant courtieux *en le ruelle de Paris* sont à Jak. de Caucourt et as hoirs Jak. Brongniart.

(Emb. 1390, f° 88 v°). Ces maisons, « *tenans d'une part aux téraulx de le ville* et d'autre part à le maison qui fu Piérot de Saint-Martin et *qui fait touquet de le rue de Paris* », furent également achetées à Jak. de Caucourt par Pierre de Monchiaux et sont aussi visées dans le contrat de mariage cité plus haut (5).

(H, 635-1415, f° 23). Pierre de Monchiaux, pour III maisons tout d'ung comble, XV drs. II cap.

23-24. A Pierre de Saint-Martin. (1396 : Les *deux masures qui font le touquet* sont as hoirs Jaquemart de Cresecques. — En note marginale : les dictes deux masures sont à Gille de Raincheval par le partichion et division des héritages de Jaquemart de Cresecques).

(H, 631-1396, f° 13). Gillot de Raincheval, pour le maison qui fu Pierre de St-Martin, IIII drs. et cap. et demi.

(*Ibid.*, f° 13). Jeh. de Cresecques, pour une *maison sur le touquet*, IIII drs.

D'où il paraît résulter que Gillot de Raincheval n'avait alors qu'une seule de ces masures, qui, bientôt effondrées, feront place à un jardin. En 1415 (H, 635, f° 23), Jaque de Raincheval a, là, trois maisons dont « une maison et est gardin et fait le toucquet de le rue de Paris en alant aux téraulx, cap. et demi ».

(Emb. 1432-33, fo 18 vo). Jaquemart de Raincheval vend à Anthoine de Monchiaux ung gardin faisant *touèquet de le rue de Paris, qui maine à le posterne* et tenant de tous côtés aux héritages dud. Anthoine.

(Emb. 1438-39, fo 44 vo). Anthoine de Monchiaux et Willemote de Cault, sa femme, vendent à Colart Bracquet ce jardin «*faisant touquet sur le rue de Paris* ».

25. Le courtieux tenans (par derrière) au courtieux Jak. Brongnart est à dame Audeluye. (1396 : à Tassart Willin, cervoisier).

26-27. Le maison et le courtieux d'alès à le vve Jeh. Moustarde. (1396 : à Tassart Willin).

(H, 631-1396, fo 15). Tassart du Blanc Cherf (Willin), pour maisons et gardins en IIII membres, tenans à Piérot le Conte, II s. VI drs. et V cap.

28. Courtieux à Jak. du Moutonchel. (1396 : maison et gardin à Piérot le Conte).

(Emb. ext. 1388, fo 10 ro). Pierre de Monbertaut et Marie de Blaringhem, sa femme, vendent à Pierre le Conte une maison et gardin marchissans sur les murs de le ville.

(H, 631-1396, fo 15). Pierre le Conte, pour II gardins, le maison et plusieurs plaches *vers le Moelin* en II membres et furent Monbertaut, XIII s. IIII drs.

Cette propriété côtoyant le rempart, occupait donc une grande partie de la rue de Paris.

29-32. Les IIII maisons qui *font le touquet du molin de le Posterne* sont à Pierre Querquefoelle. (1396 : aud. Pierre).

(Emb. ext. 1397, fo 12 ro). Pierre Querquefoelle et Jehanne le Borgne, sa femme, vendent à Jaquemart Pinte IIII maisons, *emprès le Posterne,* tenans ensemble, séans *entre le maison Pierre de Monchiaux et le molin ou bled* dud. Pierre d'autre part.

(Emb. ext. 1402, fo 22 vo). Jeh. Lagier, procureur des religieux, abbé et couvent de l'église de St-Waast, déclare que lad. église avait naguères dix-huit sols de rente sur « une maison et courtil appartenant à Jak. Pinte le jouenne, tenant à le maison

Pierre de Monchiaux *et faisant le touquet en alant vers le moulin de le Posterne* » et que par défaut de paiement de lad. rente lesd. religieux, « en le manière en tel cas accoustumée », ont fait procéder à la Bretèque à l'adjudication de cette rente qui avait été vendue et octroyée à Thumas du Crotoy.

Donc, Pierre de Moncheaux, déjà propriétaire du moulin de Poterne et de plusieurs immeubles dans ce quartier, avait dû acquérir, sans qu'il reste trace de l'achat, une des maisons de Piérot Querquefeulle ou de Pierre le Conte.

33. **Le Moelin à l'ollle** à Pierre de Monchiaux. (1396 : **Le Moelin au blé** *au coing de le Posterne*, aud. Pierre).

(Emb. 1426, f° 70 v°). Pierre de Monchiaulx et Jehanne Plumet, sa femme, vendent au procureur de la ville « ou nom et au proffit du corps et communaulté d'icelle, une maison, courtil et gardin... aveuc deux molins à eauwe, l'un à blé et l'autre à oeulle au lieu que on dist *à le Posterne*, tenus de l'église St-Waast d'Arras et ung aultre gardin faisant le coing dud. molin au blé par delà le Crinchon.

Voici d'ailleurs en quels termes assez rébarbatifs est rédigé l'acte de vente de ces deux moulins actionnés par le courant du Crinchon, et co-existant, sinon dans un seul corps de bâtiment, du moins dans un ensemble de constructions contiguës et sous une direction unique.

(Arch. dép., H, 408, 15). Achat par la ville à « Pierre de Monchiaux et Jehanne Plumet, sa femme, de deux molins à eaue, situés au lieu que on dist le Posterne, l'un à bled et l'autre à oille avec les revenues et héritaiges appartenans à iceulx molins tenans, est assavoir, celui à blé et mouvans du ponchel et vantale fonsier et toute le choque de le maison dud. molin, ainsy qu'il se comporte entre le rive du cours de l'eaue au lez vers le tour cornière mouvant de l'opposite du ventale fonsier et le rive du fossé au lez vers led. molin, par lequel s'escheue led. ventale et aveuc le courant de l'eaue jusques à l'arque de pierre de le posterne, et celui à oille aveuc les estables tenant du bout au courtil et héritage de Pierre Crestel et du long desd. estables et molin aux téraux des murs de led. ville, auquel molin à oille et ténement d'icellui est et appartient le courant et fons de l'eaue depuis le ténement dud. Pierre Crestel jusques aud. molin à blé et arque de pierre...

Il semble bien que ces moulins, dits *de Poterne*, qui dans les plans du XVIIe siècle, figurent en deçà du Crinchon à l'endroit où sont les n°s 74 et 75 du présent tour de Sainte-Croix chevauchaient alors, comme je l'indique, la rivière, un peu avant sa sortie de la ville.

34. Courtieux *tenant au Pont de Paris* à Pierre de Monchiaux. (1396 : le gardin *devant le Pont de Paris, à l'autre rencq contre le maison* et gardin Piérot le Conte, aud. Pierre de Monchiaux).

(H, 631-1396, f° 15). Pierre de Monchiaux, pour ses gardins *devant* se maison, *emprès le Crinchon*, et tenant à Gillot Maret, XXI drs. III cap. et demi.

34 *bis*. (1396 : Il y a ici un jardin qui ne figure pas au Rentier de 1382 et qui s'étend le long du Crinchon : « le gardin tenant au gardin Pierre de Monchiaux et au Pont de l'Aubel est à Gillot Maret »).

(H, 631-1396, f° 15). Gillot Maret, pour se maison et gardin, III s. VI drs. et I cap.

35. Le gardin qui fait *le touquet de le rue Boine Seur* est à le v[ve] Mah. Durand. (1396 : à Simon de Fontaine).

En 1408 (H, 633, f° 33), quatre propriétaires de ce quartier, intéressés à la sécurité et à la propreté de cette rue, paient « chacun II drs. pour le porte cloant (fermant) le *ruelle Boine Seuch*, VIII drs. » On voit assez souvent des exemples de ruelles fermées pendant la nuit.

Les mots *seuch* et *seur* signifient : *sureau*, mais ils sont alors masculins. *Seuch* est sans doute ici une erreur du scribe et il doit falloir lire boine seur ou bonne sœur.

36-39. Les III maisons et un courtieux d'alès sont à Simon Sacquespée. (1396 : Les maisons qui furent Simon Sacquespée, sont à Toussains du Hamel. — En note marginale : toutes les III maisons ont été vendues à

Toussains du Hamel, linier, le IXe jour de juillet IIII^{xx} et XVI).

Le jardin (emb. ext. 1388, f° 7 r°) avait été vendu par Simon Sacquespée au procureur de la ville et au profit d'icelle.

(H, 631-1396, f° 14). Vve Simon Sacquespée (nom barré et remplacé par : Toussains le Linier) pour plusieurs maisons, IIII s. IIII cap.

40. Le maison tenant au courtil Simon Sacquespée, à Pierre le Barbier. (1396 : à Jeh. Tabué).

(H, 631-1396, f° 14). Jeh. Tabuel, pour se maison, XII drs. III cap.

41. A Pierre le Barbieur. (1396 : as enfans meuresdans de feu Simon Puchier, dit le Barbier).

42-43. A Jeh. Hacouse. (1396 : à Mik. Linde).

(Emb. ext. 1379, f° 1). Jehanne le Rousse, v^{ve} de Jeh. Piquenne, vend à Jeh. Hacouse une maison, *en le rue de Paris* (43), séans entre le maison dud. acateur et Grard de Paris.

(H, 631, f° 14). Mik. Linde, pour II maisons en II membres, XII drs. II cap.

44-45. Le maison et une grange d'alès à Grard de Paris. (1396 : à Robert Hanon, boucher).

(Emb. ext. 1387, f° 9 r°). Dem^{elle} le Conte, v^{ve} de Guérard de Paris, vend à Jeh. de le Cambe, dit de le Fontaine, une maison, en le rue de Paris, en alant au molin de le Poterne.

(Emb. 1392, f° 85 r°). Jeh. de le Fontaine vend à Robert Hanon dit Gaiole cette maison, « joignans à Mik. Linde et à Marguerite Huquedieu et aboutans par derrière à Alexandre des Ponchiaux, (60 et 61).

(H, 631, f° 14). Robert Gaiole, pour se maison, IIII s. VI cap.

46-50. Les cinq maisons dont li *une fait le touquet* de le rue de Paris sont à Philippe Huquedieu. (1396 : à Pierre Yvain, fèvre).

(Emb. 1392, f° 120 r°). Marguerite Huquedieu vend à Pierre Yvain, marissal, cinq *maisoncelles*, tenans ensemble, en le rue de Paris, joignans à Robert Hanon, dit Gayolle, et à Colart de Marques.

(H, 633-1408, fo 32). Le vve Pierre Yvain, dit le Fèvre, pour v maisons qui furent Marguerite Huquedieu, *faisans touquet*, tenans à Robert Gaiolle en II membres et furent mises à gardin en l'an IIIIc et six, II s. IIII cap.

(II, 635-1415, fo 20). Willaume Yvain, pour v maisons *faisant touquet en avalant en le rue de Paris*, tenant à Robert Hanon et sont gardins, II s. IIII cap.

51-52. Le courtieux et le maison à Colart de Marques. (1396 : aud. Colart). **Le Blancq Coulon.**

(H, 631-1396, fo 14). Colart de Marques, pour se maison *contre le rue as Coulons*, I blanc coulon.

(Emb. 1415, fo 92 ro). Pierre Bidart vend à Philippot Camare tous ses droits sur une maison en le rue de Paris (erreur pour rue du Gardin), nommée le *Blanc Coulon*, tenant à Willaume Yvain.

(Emb. 1418, fo 79 ro). Philippot le Roulier renonce à tout tel droit qu'il a « pour son baillié à Gille de Tiéboval, au proffit de Philippot Camare, en une maison, séant *au bout de le rue as Coulons*, tenant à Willaume Yvain et à Pierre de Canteleu.

(H, 635-1415, fo 20). Philippot Camare, pour maison *droit contre le rue as Coulons*, I blanc coulon.

(H, 639-1429, fo 25). Gillot de Thiéboval, pour maison *droit et contre le rue as Coulons*, I blanc coulon.

(Emb. 1432-33, fo 141 ro). Gilles de Thiéboval, cirier, vend à Martin de le Deulle, tisseran de toilles, et Jehanne Bouchel, sa femme, une maison, séant en *le grant rue du Gardin au devant de le rue as Coulons*, tenant... (comme dessus).

(Emb. 1438-39, fo 176 vo). Jeh. Lefranc et Jehanne Bouchelle, sa femme, vendent à Jeh. de Verringues une maison, nommée LE BLANCQ COULON tenant à le vve Andrieu Yvain et à Pierre de Canteleu.

53-54 Le grange et courtieux à Willaume de Canteleu. (1396 : aud. Willaume). **Le Quiévrette** *(La Chevrette)*.

(H, 631, fo 14). Wille de Canteleu, pour se maison et gardin de *le Kiévrette*, VI drs. I cap.

(II, 635-1415, fo 20). Le vve Wille de Canteleu, pour le maison de *le Quiévrette*, VI drs. I cap.

(H, 639-1429, fo 24). Pierre de Canteleu, pour *le Kieuvrette*, VI drs. I cap.

55. A Colle de Parvillers. (1396 : à led. Colle).

(H, 631, f° 13). Colle de Parviller, pour se maison, III drs. demi cap.

56. A Jeh. Théry. (1396 : le maison et un gardin sont à Jeh. Cailliel dit Caillelot. — En note marginale : vendue par ledit Cailliel à Gillot Boulart le XIX° jour de march IIIIxx et XVI).

(Emb. ext. 1379, f° 11 v°). Jeh. Ravel vend à Jeh. Théry une maison, séant en le grant rue du Gardin, tenant à *le Quiévrette.*

57. Le maison qui fait *le touquet de le rue du Cornet* (c'est-à-dire de la rue de l'Aubel ou d'Avalleau qui semble être la prolongation de la rue du Cornet) est à Climent Riquier. (1396 : le maison qui fait touquet et partie d'un gardin et qui fu à Jaquemart Baillelet sont à Gillot Bolart, hauteliceur).

(Emb. ext. 1394, f° 4 v°). Andrieu Galopin vend à Gillot Bolart une *maison faisant le touquet de le rue de l'Aubel.*

(H, 631-1396, f° 13). Gillot Boulart, pour une maison qui fu Clément Riquier, II drs. et le tierch d'un capon.

(H, 635-1415, f° 19). Jeh. Brousse, pour une maison ensiévant et fu à Climent le Ricquier et fait le *toucquet en montant de le rue du Four de l'Obel en le grant rue du Gardin*, II drs. et le tierch d'un cap.

58-59. Le maison et un courtieux d'alès à Jak. Baillelet. (1396 : à Gillot Boulart).

(H, 631-1396, f° 13). Jeh. Caillet, pour le maison et gardin qui furent Jak. Baillelet, tenant à Alexandre des Ponchiaux, IIII drs. et les deux pars d'un cappon.

(H, 632-1398, f° 29). Jeh. Caillet (mots biffés et remplacés par) Gillot Boulart, etc...

60-61. Le grange et maison à le v^ve Jeh. du Bos. (1396 : à le v^ve Alexandre des Ponchiaux).

(H, 631, f° 13). Allessandre des Ponchiaux, pour II maisons tenans à Willaume Pesqueboine, XVIII drs. et IIII cap.

(Emb. 1399, f° 75 v°). Après le décès de Maroye de Quernes, v^ve dud. Alexandre, ses gendres se partagent amiablement la succession. Tassart le Bèghe et Mourée des Ponchiaux, sa femme, ont les deux maisons *devant le Four de Lobel* (14 du 2e tour), tenans ensemble et à Gillot Bolart et d'autre part à le maison qui fu Wille Pesqueboine.

62-64. Maison, courtioux et maison à Willaume Pesqueboine. (1396 : les deux maisons et un gardinet aud. Willaume). **L'Espée de l'Aubel** *(Aubel, peuplier blanc).*

(H, 631, fo 13). Wille Pesqueboine, pour II maisons et gardin *contre le Four de l'Aubel,* II s. VI drs. et V cap.

(Emb. 1401, fo 233 vo). Wille Pesqueboine vend à son frère Jehan tous ses droits sur une maison *devant le Four de Lobel,* tenant à l'éritage de *l'Espée de Lobel.*

(H, 639-1429, fo 24). Pierre Gosset, pour une maison nommée *anchiennement l'Espée de l'Aubel,* XVIII drs. III cap.

(Emb. 1436, fo 57 ro). Pierre Gosset vend à Nicaise le Roy une maison, grange et gardin *séant en le rue et au devant du Four de l'Aubel.*

65-68. Les III maisons à le vve Mik. le Parmentier. (1396 : à Achillet de Berle, dit le Carpentier. — En note marginale : vendues à Hevin le Retourné, sept. IIIIxx et XVI).

(H, 631, fo 13). Achillet Cavet (nom biffé et remplacé par) Hévin le Retourné, pour III maisons tenans à Colart de Habarcq, XVIII drs.

67-70. A Jack du Moutonchel. (1396 : à Colart de Habart, fèvre).

(H, 631, fo 13). Colart de Habarcq, pour II maisons, XII drs. II cap.

(Emb. 1415, fo 34 vo). Pierre de le Bare dit de Lille vend à Philippe Nepveu ses droits en II maisons à lui escheues par le succession et hoirie de le vve Colart de Habart, tenans icelles maisons à une petite plache wide qui de présent appartient au duc de Bourgogne et *ayans yssue sur une ruelle nommée le rue Boine S(eu)r* et faisant front sur le rue de l'Obel devant l'éritage Charle le Pelle (10-11 du 2e tour).

(H, 635-1415, fo 18). Philippe Nepveu, pour deux maisons qui furent à Collart de Habart, XII drs. II cap.

71. A Gille de Puisieux.

72-73. Le maison et gardin as hoirs Pierre de Fisseu. (1396 : les deux maisonchelles et un gardinet à Jeh. de le Porte, tavernier, et furent Piérot de Fisseu).

74-75. Les maison et gardin qui *font le touquet de l'autre renc jusques au Pont de l'Aubel* sont à Jeh. des Monchiaux.

Li IIe tours (de Ste-Croix) commenche au Pont de l'Aubel, en montant tout à mont devant le maison Jeh. des Yauwys et entrant en le rue des Corbilliers et finant à le maison Jeh. le Fèvre sur les Crinchons (f°s 65 r° et suiv.).

(1396 : même rédaction, fos 114 r° et suiv.)

1-6. Le maisonchelle joignant au Pont de l'Aubel et v ens. sont as hoirs dame Audeluye. (1396 : le maison joignant au pont de l'Aubel et IIII autres ens. tenans ensemble sont à Hévin le Retourné, couvreur de tieule).

7-8. Le maison et gardin *faisant le touquet à l'autre lès de le plache* sont as hoirs Pierre de Fisseu. (1396 : le maison et gardin *faisant le touquet des Praiaux, à l'autre renc,* à Anthoine Cousin.

(Emb. ext. 1394, f° 5 r°). Hanotin de Fisseu vend à Anthoine Cousin une maison et le courtil, séant au lieu que on *dist les Prayaulx, faisant touquet sur lesd. Prayaulx...*

(II, 631-1396, f° 12). Gillotte, fille Antoine Cousin, pour pluiseurs gardins qui furent Hanotin de Fisseux, tenans à Jeh. de Wavrans, XII drs, II cap.

Item. pour maison et gardin tenans à Jeh. le Couvreur, en II membres, *devant le plache des Praiaux,* II s. IIII cap.

9. A Joh. le Couvreur. (1396 : à Joh. le Fèvre, dit le Couvreur, desquerqueur).

(H, 632-1398, f° 28). Jeh. le Couvreur, pour se maison emprès le maison Jeh. de Chérisi, VIII drs.

10-11. Les II maisons à Thumas Rigolet. (1396 : à Margot Rousselle, v^ve^ Martin Rigolot, et à Jeh. de Wavrans).

(Emb. 1391, f° 12 v°). Charle Rigolet, fils de feu Thomas, vend à Jeh. le Carpentier, dit de Wavrans, tout tel droit qu'il avait sur « deux maisons, tenans ensemble, *séans en le rue de l'Aubel*, joignans à Jeh. le Couvreur et au gardin dud. acateur ».

(Emb. 1399, f° 5 v°. Jeh. le Carpentier, dit de Wavrans, et Benoîte le Royne, (1) sa femme, donnent à Catherine et Jaquette Carpentier, filles dud. Jeh. et de Marguerite Rousselle, la moitié et tout tel droit qu'ils avaient « en trois maisonchelles nommées **Chérisy** (2) séans en *le rue de l'Obel*, qui furent Thumas Rigolet, tenans à Jeh. le Couvreur et au gardin desd. conjoins.

(H, 640-1435, f° 23). Charles le Pele, pour le maison de *Chérisi* qui fû à Thumas Rigolet, XVIII drs. II cap.

12. Courtieux à Jakemart Cardon. (1396 : à Jeh. de Wavrans).

13. A Crestien le Turcq. (1396 ; à Jeh. de Wavrans).

(Emb. 1399, f° 4 v°). Jeh. le Carpentier, dit de Wavrans, et Benoîte le Royne, sa femme, donnent à leur fils aîné Névelot, « une maison tenant d'une part au courtil desd. conjoins et d'autre part au *Four de l'Obel*.

14. A Englebert Louchart, fil le Sénescaul de Pontieu. (1396 ; le place qui *souloit estre* **Le Four des Aublaux** *est place waste*.

(H, 632-1398, f° 28). Le v^ve^ Englebert Louchart, pour le *Four de l'Aubel*.

(H, 639-1429, f° 23). Lyonnel de St-Waast, pour le *Four de l'Aubel*, et est à présent gardin. (Note que ledit héritage estant en ruine et de petite valeur ou nulle, l'abbaye de St-Waast avait remis et modéré la redevance).

(1) Le Royne, c'est-à-dire une demoiselle Le Roy.

(2) On trouve longtemps dans les cueilloirs cette désignation de maisons *nommées Chérisy*, du nom de leur ancien propriétaire Jeh. de Chérisi.

15-17. Les III maisons à Jeh. de Yauwis. (1396 : les II maisonchelles, le maison du **Noir Lion** et un gardin as hoirs dud. Jehan).

(H, 632-1398, f° 28). Le v^ve^ Jeh. des Yauwis, pour plusieurs maisons, v s. VI drs.

(Emb. 1401, f° 351 r°). Le 18 novembre 1401, Jeh. de Reu, sergent du roi, présente aux échevins une lettre du roi « et un décret prononchié en Parlement du roy, par lequel pooit apparoir que à Lambert de St-Waast estoient demourés comme au plus offrant et dernier renchérisseur pluiseurs héritages qui jadis furent à feu Jeh. des Yauwis, et, entre les autres, III maisons séant en le grant rue du Gardin, l'une nommée *Le Noir Lion en le Béchaie* et deux petites maisonchelles tenans et appendans à icelle ». Il demande que led. Lambert soit mis en possession et saisine de ces propriétés. Ce n'est que l'année suivante, après que Lambert eut acquitté les droits seigneuriaux dus à la ville et au sujet desquels, sans doute, il y avait eu contestation, que les échevins reconnaissent la validité de la vente.

18. A Huart Ghillain. (1396 : Le maison *en le place de le Béchaie* [c'est-à-dire devant lad. place, dont elle était séparée par la rue du Jardin] à dem^elle^ du Tonnelet).

(H, 632-1398, f° 28). Le v^ve^ Nieule de Paris (du Tonnelet), pour se maison tenant à le v^ve^ Jeh. des Yauwis sur le grant rue du Gardin, VI drs. I cap.

19. A Jeh. Frémaut. (Ne figure pas au Rentier de 1396).

20. Le maison joingnant *qui fait le touquet de le rue des Corbillers* à Jeh. de Wavrans. (1396 : à Jeh. Rumaut).

(H, 632-1398, f° 27). Jeh. de Wavrans, pour pluiseurs maisons et un courtil *joignant par derrière au Four de l'Aubel* » (14). Ce qui prouve que ce vaste terrain avait été utilisé pour de nouvelles constructions.

(Emb. 1432, f° 21 r°). Jehanne de Carvin, v^ve^ de Colart Obry, vend à Robert le Vesque ses droits sur « une maison, séant *devant le place de le Béchaie*, tenant à Jeh. d'Estroen *et faisant touquet de le rue des Corbilliers* ».

21-22. Les II maisons qui *sont au bout des Prayaux sur un touquet* sont à Simon Augrenon. (1396 : à Jeh. Daulé, tavernier).

(H, 633-1408, f° 28). « Jeh. de Lens paie à St-Waast LIIII drs. et IX cap. » pour les propriétés à partir du n° 20.

23. As hoirs Piérot de Fisseu (propriétaires des n°s 7 et 8). (1396 : le maison et un gardin apliquiés à led. maison, à Simon Loisonneur.

(Emb. 1391, f° 75 v°). Baudin Loisonneur et Simon Loisonneur, son fils, gagent une obligation sur un courtil séans en le rue *de le Coqueterie,* tenant à demelle de Lens et *faisant le touquet de le rue des Praiaux.*

(Emb. 1424, f° 38 v°). Piérette Lobegoise dite Loisonneresse vend à Waast le Sérurier ung courtil tenant *aux rues de le Coqueterie* et *de Fauquembergues.*

24. A Jehenne Maurroye. (1396 : à Jehenne Mauroye dite Castellette).

(H, 631-1396, f° 12). Jehanne Castelette, pour III maisons *sur le touquet,* XII s. II cap.

25-26. A l'ospital Saint-Jaquème. (1396 : Les II maisons sont à l'ospital Saint-Jaque devant St-Aubert).

(H, 632-1398, f° 26). L'ospital Saint-Jaque, pour deux maisons emprès le maison Jehanne Castelette, IIII s. VIII drs.

27. A Pierre de Gauchin. (1396 : aud. Pierre).

(H, 631, f° 12). Jeh. de Gauchin, pour une maison tenant à Tassart le Bèghe, II s. VI drs.

(Emb. 1400, f° 209 v°). Jeh. de Gauchin, tisseran de draps, garantit « une vente de saies à lui amiablement vendues » sur une maison, « séans en le rue des Corbilliers, tenant à l'éritage de l'ospital St-Jaque et à Tassart le Bèghe ».

(Emb. 1415, f° 131). Robert d'Arras vend à Piérot le Caudrelier, dit de Barly, une maison en le rue des Corbilliers, tenant à le maison de l'ospital Saint-Jacques et par derrière à Martin Quiquemaque (41-42).

28. A dame Maigne le revenderesse. (1396 : à Tassart le Bèghe).

(Emb. 1391, f° 21 r°). Piérot Roussel vend à Tassart le Bèghe une maison en le rue des Corbilliers, tenans à Piérot de Gauchin et d'autre part à l'éritage dud. acateur.

29. A Tassart le Bèghe. (1396 : aud. Tassart).

(II, 631, f° 12). Tassart le Béghe, pour ses maisons et gardin tenant à Waast Fauchison, XI s. III drs.

30-31. A le v^{ve} Jeh. Raimbourt. (1396 : à Waast Fauchison).

(II, 631, f° 12). Waast Fauchison, pour se maison en II membres *sur le touquet devant le maison Jeh. de Wavrans* (20 , v s.

32-35. Les IIII maisons en alant au Puch de Froimont, à Jak. du Puch. (1396 : à le v^{ve} Jaquemart Méhaut).

36. Le courtieux joignans est à le v^{ve} Robert de le Choulle. (1396 : le gardin tenant as dites IIII maisons est à le v^{ve} Me Gille Roussel qui fu clerc de Sainte-Croix).

37-38. Les II maisons qui *font le touquet du Puch de Froimont* (situé au bord de la rue des Filleresses, presque en face) sont à led. v^{ve} Robert de le Choulle. (1396 : le maison et *masure qui font le touquet du Puch de Froimont et devant led. puch* sont à led. v^{ve} Gille Roussel). **Les Corblaux ou Gardin** (37).

(Emb. 1428, f° 103 v°). Guillaume Innocent et Jacobte de Beauffort, sa-femme, vendent à Robert de Divion ung gardin, séant au-dessous de le maison que on dist les *Corbeaux ou Gardin*, assez près du puch de Froimont, tenant du lès de deseur à Jeh. Valin et d'autre part à Martin Quiquemaque *et faisant front sur deux ruelles.*

Le Rentier de 1382 passe directement aux trois maisons situées sur les Crinchons et appartenant à Jeh. le Fèvre. Le Rentier de 1396 ajoute ici les immeubles suivants (39-43).

39. Le gardin qui souloit estre grange est à Grard de Hanencamp.

40-43. **Le Blanque Tour** et trois autres maisons et un gardin sont à Jeh. de Wavrans.

44-46 Les deux maisons et un courtieux sur les Crinchons sont à Jeh. le Fèvre. (1396 : à le dem^{elle} du Campge d'or).

Li IIIe tours commenche à le maison Pierre de Thilloy d'en costé le moelin à l'oille, *en venant tout ce renc jusques à le croix ou pré et, passant le pont, en alant tout ce renc jusques au* Four de le Plache *(fos 67 vo et suiv.).*

(1396 : même rédaction, fos 117 ro et suiv.)

Le Rentier de 1396 n'avait placé que le moulin au blé de la Poterne au no 33 du 1er tour de Ste-Croix. Il met sous le no 1 du présent troisième tour : « le maison du molin à l'oille, *le molin à l'oille* et un gardin à Pierre de Monchiaux. Pour expliquer cette disposition, il faut admettre que le Crinchon servait de limite aux deux tours (1er et 3e) de Ste-Croix et que les deux moulins, bien que réunis, chevauchaient le courant qui les actionnait, le moulin au blé sur la rive droite et le moulin à l'huile sur la rive gauche. Je suivrai pour le début de ce tour, le Rentier de 1382.

1-2. Le maison tenant à le maison Pierre de Monchiaux et un gardin d'à lès, à Pierre de Thilloy.

3-5. Les III maisons ens. aud. Pierre de Thilloy.

6. A Pierre de Monchi.

7-8. Les deux maisons ens. aud. Pierre de Thilloy.

Ces maisons ne figurent pas au Rentier de 1396. Peut-être ont-elles été acquises par Thumas ou Tassart Amion entre 1382 et 1396 ce qui justifierait l'indication du cueilloir des rentes de St-Waast pour 1397, citée plus loin.

9-10. Le gardin et II maisons à Thumas Amion. (1396 : à Tassart Amion).

(H, 632-1397, fo 45). Tassart Amion, pour plusieurs maisons, *oultre Crinchon, en VI membres,* IX s. VI drs. III cap.

Ces six membres représentent-ils les maisons précédentes ?

11. A Willaume le Douch. (1396 : à Jeh. du Croq, machon).

(II, 622, f° 46). Jeh. du Croq, pour maison ens. (Tassart Amion), une poule.

12. A Mah. de Pumiers.

(Emb. 1390, f° 142 r°). Mah. du Prayel dit de Pumiers et Ysabel Morelle, sa femme, vendent à Jeh. Caron, dit Gombault, une maison et un courtil, tenans ensemble, séans *entre le pont Douysien et le pont as Caillaulx*, joignans d'une part à Jeh. du Croq et led. courtil à le maison vendue et à Jeh. Calet.

13-14. A Mah. de Pumiers. (1396 : à Jeh. Calet, maironnier). **Les Pumes d'or. Les Pumettes** *(Les Pommes d'or. Les Pommettes).*

(Emb. 1424-26, f° 197 v°). Dans le partage des biens de Jeh. Calet, Jeh. Jolly, dit Gallois, et sa femme, Marie Calet, ont « le *maison des estuves, nominées les Pumes d'or*, située emprès le Pont aulx Caillaux. »

(Emb. 1428-30, f° 98 r°). Piérot du Carne et Jacobte de Leurie, sa femme, vendent à Jeh. le Thibault une maison et gardin en deux membres, icelle maison nommée les estuves *des Pumettes*, tenant à Jaque Crespin et au gardin dessus dit et led. gardin tenant *aux Pumettes* et à Colart Doré.

(Emb. 1432, f° 14 v°). Jeh. Thibaut et Jehanne le Fevresse, sa femme, vendent à Gillot Goret une maison séant *devant le rue as Caillaux*, nommée *les Pumettes*, tenant à Jaquemart Crespin et à Colart Doré et aboutant aux téraux.

15. A Willaume Pesqueboine. (1396 : aud. Willaume).

(Emb. 1454, f° 41 r°). Colart Doré vend à Loys Maucourt une maison et gardin, séant *assez près du Pont as Caillaux*, tenant d'une part à le maison de Piérot Vaillant, nommée *les Pumettes*, et de l'autre à le maison Jeh. Bacq, foulon, à lui aujourd'hui vendue par led. Colart et aboutant aux téraux des murs de le ville ; et *passe par le gardin de led. maison le courant et Crinchon de lad. ville.*

Cette indication est curieuse au point de vue topographique ; si le Crinchon passait *par le jardin* de cette maison et de la maison suivante, le Pont aux Caillaux n'était jeté que sur une simple dérivation du courant. On peut s'étonner que le ruisseau, parfois grossi par les pluies, ait pu longer à ciel ouvert une rue aussi étroite que la rue dite (encore aujourd'hui) du Crinchon (1) ; l'existence, au moins à certains endroits, d'un double lit de la rivièrette, lit naturel au pied intérieur du rempart, lit artificiel dans la rue, s'expliquerait par la nécessité de régulariser le débit de l'eau, et d'éviter les inondations. Il y a là un de ces innombrables petits problèmes qui se posent quand on étudie les anciens documents et dont la solution est malaisée à trouver.

16 A Colart le Vinchan. (1396 : à Jeh. Lorbateur).

(H, 640-1435, f° 39). Colart Doré, pour une plancque deseure le Crinchon à se maison *devant le rue aux Cailliaux*, une ob.

(Emb. 1454, f° 40 v°). Colart Doré vend à Jeh. Bacq, foulon, une maison *au devant du Pont as Caillaux* tenant d'une part à le maison aujourd'hui vendue par led. Colart à Loys Maucourt et *d'autre part à une ruelle qui est entre led. maison et le maison qui fu Jeh. Vaillant et aboutant par derrière au Crinchon.*

Autre petit problème, cette ruelle dont je n'ai rencontré que la susdite mention. Etait-ce une impasse ? Etait-ce un couloir donnant accès aux remparts ?

17-19. Les deux maisons et un courtil à Mah. de Pumiers. (1396 : aud. Mahieu).

(Emb. ext. 1394, f° 9 v°). Mah. du Prayel dit de Pumiers et Ysabel Morelle, sa femme, pour un prêt de trente frans d'or, à eux consenti par Pierre Morel, « canoine de Térouwane » donnent en gage une maison séant *au Pont as Caillaux.*

20. A Jak. de le Pierre. (1396 : à Piérot de Senlis).

(Emb. ext. 1394, f° 5 v°). Jeh. Tartin, tonnelier, et Aélids de Senlis, sa femme, donnent en garantie d'une somme qu'ils doivent à Pierre de Senlis, demourant en Cité, leur maison séant *devant ou assez près du pont de le procession de le Cappelette.*

21. A Thiébaut Alant. (1396 : as hoirs dud. Thiébaut).

(1) Elle était au XIVe siècle plus large de toute la largeur du Crinchon. On abandonna plus tard en effet, aux propriétaires riverains qui voûtèrent le ruisseau, le terrain ainsi obtenu. Voir le plan de Beffara.

22-23. Maison et gardin as hoirs Jeh. Surot. (1396 : à Grard le Vignon, sayetour).

(Emb. ext. 1387, f° 10 r°). Gillot du Boef, saieteur, vend à Guérard le Vignon une maison *mouvans sur rue et en alant tout jusques au Crinchon qui est derrière icelle maison.*

(Emb. 1391, f° 25 r°). Guérard le Vignon gage « une somme de IIIIxx VIII frans » qu'il doit à Pierre de Thilloy, teinturier, « pour sen salaire et labeur de sen mestier de tainturie » sur le maison « en lequelle il demeure, joignans à l'éritage des hoirs Thibaut Alant et à l'éritage de feu Simon du Fief ».

(H, 632-1398, f° 46). Grard le Vigneron, pour se maison *oultre Crinchon*, XVIII drs.

24. A Jeh. Cousin le jouenne. (1396 : as enfans qui furent Colart de Pumiers).

25. A le v^ve^ Henri le Cointe.

26-27. Gardin et grange à Gillot de Vaux.

28. A Guillebaut le Linier. (1396 : à Jeh. Lorbatour).

(Emb. 1391, f° 41 r°). Les exécuteurs testamentaires de Jaquemart Trauclouche « se sont fait mettre de fait, de par le roy, par Jaques de Reu, sergent d'icellui seigneur, en une maison tenant à Gille de Vaulx et d'autre part à Gille du Buef.

(*Ibid.*, f° 149 v°). Pierre Passevillain et Aélids Trauclouche, sa femme, vendent à Jeh. Lorbateur une maison séant *sur le grant Crinchon*, tenant à Gillot de Vaux et à Gillot du Boef et *marchissans as murs de le ville.*

29-30. A Oudart Limechon. (1396 : à Gillot du Boef).

31. A Gillot du Boef. (1396 : aud. Gillot).

32. A le v^ve^ Jeh. Manchion. (1396 : à Jeh. Manchion).

33. A Jeh. le Senne. (1396 : à Gillot du Boef).

34. Le maison *oultre le Crinchon* à Grard de Hanencamp. (1396 : le maison en *une ruellette, oultre le Crinchon*, à Gillot du Boef).

Cette maison se trouve au confluent de deux branches du Crinchon. Il est probable que celle qui passait devant l'héritage de Gillot du Boef avait sur sa berge un sentier, la ruellette en question.

14

35-36. A Joh. de Clari. (1396 : aud. Jehan, demourant en Haiserue).

37-38. A maistre Jeh. Tumerie. (1396 : à Mik. Sacquespée).

39. A Huart Rumault. (1396 : aud. Huart).

40-41. Le grande maison et une petite ens. aud. Huart Rumault. (1396 : aud. Huart).

(Emb. 1399, f° 51 v°). Huart Rumault vend à Jeh. du Val une maison tenant à Mik. Sacquespée et à Grard Folie et par derrière au *Crinchon qui marchissoit as Liches* (9-10 du 3e tour de St-Maurice).

42. A Oudart Limechon. (1396 : le maison qui *fait le touquet de le rue du Pré,* à Jaquemart d'Inchi, dit Pinchède).

(Emb. 1399, f° 41 v°). Marie Ghédine, v^ve de Jaquemart d'Inchi dit Pinchède, vend à Grard Folie une maison ou lieu *que on dist devant le Croix ou Pré,* tenant à Huart Rumault et faisant *touquet de le rue du Pré.*

(H, 633-1408, f° 52). Grard Folie, pour se maison et un pont *emprès le Croix ou Pré,* I dr.

(Emb. 1433-35, f° 64 v°). Jeh. Bouchart et Estevène Folie, se femme, vendent à Guillaume au Vaissel, échevin, une maison en lequelle a enchine de burguement de noir (spécialité de teinture. Voir *Recueil de documents relatifs à l'Industrie drapière en Flandres,* publiés par G. Espinasse et H. Pirenne, t. I, pièce 101, tirée du livre de la Vintaine) avec tous les estieux (outillage) servans oud. mestier, *devant le Croix ou Pré, faisant le toucquet de led. rue de Croix ou Pré* et tenant de deux sens au Crinchon de le ville.

(*Ibid.,* f° 168 r°). Guillaume au Vaissel revend cette maison en lequelle a enchine de burgement de noir... (comme dessus) à Piérot du Carne.

(H, 641-1437, f° 42). Piérot du Carne, pour se maison et un pont *emprès le Croix ou Pré,* I dr.

(H, 647-1458, f° 41). Jeh. Maillot, vaiteur, pour un pont à sa maison *emprès le Croix ou Pré* qui fut à Piérot du Carne, I dr.

(H, 648-1465, f° 40). Jeh. Maillot, pour ung pont à sa maison **des Estuves de le Croix au Pré** et fut à Piérot du Carne, I dr.

Il n'est pas étonnant que cette maison qui « tenait de deux sens au Crinchon », ait fini par être transformée en *étuves.*

43-44. Les deux maisons *oultre le Pont*, à le v^{ve} Robert Quignie. (1396 : les II maisons, *oultre le pont*, *en le rue du Four de le Plache*, à Martin dit le Cuvelier).

45. A le v^{ve} Simon le Vinchan. (1396 : à dame Cole le Vinchane).

46-47. Gardin et maison à Massin Amion. (1396 : à Jacote Béharelle).

48-49. Maison et gardin à Oudart de Chérisy. (1396 : à Henri du Brékin).

50. **Le Four de le Plache** qui *fait le touquet* est à v^{ve} Gille de Mustre. (1396 : à Gillot le Gay).

Le Rentier de 1396 indique ici « emprès *le Four de le Plache* », III maisons à Crestien du Baudart. Il y a assez souvent, aux extrémités des tours quelques légères différences entre le Rentier de 1382 et celui de 1396.

Li IIIIe *tours de Sainte-Croix commenche à le maison Warnier d'Iser en* le plache des Filleresses, *en alant tout ce renc à* le Vintaine *et en entrant en le ruelle de le* Moelle de Moelin *et en revenant à le maison dud. Warnier en le plache des Filleresses (f*^{os} *70 v*^{o} *et suiv.).*

(1396 : même rédaction, f°s 120 v° et suiv.).

1-2. Le maison qui *fait le touquet* et une autre ens. sont à Warnier d'Iser. (1396 : Les deux maisons, demourées as filles-Dieu pour le rente, rebailliées par lesd. filles à rente à Piérot Quiéquin le XIIIe jour d'avril IIII^{xx} et XVI).

(H, 631-1396, f° 25). Piérot Quiéquin, pour II maisons et gardin, en II membres, tenans à Mah. Faussart, XVIII drs. III cap.

3. A sire Jeh. Rollant. (1396 : à Mah. Faussart).

(Emb. ext. 1387, f° 1 r°). Sire Jeh. Rollant, prestre, vend à Mah. Faussart une maison, séans en *le place des Filleresses*, joignans à l'éritage Robert Malin.

La place des Filleresses n'était en somme que la rue du même nom, un peu plus large à cet endroit que les ruelles voisines.

4-5 A Robert Malin. (1396 : aud. Robert). **Le Boef à le goudale ou Gardin** (la brasserie du *Bœuf au Jardin*, pour la distinguer du *Bœuf en Ronville* et du *Bœuf en Haiserue*).

(Emb. ext. 1394, f° 19 r°). Jeh. Louchart vend à Jaquemart le Borgne ses rentes sur le maison Robert Malin, nommée *le Bœuf à le goudale ou Gardin*, séans devant le *Four de le Plache* (50 du 3e tour).

(H, 631, f° 16. Robert Malin, pour II maisons qui *furent le Buef à le goudale en le Cronière*.

(H, 640-1435, f° 40). Le vve Robert Gaudefroy, pour une partie de le maison du *Boef à le goudale* qui de *présent est une plache*, XII drs. II cap.

6. Le maison *qui fait le touquet* à le vve Christoffle de Harvaing. (1396 : à Gillot le Gay).

(H, 631, f° 8). Gillot le Gay, pour se maison et gardin derrière le puc, V s. II drs. II cap.

Il y avait là un puits comme le prouve l'article suivant du cueilloir des rentes de St-Waast pour 1415 (H, 635, f° 37) : Régnaut des Singes, pour sa maison *devant le Four de la Place, tenant au puch*.

7. A Martin Gorin. (1396 : aud. Martin, carpentier).

(H, 631, f° 8). Martin Gorin, pour se maison ens., XII drs. II cap.

8-10. Les II maisons et courtil à Andrieu Galoppin. (1396 : à Rifflart Faymal).

(Emb. 1401, f° 246 v°). Willaume Faymal, dit Rifflart, vend à Huart Plantegeneste une maison en *le rue du Four de le*

Place (rue actuelle *du Four St-Adrien*), tenant à Martin Gorin et *à l'issue de derrière de le Vintaine.*

(H, 648²-1467, f° 163). Henry Plantegeneste, pour un gardin et se cuisine qui furent jadis maison, vi drs. ; pour une maison tenant aud. gardin et *au gardin de le Vintaine,* vi drs. i cap.

11-12. Les deux maisons *qui font le touquet,* sont à Jaque le Borgne. (1396 : ne figurent pas à ce Rentier).

(Emb. 1390, f° 1 r°). Jeh. du Fruit et Jacobte Compaignie, sa femme, gagent un achat « de xxix piènes de laine sur deux maisons tenans ensemble, séans *assez près de le maison de le XXne, faisant le touquet de le rue qui va à le Croix ou Pré* et d'autre part *tenans à icelle maison de le XXne.*

Cette rue qui descend à la Croix au Pré, est la rue du Four de la Place ou rue Toussains (actuellement du Four St-Adrien).

(Emb. 1401, f° 226 v°). Lesd. conjoins vendent à Mah. Wion *deux maisonchelles,* tenans ensemble, *faisant le touquet de le rue du Four de le Place* et tenans *d'autre part à le XXne.*

(Emb. 1425, f° 161 v°). Mah. Wion, en exécution des conventions du contrat de mariage passé entre Jeh. Hanart et Philippine Wionne, sereur dud. Mahieu, renonche, au proffit dud. Hanart à ses droits sur une maison (12), *séans emprès de le XXne,* tenant d'une part à le maison (11) qui fait *le touquet de le rue du Four de le Place,* d'autre part *à le maison de le XXne et aboutant par derrière* à led. maison de le XXne.

(*Ibid.*, f° 168 v°). Mah. Wion vend à Jeh. Hanart ses droits sur une maison (11) faisant *le touquet de le rue qui va de le XXne au Four de le Plache,* tenant d'autre part aud. Hanart et *aboutant par derrière à le maison de le XXne.*

(H, 640-1435, f° 16). Les hoirs de Jeh. Wyon et Philippine, se seur, pour une maison et gardin *sur le toucquet,* xii drs. ii cap.

Jeh. Hanart, à cause de se femme, pour ung gardin et une maison ensiévant, xii drs. ii cap.

Ces maisoncelles n'avaient pas de profondeur, puisqu'elles étaient limitées par derrière par le passage qui donnait issue à la Vingtaine sur la rue du Four de le Place (voir 8-10).

(Emb. 1436, f° 22 r°). Jeh. Hannart et Philippine Wionne vendent aux tuteurs de Philippot et Margot Wion, enffans de feu Jeh. Wion, le moitié qu'ils ont en une maison, séant emprès le XXne, faisant *touquet de le rue de le XXne*, tenant d'autre part à l'héritage desd. vendeurs et aboutant par derrière au gardin de le XXne.

13. Le Vintaine. (1396 : à le ville d'Arras).

(H, 631-1396, fo 8). Mah. Wion, pour le maison et peustich de *le Vintaine*, II s. IIII cap. (Mah. Wion était « l'homme vivant et mourant » de la ville vis-à-vis de l'abbaye de St-Waast).

Dans d'autres cueilloirs subséquents, le peustich ou grande porte de la Vintaine situé entre les nos 10 et 11 est noté à sa place, et la maison de la Vintaine forme un article spécial après le no 12.

(H, 640-1435, fo 16). Henry de Marchiennes, homme vivant et mourant en l'an mil IIIIc et XXI, pour le poeustich de le XXne, XII drs. II cap.

Led. Henry, pour le maison de le XXne, XII drs. II cap.

14. A Jak. Walois. (1396 : aud. Jaquemart, à cause de sa femme).

(Emb. ext. 1396, fo 7 vo). Simon Laubegois dit Loisonneur vend à Jeh. Carpentier une maison séant *emprès le Vintaine, devant et à l'opposite de l'Esprivier*.

(H, 631, fo 6). Jaque Walois, pour le maison qui fu Jaquemart le Pèle *emprès le Vintaine*, XII drs. II cap.

15-16. Les II maisons à Courbet de Vauchelles. (1396 : à Willaume le Douch. — Note marginale : vendues par le vve dud. Willaume à le vve Jeh. de le Mote).

(H, 631, fo 8). Demelle Renière dite Pinionne, vve de Jeh. de le Mote, pour une maison de lequelle on fist II membres, en le grant rue du gardin, XII drs. II cap.

17. A Nicaise de Souastre. (1396 : à Jeh. Pillon).

(H, 631, fo 8). Jeh. Pillon, pour II maisons ens., XII drs. II cap.

18. A Nicaise de Souastre. (1396 : à Thumas de Souastre).

19. A Piérot de Cotte. (1396 : à Jeh. le Mariscal dit Louette (mot raturé et remplacé par : le Waite).

20-22. Les trois maisons dont *li une fait le touquet* sont à Andrieu *le Villeur*. (1396 : les deux maisons et une masure dont *li une fait le touquet* sont à Andrieu de Haspre, dit *le Vieleur*).

(II, 631, f° 8). Andrieu de Haspre, pour pluiseurs maisons *devant le Choule* (1 du 8e tour) pour le maison du touquet et en le ruelle en IIII membres, XI s.

(Emb. 1414, f° 23 v°). Lamberquin de Happre et Jehanne de Happre, sa sœur, vendent à Jeh. le Wantier II maisons *en le rue de le Moele du Molin*, tenans ensemble, l'une faisant *le touquet de le ruelle Escorcéeat*.

(Emb. 1415, f° 134 r°). Jeh. le Wantier et Maroye de Lattre, sa femme, vendent à Jeh. Callet deux maisons en *le rue de le Moele du Moëulin*, l'une tenant d'un lès à léritage Jeh. Louette (le Waite), l'autre faisant le *touquet d'une ruelle nommée l'Escorcéeat* en lequelle maison a ung four et aboutant à Robert Lescaudé.

D'où il suit que la maison d[illegible] [illegible]uquet est le 21.

(Emb. 1428, f° 120 r°). [illegible] dit Gallois et Marie Calet, sa femme, vendent à Jaquemart Malin lesd. deux maisons, l'une faisant le touquet de le ruelle *l'Escorchéeat*.

23-25. A Robert Lescaudé. (1396 : aud. Robert).

(II, 631, f° 8). Robert Lescaudé, pour III maisons et gardin en III membres et est *entre Andrieu de Haspre et Jeh. Cosset*, III s. II cap.

26. Le maison qui *fait le touquet* est à Jeh. Cosset de le Fouée. (1396 : à Willaume de Ligny).

(II, 632-1398, f° 22). Guillaume de Ligny, pour se maison et gardin *sur le touquet* et fu à Jeh. Cosset à le Fouée, VI drs. I cap.

(Emb. 1390, f° 12 v°). Willaume de Ligny vend à Pierre de Herlin une maison, en le *rue de le Granlière*, tenant à l'éritage dud. acateur et à le *rue qui s'avale de le Moele du Molin à le Cappelette, à l'opposite de le maison Jeh. de Croisilles* (3 du 7e tour).

(Emb. 1434, f° 33 v°). Baudin de Huluch vend à Nicolle Caudin, prestre, une maison *faisant front en le rue de le*

Moele du Molin et d'autre part faisant touquet de le Craonnerie au devant de le maison qui fu Jeh. de Croisilles.

27 28. A sire Jeh. Rollant. (1396 : à Piérot Herlin).

(H, 632-1398, f° 22). Pierre Herlin, pour se maison tenant à Willaume de Ligny et d'aultre part à le v^ve Robert de Saumer, et fu à Jeh. Rollant, III drs.

29-30. A Robert de Saumer. (1396 : à Mah. le Cordier).

(H, 631, f° 9). Le v^ve Robert de Saumer, pour se maison, III drs.

(Emb. ext. 1379, f° 10 v°). Cette maison, « *séans en le rue de le Craulière* », avait été acquise par led. Robert à Baudin de Wandelincourt dit Courbet.

(H, 633-1408, f° 24). Colart Gillote et Marie, enffans de Mah. le Cordier (mots raturés et remplacés par :) Robert de Caucourt pour se maison, III drs.

(Comptes de le Povreté, 1419-20). Le v^ve Robert de Caucourt, pour ses II maisons, séans *en le rue d'Escorché Cat*, XVI s.

Li V° tours commenche au Puch de Froimont, en alant tout ce renc à val et alant en le rue d'Escorchécat jusques audit puch (f° 72 r°).

(1396 : même rédaction, f° 123 r°).

1-2. Les deux maisons *tenant au Puch de Froimont* sont à Jeh. Herlant. (1396 : aud. Jeh. Hellant).

3-4 A Mik. Augrenon. (1396 : à Jeh. Calet).

(Emb. 1390, f° 103 r°). Michiel Augrenon vend à Jeh. Calet deux maisons, tenans ensemble, séans *en le grant rue du Gardin* (Indication évidemment erronée, rectifiée d'ailleurs par le détail suivant. Il s'agit ici de la *rue des Filleresses*, actuellement des *Trois-Filloires*) *à l'opposite de le ruelle de le Pourcession.*

5 6. As hoirs Willaume de Douay. (1396 : à Jaquemart Soumillon).

7. A Robert de Guiéry. (1396 : aud. Jaquemart Soumillon).

8. A Jak. le Sergant. (1396 : à Jaquemart Soumillon).

9-10. A Jak. le Sergant. (1396 : à Piérot Cardon). **Le Lionchel** *(Le Lionceau).*

(H, 632-1398, f° 49). Pierre Cardon pour le maison du *Lionchel* en le Cronière et est gardin, XII drs, II cap.

11-12. Le maison et gardin *qui fait le touquet* sont à Jeh. le Grant. (1396 : à Jeh. Rolant).

13-15. A maistre Gille Roussel. (1396 : à Jeh. Rollant). **L'Eschopette** *(La Petite Echoppe).*

(Emb. 1392, f° 115). Jaquemart as Roses vend à Franchois Pierrelainé, carpentier, une maison séant ou Gardin, nommée *l'Eschopette,* joignant à Jeh. Rollant et faisant *touquet d'une rue par lequelle on va à le Cappelette.*

(Emb. ext. 1394, f° 2 r°). Franchois Pierrelaisné vend à Piérot Cardon une maison séans en le *rue de le Craulière.*

(H, 632-1398, f° 22). Pierre Cardon, pour ses maisons et gardins en IIII membres *devant le maison de le v*^ve^ *Pierre de Saumer* (29 et 30 du 4e tour), III s. VI cap.

(H, 633-1408, f° 24). Pierre Cardon, pour un gardin et la maison *devant le maison Piérot Herlin* (28 du 4e tour), VI drs, I cap.

(Emb. 1421, f° 176 v°). Le v^ve^ de Gosset le Quesne vend à Nicaise de le Porte VI sols de rente « sur *l'Eschopelle* à Pierre Cardon, scituée *assez près de le Cappelette* ».

(Emb. 1434, f° 134 r°). Nicaise de le Porte vend à Jeh. Cardon, saieteur, huit sols de rente qu'il avait sur la maison appartenant aud. Jehan, « séant en le *rue de le Cronnerie,* nommée *l'Eschopette* ».

(Emb. 1444, f° 19 v°). Jeh. Cardon, saieteur et mesureur de blé, vend à Jeh. Martin, saieteur, une *maisonchelle, nommée l'Eschopette,* séant *en le rue de le Craulière* et faisant *le touquet de le rue qui dessent à le Cappelette.*

(Emb. 1464, f° 6 r°). Jeh. Martin, saieteur, vend à Henry Blère et Gillotte Goret, sa femme, une maison faisant *touquet de le rue de Saulty en alant à le Cappelette,* icelle maison nommée *l'Eschopette.*

(Emb. 1475, f° 25 r°). La v^ve^ de Gillot Goret donne à sa niepce

Ysabelet, fille de Henry Blère et de Gillotte Goret, une maison nommée *l'Eschopette*, faisant le touquet de le *rue de Saulty*.

16. A Hanotin le Carpentier. (1396 : à Jeh. Tabuel. — Note marginale vendue par led. Tabuel à Jeh. de la Bare le XIIe jour de jenvier IIII[xx] et XVI).

(H, 632-1398, f° 47). Jeh. de le Bare dit Maldoué, pour se maison, II drs. VI cap.

17. A Bétrémieu le Sénescal. (1396 : aud. Bétrémieu dit de St-Waast).

(H, 631, f° 25). Bétrémieu de St-Waast, pour se maison ens., IIII drs. I cap.

18-19. Aux hoirs Jeh. Godeffroy. (1396 : à Jeh. du Crok).

(H, 631, f° 25). Les enfans Jeh. Godeffroy, pour II maisons ens., VIII drs. II cap.

20-21. A Piérot Gruyer. (1396 : à le v[ve] dud. Piérot).

(H, 631, f° 25). Le v[ve] Piérot Gruier, pour II maisons ens., II cap.

22-24. A Jak. Traulouche. (1396 : à Jaquemart Chevalier).

(Emb. 1391, f° 40 v°). Jaquemart Trauclouche, sayeteur, vend à Sainte Prangière, de présent femme Jaquemart Chevalier, deux maisons, séans au lieu que on dist le Gardin, *assez près et à l'opposite du Puch que on dist de Froimont*, joignans à l'éritage qui fu Piérot Gruyer.

(H, 631, f° 25). Jaquemart Chevalier, à cause de sa femme, pour IIII maisons en II membres et furent Jaquemart Trauclouche, au *Puc de Froimont*, VI s.

Li VIe tours de Sainte-Croix commenche au touquet de le rue des Corbilliers, *à l'encontre des* Maillés *en le Béchaei et va tout autour en revenant en ladite rue des Corbilliers et remontant jusques as Maillés en le Béchaye (f° 73 r°).*

(1396 : même rédaction, f° 125 r°).

1-2. Le grange et le maison qui fait le touquet de le rue des Corbillers, (en face des *Maillés,* 11 du 8e tour) à Accart Ronchin. (1396 : à Jeh. Landrieu).

(H, 632-1398, f° 25). Jeh. Landrieu, pour deux maisons et gardin en II membres, XII drs II cap.

3. Gardin à Agnès le Climence dite Bécourt. (1396 : à Hairon de Tannay, escuier. — Note marginale : vendu par led. Hairon à Colart de l'Aubelet le XXVIe jour de juing IIII[xx] et XVI). **Le Sarton.**

(H, 632-1398, f° 25). Colart de l'Aubelet, le jone, pour le maison du *Sarton* au Gardin, XII drs. II cap. et pour le maison du *Cherf* ens. et est gardin, II s. VI drs. et VIII cappons.

En 1415 (H, 635, f° 14), ces maisons sont *toutes deux gardins.*

4. A led. Agnès (1396 : aud. Hairon de Tannay). **Le Cherf.**

(H, 639-1429, f° 20). Jeh. du Pont, pour grange ensiévant *(le Sarton)* et fu jadis maison nommée *le Cerf,* II s. VI drs.

5-6. A Thumas de Wandelicourt. (1396 : à Courbet de Vauchelles). **Le Grange. — Le Cadran.**

(H, 631-1396, f° 11). Courbet de Vauchelles, pour une maison que on dist *le Grange,* XII drs. II cap.

(H, 635-1415, f° 14). Le v[ve] Jeh. Galiot, pour une maison que on dist *le Quadrain* et anchiennement *le Grange* et fait *touquet de le rue du Croissant, en montant en le grant rue du Gardin,* II s. VI drs. II cap.

(Emb. 1415, f° 34 r°). Jeh. Galiot, machon, gage une dette de XXXIII lbs. XVIII s. sur une maison, nommée *le Cadran,* tenant par derrière à l'éritage *des Croissans* et sur *trois autres mai-*

sons et une grange (1-4), tenans ensemble, faisant le *touquet d'une ruelle devant les Maillés* et tenant d'autre part aud. *Cadran*.

(Emb. 1432-33, f° 83 r°). Le v^{ve} Jeh. Galiot gage une obligation sur une maison faisant touquet de *le rue du Croissant*.

(Emb. 1434-35, f° 202 r°). Jaquemart Mancesse reconnaît devoir encore xv salus d'or à le v^{ve} Jeh. Galiot sur le prix d'achat d'une maison, nommée *le Cadran*, tenant à Willaume au Vaissel et par derrière à Guffroy Larmoyeur et *faisant touquet de le rue du Croissant*.

7-9. Le maison et gardin et les autres maisons jusques à le maison Jeh. le Verrier sont à Thumas de Wandelicourt. (1396 : Les III maisons et un gardin, dont li une est nommée **Le Croissant** *en le rue de Froimont* à Jeh. de Noe).

(Emb. ext. 1397, f° 19 r°). Jeh. de Noe vend à Jeh. le Haulthomme pluseurs héritages, est assavoir : le maison *du Croissant*, deux petites maisons joignans *d'une part et d'autre part à icelle maison* et une maison derrière led. *Croissant* tenant à Jeh. de Fontaines (12-13).

(Emb. 1415, f° 20 r°). Willaume Plichart, dit Gérode, vend à Guffroy Larmoyeur le quart qu'il a en le maison *du Croissant* et en quatre petites maisons des appendances et appartenances à icelle maison *des Croissans*, estans en le *rue du Gardin* (erreur, pour rue du Croissant), tenant à Jeh. Galiot.

(H, 635-1415, f° 13). Guffroy Larmoieur, pour v maisons et est l'une *le Croissant*, XII drs. II cap.

Le Croissant semble donc bien être le n° 8 entouré de petites maisons (7 et 9) qui étaient ses dépendances.

10-11. A Jeh. le Verrier. (1396 : à Jeh. de Noe).

12-13. Le maison et gardin à maistre Jeh. de Fontaines. (1396 : audit maistre).

(H, 631-1396, f° 12). Jeh. de Fontaines, pour se maison et gardin devant le maison Jeh. de Wavrans (20 du 2e tour), v drs. II cap.

14. A Jeh. Saget. (1396 : à Jeh. le Sage. — C'est la même personne).

15. Aud. Jeh. Sagot. (1396 : à Jeh. de Wavrans).

(Emb. 1392, f° 78 r°). Jeh. le Sage, manouvrier, vend à Jeh. le Fèvre une maison, séans en le rue des *Corbilliers,* joignans à Jeh. Landrieu (1) et à l'éritage dud. vendeur et aboutans par derrière à Agnès de Bécourt (3).

(Emb. 1399, f° 4 v°). Jeh. le Carpentier dit de Wavrans et Benoitte le Royne, sa femme, donnent à leur maisnée fille une maisoncelle, séans *en le rue des Corbilliers,* tenans à Jak. le Sage et à Jeh. Landrieu.

Li VII°.tours de Sainte-Croix commenche à le Moelle de Moelin *qui est Lambert de Saint-Waast, en alant tout ce renc* au Puch de Sauty, *et remontant tout ce rencq jusques à le maison dud. Lambert (f° 73 v°).*

(1396 : même rédaction, f°s 126 r° et v°, 147 r° et v°).

---

1. Le maison qui *fait le touquet de le rue d'Escorchécat* c'ondist le **Moelle de Moelin** *(La Meule de Moulin)* est à Lambert de St-Waast. (1396 : aud. Lambert).

(H, 631-1396, f° 9). Lambert de St-Waast, pour se gardin tenant à se maison, xii drs. ii cap. Pour se maison et le porte ens., xviii drs. iii cap.

(H, 635-1415, f° 11). Jeh. de Pernes, pour ung gardin tenant à le v^ve^ Jeh. de Croisilles, xii drs. ii cap.

Item. Led. Jeh., pour iii maisons parmi le porte et est le *Molle de Mollin,* xviii drs. iii cap.

(H, 644*-1447, f° 180). Collart de Lattre... (comme dessus).

(H, 647-1458, f° 9). Collart de Lattre, pour une partie du gardin, vi drs. i cap.

Item. Led. Collart, pour ii maisons parmi le porte *qui fut jadis maison de le Moelle de Mollin,* ii cap.

Boubert Blassel, pour le maison nommée **Le Petitte Moelle de Moellin** qu'il achetta aud. Colart de Lattre, xii drs. i cap.

Item. Led. Boubert, pour partie de le court de le maison,

nommée *Le Grande Moelle de Moellin*, qu'il achetta aud. Colart, VI drs.

Item. Led. Boubert, pour une partie du gardin, VI drs. I cap.

Le total de la redevance pour une nouvelle disposition de la propriété est comme en 1396 et 1415 de XXX drs, V cap.

2-3. Les II maisons, dont li *une fait le touquet* sont à Jeh. de Croisilles. (1396 : aud. Jehan, craissetier).

(H, 631, f° 9). Jeh. de Croisilles, pour II maisons et gardins *devant le maison Jeh. Cosset* à le Fouée (26 du 4e tour).

(Emb. 1436, f° 163 r°). Gillot de Croisilles et Jehanne le Fournier, sa femme, Guiot de Croisilles, son frère, enfans de Jeh. de Croisilles, se partagent la succession. Gillot a « le maison séant en *le rue Escorchécat*, qui fait deux louages, tenant à l'héritage de *le Meulle de Meulin* d'une part et à l'héritage de le vve Martin Sacquespée, d'autre part ».

(Emb. 1438, f° 174 r°). Gillot de Croisilles vend à Jeh. le Loire deux maisons en le *rue de le Meulle de Molin*, tenant d'une part à l'héritage de *le Meulle de Molin* et d'autre part faisant *touquet de le rue de Fresne*. (C'est la seule fois que j'aie trouvé de cette dénomination appliquée à la rue du Puits de Sauty).

(*Ibid.*, f° 198 v°). Il est probable que cette vente n'eut pas immédiatement son effet, car, peu après, Gillot de Croisilles gage un emprunt de trente philippus d'or sur ces deux maisons... tenant à le *Moeulle de Molin et faisant touquet du Puch de Sauty*. (Rue appelée encore aujourd'hui *du Puits de Sauty*).

4-7. Les IIII maisons *joignans au puch condist de Sauthi* sont à Flourent Sacquel. (1396 : à le vve Flourent Sacquel).

(H, 631, f° 11). Le vve Flourent Sacquel, pour III maisons *devant le Cronnière*, V s.

(Emb. 1444, f° 33 v°). Jehanne Sarazin, vve de Martin Sacquespée, donne à Robert le Jone, apoticaire, son nepveu, une maison et ung gardin, tenant ensemble, qui font deux membres, séans en le *rue de le Craulière*, tenant led. gardin d'une part à Jeh. Loire qui fu Jeh. de Croisilles et au *Puch de Froimont* (erreur évidente pour *Puch de Saulti*) et par derrière au gardin de *le Molle de Molin* et lad. maison tenant aud. gardin et d'autre part à une maison appartenant à led. vesve par elle aujourd'hui donnée à Hanotin, aussi son nepveu, et par derrière à Willaume le Mach.

8. Le maison joignant qui *fait le touquet du Puch de Froimont* est à le v^ve^ Baudin de Goy. (1396 : le gardin *qui fait le touquet* est à Tassart de l'Escluze).

C'est, en effet, le touquet de la rue du Puits de Froimont ou du Croissant.

9-10. Les II maisons ens. sont à Jeh. Mahivart. (1396 : à Jak. Postel).

11. A Jacote des Moyes. (1396 : à Jaquemart Waast, couvreur de tieule).

(H, 631-1396, f° 10). Jaquemart Waast, pour se maison tenant à Colart Muette (ce qui n'est pas tout à fait exact, du moins d'après les Rentiers, puisque la maison dud. Colart est le n° 13), XXVIII drs.

12. A Willaume d'Inchi. (1396 : à messire Jeh. Danis, prestre).

13-14. Gardin et maison à Martel du Valhuon. (1396 : à Colart Muette).

(H, 631, f° 10). Colart Muette, pour une maison qui fu Martel, du Bos Huon *(sic)*, IX drs. cappon et demi, paiet III s. IX drs. (Donc la valeur d'un chapon était de II sols).

15-17. Les III maisons ens. à messire Jeh. Rollant. (1396 : l'une de ces maisons est à Jeh. de Berlette : les deux autres appartiennent à Tassart de l'Escluze).

(H, 632-1398, f° 24). Jeh. de Berlette, pour se maison tenant à Colart Muette, III drs.

(Emb. 1399, f° 8 v°). Guillaume Prest vend à Toussains du Hamel deux maisons tenans ensemble, *en le rue du Croissant*, tenans à Jeh. de Berlette et à l'héritage du presbitère de St-Jacque.

18. A sire Andrieu, cappelain de le cappelle Saint-Jaquème à cause de led. cappelle. (1396 : au cappellain de le cappelle Saint-Jaque).

19. Le maison qui fu Simon l'Esmoleur est as hoirs Jeh. Suret. (1396 : à Simonne de Rouvroy, vve Piérot de Rouvroy).

(Emb. ext. 1387, fo 6 vo). Thumas Boucel et Jehanne Surette, sa femme, vendent à Pierre de Rouvroy, saieteur, une maison joignans à une maison qui appartient à le cappelle St-Jacque et à un puch qui est audit lieu et d'autre part séans assez près de le maison que on dist *le Moelle de Molin.*

(H, 631, fo 10). Le vve Pierre de Rouvroy, pour se maison, IX drs.

(Emb. 1444, fo 30 ro). Jaquemart Belarme vend au tuteur des fils meuresdans de feu Willaume Estevenin une maison en le *grant rue du Gardin*, tenant d'une part à l'héritage de le cappelle Saint-Jacque et d'autre part à le vve de Simon au Vaissel et aboutant au gardin Willaume le Mach ; et en une autre maison, *en le rue du Croissant*, (17) tenant aussi à l'héritage de led. cappelle et aboutans à le maison présentement vendue.

19 *bis*. Cette maison ne figure pas au Rentier de 1382. En 1396, elle appartient à Sainte au Vaissel.

(H, 631, fo 10). Le vve Jeh. au Vaissel, pour se maison sur le grant rue, tenans à Lambert de St-Waast (1), IX drs. cappon et demi.

(H, 640-1435, fo 18). Symon au Vaissel, pour se maison ens. *sur le grant rue du Gardin*, tenant à le maison Jeh. de Pernes (alors propriétaire de la *Meule du Moulin*), lequelle fut partie par eschevins en trois membres en l'an IIIIc et XXIIII, IX drs. cap. et demi.

Li VIIIe tours de Sainte-Croix commenche à le maison Willaume Pesqueboine devant le Moele de Moelin *en alant en le Béchaye à le maison du curé de Sainte-Croix et revenant par le maison Jeh. Cosset tout le rencq jusques* as Roches *et de là tout le rencq par le* Quignet au Bure *jusques à le maison dud. Willaume (fo 74 vo).*

(1396 : même rédaction, fo 127 ro).

---

1. Le maison c'on dist **Le Choule** (*La Choule*, sorte de jeu; boule de bois que les joueurs se renvoyaient avec une crosse), qui fait le *touquet devant le Moele de Moelin* (1 du 7e tour) est à Willaume Pesqueboine. (1396 : à Lambert de St-Waast).

(Emb. 1392, fo 74 vo). Wille Pesqueboine vend à Lambert de St-Waast une maison, nommée *le maison de le Choule*, en le grant rue du Gardin, *à l'opposite de le Moeulle de Meulin*, faisans *le touquet de le rue par lequelle on va de le grant rue du Gardin à l'église Ste-Croix* et tenans à Baudin de Lattre.

(Emb. 1425, fo 198 ro). Dans le partage des biens de Jeh. Calet, Jeh. Joly dit Gallois et Marie Calet, sa femme, ont dans leur lot le *Four de le Choule* et le maison tenant aud. four, tenant d'une part à Amoury, soieur d'ais (61) et d'autre part faisant *touquet de le rue de le Meulle de Molin*.

(H, 648²-1467, fo 180). Pierre de Hanencamp, pour le maison de *le Choule*, faisant le toucquet de le *rue du Cuignet au Bure*, VIII drs.

2. A Robert des Bers. (1396 : à Baudin de Lattre).

(Emb. ext. 1387, fo 7 vo). Gillot des Bers, demourant à Boiry-Notre-Dame, vend à Baudin de Lattre une maison séante en le grant rue du Gardin, etc.

3. A Jeh. Belin. (1396 : à Colart Belin).

(Papiers de rentes de le Povreté 1395). Sur le maison Jeh. Belin, séans assès près de le maison de *le Choule*, tenant à Baudin de Lattre et à Jeh. Ronchi, VII s. VI drs.

4. A dem^elle^ Jehanne Cossette. (1396 : à Jeh. Ronchi).

(H, 640-1435, f° 30). Willaume le Tomas, pour une maison qui fu Jehenne Cossette, I cappon.

(Emb. 1437, f° 23 v°). Catherine Wion, v^ve^ de Jeh. de Baudart dit le Borgne, donne à sa cousine Marguerite du Bos ses rentes sur le maison Willaume le Thomas séant *en le rue de le Mole du Molin* et *aboutant par derrière au devant du portail de le cappelle St-Jacque.*

5. A Pierre d'Orchies. (1396 : à Jeh. Houillet).

6. A v^ve^ Jeh. Lostigier. (1396 : à Agneux Bilan).

(H, 639-1429, f° 30). Jeh. de Beaucamp, pour une maison et est de présent gardin, XII drs.

(Emb. 1435, f° 104 r°). Jeh. de Beaucamp, eschoppier, vend à messire Roger du Bos, prestre, ung gardin, séant en le grant rue du Gardin, tenant à Renault de Busquoy et d'autre part à l'éritage qui fu Mik. Sacquespée *et aboutant par derrière à le ruelle St-Jacque.*

7 8. Les II maisons dont li une fait le touquet sont à Jak. Sacquespée. (1396 : aud. Jaquemart).

9 10. Les deux maisons ensiévant *oultre* tenant *as Maillés* de le Béchaie sont à Gillot Bougier. (1396 : à messire Morel de Réli).

11-13. **Les Maillés en le Béchaye** et deux maisons par derrière qui tiennent à le maison de le curé de Sainte-Croix sont à Pierre Cosset. (1396 : à Piérot de Reu, ouvrier d'alemarche).

(Emb. 1392, f° 80 v°). Pierre Cosset vend à Piérot le Rous *à le tacque (sic)* dit de Reu, (Le scribe a sans doute mal lu l'expression : ouvrier d'anemark ou d'anemarche, c'est-à-dire ouvrier en bois de Danemark) (1) une maison, nommée *les Maillés en le Béchaye*, joignans à l'éritage Jeh. Bougier et d'autre part à l'éritage du curé de Sainte-Croix et *par derrière marchissans à* (côtoyant) *le maison du Grant Voire* (54) à Tassart Amion.

(1) C'est l'explication donnée par F. Godefroy dans son Dictionnaire de l'ancienne langue française. Il s'agit plutôt ici d'un marcheteur, d'un ouvrier qui fabriquait les tapis faits *à la marche*, c'est-à-dire au métier à basse lisse (A. Guesnon, *Pierre Féré*, p. 14, note 1).

(H, 632-1398, f° 35). Pierre le Rouch, pour le maison *des Maillés en le Béchaie.*

(Emb. 1424, f° 17 v°). Martre le Potière vend à Jeh. Sarazin une maison et grangette (12-13) tenant ensemble, tenant d'une part aux *Maillés* et d'autre part au *presbitaire de Ste-Croix.*

(Emb. 1426, f° 35 r°). Jeh. Sarazin, eschoppier, vend à Wille Yvain une maison et grange tenans ensemble, scituée en le Béchaye, nommé led. héritage *Les Maillés, faisant touquet de rue,* (Les Maillés se trouvent, en effet, à un coude qui peut être considéré comme touquet) tenant par derrière à une grange appartenant aud. vendeur et à l'éritage du *Grant Voire.*

(Emb. 1432-33, f° 126 v°). Pierre Messorel, paintre, gage le prix d'achat d'une propriété « sur une maison (13) à lui appartenant, séant en *le rue de le Béchaie,* tenant d'une part à Wille Yvain et d'autre part au presbitère du curé de Ste-Croix ».

14. Au curé de Ste-Croix. (1396 : aud. curé).

15. Le maison *devant le maison de ledit curé en l'autre renq* est à Jeh. Cosset. (1396 : aud. Jehan).

16. A Jeh. Galiot. (1396 : à Jeh. Cosset).

17-18. Les II maisons à le v^ve^ Piérot le Clerc. (1396 : à Jeh. le Clerc. — Note marginale : vendues par led. Clerc à Jeh. Bélot le XVe jour de sept. IIII^xx^ XVI).

19. A v^ve^ Piérot le Clerc. (1396 : à Jeh. Bélot).

20. A v^ve^ Piérot le Clerc. (1396 : à Jeh. le Clerc ; *fait le touquet).*

21-22. Les II maisons à le v^ve^ Piérot le Clerc. (1396 : les deux autres maisons d'en costé à Jeh. le Clerc).

Les maisons à partir du n° 17 appartinrent d'abord à Jean le Clerc à qui elles avaient été données par Jehanne de Rumilly.

(Emb. 1392, f° 128 v°). Jehanne de Rumilly, v^ve^ de Simon Haton, « pour pourvoir à l'avanchement de Hanotin (Jeannotin, Jean) et de Mariette, dis les Clers, ses nepveu et niepche, et enfans de feu Philippot le Clerc, leur donne IIII maisons, tenans ensemble, séans au *derrière de l'église Ste-Croix,* joignans à l'éritage de Jeh. Cosset d'une part et faisans le *touquet sur le plache de le Béchaye.*

Elles furent vendues, comme l'indique une note marginale du Rentier de 1396, réunissant par une accolade les nos 20-22, « par Jeh. Bélot à Jeh. le Censier le IXe jour d'aoust IIIIxx et XVI », ce qui prouve que Jeh. Bélot s'était rendu acquéreur non seulement des nos 17-19, mais aussi des maisons suivantes.

(Emb. 1400, fo 92 vo). Tassart Willin du Blancqchierf et Sébille Quenarde, sa femme, « vendent à sire Gille de Monchi, prestre, deux maisons seituées sur le touquet de le plache de le Béchaye et tenans à Jeh. le Censier (20) » qui, sans doute, les avait rétrocédées aud. Tassart.

En 1434, (emb., fo 233 vo). Englebert d'Arras donne en gage « d'un prest de XXIII ridders d'or une maison séant en le rue du Presbitaire de Ste-Croix, tenant à l'éritage du gardin Cosset et d'autre part faisant touquet de le place de le Béchaie ».

(Emb. 1436-38, fo 104 vo). Led. Englebert d'Arras et Jehanne le Censière, sa femme, vendent à Jeh. Rambaut et *Boine de St-Waast*, sa femme, *quatre* maisons (17-20) tenans ensemble, dont on fait à présent quatre loages, situées *en le rue du Presbitaire Ste-Croix*, tenant à Grard Cosset et *faisant touquet en le rue de le Bécaie*.

(Emb. 1454, fo 55 vo). Huc Magne et *Boine de St-Waast*, sa femme, Jeh. Magne et Boine Rambault, Jehanne Rambault, fille de led. Boine de St-Waast (et de Jeh. Rambault) vendent à Jeh. le Fèvre, cabaretier, leurs droits *sur une plache gastée* avec une maison et héritage tenant à Walleran Cosset et d'autre part *à le placette de le Béchaye* et d'un autre sens *faisant front sur le rue de le curé de Ste-Croix* et aboutans *par derrière au flégard de le ville* (ruelle de Bécheron).

23-24. Les II maisons qui sont *en le ruelle de Bécheron* sont à Jak. de Caucourt et Jak. Brongnart. (1396 : à Jak. Brongniart).

25-27. Les II maisons et un courtiux qui sont *en le place de le Béchaie* à Jeh. le Maistre. (1396 : à Gillot Cosset).

28. Courtiux aud. Jeh. le Maistre. (1396 : à Gillot Cosset).

29. A demelle Ysabel Wionne. (1396 : à demelles Marie et Piérote Wionne. — Note marginale : vendue par Jeh. Boucaux et sa femme ; Gobert de Théluch et sa femme à Jaquemart de Brégières le VIIIe jour de juing IIIIxx et XVII).

(Emb. 1418, fo 44 vo). Jaquemart Pinte vend à Jeh. de Bailly une place non amasée, séant devant le *Noir Lion en le Béchaie* (17 du 2e tour), tenant à Gillot Cosset et à Baudin Platel et ayant *yssue par derrière en le place de le Béchaie.*

(Emb. 1425, fo 198 ro). Jeh. Joly dit Gallois et Marie Calet, sa femme, héritent de Jeh. Calet de deux maisons situées devant le *Noir Lion,* tenant à Gille Cosset et à Baudin Platel.

(Emb. 1426, fo 83). Lesd. conjoints vendent à Willaume le Mas une maison, dont on fait trois louages, scituée *en le rue de le Béchaie,* au devant de l'ostel du *Noir Lion* tenant à Jeh. Cosset et à Baudin Platel.

(H, 640-1435, fo 29). Willaume le Mas, pour II maisons qui furent Jaquemart de Brégières et depuis Jeh. de Bailly, VI drs. II cap.

Item. Pour une petite maison scituée en l'anguelet tenant à le porte des maisons le vve Jeh. Cosset, VI drs.

Cette petite maison qui ne figure pas aux Rentiers se trouvait dans le *coin* (l'anguelet) entre les nos 24 et 25. C'était l'issue du no 29.

30-31. **Le Leu** *(Le Loup)* qui fait le touquet et une maison ens. à Jak. Wambourt. (1396 : à le vve Jaque Wambourt. Le maison ens. *en le rue du Cornet* est tout un membre avec *Le Leu*).

(H, 632-1398, fo 34). Le vve Jaque Wambourt, pour le maison *du Leu* en III membres et *fait un touquet de le rue du Cornet,* XVI drs. cap. et demi.

(Emb. ext. 1407, fo 64 vo). Jeh. du Baudart, procureur de Me Guérart Wambourt et de sa femme, Jehanne du Baudart, vend à Baudin Platel, sayeteur, une maison contenant deux membres et amazemens, tenant ensemble, nommée l'une *le maison du Leu,* faisant *le touquet de le rue du Cornet* et tenant à Jaquemart d'Avions.

(Emb. 1432-33, fo 118 ro). Baudin Platel gage un prêt de 50 salus d'or sur « le maison *du Leu* où il demeure et une autre petite maison tenant à icelle, séant *en le rue du Cornet* et faisant *touquet devant le Noir Lion.*

(Emb. 1436-38, fo 9 vo). Baudin Platel et Marie Dantin, sa femme, donnent de nouveau en garantie de cinquante salus d'or deux maisons *en le rue du Cornet,* nommées *le Leu,* tenant à Willaume le Mas et d'autre part à Pierre de Villau.

32. A Jak. de Caucourt et à Jak. Brongniart. (1396 : à Jaquemart Brongniart).

(Emb. 1436-38, f° 18 r°). Pierre de Villau, escuier, et Gille de Bullecourt, sa femme, vendent à Enguerran de Wailli trois maisoncelles, tenans ensemble et *faisant tout un membre, séans en le rue du Cornet*, tenant d'une part à Baudin Platel, d'autre part à Gille Daullé *et aboutans* par derrière *sur le place de le Béchaie.*

33. Au roy des Franchois. (1396 : à Robert Malin). **Le Couronne d'argent.**

34. A Robert Malin. (1396 : aud. Robert).

(Emb. ext. 1407, f° 7 r°). Marie de le Porte, v^ve^ de Robert Malin, donne à Jehanne Harlé, sa niepce, mariée à Henri du Moelin, dit Froidfer, *deux maisons* (33-34), séans *en le rue du Cornet*, tenant à Jaquemart d'Avions et d'autre part à le grange Martin le Courtois.

(*Ibid.*, f° 30 v°). Henri du Moelin et sa femme vendent à Martin le Courtois deux maisons, tenant ensemble et d'une part à Jaquemart d'Avions, couvreur d'esteule, et d'autre part à le grange que led. Martin a en led. rue.

(Emb. 1436-38, f° 23 v°). Martine Wion, v^ve^ de Jeh. de Baudart dit le Borgne, donne à sa cousine Marguerite du Bos ses rentes sur le maison Gille Daullé, tenant à le maison du *Cornet* à Simon Sacquel du Cornet.

(Emb. 1444, f° 3 v°). Mahieue de Viefort, v^ve^ de Robert Pippelart, vend à Jeh. de Courtray et à Marguerite Wionne, sa femme, sereur dud. Robert, « xxvii sols iii drs. de rente sur une grange et héritage appartenant à Gille Daullé, *en le rue du Cornet*, tenant d'une part à *l'ostel de le Couronne d'argent*, où demeure led. Gille, et d'autre part *à le maison du Cornet* à Henry Sacquel.

34 *bis*. (1396 : Le grange ens. est à Simon le Courtois).

35. Le maison joignans est à Herlin du Cornet et as hoirs Tassart du Cornet. (1396 : à Colart du Cornet et à Engherran Sacquel). **Le Cornet.**

(Emb. 1394, f° 55 r°). Hellin du Cornet vend à Enghéran Sacquel ses droits sur une maison, nommée *le Cornet Hellin*, séant en le rue du Cornet, joignant à l'éritage Simon le Courtois et à l'éritage du vendeur et par derrière à Willaume de Canteleu.

(Emb. 1426, f° 48 v°). Simon Sacquel vend à Jeh. de Wailli le moitiié qu'il a « en le maison du *Cornet*, tenant à Simon le Leu et à Pierre de Canteleu.

(Emb. 1438-39, f° 23 r°). Jeh. de Wailli vend à Henri Sacquel la moitié de le maison *du Cornet* tenant à Gille Daullé et à le vve Pierre de Canteleu d'autre part.

36. A Herlin du Cornet et as hoirs Tassart du Cornet. (1396 : aud. Herlin et à Colart du Cornet).

Ces deux maisons (35 et 36) semblent avoir constitué *le Cornet.*

37-38. Les II maisons à le vve Joh. Moustarde. (1396 : à Loouren Pantin).

Ces deux maisons ne font également qu'un seul membre, ce qui explique qu'elles tiennent au *Cornet* (35-36) et au *Barisel* (39-40).

(Emb. 1399, f° 70 r°). Willaume Canteleu vend à Jeh. Calet « pour son viage » et à Jacotin Calet, le fils, « pour le treffons et propriété une maison *en le rue du Cornet*, tenant d'une part au *Cornet à le goudalle* et d'autre part aux *Barisiaux*, appartenant à Tassart du Blancqchierf. »

(Emb. 1418, f° 114 r°). Mah. Lanstier donne à son fils Miquiel, à l'occasion de son mariage, plusieurs rentes dont xxv sols sur une maison *en le rue du Cornet*, tenant à le porte du *Blanc Chierf* et au *Barisel*.

(Emb. 1425, f° 125 r°). Simon le Roy et Bétrémieue Corbelle dite Moustarde, sa femme, vendent à Thumas le Sarciseur, mesureur de blé, deux maisons en le rue du Cornet Hellin, tenant à Thumas le Cuvelier et au *Barisel*, lesquelles deux maisons leur viennent de feux Tassart Willin du Blanc Chierf et de Sebille Quesnarde, sa femme, et mère de lad. Bétrémieue.

39-40. Les II maisons à le vve Henri du Cornet. (1396 : les II maisons c'ondist **Le Barisel** *(Le Petit Baril, le Tonnelet)* à Tassart Willin).

(Emb. 1438, f° 26 r°). Jeh. de Lattre garantit un prêt sur le *Barisel* tenant à l'éritage qui fu Pierre de Canteleu.

41 **Les Roches** à led. vve Henri du Cornet. (1396 : à Loouren Pantin).

(Emb. 1399, f° 37 v°). Monsgr Guillaume de Berbenchon, chevalier, vend à Jeh. Foissant ses rentes sur diverses maisons. xiii s. iii drs. sur le maison *des Roches ou grant marchié*. (*Les Roches* sont dans la rue Ste-Croix et non sur la Grande Place).

(Emb. 1436, f° 125 r°). Cornille Baudechon vend à Colart Bracquet iii s. viii drs. de rente sur une maison, nommée *Les Roches*, faisant *touquet de la rue du Cornet* et tenant à l'éritage de *l'Escache*.

42. A Thumas le Cuvelier. (1396 : à Jeh. le Cuvelier, caudrelier). **L'Escache** (Enseigne déjà rencontrée au 1er tour de St-Géry).

(Emb. 1418-19, f° 156 r°). Le 1er mai 1419, l'office des quatre des héritages visite un mur séparant le maison de *l'Escache* à Thumas le Cuvelier et le maison du *Blanc Chierf* à Mahieu Maistrel et fait son rapport.

43. Le Blanc Cherf à le vve Jeh. Moustarde. (1396 : à Tassart Willin).

(Emb. ext. 1381, f° 1 r°). Willaume Traucloucе gage une dette « de xxviii frans du roy » sur une rente de liii sols qu'il a sur le maison *du Cherf, en le grant rue Ste-Croix*, appartenant à le vve Jeh. Moustarde.

(Emb. 1415, f° 130 r°). Pierre le Caudrelier, dit de Barli, et Colle de Chérisi, sa femme, vendent à Mahieu Maistrel une maison, nommée *Le Blan Chierf*, en le grant rue Ste-Croix, avec les estieux appartenans à le brasserie estans en icelle, tenant à Thumas le Cuvelier et d'autre part à Pierre de Canteleu *et ayant yssue en le rue du Cornet*.

44. Le Haubercq (*Le Haubert*) à Willaume de Canteleu. (1396 : *Le Hauberch* aud. Willaume).

45. Les Becqués (*Les Brochets*, à cause de la forme de leur museau). (1396 : *les Béqués* à Colart Muette).

(Emb. 1400, f° 167 v°). Colart Muette vend à Guillaume Faimal, dit Rifflart, une maison, nommée *les Becqués*, en le rue Ste-Croix, tenant au *Haubregon* d'une part et au *Fremail d'or* d'autre part.

(*Ibid.*, f° 272 r°). Guillaume de Berbenchon, chevalier, vend à Baudin de Calonne, pour le prix « de xxxiii lbs. vi s. viii drs., xxxiii sols iiii drs. de rente » qu'il avait sur le maison Rifflart Faimal, nommée *les Becqués*, tenant à Pierre de Canteleu.

(Emb. 1427, f° 214 r°). Jeh. Gaudeffroy et Jehanne de Cagnicourt, sa femme, donnent en garantie d'un prêt de soixante-six salus d'or une maison, nommée *les Becqués*, tenant au *Haubergon* à Pierre de Canteleu et au *Fremail d'or* à Jeh. Matrelot.

46. A Grard de Halenghes. (1396 : aud. Grard). **Le Fremail d'or** (*Fermoir, agrafe,* tout ce qui sert à fermer) et **Le Petit St-Martin.**

(Emb. 1421, f° 68 r°). Pierre de Canteleu, marchant de saies, vend à Jeh. Matrelot, marchant de draps, une maison, *en le rue Ste-Croix*, nommée *le Fremail d'or* et *Petit Saint-Martin, estans tout un membre*, tenant aux *Becqués* à Jeh. Godeffroy, hautelicheur, et à l'éritage de *Saint-Martin.* à Jeh. Lenffant et qui fu Leurent Pantin et par derrière à l'éritage dud. Pierre de Canteleu.

(Emb. 1428, f° 97 r°). Colart Lanstier, Percheval le Grant, etc. se partagent la succession de leur beau-père Jaque Cardon et parmi les rentes on trouve VIII drs. « sur le maison du *Frémault d'or*, à Jeh. Matrelot, drapier, tenant aux *Becqués* et d'autre part à *l'ostel St-Martin* ».

(Emb. 1454, f° 55 r°). Marguerite le Chevalier, v^ve^ de Jeh. Matrelot, vend à Mah. Martin, marchant de sayes, le *Fremail d'or* et *Petit St-Martin*, tenant aux *Becqués* à le v^ve^ Jeh. de Tilloy et à *Saint-Martin*, aud. acheteur.

47. A Henri du Cornet. (1396 : à Looren Pantin). **Saint-Martin.**

(II, 632-1398, f° 83). Laurent Pantin, pour le maison de *Saint-Martin*, II drs.

(Emb. 1418, f° 143 r°). Simon le Leu et Jaquemart de Courcelles, exécuteurs testamentaires de Loeuren Pantin, exposent en vente une maison, séant en le grant rue Ste-Croix, tenant d'une part au *Fremail d'or* et d'autre part à le maison nommée le *Porcq Espy*. Elle est acquise par Jeh. Lenffant.

Quelques jours, après (*ibid.*, f° 155 v°), Estène le Marchant et Jehanne du Four, sa femme, (sans doute les héritiers de Laurent Pantin) régularisent cette vente de le maison de *Saint-Martin*, tenant... (comme dessus).

(Emb. 1432, f° 9 r°). Jeh. Lenffant gage un emprunt de cent livres sur « le maison de *Saint-Martin* tenant à Jeh. Matrelot et au *Porcq Espy* ».

48. As hoirs Henry de Héos. (1396 : à maistre Nicole de le Horbe). **Le Porcq Espy** *(le Porc-épic)* et **Le Porcq Sengler** *(Le Sanglier, le Solitaire).*

(H, 632-1398, f° 82). Maistre Nicole, pour le maison du *Porc Saingler*, v drs.

(H, 641-1437, f° 83). Mah. Pisson, pour le maison du *Porch Saingler*, v drs.

49. A Jeh. de Lattre. (1396 : à Jeh. de Colencamp). **Le Croissant.**

(Emb. 1423, f° 144 v°). Les héritiers de Pierre de Baudart se partagent ses propriétés et ses rentes, entre autres « XIX sols VI drs. sur le maison du *Croissant* à Jeh. de Colencamp.

(Emb. 1426-28, f° 175 r°). Les héritiers d'Agnieulx de Nédonchel vendent à Jeh. Sacquespée, maieur d'Arras, les rentes provenant de sa succession. « Sur le maison Jeh. de Colencamp, nommée *le Croissant*, tenant à Jeh le Censier, XIX sols VI drs. à XV drs. le denier sont XIII lbs. XII s.

(Emb. 1438, f° 2 r°). Jeh. Bracquet vend à Robert de Colencamp, moiennant XX drs. le denier qui font XXIIII frans X sols, XXIII s. VI drs. de rente qu'il avoit sur le maison *des Croissans*, en le rue Ste-Croix, appartenant aud. Robert, tenant à l'éritage du PORCQ SENGLER à Mah. Pisson d'une part et d'autre part à le maison des *Monnoiers* à Guy Mannerqué.

(Emb. 1444, f° 21 v°). Jaque Sévérondel et Marguerite le Borgne, sa femme, « vendent à Ricard Pinchon XIX sols VI drs. de rente qu'ils avoient sur *le Croissant* à Robert de Colencamp, et en laquelle on brasse ad présent goudalle, tenant à Mah. Pisson et à Guy Mannerqué ».

50-51. Les deux maisons ons. condist **L'Espinette** et **Les Monnyers** *(Les Monnayeurs, les Changeurs)* sont à Mik. Augrenon. (1396 : aud. Mikiel).

(H, 632-1398, f° 82). Miquiel au Grenon, pour le maison des *Monniers sur le touquet*, VIII drs.

(Emb. 1418, f° 58 r°). Jeh. de Lannoy, dit Hustin, escuier, et Ysabel de Cambrin, sa femme, vendent à Jeh. le Chensier deux maisons, tenans ensemble, en le rue Ste-Croix, l'une nommée *l'Espinette*, et l'autre *les Monniers*, tenant d'une part *aux Croissans* à Jeh. de Colencamp et d'autre part faisant *touquet derrière l'église Ste-Croix* et aboutans par derrière à l'éritage Guérart et Walleran Cosset (15) et à le maison qui fu Locren Pantin (47).

(Emb. 1423, f° 161 r°). Jeh. le Censsier gage un prêt sur *L'Espinette* et *Les Monniers*, tenant à Robert de Colencamp et faisant *le toucquet d'une rue emprès Ste-Croix* et aboutant à Guérart Cosset.

(Emb. 1428-30, f° 117 r°). Jeh. le Chensier vend ces deux maisons à Willaume de le Croix, cervoisier, qui, avec ses enfants Jeh. l'aisné, Martinet et Jeh. le jone, les revend (emb. 1436-38, f° 156 v°) à Guy Mannerqué, brasseur de cervoise.

(H, 641-1437, f° 83). Guy Mannerqué, cervoisier, pour une maison tenant à le maison de Guerart et Walleran Cossel (15) *emprès l'église de Ste-Croix et fait le touquet*, VIII drs.

52. Le maison *devant le porte des Monnyers* est à Jeh. Fastoul. (1396 : le maison *devant les Monniers* est à Grard Roussel).

(Emb. 1400, f° 126 v°). Toussains du Hamel vend à Aélis Fouquière une maison, séans derrière Ste-Croix, tenant d'une part à le maison *du prestage* (14, le presbytère) et à le maison qui fu Tassart Amion.

53-44. Les deux maisons ens. à Thumas Amion. (1396 : à Tassart Amion). **Le Petit Voire** et **Le Grant Voire** *(Le Grand Verre)*.

On a vu que le n° 13 aboutait *au Grant Voire* à Tassart Amion.

55. Le maison de **Le Cappelle Saint-Jakème** à Raimon de Réli. (1396 : Le maison *de le Cappelette Saint-Jaque* aud. Raimon).

(Emb. 1423, f° 145 r°). Dans l'héritage de Pierre de Baudart, on trouve « II s. de rente sur le maison Morrel de Réli, nommée *le Cappelle Saint-Jaque* ».

Voir, pour ces diverses maisons, la notice de M. A. Guesnon sur *La confrérie de St-Jacques*.

56. **Saint-Jakème à le goudalle** à Jeh. de le Magdelaine. (1396 : aud. Jeh.).

(H, 632-1398, f° 77). Jeh. le Prévost dit Magdelaine, pour le maison *Saint-Jaque à le goudalle devant Ste-Croix*, 1 blanc coulon.

57. A Jeh. le Gaugeur. (1396 : à Jeh. Molet, gaugour). **Le Griffon vollant.**

(Emb. 1428-30, f° 121 v°). Nicaise Joiant dit de Boumy donne à sa fille Anne, à l'occasion de son mariage avec Jeh. Wion, une maison, séans en le rue *de le Cuignette au Bure*, tenant d'une part à *le maison de Saint-Jaque à le goudale* et d'autre part à Willaume au Vaissel : icelle maison nommée *le Griffon vollant*.

58. A Jeh. de Wavrans. (1396 : le maison ens. *qui fait le touquet de le rue St-Jaque* à Rifflart Faimal). **Le Cuignette au Bure** (sorte de *gâteau* plat, de forme allongée qu'on vendait encore il y a quelque quarante ans dans les baraquettes situées en dehors des portes, aux abords de la ville).

(Emb. ext. 1388, f° 4 r°). Jeh. de Wavrans vend à Rifflart Faymal, haultelicheur, une maison et tout l'éritage appendant, nommée *le Cuignette au Bure*, séans *emprès l'église Ste-Croix*.

(Arch. hôp. St-Jeh., LB. 10, 1356). Mise en criée par l'hôpital « de le maison de *le Cuyngnette au Burre*, tenant d'une part au *Griffon volant* et d'autre part faisant *le touquet de le rue St-Jaque*, chargée vers St-Jehan de xxxix sols de rente.

(Emb. 1400, f° 167 v°). Rifflart Faymal vend à Colart Amette une maison et tout l'éritage appendant, nommée *le Cuigniette au Bure*, tenant au *Griffon* et à le rue St-Jaque.

59-61. Les III maisons ens. à v^ve Robert de le Choule. (1396 : à ledite vesve).

(Emb. 1421, f° 48 r°). Jaquemart de le Choulle vend à Jeh. de Lattre, cordewanier, deux maisons, séant en le rue *de le Cuignet au Bure*, faisant d'une part *touquet de le ruelle St-Jacque* et tenant d'autre part à l'éritage Adde de le Choulle.

Li IXe tours de Ste-Croix commenche à le maison Nicaise le Fèvre, qui est à l'opposite de le Choule *en alant as* Campions *et en alant à le maison Simon Louchart et en venant à* l'Espée de le Vingtaine *et enfin à le maison dud. Nicaise (fos 77 vo et suiv.).*

(1396 : même itinéraire, fos 132 vo et suiv.).

---

1. A Nicaise le Fèvre, *touquet devant le Choule* (1er du 8e tour). (1396 : à Toussains du Quarrel).

2. Aud. Nicaise. (1396 : à Jeh. le Normant).

3. A le vve Tassart Douchet. (1396 : à Jeh. le Normant).

(Emb. ext. 1381-82, fo 3). Le vve Tassart Douchet vend à Simon de Maroeil une maison en *le rue Cuignette au Bure* ; maison que led. Simon revend (emb. ext. 1388, fo 6 ro) à Jeh. le Normant.

4 8. A le vve Simon de Lens. (1396 : led. vve Simon).

9-10. A Mah. Quesnel. (1396 : à led. vve Simon).

11. A le dame des Cauderons, demourant en le plache le Castellain. (1396 : à le vve Simon de Lens).

(Emb. ext. 1397, fo 21). Le vve Simon de Lens vend à Guillaume de Canteleu *huit* maisons, tenans ensemble en le *rue de le Cuignette au Bure,* tenans d'une part à l'éritage de le vve de Jeh. le Normant et d'autre part à le maison des *Campions.*

12-12 *bis.* **Les Campions devant Ste-Croix** *(Les Champions)* à led. dame des Cauderons. (1396 : les *Campions* et *une autre petite* maison d'alés à Bétrémieu Blanchart, goudalier).

(Emb. 1392, fo 78 vo). Estevène le Prévost vend à Bétrémieu Blanchart *les Campions à le goudalle* devant Ste-Croix avec une petite maisoncelle joignans à ycelle maison, avec tous les vaissiaux, cuviers, caudières et enchines appartenant au mestier de le goudale ; icelle maison joignans à l'éritage le vve Simon de Lens *par derrière* et faisans touquet, d'une part, de le rue de le *Cuingnette au Bure* et d'autre part d'une ruelette *estans entre led. maison et le maison du Fauchon.*

(Arch. hôp. St-Jean I. E. 217, 1553). *Les Campions* tenant à le rue *de le Cuignette au Bure* et à le *ruelle de l'Esturjeon.*

(*Ibid.*, I. B. 122). *Les Campions tenant à l'*Esturjeon.

(Emb. ext. 1396, f° 15). Le v^{ve} Simon de Lens vend à Willaume de Canteleu le maison de *l'Esturion* rue Ste-Croix.

(II, 640-1435, f° 77). Piérot de Wattines, pour le maison des Campions, *emprès* Ste-Croix, en II membres, VI drs.

(Emb. 1438, f° 157 r°). Pierre de Watines et Béatrix Blanchardc, sa femme, gagent un emprunt « de huit vings livres » sur une maison, séant en le rue Ste-Croix, nommée *les Campions*, faisant touquet de le rue du *Cuignet au Burre* et tenant d'autre part à l'éritage Benoîte de Coulemont.

Il semble bien que **l'Esturgeon** soit la petite maison située au fond de l'impasse, qui était toujours vendue avec la grande maison des *Campions*. L'acte précédent établit, en effet, que les Campions tenaient à la maison de Coulemont qui était le *Faucon.*

13. A Simon Augrenon. (1396 : **Le Fauchon** à Tassart Amion. — Note marginale : vendu par led. Tassart à Jeh. de Coulemont, saieteur, le XXVIe jour d'octobre IIII^{xx} et XVI).

14-14 *bis.* A v^{ve} Simon de Lens. (1396 : à led. v^{ve} avec une autre maison et un gardin tenant par derrière. — Note marginale : vendue par le proc^{r} de led. dem^{elle} à Willaume de Canteleu le XXIXe jour de juing IIII^{xx} et XVII).

15. A Simon Louchart. (1396 : au Bèghe de Raisse). **Le Moutonchel** (*Le petit Mouton*).

(II, 633-1408, f° 88). Le v^{ve} Simon Louchart, femme le Bèghe de Raisse, pour le maison du *Moutonchel*, VIII drs.

(II, 641-1437, f° 76). Le v^{ve} du Beggue de Rasse, pour le maison du *Moutonchel, faisant le toucquet de le rue des Trompettes*, VIII drs.

16. A Jehanne Matonne à cause des hoirs Robert de Bers

devant le Four des Cuvelles (35 du 5e tour de St-Géry) *derraine maison de le parosce.* (1396 : à Gillot de Mofflaines, *à l'opposite du Four des Cuvelles.*

17. A Willot Lenglesq. (1396 : à Mik. Lasne).

(Emb. 1401, f° 213 v°). Jeh. de le Bregerie donne en garantie d'un achat de sayes de la valeur de « huit vings escus d'or » une maison, séans en *le rue des Trompettes ou Marchié au Fillé,* tenans à le maison de Gillot de Mouflaines et *as Trompettes.*

(Emb. 1418, f° 32 r°). Jaquemart de St-Pol et Béatris Blanchardc, sa femme, vendent à Jeh. le Feutrier dit le Clerc une maison, séans en *le rue du Marchiet au Fillé,* tenant à Jeh. Bousnel et à l'éritage *des Trompettes.*

18. **Les Trompettes** à le vve Simon de Lens. (1396 : à led. vesve).

19. Le maison de **L'Ospital** à le vve Simon de Lens. (1396 : Le maison de **L'Ospital dame Tasse Huquedieu** est as Béghines).

20. Grange à vve Simon de Lens. (1396 : à led. vesve).

(Emb. 1423, f° 125 r°). Robert de Bainas et Gille de Lobelet, sa femme, vendent à Jeh. Robaut ung gardin, séant en le *rue des Trompettes,* tenant au *Béguinage dame Tasse Huquedieu* et à le maison Guffroy des Cauderons, nommée *le Croix Hémont.*

21. **Le Croix Hémont** à Jeh. Ghéruye de le Bassée. (1396 : à Guffroy du Praiel dit des Cauderons).

22. **Les Rosettes** à Gillot l'Ouvrier. (1396 : *Les Rosettes à le goudalle* à Jeh. Malebranque, sergant du roy).

(Emb. 1391, f° 21 v°). Gille l'Ouvrier aultrement dit des Rosettes et Jehanne Wicarde, sa femme, donnent à leur fille Katerine leur maison *des Rosettes à le goudalle,* séans devant *l'Espée de le XXne.*

(II, 632-1398, f° 37). Jeh. Malebranque, pour *les Rosettes à le goudale,* XII drs. IIII cap.

(Emb. 1427, f° 175 v°). Les héritiers de Annieulx de Nédonchel vendent à Jeh. Sacquespée, maieur, les rentes qu'ils avaient sur nombre de maisons, entre autres sur les *Rosettes à le goudale, devers le XXne.*

(H, 648-1465, f° 80). Henry du Cornet, pour le maison *des Rosettes* séans *devant l'ospital des Drappiers* (5 du 10e tour) XII drs. III cap.

23 23 *bis.* **L'Espée de le Vintaine** à le vve Jeh. du Rietz. (1396 : *Les deux maisons de l'Espée de le Vintaine* sont à Bétrémiou du Praiel dit des Pochonnés).

(Emb. 1444, f° 10 r°). Martin le Moeur et Jehanne de Viane, sa femme, vendent à Jeh. Bougier une maison, séant *devant les Rosettes à le goudalle,* nommée *l'Espée de le XXne* tenant à le vve Pierre de Canteleu et à Jeh. de Fressay et aboutant à Jeh. du Temple.

Led. Jeh. Bougier, mesureur de blé, et Pérote Querquefoelle, sa femme, revendent presque immédiatement (*ibid.*, f° 28 v°) à Jeh. de le Buissière, drappier, cette maison et gardin, nommée *l'Espée de le XXne* aboutant à Jeh. du Temple, clerc de le XXne.

24. A Emeri Guédin. (1396 : à Jaquemart de Latre). **L'Esgle d'or** *(L'Aigle d'or).*

(Emb. 1392, f° 141 r°). Aymery Ghédin et Jehanne de Caumont, sa femme, à l'occasion du mariage de leur fille Jehanne avec Jaque de Latre, renoncent à tous leurs droits sur une maison, séans *assés près de le Vintaine,* joignans à Bétrémieu des Pochonnés dit du Praiel et d'autre part à Robert le Portier.

(Emb. 1436-38, f° 45 r°). Jeh. de Fressay et Béatrix le Meur gagent une obligation sur une maison, séans *emprès les Rosettes à le goudale,* nommée *l'Esgle d'or.*

(Emb. 1444, f° 74 r°). Jeh. de Fressay loue à Jeh. de le Bussière, drappier, un chélier estans dessoubs sa maison en le rue de le XXne, *au devant des Rosettes à le goudale.*

25. A Foucart, à cause de sa femme. (1396 : à Robert le Portier).

(Emb. 1426, f° 66 v°). L'office des quatre des héritages visite une maison à Robert le Fèvre, joignant à *l'Esprevier emprès le XXne.*

26-28. **L'Esprivier** *(L'Epervier)* et deux autres maisons ens. sont à Robert le Portier. (1396 : aud. Robert. — Note marginale : vendue par Robert du Temple à Jaquemart de le Pierre le XVe jour de novembre IIIIxx et XVI).

(Emb. 1391, fo 14 ro). Robert le Portier vend à Gillot de Marquais, ouvrier d'anemarce, quatre livres parisis de rente viagère et « pour ce paier, oblige trois maisons, séans en le rue de le XXne, tenans ensemble, tenans d'une part à Aymery Ghédin et d'autre part à Jeh. Caupain ».

(H, 632-1398, fo 29). Jaquemart de le Pierre, pour le maison de *l'Esprevier* et le porte, VIII drs. II cap.

Le fille Robert le Portier, pour II maisons tenans à le porte de *l'Esprevier*, II s. III cap.

(Emb. ext. 1402, fo 20). Huart Rumaut vend à Robert du Carioel le maison de *l'Esprivier, devant le Vintaine.*

(H, 648'-1467, fo 183). Jeh. Fourment, pour le maison de *l'Esprivier*, contenant deux membres *et fait le touquet devant le XXne.*

29. As hoirs Frémin de le Planque. (1396 : à Jeh. Caupain, clerc de St-Géry).

(H, 632-1398, fo 29). Jeh. Caupain, pour se maison ens., VI drs. I cap.

30-31. A Mik. des Rosettes. (1396 : à Jeh. Malebranque, sergant du roy).

(H, 632, fo 28). Jeh. Malebranque, pour II maisons ens., XVIII drs. III cap.

32. As hoirs Haut de Coer. (1396 : à Jeh. de Noe dit Haut de Coeur).

33. A Jeh. de Rains, estuveur. (1396 : aud. Jehan).

Cette maison avait été vendue aud. Jeh. de Rains par Nichaise le Fèvre propriétaire de la maison voisine (1) (emb. ext. 1379, fo 7).

Li X^e tours de Ste-Croix commenche devant les Rosettes à le goudale, *en alant jusques à le maison des* Plouviers *et entrant en le rue de le Noefêglise et en alant d'un renc à l'autre et retournant jusques à le maison Oudart de Chérisy et finant à le maison qui fait le touquet* devant les Rosettes *(f°s 79 r° et suiv.).*

(1396 : même rédaction, f°s 135 r° et suiv.)

1-2. Les II maisons qui font le touquet devant les *Rosettes à le goudale* (22 du 9e tour) sont à Willaume de Canteleu. (1396 : aud. Willaume).

(H, 645^a-1453, f° 175). Jeh. de Lattre fils, pour II maisons dont *l'une fait le touquet et l'autre tient à icelle vers l'Ospital des Drappiers,* I dr.

3. A Frémin le Sauvage. (1396 : à Maroie Doubtée).

(H, 632-1398, f° 19). Marie Doubtée, pour se maison *devant les Rosettes,* XII drs. II cap.

(H, 645^a-1453, f° 175). Jeh. Pagnier, pour *une plache qui fu maison, séant devant les Rosettes,* qui fu à Frémin le Sauvage et est de présent de nulle valeur, XII drs. II cap.

(Emb. 1454, f° 48 v°). Jeh. de Bailly vend à Jeh. de Lattre, saieteur, *une masure non amasée,* séant en le rue de l'Ospital des Drappiers, tenant aud. Jeh. de Lattre et à Jaquemart de Croisettes.

4-4 *bis*. A Simon Bé. (1396 : à Simon Baé, haultelicheur).

(H, 632-1398, f° 19). Simon Bé, pour II maisons *emprès l'Ospital des Drappiers.*

(Emb. 1435, f° 62 v°). Jaquemart de Croisettes, hautelicеur, et Marguerite Bar, sa femme, gagent une obligation sur une maison, séans en le *rue des Rosettes,* tenant à Jeh. Panier, carpentier, et d'autre part à l'Ospital des Drappiers.

(H, 645^a, f° 175). Jaquemart de Croisettes, pour II maisons tout d'ung comble qui furent jadis à Simon Bé, X drs. I cap. et demi et pour une petite maison ens. qui fu aud. Simon, III drs. demi cap.

5-5 *bis*. **L'Ospital des Drappiers.**

Tous les cueilloirs de rentes de St-Waast constatent que l'homme vivant et mourant de l'hôpital payait « VI drs. II cap. pour une maison où les femmes soloient gésir » et la même redevance « pour une maison qui est l'entrée dud. hospital, où on fist le cappelle ».

6-7. Le maison et le grange à Gille Crespin à cause de sa femme. (1396 : à dem^{elle} du Luiton — v^{ve} dud. Gille).

(H, 635-1415, f° 5). Guy de Réli, escuier, pour une granche *faisant le touquet*, VI drs. I cap.

8. **Les Plouviers** *(Les Pluviers)* à Pierre de Choques. (1396 : aud. Pierre).

(H, 632-1398. f° 16). Pierre de Choques, pour le maison des *Plouviers* et gardin tenans as gardins Grard de Hanencamp, III s. et VI cap.

(Emb. ext. 1409, f° 66 v°). Tassart Malet dit Rifflard et Jehanne de Choques, sa femme, vendent à Simon David une maison faisant le *touquet de le rue de Noefèglise* et tenant d'autre part à un héritage qu'on nomme *le Sauvage* (5 du 5e tour de St-Géry).

(Emb. 1427, f° 139 v°). Jehanne Lionne, v^{ve} de Simon David, donne à sa fille Anne David à l'occasion de son mariage avec Jeh. Fourment, une maison, nommée *les Plouviers*, séant en le *rue des Rosettes, faisant le touquet de le rue de Neufèglise* et tenant à l'héritage du *Sauvage*.

(H, 647¹-1465, f° 2). Jeh. Fourment, pour le maison des Plouviers, XVIII drs., etc.

(H, 648²-1467, f° 157). Baptiste Lardon, *Lombart*, pour le maison des Plouviers, XVIII drs. IIII cap. Pour le gardin sur le rue de Noefèglise, XVIII drs. IIII cap. Pour le maison ens. en led. rue, IX drs.

(Contributions pour gros travaux à l'église Ste-Croix, 1468-69, f° 13 v°). *Les Lombards* doivent pour leurs héritages en led. parosche et pour lesd. assiettes et par condempnation d'échevins, leur quart forain rabatu, VI lbs.

C'est donc entre 1465 et 1467 que les Lombards s'installent aux *Plouviers*.

9-10. Les II maisons *en le rue de Noefèglise* ensiévant le porte des *Plouviers* sont à Grard de Hanencamp. (1396 : aud. Grard).

(H, 632-1398, f° 16). Grard de Hanencamp, pour II maisons ens. sur le rue de Noeuvéglise, III cap.

En 1429, (H, 639, f° 10) Jeh. Fourment est propriétaire de la maison tenant à le porte *des Plouviers.*

En 1434, (emb., f° 123 r°) Jeh. Fourment le jone achète à Jeh. Honnère dit Gaudienpré « une maison tenant aud. Fourment et d'autre part à Jeh. de Gauchin, drappier, *et aboutans au gardin de l'Ospital des Chariottes* ».

L'importante maison des *Plouviers* occupe donc alors l'emplacement sur lequel s'élèvera plus tard le nouvel hôpital des Chariottes tel qu'il existe encore aujourd'hui.

En 1453, (H, 645*, f° 172) Jeh. Fourment paie à St-Waast pour les Plouviers, XVIII drs. III cap.

Pour le gardin et porte tenant à la dessus dite maison, icelle porte yssans sur le rue de Noefèglise, laquelle porte est de présent démolye et n'est qu'un gardin ouquel on a édéfiet une estavelette, XVIII drs. III cap.

Pour une maison tenant à le porte des Plouviers, IX drs. cap. et demi.

Pour une *maison de pierre* ens., IX drs. cap et demi.

C'est cette maison de pierre (10) qui va devenir les **Estuves de Jérusalem.** Elle appartient, en effet, en 1458, à Jeh. Caillerel.

(H, 647-1458, f° 2). Jeh. Caillerel, pour une maison qui fu Jeh. Fourment, IX drs. cap. et demi.

(Emb. 1454, f° 78 v°). Jeh. Caigneré, caudrelier, et Jacote de St-Germain, sa femme, gagent une obligation « sur le maison où ils demeurent devant *le Couppe d'or* et sur une autre maison séant en le rue de Noefèglise, *ad présent* estans à usage d'estuves, nommées *les Estuves de Jhlem* (Jérusalem), tenant à Jeh. Vacquavant.

Il résulte de cet acte que les étuves de Jérusalem ont été

installées vers le milieu du XVe siècle dans la rue de Neuvéglise, à laquelle elles ont tout naturellement donné leur nom. Ces étuves ne prospérèrent pas tout d'abord et l'acte de saisie qui contient le détail du mobilier, mérite d'être relaté en entier, parce qu'il jette un certain jour sur l'organisation de ces sortes d'établissements.

(Emb. 1454, f° 99 v°). Comparut Jeh. Caigneré, caudrelier, et recongnut comme nagaires Loys Becquart eust par Pierre Cochon, sergant du roy, et par voye d'exécution, fait prendre et mettre en le main du roy certains biens meubles à luy appartenant, estans en le maison et estuves nommées *les Estuves de Jhlem,* séans en le rue de Neuféglise... pour estre payé de la somme de xx escus d'or ou xxiiii sols pour escu qui deubs estoient aud. Loys par led. Caigneré, de reste de plus grant somme, comme il apparoit par certaine obligation passée par icelluy Caigneré par devant auditteurs du roy, desquels biens la déclaration s'ensuit. Et primes : une huche, ung bancq tournoir, un petit bancq et iii aissellles (tablettes), une couche, une patelette à manière de bancq à dossier, chinq aissellles servans à le despence et ung queminel (chenet). Item : *En le cambre de le Magdelaine,* quatre litz, les percavechs (traversins) et couvertoires avec les couches, une aumaire (armoire) à deux enclastres (compartiments) fermans et les clefs. *En le cambre de devant,* quatre litz, les percavechs, les couvertoires et les couches, avec un bancq tournoir, une table, deux hestaux (tréteaux ?) dix-huit oreillers et xi toyes. *En le cambre Ste-Katerine,* deux litz, les percavechs, couvertoires et les couches, deux scelles de bos à iii piés chacune. *En le cambre Ste-Marguerite,* deux couches, ung lit, deux percavés, ung couvertoir. *En le cambre Ste-Barbe,* trois litz, iii percavés, les couvertoires et les couches. Item, xiiii cuvelettes servans à estuves, loyées chacune de ii cherclés de fer. Item, le caudière servans à icelles estuves, sortie de couvercles, d'une esquellette (petite échelle) et d'un faux fons, Item, ung caudron, deux bachins d'araing, l'un à barbier et l'autre servans ausd. estuves. Item. iii bans estans esdites estuves et ung autre es petites estuves. Item, deux sceillons servans au puch, loyés de iii chercles de fer chacun et le corde à tirer l'eaue. Tous lesquels biens dessus desclairés led. Pierre Cochon, sergant, a vendus et délivrés par le voye dite à Pierre de Vaucorbel, tainturier, pour le pris de xx escus... et lesquels biens led. Pierre de Vaucorbel a depuis baillés et délivrés aud.

Caignéré à louaige pour le prix et somme de iiii sols chacune sepmaine.

(Emb. 1464, f° 72 v°). Jeh. Caignérel le père et Baltasar Caignérel, son fils, gagent un emprunt sur le maison et *Estuves de Jhlem* et une petite maison y tenant, tenant à Jeh. Vacavant et par derrière à l'Ospital des Chariottes.

(Assiette pour travaux à l'église Ste-Croix, 1468-69, f° 13 r°). Baltasar Caignéré, pour ses deux maisons, nommées *les Estuves de Jhlem*, et pour lesd. assietes, xi lbs. xiii s. vi drs.

11-13. Gardin et ii maisons à Jeh. de Gauchin. (1396 : aud. Jehan).

Cette propriété avait été donnée « pour Dieu et en aumosne » (emb. ext. 1379, f° 7 v°) par Jehanne Liétarde, v^ve de Thumas Gauchin, à Hanotin de Gauchin (le susdit Jehan), nepveu aud. Thumas.

(H, 632-1398, f° 16). Jeh. de Gauchin, pour ses maisons et gardins, xv s. ii cap.

(H, 645^a-1453, f° 172). Jeh. Vacquavant, pour son gardin et les ii maisons tenant à un puch, xv s. et ii cap.

(Assiette pour travaux à l'église Ste-Croix 1468-69, f° 13 r°). Vacavant le vieil, pour ses ii maisons, lxxvi s.

14. A Jeh. Boincamps. (1396 : à Oudart de Baraffle).

(Emb. 1391, f° 75 r°). Jeh. Calet vend à Oudart de Baraffle une maison joignans à Jeh. de Gauchin.

15. A Jeh. Boincamps. (1396 : à Jeh. Fremaut, couvreur de tieule).

(H, 632-1398, f° 17). Jeh. Fremaut, pour se maison en le rue de Noeféglise, xii drs. ii cap.

16-18. Le gardin et ii maisons à le v^ve Simon de Lens. (1396 : à led. vesve).

19. A Grard de Halenghes. (1396 : aud. Grard).

(Emb. 1399, f° 36 v°). Jeh. du Wes dit Percheval, escuier, seigneur de Cavechières, vend à Toussains du Mur dit du Hamel une maison en le rue de Noeféglise aboutans sur rue et tenans à le dem^elle de Lens et d'autre part aud. Toussains.

20. Le maison *qui fait le touquet* est as hoirs Maroie de Wandelicourt. (1396 : à Toussains du Mur, saieteur).

(Emb. ext. 1388, fo 3 vo). Hanotin de Wandelicourt, fils de feu Pierre, vend à Toussains du Mur, saieteur, une maison et un gardin en le rue de Noeféglise.

(Emb. 1414, fo 66 ro). Willaume du Mur, pour une dette de dix escus d'or, oblige sa maison *faisant touquet de le rue de Noeféglise* et aboutans à Henri Platel (4 du 8e tour St-Aubert).

La rue des Galletoires est, à cette époque, on le verra, « une ruelle sans yssue », c'est-à-dire une impasse. Il s'agit donc ici du touquet sur le Crinchon et sur la place actuelle du Rivage.

21. Le maison qui *est devant le porte des Plouviers* est à Lourench Capperon. (1396 : à Jeh. Haton).

22. A Gille Crespin à cause de sa femme. (1396 : à demiselle du Luiton).

23. A Grard de Hanencamp. (1396 : aud. Grard).

24-25. A Grard de Paris. (1396 : à Grard de Hanencamp).

26-27. Le maison et courtiux à Jak. de Gamaches. (1396 : à Jeh. Gamart, foulon).

(Emb. 1391, fo 110 ro). Colart Gamache vend à Jeh. Gamars une maison en le rue de Noeféglise, tenant à Grard de Hanencamp et d'autre part à Piérot le Gorrelier et aboutant à Piérot de Thilloy, taintelier, (46) et Jeh. Calet (45).

28-29. Le courtille et le maison à Piérot le Gorrelier. (1396 : aud. Piérot).

(H, 632-1398, fo 18). Piérot le Gorrelier, pour se maison en le rue de Noeféglise, XII drs. et II cap.

30. A Bétrémieu le Couvreur. (1396 : à Emeri Ghédin).

31-32. Les II maisons à Oudart de Chérisi. (1396 : à Henri de Brékin).

(H, 632-1398, fo 18). Henri de Bréquin, pour II maisons qui furent Oudart de Chérisi, tenans à Jeh. Blassel, II s. VI drs.

33. A Guillebaut le Linier. (1396 : à Jeh. Blassel, machon).

34. Aud. Guillebaut. (1396 : à Lourench le Gentil).

(Emb. ext. 1388, f° 2 r°). Guillebaut le Linier et Jehanne Filloelle, sa femme, vendent à Leuren le Gentil une maison séans en le rue de Noeféglise.

(H, 633-1408, f° 17). Leurent le Gentil, pour se maison en le rue de Noeféglise, tenant à Jeh. Gourlant, vi s.

35. A Climent de Loos. (1396 : à Ysabel Gourlande).

(Emb. 1390, f° 4 r°). Climent de Loes vend à Jaquemart le Mur, dit Lebrun, une maison et gardignet, séans en le *rue dessoubs le XX^ne par lequelle on va à le Croix ou Pré à l'opposite de le maison feu Driévart Olivier* (36), tenant à Jeh. Gourlant et *fait touquet de led. rue* (c'est-à-dire de la rue actuelle du Coclipas).

C'est une partie de la propriété qui occupait tout le côté supérieur de la rue Toussains (actuellement des Galletoires), entre la rue de Jérusalem et la rue du Coclipas. Cette propriété composée « de plusieurs maisons et gardin en III membres (H, 632-1398 f° 17), qui furent Climent de Loes » appartient à Estevène le Prévost qui paie XIII s. à St-Waast. Toutefois, Ysabel Gourlande, v^ve de Jeh. Gourlant, en conserve une partie. En 1408 (H, 633, f° 17), le cueilloir de St-Waast décompose ainsi cette rente de XIII s.

Baudin d'Aires, pour une partie du gardin *faisant le touquet de le rue de Toussains en montant à mont en le rue de Noeféglise et alant à l'issue du gardin Jehan Blassel* (porte du jardin du n° 33), III s.

Item : pour un autre membre du gardin alant du long du gardin dud. Blassel, v s.

Item : pour une autre partie dud. gardin et pour le maison tenant à le v^ve Jeh. Gourlant, v s. (C'est la maison citée plus haut, à l'autre angle de la rue).

36. Le maison de *le ruelle qui est derrière le maison Climench de Loes* est à Driévart Olivier. (1396 : à le v^ve dud. Driévart).

(H, 632-1398, f° 17). Le v^ve Driévart Olivier, pour ses maisons et gardins en VI membres, XXXI s. III drs.

Il résulte de l'article suivant du cueilloir de St-Waast pour 1408, (H, 633, f° 16), qui décompose aussi ces XXXI s.

de rentes, que la propriété de Driévart Olivier constituait le petit ilot, situé aujourd'hui entre la rue des Galletoires, la place du Rivage, la rue du Coclipas et la rue de Jérusalem.

Jeh. Olivier, pour une plache adjoustée à son gardin *et faisant le touquet* (sur le Crinchon devant Toussains du Mur [20]), III s.

Item. Pour une partie dud. gardin *séans du long du Crinchon* et pour une partie de se maison, VIII s.

Item. Pour une autre partie de sen gardin *en mouvant du Ponchel* (en partant du pont sur le Crinchon) et venant *du long de le rue de Toussains* (ici, rue du Coclipas) *jusques au touquet de se maison*, VII s.

Item. Pour le maison où il demeure, avecc une partie de sen gardin, VIII s.

Item. Pour une partie de sen gardin mouvant à l'anglet des murs où il heut (il y eut) une porte et venant à le rue de Noefèglise *du long de le rue qui est devant l'uys de se maison* (rue des Galletoires), III s.

Item. Pour un ponchel et un estay sur le Crinchon, III drs.

37. La maison en l'autre rue est à Oudart de Chérisy. (1396 : à Henri du Brekin).

C'est la maison Oudart de Chérisi signalée dans l'itinéraire en tête du tour.

38. A Jeh. de Vremelle. (1396 : aud. Jehan).

39. A Simon Deques. (1396 : Le maison qui fu Simon Deques à [en blanc]).

40. A St-Jehan-en-Lestrée.

41. A Maroie Grigore. (1396 : à Jaquemart Martin, tisseran de saies).

42. A Jeh. Boulet. (1396 : aud. Jehan, parmentier).

43. A Saint-Jehan-en-Lestrée.

44. A Raimon de Réli. (1396 : à Gillot le Potier dit le Lainier, tisseran).

45. A Tassart Lescaudé. (1396 : à Jeh. de Corbie, machon

(Emb. 1391, f° 44 r°). Jaquemart de Gamaches vend à Jeh. Calet une maison *séans à l'opposite du poeustich de le XX*^ne^

(la porte de derrière de lad. XXne) joignans à Gillot le Potier et à Pierre de Thilloy, des Claux d'argent.

On a vu que Jak. de Gamaches était propriétaire des nos 26 et 27, aboutant à 45 et 46.

(Emb. ext. 1394, fo 3). Jeh. Calet vend à Jehan le Maire dit Corbie une maison *séant derrière le XXne*.

(H, 632-1398, fo 20). Messire Nicolle Robaux et messire Jeh. Pernois, pour rentes qu'ils ont à cause de deux capelles sur III maisons *devant le Four de le Place*.

C'est bien là, en effet, la situation des numéros précédents et la place des nos 45 et 46 est bien déterminée par leur *opposition à la porte de derrière de la Vintaine*.

46. A Tassart Lescaudé. (1396 : à Pierre de Thilloy).

(Emb. 1391, fo 34 ro). Pierre de Thilloy des Claux d'argent et Marguerite de Fampouls, sa femme, donnent à leur fille Mourée, à l'occasion de son mariage avec Pierre de Tilloy, tainturier, une maison séans *contre le poeustich de le XXne* joignans à l'éritage Jaquemart de Gamaces d'une part et à le maison qui fu Robert Lescaudé.

(H, 632, fo 20). Piérot de Tilloy, tainturier, pour maison tenant à Jeh. le Fèvre, VI drs. I cap.

(Emb. 1419, fo 223 vo). Sont comparus Gille d'Auby, vve de Pierre de Tilloy, jadis clauceteur, Nicaise de le Porte et Marie Paris, sa femme. Ledit Nicaise, à cause de Tasse de Tilloy, paravant sa femme, demande part en une maison, séant en le *rue Toussains, à l'opposite du poestich de le XXne*, entre les héritages Robert Lescaudé et Mourée Morelle, sa femme, d'une part et d'autre, et ce, à cause du don fait à Mourechon, Tassette, Marguet et Jaquette Tilloy, filles sereurs dud. feu Pierre, par feu Tassart Grau. Un arrangement intervient.

47-48. A Tassart Lescaudé. (1396 : à Jeh. le Fèvre).

(H, 632, fo 19). Jeh. le Fèvre, pour II maisons, tenant à le maison Piérot de Tylloy, tainturier, XII drs. II cap.

49. Le maison est de l'ospital des Drappiers.

50. A Jak. Mulet. (1396 : à Jaquemart Walois).

(H, 632, fo 19). Jaquemart Walois, pour se maison, III drs. demi cap.

51. A Jakemart du Bos. (1396 : à Simon Loisonnour).

52. A Jeh. Plumet. (1396 : aud. Jeh. Plumet dit Belarmo).

53. A Jak. Charlet. (1396 : aud. Jaquemart, parmentier).

54. A Jeh. Daveluy. (1396 : à Jeh. du Riès).

(II, 632-1398, f° 19). Jeh. du Riés, pour un larmier à se maison *assez près du touquet*, I dr.

---

*Li XI*e *tours de Ste-Croix commenche au touquet de le rue du Cornet, en alant tout a val et revenant en le rue à Loliette et en finant as* Trois Luppars *(f*os *81 v*o *et suiv.).*

(1396 : même itinéraire, fos 141 ro et vo ; 171 ro et vo ; 173 ro et 152 ro et vo).

---

1. Le maison *qui fait le touquet de le rue du Cornet,* à Jeh. du Gardin. (1396 : à Robin Gallet). **Le Teste d'or** (voir no 40).

2-3. Le maison ens. et une petite d'alès, à Bauduin Foursel. (1396 : à Andrieu Huquedieu).

(Emb. ext. 1387, f° 5 v°). Jeh. le Matte, gourmet de vin, vend à Andrieu Huquedieu une maison en le *rue du Cornet,* tenans *as Trois Luppars.*

(Emb. 1436, f° 148 r°). Pierre Hatus et Marie du Cange, sa femme, vendent à Quentin le Sartisseur une maison, séant en *le rue du Cornet d'or,* dont on fait à présent quatre louages, tenant d'une part à l'éritage des *Trois Luppars* (40) et d'autre part à Jeh. Pidoue et aboutant par derrière à le *rue as Coulons* et *ausd. Trois Luppars.*

4. A Jak. Thieuloy. (1396 : à Colart Pidoue).

5. A Willaume Mahieu. (1396 : à Gillot Boulart).

6. Le maison *qui fait le touquet* est à le fille de le femme de Thumas le Candellier. (1396 : à led. fille et de présent à le vve Alexandre des Ponchiaulx).

(Emb. 1399, f° 75 v°). Après la mort de Maroie de Quernes, v^{ve} de Alexandre des Ponchiaulx, sa fille Mourée, femme de Tassart le Bèghe, hérite de « le maison séans *devant le Leu* (30 du 8° tour) *au bout de le rue du Cornet*, tenans à le v^{ve} Gillot Boulart et d'autre part à Jeh. le Cordier.

7. A le v^{ve} Jeh. Feuchy. (1396 : à led. vesve).

8. A le v^{ve} Colart de le Brouette. (1396 : à Robert Noblet).
Le Dotoire (sans doute, *la Hache*, comme *Dautoire*, enseigne déjà rencontrée sur le grand marché).

(Emb. 1400, f° 175 r°). Robert Noblet vend à Toussains du Hamel une maison, séant en *le grant rue du Gardin entre le rue du Cornet et le rue as Coulons.*

(Emb. 1401, f° 205 v°). Toussains du Hamel vend à Jak as Rozes une maison séans *en le grant rue du Gardin* nommée *le Dotoire*, tenant à le v^{ve} Noblet et aud. Jak et par derrière à Andrieu Huquedieu (3).

9. A Jak. as Roses. (1396 : à Robert Noblet).

10. A Jak. as Roses. (1396 : Le maison qui *fait le touquet de le rue des Coulons* est à Méhault de Langhelet et à Jak. as Roses).

11-15. A Jak. as Roses.

16 17. Les II maisons *en le rue as Coulons à l'autre renc*, à Robert Malin. (1396 : aud. Robert).

18. A Jeh. Mahivart. (1396 : à dame Ade le Goudalière).

19-21. A Jeh. Mahivart. (1396 : à Vinchan le Charton).

22. Le maison *qui fait le touquet*, à Jeh. de Ransart. (1396 : aud. Jehan).

(Emb. ext. 1379, f° 1 v°). Jeh. Mahievart vend à Jeh. de Ransart, tisseran de saies, une maison *rue du Gardin* sur le *touquet de le rue as Coulons.*

23. A Leurench de Becquerel. (1396 : aud. Leurench).

Vendue aud. Leurench (*ibid.*, f° 2) par Jeh. Mahievart qui possédait nombre de maisons en ce quartier.

24. A Jeh. Mahivart. (1396 : à Robert Malin).

(*Ibid.*, f° 13 v°). Jeh. Belin dit Loisonneur vend à Jeh. Mahievort deux maisons séans *en le grant rue du Gardin devant le rue de Paris.*

25. A Jeh. Pillon, rostisseur. (1396 : à Robert Malin).

26. Aud. Jeh. Pillon. (1396 : as hoirs Robert le Goudalier).

27. A Willaume de Lambres. (1396 : maison et grange aud. Willaume).

(Emb. 1415, f° 12 r°). Willaume de Lambres vend à Jeh. Sacquespée, maieur d'Arras, une maison et grange séans à *l'entrée de le grant rue du Gardin par dessous le rue de Lolliette* et estans *droit devant* le maison Pierre de Monchiaux (18-19 du 1er tour).

28. Le maison ens. *en le rue de l'Olyette*, à Robert Malin. (1396 : aud. Robert).

29. A Grard de Hanencamp. (1396 : à Piérot Aguche).

30. A Jak. Cuvelotte. (1396 : à Jeh. Cuvelotte).

(Emb. 1391, f° 29 v°). Jaquemart Cuvelotte engage, pour un prêt « de xxiiii frans, une maison séans *en le rue à Loliette*, joignans à une maison que soloit possesser Guérart de Hanencamp et d'autre costé à *le maison de Beaumés.*

31. Le maison c'ondist **Beaumés** à Pierre Lohois. (1396 : à Névelot Lohois).

Sur le manoir de Beaumetz et les maisons de ce côté de la Grande Place, voir A. Guesnon : *Excursions historiques à travers Arras*, p. 8 et suiv.

Le 29 août 1390, jour de la décollation de St-Jeh.-Baptiste (voir acte plus loin) un incendie détruisit les six maisons situées entre led. manoir de Beaumetz et la rue des Coulons. Les trois premières ne furent pas reconstruites et leurs propriétaires préférèrent renoncer à la propriété des terrains plutôt que de continuer à payer les rentes des immeubles improductifs.

32. Le moitié de le maison est as hoirs Andrieu de l'Arbre, le quint à Mik. Madoul, l'autre quint au nepveu sire

Martin le Courtois et le remain à Jeh. de Quatrevaux et à ses sœurs. (1396 : place arse et wide).

33. A Jeh. le Machon. **Le Besant d'or.**

34. A Jeh. le Machon. (1396 : Les II maisons (33-34) à Jeh. le Machon dont li une est nommée **Le Van d'or** sont *places arses et wides).*

(Emb. 1389-92, fo 5 vo). Aujourd'hui (12 avril 1391), Jeh. Machon a dit que en le plache du *Wan d'or* et d'une autre maison d'en costé il ne veult rien demander et y renonche au proffict des rentiers.

(*Ibid.*, fo 130 vo). Le 20 mars 1392, par devant les échevins de semaine, « Jeh. Tabué, gourelier, renonche à une plache, séant ou grant marquiet, à lui appartenant, à laquelle plache avoit une maison qui, par fortune et cas de mesquief, *avoit esté arse le jour St-Jehan-de-Colasse*, l'an mil CCC IIIIxx et X, au pourfit des personnes prenans rentes sur led. place ».

Le Mémorial III, fo 123 ro donne la liste des « personnes qui soloient prendre rente sur le maison Michiel Madoul et Jeh. Tabüé (32) et sur les maisons du Besant d'or et du Van d'or à Jeh. le Machon ».

C'est seulement le 9 mai 1416 (A. Guesnon, *loc. cit.*, p. 14 et Mémorial IIII, fo 55 ro) que le maïeur Jeh. Sacquespée et les échevins « furent d'accord que le place wide estans entre le maison de Boubers (31) et le maison Jeh. Callet (35) soit close par le ville de mur et qu'on y faice une porte qu'on puist clore et ouvrir, en lequelle on mettra du bos et des pierres au prouffit de le ville pour y ouvrer et faire ce qu'il plaira à Messieurs de présent et à ceulx advenir ».

Cet enclos est **La Carpenterie.**

La ville prit-elle à sa charge les rentes dues par cette propriété ? C'est probable. Dans l'héritage de Pierre de Baudart (emb. 1423, fo 146 vo), on trouve XVIII sols et VIII drs. de rentes sur les places qui sont au grant marchiet, où fu le *Van d'or*, rentes que Guérart Wambourt, bailli de Béthune, et Jehanne du Baudart, sa femme, donneront à leur fille Marie, (emb. 1432, f° 6 r°), femme de Flourent de Habarcq et paravant femme de feu Jeh. de Paris.

Mais le receveur des rentes de la Pauvreté d'Arras qui, d'ailleurs, est un agent municipal, constate dans ses comptes de 1419-20, qu'il n'a rien reçu « pour une plache wide où soloit avoir une maison nommée le *Van d'or*, laquelle plache est à présent à le ville d'Arras pour y mettre les mairiens de led. ville et y carpenter et soier toutes fois qu'il est besoings ».

35. A Jak. Bridoul. (1396 : aud. Jaquemart et *sont places arses et wides)*.

36. A Jak. de Paris. (1396 : aud. Jaquemart et *sont places arses* ou grant marquiet).

37. A Grard de Paris. (1396 : aud. Grard et *sont places arses)*. **L'Aignelet.**

Ces trois maisons furent bientôt reconstruites, sans aucun doute par Jeh. Calet qui, en 1399, (emb., f° 16 r°) loue à Jak. Walois le maison de *l'Aignelet* ou grant marquiet).

Quelques années plus tard (emb. 1425, f°130 r°), Jeh. Calet reconnaît par un acte enregistré « que Perrotine le Surée, de présent sa meschine, a, en pluiseurs lieux, en son hostel et maison en lequelle il demeure, nommée *L'Aignelet*, tenant d'üne part à un héritage dud. Jehan et *d'autre part faisant le touquet de le rue as Coulons* » plusieurs objets à elle appartenant. De plus, il lui fait quelques donations en récompense de ses services. Il ne tarde pas à mourir et *(ibid.*, f° 197 v°), dans le partage de ses biens entre son fils Jaquemart Calet, sergant à macque du duc de Bourgogne, et sa fille Marie, femme de Jeh. Jolly dit Gallois, « le maison *de l'Aignelet, avec deux maisons* tenans ensemble (35-36) et *aud. Aignelet* et d'autre part à léritage *du Wan d'or*, où ad présent est *le Carpenterie* de le ville », échoit aud. Jaquemart.

38. A Thibaut Clay. (1396 : A Jeh. Eurry). **Le Sartaire**

(On a déjà rencontré les enseignes du *Sartérion* et du *Sarton*. On trouve dans certains actes des *Sartiers*, c'est-à-dire des espèces de *ménagers*. Tous ces mots ont le sens de défrichements, défricheurs et, comme le dit M. GUESNON, le *Sartaire* est un roturier, un paysan).

(H, 632-1398, f° 83). Jeh. Eurry, pour le maison du *Sartaire*, IX drs.

(Emb. 1418, f° 114 r°). Mah. Lanstier l'aisné et Martine Baudart, sa femme, donnent à leur fils Miquiel XVII s. III drs. de rente sur le maison du *Sartaire*, tenant à le maison de le maletote du blé (située dans la rue as Coulons).

(Emb. 1428, f° 96 r°). Colart Lanstier et Ysabel Cardon, sa femme, Percheval le Grant et Esmelot Cardon, Robert de Bainas et Marguerite Cardon se partagent les propriétés de feu Jaque Cardon. Percheval le Grant a dans son lot « III lbs. XV s. III drs. de rente sur le maison de Sainte le Machon, v^ve^ de Jeh. de Wamin, *faisant touquet de le rue aux Coulons* et tenant à l'éritage de Jeh. de Gaverelle.

(Emb. 1464, f° 38 v°). Leuren Coignart, nepveu de deffunct *Jeh. de Bailly*, s'engage à payer à la ville « le somme de XX lbs. pour les drois appartenans à icelle ville ad cause de la maison *du Sartaire* et de rentes sur plusieurs maisons, données aud. Leuren par led. feu par son testament.

39. A Jeh. Hacouse. (1396 : à Mik. Linde). **Le Lion d'argent.**

(Emb. 1436, f° 91 r°). Miquiel Linde, prestre cappellain de l'église Notre-Dame d'Arras, vend à Jeh. de Gaverelle le quart qu'il avoit en une maison, nommée *le Lyon d'argent*, tenant d'une part à l'éritage *du Sartaire* et d'autre part aux *Trois Luppars*, à l'encontre dud. Jeh. qui a les trois autres quarts.

(Emb. 1454, f° 70 r°). Willemet et Simon de Gaverelle, fils de feu Jehan et de Jehanne Linde, vendent à Simon le Vasseur une maison, nommée *le Lyon d'argent*, séant sur le grant marchié, tenant à Jeh. de Bailly et d'autre part à l'ostel de Monsgr le comte d'Estampes, nommée *Les Trois Luppars*, et aboutant ausd. *Trois Luppars*.

40. **Les Trois Luppars** (*Les Trois Léopards*) à Philippe Huquedieu. (1396 : à Agnieux de Nédonchel).

(Emb. 1391, f° 47 v°) Pierre de Baudart reconnaît que ou nom de Anieulx de Nédoncel, il a baillié et livré par fourme de louaige à Jeh. Faverel le maison *des Trois Luppars*, tenant à Mikiel Linde et d'autre part à LE TESTE D'OR.

(Emb. 1464, f° 17 r°). Huart Hanart vend à Micquiel Reffin une place, lieu et héritage en laquelle fu scituée partie de le maison des *Trois Luppars*, séans et *faisans front par devant sur le grand marchié* et par derrière à l'héritage Simon le Vaasseur dit des Pourchellés et d'autre part tenant à le *Teste d'or* et ayant yssue sur le rue du Cornet.

Li XII° tours de Ste-Croix commenche as Capperons *à Ste-Croix. en alant à le maison du* Four de le Pierre *et en le rue dame Sare le Loyeresse et en alant au* Quien à le goudale *et tout ce rencq en alant jusques à le maison Colart de l'Aubelet (f°s 83 v° et suiv.).*

(1396 : même rédaction, f°s 152 v°, 142 r° et suiv. Il manque un folio à la fin).

---

1. **Les Capperons** *(Les Chaperons)* à Maillart de Marquettes. (1396 : *Les Capperons devant les Trompettes* [18 du 9° tour], as hoïrs de demisolle des Capperons). Les *Capperons* étaient séparés du *Four des Cuvelles* (35 du 5° tour de St Géry) par une impasse.

(Reg. mém. IX, f° 104 v°). Le IV° jour de janvier de l'an IIII° et LXIIII, Messieurs, après une visitation par eulx faicte *d'une petite estroitte ruelle sans yssue* tenant au *Four des Cuvelles* en le rue du Marché au Fillé, *devant le ruelle des Trompettes*, accordèrent à ceulx qui ont leurs maisons et héritages tenant à led. ruelle et yssue sur elle, qu'ils puissent clorre icelle ruelle d'une porte treillée tellement que les passants n'y puissent porter émondices ne aultre chose deshoneste.

2-3. **Le Luppart** *(Le Léopard)* et une petite maison sont à le v^ve Jeh. Augrenon. (1396 : à le v^ve Bernart du Gardin). **Le Grant Luppart** et **Le Petit Luppart.**

17

(Emb. 1401, f° 288 v°). Jaquemart le Maire, procureur de Guérard et de Piérart, enffans de feu Bernart du Gardin, vend à Miquiel Hourier deux maisons, l'une nommée *le Grant Luppart* et l'autre *le Petit Luppart*, tenans ensemble, tenans à le maison des *Capperons* d'une part et à le maison du *Lion d'or* d'autre part.

(Emb. 1415, f° 70 r°). Miquiel Hourier et Jehanne Sacquel, sa femme, « pour cause de compte fait entre eux et le Grant, dit Pillon, engagent deux maisons, séans *en le rue Ste-Croix*, l'une *le Grant Luppart*, l'autre *le Petit Luppart*, tenant... (comme dessus).

(Emb. 1435, f° 3 v°). Marion Hourier, fille de feu Miquiel et de Jehanne Sacquel, vend à Régnault de Ghines, escuier, prévost de Beauquesne, deux maisons, nommées *le Grand Luppart* et *le Petit Luppart*, tenant... (comme dessus).

(*Ibid.*, f° 53 r°). Régnault de Ghines vend à Jaques de Beauvoir ces deux maisons...

4. Le Lion d'or à Henri Béchon et à Jeh. Cousin. (1396 : à le v^ve Jeh. Cousin).

(Emb. 1424, f° 45 v°). Jeh. de Croisettes et Colle Sacquespée, sa femme, reconnaissent une dette de cent douze couronnes d'or et pour le règlement de cette somme, élisent « domichille en le maison où ils demeurent à présent, nommée *le Lion d'or*, en *le rue Ste-Croix*, appartenant à Renaut de Guines ».

(Emb. 1428, f° 116 r°). Baudin le Chensier et Jehanne Cousin, sa femme, gagent une obligation sur le tiers et tout tel droit qu'ils ont en « le maison *et hostel du Lion d'or, emprès Ste-Croix*, tenant d'une part à l'éritage Régnault de Ghines *et d'autre part faisant touquet de le rue de l'Ours* ».

(Emb. 1438, f° 85 r°). Les susdits conjoints garantissent de nouveau une dette sur leurs droits en le maison du *Lion d'or*, tenant au *Petit Luppart* et d'autre part à une autre maison *derrière*, nommée *l'Escu d'argent*, tenant à l'éritage Jeh. Larguette.

(Emb. 1444, f° 103 v°). Jeh. Lebouche, sayeteur, gage un prêt de quatre-vingts livres « sur le moittié qu'il a as maisons du *Lion d'or* et de *l'Escu d'argent*, séant led. *Lion d'or au derrière et assez près de l'église Ste-Croix* et led. *Escu d'argent en le rue de l'Ours au devant du Petit Four* (23), tenant *d'un costé et par derrière* aud. *Lion d'or* et de l'autre à Jeh. Larguette.

5. **L'Escu d'argent** *par derrière* à Henri Béchon et Joh. Cousin. (1396 : à le vve Joh. Cousin).

6. A Piérot Roussel. (1396 : à Mik. le Fèvre).

7. A Raoul de Behaignies. (1396 : à Jaquomart Chevalier).

(Emb. 1438, fo 121 vo). Joh. du Rose engage pour xvi philippus d'or, sa maison, séans en le rue de l'Ours, tenant à Joh. Larguette et au *Four de le Pierre*.

8. **Le Four de le Pierre** à Piérot Thibert. (1396 : aud. Piérot).

(H, 632-1398, fo 77). Piérot Thibert, pour la maison du *Four de le Pierre*, vi drs.

(Emb. 1433-35, fo 131 vo). Joh. Gasquière, cabaretier, Joh. Gasquière le maisné (cadet) et leur sœur garantissent une somme de vingt-huit livres due par Andrieu Gasquière, leur père, « sur l'éritage du *Four de le Pierre*, tenant d'une part à l'éritage des hoirs d'ung nommé maistre Ploucquart et d'autre part à l'éritage de *l'Ours* (53 du 5e tour de St-Géry).

9. A Guiard de Cuvilly. (1396 : à Andrieu Galopin).

Cette maison a dû être englobée dans *l'hôtel de l'Ours* (à Andrieu Galopin, également) car le *Four de le Pierre* et *l'Ours*, sont toujours indiqués comme contigus.

10. **Le Gisterne** *(La Guitare) à l'autre rencq* à Joh. de Bracquencourt. (1396 : Le *Guisterne*, à le vve dud. Johan).

(Emb. 1414, fo 55 ro). Joh. de Heudrival dit Olivier et Marroye Finette, sa femme, donnent à Gillot Ladan, beau-frère aud. Jehan, le quart qu'ils avoient en une maison, nommée *le Gisterne*, séans en *le rue de le Waranche*, tenans d'une part à l'éritage de le femme qui fu Joh. Bataille (1 du 6e tour) et d'autre part faisant *le touquet de le rue du Colimoge*.

(Emb. 1454, fo 14 ro). Waléry de Canteleu et Agnès Légier, sa femme, vendent à Joh. de Lattre, sérurier, une maison séant *en le rue de l'Ours*, nommée *le Guisterne*, faisant touquet *de le rue du Colimoge et ayant yssue en led. rue*.

(Arch. hôp. St-Jean, H. B. 10). Rentes sur la maison de la *Guitarde*, rue aux Ours, *coin de la rue du Noble*. (1757, rappel d'un titre de 1248).

11. As hoirs Mik. Augrenon. (1396 : à Loy Augrenon).

12-13. A Jeh. Grosset, *à l'autre rencq.* (1396 : aud. Jehan).

On pénètre maintenant dans un lacis de ruellettes enchevêtrées d'autant plus malaisé à débrouiller qu'on se trouve au point de jonction de deux paroisses : St-Géry et Ste-Croix et que les actes des embreveures ne font pas mention des paroisses. A travers les imprécisions des textes, on finit par reconnaître que, en général, pour les scribes, la ruelle qui se détache du milieu de la rue du Colimoge pour aboutir par deux embranchements à la rue de l'Ours est la *rue de l'Arsin* ou la rue *du Four de l'Arsin* ou *la rue du Petit Feutre* ou encore *la rue des Rosettes.* Des deux embranchements, le plus rapproché de la rue du Colimoge prenait le nom *de rue du Feutre* et l'autre, passant derrière la halle à la laine, s'appelait *la rue de la Laine* ou la *rue de la Halle à la laine.* Ces dénominations n'ont, d'ailleurs, qu'une valeur relative et sont souvent employées l'une pour l'autre ; néanmoins, il ressort de tous les actes que la configuration de ce quartier est encore aujourd'hui la même qu'à la fin du XIVe siècle.

(Emb. 1427, f° 146 v°). Jeh. de le Barc vend à Jaquemart Ladan deux maisons, l'une en le *rue de l'Ours,* tenant d'une part à Robert de Colencamp (17) et l'autre, dont on fait deux louages, séans en le rue du Colimoge.

(Emb. 1429, f° 225 v°). Jaquemart Ladan revend à Jaquemart Calet cette maison, rue de l'Ours, tenant aud. Robert.

14. A Henri Quiéquin. (1396 : à v[ve] Mah. le Ploumier).

15. Le maison qui fait le touquet, à Piérot Pastre. (1396 : à Gillot le Caron).

(Emb. 1414, f° 77 r°). Jeh. Grosset vend à Jeh. Calet, outre une maison dans la rue du Colimoge, deux maisons, tenans ensemble, (14 et 15) tenans à l'héritage de demelle de Bailloeux et d'autre part *faisant front devant le porte des Rosettes.* (La porte de derrière du n° 77 du 6e tour de St-Géry).

(Emb. 1427, f° 146 r°). Jaquemart Calet, sergant à macque

du duc de Bourgogne, vend à Gillotte du Bos deux maisons tenant... (comme dessus).

(*Ibid.*, f° 198 r°). Gillotte du Bos vend à Thumas le Sartisseur une maison, séant en le rue du Colimoge, aboutant à *une ruellette emprès le rue du Feurre*, derrière le lieu et place *que on nomme le Petit Feur*, avec la réserve que ladite Gillotte retient deux maisonchelles (14 et 15) *en le rue du Petit Feur*, qui sont de l'éritage dessus déclaré.

(Emb. 1428, f° 41 r°). Gillette du Bos, estuveresse, demourant aux estuves de Lilladan, gage une dette sur deux maisonchelles, séans en *le rue du Four de l'Arsin, derrière les Rosettes*, tenant à l'héritage de dem^elle de Bailloeul et par derrière à Thumas le Sartisseur.

16. A Mahieu Ploumier. (1396 : à le v^ve dud. Mahieu).

(Emb. 1400, f° 101 v°). La v^ve de Mah. de Marchiennes dit le Ploumier accorde à Jehanne Hanoque, v^ve de Jeh. Meur dit *au Feustre*, le droit « de faire une fenestre trellié de fer en se maison rue du Feutre (17), séant entre le maison (12) Jeh. Grosset, desquerqueur de vin, et le maison de led. vesve, pour avoir se weüe sur le court de led. v^ve de Marchiennes ».

17. A Jeh. Meult. (1396 : Le maison qu'on dist **Le Feutre** à Jeh. Meu).

(Emb. 1391, f° 56 v°). Jeh. Moeur et Jehanne Hanote, sa femme, garantissent un dépôt de quatre-vingt huit livres « sur une maison en lequelle ils demeurent *en le rue du Pois* ».

(Emb. 1425, f° 176 v°). Baudin de Calonne vend à Jeh. Sacquespée « une rente de XLIII sols IIII drs., vendue XVII drs. le denier valent XXXVI lbs. XVI sols VIII drs. sur le maison *du Feutre* à Robert de Coleucamp, saieteur, située en le *rue de l'Ours*, tenant à Jeh. de le Barc (12) et faisant touquet en alant *en le rue du Feutre*.

(Emb. 1435, f° 56 r°). D^elle de Bailleul donne à Jeh. Bracquet ses rentes sur le maison Robert de Colencamp, nommée *le Feutre, faisant touquet d'une ruellette*.

(Emb. 1436, f° 75 v°). Jeh. de Fressay et Béatris le Meure, sa femme, vendent à Jeh. Brégier une maison *en le rue de l'Ours*, nommée *le Feutre*.

18. Le maison *au bout de le rue de l'Arsin*, à le v^ve Jeh. Augrenon. (1396 : Le maison *qui fait le bout de le rue de l'Arsin*, à Jeh. le Grant).

(Emb. 1436, f° 148 v°). Thumassin de Bus. Henri Sacquel et Jehanne de Bus... renoncent à leurs droits au profit de Jeh. Durane et Sainte de Bus, sa femme, « en une *petite maisonchelle* jadis *nommée* **Le Four de l'Arsin**, tenant par derrière à l'éritage *des Rosettes* auxd. conjoins Durane et au *Chastel amoureux* (48) à Jeh. de Gauchin.

J'ai recueilli un grand nombre d'actes relatifs à des propriétés, maisoncelles ou gardinets, situées dans ce dédale de ruelles. Ces actes, postérieurs aux Rentiers de 1382 et de 1396, signalent des masures ou des courtils qui ne figurent pas sur ces rentiers et ne sont sans doute que le morcellement des propriétés y énumérées. Il serait oiseux d'entrer dans le détail de bicoques qui apparaissent et disparaissent dans le remaniement incessant et difficile à suivre, en raison des lacunes des embreveures, de toutes ces propriétés qui s'arrondissent ou se démembrent, selon les convenances des propriétaires successifs. Je me bornerai donc à citer sous des numéros *bis* deux exemples intéressants au point de vue topographique.

18 *bis*. (Emb. 1454, f° 15 r°). Jeh. du Tertre dit du Moien Four vend à Jacque le Jone, mayeur de la ville, un petit gardin, contenant vingt piés d'esquarrie ou environ, séans en le *ruelle du Petit Feur*, lez le Halle à le laisne, *faisant front en led. ruelle d'un costé* et tenant d'autre costé à ung petit gardinet appartenant aud. Jaque, *qui fait un touquet de led. ruelle pour retourner en une autre par lequelle on va par derrière en led. Halle à le laisne.*

19 Le maison qui est derrière *les Fauchilles* (27) *en le rue de le Laisne* à Simon Louchart. (1396 : au Béghue de Raisse).

19 *bis*. (Emb. 1399, f° 27 v°). Sauwale de le Ruelle vend à Jeh. Malin le tiers qu'il a « en trois maisons tenans ensemble en le rue du Feutre, *faisant le touquet de led. rue d'une part* et à *le Halle à le laisne d'autre part et par derrière à le maison qui fu Simon Louchart* ». Cette rédaction n'est pas très claire, mais les actes suivants sont plus explicites.

(Emb. 1428, f° 116). Baudin le Chensier et Jehanne Cousin, sa femme, donnent en garantie d'une dette, avec *le Lion d'or*, tout tel droit qu'ils avoient « en une maison où demeure Jeh. Malin et en deux aultres petites tenans à icelle. Icelles *trois maisons tenant d'une part à une ruelle qui va derrière les Rosettes* et d'aultre part à *une aultre ruelle qui va en le Halle à le laisne* ».

(Emb. 1432, f° 11 r°). Lesd. conjoins Baudin vendent à Pohier Malin tout tel droit qu'ils ont en une maison dont *on fait trois louages,* faisant *touquet de le rue du Feutre* et d'autre part *faisant touquet de le rue par lequelle on va à le Halle à le laysne* et aboutans par derrière à l'éritage demelle de Bailleul.

(Emb. 1435, f° 142 r°). Martin Buguet et Marie Maline, sa femme, vendent à Pohier Malin, frère de lad. Marie et fils de feu Jeh. Malin, leurs droits sur trois maisons tenans ensemble *en le rue de l'Ours,* dont l'une fait *le touquet de le rue du Feutre* et l'autre fait le *touquet de une ruelle estans derrière le Halle à le laisne.*

20. A Henri Béchon.

21. Les Portelettes à Simon Louchart. (1396 : au Bèghe de Raisse).

22-23. A Henri Béchon et à Jeh. Cousin.

Dès 1354 (emb. ext., f° 11). Willaume Boinebroque vendait à Jeh. Landrieu ces deux maisons, séans en le rue c'ondist du *Four de le Pierre, devant l'Escu d'argent* (5), entre le rue de l'Arsin et... etc. (Les extraits remplacent par *etc.* des détails qui eussent été intéressants ; ces deux maisons *devant l'Escu d'argent* sont bien entre la rue de la Laine ou de l'Arsin et, sans doute, l'héritage du *Quien*).

(II, 632-1398, f° 79). Le vve Jeh. Cousin, pour *le maison du Four devant l'Escu d'argent,* VI drs.

(Emb. 1419, f° 229 r°). Jeh. de Bailly donne à ses neveux XIII sols de rente « sur le maison de le vve Jeh. Cousin en le *rue du Feutre,* (c'est-à-dire ici la rue de l'Ours ou du Four de le Pierre) *au devant de l'Escu d'argent* ».

24. Le Quien *(Le Chien) devant Ste-Croix* à Jeh. Caignart. (1396 : *Le Quien,* qui fait *touquet devant Ste-Croix* aud. Jeh.). **Saint-Christophe** (Nouvelle enseigne bientôt substituée au *Quien).*

(Emb. 1424, f° 87 v°). Jeh. du Pont, goudallier, vend à Baudin Bracquet une maison *en le rue Ste-Croix,* nommée *Saint-*

Christophle, faisant *touquet contre le Lion d'or* et tenant d'autre part à le *Halle à le laisne.*

(Emb. 1427, f° 143 r°). Jaquemart le Borgne et Sainte Bracquet, sa femme, Colart Bracquet, frère d'icelle Sainte et fils de feu Baudin, renonchent, au proffit d'Hanotin Bracquet, fils meuresdans dud. Baudin, aux droits qu'ils ont « en une maison que on dist à *l'enseigne Saint-Christoffle, devant Ste-Croix,* faisant *le touquet de le rue de l'Ours* et tenant à le Halle à le laine ».

(Emb. 1438, f° 88 v°). Jeh. Bracquet vend à Jaque le Borgne la maison et *hostel de St-Christoffle...*

25. **Le Halle à le laine** à le ville.

(H, 633-1408, f° 96). Le ville d'Arras, pour le Halle à le laisne *devant Ste-Croix,* VI drs.

26. **Le Rouge Lion** à Mik. Martin. (1396 : à Tassart le Prévost dit de *l'Esteulette).* **Le Rouge Chevalier.**

(H, 632-1398, f° 82). Tassart de l'Esteulette, pour le *Rouge Lion* (mots biffés et remplacés par) LIONCHEL A LE GOUDALE, devant St-Crois, IIII drs.

(Emb. 1399, f° 28 r°). Jeh. de Crezecques garantit un achat de vins montant « à dix-huit frans et deux sols » sur le maison du *Rouge Lion devant Ste-Croix.*

(Emb. 1436, f° 62 r°). Willaume le Mas vend à Jeh. Rambaut le maison du *Rouge Lion au devant de l'église Ste-Croix, tenant à le Halle à le laine et à l'éritage des Fauchilles.*

(H, 649-1470, f° 91). Jacques le Joesne, pour le *Rouge Lyon* séant devant Ste-Croix, IIII drs.

(H, 649²-1473, f° 251). Jacques le Joesne, pour le maison du *Rouge Chevalier* devant l'église de Ste-Croix, IIII drs.

Même rédaction en 1476.

27 **Les Fauchilles** (*Les Faucilles)* à Colart Clay. (1396 : à Grard de Hanencamp).

(Emb. 1423, f° 142 v°) Dans la succession de Jeh. de Baudart, Tristran de Paris et Marie Cardon ont IIII drs. de rente sur le maison *des Fauchilles emprès Ste-Croix.*

28. A Henri le Telier. (1396 : à Henry de Riencourt, tellier — C'est le même).

(Emb. 1401, f° 202 r°). Agnès Lionne vend à Enguéran le

Cras une maison *en le rue Ste-Croix*, tenans aux *Fauchilles* et à Tassart de Lescluze.

(Emb. 1426, f° 37 r°). Robert de Colencamp vend à Piérot Brunel, machon, une maison tenant aux *Fauchilles* et à Jeh. Lenffant.

29-30. Les II maisons sont à Monsgr Jeh. de le Noefville. (1396 : à Tassart de l'Escluze).

(Emb. 1421, f° 159 r°). Messire Henry de Monchy, dit Québuin, vend à Jaquemart de Flamermont une maison séant *en le rue Ste-Croix*, sur lequelle ot nagaires deux maisons, tenant à Robert de Colencamp et à l'éritage de *le Corgne d'or*.

(Emb. 1424, f° 39 r°). Jaquemart de Flamermont revend à Jeh. Lenffant « cette masure et héritage » où il y avait eu naguères deux maisons, « tenant à *le Corne d'or* et aboutant à l'éritage dud. Jaquemart (45, *l'Esquéquier*) ».

(Emb. 1432, f° 79 v°). Jeh. Lenfan vend à Jaquemart Sévérondel, échevin, une maison, place et gardin, séans en le grande rue Ste-Croix, aboutant à l'éritage de *l'Esquéquier*.

31 A Jak. de Cresecques. (1396 : **Le Corne d'or** aud. Jaquemart. — Note marginale : par partichion led. maison est à Gille de Raincheval).

(Emb. 1423, f° 142 v°). Dans la succession de Jeh. de Baudart, Tristran de Paris a VIII sols I dr. de rente « sur le maison de le *Corne d'or*, emprès *Ste-Croix* ».

(Emb. 1432, f° 6 r°). Guérart de Wambourt, bailli de Béthune, et Jehanne de Baudart, sa femme, donnent à Marie de Wambourt, leur fille, femme de Flourent de Habart, escuier, et paravant femme de feu Jeh. de Paris, la susdite rente de VIII s. I dr. sur *le Corne d'or*, à Jaquemart de Raincheval.

(H, 640-1435, f° 83). Jacque de Rainsseval, pour *le Corne d'or* qui fu Jaquemart de Cresecques, VIII s.

(H, 648*-1467, f° 244). Les hoirs Jeh. de Raincheval, pour le maison de *le Corne d'or et est de nulle valeur*, néant.

Il y avait entre la *Corne d'or* et *les Tourteaux de waide* une ruelle, l'impasse actuelle de Ste-Croix, qui peut-être, à certaines époques, a pu rejoindre la rue des Rosettes ou du Four de l'Arsin (ce qu'on pourrait conclure de quelques plans anciens), mais qui, à la fin du XIVe siècle, était un cul de sac, puisque le n° 30, on vient de le voir, aboutait à l'Esquéquier (n° 45).

32. A Gille Crespin. (1396 : à le demiselle du Luiton — v^ve dud. Gille). **Les Tourtiaux de waide** (*Les Tourteaux de guède* ou de pastel servant à la teinture en bleu).

(Emb. 1424, f° 20 r°). Jeh. Tasquet vend à Ernoul Pocquet une maison en le rue Ste-Croix, nommée *le Tourteau de waide, faisant touquet de le rue de le Corne d'or* tenant d'autre part à Andrieu de Lattre et par derrière aboutant aux *Maillés* (44).

(H, 640-1435, f° 83). Ernoul Pocquet, pour se maison nommée *le Tourtiau de waide*, IX drs.

Item. Led. Ernoul, pour ung membre en icelle maison et fait le touquet de *le Corne d'or en le ruelle*, IX drs.

33. A Jeh. d'Arras. (1396 : à Jeh. de Haspre).

(Emb. 1425, f° 136 r° . Andrieu de Lattre et Gillotte le Clergesse, sa femme, vendent à Jaquemart Manessier dit Clégus, tisseran de toilles, une maison rue Ste-Croix, tenant d'une part à l'éritage nommé *les Tourtiaux de waide* et d'autre part à l'éritage des *Louches trauwées*.

34. A Jak. de Paris. (1396 : à le v^ve dud. Jaquemart). **Les Louches trauwées** (*Les Louches trouées ?* peut-être des écumoires).

(Emb. 1423, f° 21 v°). Jeh. le Fèvre gage une dette de XXIX lbs. sur le tierch qu'il a en le maison *des Louches trauwées* en le rue Ste-Croix.

(*Ibid.*, f° 40 r°). Tristran de Paris, au nom de Martin de Paris, demourant à Pas, vend à Martin Mazenghe et Jeh. Willers, tuteurs et curateurs de Jehanne de Paris, fille meuredans de Jeh. de Paris des Limechons et de Katerine Walois, le tiers d'une maison, nommée *les Louches trauwées*, tenant à Jeh. Tasquet, aboutant par derrière à Baudin le Prévost (36) et d'autre part *tenant à une rue en lequelle led maison à yssue*.

(Emb. 1427, f° 162 v°). Jeh. le Fèvre gage un emprunt sur *les Louchettes* rue Ste-Croix.

(*Ibid.*, f° 195 v°). Jeh. le Fèvre, hautelicheur, et Marie Quinquet, sa femme, garantissent de nouveau un prêt de cinquante couronnes d'or sur plusieurs propriétés et « sur le tierch qu'ils ont en le maison des *Louches trauwées* tenant d'une part à l'éritage qui fu Andrieu de Lattre et d'autre part à l'éritage des *Trois Rois* ».

(Emb. 1429, f° 164 r°). Jeh. le Maire et Jehanne de Paris, sa femme, Jeh. le Fèvre et Marie Quinquet dite le Sellière vendent à Jeh. Wernier, cervoisier, et à Luxe Estevenin, sa femme, la maison des *Louches trauwées*, « tenant d'une part à Jaquemart Manessier, d'autre part *à une ruelle sur lequelle led. maison a yssue* et par derrière à Baudin le Prévost.

(Emb. 1438, f° 35 v°. Jeh. Limechon (c'est-à-dire Jeh. Wernier *dit* Limechon) et Luce Estevenin gagent une obligation sur une maison tenant à Jaquemart Clégus (c'est-à-dire Jaquemart Manessier *dit* Clégus) et d'autre part à une ruelle estans entre lad. maison et l'éritage des *III Rois*.

Il existe encore aujourd'hui à cet endroit une sorte d'encoche entre deux maisons qui doit être cette ancienne ruelle ou impasse, peu profonde d'ailleurs, puisqu'on peut dire que les Louches tenaient aux *Trois-Rois*.

35. A Jeh. Faverel. (1396 : aud. Jehan). **Les Trois Rois.**

(Emb. 1432, f° 19 v°). Jeh. le Caudrelier dit de Barly vend à Jeh. Linde, tisseran de draps, tout tel droit qu'il avoit en le maison des *Trois Rois*, séans en le rue Ste-Croix, tenant d'une part aux *Louches trauwées* et d'autre part à l'éritage Baudin le Prévost.

(Emb. 1464, f° 5 r°). Jeh. Larguette, claueteur, vend à Jeh. de Bailly une maison en le rue Ste-Croix, nommée *les Trois Rois*, tenant de part et d'autre à Jeh. Rogier.

36. A Jeh. Bauchart. (1396 : à Jeh. le Cuvelier). **L'Escu de Bretaigne.**

(II, 632-1398, f° 82). Jeh. le Cuvelier, caudrelier, pour *l'Escu de Bretaigne*, III drs.

(Emb. 1428, f° 65 r°). Baudin le Prévost et Jehanne le Cuvelier, sa femme, donnent pour sûreté d'une dette de soixante-seize salus d'or, contractée envers Thomas le Cuvelier, une maison nommée *l'Escu de Bretaigne*, en le rue Ste-Croix, tenant d'une part aux *Trois Roys* et d'autre part à Baudin de Becquerel.

(Emb. 1433, f° 90 v°). Baudin le Prévost vend à Thumas le Cuvelier une maison tenant aux *Trois Rois* et à Baudin Becquerel, sergant à macque du duc de Bourgogne, et aboutant par derrière aux *Maillés* (44).

37. A Willaume le Cuvelier. (1396 : à Jeh. Puchot dit Sombrin).

38. **L'Espringhale** (*L'Espringale*, sorte de grosse arbalète montée sur roues) as hoirs Pierre de Fisseu. (1396 : à Jeh. de le Porte).

(Emb. 1429, f° 148 v°). Marie Valée, v^ve de Jaquemart Pinte, donne à Jehanne de Lattre, fille de Jehan cordewanier et de Jehanne Valée, « une maison séant *ou grant marchié*, nommée *l'Espringale*, tenant à Baudin de Becquerelle et à le maison où demeure Baudin Blocquel, pour en jouir par led. Jehanne incontinent après le trespas de led. vesve et non anchois ».

(H, 640-1435, f° 83). Le v^ve Jaquemart Pinte, pour le maison de *l'Espringale et fait le toucquet*, I dr.

(Emb. 1435, f° 28 r°). Lad. v^ve de Jak. Pinte, à l'occasion du mariage de lad. Jehanne de Lattre, sa niepce, avec Jeh. Téry, marchant de vin, lui donne définitivement « le maison de *l'Espringale*, assise sur le grant marchiet, *faisant toucquet dud. grant marchiet* ». Elle ne s'y réserve qu'une chambre, sa vie durant.

(Emb. 1436-38, f° 106 v°). Jeh. Théry, marchant de vins, et Jehanne de Lattre, sa femme, vendent à Ernoul Pocquet *l'Espringalle, faisant touquet de le rue au devant des Roches* (41 du 8e tour) et tenant à Baudin Blocquel.

39. A Pierre Lyonne. (1396 : as hoirs Pierre Lionne). **Le Faucon. — L'Ostoir** (*L'Autour*).

(Emb. 1399, f° 35 r°). Jeh. Danvet et Juliane Lionne, sa femme, vendent à Gille de Douay, dit de Pénin, mari de Méhaut Lionne, tout tel droit qu'ils avoient en une maison qui fu Pierre Lionne, tenant à *l'Espringalle* et d'autre part à Jeh. le Cuvelier.

(Emb. 1426, f° 26 v°). Dans la succession de Simon Lionne, Simon David et Jehanne Lionne ont un tiers de le maison du *Faucon*, au grant marchié, *au devant du marchié aux pois*, où demeure Baudin Blocquel, auquel appartient les autres deux tiers, tenant à l'éritage qui fu Jaquemart Pinte et à Simon Pouchin, barbier.

(*Ibid.*, f° 87 v°). Simon David vend à Baudin Blocquel le tiers de le maison, nommée *l'Ostoir*, tenant à *l'Espringale* à vve Jaquemart Pinte et à l'éritage Simon Pouchin, barbier.

Au nº 73 du 8e tour de St Aubert, le scribe confondra *Faucon* et *Esprivier*. Ici la confusion est analogue. La véritable enseigne est *l'Ostoir* ou *l'Autour*. Le rédacteur de l'acte se rappelle bien dans les deux cas qu'il s'agit d'un oiseau de proie et il écrit le nom du rapace, d'ailleurs de la même famille, qui lui vient à l'esprit.

40. A Colart Wafflart. (1396 : à Jeh. du Pont, le Cuvelier). **Le Rouelle d'argent** *(La Petite Roue).*

(H, 631-1396, fº 49). Jeh. le Cuvelier, pour le maison de *le Rouelle d'argent*, I dr.

(H, 639-1429, fº 82). Symon Pouchin, barbieur, pour *le Roe d'argent*, I dr.

(*Ibid.*, fº 154). Simon Pouchin pour son four à se maison, ou marquiet aux pois, I ob.

41. A Colart de Fisseu. (1396 : à Willaume de Hées). **Le Veau d'or.**

(H, 631, fº 49). Willaume de Hées, pour le maison du *Vel d'or*, I dr.

(Emb. 1421, fº 23 rº). Marie de Douay, vve de Willaume de Hées, baille à rente, sa vie durant, à Jaquemart Poutrequin une maison, ou grant marchié, nommée *le Veau d'or*, tenant à Simon Pouchin et d'autre part à l'éritage des *Archons*.

Contribution pour travaux de restauration à l'église de Ste-Croix, 1469, fº 8). Jeh. Poutrequin, maieur de Feuchy, pour se maison séant *au marchié à pois*, nommée *le Vau d'or*, doit pour lesd. assictes [Contributions forcées, impositions], VI lbs. XVII s.

(H, 648²-1467, fº 244). Jeh. Poutrequin, mayre de Feuchy, pour le maison du *Veau d'or*, I dr.

42. **Les Archons** *(Les petits Arcs)* à Simon le Courtoys. (1396 : aud. Simon).

(H, 633-1408, fº 95). Le vve Simon le Courtois, pour le maison des *Archons*, IIII drs.

(Emb. 1433, fº 93 vº). Martin le Courtois et Jacotte de Monchy garantissent un emprunt de cent livres sur leur maison nommée *les Archons*, tenant à le maison qui fu Guillaume de Hées et à le vve Tassart Amion.

(Emb. 1475, fo 23 ro). Simon le Vaasseur gage un emprunt sur le maison *des Archons*, tenant au *Veau d'or* à Philippe de le Fosse et d'autre part à le maison de *l'Angle*.

43. **L'Angèle** *(L'Ange)* à Tassart Amion. (1396 : aud. Tassart).

(H, 633-1408, fo 94). Tassart Amion, pour le maison de *l'Angèle*, III drs.

44. **Les Maillés** à Andrieu Wion. (1396 : à le vve dud. Andrieu).

(H, 632-1398, fo 82). Le vve Andrieu Wyon, pour *les Maillés d'or*, III drs.

45. **L'Esquéquier** *(L'Echiquier)* à Thibaut Clay. (1396 : à Baudin Fastoul).

(H, 632-1398, fo 81). Baudin Cressonnier [dit Fastoul] pour le maison de *l'Esquéquier*, VI drs.

(Emb. 1421, fo 197 ro) Jaquemart de Flamermont gage un prêt de cent dix couronnes d'or sur *l'Esquéquier* tenant aux *Maillés* et aux *Chaines*.

(Emb. 1425, fo 171 vo). Ledit Jaquemart emprunte de nouveau cinquante-cinq couronnes d'or sur *l'Esquéquier*, tenant aux *Maillés* et aux *Chuynes* à Agnieulx Hoel et aboutant par derrière *aux Fauchilles* et *à le rue du Petit Feur*.

(Emb. 1435, fo 48 vo). Jaquemart Fastoul, Englebert Fastoul vendent à Pierre Hoel, échevin, et à Jaquemart Sévérondel *l'Esquéquier*, tenant aux *Maillés* à Jeh. Tasquet et aux *Chuynes* aud. Pierre Hoel.

46. A Marousse de l'Aubelet. (1396 : à Colart de l'Aubelet). **Les Chuynes** *(Les Cigognes)*. On trouve ce nom orthographié de diverses façons : les Chieuwignes ; les Chuwignes, les Chuignes ; plus tard il se déformera en : *Chaînes*.

(H, 632, fo 82). Colart de L'Aubelet, pour se maison des *Chuines*, III drs.

(Emb. 1418, fo 105 vo). Colart de Lobellet, Guérart Maugart et Gille de Lobellet, sa femme, vendent à Agnieulx Hoel, échevin,

« une maison, nommée *les Chuynes*, tenant à *l'Esquéquier* et aux *Louches d'or* ».

(*Ibid.*, fo 138 ro). L'office des quatre des héritages est requis par Jaque de Flamermont et Agnieulx Hauel pour visiter l'état des clôtures qui séparent *les Chuines* de *l'Esquéquier*.

(Emb. 1429, fo 174 ro). Jeh. Wagon dit Annieux Hauel, Jeh. Cault le jone, échevin, et Marguerite Hauvel, sa femme, Jeh. Wagon dit Petit Jehan et Renauldin Wagon dit Hauel, sereur et frères, tous enffans dudit Annieux et de deffuncte Marie Baudart, donnent à Pierre Wagon dit Hauel, fils aisné dud. Annieux, à l'occasion de son mariage avec Jehanne le Machon, entre autres propriétés, « le maison *des Chuynes*, tenant à l'ostel de *l'Esquéquier* et à le maison des *Louches d'or* ».

(H, 648e-1467, fo 243). Mah. Rougier, pour le maison des *Chuynes*, II drs.

(Contribution pour l'église Ste-Croix, 1469, fo 8 vo). Mah. Rogier, pour se maison des *Chuynes* et pour lesd. assietes, x lbs. IX s.

47. **Les Louchettes** à Courbet de Vauchelles. (1396 : *Les Louchettes* aud. Courbet, laissié pour le rente et rebaillié à Jeh. Calet pour VIII lbs. II drs). **Les Louches d'or.**

(Emb. 1400, fo 160 ro). Jeh. Calet loue à Jeh. du Molin une maison, nommée *les Louches d'or*, tenant aux *Chuynes* et au *Castel amouroux*.

Cet acte passé le 7 février a dû être annulé, car le 22 avril Jeh. Calet loue pour le même prix de dix-huit livres à Mah. Lanstier le jone cette même maison des *Louches d'or*. (*Ibid.*, fo 183 vo).

(H, 638-1424, fo 87). Robert de Liencourt, pour le maison de *le Louche d'or*, II drs.

48. **Le Castel Amouroux** à Mikil Sacquespée. (1396 : aud. Mik.).

(Emb. 1424, fo 45 vo). Jeh. de Croisettes et Colle Sacquespée, sa femme, donnent en garantie d'un emprunt de 112 couronnes d'or « une maison nommée *le Castel amourous*, tenans à Robert de Liencourt et à Estène le Marchant.

49. **Le Cardonnal** *(Le Cardinal)* à Wautier de Rambuire. (1396 : la fin du tour manque).

(Emb. 1392, fo 116 ro). Jeh. le Pèle dit des Rosettes et Marguerite des Gardins, sa femme, vendent à Jaque Postel leurs rentes sur « le maison du *Cardinal*, à Simon le Roux, ou grant marquié, pour le pris de XIIII drs. le denier ».

(H, 632-1398, fo 81). Simon le Roux, pour *le Cardinal*, III drs.

(Emb. 1415, fo 71 vo). Simon le Roux vend à Willaume le Fèvre une maison nommée *l'ostel du Cardinal*, tenant d'une part à *l'ostel Amourous* à Andrieu Sacquespée et d'autre part à l'éritage Martin de Lobellet, nommé le *Doffin*, et par derrière à l'ostel des Rosettes.

(Emb. 1423, fo 46 vo). Jehanne Maugart donne à son gendre Jeh. Cocquet, échevin, IIII lbs. XI sols de rente sur *le Cardinal* à Estène le Marchant, tenant...

(Emb. 1432, fo 116 ro). Après le décès de sa femme, Jehanne du Four, Estène le Marchant procède au partage de ses biens, dont il reste usufruitier, entre son fils Jeh. le Marchant et sa fille Jehanne, mariée à Gillot Watel. Jeh. aura « le maison du *Cardinal*, tenant au *Chastel amouroux* et d'autre part au *Doffin* ».

50. A Colart de l'Aubelet. **Le Doffin** *(Le Dauphin)*.

(H, 632, fo 81). Martin de L'Aubelet, pour le maison du *Doffin*, III drs.

(Emb. 1426, fo 53 vo). Martin de Lobellet, fils et hoir de feu Martin de Lobellet, vend à Mik. Laustier, fils de feu Mahieu, une maison, nommée *le Daulphin*, tenant d'une part à l'éritage *du Cardinal* à Estène le Marchant et d'autre part et par derrière à l'éritage des *Rosettes* à Gille de Bus.

(*Ibid.*, fo 61 ro). Oudart de Harnes, locataire du *Doffin*, refuse de quitter la maison avant la fin de son bail pour la remettre aud. Mik. Lanstier. D'où procès ; Martinet de Lobellet et led. Oudart s'engagent à se soumettre à la sentence arbitrale que rendront Martin Mazenghe et Robert de Bainas, échevins.

PAROISSE DE LE CAPPELETTE (Un Tour)

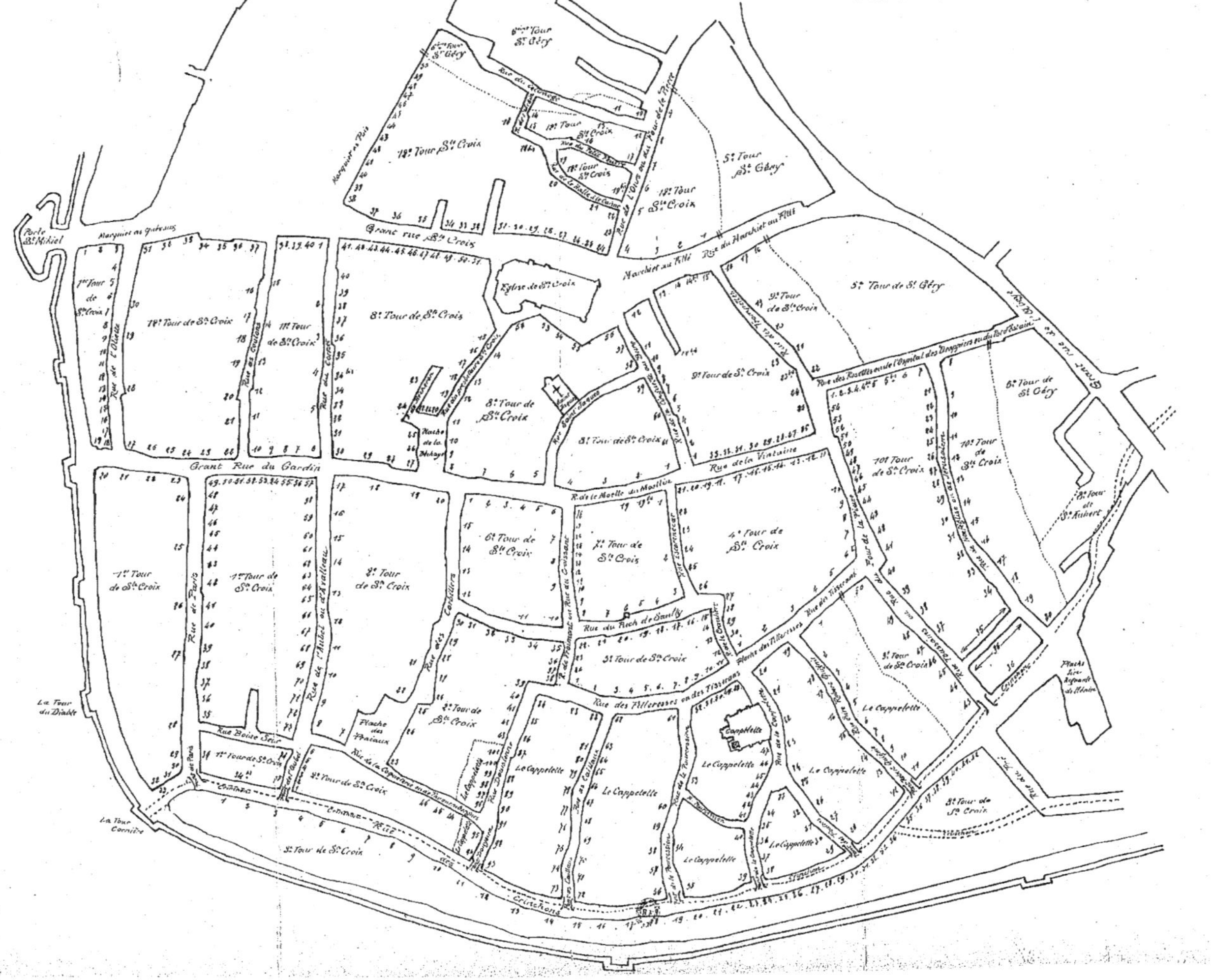

Porte St Mikiel
Marquiet as gateaus
Grant rue Ste Croix
Grant Rue du Gardin
Rue de l'Olette
Rue as Coulons
Rue du Cotel
Rue de l'Aubel ou d'Avalleau
Rue des Cordeliers
Rue de Paris
Rue Boise Seur
Marchiet au Filé
Rue du Marchiet au Filé
Rue des Filleresses ou des Tisserans
Rue du Puch de Sauily
Rue de la Vintaine
Rue Escorreceur
Rue de la Place
Eglise de Ste Croix
Planche des Pouraux
Le Cappelette
Cappelette
Crinchons
La Tour du Diable
La Tour Cornillé

PAROISSE DE LA CHAPELETTE

Le parosce de le Cappelette commenche d'alès le Four de le Plache en alant tout autour de led. parosce (f° 86 v° et suiv.).

(1396 : même itinéraire, f°s 148 r° à 151 v° ; 170 r° et v° ; 167 r° et v° ; 172 r° et v° ; lacune à la fin du tour).

1. Le maison joignans au *Four de le Plache* est à Gille Crespin à cause de se femme. (1396 : à dem^elle du Luiton).

(Emb. 1421, f° 188 v°). Colle Lionne et Mahiet Dachier, son fils, vendent à Piérot de Beaucamp une place ou Gardin de St-Waast, tenans de deux costés au fief de l'église St-Waast, à présent aud. Piérot, d'autre part à l'héritage desd. vendeurs, nommée *le Four de le Place, faisant le touquet de deux rues, l'une d'icelles nommée des Tisserans et l'autre nommée le rue de Toussains.*

La situation du *Four de la Place*, dernière maison du 3° tour de Ste-Croix, est donc bien déterminée, au coin des rues actuelles des Trois-Filloires et du Coclipas.

(Emb. 1424-26, f° 206 v°). L'échevinage rachète diverses rentes que Willaume le Bouchier avait sur le corps et communauté de la ville... sur le maison et gardin le v^ve Jeh. de Croisilles, scituée *emprès le Four de le Plache*, tenant d'une part à Piérot des Greniers, d'autre part *faisant touquet de le rue de le Cuignie* et par derrière à Jehanne Cousin, vint et trois sols vendus XIIII drs. le denier.

Ces actes prouvent que la grande maison de Gille Crespin, qui s'étendait depuis le Four de la Place jusqu'à la rue Robert Quignie (de la Cognée) n'avait pas tardé à être morcelée.

2. Le maison *en le rue Robert Quignie* à Jeh. Bauch. (1396 : aud. Jehan, parmentier).

(H, 632-1398, f° 39). Jeh. Bauch, pour se maison *emprès le puch*, II s.

3-5. A le v^{ve} Robert Quignie. (1396 : à Robert de Caucourt, savetier).

(Emb. ext. 1394, f° 15 r°). Jeh. Martin dit le Coutelier vend à Robert de Caucourt III maisons tenans ensemble...
(H, 632, f° 39). Robert de Caucourt, pour le maison *derrière le puch*, XXVII drs. et pour les deux maisons d'un comble tenant à le dessus dite, IIII s.

6. A Willaume de le Mote. (1396 : à Jaquemart de le Mote).

(H, 638-1424, f° 39). Jaquemart de le Motte, pour le maison ens., II s.

7. A le v^{ve} Colart de Romme. (1396 : à Baudin d'Avesnes, dit le Cuvelier, saieteur).

(H, 632-1398, f° 40). Baudin d'Avesnes, pour se maison, II s.

8. A le v^{ve} Vinchan du Broeq. (1396 : à Piérot de Gauchin).

(H, 632, f° 40). Le v^{ve} Piérot de Gauchin, pour se maison, II s.
(Emb. 1399, f° 33 r°). Jeh. d'Inguehem vend à Baudin le Cuvelier une maison tenant aud. accateur et à l'éritage Jeh. du Val qui fu Robert Quignie.
(H, 638-1424, f° 39). Piérot du Carne, pour se maison, II s.

9-11. Les III maisons, dont *li une joint au Pont*, sont à le v^{ve} Robert Quignie. (1396 : Les II maisons et I gardin *séans sur les Crinchons* et où on fait taintelerie sont à

Jeh. du Val par lui accatées à Jeh. le Coutellier). **Le Cuignie** (*La Cognée*).

(Emb. ext. 1394, f° 8). Jeh. Martin, dit le Coutelier, vend à Jeh. du Val « trois maisons, tenans ensemble, qui sont tout d'un héritage, nommé *le maison de le Cuignie*, joignant à Piérot de Gauchin et faisant *le touquet de le rue Sire Robert de Quignie* ».

(H, 632, f° 40). Jeh. du Val, pour pluiseurs maisons, IX s. VI drs.

(H, 638-1424, f° 39). Jeh. le Fèvre, ad cause de sa femme et de son beau-frère, pour pluiseurs maisons et gardins qui furent Jeh. du Val, en six membres, nommées *le Quignie*, IX s. VI drs.

(Emb. 1426-28, f° 82 r°). Jeh. le Fèvre, *haultelicheur*, et Marie Quinquet, dite le Sellière, et Jeh. Quinquet, frère de lad. Marie, se partagent l'héritage de leur mère Marie de Paris, v[ve] de Gille Quinquet. Jeh. le Fèvre a l'éritage de *le Cugnie*, avec trois autres petites maisons, tenans tous ensemble, et un gardin au derrière de led. maison de *le Cugnie*, tenans par derrière et ayant yssue sur *le rue dé Toussains, tenant led. héritage tout du long au Crinchon* et d'autre part aux hoirs de Jeh. et Piérot du Carne.

(Emb. 1435-36, f° 64 v°). Jeh. le Fèvre, *sergant à vergue*, et Marie Quinquet dite le Sellière, sa femme, vendent à Martin Mazenghe, eschevin, une maison et gardin, nommée *le Cuignie*, dont on fait huit louages, tenant à Jeh. Loliette et d'autre part au Crinchon et ayant yssue en le rue *qui maine à le XX[ne]*.

12. Le gardin *devant à l'autre renccq qui tient au pont*, est à Willaume de Canteleu. (1396 : Le gardin... *qui tient au* PONT ROBERT QUIGNIE est aud. Willaume).

13. A Jeh. de Clari. (1396 : à Baudin le Prévost dit le Cordonnier).

14. A Robert Lolivier. (1396 : à Baudin d'Avesnes dit le Cuvelier).

15-16. As hoirs Jeh. Suret. (1396 : à Thumas Bouchel).

(H, 631-1396, f° 20). Thumas Boucel, pour II maisons tenans à Baudin le Cuvelier, IIII s.

17-18. A Estène Chauwart. (1396 : à Estène Chavart).

(H, 631, f° 21). Estène Cauwart, pour II maisons et gardin tenans a Thumas Bouchel, IIII s.

19-20. Le maison *qui fait le touquet* et une autre d'en costé à Jeh. Philippot. (1396 : aud. Jeh).

(H, 631, f° 21). Jeh. Philippot, pour plusieurs maisons tenans au gardin Grard Roussel, IIII s.

21 Le maison ens. *qui est en le rue de le Cappelette, devant le Moustier* est Grigore de le Halette. (1396 : à Piéret Halette et à Grard Roussel).

(H, 631, f° 21). Grard Roussel, pour un gardin en deux membres *et va tout oultre d'une rue à l'autre*, VI s. III drs.

22. Grangette à Colart Wafflart. (1396 : à Baudin d'Avesnes dit le Cuvelier).

23. A Jak. Traulouche. (1396 : à Baudin d'Avesnes).

(Emb. 1391, f° 40 v°). Jaquemart Traulouche donne à Marie Prangière, femme de Jeh. de Doullens, bouchier, une maison séant à *l'opposite de l'église de le Cappelette*, pour en jouir après son trespas.

(*Ibid.*, f° 105 r°). Jeh. de Doullens et sa femme vendent à Martin Prangier une maison séans devant le Cappelette, avec deux petites maisons joignans à ycelle, lesquelles sont tout d'un héritage, joignans les II maisons à Guérard Roussel et par derrière aboutans à Thumas Bouchel (15-16).

24. A Thiébaut de le Mote. (1396 : à Willaume de le Mote).

25. A Jeh. Marcadé. (1396 : à Willaume de le Mote).

(Emb. ext. 1388, f° 8 r°). Jeh. Marquadé vend à Willaume de le Mote une maison assez près de l'église de le Cappelette.

26. A Willaume de Canteleu. (1396 : aud. Willaume. — Note marginale : vendue led. maison par led. Canteleu à Jeh. Martel le penultième d'octobre IIII^xx et XVI).

27-28. Le maison ens. *en alant sur les Crinchons* et une petite joignant sont à Robert Accart. (1396 : à Jeh. Martel, saieteur).

(H, 632-1398, f° 22). Jeh. Martel, pour se maison, porte et court en *II membres sur Crinchon*, V s. VII drs.

29. Le maison *à l'autre rencq qui joint au pont* est à Piérot d'Ouppy. (1396 : le maison... *qui joint* AU PONT DES FOULONS à Willaume Wagon).

(H, 632-1398, f° 42). Guillaume Wagon (biffé et remplacé par :) Piérot Bassée, pour se maison qui fu Piérot du Py *(sic)*, tenant à Gillot le Gillon, IIII s.

30-31. A Jeh. Marcadé. (1396 : Les II maisons *joignans au Four de le Cappelette* sont à Gillot le Gillon).

(Emb. ext. 1388, f° 7 v°). Jeh. Marquadé vend à Piérot Fauvent, sergent à mace, une maison contenant deux amazemens, séant assez près de le Cappelette.

(*Ibid.*, f° 9 v°). Ledit Piérot Fauvent revend cette propriété à Gillot le Gillon.

(H, 631-1396, f° 22). Gillot le Gillon, pour II maisons, IIII s.

(H, 632-1398, f° 43). Piérot Bassée, pour II maisons tenant à Willaume Wagon, IIII s.

32. A Colart Boulart. (1396 : **Le Four de le Cappelette** à Piérot Bassée, fournier).

(H, 631-1396, f° 22). Piérot Bassée, pour se maison ens., le porte et gardin, X s. II drs.

33. Le maison qui *fait le touquet devant le Moustier de le Cappelette* est à Colart de Valenchiennes. (1396 : à Jak. de Valenchiennes).

(Emb. 1399, f° 282 v°). Les exécuteurs testamentaires de Jacque Raoul, dit de Valenchiennes, vendent à Robert de Boulen « une petite maison, séans ou Gardin, *au devant de l'église de le Cappelette, faisant un touquet qui a son regard sur deux rues qui vont en avalant au Crinchon* ».

34. A Tassart du Prayel. (1396 : à Huart d'Arras, cordewanier).

35. A Jakemart de Sempy. (1396 : à Jehanne de Sempis).

(H, 631, f° 22). Le v^ve Jak. de Sempy, pour se maison tenant à Benoîte Brouline [dite le Boulengière], IX s.

36-38. Les III maisons *dont li une joingt au pont* sont à Robert Accart. (1396 : Les III maisons dont *li une* *joint* AU PONT DE LE CAPPELETTE à Benoîte le Boulenguière).

(H, 631, fo 22). Benoîte Brouline, pour III maisons en II membres, VIII s. IIII drs.

39. Le maison *à l'autre renc qui joint au pont* est à Jeh. Widelin. (1396 : à Jeh. de Choques).

40. Le maison qui *fait le touquet de le ruelette*, à le vve Robert Quignie. (1396 : à Jeh. de Choques).

Qu'est-ce que cette *ruellette* dont ne fait mention ni le Rentier de 1396 ni, à ma connaissance, aucun acte des embreveures, et qui ne figure sur aucun plan ? Peut-être une de ces nombreuses impasses, flégarts publics ou privés, dont plusieurs ont disparu sans laisser de traces, mais plus probablement la « *Pourcession* » de la Cappelette. Voir plus loin.

41. Le maison *qui fait l'autre touquet* est à Gillot le Gillon, (1396 : aud. Gillot).

(H, 632-1398, fo 42). Gillot le Gillon, pour se part d'une porte *contre* le femme Jeh. de Chocques, I dr.

42-45. Les IIII maisons à Jeh. Lorbateur. (1396 : aud. Jehan).

46. A Mah. Martin. (1396 : à Jeh. Lorbateur).

(H, 631-1396, fo 22). Jeh. Lorbateur, pour plusieurs maisons en *VII membres, tenant à* LE POURCESSION *de le Cappelette* et à le maison du curé, XXXVIII s. III drs.

47. **Le Maison de le Curé** de le Cappelette.

(H, 631, fo 22). Le curé de le Cappelette, pour se maison tenant aud. Jeh. Lorbateur et *au moustier de le Cappelette*, II s.

Le Cappelette.

48 Le maison c'ondist **Les Cappelles** (*Les Chapelles* ou *les Chapelets*) qui fait le touquet de le rue est à Jak. Traulouche. (1396 : Le maison et un courtil apliquiet à led. maison condist *les Capelles*, qui fait le *touquet de le plache des Capelles* est à Jeh. Cousin).

(H, 631, f° 22). Jeh. Cousin, pour se maison et gardin au *touquet de le Cappelette* et ses *gardins* (52) *faisant touquet de le pourcession* en II membres et tient à Piérot Béhault, VI s.

49 A Pierre de Cotes, waite. (1396 : à Piérot le Tieulier dit Béehaut. — Note marginale : vendue à Waghe le Climent le VIe jour d'aoust IIII[xx] et XVI).

(Emb. 1391, f° 16 v°). Simon Boe vend à Pierre le Tieulier dit Béhaut une maison, séans en le place des *Tisserans*, tenans à le maison des *Capelles* et à Tassart Godefroy.

(Emb. ext. 1394, f° 21 v°). Pierre le Tieulier dit Bé ult vend à Waghe Climent une maison *emprès le Cappelette* le XXII août IIII[xx] et XVI.

(H, 631, f° 22). Piérot Béhault, pour se maison tenant à Tassart Godeffroy, VIII drs.

50. A Tassart Gaudeffroy. (1396 : aud. Tassart).

(H, 631, f° 23). Tassart Godefroy, pour se maison tenant aud. Piérot, VIII drs.

51. A Willaume le Paintre. (1396 : à Olivier de Heudrival).

(H, 631, f° 23). Ollivier de Heudrival, à cause de se femme, (nom biffé et remplacé par :) Sainteron le Clergeresse [fille de Willaume le Clerc dit le Paintre et femme dud. Olivier], pour le maison tenant à Tassart Godeffroy, VIII drs.

52. Le courtiux qui *fait le touquet de le Pourcession est à Jak. Traulouche*. (1396 : à Jeh. Cousin).

53. Le maison *en le rue de le Pourcession* est à Climent Riquier. (1396 : à Jeh. d'Arras. — Note marginale : vendue à Gillot le Gillon le XIIe jour de juing IIII[xx] et XVI).

(Emb. ext. 1394, f° 20 r°). Andrieu Galopin renonche, au prouffit de Jeh. d'Arras, à tout tel droit qu'il a « en une maison *séans en le rue de le Pourcession*... » Led. Jeh. d'Arras, carpentier, (*ibid.*) revend cette propriété à Gillot le Gillon.

(H, 632-1398, f° 43). Gillot le Gillon, pour le maison qui fu Climent Riquier, tenant à Lorbateur (42-46) par derrière, V s. IIII drs.

C'est ici d'après le Répertoire de dom Page (H, 1183,

f° 30 v°) « que du passé fut une voie par où sortoient les processions ».

(H, 631, f° 23). Le Cappelette, *pour le Pourcession*, III s. et VI drs.

54-55. Les II mais. à le v^ve^ Jak. Foucart. (1396 : les II maisons qui font une demeure sont as hoirs Simon du Fief).

(Emb. ext. 1379, f° 12 v°). Jehanne de Marcoule, v^ve^ Jaquemart Fouquart, vend à Simon du Fief une maison, séant *en le rue de le pourchession de le Cappelette, faisant touquet sur le pont.*

(H, 631, f° 23). Les hoirs Simon du Fief, pour plusieurs maisons tenant à Jeh. d'Arras, XX s. IIII drs.

56. Le maison *devant en l'autre rene tenant au pont* à le v^ve^ Baudin de Goy. (1396 : à Piérot de Douay).

57. A Jeh. de Caucourt. (1396 : aud. Jehan).

Il est probable, d'après l'acte suivant, que cette maison constituait deux membres.

(Emb. 1392, f° 124 r°). Gillet le Fort, saieteur, et Jehanne de Gouy, sa femme, vendent à Piérot de Campigneule, couvreur de tieules, une maison en le rue de le Pourcession, joignans à Jeh. de Caucourt et à Jeh. de St-Waast.

(H, 632-1398, f° 44). Piérot de Campigneoules, pour II maisons, VIII s. XI drs.

(H, 633-1408, f° 43). Les enfans Piérot de Campigneulles, pour II maisons (56-57) qui furent Damaroye (1), v^ve^ Baude de Goy, et tiennent au Crinchon en II membres, VIII s. XI drs.

58. A Jeh. le Sénescal dit de St-Waast. (1396 : aud. Jehan).

(Emb. ext. 1388, f° 3 r°). Jeh. de St-Waast garantit un prêt de XLII frans d'or que lui a consenti Pierre de Thilloy « sur sa maison de le rue de le Pourcession... »

(H, 631, f° 23). Jeh. le Sénescal, pour se maison ens., II s.

59. Gardin à Aubert Davault, Sénescal de St-Waast. (1396 : aud. Aubert).

(1) Damaroye, pour dame Marole, comme Damain, pour dame Emmain.

(Emb. ext. 1379, f° 1 v°). Sébile Bourgeoise, v^ve de Joh. Nepveu, vend à Aubert Davault une maison et gardin en le rue de le Pourcession.

(II, 631, f° 23). Obert Davaut, pour un gardin emprès le gardin Jeh. Cardon, x s.

60. Courtieux à Jeh. Belarme. (1396 : à Jeh. Cardon).

(Emb. ext. 1387, f° 3 r°). Jeh. Plumet dit Belarme vend à Jeh. Olivier, fil Drievart, un courtil en le rue de le Pourcession.

(II, 631, f° 24). Jeh. Cardon, pour se gardin, IIII s.

61. A Piérot Floure. (1396 : à Jeh. Alant).

(Emb. 1391, f° 84 r°). Jeh. Louchart vend à Simon Louchart III sols de rente sur le maison Simon le Lavendier faisant *le touquet de le pourcession de le Cappellette.*

(Emb. ext. 1394, f° 10 r°). Simon le Lavendier renonce, au profit de Pierre Floure, à ses droits sur une maison et deux gardins *faisant touquet de le ruelle de le Pourcession.*

(*Ibid.*, f° 11 r°). Ledit Pierre revend cette propriété à Jeh. Alant.

(II, 632-1398, f° 45). Jeh. Alant, pour pluiseurs maisons qui furent Simon le Lavendier, *contre le pourcession de le Cappelette*, VIII s.

62. Le courtiux qui fait le *touquet de le rue as Caillaux* à Mah. Quesnel. (1396 : à Jeh. Alant).

63. A Jeh. Barbel. (1396 : à Mah. Cardon dit de Hées).

64. A Jeh. Lalain. (1396 : à Mah. Cardon).

(Emb. ext. 1388, f° 5 v°). Jeh. Lalain vend à Mah. Cardon dit de Hées une maison en le rue as Caillaux...

65. A Jeh. Widelin. (1396 : aud. Jehan).

66. Le maison est des Loe-Dieu. (1396 : à Jeh. de le Mote dit Conin).

67-69. Le gardin, une maison et *une autre maison sur les Crinchons* sont à Bétrémieu de St-Waast. (1396 : aud. Bétrémieu).

70-71. Les II maisons à Jeh. de St-Waast. (1396 : aud. Jeh.)

Le Corne d'or.

(Emb. 1435, f° 29 r°). Gillot Petit dit de Mailli et Jehanne Cardon, sa femme, gagent un emprunt sur une maison, séant en le rue des Caillaux, nommée *le Corne d'or*.

(H, 640¹-1435, f° 38). Gillot Petit, pour II maisons qui furent Piérot de Campigneule (56-57) et font le touquet sur le Crinchon, VI s. *et pour un aizement à se maison nommée le Corne d'or et fu à Jeh. de St-Waast.*

Donc Gillot Petit était propriétaire d'un groupe de maisons qui se touchaient par derrière, et il suit de là que la *Corne d'or* était le 70 ou le 71.

(Emb. 1438-39, f° 234 v°). Gillot de St-Pol garantit une obligation sur le maison où il demeure ad présent en le rue des *Caillaux*, nommée **l'Ostel du Sacq**, tenant à Jeh. au Vaissel et à le v^ve^ Jeh. de Monchiaux, et sur une autre maison nommée *le Corne d'or*.

(H, 641-1437, f° 37). Gillot de St-Pol... (Même rédaction que ci-dessus pour Gillot Petit).

Je n'ai pu identifier avec certitude cet *Hôtel du Sac*.

72. Le maison *qui tient au pont* est as hoirs Martin de Fampoux dit de Bappaumes.

73-74. Le gardin et une maison à *l'autre rencq* sont à Gillot Raimbourcq. (1396 : à Thumas de Mailli).

(Emb. 1392, f° 136 v°). Gillot Raimbourc vend à Thumas de Mailli un courtil emprès **le Pont as Caillaux**, tenant au pont et d'autre part aud. accateur.

(H, 631-1396, f° 24). Thumas de Mailli, pour *se porte qui est sur le rue Douysienne emprès le pont Douysien* et tout son gardin, III drs.

Il s'agit évidemment d'une porte de derrière.

(H, 633-1408, f° 47). Isabellet de Mailly, pour une porte sur le *rue du Fresne emprès le pont Douzien*, IIII drs.

75. A Gillot Raimbourcq. (1396 : à le v^ve^ dud. Gillot).

76. A Grard le Drappier. (1396 : aud. Grard).

77. A Grard de Paris. (1396 : à Grard le Drappier).

78. A Jeh. Danvet. (1396 : aud. Jehan, cordewanier).

79-80. A Piérot Belin. (1396 : à Jeh. de Mailli).

(Emb. 1399, f° 74 r°). Margot de Téruwane, dite le Natière, v^{ve} de Jeh. de Mailli, dit Rifflart, donne à Jeh. Landrieu une maison, où elle demeure, *en le rue des Caillaux*, tenant à Jeh. Danvet et au courtil Pierre de Tilloy.

81. Gardin à Piérot de Thilloy, clauweteur. (1396 : aud. Piérot).

82-83. Maison et gardin *qui fait le touquet* à Pierre de Thilloy. (1396 : aud. Pierre).

84. Le maison ens. qui fait le touquet de le rue du Pont Douisien est aud. Pierre de Thilloy. (1396 : aud. Pierre).

(Emb. ext. 1394, f° 21 v°). Jeh. de Gauchin vend à Pierre de Thilloy *le quart* qu'il a en II maisons et un gardin faisant *touquet de le rue du Pont Douisien* et tenant à Baude Loisonneur.

85-87. Les III maisons ens. sont à Baude Loisonneur. (1396 : aud. Baude et sont *à présent wastes plaches).*

88-89. Maison et gardin à Pierre de Thilloy. (1396 : aud. Pierre).

90. Courtieux á Baude Loisonneur. (1396 : à Pierre de Thilloy).

(Emb. ext. 1388, f° 6 v°). Baude Laubegois, dit Loisonneur, et ses enfans vendent à Pierre de Thilloy, claueteur, un gardin rue du Pont Douysien.

91. Gardin à v^{ve} Baude de Goy. (1396 : le gardin ens. est à Jeh. Froissart dit le barbier).

92 A Jeh. de Pumiers. (1396 : à Grard de Hanencamp).

93. Le maison qui *fait le touquet de le rue du Pont Douisien* est à Benoît de le Cappelette.

94-95. Les II maisons et un courtiux à le v^{ve} Tassart du Cornet. (1396 : le maison et gardin *sur les Crinchons* sont à Colin du Cornet).

96. Le courtiux à *l'autre rencq* à Drieuwart le Linier.

La fin de la paroisse a disparu du registre de 1396. Sans

cette lacune regrettable, on aurait sans doute pu établir *d'une façon précise* la répartition sur ce côté de la rue Douysienne des dernières maisons du 2e tour de Ste-Croix et de la paroisse de la Chapelette).

97. Le courtiux à Baudin Loisonneur.

98. Le courtiux à le vve Simon de Lens.

99. Le Maison à Piérot le Tieulier.

100. A Jeh. le Mannier dit de Beaumès.

101. Grange à Grard de Paris.

PAROISSE S^T-MAURICE

Li Ier tours commenche en l'Abbeye, au rencq Jak. Advisé as maisons qui furent Gillot Ségart en alant contre mont jusques à le maison Jeh. Sauchelle qui fait le touquet de la rue St-Maurice (f°s 91 v° et suiv.).

(1396 : même rédaction, f°s 153 r° à 156 v°).

1-2. Les II maisons qui furent Gillot Ségart sont as hoirs Jak. Advisé. (1396 : les maisons qui furent Jaquemart Advisé sont à Simon Agache).

3-4. A Bernart le Vaasseur. (1396 : à Robert le Vaasseur).

(Emb. 1399, f° 30 r°). Robert le Vasseur vend à Jeh. Rousée deux maisons, tenans ensemble en le rue de l'Abbeye, tenans à Simon Agache et à Maroie le Parqueminière.

5. As hoirs Jeh. Millet. (1396 : à Maroie Coutelle).

6. A Jeh. Tartin. (1396 : aud. Jehan).

7. A Estène Tanné. (1396 : à Jacote...).

8. A Jeh. de le Porte. (1396 : à Vinchan le Kien, pour une moitié : l'autre moitié est à Alison de le Porte).

9-10 A le v^ve Mik. du Bos. (1396 : à Jeh. du Bos, wantier).

(II, 632-1398, f° 71). Jehan (biffé et remplacé par :) Jaquette du Bos, pour se maison, III drs.

11. A Lambert Coutel. (1396 : aud. Lambert).

(H, 632-1398, f° 71). Lambert Coutel, pour une maison tenans à Mik. de le Porte, III drs.

(H, 633-1408, f° 79). Pierre du Bosquel, pour se maison, III drs.

(Emb. 1444, f° 20 r°). Jeh. du Bosquet et Cole Thibaut, sa femme, vendent à Jeh. Lepot, tanneur, une maison séant rue de l'Abbeye, tenant à Jeh. du Bos, wantier, et à Jeh. de Lattre, tanneur, et ayant *yssue par derrière en une ruelle qui maine en le rue du Blocq.*

12. As hoirs Oudart de Chérisy. (1396 : à Mik. de le Porte).

(Emb. 1454, f° 13 r°). Thumas Roussel, bouchier, et Jehanne du Bos, sa femme, vendent à Gillot le Roy le tiers d'une maison séant en le grant rue de l'Abbeye, tenant d'une part à Jeh. le Pot, tanneur, et d'autre part à Jeh. de le Cloye et aboutant par *derrière à le rue que on nomme le ruelle Tondoie* (ou Tondrie ?) *par lequelle on va en le rue du Blocq.*

Dans une copie aussi peu claire que possible d'un acte de 1397 (emb. ext. f° 13 r°), il est question de la vente d'un jardin « séant en le rue qu'on dist de *le Tonde,* marchissans à le rue du Blocq ». Il s'agit évidemment du flégard (voir n° 13) qui aboutissait à la ruelle des Archers. J'ignore le sens de Tonde, Tondoie, Tondrie ou Toudrie et ne suis pas certain de l'orthographe du mot.

13. As hoirs Oudart de Chérisy. (1396 : à Mik. de le Porte).

(Emb. 1464, f° 14 r°). Jeh. de le Cloye et Pasque Tenquettes, sa femme, vendent à Jeh. le Roy, taneur, une maison et gardin, en le rue de l'Abbeye, tenant par derrière à maistre Gille le Flament (Voir 30 du 7e tour de St-Aubert) et ayant *yssue en une ruelle qui maine en le rue du Blocq.*

J'ai habité ce quartier dans mon enfance ; je me souviens que par la grande porte de M. Bonnel, tanneur (14), située à l'endroit où la ruelle [des Archers] venant de la rue Méaulens fait un crochet avant de s'élargir un peu, on pouvait pénétrer dans les jardins des propriétés indiquées par les numéros 11, 12 et 13. Ce devait être jadis un flégart séparant ces maisons de celles de la rue du Bloc. (Voir n° 3 du 7e tour St-Aubert).

14. A Tassart le Clerc. (1396 : à Asse Villain. – Note marginale : vendue par led. Asse à Joh. Haudecuer dit Boinvarlet le XVIIIe jour de février IIII^xx^ et XVI).

(Emb. 1390, f° 10 r°). Baudin d'Aubrechicourt et Cole Fourdine, sa femme, vendent à Asse Vilain une maison en le grant rue de l'Abbeye, joignans Michiel de le Porte *et faisant le touquet d'une ruelle* marchissant à (longeant) l'éritage vendu et à l'éritage Gillot de le Mote (15) et par derrière à l'éritage et gardin Simon Agache (17-18).

Encore aujourd'hui la ruelle des Archers longe le derrière de l'ancienne maison du Vert Bos (actuellement une imprimerie).

15. As hoirs Jeh. de Buires. (1396 : à Gillot de le Mote).

16. A Jeh. Tourbier. (1396 : à Gillot de le Mote).

17-18. A le v^ve^ Jeh. du Bos, taneur. (1396 : Les II maisons, une grande et une petite sont à Simon Agache). **Le Bos. Le Vert Bos en l'Abbeye** *(Le Bois).*

(Emb. ext. 1388, f° 3 v°). Robin du Bos, fil de feu Jeh. du Bos, vend à Enguéran du Bos le moitié qu'il avoit à l'encontre dud. Enguéran en le maison *du Bos en l'Abbeye.*

(*Ibid.*, f° 4 v°). Enguéran du Bos et Maroie Agache, sa femme, vendent à Simon Agache une maison en le rue de l'Abbeye, appelée *Le Boys, avec un gardin derrière.*

(H, 633-1408, f° 79). Simon Agache, pour le maison du *Vert Bos, en l'Abeye,* x drs.

19-20. A le v^ve^ Jeh. du Bos. (1396 : à Andrieu Poret).

(Emb. ext. 1388, f° 4 v°). Enguéran du Boys et Marie Agache et Robin du Bois vendent à Colart Honnère une part de rente sur deux maisons à Andrieu Poret, séans en l'Abbeye, tenant à l'éritage desd. vendeurs appelé *maison du Bos.*

(Emb. 1436-38, f° 46 r°). Jaque de Tilloy vend à Colart le Borgne ses rentes sur deux maisons à Simon du Pont en l'Abbeye, tenant à le *maison du Bos et d'autre part au Crinchon.*

(*Ibid.*, f° 98 v°). Raoul du Hamel vend à Colart le Borgne, maieur de la ville, ses rentes sur le maison Simon du Pont qui fu Colart Honnère, tenant à *l'ostel du Bos et au Crinchon.*

21. As hoirs dame Paine. (1396 : à Jeh. Daulé).

22-23. A Jak. du Pré, taneur. (1396 : aud. Jak.).

24. As hoirs Jak. Advisé, à Thumas Amion et à pluiseurs autres. (1396 : à Gillot Pascaut).

(Emb. 1390, f° 43 v°). Baudin le Cressonnier dit Fastoul et Ysabel Advisée, sa femme, vendent à Gillot Pascault les deux pars qu'ils ont en une maison en le rue de l'Abbeye en lequelle demeure led. acateur, joignans à Jak. du Pré.

(*Ibid.*, f° 44 r°). Sawale Wardavoir vend à Gillot Pascault la part qu'il a en une maison *séans à l'opposite de le ruelle des Unze-Mille-Vierges*, joignans à Jaquemart du Pré et à Gillot de Harnes.

(*Ibid.*, f° 48 v°). Tassart de Gauchin vend à Gillot Pascault la part qu'il a en une maison séant *devant le ruelle des XIm Vierges*, joignans... (comme dessus).

25. As hoirs Jak. Advisé. (1396 : à Gillot de Harnes).

(Emb. 1390, f° 43 v°). Baudin le Cressonnier et Ysabel Advisée vendent à Gillot de Harnes une maison séans en le rue de l'Abbeye, tenant à Gillot Pascault et à l'éritage Aubert de Méry, dite **Le Maison de Connin**. (Est-ce l'enseigne *du Lapin?* Est-ce le nom d'un ancien propriétaire ?)

26. As hoirs Jak. Advisé. (1396 : à Aubert de Méry).

(Emb. ext. 1388, f° 2 r°). Willaume Olivier et Maroie de Roquelaincourt..., Jehanne Pascaude vendent à Aubert de Méry tout tel droit qu'ils ont en une maison en l'Abbeye.

(*Ibid.*, f° 3 r°). Baudin le Cressonnier et Ysabel Advisée vendent à Aubert de Méry leur part en la susdite maison.

(Emb. 1399, f° 224 r°). Béatris Daulée, v^ve Aubert de Méry, vend à Wautier des Camps, wantier, une maison, séans en le rue de l'Abbeye, *devant l'Ospital St-Julien*, tenans à l'éritage qui fu Gillot de Harnes et d'autre part à Gillot Pinchon.

27. As hoirs Jeh. de Roclaincourt. (1396 : à Jeh. Robiquel).

28. A Jeh. Gellé. (1396 : à Jeh. Sorel, cordewanier).

29-31. Les trois maisons à Jeh. d'Arras. (1396 : à Jeh. Sauchelle).

(Emb. ext. 1387, f° 5 r°). Jeh. d'Arras, tanneur, et Jeh. le Caron et Sainte d'Arras, sa femme, vendent à Jeh. Sauchelle tout tel droit qu'ils avoient en une maison séans en l'Abbeye à *l'opposite de l'Ospital St-Julien, joignant au Crinchon et courant qui est en led. maison.*

32. As hoirs Jak. Advisé. (1396 : à Jaquemart Chevalier).

(Emb. 1391, f° 67 r°). Baudin Fastoul, dit le Cressonnier, et Ysabel Moutonne, dite Advisée, sa femme, vendent à Jaquemart Chevalier et Sainte Prangière, sa femme, une maison qui jadis fu Jaque Advisé, en lequelle se faisoit sa tanerie, joignans à Jeh. Saucelle d'une part et as héritages desd. vendeurs d'autre part.

(Emb. 1424-26, f° 217 v°). Englebert Fastoul vend à Jeh. Viseux une maison en l'Abbeye, tenant d'une part à Jeh. Aillés et d'autre part à *l'éritage du Mont-St-Eloy* et *ayant yssue sur le rue que on nomme le Dorelot.*

33-35. As hoirs Jak. Advisé. (1396 : les III maisons as religieux du Mont-St-Eloy).

36. L'Estoille à Jeh. Hubin. (1396 : à Monsgr Paien de Mailly).

(H, 632-1398, f° 79). Messire Jeh. de Mailli, pour le maison de *l'Estoille*, I ferton d'argent.

Voir pour le fief de *l'Estoille* : A. Guesnon, *Origines d'Arras*, t. II, p. 6 et note 2 de la p. 7.

37-38. A Jeh. le Senne. (1396 : à Jeh. Cauproiet). **Les Coquelés.**

(Emb. 1391, f° 49 r°). Andrieu le Senne vend à Jehan Cauproyet une maison nommée *les Coquelés* en le rue de l'Abbeye, *assez près de le porte de Méaulens*, joignans à l'éritage Monsgr Paien de Mailli d'une part et à Baudin le Cuvelier d'autre part.

(H, 631-1396, f° 40). Jeh. Cauroyet *(sic)*, pour se maison des *Coquelés*, I ferton de fin argent.

(Papiers de rentes de le Povreté, 1395). Sur les II maisons Jeh. Cauproiet qui furent Jeh. le Senne, séans *emprès le porte de Miaulens*, tenans *à le maison de l'Estoille*, XX s.

(Comptes de le Povreté, 1419-20). Jeh. le Roy, pour les II maisons des *Quoquelés*, XX s.

39. A Jeh. le Barbyer. (1396 : à Baudin Clabaut).

(Emb. ext. 1379, f° 6 r°). Jeh. du Gardin *dit le Barbier* vend à Jeh. le Roy dit Bointemps, cordier, une maison *séans assez près de le porte de Méaulens.*

(II, 631, f° 40) Baudin Clabaut, pour se maison tenant à Philippot le Roy, demi ferton de fin argent.

(Emb. 1438, f° 190 v°). Jeh. du Bosquel le jone vend à Colart le Borgne, maieur, LVI s. VI drs. de rente sur le maison Toussains Boursin, séans assez près de *le porte de Miolens,* tenant à *l'éritage des Coquelés* d'une part et à Tassart Cordier, merchier.

40-41. A Philippot le Roy et à ses frères. (1396 : aud. Philippot, cordier).

(II, 631, f° 40). Philippot le Roy, pour se maison tenant à le maison Baudin Clabaut, demi ferton de fin argent.

(II, 641-1437, f° 67). Tassart le Cordier pour se maison demi ferton de fin argent.

42. A Jeh. Saucelle. (1396 : aud. Jeh.).

(II, 631, f° 40). Jeh. Saucelle, pour se *maison du touquet,* I ferton de fin argent.

(Rentes de le Povreté, 1395). Sur le maison Jeh. Sauchelle, séans d'en costé le porte de Miaulens, tenans à le maison Henri Fauquart (1 du 4e tour) *et fait le touquet de le rue St-Morisce.*

Li IIe tours de St-Meurice commenche en l'Abbeye comme dessus au rencq de Saint-Julien, à le maison Andrieu de Heudrival en alant tout ce rencq jusques à le porte de Miaulens (fos 93 et suiv.).

(1396 : même rédaction, fos 156 v° à 164 v°).

---

1. A Andrieu de Heudrival. (1396 : Le maison qui fu Andrieu de Heudrival est à David Morele).

(Emb. ext. 1388, f° 11 r°). Régnault de Heudrival, fils de feu Andrieu, vend à Willaume le Coutellier une maison séans *en le grant rue de l'Abbeye.*

2. A le vve Thumas Bosquet. (1396 : à Simon Agache).

3. A Jak. Flori. (1396 : à Jaquemart Flouri).

4. A Mik. de Diéval. (1396 : à Simon Agache).

5. A Marguerite Quignie. (1396 : à Simon Agache).

(Emb. 1399-1402, fº 243 rº). Simon Agache et Jehanne Louvelle, sa femme, Jeh. Foubert et Marie Agache, sa femme, donnent à Benoîte l'Agache, fille dud. Simon et femme de Jeh. Dupont, deux maisons séans *en le rue de l'Abbeye,* l'une en lequelle lesd. conjoins Simon demeurent, tenant à l'éritage Piérot du Bosquel et l'autre... (Voir plus loin).

6-7. A Piérot Willette. (1396 : à Piérot du Bosquel).

(Emb. ext. 1394, fº 1 rº). Pierre Willette et Marie de Courcelles, sa femme, vendent à Pierre du Bosquel deux maisons en le rue de l'Abbeye...

(II, 633-1408, fº 56). Piérot du Bosquel, pour une *grande* maison qui fu Piérot Villette, xxvi drs.

8. A Jeh. Seuron. (1396 : aud. Jehan).

9. A Mik. de Diéval. (1396 : à dame Floure).

(Emb. 1445, fº 47 rº). Jeh. le Vasseur et Tasse Williue, sa femme, donnent en garantie d'un prêt de xviii lbs. consenti par Jeh. de Tenquettes, dit Lionnel, une maison séant en l'Abbeye, tenant d'une part à l'éritage Jeh. Seuron et d'autre part *faisant le touquet d'une rulette nommée le Tanée* et aboutàns par derrière à Pierre du Bosquel, chargée de viii s. de rente à Simon Lagache.

10-11. Les ii maisons et une grange à Mikiel de Diéval. (1396 : à Willaume Tanné ou Tauvé).

(Emb. 1394, fº 72 vº). Demelle Floure le Cressonnière, vve de Michiel de Diéval, donne à Tassart de le Ville, son fils, qu'elle eut de Jeh. de le Ville, son premier mari, « deux maisons tenans ensemble, une grange et un courtil appartenant à ycelles, en le grant rue de l'Abbeye, *faisans le toucquet de le rue que on nomme le Tanée,* joignans d'autre part à l'éritage Jaquemart Floury et par derrière à Pierre Villette.

(Emb. 1421, fº 46 rº). L'office des quatre des héritages, à la requête de Jeh. Tavé, tanneur, visite une maison séant en le rue de l'Abbeye, tenant à une ruelle *nommée rue de le Mairie* et d'autre part à Jeh. Fourdin.

Il n'y a pas de doute ici sur l'orthographe du nom de Jeh. Tavé, à cause de la forme spéciale de la lettre *v* qui ressemble à un *b*, alors qu'en général les lettres *n*, *u* et *v* ont entre elles si peu de différence qu'une erreur est toujours possible. Il est très probable que le scribe en recopiant l'acte a commis cette erreur et qu'il s'agit de Jeh. Tané ou Tanel. La ruelle s'appelle *rue de la Tanée* ou *de la Tannée*. Y a-t-il un rapport entre ces noms, ou le nom de l'impasse dérive-t-il de tan et de tannerie ? Nous sommes en effet dans le quartier des tanneurs. Il est difficile de se prononcer. Quant au nom de rue de *la Mairie*, j'ignore quelle en est l'origine. On le retrouve plusieurs fois dans les cueilloirs de St-Waast. (H, 639-1429, f° 47). Jeh. Tanel, pour un accroissement prins sur le flégart et voyerie *de le ruelle de le Mairie* en l'an IIII^c XXI, I dr.

L'acte suivant concerne évidemment un immeuble situé au fond *de le rue de « le Tanée »*, impasse qui paraît avoir été l'amorce de la rue actuelle du Rivage).

(Emb. 1444, f° 40 v°). Pasque de Ligny, v^ve de Jeh. Roussel, vend à Thumas et Piérotin Tanel, frères, une plachette de terre contenant XX piés de loncq et X piés de lés ou environ, estans du gardin de le maison qu'elle a séant en le rue de l'Abbeye, contigu et joignant par derrière à le maison desd. Thumas et Piérotin, enclavée et mouvans *de l'ostel derrière* de le maison desd. Tanel en alant à une autre maisoncelle que a led. Pasque au derrière de sadite maison.

Ce n'est pas extrêmement clair, mais si Pasque de Ligni est en 1444 propriétaire des n°s 14 et 15 que possédait Piérot de Ligni en 1396, on comprend qu'il y ait eu communication par derrière.

(Emb. 1444, f° 34 v°). Thumas Tanel et Marie le Brun, sa femme, et Piérotin Tanel, enffans de Jeh. Tanel, reconnaissent qu'ils ont par moitié deux maisons, tenans ensemble, en le rue de l'Abbeye, l'une d'icelle faisant *toucquet de une ruelle que on nomme communément le rue de le Tannet*, en lequelle maison led. Thumas demeure présentement, et l'autre maison tient d'autre part à Ysabel, v^ve de *Warin Dassonval*, icelles deux maisons tenans par derrière aux gardins et à l'héritage appartenant aux hoirs de feu Pierre du Bosquel d'une part et aux gardins des XI^m Vierges avec une loge estans à ycelle maison qui au temps passé soloit estre de le maison qui fu *Jeh. Fourdin*. On fait le partage. Thumas a la maison du touquet et Piérotin l'autre maison.

(Emb. 1475, f° 59 r°). Thomas Tanel et Marie Lebrun gagent une obligation « sur une maison servant à enchine de taner cuirs, tenans d'une part à *le ruelle de le Tanée...* »

12. A Jak. Flori. (1396 : aud. Jaquemart Flouri).

(II, 632-1398, f° 53). Jaquemart Flouri, pour se maison tenant à Willaume Tanel.

(Emb. 1428, f° 78 v°). *Jeh. Fourdin,* taneur, et Jehanne de Ligny, sa femme, vendent à Warin d'Assonval la moitié qu'ils avaient « en une maison séant en l'Abbeye en le *ruelle Pouchin,* à l'encontre dud. Warin qui a l'autre moitié. Icelle maison tenant à l'éritage des XIm Vierges et aux hoirs Jeh. Fourdin et Jeh. du Pont ».

(Emb. 1464, f° 13 v°). Jeh. Leurens dit Corbel et Jehanne de Canlers vendent à Jeh. de Canlers, taneur, frère d'icelle demoiselle, leur part et tout tel droit qu'ils ont en une maison séans en le *rue Pouchin,* estans à usage de taner cuirs, tenant à Pierre Tanel et par derrière à l'éritage des XIm Vierges.

La *ruelle Pouchin* doit être l'impasse qu'on trouve sur certains plans anciens entre la rue actuelle du Rivage et la rue des Onze-Mille-Vierges.

13-14. A Savale de le Ruelle. (1396 : à Piérot de Ligni dit Fasère).

(Emb. 1399, f° 7 r°). Piérot de Ligni et Maroie de Mileville, sa femme, « entravestissent li uns d'eulx l'autre de tous les biens qu'ils ont acquis durant la conjonction de leur mariage », sauf « le maison en lequelle lesd. conjoins demeurent, séans en le rue de l'Abbeye, tenant à le maison Jaquemart Flouri et à l'ospital des XIm Vierges (par derrière).

15. A Simon Agache. (1396 : aud. Simon).

On a vu plus haut que Simon Agache (emb. 1399, f° 43 r°) avait donné à sa fille Benoîte, mariée à Jeh. du Pont, deux maisons dont la seconde, où demeure led. Jeh., faisant le touquet de le ruelle par lequelle on va as XIm Vierges et tenant à Piérot Fasère. (Sans doute la ruelle Pouchin où devait se trouver une porte du jardin des Onze-Mille-Vierges).

16-17. A Guy de Goy. (1396 : à Piérot Hane).

(Emb. ext. 1394, f° 5 v°). Guy de Goy vend à Piérot Hane une maison *rue du Pré.* En rapprochant cet acte de l'indication fournie par le cueilloir des rentes de St-Waast pour 1398, (II, 632, fo 52) : « Piérot Henne, pour plusieurs maisons tenans ensemble *tant devant comme derrière* et par le court et gardin en v membres et sont joignans sur le Grinchon et furent à messire Loy de Goy, II s. VI drs. et VII capons », on voit que les deux maisons de la rue de l'Abbeye rejoignaient *par derrière la maison du coin* les héritages situés en la rue du Pré ou des Onze-Mille-Vierges et appartenant au 3e tour.

18. A le vve Mik. de Maizières. (1396 : à Piérot [de Ligni dit] Fasère).

(Emb. ext. 1379, fo 9 vo). Marguerite Cossette, vve de Michiel de Maizières, vend à Piérot de Ligni une maison en l'Abbéie, tenant... et fait... etc. (Evidemment il faut lire : fait le touquet).

19. **Li Hospitaux Saint-Julyen** a, en led. parosce Saint-Moorisse, IX maisons.

Cette rédaction signifie-t-elle que le scribe du Rentier de 1382 groupe en un seul article les rentes dues par l'hôpital et neuf maisons quelconques de la paroisse appartenant aud. hôpital, ou bien, comme l'indique la rédaction plus précise du Rentier de 1396, ces propriétés sont-elles contiguës à la maison hospitalière dont elles formeraient des dépendances ? (1396 : Li Hospitaulx Saint-Julien, IX maisons *tenans à un costé dud. hospital)*. D'après certains documents qu'on trouvera au 3e tour, plusieurs de ces maisons constituaient une partie de l'îlot compris entre la rue de l'Abbaye, la rue des Onze-Mille-Vierges, le Crinchon et la rue du Pré (la partie de la rue du Pré appelée rue Guériol), d'autres étaient dans le voisinage.

20. A Jeh. de le Porte. (1396 : à Jeh. Waffart).

(Emb. ext. 1379, fo 2 ro). Tassart de le Ville et Robe de le Porte, sa femme, vendent à *Colart le Roy* une maison tenans à l'Ospital Saint-Julien...

(Emb. 1454, fo 36 vo). Jeh. de Laval et Jacote Rousée, Jeh. de Croimont et Marie Rousée, sa femme, Colart Cornette et Marguerite Rousée, sa femme, vendent à Martin de Grincourt une maison, séans en le rue de l'Abbeye, tenant *d'une part au*

Crinchon et courant de la ville et d'autre part à Jeh. de Moriane et aboutant à *une place gasté et en ruyne.*

Il est probable que cette vente n'a eu son effet que plus tard, car peu après (*ibid.*, f° 76 v°) Jeh. de Laval, cordewanier, et Jacote Rousée, sa femme, gagent une obligation sur une maison séant en le rue de l'Abbeye, tenant d'une *part au Crinchon qui coeurt et fleue entre led. maison et l'Ospital St-Julien* et d'autre part à l'éritage des hoirs de feu Jeh. de Moriane.

Cette indication précise bien l'endroit ou s'arrêtait l'hôpital St-Julien, dont le développement sur la rue de l'Abbaye étai assez important, puisque les maisons du 1er tour depuis le n° 26 jusqu'au n° 32 sont situées *devant* led. Hôpital.

21. A Willaume Guise. (1396 : à Thumas du Thertre dit Hanepier).

(Emb. ext. 1381, f° 2 v°). Pierre Bréquin vend à Thumas du Tertre une maison séant en le rue de l'Abbeye, entre le maison *Colart le Roy* et le maison Willame Morel.

(Emb. 1454, f° 32 r°). Jeh. de Moriane, wantier, et Jehanne Clauwet, sa femme, vendent à Jeh. le Roy une maison, séant en le rue de l'Abbeye, au delà de l'Ospital St-Julien, tenant à l'éritage qui fu à le vve Jeh. Rousée, de présent à Martin de Grincourt, et de l'autre à l'éritage qui fu Jeh. de St-Riquier, ad présent gasté et en ruyne, et ayans yssue par derrière au Crinchon.

(1454, f° 71 v°). Jehenne des Portelettes, vve de Jeh. le Roy, vend à Andrieu Griffon une maison, séant en le rue de l'Abbeye, *au delà de l'Ospital St-Julien,* tenant à l'éritage qui fu le vve Jeh Rousée... etc. (comme dessus).

22. A Jeh. Morel. (1396 : à Simon le Roy).

23. As hoirs Jak. le Parmentier. (1396 : à Jeh. Lescolier).

24. A Jeh. Bougier. (1396 : à Baudin Laillier).

25. A Colart le Carpentier. (1396 : à Baudin Laillier).

(Emb. 1391, f° 55 r°). Bertoul de le Porte et Piérote Doucette, sa femme, vendent à Baudin de Fressay dit Laillier une maison joignans à l'éritage dud. acateur et à l'éritage Colart le Carpentier *qui fait le touquet de la rue du Pré.*

26. A Colart le Carpentier. (1396 : aud. Colart).

(II, 632-1398, f° 52). Colart le Carpentier, pour se *maison du toucquet*, III ob.

(II, 639-1429, f° 44). Willaume Potin, pour une maison *sur le grant rue* qui fu à Collart le Carpentier, III ob.

(Emb. 1428-30, f° 49 v°). Les IIII des héritages visitent, à la requête de Willaume Potin, carpentier, la maison dud. Willaume, « séant en le grant rue de l'Abbeye, *faisant le toucquet* (le mot *toucquet* est raturé et remplacé par le mot *coing*) *de le rue du Pré* », et font leur rapport sur une question d'écoulement des eaux.

(H, 648-1465, f° 44). Thomas de Perremont, ad cause de sa femme, v^ve de Willaume Potin, pour une maison *faisant le toucquet de le rue du Pré en remontant vers le rue de l'Abie*, III ob.

27 28. Le maison ens. et une *petite derrière* sont à Jeh. Gellé. (1396 : à Tassart, l'abalestrier).

(II, 633-1408, f° 51). Tassart David, *arbalestrier*, pour gardin et est maison, II drs.

(II, 635-1415, f° 40). Simon David, pour gardin et est maison *sur le touquet par devant* et yssue par derrière en *descendant en le rue du Pré et fait led. maison le premier touquet en descendant de le porte Méaulens en le grant rue de l'Abbeye, à le main senestre*, II drs.

29-30. A Jeh. Dagmois. (1396 : aud. Jehan).

(II, 632, f° 49). Jeh. Dagmois, pour II maisons et les plaches séans emprès *le Four de le Porte de Méaulens devant l'Estoille*, XI drs. ob.

31. **Le Four de le Porte** à Jeh. de Galamer (1396 : aud. Jeh.).

32. A Robert de Giésy. (1396 : aud. Robert et à Piérot Postel).

33. A Wille Mouton, cordewanier. (1396 : à Asse Villain).

(Papiers de rentes de le Povreté, 1395). Sur le maison Willame Mouton, *tenans à le porte de Miaulens*, XVII s. IIII drs.

(Emb. ext. 1396, f° 6 v°). Asse Vilain et Pérote Moutonne, sa femme, vendent à Jeh. Hardel dit Bonvarlet une maison séans en le grant rue de l'Abbeye...

Li IIIe tours de St-Moerisse commence au Pré à le maison qui fu Jehan de Boullenois en alant tout à val jusques as Liches *et retournant à l'autre rencq en revenant jusques à le maison Mons. de Goy dit de le Falesque (f°s 95 et suiv.).*

(1396 : même rédaction, f° 160 r° à 162 v°).

---

1. As hoirs Jehan de Boullenois. (1396 : à Tassart du Praiel).

Le cueilloir de St-Waast pour 1396 commence l'énumération des rentes de l'Abbaye *au Pouvoir du Pré* par les maisons de Jehan Dagmois (29 et 30 du 2e tour de St-Maurice) et par les maisons (27 et 28) appartenant d'abord à Tassart David, l'abalestrier, puis à Simon David, son fils, maisons dont la position « au premier touquet, à main senestre », en venant de la porte Méaulens et « *en descendant en le rue du Pré* » (actuellement rue Guériol) est bien déterminée. Puis il passe à la maison de *Tassart du Praiel. C'est donc en cette ruelle, après la maison du coin,* que commence le 3e tour de St-Maurice. Le fait est confirmé par les « Papiers des rentes de la Povreté, 1395 » :

> Sur le maison Tassart du Praiel qui fu aux hoirs feu Jeh. de Boulenois, séans en le rue par lequelle *on va de le porte de Miaulens à le Croix ou Pret,* tenans as maisons de Saint-Julien, III s.
>
> (II, 631-1396, f° 26). Led Tassart, pour un gardin, VIII drs. II cap.
>
> Pour II maisons ens., XII drs. II cap.
>
> Pour II autres maisons ens., XII drs. II cap.
>
> Pour un pont deseure le Crinchon, IIII drs.

D'après ce texte, led. Tassart aurait eu quatre maisons à cet endroit, mais l'acte suivant remet les choses au point. Simon David avait fini par acquérir cette propriété contiguë à la sienne.

> Vers 1436 (emb. 1436-38, f° 95 r°), Jehanne Lionne, v^ve de Simon David, Jeh. Fourment et Anne David, sa femme, fille

dud. feu, vendent à Guillaume de Harlaville une maison séant en le rue du Pré, faisant *quatre membres*, tenant d'une part à l'éritage de led. vesve et *faisant d'autre part le touquet du Crinchon et estaneque* (bâtardeau) *qui vient par desoubs les murs en led. ville et aboutant par derrière aux térauks*.

(II, 640²-1436, f° 208). Willaume de Harlaville, pour... etc. (Même rédaction que ci-dessus pour Tassart du Praiel).

2-4. A le seur Jehan Lansel. (En 1396, il y a là trois maisons. Les II maisons ens. tenant à icelle [à Tassart du Praiel] *sont à Saint-Julien* et le maison ensiévant à Mikiel de Hellin, mannier).

(II, 632-1398, f° 47). L'Ospital Saint-Julien, pour III maisons dont les II sont aud. hospital et l'autre est de Mikiel de Hellin, mannier, XII drs. II cap.

5-6. A Jeh. d'Avennes, saieteur. (1396: aud. Jeh d'Avesnes).

(II, 632, f° 50). Jeh. d'Avesnes, pour II maisons, VIII drs. II cap. et pour un pont, devant se maison, deseure, le Crinchon, II drs.

7. A Jaquemart de Bours. (1396 : à Jeh. Trébusquel).

(Emb. 1391, f° 32 r°). Isabel Renière, v^ve^ de Jaquemart de Bours, vend à Jeh. Trébusquel, le fil, une maison en le rue du Pré, joignant à Jeh. d'Avesnes, saieteur, et à Jeh. Trébusquel, père dud. acentour

(II, 632, f° 50). Jeh. Trébusquel, le fil, pour maison ens., II s. VI drs. III cap.

8. A Jeh. Trébusquel. (1396 : à Agnès Trébusquelle).

9-10 Le maison ensiévant et **Les Liches** d'alès sont à Jeh. Trébusquel. (1396 : à Jeh. Trébusquel — le fils).

(II, 632-1398, f° 50). Jeh. Trébusquel, le fil, pour II maisons parmi *les Liches* (c'est-à-dire que les Liches sont une de ces maisons), XII drs. II cap.

Et pour un pont devant se maison, I denier.

(Emb. 1399, f° 45 v°). Jeh. Trébusquel et Maroye Buffoye, sa femme, donnent à louage à Jeh. le Caron, dit Gombaut, « l'espasse de noef ans, une maison séant *as Liches* ou Pré, *tenant as murs de le ville* », sous diverses conditions énumérées en détail.

(Emb. 1401, f° 287 v°). Maroye Buffoye, v^ve^ de Jeh. Trébusquel, vend à Adan Trébusquel, son fils, tout tel droit qu'elle avoit en une maison qui fu led. feu, nommée *les Liches ou Pré*, en lequelle demeure à présent Jeh. Gombaut.

(Emb. 1464, f° 59 r°). Jaquemart de le Cauchie gage une obligation sur une maison, séant en le rue du Pré, nommée *les Liches*, tenant à Gobert le Roux et *d'autre part au courant de le ville et aboutant aux téraulx*.

Cette maison des *Lices* tenait au n° 42 du 3° tour de Sainte-Croix qui formait le touquet de la rue des Crinchons sur la rue du Pré.

11-12. Plache et maison à Henri Dallé *à l'autre rencq*. (1396 : maison avec un gardinet et une plache à Mik. de Wamin).

Il est à noter que le courtil situé devant la Croix au Pré et formant le dernier article du VII° tour de St-Aubert qui rejoint en cet endroit le 3° tour de St-Maurice est, en 1382, audit Henri Dallé et, en 1396, aud. Mik. de Wamin. C'était évidemment une dépendance de la maison dont il est ici question et dont la position *au bout de la rue du Pré* est de ce chef nettement indiquée.

(II, 632-1398, f° 50). Mik. de Wamin, pour une maison *au bout de le rue*, I denier.

(II, 636-1417, f° 57). D'aultre part le voye en *remontant en le rue du Pré, à le main senestre, pour aler en le grant rue de l'Abbeye*.

Le v^ve Jeh. de Wamin, pour une maison *au bout* de led. rue, I dr.

13. A Philippe des Yauys. (1396 : à Philippot Nepveu).

(II, 632, f° 51). Philippe Nepveu, pour une maison ensiévant et fu Philippe des Yawis, XII drs. II cap.

14. A Philippe des Yauys. (1396 : à Piérot Baudin dit de Galamer).

(Papiers des rentes de le Povreté, 1395). Sur une maison séans en le rue du Pré, appartenant à Piérot Baudin dit Galamer, tenans à Philippot Nepveu et d'autre part *à une ruelle nommée Font en Paille*, V s. III drs.

L'existence de cette impasse est avérée par l'acte cité plus loin au nº 17, d'où il semble résulter que les nºs 15 et 16 étaient dans ladite ruelle.

15-16. Les II maisons sont à Grard du Pont. (1396 : as hoirs dud. Grard).

(II, 632, fº 51). Les hoirs Grard du Pont, pour une maison ensiévant en II membres, XVI drs. obol. I cap.

17 20. Les IIII maisons ens. sont à Grard de Bailleul. (1396 : à Jeh. le Merchier).

(II, 631-1396, fº 26). Jeh. le Merchier, à cause de sa femme, pour une maison *en le ruelle* et le *grande* ensiévant et furent Grard de Bailleul en II membres, XVI drs. ob. I cap.

(Emb. 1426, fº 97 rº). Jaquemart le Merchier vend à Jeh. le Merchier, saieteur, son frère, la moitié qu'il avoit en quatre maisons tenans ensemble, *seituées en le rue du Pré*, dont il y en a trois petites et une *grande*, tenans d'une part *à une rue qui n'a point d'yssue* et d'autre part à Jeh. de Bailloel.

21 22. Les II maisons ens. sont à dame Oede le Chevalière. (1396 : à Johanne Floure).

(II, 631-1396, fº 27). Le vve Grard de Bailloel [Jehanne Floure], pour maison et grange et furent dame Oeuxde le Chevalleresse, X drs. ob.

(II, 635-1415, fº 42). Jeh. de Bailloel... (comme dessus), X drs. ob.

23-24. Les II maisons ens. sont à le vve Willaume le Maire. (1396 : à Johanne Floure [vve Grard de Bailloel]).

(II, 632-1398, fº 51). Jeh. le Simon, pour II maisons tenant aux maisons qui furent dame Eude le Chevaleresse, IX drs. cap. et demi.

(Emb. 1415, fº 9 vº). Régnault des Singes vend à Jak. Sauvé une maison, *séant en le rue du Pré*, tenans sur deux sens à l'éritage Jeh. de Bailloeul *et aboutant à l'éritage de l'Ospital des XIm Vierges et au Crinchon.*

(II, 635 1415, fº 42). Jaquemart Sauvé, pour II maisons qui furent Régnault des Singes, tenant à le maison Jeh. de Bailloel qui furent dame Eude le Chevaleresse, IX drs. cap. et demi.

25. A le vve Willaume le Maire. (1396 : à Jeh. Simon).

26. A Joh. Baudechon. (1396 : à Johanne Floure).

(II, 632-1398, f° 51). Le vve Grard de Bailloel, pour une aultre maison *emprès le maison Jeh. Simon*, ix drs.

C'est ici que se trouvait **l'Hôpital des Onze-Mille-Vierges** qui deviendra au XIXe siècle la maison où le père Halluin s'établira tout d'abord avant de se transporter dans les bâtiments du Petit Séminaire. M. l'abbé Proyart (*Notices historiques sur les Etablissements de Bienfaisance d'Arras.* — Mémoires de l'Académie, 1846, t. XXIII, p. 314) dit que « cet hospice s'appelait **La Maison des Bons Valets** ». L'auteur aurait rencontré ce renseignement dans « un inventaire très authentique des titres de la ville d'Arras appartenant à M. C. ». Une référence aussi mystérieuse ne permet guère de vérifier l'assertion. Pourtant, malgré la pénurie des documents, on peut, semble-t-il, conclure de certains articles des cueilloirs de St-Waast que la chapelle de *la maison des* BONS VARLETS fut fondée sous le vocable de SAINTE-URSULE ET DES ONZE-MILLE-VIERGES.

(II, 631-1396, f° 28). Le maison des *Boins Varlés* et le gardin, XXVI s.

Le capelain de *led. maison*, pour le fondation de le cappelle, II cap. et quant elle va de main en aultre, double rente.

(II, 633-1408, f° 55). Même rédaction.

(II, 634-1410, f° 55). Le maison des *Boins Varlés* et le gardin, XXVI s.

Messire Jeh. Blonderie, cappellain de *led. maison* (mots raturés et remplacés par :) *de le cappelle des XIm Vierges*, pour le fundacion de le cappelle, II cap.

(II, 635-1415, f° 43). Jeh. le Censier, homme vivant et mourant, pour le maison des *Boins Varlés*, XXVI s.

Sire Olivier Boize Quesne, cappelain de le cappelle des XIm Vierges, pour le fondation de le cappelle, II cap. et quant elle va de main en aultre doit double rente de IIII cap. de chacun nouvel possesseur d'icelle.

Ainsi donc, à partir de 1410, il est bien spécifié dans *tous* les cueilloirs de St-Waast que la chapelle de la maison des *Bons Varlets* est dite *des Onze-Mille-Vierges*. Cette interprétation semble confirmée par l'article 517 du Répertoire de Dom Page (II, 1183, f° 117) : « Les confrères de la chapelle des Onze-Mille-Vierges, pour l'héritage des *Bons Varlets* avec un jardin tenant à ladite chapelle ».

27-28. A Baudin Loisonneur. (1396 : à Jeh. de Levincourt).

(Emb. 1391, f° 75 r°). « Baudin Loisonneur, Simon Loisonneur, sen fil, et Jacobte Ghilleberde, se femme », pour garantir une somme de vingt livres parisis, non payée au terme échu, « rapportent en le main des eschevins II maisons, tenans ensemble, séans ou lieu que *on dist le Pré, joignans aux XIm Vierges* et d'autre part à le maison Loy de le Falesque ».

(*Ibid.*, f° 87 r°). Baude Lobegois, dit Loisonneur, et son fils Simon vendent à Jeh. de Levincourt une maison « en lequelle ils demeurent de présent (28), séant en *le rue du Pré*, tenant à l'éritage desd. vendeurs et à l'éritage Loys de le Falesque.

(Papiers de rentes de le Povreté, 1395). Sur le maison Jeh. de Levincourt qui fu Baude Loisonneur et paravant sire Guy de le Falesque, x s.

(H, 631-1396, f° 27). Jeh. de Levincourt, pour le *grande* maison qui fu Baude Loisonneur, tenans à messire Loys de Gouy, IX drs. cap. et demi.

(H, 640-1435, f° 44). Marion le Marissal, pour le grande maison qui fu Baude Loisonneur, IX drs.

29. A sire Guy de le Falesque (1).

Quelques années plus tard la famille Henne possédait dans ce quartier de nombreuses propriétés, entre autres, la maison de Loy de Goy qui, par le partage intervenu après le trépas d'Ysabeau Henne en 1433 (emb. 1433-35, f° 57 r°), échut à Jaquemart Henne.

(H, 640-1435, f° 44). Jaquemart Henne, pour le maison tenant à le maison qui fu Baude Loisonneur, XII drs. II cap.

Item. Led. Jaquemart, pour le gardin derrière led. maison qui va jusques as *Boins Varlais* par derrière, entre le porte dud. Jaquemart et le gardin de Marion le Marissal, lequel se

(1) Guy de Gouy, seigneur de la Falecque. Ce titre de seigneurie était porté par les mayeurs héréditaires de Méaulens et Demencourt (A. Guesnon : *La surprise d'Arras*, p. 59, note 3).

prent à l'entrée de l'uis par où on entre en le cappelle des XIm Vierges, I cap. et demi.

Les Rentiers de 1382 et de 1396 ne signalent pas expressément les immeubles situés au derrière de l'ilot, où se trouve l'hôpital Saint-Julien, peut-être parce qu'ils les comprennent tous parmi les neuf maisons appartenant aud. hôpital. Il y eut cependant là des propriétés particulières. En 1365, par exemple, (emb. ext., f° 23 v°) Jeh. Aurilles, pour garantir à son fils Hanotin un rapport d'héritage de deux cents florins d'or, engage sa maison « c'ondist **as Angles,** séans en le rue du Pré, avec toutes les appendances, ainsi qu'elle *siet et s'estent entre le rue du Pré et le rue c'ondist des Unze-Mille-Vierges...* ».

Dans les cueilloirs de rentes de St-Waast, on rencontre parmi quatre ou cinq maisons *de St-Julien,* une maison possédée par la famille Henne, qui semble bien être située à cet endroit.

(II, 636*, f° 244). Le vve Piérot Henne, pour une maison en *le ruelle des Boins Varlais,* VI drs.

(II, 639-1429, f° 45). Led. vve, pour se maison *en le rue des Boins Varlais,* VI drs.

(II, 644-1446, f° 42). Le vve Baudin Henne, pour une maison séant *devant le plache des Boins Varlais,* VI drs.

Sans être formelles, ces indications permettent de conjecturer que la placette des *Bons Varlets* était constituée par l'angle rentrant qui existe encore dans la rue actuelle des Onze-Mille-Vierges et que, par suite, les maisons séant *devant cette place* étaient groupées derrière l'hôpital Saint-Julien.

Li IIIIe *tours de le parosce Saint-Moerisse commenche en le rue Saint-Moerisse, à une petite maison qui tient à le maison Jeh. de Sauchelle, alant tout à mont jusques à l'Estrée et revenant par l'autre rencq jusques à le porte de Miaulens (f*[os] *97 et suiv.).*

(1396 : même rédaction, f°s 163 r° à 166 v° ; 168 r° à 169 v° et suiv.).

---

1. Le maison qui fu Jeh. le Senne, *tenans à le maison Jeh. Sauchelles* (42 du 1er tour) est à Henri Morteanwille. (1396 : à Henri Faukart).

(Emb. ext. 1388, f° 5 r°). Henri Fauquart gage une dette sur une maison séans en le rue St-Moerice...

(Papiers de rentes de le Povreté, 1395). Sur le maison Henri Fauquart qui fu Jeh. le Senne et depuis à Henri Morteanguille, séans assez près de le maison Jeh. Saucelle, XXIIII s.

2. A Jeh. Chéchille. (1396 : à Baudin Clabaut, tonnelier).

(Emb. 1390, f° 109 r°). Robert le Caron et Méhault le Royne, sa femme, vendent à Jehanne Emerye, v[ve] de Baudin le Roy, le moittié avec tout tel droit qu'ils avoient en une maison séans en le rue St-Morice, joignans à l'éritage Henri Fauquart et d'autre part à Estène Lescuier.

Lad. Jehanne (emb. ext. 1394, f° 11 r°) revend cette maison à Baudin Clabaut.

(Rentes de le Povreté, 1395). Sur le maison qui fu Jeh. Chéchille, séans en le rue St-Morisce, tenans à Henri Faucart, XVIII s.

3. A Jeh. Chéchille. (1396 : à Estène Lescuier).

4-7. A Jeh. Gellé. (1396 : à Bétrémieu le Couvreur, saieteur).

8-9. A Jeh. le Senne. (1396 : aud. Bétrémieu le Couvreur).

(Emb. 1421, f° 33 r°). Mahieu de Lecloye vend à Vinchen le Maire « cinq maisons, tenans toutes ensemble, situées et assises en le rue Saint-Morisse, tenans d'une part *à le ruelle de l'Englentier* et d'autre part à *le ruelle du Tonnelet* et ayans yssue sur led. *rue du Tonnelet* ».

(Emb. 1464, f° 37 r°). Pierre de Flandre, drappier, et Jehanne Henne, sa femme, vendent à Gillot Sifflot une maison, gardin et héritage, nommée **Le Chocque Moise**, de laquelle on fait quatre louages, séans en le rue St-Morice, au devant de le maison *Saint-Nicolay* (100), tenans de deux sens et par derrière au flégart de la villé et aboutant par led. derrière au devant des **Estuves du Dorelot**, pour de lad. *chocque de maisons* user par led. acheteur...

Le mot *Chocque* signifie : *groupe* ou *ilot de maisons ; moise* veut dire : *mauvais* dans tous les sens du terme. La description qui précède d'une *chocque de maisons* tenant de tous sens au flégard de la ville et aboutant au *Dorelot* ne peut s'appliquer qu'aux quatre ou cinq másures situées *entre la ruelle de l'Englentier et la ruelle du Tonnelet ou du Dorelot.*

Chocque moise n'est sans doute pas une enseigne, mais la dénomination péjorative d'un ensemble de bicoques. On retrouve cependant encore ce nom, mais altéré dans le Répertoire de Dom Page, à l'article 605 (f° 139 v°) : « jardin nommé LE CHOCQUE MOYST *faisant d'une part le coing de la ruelle de Cornilier et d'autre part le coing de la ruelle du Dorlot.*

10. Le grange *en le rue du Tonnelet* est à Boin Tamps et à ses frères. (1396 : à Philippot le Cordier).

(Rentes de le Povreté, 1395). Sur le grange Philippot le Cordier et Simon le Cordier, frères, qui fu Jeh. Boin Tamps, leur frère, séans *en le rue du Tonnelet,* tenans à le maison Jeh. le Merchier, XXII s. VI drs.

11. A Grard de Bailloel. (1396 : à Jeh. le Merchier).

12-13. Le maison ens. et une *autre tenant par derrière à ycelle maison* sont à Jeh. de Layens. (1396 : à Jaquemart le Carbonnier).

(Emb. ext. 1381, f° 2 r°). Willaume Trauelouche vend à Jeh. de Laiens x s. de rente qu'il avoit sur le maison dud. Jehan, *séans en le rue du Tonnelet,* tenans à le maison de le curé de St-Maurisse. (4 du 5e tour, faisant l'angle de la rue du Bloc sur la rue du Tonnelet).

(H, 632-1398, f° 70). Les hoirs Jeh. de Laiens, pour le maison *en le ruelle*, VI drs. II cap.

(Reg. mém. V, 1405, f° 11 r°). Arrentement à Gaudefroy Haret « d'une place en lequelle soloit avoir une grangette séant en led. ville, en le rue que on dist du *Tonnelet* tenant à l'éritage dud. Gaudefroy Haret. »

(H, 633-1408, f° 78). Godeffroy Haret, pour une maison, VI drs. II cap.

(Emb. 1415, f° 11 r°). Godeffroy Haret et Jehanne du Puch, sa femme, vendent à Jehan le Feustrier ung courtil, *séans en le rue du Tonnelet au devant du Dorelot*, tenant icellui courtil à Jeh. le Caron (16) et au presbitaire de le curé de St-Morisse.

Le Dorelot ne figure pas sur les Rentiers. On ne le voit apparaître qu'au début du XV° siècle dans cette ruelle à laquelle il donne immédiatement son nom. (Voir un acte de 1424 au n° 32 du 1er tour).

14-15. Les II maisons à Jehan Louppehère.

16. A Jehan d'Inglehem. (1396 : à Jeh. le Caron).

(Rentes de le Povreté, 1395). Sur le maison Jeh. le Caron, questeur, qui fu Jeh. d'Inglehem, en le rue St-Maurice, tenans à Mah. Tarion, XXXV. s.

17. A Mah. Tarion. (1396 : aud. Mahieu).

(*Ibid.*) Sur le maison Mah. Tarion, tenant à le maison dessus dite et à Jeh. Galiot, XXXV s.

18. A Colart le Peletier. (1396 : à Jehan Galiot).

19-20. A Gillot le Gay. (1396 : à Simon de Beauvais. — Note marginale : vendues par led. Simon à Jeh. Galiot le XXVII° jour d'avril IIIIxx et XVII après Pasques).

(Emb. ext. 1396, f° 11 v°). Simon de Beauvais et Tasse de Habarcq vendent à Jeh. Galiot deux maisons en le rue St-Morice.

Cette maison tient au n° 1 du 5° tour, qui fait le touquet de la rue St-Maurice sur la rue du Bloc.

21-22. A Piérot de Seclin. (1396 : à le vve dud. Piérot).

(H, 632-1398, f° 58). Le vve Piérot de Seclin, pour II maisons, VI drs.

(Emb. 1400, f° 329 r°). Jeh. d'Inguehem vend à Simon l'Agache une maison *tenans à l'église St-Meurisse* et à Jeh. de Bonin et aboutans à Jeh Tartin (8 du 5e tour).

(H, 633-1408, f° 61). Simon Agache, pour II maisons qui furent le vve Piérot de Seclin, *tenans à le pourcession de St-Morisse*, VI drs.

23. Le vve maistre Jehan le Barbyer. (1396 : à Jeh. de Bonin).

(H, 632, f° 58). Jeh. de Bonin, pour se maison ens., IIII drs.

24. A Jehenne de Valenchiennes. (1396 : à Jeh. Brisse, tisseran de draps).

25. A Jehan Noblet. (1396 : à Guillebert de le Croix).

(Emb. ext. 1394, f° 6 r°). Jeh. de Lattre dit Noblet vend à Ghillebert de le Croix une maison et courtil séans en le rue St-Morisse...

26. Au curé de Simencourt. (1396 : à Bétrémieu Hazequin).

(H, 632, f° 58). Bétrémieu Hazequin et son frère, pour se maison et gardin qui fu Margot de Maingoval, IX drs.

(H, 633-1408, f° 61). Berthélémieu Hasequin (mots raturés et remplacés par :) Piérot Roussel, pour se maison et gardin qui fu Margot de Maingoval *et est le gardin et une estavelette par dedens le ruellette et le maison sur le rue*, IX drs.

27-28. A Piérot Harache. (1396 : à Maroie Harache).

29-30. Les II maisons à Jeh. le Mannier. (1396 : Les IIII maisons ens. *en le rue as Soufflés* sont à Jeh. Wassart, sergant à verghe).

(Emb. 1390, f° 5 v°). Jeh. le Mannier, tisseran de sairs, vend à Jeh. Suret IIII maisons (27-30), tenans ensemble, séans en le *rue as Soufflés*, tenans d'une part à Marguerite de Maingoval et d'autre part à Bétrémieu Hanebote dit le Cloquemant.

Peu après, (*ibid.*, f° 68 r°) Jeh. Suret revend aud. Jeh. le Mannier ces quatre maisons, plus « un gardignet appliquiet asdites quatre maisons, joignans d'un costé à Margot Noblette et par derrière à un Crinchon qui queurt aud. lieu », jardinet acheté le même jour par led. Suret à Hanebot dit le Cloquemant.

(Emb. 1401, f° 257 r°). Jeh. Wassars vend à Locuren Capron quatre maisoncelles et un gardignet séans en le rue *as Soufflés*, tenans à Bétrémieu Hazequin et *faisant le touquet devant le puchot lès les Estuves de Lierre*.

La rue forme encore aujourd'hui à cet endroit un angle très prononcé qui doit être le touquet en question.

(Emb. ext. 1411, f° 25 v°). Marie Brosarde, v^ve^ de Laurent Capperon, et Jaquemart Capperon, son fils, vendent à Jeh. de Bailloel, carpentier, quatre maisonchelles, tenans ensemble, *en le rue des Soufflés*, tenans à Piérot Roussel, fournier de St-Morisse, et aux Crinchons de lad. *rue des Soufflés*.

31-32. Le maison *des estuves* et un courtiux tenant à led. maison sont à Piérot de le Tieuloye. (1396 : Le maison des **Estuves de Lierre** avec le gardin est à Jeh. de Quéant).

(Emb. 1418, f° 144 v°). Mahieu Lanstier donne à son fils, entre autres rentes, v s. sur le maison Asse Vilain, nommée *les Estuves de Lierre*, séans en *le rue des Soufflés*.

(Emb. 1428-30, f° 4 v°). Robert Vilain et Marguerite le Caron, sa femme, vendent à Willaume le Maire, taintelier, une maison nommée *les Estuves de Lière*, tenans à l'éritage desd. vendeurs et au flégart de le ville.

(Emb. 1432, f° 33 r°). Guillaume le Maire garantit un emprunt de quatre-vingt-six salus d'or sur « une maison *où sont à présent unes estuves à hommes, nommée les Estuves de Lierre*, tenant d'une part à Robert Vilain et d'autre part au flégart de la ville ».

Il pourrait y avoir quelque indécision sur l'emplacement *des Etuves de l'Ierre*. On trouve, en effet, au 6e tour de St-Aubert « *une maison de l'Ierre* qui fait l'angle de la rue actuelle du Refuge-Mareuil sur la rue St-Christophe, à l'opposite des étuves » ; mais un acte concernant une maison (9) du 5e tour de St-Maurice ne laisse aucun doute sur la situation desdites étuves de l'Ierre au coin de la place Quincaille et de la rue des Soufflets (actuellement du *Vert-Soufflet*). On verra, en effet, plus loin qu'une maison appartenant à Robert Vilain, sise en la rue du Bloc, tenait *tout du long* au Crinchon et *aboutait par derrière aux Etuves de l'Ierre* qui avaient été aussi la propriété dud. Robert.

33 34. A le v^ve Baudin de Pas. (1396 : les II maisons *devant les estuves* sont as enfans Grard Mousquet).

35. A led. v^ve Baudin de Pas. (1396 : à Joh. du Pont Lambert.

(II, 632-1398, f° 58). Joh. du Pont Lambert, pour se maison tenant à Joh. Riant, II drs.

36-39. Les IIII maisons ens. sont à Thiébaut Loureux. (1396 : Les IIII maisons au *coing de le rue des Soufflés sur le rue Saint-Morisce* sont à Joh. Riant).

(II, 632-1398, f° 58). Joh. Riant, ad cause de se femme, v^ve Baudin de le Rosière, IIII drs.

(Emb. 1426-28, f° 157 r°). Miquiel de le Rosière dit de Lattre vend à Piérot le Franchois et Maroie de le Rosière, sa femme, la moitié qu'ils avoient en une maison dont on fait *quatre* louages en le rue St-Meurisse, *faisant touquet de le rue as Soufflés*, et tenant à Willaume de le Haye, galochier.

40-48. Les IX maisons ens. *sont as dames du Vivier.*

Ces maisons se trouvaient partie dans la rue Saint-Maurice, partie dans la ruelle à laquelle elles ont donné le nom de leurs propriétaires *(rue du Vivier)*. On en peut déterminer la position d'une façon très approximative, sinon tout à fait certaine.

40. (Emb. 1400, f° 160 v°). Sœur Pasque de Saint-Quentin, abbesse de l'église de Notre-Dame-du-Vivier, emprès Arras, de l'ordre de Citeaux... baille à rente à Pierre Lequin une maison, séant en le grant rue Saint-Morise, tenant à Jehanne de le Rosière et à le maison que Jaquemart Pluquel tient d'icelle église.

41. Il résulte de l'acte précédent que Jaquemart Pluquel avait cette maison, correspondant sans doute par derrière à une autre maison (43) possédée par led. Jaquemart.

42. (1396 : à Gillot Mahiévart). **Saint Christophle.**

(Emb. ext. 1394, f° 13 r°). Joh. Poissant, procureur des religieuses, abbesse et couvent de l'église du Vivier, baille à rente à Gillot de le Mote [dit Mahiévart] pour cent ans et cent jours une maison nommée *Saint-Christophle*, séant *en le rue Saint-Morise, faisant le touquet de le rue par lequelle on va de le rue Saint-Morise en le rue du Vivier en venant au Pont St-Waast.*

(H, 632-1398, fo 57). Gillot de le Mote, dit Mahiévart, pour se maison qui fu du Vivier, II drs.

(Emb. 1407, fo 2 ro). Hanotin Mauroye, dit Fournaque, lui disant hoir ou ayant cause de deffunct Jeh. de le Mote, dit Mahiévart, vend à Piérot de Rue, dit Plétier, une maison nommée *Saint-Christophle*, séans *en le grant rue Saint-Morisse devant le maison* Pierre de Lespine (79) et *faisant le touquet de le ruelle par lequelle on va de le rue St-Morise, par le rue du Vivier, au pont St-Waast.*

43. (1396 : à Jaquemart Pluquel).

(Emb. ext. 1394, fo 13 vo). Le susdit Jeh. Poissant baille à rente à Jaquemart Pluquel pour cent ans et cent jours, une maison et gardin séans en *le rue du Vivier*, tenant à le maison *St-Christophle* d'une part....

(H, 632, fo 57). Jaquemart Pluquel, pour se maison et fu audit Vivier, II drs.

44. (1396 : à Jeh. du Haubert).

(H, 632, fo 57). Jeh. du Haubert, pour se maison en le rue du Vivier tenant à Jaquemart Pluquel.

49. Le courtiux et grange à Sauwale Wardavoir. (1396 : le grange avec un courtil à le vve Gillot Calot).

(Emb. 1436-38, fo 129 vo). Camille Baudechon vend à Jeh. Calot, saieteur, XX s. de rente qu'il avoit sur une grange « *séant en le rue St-Maurisse, faisant le touquet de le rue du Vivier* et tenant à l'éritage messire Jeh. Plouquin. »

50. A Wibert le Parmentier. (1396 : à Johanne Poquette, mère aleresse — c'est-à-dire sage-femme).

(H, 632, fo 57). Le Poquette, mère aleresse, pour se maison IIII drs. ob.

(H, 640-1435, fo 51). Sire Jeh. Plouquin le jone, pour se maison, IIII drs. ob.

51. A sire Vinchan Plouquin. (1396 : aud. sire Vinchan, prestre).

52. A Jeh. Bourse. (1396 : à le vve Jeh. Bourse).

(Emb. 1414, fo 77 vo). Marguerite Bourse, vve de Jeh. Wardavoir, Jeh. de Salau et Marie Bourse, sa femme, Jaquemart le Cras et Jacote Bourse vendent à Guillaume Lestevenon, clerc notoire (*sic*) en le Court d'Arras, une maison, gardinet, *ruelle* et porte, séans en le rue St-Morisse, tenant d'une part à l'éritage des hoirs de messire Vinchan Plouquin et d'autre part à l'éritage de Jeh. de Paris des Limechons et *aboutant par derrière aux Crinchon et courant de le ville ;* ycellui héritage venu ausd conjoins et vefve, vendeurs, de le succession de feue Marie de Vermelle, v^ve de Jehan Bourse.

53-54. A Jak. Mulet. (1396 : à Jaque Walois).

(H, 633-1408, f° 59). Jaquemart Walois, à cause de se femme, pour IIII maisons et le gardin qui *va tout oultre en l'aultre ruelle,* XIIII drs.

(H, 635-1415, f° 49). Jeh. de Paris, pour IIII maisons et le gardin *qui va tout oultre en l'autre ruelle de le Cueuterie,* XIIII drs.

55-56. A Seuwin de Sarton. (1396 : aud. Seuwin, sergant du roy).

(H, 632, f° 56). Jeh. de Sarton, dit Sewin, pour II maisons tenans à le v^ve Thumas Haton, III drs.

57-58. A Thumas Haton. (1396 : Les II maisons et un gardinet à Bétrix de Calonne [v^ve de Thumas Haton]).

59. A Jeh. de Berneville. (1396 : à Nicaise Buridan).

60. A Jeh. Désiré. (1396 : aud. Jehan).

61. A Jeh. de Croisettes. (1396 : à Mikiel de Ligny).

(Emb. 1401, f° 221 r°). Miquiel de Ligny gage une dette de cinquante-deux livres et seize sols « sur deux maisons, tenans ensemble, séans *en le rue St-Moerisse,* tenant à Jeh. Désiré *et faisant le touquet de led. rue.* »

62. Le maison *en l'autre rencq* est à Jeh. Mansart. (1396 : à le v^ve Mansart de Manin).

(H, 631-1396, f° 36). Le v^ve Manssart de Main (mots raturés et remplacés par :) Henry de Baudart, pour ploiseurs maisons en IIII membres, XXII drs.

(H, 633-1408, f° 73). Tiébault Verrier, ad cause de se femme, pour II maisons qui furent Henry de Baudart et fait une *le touquet de le rue St-Morisce* en II membres.

(Emb. 1418, f° 25 r°). Jaque Sévérondel vend à Bertran le Jone, clerc de l'échevinage, les rentes qu'il avait « sur une maison faisant *le touquet de le rue St-Moerisse vers l'Estrée, emprès le porte de Cité.* »

63. A Henri de Wailli. (1396 : à le vve Mansart).

64 65. Les II maisons à Mansart. (1396 : à le vve dud. Mansart).

66. A Joh. d'Isor. (1396 : à Joh. de Lens, gorrelier).

67. A Jeh. Doubté. (1396 : à le vve Gillot Callot).

68. A Bétrémieu le Cressonnier. (1396 : à Pierre d'Estroeng).

69-70. A Jeh. Seuwin de Sarton. (1396 : à Jeh. de Sarton, dit Seuwin).

71-72. Les II maisons à Joh. Merlin. (1396 : à Pérote Merline).

(II, 632-1398, f° 66). Le vve Jeh. Merlin, pour III maisons, II drs.

73-74. Les deux maisons qui furent Martin de Ghines sont aud. Jeh. Merlin. (1396 : à lad. vve Pérote Merline).

75. A Mik. Martin. (1396 : à Piérot d'Estroeng).

(Emb. ext. 1394, f° 13 v°). Jehanne de Bieneourt, vve de Michiel Martin, vend à Pierre Bourghelin, dit d'Estroen, une maison séans en le rue St-Morise.

(II, 632, f° 66). Piérot d'Estreuth, pour se maison, II s. et pour un gardin derrière le maison Merline, III drs.

(Emb. 1401, f° 209 v°). Pierre d'Estroeng, carpentier, vend à Bétrémieu de Hollande, une maison séans en le rue St-Morisse, tenant à Pérote Merline et est *séans devant le maison messire Jeh. Plouquin* (50).

76. A dame Maroie Thulote. (1396 : à dame Maroie le Cauchetéresse.

(Emb. ext. 1397, f° 17 r°). Maroie le portière, vve Simon Duret, donne à Margot Cornille une maison en le rue St-Moerisse, tenant à Pierre d'Estroen et à Pierre Maraut.

77. A Colart Maraut. (1396 : aud. Colart).

(II, 632-1398, f° 67). Colart Maraut, pour se maison, VII drs.

78. A Franchois le Carpentier. (1396 : à Maroie Savale).

(II, 632, f° 67). Maroie Sauwale, pour se maison, I dr.

79. A Piérot le Parmentier. (1396 : à Piérot de Lespine).

80 A Sauwale Wardavoir. (1396 : aud. Sauwale).

(Emb. ext. 1397, f° 22 r°). Piérot Wardavoir, fil de feu Sauwale, donne à Jehanne Nourade, vve dud. feu, une maison en le rue St-Morisse, tenant à Piérot de Lespine.

81. A Wibert le Parmentier. (1396 : à Mah. de Cromont).

(Emb. 1390, f° 4 r°). Wibert Naret et Katerine Driévarde, sa femme, vendent à Mah. de Cromont une maison, séans en le rue Saint-Maurisse, joignans à Sauwal Wardavoir et à Jeh. Mareschal, Carpentier.

82. A Robert Pillart. (1396 : à Jeh. le Marescal).

(II, 632, f° 67). Le vve Jeh. le Marissal, pour se maison, VI drs.

83. A Jeh. de Fressin. (1396 : à Gillot Hubin, carpentier).

84-85. A Jeh. Hubin. (1396 : à Gillot Hubin).

(II, 632, f° 67). Le vve Gillot Hubin, pour II maisons, XXI drs. ob.

(Emb. 1400, f° 74 r°). Margot de Teruwane, dite le Natière, vve de Jeh. de Mally, autrement dit Rifflart, donne à Jeh. Landrieu XXXII s. de rente qu'elle avait sur II maisons séans en le rue St-Moerisse, appartenant à Gillot Hubin.

86-87. A Thumas Hanequin. (1396 : à Jeh. de Laderrière dit Bosquet).

(II, 632, f° 67). Jeh. de Laderriere, pour se maison, VII drs.

88. As hoirs Robert Cuffort. (1396 : à Gillot le Boulenghier).

(Emb. 1432, f° 38 r°). Jeh. de Bougainville et Marguerite Régnault, Jeh. Regnault, enffans de deffunct Gamart Régnault, se partagent la succession. Jeh. de Bourgainville a une maison séant, *contre le rue du Dorelot* (102) et Jeh. Régnault, une maison seant *contre la rue aux Souffles*, lesd. héritages à eux venus tant de la succession de leur père que de la succession de *Gillot* Régnault dit *Boulenghier*, leur oncle.

(II, 632, f° 67). Gillot Rénier [*alias* Regnaut], pour se maison, VII drs. ob.

89. As hoirs Robert Cuffort. (1396 : à Bétrémieu Siret, guisterneur). **Le Vignette.**

(Emb. ext. 1394, f° 12 r°). Jaquemart Sauvé, dit Hennin, vend à Bétrémieu Siret une maison séans en le rue St-Morice, nommée *le Vignette*.

(Emb. 1400, f° 90 r°) Jaquemart Sauvé, dit Hénin, rachète à Jaquemart Galant, tisseran de saies, cette maison « tenant à Gillot le Boulenghier et à Jeh. des Pons. »

90. A Jeh. des Pons. (1396 : as hoirs dud. Jehan. — Note marginale : vendue par lesd. hoirs à Jeh. Harnas dit Harnesquel le XXV° jour de juing IIII^{xx} et XVII).

(H, 632, f° 67). Les hoirs Jeh. des Pons, IIII drs.

91. **Li Hospital Maistre Jehan** *devant Saint-Moerisse*. (1396 : *l'Ospital* Maistre Joli *devant Saint-Morisce*).

(H, 632, f° 67). *l'Ospital* **Saint-Morisce** *en* III *membres* dont messire Jeh. Decques est homme vivant et mourant, II s.

92. Le maison des **Liches** as hoirs Gillot des Liches. (1396 : à Jeh. des Liches).

(H, 632, f° 67). Jeh. Audoens, dit des Liches, pour les Liches, XXVII drs.

(Emb. ext. 1388, f° 2 v°). Mourée le Fèvre, v^ve^ de Jeh. le Fèvre, dit du Cange d'or, vend XV sols IIII drs. de rente qu'elle avait sur les maison *et Liches devant l'église St-Moerisse*.

(Emb. 1415, f° 103 r°). Miquiel Hourier vend à Jaquemart Polin toutes *les Lices estans de présent ou gardin* de l'éritage qui tient d'une part à *l'Ospital des Cleres, et aboutans par derrière aux murs et cresteaux de le ville*.

93. A Bruiant Malassis. (1396 : à Marguerite le Borgne, v^ve^ dud. Bruiant).

(H, 632, f° 68). Le v^ve^ Jeh. Malassis dit Bruiant, pour se maison, IIII drs. ob.

(H, 641-1437, f° 64). Robert de Barli, dit le Borgne (mots raturés et remplacés par :) Jeh. du Buisson, pour une maison ens. qui fu Bruyant Malassis, IIII drs. ob.

(Emb. 1438-39, f° 138 v°). Jeh. du Buisson et Margherite de Bourgogne, sa femme, vendent à Robert de Barli une maison séans en le rue St-Morisse, tenant à *ung gardin nommé les Liches.*

Il est probable que Jeh. du Buisson revend cette maison aud. Robert ou à son fils portant le même prénom.

94. A Adam Miroul. (1396 : aud. Adam).

(H, 632, fo 68). Adam Miroul, pour se maison ens., II drs.

95. A Jeh. le Vasseur. (1396 : à Franchois Pierre Lainé).

(Emb. 1391, fo 40 ro). Jeh. Herbert, Mahieu de Lespine..., etc., vendent à Franchois Pierre Lainé une maison, séans en le rue Saint-Morice, joignans à Adam Miroul et à Jeh. Blonderie et par *derrière aboutans et marchissans as murs de le ville.*

96. A Jeh. Quaré. (1396 : à messire Jeh. Blonderie).

97. A Marghot le Linière. (1396 : aud. Jeh. Blonderie).

98. A Colart le Quespelier. (1396 : à Jeh. de Breelle, viézier).

(Emb. ext. 1388, fo 2 ro). Gillot le Camus, dit le Huchier, vend à Jeh. de Bréele une maison en le rue St-Morisse.

(H, 632, fo 68). Jeh. de Brèle, pour se maison, II drs.

99. A Jeh. Guelle. (1396 : à Piérot de Douay, couvreur de tieule).

100. A Piérot de Laigny. (1396 : à Jeh. le Roy). **Saint-Nicolay.**

(H, 632-1398, fo 68). Le vve Jeh. le Roy, pour se maison, II drs.

(H, 640-1435, fo 67). Le vve Colart le Roy, pour se maison nommée l'*Image St-Nicolay*, II drs.

(Emb. 1436-38, fo 46 vo). Jaquemart de Tilloy vend à Colart le Borgne V s. de rente sur le maison de le vve Colart le Roy, tenant à l'éritage Mik. Rousse.

101. Aud. Piérot de Laigny. (1396 : à Mik. Rousse).

(H, 640-1435, fo 67). Le vve Miquiel Rousse, pour se maison ens., V drs.

(Emb. 1475, fo 3 vo). Jehan de St-Quentin, Colart le Borgne et les religieux de l'abbeye et église de St-Waast avaient des rentes « sur une *masure* scituée en le rue de St-Mourisse, *assez près de la porte de Myolens*, tenant d'une part à une maison *où pend pour enseigne l'Image de St-Nicolay* et par *derrière aux thérau.x de la ville.* » Lesdits rentiers, « pour grans arriérages qui leur estoient deubs » poursuivent judiciairement leur débiteur.

102. A Jeh. le Cordier, chavetier. (1396 : à Gamart Régnault).

(H, 631-1396, f° 38). Gamart Régnault, pour *deux* maisons, VI drs.

Cette maison est celle « séant *contre le rue du Dorelot* », dont Jeh. de Bougainville, mari de Marguerite Régnault, héritera en 1432 (Voir n° 88), mais qu'il occupait depuis longtemps.

(H, 632-1398, f° 68). Gamart Renauld (mots raturés et remplacés par :) Jeh. de Bougainville, à cause de sa femme, pour II maisons, VI drs.

103. A Jeh. le Cordier. (1396 : à Adam du Chine).

(Emb. ext. 1388, f° 1 r°). Jeh. le Cordier vend à Laurens Capron une maison joignans à Jeh. Jovenel : led. « Laurent Capperon » (Emb. 1391, f° 11 r°) revend à Adam du Chine cette maison« joignans à Gamart Régnault et à Jeh. Jovenel.»

104. A Jeh. Jovenel. (1396 : à Jeh. Rousée, dit Carnaige).

105. A Jeh. le Douch. (1396 : le *maison est waste*).

Nombreuses apparaissent dans les actes : « wastes et fondues », c'est-à-dire écroulées, les masures des quartiers populaires.

106. A Pérote le Cappelière. (1396 : le maison *faisant le touquet devant le porte de Méaulens* est à Jeh. de Breele).

(Emb. 1392, f° 126 v°). Jaquemart Wardavoir vend à Jeh. de Breele une maison, séans en le rue Saint-Moerice *faisant le touquet de led. rue et tenant as téraulx de le ville.*

Li V^o^ tours commenche au Four Robert de Ghiésy qui fait le touquet devant le Moustier Saint-Meurisse *en alant en le rue du Blocq et en revenant en l'Arsin et en le rue des Estuves (f°s 101 v° et suiv.).*

(1396 : même rédaction, f°s 177, 181, 178 et suiv.).

1-3. Le maison *du Four qui fait le touquet de le rue du Blocq devant le Moustier Saint-Meurisse* et deux maisons ens. sont à Robert de Ghiésy. (1396 : à Jaques Soumeillon). **Le Four St-Morisse.**

(II, 633-1408, f° 78). Robert du Carioel, pour le maison du four *faisant le touquet*, qui fu Robert de Guiési et Jaquemart Soumeillon, XII drs. II cap.

(II, 635-1415, f° 69). Jeh. Mule, pour le maison du four *sur le touquet*, qui fu Robert du Carieul, XII drs. II cap.

(Emb. 1432-33, f° 89 r°). Jehanne Brocque, v^ve^ de Jeh. Mulle, vend à Jeh. Bertelot, dit Sacquart, une maison nommée *le Four Saint-Morisse, faisant le touquet de le rue St-Morisse et de le rue du Blocq, en alant à Miolens*, tenant à Adam Haret.

4. A Sauwale le Borgne. (1396 : à Jaquemart le Borgne).

(Emb. 1444, f° 22 r°). Jaque Sévérondel et Marguerite le Borgne, sa femme, vendent leur rente « noeuf sols et neuf deniers sur le maison appartenant au Borgne, questeur, *tenant au rencq du Four de Saint-Meurisse et séans au devant de l'uis de l'église dud. Saint-Meurisse, en alant en le rue du Blocq.* »

5. A Jehanne le Clocquemande. (1396 : à Jeh. le Saunier).

(Emb. ext. 1417, f° 14 r°). Adam Haret vend à Robert de Barly une maison, séant en le rue du Blocq, *tenant au presbitaire* de l'église St-Meurisse.

6-7. Les deux maisons sont au curé de Saint-Meurisse. (1396 : aud. curé). **Le Presbitaire.**

Le jardin du presbytère (Voir 12-13 du 4e tour) longeait la rue du Tonnelet.

8-8 *bis*. A Jeh. de Songnies. (1396 : Les *deux* maisons *à l'autre rencq* sont à Jeh. Tartin).

Cette mention de *deux* maisons et les actes suivants prouvent que la propriété de Jeh. de Songnies a été dédoublée.

(Emb. 1390, fo 132 ro). Jossart de Miraumont et Crestienne Hanebote, sa femme, demourant à Wailli, Piérot le Camus et Maroie Songneuse, sa femme, demourant à Bailloeul ou Val, et Maroie du Crocq, demourant à Estroen, vendent à Jeh. Tartin une maison, grange et courtil, *séans en le rue du Blocq, joignans à un Crinchon et courant qui est entre l'église Saint-Meurisse et led. maison*, grange et courtil et d'autre part à Jeh. de Songnies.

(*Ibid.*, fo 138 ro). Katerine Harache, vve de Colart Beauvarlet, et Maroie de Pénin, vve de Piérot Harache, vendent à Jeh. Tartin tout tel droit qu'elles avoient en une maison, grange et courtil marchissans à un *Crinchon qui keurt entre led. lieu et l'église St-Morice* et joignans à Jeh. de Songnies.

(H, 635-1415, fo 52). Le vve Jeh. Tartin (mots biffés et remplacés par :) Jeh. Rousée, pour une maison *tenant à St-Meurisse, à l'autre lez, en le rue du Blocq*, III drs. et pour une autre maison ens., III drs.

L'article précédent du cueilloir des rentes de St-Waast est ainsi conçu : « Le maison Simon Agache qui fu Piérot de Seclin (21 du 4e tour) *tenant à le pourcession de l'église sur le rue St-Meurice* ». La maison de Jeh. Tartin *tient* également *à la procession de St-Maurice*, mais *« à l'autre lez »* en la rue du Bloc. Cette propriété, après la mort de Jeh. Rousée, échoit à son gendre Jehan de Laval, cordewanier. (Voir les actes du no 1 du 7e tour de St-Aubert).

(Emb. 1464, fo 76 vo). Jeh. de Laval garantit une obligation sur une maison *tenant à le pourcession de l'église St-Meurisse.*

Une des nombreuses branches du Crinchon qui sillonnaient ce quartier traversait cette *« procession »*. (H, 640-1435, fo 52). Jeh. Tanel, homme vivant et mourant, [de l'église St-Maurice, vis-à-vis de l'abbaye de St-Waast] pour ung pont de pierre deseure le Crinchon *en ledite procession* et fu fait en l'an IIII^c et XXIIII, I denier.

9. Au clerc de Saint-Meurisse. (1396 : le maison et grange à Asse Villain). **L'Erche d'or** *(La Herse d'or).*

(H, 635-1415, f° 52). Asse Villain, pour deux maisons en II membres, XII drs.

(Emb. 1432-33, f° 125 v°). Robert Vilain et Marguerite le Caron, sa femme, vendent à Pierre Pisson, thaneur, une maison, séant rue du Blocq et qui, paravant, appartint à Asse Villain, père dud. Robert, tenant d'une part à l'éritage Jeh. Rousée et d'autre part *tout du long au grant Crinchon de led. ville et par derrière aboutant aux Estuves de Lierre.*

(H, 640-1435, f° 53). Pierre Pisson, pour deux maisons, nommées *l'Erche d'Or*, qui furent à Robert Villain en deux membres, XII drs.

9 *bis*. Le Rentier de 1396 place ici une maison à sire Jeh. Blonderie qui ne figure pas Rentier de 1382, mais que signale également le cueilloir de St-Waast pour 1408.

(H, 633, f° 62). Jeh. Blonderie, prestre, pour une maison *tenant au Crinchon*, ensiévant led. Asse Villain, II s. II cap.

10. A Jeh. Dagmois. (1396 : aud. Jehan).

(Emb. ext. 1404, f° 2 v°). Jeh. Dagmois et Jehenne de Douay, sa femme, vendent à Jeh. du Buisson une maison en le rue *que on dist du Bloc*, tenant d'une part à sire Jeh. Blonderie, prestre, et *d'autre part faisant le touquet de le rue de l'Arsin.*

(H, 635-1415, f° 52). Jeh. du Buisson, pour deux maisons et *font le touquet de le rue de l'Arsin*, II s. II cap.

(Emb. 1436-38, f° 134 r°). Jeh. du Buisson, thaneur, et Marguerite de Bourgongne, sa femme, garantissent un emprunt sur une maison séans *en le rue du Blocq*, où ils demeurent présentement, *faisant touquet de le rue de l'Arsin.*

(*Ibid.*, f° 163 r°). Robert de Barly, dit le Borgne, et Sainte Dagmois, sa femme, vendent à Jeh. du Buisson, thanneur, le droit de viage qu'ils avoient à cause de led. dem^lle Sainte seulement, en une maison séant *en le rue du Blocq*, au derrière de le maison Jeh. Rousée, tenant d'une part à l'éritage Marguerite Blonderie et d'autre part *faisant le touquet de le rue de l'Arsin.*

11. A le vve Mah. Walois. (1396 : *à l'autre renq* as hoirs demelle Sainte-Waloise).

II, 633-1408, fo 63). Mah. Lanstier, pour IIII maisons, *toutes tenans ensemble, deux dans le ruelle* [de l'Arsin] *et deux en le grant rue du Blocq,* II s. II cap.

12-13. As hoirs Juliane de Douvrin. (1396 : as hoirs Jaquemart de Douvrin).

(Emb. ext. 1379, fo 3 ro). Robert Abars et Catherine de Douvrin, sa femme, Gillot Guffroy et Marote de Douvrin vendent à Jaquemart de Douvrin les deux pars et tout tel droit qu'ils avoient en deux maisons tout d'un membre séans *en le rue du Blocq,* assez près de St-Morisse.

Si on compare avec attention les Rentiers de 1382 et de 1396 aux cueilloirs des rentes de St-Waast pour 1398, 1408 et 1410, on est amené à penser que les scribes des Rentiers ont interverti l'ordre des propriétés et placé ici induement les maisons de Maroie Wicarde, contiguës à l'héritage de Jehan des Auteux, qui faisait le coin de la rue du Bloc et de la rue des Teinturiers. On les trouvera plus loin à leur place naturelle.

14. A Colart le Merchier. (1396 : à Piérot Danel).

15-16. A le vve Willerval le Hiraut (15) à le vve Camus Cauderons (16). (1396 : Les II maisons à Piérot Jhuerist).

(II, 633-1408, fo 63). Pierre Danés [Dagnes ou Danel], pour III maisons (14-16) qui furent dame Ermine, vve de Colart le merchier, VI drs.

17. A Maroie des Greniers. (1396 : à Joh. Mignot).

18-19. A Joh. Sommelier. (1396 : à Joh. Mignot).

(II, 632-1398, fo 60). Le vve Joh. Mignot, pour deux maisons en deux membres, XIIII drs.

(II, 633-1408, fo 63). Mah. d'Avions, pour une maison, II drs.

PL. V

Paroisse Saint-Maurice (cinq tours)
Paroisse Saint-Aubert (neuf tours)

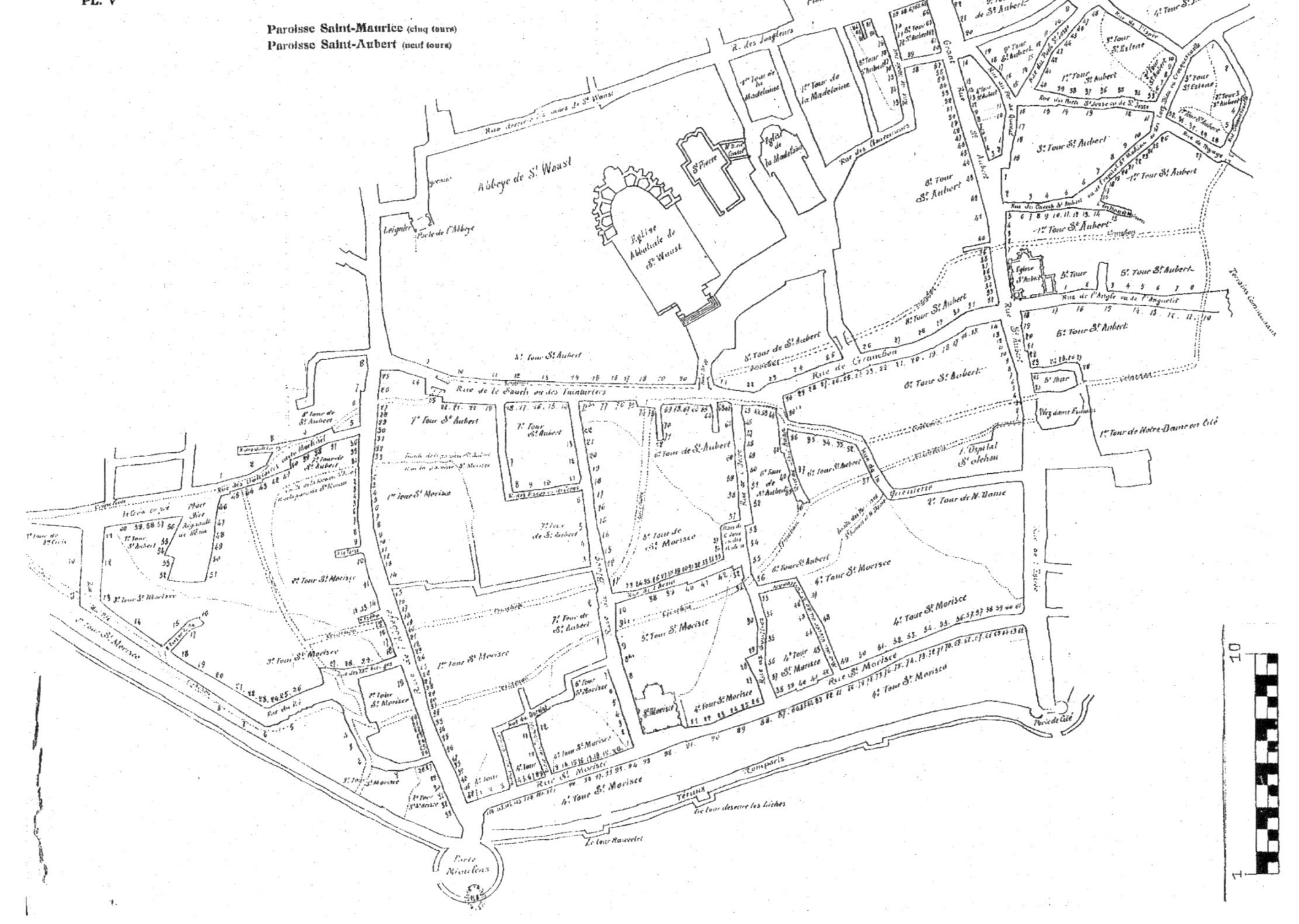

Item. led. Mah., pour deux autres maisons, XII drs. (soit au total les XIIII deniers payés par la v^ve Jeh. Mignot).

20. A Jak. le Proedome. (1396 : à Jaquemart le Preudomme. — En note marginale : vendue à Huart Fastoul le XIIIIe jour de juing IIII^xx et seze).

(Emb. ext. 1394-96, f° 20 v°). Jaquemart le Preudomme et Simonne Béharelle, sa femme, vendent à Huart Fastoul une maison séans *en le rue du Blocq*... Fait le XIIIIe jour de Juin l'an mil C.CC.IIII^xx et XVI.

(H, 632-1398, f° 60). Huart Fastoul, pour le maison qui fu Jacquemart Preudomme, XVIII drs. ob.

21-22. Les II maisons qui sont *assés près du touquet de le rue du Blocq* sont à Maroie Wicarde. (1396 : Les II maisons *en le rue du Blocq, tenans à Jeh. des Auteux* sont à Jeh. de Coulemont).

(H, 631-1396, f° 33). Jeh. de Coulemont, pour se maison, I dr.

Après Régnault de Paris, Jeh. des Auteux posséda sur ce touquet quatre maisons, les dernières du 6e tour de Saint-Aubert, dont deux en la rue du Bloc. Le cueilloir de Saint-Waast pour 1408 (H, 633, f° 64) fait bien comprendre cette disposition. Jeh. David est alors propriétaire de toutes les maisons à partir de celle de Huart Fastoul.

Jeh. David, pour une maison ensiévans Huart Fastoul, I ob.

Item. led. Jeh., pour III maisons qui *furent damaroye Wicarde*, V drs.

Item. led. Jeh., pour une maison sur *le touquet de le rue* qui fu Régnault de Paris, IIII drs.

Item. led. Jeh., pour une autre maison ens., IIII drs.

D'où il suit que les quatre maisons situées entre Huart Fastoul et Regnault de Paris appartinrent sans doute à damaroie Wicarde (c'est-à-dire dame Maroie, comme Wez-Damain pour dame Emain) que deux de ces maisons furent rattachées à la propriété de Jeh. des Auteux (paroisse St-Aubert) et que les deux autres figurèrent dans la paroisse de St-Maurice, *assez près du touquet*. Il ne faut pas oublier que le trésorier de St-Waast disposait ses registres de rentes non par *paroisses*, mais par *pouvoirs*.

On revient de là dans la rue de l'Arsin, bordée d'une vingtaine de masures. Il est assez malaisé de faire cadrer les actes subséquents avec le Rentier de 1382 ; on peut toutefois, en rapprochant les documents, arriver à une certaine précision.

23-24. Les II maisons sont à Jeh. Hanicotte. (1396 : à le v^ve dud. Jehan).

(II, 632-1398, f° 59). Le v^ve Jeh. Hanicote pour II maisons III drs. (Voir n° 11).

25-28. Les IIII maisons ens. sont à dem^elle Blanche Beauparsis. (1396 : à led. demiselle).

(II, 632-1398, f° 59). Dem^elle Blanche, pour V maisons ens., II s. II cap.

29-30. Les II maisons ens. sont à le v^ve Jeh. Poullier. (1396 : à le v^ve Piérot Wantighet).

(Emb. 1390, f° 15 v°). Jaquemart le Preudomme et Simonne Béharelle, sa femme, vendent à Pierot Wantighet, carpentier, une maison séant en le rue de l'Arsin, tenant à dem^lle Blanche Beauparsis.

(Papiers de le Povreté, 1395). Sur les II maisons de le v^ve Jeh. Poullier, séans en le rue de l'Arsin, tenans à Pierre Hugot, XL s.

31-32. Les deux maisons et une grange devant sont à le v^ve Pierre Heughot. (1396 : à Pierre Heugot).

33-35. Le grange ens. et un courtieux d'alès et II maisons *devant* led. courtil sont as hoirs Jeh. Heugot le vieil et doivent à St-Waast, XIIII drs. (1396 : à Jeh. de Choques).

(II, 633-1408, f° 63). Le v^ve Andrieu du Vielfort, pour un gardin, XII drs. et Miquiel de Levin, pour une place prinse oud gardin, II drs.

(II, 635-1415, f° 53). Robert Pippelart (également propriétaire des maisons précédentes qui aboutissent à l'*Esgle noir*

[67-68 du 6e tour de St-Aubert]), pour un gardin et maisons, xii drs. et Mikiel de Levin, pour une place prinse oud gardin, ii drs.

Cette propriété passe à la vve Robert Pippelart, puis à Alexandre le Senne, puis à sa veuve (II, 647-1458, fo 55), puis à Jeh. le Tardieu, fournier, (II, 649-1470, fo 55) qui, « pour deux maisons et ung gardin contenant iii membres et furent à Alexandre le Senne et font *l'aultre toucquet de le rue de l'Archin,* doit xii drs. ».

Dans les cueilloirs de St-Waast cette maison vient immédiatement après celle de Miquiel de Levin et de Bauduin de Hu, dit de Sebourg (42), ce qui explique les mots *« l'autre toucquet ».*

36-37. Les ii mais. ens. sont à le vve Jeh. Heuguot le Jouenne. (1396 : à Alard Larguete (36) à le vve Robert le Duch (37).

(Emb. 1400, fo 144 vo). Maroie le Conte, vve de Jaquemart Dorin, avait légué à Hanotin Warnier x s. viii drs. de rentes qu'elle avoit sur la maison Allart Larguète, séans *en l'Arsin,* joignans à l'éritage de le vve Andrieu du Vieffort et d'autre part à l'éritage de le vve Robert le Duc, laveresse, « Martine Poulière, hoir de led. deffuncte » reconnaît la légitimité du legs.

(*Ibid.*, fo 204 vo). Allart Larghète et Jehanne le Carpentier, sa femme, vendent à Jehanne Hoquerelle cette maison, tenans à le vve Andrieu du Vieffort et à le vve Robert le Duc.

(Emb. 1414, fo 64 vo). Jehanne Bazire, foraine, vend à Jeh. Warnier, cangeur, *trois maisoncelles,* tenans ensemble, séans *en le place de l'Ierre,* tenans à l'éritage Mikiel de Viu et par derrière à Robert Pippelart.

(Emb. 1454, fo 98 ro). Colart Doré vend à Jeh. Warnier, iiii sols de rente sur une maison, séant en le *place des Foullons, assez près de le rue de l'Arsin,* tenant aux hoirs de Robert Pippelart.

Le scribe passe *à l'autre rang,* et à l'héritage attenant au no 10, qui fut à Jeh. Dagmois, puis à Jeh. du Buisson et s'augmenta d'une grange et d'un jardin appartenant à Pierre Hugot.

(H, 632-1398). Pierre Hugot, pour gardin et grange, xii drs.

(H, 633-1408, f° 62). Joh. du Buisson, (pour deux maisons [n° 10], faisant le touquet de le rue de l'Arsin, ii s.) et pour gardin et grange *ensiévant*, xii drs.

38-39. A Joh. Durant. (1396 : le maison *à l'autre renq* est aud. Joh. et doit à St-Waast, xii drs.).

(H, 632-1398). Joh. Durant, pour ii maisons et une planque, xiii drs.

(H, 633-1408, f° 62). Jehanne Durande, pour ii maisons, xii drs. et pour une planque deseure le Crinchon, i dr.

(Emb. 1400, f° 144 r°). Maroie le Comte, v^ve de Jaquemart Dorin, avait également légué à Hanotin Warnier xx s. de rentes qu'elle avait « sur les deux maisons Jehanne Durane, fille de feu Joh. Durant, séans en le rue de l'Arsin, joignans à le maison Piérot Hugot et à l'héritage de le v^ve *Andrieu du Vieffort.* »

(Emb. 1454, f° 97 v°). Colart Doré, questeur, vend à Colart le Borgne, x s. viii drs de rentes qu'il avait sur deux maisons, séans en le rue de l'Arsin, tenans d'une part aux hoirs de feu Joh. du Buisson et d'aultre part aux hoirs de feu *Jaquemart le Borgne* et aboutans au Crinchon. »

40-41. Le cueilloir des rentes de St-Waast pour 1396 groupe à la suite des maisons de Joh. Durant les propriétés possédées dans ce quartier par la veuve Andrieu du Vieffort. Celui de 1408 est plus précis.

(H, 633, f° 62). Le v^ve Andrieu du Vieffort, pour ii maisons *ensiévant* xii drs. et pour une planque deseure le Crinchon, i dr.

En suivant les transmissions dans la série des registres on constate que la première de ces deux maisons appartiendra, en effet, à Jaque le Borgne et la seconde à Martin Brancquart.

(H, 647-1458, f° 57). Jaspart et Jehannet le Borgne, enffans et héritiers de Jacques le Borgne, pour i maison *ensiévant*, vi drs. et pour une planque dezeere le Crinchon, i dr. Martin Brancquart pour une maison *ensiévant*, vi drs.

42. (H, 632-1398, f° 59). Miquiel de Levin, pour le maison *du touquet*, i dr.

(II, 638²-1425, f° 212). Miquiel (mot barré et remplacé par :) Walle de Liévin, pour le maison *du toucquet ensiévant*, I dr.

(Emb. 1426-28, f° 145 v°). Maroie de Douay, v^{ve} de Miquiel de Vin *(sic)*, et son fils Walle de Vin gagent un emprunt de xxxvi lbs, x s. sur une maison « séant en le rue de l'Arsin, tenant à Martin Brancquart et d'autre part au *fégard de le ville* avec tous les vaisseaux servans au mestier de foullerie. »

(Emb. 1428-30, f° 35 v°). Lad. veuve et son fils Walle vendent à Baudin de Hu, dit de Sebourg, cette maison « tenant à Martin Brancquart et au fégart de le ville » (c'est-à-dire située à l'angle de la place).

(II, 639-1429, f° 54). Walle Liévin (mots barrés et remplacés par :) Bauduin de Hu, dit de Sebourch, pour le *maison du touquet ensiévant*, I dr.

PAROISSE DE S^T-AUBERT

Li premiers tours commenche au goulot de Saint-Aubert en avalant toute la ruelle du Caveeh Saint-Aubert et en alant par derrière l'ospital Saint-Mahieu *et en alant à le* Halle des Boulengiers *et finant à le maison Estène de le Bovette qui fait* le touquet de le ruelle devant l'Espée en Haiserue *(f°s 107 et suiv.).*

(1396 : même rédaction, f°s 186 v° ; manquent deux folios ; 198 r° et v^o ; 187 r° à 188 v°).

---

1. Le maison qui *tient au goulot* (c'est-à-dire à la branche du Crinchon qui passe en cet endroit) est à Gillot le Roy. (1396 : aud. Gillot).

(Emb. 1423, f° 160 r°). Pierre de Canteleu vend à Gille d'Eterpaignies une maison emprès le goulot Saint-Aubert, tenant à *le pourchèssion de St-Aubert* et d'autre part à Jeh. de Baudart, dit le Borgne.

Il y avait donc entre le n° 1 et l'église un passage dit *procession* comme on en a vu autour de toutes les autres églises.

2-3. Les II maisons sont à le v^ve Mik. du Bos. (1396 : à le v^ve Andrieu Wion).

4. A Jak. le Camus. (1396 : aud. Jaquemart).

5. Le maison *qui fait le touquet de le rue du Cavech Saint-Aubert* est aud. Jak. le Camus. (1396 : aud. Jaquemart).

6-7. Les II maisons sont à Rénier de Burbuires.

8. A Martel du Valhuon.

9. A Henry d'Espinoy, carpentier.

10. A Mah. le Vasseur.

11. A Aélips de l'Aubel.

12-13. Les II maisons à Gillot Gonnaud.

14-15. Les II maisons sont à Joh. Dansaing. **Les Estuves de Plaisance.**

Deux folios de ce tour ont disparu du registre des rentes de 1396, ce qui rend plus difficile la détermination de l'emplacement des maisons désignées par certains actes subséquents. On peut cependant reconstituer à peu près la physionomie de cette partie de la rue actuelle des Louez-Dieu, où, par suite de la proximité du Crinchon, s'étaient installées plusieurs étuves.

(Emb. 1428, f° 33 r°). Herbert Thiré gage une obligation sur VI maisons et ung gardin séans en le *rue de Crocque-Escuelle*, tenant *au Cavech Saint-Aubert* et aux estuves Simon Desfossés.

(Emb. 1435, f° 72 v°). Simon des Fossés vend à Willaume de Noielle, plétier, deux maisons *mises à usaige d'estuves* avec ung gardin, ledit gardin *séans devant lesd. estuves*, tenant *d'une part as Loes-Dieu* et d'autre part à Jeh. de Lattre, tainturier, *tenans icelles estuves aud. vendeur et par derrière au Crinchon.*

(*Ibid.*, f° 75 r°). Simon Desfossés vend aud. Willaume de Noielle une maison *derrière St-Obert, tenant d'une part aux Estuves de Plaisance* appartenant aud. Willaume et d'autre part à le v^ve^ Herbert Thiré et *aboutant par derrière au courant de le ville.*

(*Ibid.*, f° 139 v°). Willaume de Noielle garantit un emprunt à lui consenti par Simon Desfossés « sur *trois maisons en ung membre, derrière St-Aubert* tenant à l'éritage *et Estuves de*

Plaisance appartenant aud. Willaume et à l'éritage de le v[ve] Herbert *Thiré et aboutant au courant de le ville.* »

On peut très légitimement inférer de ces divers actes que, vers 1430, Herbert Thiré possédait les six maisons numérotées de 6 à 11 et Willaume de Noielle les quatre maisons suivantes (12-15).

Les *Estuves de Plaisance* seraient alors le n° 15, dans une sorte d'impasse, séparée de la rue par des jardinets dont un au moins appartenait auxdites étuves (« led. gardin séant *devant* lesd. estuves et tenant as Loes-Dieu »). Cette maison, aujourd'hui encore est aménagée à usage de bains.

Après la mort d'Herbert Thiré et de sa femme, leur héritage est partagé entre Pierre Thiré, leur fils, et Robert de Noielle, leur gendre. Une de leurs maisons vient aux mains de Baudin Merlin qui :

En 1435, (emb., f° 73 r°) « par fourme de ypotecque, garantit une dette sur une maison séant *en le rue du Cavech St-Aubert*, où *il y a estuves, tenant de part et d'autre aux flégart et Grinchon* de le ville. »

L'année suivante, (emb. 1436-38, f° 99) Raoul du Hamel vend les rentes qu'il a sur le maison *des estuves as femmes* en le *rue derrière l'église Saint-Aubert*, appartenant à Baudin Merlin.

Cet établissement de bains pour dames, dont il est impossible de fixer la situation exacte, est évidemment une des six maisons d'Herbert Thiré toutes derrière St-Aubert, toutes tenant par devant au flégart, c'est-à dire à la rue et par derrière au Grinchon.

16 Courtil *devant* les 11 maisons précédentes à Joh. Dansaing.

Plus tard une maison s'élèvera sur ce coin de terre.

(Emb. 1454, f° 60). Joh. Gaohelle vend une maison rue de l'Ospital Saint-Mahieu, *faisant coin de la rue des Etuves de Plaisance*, et tenant par derrière aux Loes-Dieu.

17. Gardin à maistre Joh. de Croisilles — C'est le jardin des Etuves de Plaisance.

18. Gardin à Joh. de Boulenois.

Des maisons ne tardent pas à être bâties sur le terrain de ces jardinets.

(Emb. 1436, f° 155 r°). Jehanne Gobelle vend à Willaume de Noielle, propriétaire des *Etuves de Plaisance*, une maison séant rue St-Mahieu, tenant aux *Loes-Dieu*. Cette maison lui avait été donnée en 1429 (emb., f° 194 r°), par Jaquemart le Prévost.

19. A Joh. le Roux. (**Les Loez Dieu** ?).

20. A Baudin Hanocque. *(Idem)*.

Le Rentier de 1396 aurait peut-être donné un renseignement précis sur la situation des propriétés qui constituèrent le couvent des Louez-Dieu. La fâcheuse lacune, signalée plus haut, ne permet que de les situer approximativement sous les n°s 19 et 20. Les auteurs des *Rues d'Arras* semblent croire que les deux maisons, où s'installèrent définitivement les Béguines, sont celles qu'elles achetèrent en 1390 à Johan de le Ruelle. C'est une erreur. Les immeubles dudit Johan figurent aux n°s 7 et 8 du 2e tour. M. l'abbé Proyart, dans sa *Notice sur les Etablissements de Bienfaisance à Arras* dit bien que les religieuses firent, par un acte du 29 juillet 1359, l'acquisition d'une maison de la rue Saint-Mahieu, appartenant à Huart Cointechant, puis, en 1390, achetèrent deux autres maisons à Jean de le Ruelle, mais comme il n'indique pas la source où il a puisé ces informations, tout contrôle devient impossible. Ce qu'il y a de certain, c'est qu'il n'est pas question de ces Béguines au Rentier de 1382. Le premier acte que j'aie trouvé, indiquant de façon assez exacte la position de leur maison conventuelle, *est daté de 1418*. Il signale que le n° 6 du 3e tour est *« au devant le maison des Loez-Dieu »*.

21. A Baudin Hanocque. (1396 : à Jeh. du Puch).

Il est sans doute question de cette maison dans l'ordonnance suivante : (Reg. mém. 7, f° 92 r°). Le XIe jour de Juillet IIII c et XXXVI Mess. Colart le Borgne, maieur, Martin Mazenghe,

Anthoine Sacquespée, Robert Pippelart, Jeh. de Bailli, Robert Baynas, Pierre Hoel, Willaume au Vaissel, eschevins et leur Conseil furent d'acord, en obtempérant au mandement de Monsgr le duc de Bourgogne, que les Loez-Dieu aient le maison tenant à l'éritage d'icelles dames qui leur a esté donnée par Monsgr.

22-23. A Jeh. de Niedon. (1396 : à Bétrémieu de St-Waast).

24-25. A Jeh. de Niedon. (1396 : à Mahieu Haudecoer, fournier).

26. **Li Hospitaux St-Mahieu** à le v^ve^ Simon de Lens. (1396 : sans nom de propriétaire, d'où on peut conclure que la maison appartient à l'hôpital).

27. Le maison ens. est à le v^ve^ Jeh. Soumillon *et siet sur les Crinchons derrière l'ospital St-Mahieu.* (1396 : les *deux* maisons *en le rue Saint-Mahieu* à Mah. Haudecoer).

(Emb. 1392, f° 84 v°). Margot Prévoste vend à Mahieu Haudecoer une maison séans *derrière l'Ospital Saint-Mahieu,* joignans aud. hospital et à Mah. Lanstier.

(*Ibid.*, f° 108 r°). Mah. Lanstier vend à Mah. Haudecoer, fournier, quatre maisons, séans en le *rue de Croque Escuyelle, derrière Saint-Mahieu,* joignans aud. hospital et à Bétrémieu de St-Waast.

Tout cela est un peu obscur, mais s'éclaire suffisamment par le fait que, en 1396, Mah. Haudecoeur possède les n°s 24 et 25, tenant à Bétrémieu de St-Waast et le n° 27 en deux membres et que, sans aucun doute, ces quatre propriétés se rejoignaient *derrière l'hôpital* Saint-Mathieu, placé à l'angle de la rue.

On est déjà assez habitué au style imprécis des scribes pour ne pas s'étonner que la rue actuelle des *Louez-Dieu* soit indifféremment appelée par eux : *rue Saint-Mahieu*, rue *Croquescuelle*, rue du *Cavet Saint-Aubert,* et bientôt rue des *Loez-Dieu.*

Le pont du péage est ici la limite entre les paroisses St-Aubert et St-Etienne.

28. Le gardin qui *est devant en l'autre rencq* est à le v^{ve} Jeh. Soumillon. (1396 : à Piérot Boistel).

29. A sire Baude le Quien. (1396 : as hoirs dud. sire Baude).

30. As hoirs de le v^{ve} Pierre de Noefville. (1396 : à Mik. Loir, parmentier).

31-32. Les deux maisons ens. *dont li une est en le ruelle et li autre fait le touquet* sont à Jeh. Morel. (1396 : à Jeh. du Puch. dit Pinchnelle).

(Emb. 1391, f° 59 r°). Jeh. Morel vend à Jeh. du Puch, dit Pinchnelle deux maisons séans *contre l'Ospital Saint-Mahieu,* tenans ensemble, joignans à Mik. Loir et à Jak. Mouton (n° 65 du 3e tour de St-Etienne situé *devant la maison de Jeh. le Verrier*).

33. Le maison *tenant à l'oposite,* est à Jeh. le Verrier. (1396 : le maison *devant* est à Willaume de le Mote). **Sainte-Barbe.**

En 1475, (emb., f° 8 r°), j'ai trouvé pour la première fois la mention d'une maison « en le rue du Puch St-Josse où *pend pour enseigne l'imaige de Sainte-Barbe* » sans autre indication.

Le répertoire de Nicolas Page (H, 1183, f° 443 v°) signale vers 1700 que la maison « faisant le coing en bas de la rue de la Véronique ou de Ste-Barbe », se nommait *Ste-Barbe.* Si cette enseigne, ce qui est très probable, n'a pas été déplacée au cours des siècles, c'est bien le n° 33 qu'elle désignait.

34. A le v^{ve} Rasse Nepveu. (1396 : a Andrieu Nepveu).

35-36. Les II maisons sont à l'ospital Saint-Jaque. (1396 : aud. hospital). **Saint-Josse.**

37. A Jak. de Belle, ménestrel. (1396 : à Jak. Waast, couvreur de tieule).

(Papiers de rentes de le Povreté, 1395). Sur le maison Jaquemart Waast qui fu Jaquemart de Berle, ménestrel, séans en le rue *par lequelle on va à l'Ospital St-Mahieu,* tenans à le maison de St-Jaque et à Masquet, le ménestrel.

(Emb. 1432, f° 5 v°). Jaquemart d'Ablaing et Colle Waast, sa femme, vendent à Jeh. Fontaine une maison séans en le rue du Puch-Saint-Josse, tenans, à le maison de *Saint-Josse.*

38. A Jak. de Belle. (1396 : à Masquet le Ménestrel).

(Emb. 1391, f° 66 r°). Sandre de Berle, mère aleresse, vend à Enguerrant Galopin, dit Masquet, ménestrel, une maison séans en *le rue du Puch-Saint-Josse,* joignans à l'éritage Jeh. Buffoy.

(Emb. 1415, f° 93). Willemot Postel, fils aisné de feu Jeh. Postel, « pour l'advanchement du mariage de sa sœur Ysabel avec Bauduin de Bailloel », lui donne ses droits sur deux maisons (37 et 38) tenans à **l'Ospital Saint-Josse** et séans *emprès le Puch-Saint-Josse.*

Ces maisons (emb. 1433, f° 39 r°) « tenant *à l'Ospital St-Jacque* et séans emprès du Puch » sont situées *devant* le courtil de Jeh. de Melan (13 du 3° tour).

Il ressort de ces documents que les maisons appartenant à l'hôpital St-Jaques portaient l'enseigne de *St-Josse*, ce qui explique les mots : *« hospital St-Josse » ; « rue St-Josse » ; « Puch St-Josse ».* Comme le puits se trouvait à l'angle des rues actuelles *du Puits-St-Josse* et de *Ste-Barbe*, ces deux voies sont indifféremment désignées dans les actes par le nom de *rue du Puch-St-Josse* ou simplement de *rue Saint-Josse.*

39. A Jak. de Belle. (1396 : à Jeh. Buffoy).

40. Le maison qui *fait le touquet devant le Puch-Saint-Josse* est à Jehenne de le Haye, demourant à Hellebusterne. (1396 : les *deux* maisons qui font le touquet... à led. Jehenne).

(Emb. 1399, f° 65 r°). Jehan de le Haye, dit Haiete de Sailli au Bos (commune voisine de Hébuterne) vend à Jeh. Postel, plétier, deux maisons *séans devant le Puch-Saint-Josse,* tenans à Jeh. Buffoy et à *le Hale des Boulengiers.*

41. **Le Halle des Boulengiers.**

42. A Colart Turelure. (1396 : à Jaquemart le Waast, couvreur de tieule).

43. A Robert d'Arras. (1396 : à Pohier de Henninel).

44. A Gillot Gonnand. (1396 : à Gillot Gloria).

45. A Robert d'Arras. (1396 : à Pohier de Henninel).

(Emb. 1401, f° 250 r°). Jeh. le Tourneur donne quittance d'un louage fait à Régnault Becquet d'une maison séant *en le rue du Puch-St-Josse*, tenant à Gillot Gloria et à Piérot Pasquier.

46. A Pierre Pasquier. (1396 : aud. Piérot).

47. A Nicaise Régnault avec *trois maisons assez près d'icelle qui sont en le parosce St-Estène.* (1396 : à Nicaise Phanée).

Ces trois maisons situées dans *la rue de l'Espée* (actuellement des Trois-Pommettes) « au rang du barbier Pierre de Hamelaincourt » figurent, dans le Rentier de 1396, à la fin du 3e tour de Saint-Etienne.

48. Le maison qui fait *le touquet de le ruelle devant l'Espée en Haiserue* (1 du 1er tour de St-Etienne) est à Estène de le Bovette. (1396 : à Piérot de Hamelaincourt).

(Emb. 1432, f° 62 v°). Jeh. de Hamelaincourt, dit le Barbier, gage une dette sur une maison *emprès Haiserue*, faisant *le touquet de le rue St-Josse.*

Li IIe tours commenche à une maison qui fait le touquet de le rue du Cavech St-Aubert en alant tout autour et en revenant à le dicte maison (f°s 109 v° et suiv.).

Cette rédaction paraît incompréhensible. Celle du Rentier de 1396 n'est pas beaucoup plus claire : « (Le IIe tour commenche à une maison faisant *le touquet d'en costé l'Ospital Saint-Mahieu,* en alant vers le rue du Cavech Saint-Aubert », f° 188 v°).

Devant la difficulté d'établir, conformément à ces indications un peu mystérieuses, le deuxième tour de St-Aubert qui ne comprend que dix maisons, dont aucune n'est assez notoire pour servir de point de repère, j'ai tracé tout d'abord les itinéraires des tours avoisinants de cette paroisse et de la paroisse St-Etienne. Les emplacements restés disponibles après cette opération, devaient, semble-t-il, correspondre aux données de ce petit problème. Je crois, en effet, que la solution trouvée, après plusieurs essais infructueux, est satisfaisante.

1. Le maison qui fait le touquet de le rue du Cavech Saint-Aubert est à Tassart de Béthune. (1396 : à Piérot de Bléti, machon).

(Emb. 1400, f° 215 r°). Hanotin de Bléti vend à Loys de Calays une maison assez près de l'Ospital Saint-Mahieu, faisant le *touquet de le ruelle de Croquescuelle,* et tenant à le maison qui fu Jeh. Pétache.

Cette maison est bien « en costé de l'Ospital Saint-Mahieu ». La *rue Croquescuelle* aujourd'hui disparue est visible sur d'anciens plans ; elle faisait communiquer les rues actuelles *de St-Etienne* et du *Péage.* J'ai déjà signalé la facilité avec laquelle les scribes appliquaient un même nom à diverses rues voisines. On a vu que l'appellation de *Croquescuelle* avait été donnée à la rue du *Cavech St-Aubert ;*

réciproquement la *rue de Crocquescuelle* a été désignée ici sous le nom de *rue du Cavech St-Aubert* ou de *l'Ospital St-Mahieu.*

2. A Marote Achariote. (1396 : à Jeh. Pétache).

3. A Piérot Puignet. (1396 : à Gillot le Vinier).

(Emb. 1391, f° 30 r°). Mik. Augrenon vend XII s. III drs de rente sur la maison Piérot Puignet, séans en le *rue de l'Ospital Saint-Mahieu.*

4. A Gillot le Vinier, carpentier. (1396 : aud. Gillot).

5. A Jeh. Grigore. (1396 : à Jeh. Marchant).

6. A Colart de Roucq. (1396 : à le v^ve^ Johanne Reblouquet, de présent femme Jeh. Bétrémieu, drappier).

7-8. A Tassart de Béthune. (1396 : *as Loez-Dieu).*

(Emb. 1390, f° 26 r°). Jeh. de le ruelle, clerc, et de présent, apparitteur de le court de révérend père en Dieu Monsgr le vesque d'Arras, vend à Marguerite Goubière, Péronne Cossette, Maroie Brune, Ysabel Buignette, Jehanne à le Cappe, Aélids le Hardie, Marguerite Fauconne et Gillotte Buignette, de présent du Couvent des Béghines, nommées *Loe-Dieu,* deux maisons, tenans ensemble, qui furent feu Tassart de Béthune, en le rue *de l'Ospital Saint-Mahieu,* joignans à l'éritage Jeh. Reblouquet et d'autre part à l'éritaige Robert Boidine, pour desdites maisons avoir, joïr, tenir et possesser par lesd. femmes et par la darraine vivant d'elles et par chelles qui après seroient vivant de condition pareille d'elles qui seroient dud. Couvent et sur condition que se led. Couvent deffailloit, lesd. deux maisons revenroient à le commune Povreté d'Arras. Fait le XXIXe jour d'aoust.

9. A dame Roberde Boidine. (1396 : à lad. Roberde. — Note marginale : vendue à Piérot du Flos le XXVIe jour de mai IIII^xx^ et XVI ; — vendue depuis par Piérot du Flos à Robert Fastoul).

10. Ne figure pas au Rentier de 1382. (1396 : le maison *qui fait le touquet* est à Piérot du Flos. — Note marginale : vendue à Robert Fastoul le XXIVe jour de may IIII^xx^ et XVI).

Donc, partis d'une maison faisant un touquet de la rue du Cavech St-Aubert, nous sommes revenus en face de ladite maison, conformément aux indications de l'itinéraire. On ne voit pas bien pourquoi ce deuxième tour un peu incohérent n'a pas été rattaché au premier.

Li IIIe tours de Saint-Aubert commence à le maison qui fait le touquet de le grant rue St-Aubert et en alant tout à mont, lequelle est as hoirs Jeh. Suret et tournant tout autour par le rue de l'Ospital Saint-Mahieu et finante à led. maison (fos 110 et suiv.).

(1396 : même rédaction, fos 189 vo ; 190 ro et vo ; la suite manque).

1-4. Les IIII maisons dont les II sont *en le grant rue* et les autres II en le *rue du Cavech Saint-Aubert* sont as hoirs Jeh. Suret. (1396 : Les II maisons (1 et 2) faisans *le touquet de le rue du Cavech St-Aubert* sont à Henri Colay ; les II maisons ens. à Thumas Bouchel).

(Emb. 1393, fo 146 vo). Colart le Roy, armoyeur, vend à Henry Colaye, potier d'estain, deux maisons, tenans ensemble *en le grant rue St-Aubert,* joignans à l'éritage Leurent de Trois-Vaulx (19) d'une part et *faisans le touquet d'une ruelle estans devant le goulot St-Aubert par lequelle on va en Crocquesescuyelle et à l'Ospital Saint-Mahieu,* et par derrière marchissans à l'éritage Thumas Bouchel.

(Emb. 1434-35, fo 220 vo). Jehanne Colaye, vve Wille Buridan, gage une dette sur quatre maisons tenans ensemble, *emprès St-Aubert,* tenant à l'éritage de *St-Martin* (19) *et faisant touquet d'une ruelle par lequelle on va à l'Ospital Saint-Mahieu.*

(Emb. 1436-38, fo 86 ro). Lad. Jehanne Colaie loue à Grégoire Baguelard, entailleur d'images, une maison dont on fait trois louages, deux séans en le grant rue St-Aubert, tenant à l'éritage de *St-Martin, et faisant le touquet de le rue des Loes-Dieu*, l'autre séant en led. ruelle des *Loes-Dieu*.

5-6. A le v^ve^ Jak. de Main. (1396 : à Andrieu de Ransart, à Joh. d'Escaubèque et à Lourent de Trois-Vauls. — Note marginale : l'une d'icelles maisons a esté vendue par Joh. d'Escaubèque à Henri Nepveu le IXe jour d'avril IIII^xx^ et XVI après Pasques, Led. Henri a vendu led. maison à Lourent de III Vaux le VIIIe jour de décembre IIII^xx^ et XVI et l'autre d'icelles maisons a esté vendue par Andrieu de Ransart à Tassart le Droq, pélotier, le XIIIe jour d'aoust IIII^xx^ et XVII).

(Emb. 1401, f° 252 r°). Tassart le Drocq, vend à Simon Mauroy une maison (5) séans en une ruelle derrière St-Aubert, tenans à Thumas Bouchel et à Leurent de Trois-Vaux.

(Emb. 1418, f° 69 r°). Jehanne de Trois-Vaux, v^ve^ Pierre Morel, vend une maison (6) séant en le *rue St-Mahieu, au-devant le maison des Loez-Dieu*, tenant à Tassart de Bruay et par derrière à l'héritage de *Saint-Martin* (19).

7. A Johenne Nicaise. (1396 : à Tassart de Bruay).

8. Grange as hoirs le v^ve^ Pierre de Noefville. (1396 : à Jaquemart le Camus, cordewanier).

9-10. A Thumas du Hotoy. (1396 : à Mah. Suret).

(Emb. 1392, f° 109 r°). Mah. Suret et Maroye du Hottoy, sa femme, garantissent un emprunt « de XLVI frans et VIII sols » sur deux maisons, tenans ensemble, séant en le rue *de l'Ospital Saint-Mahieu*, joignant à Jaquemart le Camus d'une part et d'autre part à Colart de Roucq.

(Papiers de rentes de le Povreté, 1395) sur les II maisons qui furent Thomas du Hotoy, qui sont à Mahieu Suret, *séans devant l'Ospital St-Mahieu*, XXVIII drs.

(Emb. 1414, f° 11 r°). Mah. Suret vend à Wille Obery, viézier, une maison (10) séant *devant l'Ospital Saint-Mahieu*, tenant à l'éritage dud. vendeur et d'autre part à l'éritage qui fu Colart de Roucq.

11. A Gillot de Lattre, boulengier. (1396 : à Colart de Rouch, carpentier).

(Emb. ext. 1382, fo 3). Gillot de Lattre vend à Colart de Roucq, carpentier, une maison séant *en le rue devant l'Ospital Saint-Mahieu et faisant le touquet de led. rue.*

La fin du tour manque au Rentier de 1396.

12. Courtiux à Thumas du Hotoy.

13. Courtiux à Nicaise le Fèvre.

Ce courtil qui appartenait en 1425 à Jeh. de Melan était situé devant les nos 37 et 38 du 1er tour. (Voir ces nos).

14. A Willaume du Valhuon

(Emb. 1425, fo 229 ro). Pierre de Raincheval vend à Pierre Boussiot grange et gardin en une rue *par lequelle on va du Puch-St-Josse à l'Ospital Saint-Mahieu,* tenant à Jeh. de Melan et aboutant par derrière à l'héritage de *St-Martin.*

15. A Jeh. du Puch.

(Emb. 1436, fo 150 ro). Philippe de Caulx vend une maison séant en *le rue St-Josse,* tenant à le Povreté de St-Aubert.

16. A le Povreté de Saint-Aubert.

Cette maison forme le coin puisque la précédente est dans la *rue St-Josse* et la suivante dans *la rue du Fer de Queval.*

17. A Henry d'Espinoy, carpentier.

(Emb. 1391, fo 68 vo). Henri de l'Espinoye vend à Philippot le Maire une maison séant en *le rue du Fer de Queval,* joignans d'une part à une maison appartenant à le Povreté de St-Aubert et d'autre part à l'éritage de Leurent de Trois Vaux.

Il est très possible qu'à ce moment led. Laurent ait été locataire de la maison no 18 mais les actes suivants prouvent qu'il n'en fut propriétaire que dix ans plus tard.

18. A Jeh. le Fournier, couvreur de tieule. **Le Petit Saint-Martin.**

(Emb. 1401, fo 219 ro). Jeh. le Fournier vend à Loeren de Trois Vaux une maison séans en *le rue du Puch-St-Josse,* tenant d'une part à l'éritage Philippot le Maire et d'autre part à l'éritage dud. Loeren.

19. A Leurench de Troivaux. **Saint-Martin ou Le Grant Saint-Martin.**

(Emb. 1415, f° 118 v°). Ysabel Paletre, v^ve^ de Leurent de Troisvaux, et Anthoine de Troisvaux, son fils, vendent à Simon d'Estampes une maison séant *en le grant rue St-Aubert*, laquelle maison on nomme *l'enseingne Saint-Martin*, tenant d'une part à le maison qui fu Jeh. Fournier, nommée le *Petit St-Martin*, et d'autre part à l'éritage Henry Colaye (1). Jeh. Pasquier, dit de Valenchiennes, et Katerine de Troisvaux, sa femme, Pierre Morel et Jehanne de Troisvaux, sa femme, filles de feu Leurent de Troisvaux, « recongnoissent rateffier et aprouver ledit vendage » et le garantissent « en mettant en la main des eschevins le maison du *Petit St-Martin* et une autre maison (6) en le rue Saint-Mahieu, tenant à Tassart de Bruay et par derrière aboutant au *Grant Saint-Martin.* »

En 1418 (emb. f° 69 r°), Jeh. Pasquier et Catherine de Troisvaux vendront à Baudet Rogier le maison (18), tenant à Philippot le Maire *et au Grant St-Martin.*

A noter encore ici l'imprécision de la rédaction des actes qui placent indifféremment la maison *de St-Martin* (appartenant actuellement à M. Leroy, droguiste) dans *la grand rue St-Aubert*, dans la *rue du Fer à Cheval* ou dans la *rue du Puits-St-Josse.*

Li IVe tours de Saint-Aubert commenche en le grant rue Saint-Aubert, au touquet qui est devant le maison Jeh. Buffoy, en alant au Fer de Queval, *en venant jusques as maisons qui font led. touquet (f°s 111 r° et suiv.).*

(1396 : même rédaction, f°s 191 et suiv.)

1-4. Les IIII maisons dont les II *sont en le ruelle* [*du Fer de Queval*] et les autres II *font le touquet* [devant le maison Jeh. Buffoy — 43 du 8e tour] sont à Leurent de Quatrevaux (erreur certaine du scribe pour : de Troisvaux). (1396 : Les IIII maisons... sont à Jeh. Buffoy pour le viage et pour le treffons à Leurent de Troisvaux).

5. A Mah. Hazequin. (1396 : aud. Mahieu). **Les Noirs Maillés.**

(Emb. 1392, f° 122 v°). Hanotin Lescaudé vend ses rentes « sur le maison des *Noirs Maillés*, à Mahieu Hazequin, en le grant rue St-Aubert. »

Comme le n° 5 est la seule maison de la rue St-Aubert qui, aux Rentiers de 1382 et de 1396, appartienne à Mahieu Hazequin, l'attribution de cette enseigne n'est pas douteuse. *Les Noirs Maillés* (emb. 1475, f° 23 v°) avaient « une yssue en le rue du Puch-St-Josse. »

6. A Colart le Merchier. (1396 : à Willaume du Carioeul).

7. A Colart Ramequin. (1396 : à Piéret Régnequin).

8-11. Les II maisons ens. (8-9) et II autres (10-11) *derrière* [c'est-à-dire faisant front sur la ruelle du *Fer de Queval*] sont à le Povreté de St-Aubert. (1396 : même rédaction).

12. A Colart Régnault. (1396 : à Jeh. Graine, potier d'estain).

13-14. A le v^ve Willaume Bougé. (1396 : à Jeh. Bougé. —

Note marginale : vendues par led. Bougé à Th. d'Iser, février IIII^{xx} et XVI).

15. A Robert Fastoul. (1396 : aud. Robert).

(Emb. 1425, f° 147 v°). Enguerran de Becques renonce à ses droits sur une maison séant en *le rue St-Aubert*, tenant à l'éritage *du Fer de Queval* et ayant yssue par derrière devant le maison Jeh. de Roucq. (18 du 9° tour, maison que led. Jeh. propriétaire en 1396 du 19, avait acquise postérieurement).

16. Le Fer de Queval as hoirs Pierre de Henninel. (1396 : à Ansel Penel, boulengier).

(Emb. 1400, f° 153 r°). Aélips Béharelle, v^{ve} de Ancel Penel, dit Lancelot, donne à sa nièce Aélips Béharelle, à l'occasion de son mariage avec Philippot de Lattre, fils Gillot, le *grande maison* en lequelle elle demeure de présent, nommée *le Fer de Queval*, tenant à le maison Robert Fastoul.

(Emb. 1432, f° 13 r°). Pierre de Grincourt et Aélips Béharelle, sa femme, garantissent une obligation « sur une maison séant en le grant rue St-Aubert, nommée le *Fer de Queval, faisant le cuing de led. rue et de le rue par lequelle on va à l'Ospital St-Mahieu.*

(Emb. 1444, f° 21 v°). Jaque Sévérondel vend ses rentes sur le maison du *Fer de Queval*, appartenant à le v^{ve} Jeh. de Graincourt *faisant froncq sur le grant rue St-Obert.*

Cette hôtellerie a donné son nom à la rue aujourd'hui encore appelée rue du *Fer à Cheval*, par laquelle, en s'engageant ensuite dans la rue St-Josse ou Ste-Barbe, on allait droit à l'hôpital St-Mathieu.

Li V° tours de le parosce St-Aubert commenche à le maison de le curé Saint-Aubert, en alant tout amont et revenant tout à val jusques au Wez-Damain (f°s 112 et suiv.)

(1396 : Même rédaction, f° 192 v° à 194 v°).

---

1. Le maison de le curé Saint-Aubert. (1396 : idem). **Le Presbytère.**

(Emb. 1418, f° 114 v°). Mah. Lanstier et sa femme donnent à leur fils, à l'occasion de son mariage, le rente qu'il ont sur la maison du curé de Saint-Aubert « *tenant à l'église Saint-Aubert* et à Mah. d'Avions.

2. A Jak. d'Avions. (1396 : aud. Jaquemart d'Avions, haulteliceur). **Saint-Miquiel.**

(Emb. 1438, f° 181 v°). Guillaume le Mach, échevin, vend à Jeh. de Gamans une maison séant en le rue *du Cavech St-Aubert*, qui fu paravant à Mah. d'Avions, nommée le maison *de Saint-Miquiel*, tenant à le maison du Curé dud. Saint-Aubert et à *une ruelle qui maisne de devant le maison et estuves Jeh. de Pasquault* (voir n° 27) *au Crinchon et courant de l'eaue de le ville.*

Cette ruelle s'appelle encore actuellement : *Impasse St-Michel.* On remarquera la dénomination impropre de *rue du Cavech St-Aubert* donnée à la future rue des Gauguiers.

3-8. Les v maisons et un gardin ens. sont à Maillart de Marquette. (1396 : aux hoirs le dem^elle des Capperons).

Cette demoiselle des Capperons n'est autre que la v^ve dud. Maillart de Marquette, propriétaire de la maison des Capperons (n° 1 du XII° tour de Ste-Croix).

9. Courtiux à Jeh. de St-Waléri. (1396 : à le v^ve dud. Jehan).

(II, 632-1398, f° 63). Led. v^ve, pour une plache *contre* les hoirs Tasse de Habart.

10-11. Gardin et estuves à dame Tasse de Habarcq. (1396 : Les gardin et estuves au *Kavech de le rue* sont à Jaquemart Guillebert, tondeur). **Les Estuves de L'Anguelet.**

(Emb. 1392, f° 94 r°). Jaquemart Ghillebert et Maroie de Habarcq, sa femme, vendent à Jeh. Herlant, une maison en lequelle a enchines d'estuves, maison et estuves joignans à une plache de terre wide qui est *appartenant à le Communauté de le ville d'Arras* et d'autre part à l'éritage qui fu Henri de Cantin.

Pour une raison quelconque, retrait ou rachat, cette vente ne fut pas définitive.

En 1401, en effet, (emb. f° 257 v°) « Jaquemart Guillebert et Maroye de Habbart, vendent à Jaque Postel cette même maison, séans *en une ruelle au derrière de l'église Saint-Aubert, lequelle n'a point de yssue*, joignans icelle maison et estuves à une *pièche de terre wide qui est lieu de Communauté oudit lieu* et d'autre part à l'éritage qui fu Henri de Cantin.

(H, 635-1415, f° 111). Jaquemart Guillebert, pour une place prinse à l'estrayère, *contre* le v^ve^ Jeh. de St-Waleri, près des estuves les hoirs Henri de Cantin et pour deux gardins et sont lesd. *derrière St-Aubert, au bout de le ruelle*, I. ob. VII et XII dr.

En 1435 (H, 640, f° 104). Ces héritages sont à la v^ve^ de Tassart de Fénin et sont dits : « scitués derrière St-Aubert, *au bout de* **Languelet**. »

Comme St-Waast n'avait de rentes que sur un certain nombre de maisons, le scribe qui établit les cueilloirs est souvent obligé de sauter d'une rue à l'autre. Il indique ce changement de direction par la formule : « d'aultre part le voye à.... » (ici le point vers lequel il se dirige). L'article ci-dessus transcrit est précédé des mots : « d'aultre part le voye *aux Estuves de l'Anguelet* ».

Il s'ensuit des indications de ces divers documents que l'actuelle rue des Gauguiers était alors une ruelle sans issue, (une impasse ou cul-de-sac) aboutissant à de vagues terrains communaux (estraière) et non une sorte d'avenue plantée de noyers servant d'abri aux *agaches* de la rue voisine. *(Les Rues d'Arras,* t. I, p. 134). Elle s'appelait la *rue de L'Anguelet* ou de *L'Angle* (Voir n° 27) du nom des étuves situées au « Cavet » de cette rue. Plus tard, à une époque qui sort des limites de mon travail, une autre enseigne : *Le Gauguier*, lui donnera son nom définitif.

12. A Henri de Cantin. (1396 : à le vve Henri de Cantin).

(Emb. 1392, f° 77 r°). Henri de Cantin vend à Mah. Suret le tiers d'une maison, séans en le rue *derrière St-Aubert* lau il y a estuves, joignans à l'éritage qui fu Jeh. de Bailloeul et marchissans à un Crinchon ou courant qui *queurt au derrière* de led. maison.

(H, 635-1415, f° 111). Jeh. Bernart pour I estequich (sorte d'estacade) fait sur le Crinchon, par lequel on sacque l'eaue à se maison pour servir à ses estuves, lesquelles furent Thomas de Cantin.

13-15. Les III maisons ens. à Jeh. de Bailloel. (1396 : à Jeh. Cosset et à Jaquemart le Borgne).

Cet héritage a dû appartenir vers 1435 à ce Jeh. de Pasquaut ou Pacquaut dont il est question aux nos 2 et 27.

16. A Jeh. de Bailloel. (1396 : à Hanotin de Bailloeuil).

17. A Jeh. Graine. (1396 : aud. Jeh.).

18. Le maison *du touquet* à Jeh. Graine. (1396 : aud. Jehan).

19. A Simon de Lessart. (1396 : à Piérot de Houdaing).

20. A Pierre de Douay. (1396 : à Jeh. le Hauthomme). **Le Camel** *(Le Chameau).*

21-23. A Jeh. Graine. (1396 : aud. Jehan).

(Emb. 1401, f° 349 v°). Andrieu Nepveu, exécuteur testamentaire de Rasset Graine, pour payer certaines dettes du défunt, vend à Jeh. Postel trois maisons tenans ensemble, séans *en le grant rue St-Aubert,* tenans à le maison du *Camel* et *faisans le touquet de le rue par lequelle on va au molin du Wes-Damain.*

24-27. A Jeh. Graine. (1396 : aud. Jehan).

(Emb. 1401, fo 174 vo). Led. Andrieu Nepveu, vend à Jeh. le Hauthomme les propriétés qu'avait Rasset Graine « *sur le ruelle des estuves du Wes-Damain, tenans par derrière au Camel* et as maisons qui furent led. feu. »

(Emb. 1435-36, fo 102 vo). Aelis Lecocque, vve de feu maistre Nicolle de le Horbe, vend à Mah. Pisson, viézier, une maison (27) faisant plusieurs membres et un gardin, tenant aux estuves du Wez dame Esmain, appartenant à Jeh. de Mellan, et au courant d'eaue qui va aud. Wez dame Esmain et par derrière aboutant à l'éritage Jeh. Pacquaut et tenant tout du long à *le rue de* l'Angle au devant de le maison Mah. d'Avions (2).

28. **Les Estuves du Wes-Damain** à Jeh. de Mellant. (1396 : à le vve dud. Jehan).

29. **L'Esquéquier** *(L'Echiquier)* à Estène le Clop. (1396 : aud. Estène).

(Emb. 1414, fo 72 vo). Jeh. Rambourc gage une dette « sur le maison de *l'Esquéquier*, faisant *le touquet d'une ruelle par lequelle on va au Wez dame Esmain* » et tenant au four Jeh. Yosep.

(Emb. 1428, fo 25 vo). Jaquemart Ladan « sergant à vergue des eschevins », vend à Mah. Pisson, viézier, une maison nommée *l'ostel de l'Esquéchier* en le grant rue St-Aubert, tenant au *flégart tout du long qui maisne au molin dame Esmain* et à Jeh. Passet, fournier.

(Emb. 1436, fo 43 ro). Jeh. le Cornu, estuveur, en son nom et comme procureur de plusieurs personnes foraines, vend à Gillot à le Barbe une maison, *là où pent l'enseingne de l'Esquéquier* faisant *touquet de le rue qui maisne au molin de eauwe estans sur le Wes dame Esmain*, et tenant à l'éritaige Jeh. Passet.

Les étuves étaient au fond de la ruelle et le moulin sur la place du Wez-Damain (1 du 1er tour de Notre-Dame-en-Cité).

30. Le maison qui tient au Wes-Damain est à Jeh. Gosset. (1396 : le maison et le four qui tient au Wes-Damain est à Jeh. Josset, fournier). **Le Croissant.**

(Emb. 1391, fo 18 vo). Jeh. le Maire dit d'Escury vend la

rente qu'il a sur une maison « qui fait touquet sur le Wes-Damain », tenans à Estève le Clop.

(Emb. 1414, f° 22 r°). Jeh. Yosep (Gosset, Josset, Yosep, ne sont probablement que trois formes différemment interprétées du même nom) et Maroie le Prévost, sa femme, vendent à Jeh. Passet une maison nommée *le Croissant*, tenant au Wes-Damain.

Li VI° tours commenche as deux maisons devant le Wes-Damain qui sont Jeh. Rebloucquet en alant en Grauechon et en le Queuterie et en revenant à l'Ierre et devant le pont St-Waast et finant au touquet de le rue du Blocq (f°s 113 r° et suiv.).

(1396 : même rédaction, f°s 194 v° ; 196 r° à 197 v° ; 200 r° à 201 r°).

1-2. Les II maisons qui sont *devant le Wes-Damain* à Jeh. Reblouquet. (1396 : à Jaquette Reblouquet).

Ces maisons se trouvaient à peu près à l'endroit où est actuellement la porte d'entrée de l'hôpital St-Jean.

(Papiers de rentes de le Povreté, 1395) sur les II maisons Jeh. Reblouquet, séans *contre* le Wez-Damain, tenans à Saint-Jehan en l'Estrée et à le maison Jeh. de Melan, XXV s.

3. A Robert de Gaverelle. (1396 : à le v^ve Jeh. de Melan).

4. A Colart le Peauchelier. (1396 : à Colart le Corier dit le Coisplier).

5. A Andrieu de Haspres. (1396 : à Jeh. Psalmon, viézier).

6. A Jeh. Graine. (1396 : aud. Jehan).

7. A Piérot Poutrequin. (1396 : à Jaquemart Postel).

(Emb. 1392, f° 72 r°). Robert Lescaudé, sergent à vergue, et Colart Locy, sergent du chastellain, ont relaté à messieurs, plain plais, que, « à le requeste de Jeh. d'Ansaing et Jak

Postel, ils ont traitié à le loy (saisi) le maison Piérot Poutrequin, séans en le rue St-Aubert, *devant ou assés près de l'Eschéquier* (29 du 5e tour), joignans à Jeh. Graine et à Hue des Yaus. » Le 18 mars 1392, la maison fut « mise à le loy, ostés les huis et les fenestres » après plusieurs criées à la Bretèque, Jak Postel fut « mis en possession et saisine de led. maison » dont Piérot Poutrequin ne payait pas les rentes.

8. A Jeh. Paliart. (1396 : à Jak. Postel).

(Emb. 1399, fo 49 vo). Jaque Postel et sa femme donnent as enfans de Thumas Saudoier et de Jehanne Postel, niepce dud. Jaque, deux maisons, séans en le grant rue St-Aubert, tenans ensemble, *à l'opposite de l'Esquéquier.*

9. A Jeh. de Barli, espachier. (1396 : à Piéret Artus, chavetier).

10. A Martin de le Bassée. (1396 : aud. Martin).

11. A Nicaise le Plommier. (1396 : à Jeh. de Maingoval).

12. A Thumas Hanekin. (1396 : à Jeh. le Cuvelier, craissetier).

13. A Piérot de le Porte. (1396 : à demelle Gille Daulé).

14-19. **Li hospitaux Saint-Jak** et les v maisons *après.*

L'hôpital St-Jacques formait le coin des rues *St-Aubert et Grauechon.* La maison située en face, à l'autre coin des mêmes rues (31 du 8e tour) faisait touquet, d'après un acte, « *devant l'église Saint-Aubert* » et d'après un autre acte, « *devant l'ospital St-Jaque* ».

Le Répertoire de dom Nicolas Page (II, 1183, fo 175 vo) constate que, encore à la fin du XVIIe siècle, les échevins, au lieu de l'hôpital St-Jacques, payaient trois sols royaux de rente pour les cinq maisons séant dans la rue Grandson ou des Agaches et dont l'une portait alors l'enseigne du *Cornet d'argent* et pour « l'hôpital tenant ausd. maisons *faisant coing de la rue du Crinchon sur la rue St-Aubert* ».

20. A Jeh. Paliart. (1396 : à Jeh. Bourse, *en le rue de Grauechon).*

21-22. As hoirs Lambert du Boef. (1396 : à Jak. Postel).

(Emb. 1399, f° 49 v°). Jaque Postel et sa femme donnent as enfans de Gillot Lestulier et de Yde Postelle, deux maisons, tenans ensemble, séans *en le rue de Grauchon,* tenans à le maison Jeh. Bourse et à le maison du *Pas Salehadin.*

(H, 633-1408, f° 69). Gillette Lestulière, pour II maisons qui furent Jaquemart Postel, VI drs. ob.

23. As hoirs Lambert du Boef. (1396 : le maison nommée **Le Pas Salhadin** (?) est à Jeh. du Boef).

Que signifie cette enseigne ? Est-ce un souvenir des Croisades ? Il y avait en Haiserue l'hôtel *des Sarrazins.* La dîme saladine avait rendu populaire le nom du fameux sultan, adversaire de Philippe-Auguste et de Richard Cœur-de-Lion ; mais il n'était guère d'usage au XIVe siècle de traduire en noms d'enseignes ou de rues le retentissement des événements contemporains et la célébrité des personnages historiques. C'est là un de ces mille petits problèmes, peut-être à jamais insolubles, que pose le travail que j'ai entrepris.

24. A Estène Malatiré. (1396 : aud. Estène, péletier).

25. A Nicaise le Seellier. (1396 : à le v^ve^ dud. Nicaise. — Note marginale : vendue par Franchois du Gardin et sa femme, hoirs et aians cause de led. vesve à Herbechon Malatiré).

Les deux maisons 24 et 25 devaient « à le cappelette des Ardans » la première une rente de XXII s., la seconde une rente de XXIIII s.

De son côté, la Charité des Ardents payait à St-Waast une redevance pour ces rentes.

(H, 633-1408, f° 68). Le Carité des Ardans, pour une maison sur lequelle elle a rente, XIII drs. ob.

(Item. led. Carité, pour une aultre maison sur lequelle elle a rente et sont toutes deux à Herbert Tiré (1) de présent, XIII drs.

(1) J'ai constaté à diverses reprises que cet Herbert Tiré, propriétaire de maisons dans plusieurs quartiers était parfois dénommé Herbert

26-27. A Colart de Valenchiennes. (1396 : à le Carité des Ardans). **Saint-Nicolay** (26).

(Emb. 1400, f° 215 r°). Jeh. Belos, procureur de le Carité Notre-Dame-des Ardans en Arras... a dit et recognut... qu'il avoit et a baillié, concédé et ottroyé à rente hiretable et perpétuelle à Jeh. le Haulthomme une maison contenant deux amasemens et manoirs que led. Carité avoit en led. ville, séans en le rue de Graucchon, joignans à l'éritage *Herbert Tiré* d'une part et à l'éritage Jehan le Trippier d'autre part et par derrière *aians yssue sur le rue de le Keuterie et marchissans à l'Ospital Saint-Jehan-en-l'Estrée,* moiennant le somme de IIII lbs, parisis de rente hiretable et perpétuelle que led. Jeh. le Haulthomme, ses hoirs, successeurs ou aians de lui cause... sont et seront tenus de paier chacun an à led. Carité... et avec, les rentes dont led. maison estoit chargié paravant c'est assavoir à l'église St-Waast *un cappon à plume et XIII drs. ob....*

(*Ibid.*, f° 215 v°). Jeh. le Haulthomme reconnaît avoir pris à rente... cette maison « tenans à *Herbert Malatiré* et a Jeh. le Tripier. »

La Charité des Ardents qui continue à figurer *dans toute la série* des cueilloirs de St-Waast pour les deux maisons 24 et 25, cesse, à partir de 1400, de payer la redevance pour la maison 26 et 27 en deux membres, comme on peut le constater par la comparaison des cueilloirs de 1398 et de 1408. (Les registres intermédiaires ont malheureusement disparu).

(H, 082-1398, f° 63). Le maison des Carités des Ardans, pour une maison (24) ensiévant [Jeh. du Boef. *Le Pas Salhadin*] sur lequelle elle prent rente, VII drs. ob.

Item, pour une autre maison (25) sur lequelle elle prent rente, VII drs. ob.

Item, pour une maison (26) ensiévant, III drs. ob.

Item, pour un aultre membre (27) en ycelle maison, X drs. ob.

Item, pour un pont à led. maison par derrière, I cap.

Ces trois derniers articles représentent bien le total

Malatiré, ce qui ne laissa pas tout d'abord de m'embarrasser. On en a ici un exemple : Herbechon Malatiré et Herbert Tiré ou Malatiré.

signalé plus haut dans l'acte de 1400 : XIII drs. ob. et un capon à plume.

(H, 633-1408, f° 68). Après les deux articles reproduits au n° 25 et qui portent à XIII drs. la redevance de VII drs. inscrite en 1398, sans que, par suite de la perte de neuf registres, on puisse déterminer la cause de cette augmentation, viennent les articles suivants :

Mah. Boutavant, pour une maison ens., III drs. ob.

Item. Led. Mah., pour un aultre membre en ycelle maison, X drs. ob.

Item. Pour un pont à led. maison par derrière, I cap.

C'est le n° 26 qui, dans les cueilloirs de St-Waast, apparaît *sûrement* en 1544 (H, 668, f° 101) sous le nom DE ST-NICOLAS. C'est *très probablement* cette maison dont il est question dans l'acte suivant.

(Emb. 1438, f° 239 v°). Jehanne Hanne, v^ve^ de Thumas le Maire... « pensant au salut de son âme, considérans la briesté de vie humaine, veullans non départir intestat de ce mortel siècle », fait son testament. Après l'énumération de divers legs pieux, elle donne à Jehanne du Boef, « sa niepce, fille de feu Jaquemart du Boef et de deffuncte Estévène le Maire, la maison et héritage que on nomme **Saint-Nicolay** en laquelle elle demeure de présent, *séant dessoubs le pont St-Waast*, pour en joïr et possesser après le trespas de led. testateresse », à charge de payer quatre-vingt livres à Jehanne Lestullier...

J'ai insisté un peu longuement peut-être sur cette maison de *Saint-Nicolas* parce que certains historiens de *la Sainte-Chandelle*, faisant état de la fausse bulle de Gélase II *(Candela in hospitio Beati Nicolai Sancti Austreberti nunc asservata)* ont placé dans cette propriété de la Charité-des-Ardents un hôpital St-Nicolas et une chapelle, où le Saint-Cierge aurait été conservé pendant un siècle. Dans la séance de mai 1912 de la Commission des Monuments historiques du Pas-de-Calais, M. A. GUESNON a très nettement contesté l'authenticité de cette légende.

28. A le v^ve^ Raisse Nepveu. (1396 : à Jeh. le Trippier,

pissonnier). **Le Ny d'Agaches** *(Le nid de pies)*. **Les Agaches.**

(Emb. 1438-39, f° 192 r°). Andrieu Ricouart et Ernoul de Noizent, taintelier, pour éviter les frais d'un procès « pour raison d'un mur de pierre faisant closture de deux maisons, séans *en Grauechon, desoubs le Court-le-Conte*, l'une d'icelles nommée *Le Ny d'Agaches*, aud. Ernoul et l'autre *l'Esprevier* aud. Andrieu » concluent un arrangement amiable, devant le Magistrat.

H, 644-1446, f° 60). Ernoul de Noizent, pour une maison, VI drs.

Item, pour un pont *derrière* se maison, III drs.

(H, 648¹-1467, f° 217). Enguerran Mauvergne, pour une maison nommée **Les Agaches**, VI drs.

29. A Jak. Hanebot. (1396 : aud. Jaquemart). **L'Esprevier** *(L'Epervier)*.

(H, 644-1446, f° 60). Andrieu Ricquouart, pour se maison et porte en deux membres, XXVIII drs. II cap.

Item pour ung aisement prins sur le Crinchon en l'an mil IIII^c et XXV, I dr.

Cette maison au cueilloir de 1544 cité plus haut (H, 668, f° 101) s'appelle **Les Chuynes** *(Les Cigognes)*.

30-30 *bis*. A Baudin de Calonne. (1396 : aud. Baudin). **Paradis.**

(H, 631-1396, f° 34). Baudin de Calonne pour deux maisons et une planque *contre le Forthuis*, IIII drs.

(H, 648¹-1467, f° 216). Le v^ve Robert le Fèvre, pour II maisons, l'une sur le Crinchon *faisant le touquet de Grauechon* devant *le Croissant*, IIII drs.

(H, 649³-1476, f° 374). Le v^ve Robert le Fèvre, pour II maisons nommées **Paradis** en deux membres, l'une *sur le Crinchon, l'autre sur le touquet du Crinchon*, IIII drs.

Le cueilloir de 1544 spécifie (H, 668, f° 101) que des deux maisons nommées *Paradis*, l'une fait le touquet *de la rue de Grauechon* et l'autre le touquet de *la rue de la Queueterie*, ce qui en précise bien la situation.

31. A Bertoul Hauwel, estuveur (1396 : le *maison des*

estuves derrière St-Jeh.-en-l'Estrée à Bertoul Hauel dit Bertoulet). **Les Estuves du Glay** *(Le Glaïeul)*.

(II, 632-1398, f° 62). Bertoul Hauwel, pour se maison et le porte, XII drs.

(II, 633-1408, f° 66). Jeh. Rambourt, pour une maison et le porte, XII drs.

(II, 640'-1436, f° 223). Jeh. Rambourt, pour une maison et porte *nommée le Glay*, XII drs.

(Arch. hôp. St-Jean, I. E., 1451-52). Le v^ve Robert le Jone, pour *les Estuves du Glay devant le porte de derrière de l'hospital.*

32. A Jak. d'Avions. (1396 : aud. Jaquemart, haultelicour). **Le Grant Margot** *(La grande Margot)* et vers 1436 **Le Forthuis.**

(II, 631-1396, f° 34). Jaquemart d'Avions, pour le maison *Le grant Margot, ens.*, XII drs.

(II, 633-1408, f° 66). Jaquemart d'Avions (mots raturés et remplacés par :) Clay de Soissons, pour se maison et une planque, XII drs.

(II, 640'-1436, f° 223). Clay de Soissons, pour une maison **nommée le Forthuis** et une planque deseure le Crinchon, XII drs.

(Emb. 1464, f° 71 v°). Bernard de Soissons, artilleur, donne en garantie d'une dette les *Estuves du Forthuis, tenant aux Estuves du Glay.*

Ces étuves nommées la maison de *la Grande Margot*, sans doute au temps de la vogue de cette nymphe du Crinchon, prennent donc vers 1436 le nom de *Forthuis* délaissé par le n° 36 pour l'enseigne du *Croissant*. Voir à l'article suivant d'autres preuves de ce changement d'enseignes.

33-36. Les IIII maisons sont à Andrieu de St-Amand. (1396 : **Les Estuves du Forthuis** *(La solide Porte)* et trois petites maisons derrière à Andrieu Thiré). **Le Croissant.**

Ces trois maisons sont *derrière le Forthuis* (36) par rapport au scribe qui établit son registre dans la maison de ville, la Halle.

(H, 633-1408, f° 66). Le v^ve^ Jeh. Thiré, pour le maison *du touquet* que on dist *le Forthuis* et pluiseurs aultres héritages qui tiennent aveuc le gardin en IIII membres, VI s. IIII cap.

Le touquet dont il s'agit est celui de la ruelle de l'Isle-Adan. Il est d'autant plus nécessaire d'apporter des précisions, que *le Forthuis* s'est déplacé et que situé d'abord au n° 36, il s'est, comme on vient de le voir, transporté au n° 32, près du *Glay*. En 1436, *le Forthuis* devient le *Croissant*. C'est ce que prouvent les documents suivants.

(H, 640 1435, f° 57). Robert Testart, pour le maison du *toucquet* que *on dist le Forthuis* et plusieurs aultres héritages par *derrière* qui tiennent advecques le gardin en IIII membres, VI s. IIII cap.

(H, 640¹-1436, f° 223). Robert Testart, pour le maison du *toucquet* nommée le *Forthuis*, (mot raturé et remplacé par :) **le Croissant** et plusieurs... (comme dessus), VI s. IIII cap.

(H, 641-1437, f° 56). Robert Testart, pour le maison du toucquet que on dist *le Croissant* et plusieurs... VI s. IIII cap.

Ces indications sont formelles. Elles sont confirmées par deux actes tirés des Archives de l'hôpital St-Jean.

(I. B., 7, 51). Vente à Jehan Chuine en 1466 de deux granges et un gardin (33-36) tenant d'une part *aux Estuves du Forthuis* (32) *où est l'enseigne de St-Jullien* et d'autre part faisant coin d'une ruelle qui mène aux *Estuves du Lisladan*.

(*Ibid.*, 52). Cession de rente (1474) sur une maison, jardin et héritage « où soloit par ci-devant avoir une grant grange et autres édiffices dont possessoit Jeh. Chuine, tainturier, séans en le *rue des Estuves du Forthuis*, à Jeh. Rappine, tenant d'une part ausd. estuves et d'autre part *faisant coing d'une rue de flégart qui maisne au gardin ou soloient avoir les Estuves du Lisladan et de long et par derrière au Crinchon et courant nommé le courant Hollande*.

(H, 649³-1476, f° 372). Jeh. Chuine, pour une maison sur *le toucquet* qu'on dist le *Croissant*, avecques plusieurs héritages et gardins contenant IIII membres, VI s. IIII cap.

37. A Jeh. Vacque. (1396 : à Andrieu Thiré).

(Emb. ext. 1394, f° 10). Jeh. Vacque vend à Andrieu Thiré une maison séans *au dessous du Pont St-Waast, au derrière de l'hôpital St-Jeh.-en-l'Estrée* en une ruelle estans entre le maison du *Forthuis* (36) et le maison de *le Fleur de Lys* (42).

(Emb. 1427, f° 127 r°). Colart Thiré gage une obligation sur une maison dont on fait deux louaiges, *en le ruelle des Estuves de Lisladan tenant au Forthuis et aux Estuves de Lisladan et aboutant à le Halle des Cordewaniers* (33 du 2e tour de Notre-Dame-en-Cité).

On constate, une fois de plus, que tous les actes *antérieurs* à 1436 placent le Forthuis au n° 36.

38. A Jeh. Durant, foulon. (1396 : à Gillot Boubet). **Les Estuves de Lisladan.**

(Emb. ext. 1394, f° 11). Pierre de Thilloy vend à Gillot Boubet, tainturier, une maison *séans au bout de le ruelle estans entre le Forthuis et le Fleur de Lis, derrière le pont St-Waast.*

(Emb. 1423, f° 76 v°). Jaquemart Walois et Mikiel Lanstier vendent « les estuves scituées *en le rue Bourlet, vers le Forthuis, tenans à Herbert Thiré* et *encloses du Crinchon.* »

Ces étuves anonymes sont incontestablement celles de *Lisladan,* signalées ailleurs (emb. 1426, f° 55 v°) comme séans *vers le Forthuis.*

D'autre part, en 1427, (emb. f° 139 v°) la vve de Simon David donne à sa fille Anne, à l'occasion de son mariage, les Estuves de Lisle Adan, séans en *le rue Bourlet* emprès les *Estuves du Forthuis tenans à Herbert Thiré* et *encloses du Crinchon.*

(Emb. 1435, f° 82 v°). Marie du Bos vend maison et estuves nommées *Lilladan,* ayant yssue en *le rue de le Croix St-Andrieu* (actuellement du Refuge-Mareuil) et une autre maison au plus près d'icelle tenant à *Lilladan* et ayant pareillement yssue en led. rue.

D'où vient le nom de *Lisle Adan,* donné à ces étuves qui ne figurent pas à nos deux Rentiers et paraissent avoir été installées au début du XVe siècle, au fond de l'impasse maintenant fermée qu'on voit encore sur la placette située à l'extrémité de la rue des Agaches ? (Cette impasse n'est pas, comme le croit l'auteur des *Rues d'Arras,* [t. I, p. 282] l'amorce de l'ancienne *rue de la Queuterie,* totalement englobée par l'hôpital, mais la *ruelle des Étuves de Lisle*

Adan). Il n'est pas téméraire de supposer que les mots : « *encloses du Crinchon* » donnent l'explication du mot *isle* ou *ile.* Dans ce cas, Adan, nom assez répandu à Arras, désignerait le propriétaire. On aurait donc l'Isle Adan comme on a le Wes dame Emain ou Wez-Damain.

On n'eût pas manqué autrefois, non sans quelque vraisemblance d'ailleurs, de considérer cette dénomination comme un hommage à la gloire du Maréchal Villers de Lisle-Adam, qui, en 1436, contribua à reprendre Paris aux Anglais. Cet événement eut un énorme retentissement dans toute la France et provoqua partout des explosions de joie. A l'occasion des fêtes qui eurent lieu à Arras le 20 avril 1436 (Rég. Mémorial 1426-36, f° 90) « *l'abbé de Liesse* » composa une ballade où on trouve ces vers :

Mais on doit avoir mémoire
De chelle noble victoire
Que Lille Adam a empris
Qui tant est pieux et hardis (1).

Mais les Etuves de Lisle Adan existaient avant 1436 et, comme je l'ai déjà noté, il n'était guère d'usage alors d'honorer de cette façon les hommes illustres.

39-45 Les v maisons et II courtiux sont à Martin de le Bassée. (1396 : Le maison de **Le Fleur de Lis** et les appendances sont aud. Martin).

La v^ve^ de Simon David qui avait donné à sa fille, en mariage, les Etuves de Lisle Adan (1427, f° 139 v°) lui donne en outre une maison *en dessous du pont St-Waast,* servant à enchine de taintelerie, tenant *par derrière au Crinchon,* avec une grange et un gardin, *joignans à le Fleur de Lis.* C'est évidemment une partie transformée des appendances de ladite hôtellerie.

La Fleur de Lis (42) est à l'angle de la ruelle.

(H, 635-1415, f° 57). Jeh. Dardenne, pour le maison du *touquet devant le Forthuis, nommée le Fleur de Lis.*

(1) Ce détail m'a été signalé par M. Lavoine qui prépare un travail sur l'abbé de Liesse.

(Emb. 1436, f° 46 r°). Jaque de Thilloy vend ses rentes sur le maison de *le Fleur de Lis, faisant touquet de le rue de Lislaitan.*

Le reste des appendances (43-45) faisait front sur la placette.

46 47. Au nepveu dud. Martin de le Bassée. (1396 : les deux maisons *en le rue de l'Ierre* sont à Martin de le Bassée).

48. A Gillot de Languelée. (1396 : aud. Gillot de Languelet).

49. A dame Tasse de Habarc. (1396 : à Jaquemart Gillebert, tondeur).

(Emb. 1401, f° 259 v°). Jaquemart Guillebert et Maroye de Habbart, sa femme, vendent à Jak. Postel une maison séant *en le rue de l'Ierre,* joignans à l'éritage Gillot de Langlet et à l'éritage Jeh. Crestel.

50. A Robert du Four. (1396 : à Jeh. Crestel, caucheteur).

51-55. Les v maisons ens. à Oudart Limechon. (1396 : Les v maisons à Simon Coerdoudieu. — Note marginale : vendues à Pierre de Tiloy, taintelier, par led. Simon le XVIII° jour de février IIII^xx^ et XVI).

(Emb. 1391, f° 65). Simon Coerdoudieu garantit un dépôt sur plusieurs maisons, « tenans ensemble en le rue de l'Ierre, joignans à Jeh. Crestel et à Gillot de Pénin ».

L'une de ces maisons avait pour enseigne : **Le Croix de Saint-Andrieu**, qui donna son nom à la rue. Je ne puis identifier cette *Croix de St-André* à une ou deux maisons près. C'est, semble-t-il, le n° 55.

(Emb. 1435, f° 82 r°). Marie du Bos vend (en même temps que les Estuves de Lisladan), trois maisons tenans ensemble dont on nomme l'une d'icelles *le Croix de St-Andrieu,* tenant à Simon de Pénin.

56. Le maison ens. c'ondist de **Lierre** est à le v^ve^ Willaume Mouton. (1396 : à Gillot de Pénin).

(II, 641-1437, f° 56). Symon de Pénin, pour le maison de l'Hierre, contenant IIII membres, XVIII drs.

On se souvient que *les Estuves de Lierre* (31 du 4e tour de St-Maurice) étaient situées juste en face, à l'angle de la placette. Il ne s'agit ici, sans doute, que d'une taverne ou d'une hôtellerie, qui, ainsi que le four placé un peu plus loin, a pris le nom des étuves, pour signaler qu'elle était dans le voisinage d'un établissement bien connu. Un document tiré des Archives de l'hôpital St-Jean (I. B, 7, 52) tendrait cependant à prouver que *la maison de l'Ierre*, fut, elle aussi, à un moment donné, aménagée à l'usage *d'étuves*.

Led. Hôpital avait, en 1474, « deux sols sur la masure et gardinet où soloient estre les *Estuves de Lierre*, appartenant à Jeh. Rapine, séant *en le paroisse Saint-Morisce, en une petite ruelle* (rue St-Christophe) *qui maisne de le grant rue St-Morisce en une petite ruelle* (rue du Vert-Soufflet) *qui maisne de le grant rue St-Morisce en le rue St-Andrieu* (rue du Refuge-Mareuil), *aboutant par derrière au courant et Grinchon de le ville, nommé le courant Hollande.* »

Ce signalement est trop précis pour ne pas s'appliquer à *la maison de Lierre.* Cette propriété, il est vrai, ne figure pas aux Rentiers, dans la paroisse St-Maurice, mais elle confinait au 4e tour de cette paroisse et elle a dû être considérée comme appartenant à ce tour, du moment où d'après l'acte précité et l'acte suivant, l'entrée de « la masure et jardin » fut transférée dans la rue St-Christophe.

(II, 647-1458, fo 58). Willemet de Douay, dit de Pénin, pour le maison *du Lierre* qui fut à Simon de Pénin, contenant III membres tant par devant comme par derrière *en le ruelle du Vivier* (de St-Christophe), XVIII drs.

57. **Le Four de Lierre** à Ernoul as Baisselettes. (1396 : à Nicaise Gontier, fournier).

58. Aud. Ernoul. (1396 : aud. Nicaise Gontier).

(Emb. 1419, fo 230 ro). Le vve de Ernoul as Baisselettes vend à Jeh. le Moisne quatre maisons tenans ensemble, une d'icelles nommée le *Four de Lierre faisant touquet sur le Grinchon* et tenant à Sawale le Caron (61).

59-60. A Enguerran Castelain. (1396 : Les deux maisons

qui furent Enguerran le Castellain sont à Nicaise Gontier).

61-63. A Colart de Lattre. (1396 : à Jaquemart Ogier dit de Sainte-Genne). **Le Blanque Lévrière.**

(**H, 636-1418, f° 257**). Sauwale le Caron, pour III des maisons qui furent Jaquemart de Sainte-Genne *par devant le Pont St-Waast*, IIII drs.

(**Emb. 1424, f° 23 v°**). Sawale le Caron donne en garantie d'une obligation une maison *devant le Pont-Saint-Waast*, nommée le *Blanque Lévrière*.

(**Emb. 1454, f° 81 v°**). Baudin Alléguier, pareur de draps, pour garantir un prêt à lui consenti pour l'achat « de le maison *où pent l'ensengne de le Blanque Lévrière*, séant *au dessoubs du Pont St-Waast* » engage cette maison entre les mains des échevins, et la donne en louage au prêteur et à son ayant cause Colart le Pan.

(**H, 647-1458, f° 58**). Collart le Pan pour III maisons qui furent à Jaquemart de Sainte-Genne, devant le Pont St-Waast, nommées le *Blanque Lévrière*, IIII drs.

Dans le Répertoire de Dom Page, (f° 160) il est constaté que la maison « faisant coing de la rue des Tinturiers sur la rue *du Four Salon* dite de *la Croix de St-Adrien (sic)* était nommée *le Blans Laurier* ». Il y a là une double déformation imputable aux copistes. Il faut lire : *Saint-Andrieu* et *Blanc Lévrier*. Au début du XV° siècle, *la Blanche Lévrière* n'était pas tout à fait à l'angle de la rue.

64-65. A Jaquemart Ogier, cordewanier. (1396 : Les deux maisons *qui font le touquet de le rue des Bordiaux* sont à Mah. Cuffort).

(**H, 632*-1409, f° 237**). Le v^ve Mah. Cuffort, pour une maison *devant le Pont St-Waast*, VII drs. et une autre maison en *le ruellette*, VII drs.

Cette même mention se retrouve au cueilloir de 1429 (H, 639, f° 57) suivie de la mention des trois maisons de Sawale le Caron. Il s'ensuit que la *Blanche Lévrière* était la seconde après celle du touquet dans la rue de la Croix St-Andrieu (n° 63).

66. A Piérot de Thilloy. (1396 : à Jeh. Damours, bouchier. — Note marginale : vendue par led. Damours et sa femme à Mah. Cuffort le XXIIe jour de march IIII^{xx} et XVI).

67-68. A Piérot de Thilloy, tainturier. (1396 : confondant les deux groupes de maisons appartenant à Pierre de Thilloy (67-68 et 70-72), le scribe inscrit ici *induement* : les II maisons et le gardin *qui furent Liches* sont à Pierre de Thilloy). **L'Esgle noir** *(L'Aigle noir)*.

(H, 636-1417, f° 72). Guillaume le Maire, tainturier, pour II maisons, XII drs. ob.

(H, 641-1437, f° 55). Les hoirs Guillaume le Maire..., XII drs. ob.

(Emb. 1438-39, f° 161 v°). « Jeh. le Maire, l'aisné, vend à Robert de Haréville le tiers qu'il a en une maison nommée *l'Esgle noir*, tenant à *Piérot Cannel* et aboutant par derrière à Robert Pippelart (33-35 du 5e tour de St-Maurice) et d'un autre costé à Simon le Pignier (73-74, les IIII Fieux Emon) à la charge de LXXVII sols de rentes dont XL sols à le v^{ve} Tassart Amion et XX sols au Capitle d'Arras. » Or, le Rentier de 1396 note précisément que ces deux maisons doivent quarante sols de rente à Tassart Amion et vingt sols au chapitre.

(H, 644-1446, f° 56). Robert de Hyréville, pour II maisons, XII drs. ob.

69. A Jak. Ogier. (1396 : aud. Jaquemart Ogier dit de Sainte-Genne).

(H, 634-1410, f° 66). Le v^{ve} Jaquemart de Sainte-Genne, pour une maison ens., V drs.

(H, 635-1415, f° 55). Jeh. Fourcon... V drs.

(H, 637*-1422, f° 234). Jeh. Fourchon... V drs.

(Emb. 1427, f° 162 r°). Jeh. Flourechon vend à Willaume le Maire une grange et gardin tenant d'une part aud. Willaume et d'autre part *à une ruelle qui n'a point d'yssue estant entre l'héritage vendu et le maison des Estuves de l'Angle.*

Peu après, (emb. 1428, f 22 v°), Willaume le Maire assure par son contrat de mariage à Jehanne de Quatrevaux, sa femme, entre autres avantages, « s'il passe de vie à trespas avant elle », la jouissance viagère de cette propriété « *tenant à une ruelle qui fait front à le maison et Estuves de l'Angle* ».

(H, 644-1446, f° 56). *Pierre Cannel*, pour une maison ens., v drs.

Il y a dans les actes susmentionnés des embreveures une inexactitude certaine. Tous les documents, depuis le Rentier de 1382 jusqu'au Répertoire de Dom Page (fin du XVIIe siècle) placent *l'Angle* ou l'Angèle *après les Quatre Fils Aymon* en allant vers la rue du Bloc. Donc, la ruelle en question se trouvait entre la propriété de Joh. Flourechon et *les Quatre Fils Aymon*, signalés plus loin comme *formant le touquet opposé*. Il est cependant possible, ce qui pourrait tout concilier, que *l'Angle* ait eu une entrée ou une issue dans ladite impasse. Mais ce n'est là qu'une conjecture.

70-72. Les II maisons et **Les Liches** sont à Jak. Hanecocque. (1396 : Ces maisons manquent au Rentier de 1396, par suite de la confusion indiquée plus haut. C'est ici évidemment et en conformité avec tous les cueilloirs de St-Waast que doivent figurer : les II maisons et le gardin *qui furent Liches*, à Pierre de Thilloy).

(H, 633-1408, f° 64). Pierre de Thilloy, pour III maisons et *les Liches en deux membres*, XXI drs.

(H, 637'-1422, f° 234). Guillaume le Maire, tainturier, pour III maisons et *les Liches en le ruellette* qui furent Pierre de Tilloy, claucteur, en deux membres, XXI drs.

73-74. Les II maisons c'ondist les Estuves **des IIII Fieux Émon** *(Les Quatre Fils Aymon)* sont as hoirs de Simon du Boef. (1396 : à Henri du Boef, haultelicour).

(H, 640-1435, f° 56). Symon le Pignier, pour deux maisons nommées *les Quattre Fieulx Hémon*, v drs.

(H, 647-1458, f° 57). Le v[ve] Symon le Pignier, dit le Moisne, tainturier, pour II maisons nommées *les IIII Fieulx Emond, faisant le touquet de le ruelle*, v drs.

75. Ne figure pas au Rentier de 1382. (1396 : à Andrieue du Boef). **L'Angle** ou **L'Angèle** *(L'Ange)*.

(H, 632-1398, f° 61). Drienette du Boef, pour le maison de *l'Angèle* en II membres, II drs.

(II, 637a-1422, f° 233). Jaquemart du Boeuf, pour le moitié de le maison de *l'Angle* et fu parti en l'an mil IIIIc et vingt et ung, I tournois.

L'abbé de Mareeul, pour l'autre moitié, I tournois.

(Emb. 1421, f° 67 r°). L'abbé de l'église de St-Amand et de Ste-Bertile de Mareeul et Jaquemart du Boef reconnaissent qu'une maison « *séant dessoubs le Pont-St-Waast*, tenant aux *IIII Fieux Emon* et à le v^ve Thumas le Maire et nommée *l'Angle* leur appartient par moitié... »

Led. abbé, en 1428, (f° 99 r°) vend aud. Jaquemart sa part en led. maison... (comme dessus).

(II, 647-1458, f° 57). Gobert Richard, pour le moytiet de le maison de *l'Angèle*, I tournois. Item; led. Gobert, pour l'autre moytiet de led. maison et le racheta Jaquemart du Boef, père de la femme dud. Gobert, à monseigneur l'abbé de Mareul, I tournois.

Dom Page (Répert. f° 159) prétend que cette maison, qu'on retrouve encore à la fin du XVIIe siècle auprès des *Quatre Fils Aymon*, s'appelait *l'Anglet* parce qu'elle « faisait un recoing » ou petit angle. Nous avons vu des maisons situées en « un anglet » (28 du 1er tour de St-Nicolas), mais le fait que, dès le XVe siècle, ladite maison se nommait *l'Angèle*, prouve que cette explication, en soi admissible, puisque *angelus* et *angulus* se traduisaient au moyen âge par *angle*, n'est pas exacte.

(Emb. 1432, f° 65 v°). Baudin Merlin gage une dette « sur *les Estaves de l'Anglet*, tenant de part et d'autre au fégard de le ville. »

Il semble bien, d'après ce texte et les actes cités plus haut, que *l'Angle* séant dans la *rue des Tainturiers*, donnait aussi par derrière sur *l'impasse des Liches*. Si cette maison formait les deux côtés d'un angle sortant qui existe encore dans la rue, cette situation expliquerait l'interprétation erronée que Dom Page a proposée du mot angle.

76. A Jak. Walois. (1396 : à Huart Godin, dit le Coustelier).

(II, 632-1398, f° 60). Huars Goduyns, pour le maison qui fu

Jeh. Walois en deux membres, tenant à Jeh. des Auteulx, III drs.

(II, 633-1408, f° 64). Thumas le Maire pour... III drs.

77-77 *bis*. A Régnault de Paris. (1396 : à Jeh. des Auteux, taintelier).

(II, 632-1398, f° 60). Jeh. des Auteulx, pour IIII maisons en III membres sur *le touquet* de le rue du Blocq, XIII drs.

Deux seulement de ces maisons étaient dans la rue des Tainturiers, les deux autres faisaient retour sur la rue du Bloc. (Voir 21-22 du 5e tour de St-Maurice).

(H, 639-1429, f° 57). Robert le Merchier, (pour plusieurs maisons en la rue du Bloc). Item : pour une maison *sur le touquet de le rue* qui fu à Jeh. des Auteulx, IIII drs. Item : pour une maison ens., IIII drs. Item : pour une bicquebacque (appareil pour puiser de l'eau) séant sur le Crinchon devant se maison.

Li VIIe tours de Saint-Aubert commenche à le maison qui fu Robert de Ransart, en le rue du Blocq, en alant tout ce renoq jusques as Nocqués *en l'Abbeye et jusques à le maison Mik. le Franchois et de là en alant en l'autre rencq, rentrant en le ruelle et alant tout ce rencq jusque* à le Crois ou Pré *(fos 116 r° et suiv.)*.

(1396 : Même rédaction, fos 201 v°; 199 r° et v°; 202 r° à 204 r°).

---

1. Le maison *qui siet sur les Crinchons* en le rue du Blocq est à Jeh. Tartin, taneur. (1396 : le maison *sur les Crinchons* aud. Jehan).

(Emb. 1428-30, f° 145 r°). Willaume le Fer et Pasque de Calonne, sa femme, vendent à Jeh. le Quien une maison séant en le rue du Blocq *tenant à le ruelle qui maisne de led. rue du Blocq au Dorelot* et d'autre part à Jeh. de Cromont et aboutant par derrière sur le Crinchon.

(Emb. 1436, f° 24 r°). Catherine Wion, vve de Jeh. de Baudart, dit le Borgne, vend à Marguerite du Bos, sa cousine, ses rentes sur le maison Jeh. le Quien, *faisant touquet d'une petite ruellette qui maine au Dorlot.*

Comme il n'y a, en 1382, que deux maisons (1-2) entre la ruelle du Dorelot et la ruelle des Archers, il est certain que l'importante tannerie de Jeh. Tartin (1), était en plusieurs membres, ce que prouvent les actes précédents et l'acte de partage des biens de Jeh. Rousée et de Marie Tartin, sa femme.

(Emb. 1454, f° 96 v°). Jeh. de Cromont et Marie Rousée, sa femme, Colart Cornette et Marguerite Rousée, Jeh. de Laval et Jacobte Rousée, lesd. demoiselles, sereurs, filles et héritières de feu Jeh. Rousée, en son vivant *taneur*, et de demiselle Marie Tartine qui fu sa femme, après avoir fait visiter et estimer par Jaquemart Ladan, sergant à vergue, Adam le Broeq, varlet des œuvres de la ville, et leurs amis : « les heritages qui furent appartenant à yceux deffuncts » procèdent au partage. On a vu qu'une maison tenant à la pourcession de l'église St-Maurisse avait été dévolue à Jeh. de Laval. « Les deux maisons, tenans ensemble, estans à usage de tanerie, séans en le rue du Blocq, l'une d'icelles tenant *au Crinchon et courant de le ville qui coeurt et fleue du long de* l'héritage des conjoins Jeh. de Cromont qui leur appartient de la succession des père et mère d'icellui Cromont, et l'autre tenant à *un autre Crinchon qui coeurt et fleue du long de l'héritage de Noël Camelot* (2) appartiendront la première à Colart Cornette, la seconde à Jeh. de Cromont.

Donc, vers le milieu du XV° siècle, on trouve entre les deux ruelles susdites la maison Jeh. le Quien, tenant à la maison de Cromont qui, elle-même, est contiguë aux deux maisons Jeh. Rousée, joignant « la maison suivante de Noël Camelot ».

2. A Massin Amion. (1396 : aud. Massin).

Il ressort de l'acte rapporté au n° 3 que cette maison est bien celle qui appartiendra à Noël Camelot, en bordure sur *la ruelle des Archers.*

3. A Wiot le Cuvellier. (1396 : aud. Wiot).

(Emb. ext. 1394, f° 19 v°). Colart de Barli, tisseran de

draps, renonce à ses droits, en faveur de Guiot le Cuvellier, sur une maison séant en le rue du Blocq.

C'est ici qu'en 1464 s'installera la Confrérie des Archers.

(Emb. 1464, f° 19 v°). Jacques le Jone et Gilles Doresmieulx, subrogiés au lieu de Baudrain de Longueval, tuteurs et curateurs de Andrieuet et Leuren David, frères, enffans mineurs-dans de deffunct Jeh. David ; Jeh. Rogier et Marie David, sa femme, Jeh. Longuet, dit Morlet et Ysabel David, sa femme, lesd. tuteurs et curateurs pour et au nom desd. meuredans... auctorisiés par les lettres du roy... vendent aux roy, connestable, diziniers et confrères des archers de l'arcq à main d'icelle ville, une grange, gardin et heritage... séans *sur le rue du Blocq, tenant d'un costé tout du long à une ruelle et flégard du lez de la maison Noël Camelot* et d'un autre costé à une autre petitte maison, gardin et héritage appartenant ausd. hoirs, au gardin Gille le Flameng (30 du présent tour) et autres et aboutant par derrière *à une petitte ruelle et flégard, servans à plusieurs maisons et héritages de le rue de l'Abbeye* (voir 13 du 1er tour de St-Maurice).

Il est ensuite stipulé « qu'une voye de XIII piés de largeur » sera faite à travers les jardins des vendeurs qui (voir plus loin) possédaient toutes les maisons de la rue du Bloc « le long du mur de closture entre lesd. gardins et le gardin dud. maistre Gille le Flameng pour avoir entrée et yssue dud. grant gardin (des Archers) à une ruelle de flégard, par une portelette qui y est présentement, qui par ce présent marchiet doit appartenir auxd. acheteurs et *laquelle ruelle* (rue des Coqs ou des Escos) *maisne en le rue des Tainturiers.* « Les archers seront tenus d'élever un mur de pierre ou de bricque de deux piés d'espoisse, ou environ, qui fera closture entre led. grant gardin » et la petite maison voisine. Les vendeurs devront construire à leurs frais, à travers leurs jardins, un mur partant de la portelette et qui avec le mur de terre du jardin de Gille le Flameng, constituera la « voye » d'accès... Fait le XXVIIe jour de mars IIIIc et LXIV. Jeh. Lasiet, roy ; Wille Merlin, connestable des archers.

Le prix d'achat est de « cent livres de XL gros de Flandres à présent courant en Artois, » et les rentes foncières à la charge des acheteurs » sont de XV sols à l'église St-Meurisse à cause de la grange, VI sols aux relligieux d'Estroen et II sols VI drs. ob. et II cappons à plume à l'église St-Waast.

Cet acte, dont j'ai reproduit les parties essentielles, a une certaine importance pour l'histoire de la *Confrérie des Archers*. Les auteurs des *Rues d'Arras* confondent toujours les archers et les arbalétriers qui, pourtant, constituaient deux compagnies bien distinctes et souvent rivales.

4 5. Gardin et grange à Jeh. de Songnies. (1396 : à Looren de Troisvaux).

(Emb. ext. 1388, f° 10). Jeh. de Songnies vend à Loerent de Troisvaux une grange et gardin en le rue du Blocq...

(H, 632-1398, f° 69). Leurent de Troisvaulx, pour I gardin et se grange, XXIX drs. et II cap.

6. As hoirs Simon, le Parmentier. (1396 : à Jaquemart de Thun).

(Emb. 1391, f° 39 v°). Benoît Guillebert et sa sœur Mariette, enffans de feu Simon Guillebert [le Parmentier], vendent à Jaquemart de Thun les droits qu'ils avaient en un héritage séans en le rue du Blocq, joignans d'une part à Leurent de Troisvaux et d'autre part faisant le *touquet de le rue des Coqs, et par derrière à Savale de le Ruelle* (30).

(H, 632-1398, f° 69). Jaquemart le Thun, pour une maison *sur le touquet*, I dr.

7. A sire Jeh. Triboul, prestre. (1396 : à Jaquemart Sauvé).

(Emb. 1393, f° 148 r°). Jaquemart Sauvé, dit Hévin, couvreur d'esteule, vend à Emelot le Faveresse, dite de Habarcq, une maison séans en le *rue des Escos*, joignans à le v^ve Andrieu du Hamel (16) et à Jeh. Malassis, dit Bruyant.

Cette maison revint bientôt aud. Jaquemart qui en est encore propriétaire en 1396.

(H, 632-1398, f° 69). Jaquemart Sauvel, dit Hévin, pour une maison qui fu Emelot le Faveresse *en le rue des Escos*, II drs.

8-9. Maison et gardin à Colart Bloquel. (1396 : maison et courtiux d'alès à le v^ve Bruiant Malassis).

10. A Gillot de Pénin. (1396 : aud. Gillot).

11-14. Les IIII maisons dont li une *fait le touquet de le rue du Blocq* sont à le demiselle de le Vigne. (1396 : à Mik. Sacquespée).

(Emb. 1464, f° 22 r°). Maistre Ricquart Pinchon, conseiller de la ville et Marguerite David, sa femme, sœur de Jeh. David, d'une part et d'autre part tous les hoirs dud. Jeh. David, mentionnés ci-dessus au n° 3, se partagent l'héritage du défunt, comprenant toutes les maisons de la rue du Bloc depuis le touquet jusqu'à la grange vendue aux archers. « C'est assavoir : une grant maison de laquelle on fait ad présent deux louages séant en la rue des *Tainturiers et faisant coing de la rue du Blocq*, aveucq trois autres petites maisons tenant ensemble et joignans à icelle grant maison, prendans leur yssue sur ladite rue du Blocq, et une chocque (groupe de maisons tenant ensemble) séant en lad. rue du Blocq, dont on fait ad présent quatre louaiges, aveucq une grange, court et tout le grant gardin tenant à lad. chocque de maisons. » D'un commun accord on fait deux lots ; La grande maison est attribuée avec les trois petites à Ricquart Pinchon, et la chocque de quatre maisons aux quatre autres héritiers qui en auront chacun une (*ibid.*, f° 23 r°) dans l'ordre suivant à partir de la propriété des archers : Laurent David, Jeh. Louguet, Jeh. Rogier et Andrieuet David. « Pour ce que la maison faisant coing sur la ruelle (la rue des Escos) est trouvée plus petite et de menre (moindre) louaige. » Andrieuet reçoit de chacun de ses trois cohéritiers une indemnité compensatoire de XL sols, soit six livres.

15. As hoirs Jeh. Godeffroy. (1396 : auxd. hoirs).

(Papiers de rentes de le Povreté, 1395) sur le maison des hoirs Jehan Gaudefroy, séant *en le rue de le Sauch*, tenant à la maison Andrieu du Hamel, v s.

16. A Andrieu du Hamel. (1396 : à le v^ve^ dud. Andrieu).

(*Ibid*) sur le maison Andrieu du Hamel tenant à le maison dessus dite et à le maison Jeh. de Villers, pelletier, v s.

17. A Andrieu Latitel. (1396 : à Jeh. de Villers).

(Emb. 1399, f° 32 v°). Jeh. de Villers vend à Piérot le Fer une maison *devant le Sauch*, tenant à le v^ve^ Andrieu du Hamel.

18. A Gillot Fauquel. (1396 : aud. Gillot).

(Emb. ext. 1407, f° 2 v°). Maroie Sochière vend à Jehanne le Crasse, v^ve^ de Piérot le Fer, une maison *séant devant le Sauch*, tenant d'une part à led. vesve et d'autre part faisant le touquet d'une ruelle par lequelle on va de le Sauch en le rue du Blocq.

19. A Henri Quiéquin. (1396 : as hoirs dud. Henri).

(Emb. 1428, f° 97 v°). Toussains de Quehen et Jehanne le Crasse, sa femme, gagent une obligation sur « une maison, séant *devant le Sauch*, en lequelle a enchine de tainture, faisant *touquet d'une ruelle* et tenant à l'éritage *Jeh. Pigache.*

20. A Henri Quiéquin. (1396 : as hoirs dud. Henri).

21. A Henri Quiéquin. (1396 : as hoirs dud. Henri).

(Emb. 1435, f° 21 r°). Gille le Climent, paintre, vend à Pierre Cauvin, tondeur de grans forches, une maison séant en *le rue de le Sauch*, tenant d'une part à *Jeh. Pigache* et d'autre part à Simon Herlois.

(Emb. 1436-38, f° 181 r°). Pierre Cauvin et Jehanne le Prévost, sa femme, gagent un emprunt sur une maison séans en le rue *de le Saus*, tenant à Jeh. Pigace, et d'autre part à l'éritage de le *Tainture de le Saus* à Simon Herlois.

(Emb. 1464, f° 26 r°). Martin Cauvin, fils de feux Pierre Cauvin et Jehanne le Prévost, vend à Colart Lucas, marchant de draps, une maison *en le rue des Tainturiers, au devant du Wez de le Sauch.*

22. A Henri Quiéquin. (1396 : as hoirs dud. Henri). **Le Tainture.**

(Emb. 1428, f° 28 v°). Jaquemart Calet et sa femme, vendent à Simon Herlois une maison, séant *au devant de le Sauch*, nommée *le Tainture*, et tenant auxd. conjoins.

23. A Henri Quiéquin. (1396 : as hoirs dud. Henri).

24. A Jeh. Calet. (1396 : aud. Jeh.).

(Emb. 1400, f° 151 r°). Jeh. Calet baille à louage à Willaume Prest une maison *devant le Sauch*, marchissans à le porte des *Nocqués en l'Abbeye* et pour ce qu'il estoit nécessaire de rengrangier le enchine de tainturerie qui est en led. maison, led. Calet a fait réparer led. maison à grant somme de deniers dont led. Willaume en a paiet la somme de IIII^{xx} frans qu'il pooit et porroit devoir pour les IIII ans dud. louage.

(H, 636-1418, f° 271). Jeh. Calet pour se maison tenant *aux Nocqués*, et est l'enchine de le foullerie, II drs. I cap.

(Emb. 1435, f° 197 v°). Jaquemart Calet, sergant à macque de Monsgr le duc de Bourgogne et Marie Calet, femme de Jeh. Joly, dit Gallois, « reconnaissent le partage fait de son vivant par Jeh. Calet, de toutes ses propriétés. En conséquence, led. Jaquemart aura « trois maisons, tenans ensemble (22-24) et à l'éritage *des Nocqués*, à lui appartenant.

25-26. Le maison **des Nocqués** *(Le Nocquet* est une sorte de cadenas. Il y avait la rue des *Nocqués d'or)* et une autre maison d'alès sont à Wiot Calet. (1396 : *les Nocqués* et une aultre maison d'alès sont aud. Wiot et doivent, toutefois qu'il y a nouvel abbé à St-Waast, un fourrel à se croche).

27. A Cofart Roussel. (1396 : à Lambert Coutel, parqueminier).

(Emb. 1391, f° 12 r°). Colart Roussel, caron, et Jehanne le Caronne, sa femme, vendent à Lambert Coutel, parqueminier, une maison séant en l'abbeye, *joignans au Crinchon courant entre led. maison et le maison Wiot Calet* et d'autre part à l'éritage dud. acateur.

28. A Lambert Coutel. (1396 : aud. Lambert).

29. A Sauwale de le Ruelle. (1396 : aud. Sauwale).

30. A Mik. Lamand. (1396 : à Sauwale de le Ruelle).

(H, 633-1408, f° 79). Le vve Sawale de le Ruelle, pour se maison et gardin, XIII s.

(Emb. 1419, f° 226 v°). Jeh. de Bailly et Aélips Aubric donnent à Jeh. du Cornet *deux* maisons avec le gardin appartenant à l'une d'icelles qui furent à Mikiel Lamant et depuis à Sawale de le Ruelle, premier mari de led. Aélips, icelles deux maisons tenans de deux sens à Pierre du Bosquel. (Ce Pierre du Bosquel, (voir II du Ier tour de St-Maurice) possédait, je ne sais à quel titre, les propriétés de Lambert Coutel).

(H, 637-1420, f° 67). Le vve Jeh. de Bailly, pour se maison et gardin, XIII s.

(H, 641-1437, f°). Le vve Jeh. du Cornet, pour ses maisons et gardins en sept membres, XIII s.

(H, 647-1458, f° 74). Demlle Marie de Robessay, dite du Cornet, pour... (comme dessus) XIII s.

(II, 648-1465, f° 71). Marie de Robessay, *femme maistre Gille le Flamencq*, pour... XIII s.

Comme il est question du jardin de *maistre Gille le Flament* au n° 13 du 1er tour de St-Maurice et au n° 3 du présent tour, il m'a paru utile d'en bien préciser la situation. A noter aussi que le n° 6 aboutit à ce jardin qui, par suite, devait être de dimension considérable.

31. A Lambert Coutel. (1396 : aud. Lambert).

32-33. Le maison ens. et le petite d'alès sont à Mik. Franchois. (1396 : les II maisoncelles sont aud. Mikiel).

Ces maisoncelles sont non seulement sur ce rang de maisons la limite du 7e tour de St-Aubert, mais elles sont encore la limite de la paroisse St-Aubert. Le 7e tour traverse la rue et passe à la maison Grard de Halengues.

34. A Grard de Halengues, *devant, à l'opposite.* (1396 : Le maison à *l'opposite* est à Grard Code, cordewanier).

35. A Jeh. le Gaugeur. (1396 : à Jeh. des Auteux. — Note marginale : vendue par led. Jeh. des Oteux à Jeh. le Vinchan).

36-37. Les II maisons ens. dont *li une fait le touquet de le ruelle* sont à Willaume de Ligny. (1396 : à Sawale de le Ruelle).

(Emb. 1419, f° 226 v°). Jeh. de Bailly et Aélips Aubrie donnent à Hanotin du Cornet deux maisons qui furent aud. feu Sauwale de le Ruelle, tenant ensemble et faisant le *touquet de le rue du Meulinel.*

38. A Jeh. le Gaugeur. (1396 : à Jeh. des Oteux. — Note marginale : vendue avec l'autre (35) à Jeh. le Vinchan).

39-40. Maison et grange à le vve Colart de Gauchin (1396 : à Thumas de Gauchin).

41-42. A Jeh. Guelle. (1396 : à Jaquette Sorelle).

(II, 632-1398, f° 54). Jacotte Sorette, pour II maisons qui furent Jeh. Guerlle, XI drs. II cap.

(Emb. 1399, f° 40 r°). Jacotte Sorelle, vve de Piérot Tinel, vend à Simon Agache deux maisons tenans ensemble, qu'elle avoit *en le rue que on dist des Galetoires, assés près de l'Abbeye*, tenans à Jeh. le Vinchan (qui, propriétaire des nos 35 et 38, avait sans doute acquis les nos 39 et 40) et d'autre part aud. Simon.

43. Courtieux à Simon Agache. (1396 : le courtieux est à Simon Agace et fait yssue à le maison où il demeure, en le rue de l'Abbeye [5-6 du 2e tour St-Maurice]).

44. A Oudart Limechon. (1396 : à Jeh. Calet).

45-47. Les III maisons sont à le vve Piérot le Roy. (1396 : à led. vesve).

48-49. A Oudart Limechon. (1396 : à Simon Cordoudieu).

(Emb. ext. 1379, fo 4 ro). Marote le Burgheresse, vve de Martin de Reines (?) dit de Ghines, vend à Oudart Limechon deux maisons et un gardin, séans *en le plache Sire Régnault de Henin au bout de le rue de Noeféglise.*

(Papiers des rentes de le Povreté, 1395). Sur les II maisons Simon Coerdoudieu qui furent Houdart Limechon, séans *sur le plache de Régnault de Hénin*, tenans à Henri Evrard, XIII s.

(Emb. 1415, fo 69 vo). Katerine Filloeul, vve de Simon Coeur dou Dieu et Hanotin, son fils, vendent à Jeh. du Pont, taneur, ung courtil séant en *le plache de le Rouyne*, tenant à Jeh. le Prévost et par derrière aud. Jeh. Dupont, ycelui gardin ayans yssue sur led. plache.

(Comptes de le Povreté, 1419-20). Jeh. du Pont, taneur, pour ses maisons qui furent à le vve Simon Cuerdoudieu séans en le plache sire Régnault de Hennyn, XIII s.

50. A Baudin de Maisières. (1396 : à Henri Evrard).

(Emb. ext. 1387, fo 11 ro). Jeh. de Maisières, tenu à Marie de le Plache, dite de Maisières, vve de Jeh. Cousin, d'une somme de XX frans d'or, oblige au prouffit de led. vesve une maison séant en *le plache que on dist Sire Régnault de Hennin.*

(Papiers de rentes de le Povreté, 1395). Sur les maisons Henry Evrart où il demeure qui furent Baudin de Maisières, séans en le *place Régnault de Hénin*, XIII s.

(Comptes de le Povreté, 1419-20). Martin le Prévost, dit de Simencourt, marchant de pourchiaux, pour se maison qui fu Henry Evrart en led. plache, XIII s.

(Emb. 1433, f° 23 v°). Jeh. Brisson, viézier, recongnoit que, après son trespas, appartenra à Waast Brisson, son fils, une maison séant en le *place de le Rougnette, assés près de le Croix ou Pré* et tenant à l'éritage Jeh. du Pont, taneur.

(Emb. 1436-38, f° 139 r°). Waast Brisson vend à Jeh. Thibaut une maison séans en *le plachette le Royne*, tenant à l'éritage de le vesve qui fu Jeh. du Pont et d'autre part au Crinchon de le ville.

51. Aud. Baudin de Maisières. (1396 : à Willaume Dallé).

52-53. Les II maisons devant à l'opposite sont aud. Baudin de Maisières. (1396 : Les II maisons dont li *une fait le touquet* sont à Gillot le Gillon).

54. A Jak. Cosset. (1396 : à Jeh. Dalmé, tondeur de forches).

55-56. Les II maisons ens. à Jeh. l'Olivier. (1396 : Les II maisoncelles as hoirs Jeh. Olivier).

(Emb. ext. 1379, f° 11 r°). Drievart Olivier vend à Jeh. Olivier une maison séant ou lieu que on dist le plache Sire Régnault de Hénin.

57. A Piérot Evrart. (1396 : as hoirs dud. Piérot).

58. A Oudart Limechon. (1396 ; à Jeh. Trébusquel).

(Emb. 1399, f° 63 r°). Jeh. Trébusquel et Maroye Buffoie, se femme, vendent à Jeh. le Vesque une maison séans *à le Croix ou Pré*, tenans à Jeh. le Plouvier et à Miquiel Coerdoudieu.

59. A Oudart Limechon. (1396 : à Simon Coerdoudieu).

60. Le courtieux *devant le Croix ou Pré* est à Henri Dallé. (1396 : à Mikiel de Wamin).

Li VIIIe tours de St-Aubert commenche à le maison des hoirs Pierre de Sainte-Jeuvène sur les Crinchons, en le rue du Moelinel, en l'Abbeye, et s'en va tout ce rencq jusques à le maison Martin Pinion, et de là alant à l'autre rencq jusques au Pont St-Waast et de là alant tout ce rencq en Grauwechon jusques à le maison Jeh. Graine, potier d'estain, et de là alant tout ce rencq amont jusques à le Catoire et finant au touquet de le plache le Castelain (f°s 118 v° et suiv.).

(1396 : Même rédaction, f°s 204 v° à 211 v°).

---

1. Le maison *estans sur les Crinchons en led. rue du Moelinel* est as hoirs Pierre de Ste-Jeuvène. (1396 : à Henri Platel).

(Emb. ext. 1381-82, f° 3 v°). Guffroy de Ste-Jeuvenne, fils de feu Pierre, vend à son frère Jehan les droits qu'il a sur la moitié de deux maisons, tenans ensemble, dont l'une est aboutante sur le rue de Noefeglise et l'autre derrière le four c'ondist du Moelinel.

(H, 632-1398, f° 64). Henry Platel, pour une maison tenant à Jeh. de le Fosse, XIIII drs, II cap.

(Emb. 1434, f° 120 r°). Guillaume du Mur vend une maison en *une ruelle qui n'a point d'yssue*, nommée *le rue des Galetoires, au plus près de le rue Noefèglise, tenant d'un costé au Crinchon.*

Si, comme il résulte de ce texte, la ruelle des Galetoires n'était alors qu'une impasse, la maison dont il s'agit, étant en deux membres, faisait front sur la rue actuelle du Moulinet et formait le fond de l'impasse des Galetoires.

2. A Jeh. de Songnies. (1396 : à Jeh. de le Fosse). **Le Galent.**

(H, 632-1398, f° 64). Jeh. de le Fosse, pour II maisons ens. III drs. I cap.

(H, 633-1408, f° 67). Jeh. de Lattre, pour II maisons ens. (2 et 3).

(Emb. 1418, f° 73 v°). Jeh. de Lattre loue à Nicaise le Roy une maison, séant en le rue du Meulinel, nommée *li Gaians*, tenant à l'éritage qui fu Henri Platel.

3. Aud. Jeh. de Songnies. (1396 : aud. Jeh. de le Fosse).

4. A le v^ve^ Colart de Gauchin. (1396 : à Jacotte de Gauchin et à Hénin Salhadin. — Note marginale : Led. Hénin et sa femme ont vendu led. maison à Jeh. du Cornet le XXVIe jour de décembre IIII^xx^ et XVI).

(H, 632-1398, f° 54). Colart Robechais, dit *du Cornet*, pour une maison ens., III drs. I cap.

5. Le maison qui *fait le touquet* est au Sous Prévost de St-Waast. (1396 : le maison qui *fait le touquet de le rue du Molinel* est à Jehan Feuillet).

6. **Le Four du Moelinel** est à Jak. le Proedomme. (1396 : aud. Jaquemart le Preudomme).

(H, 632, f° 54). Jaquemart le Preudoms, pour le maison du Four du Moeulinel, III s.

7. **Le Moelinel** *(Le Petit Moulin)* à le v^ve^ Tassart du Cornet. (1396 : à led. vesve).

(H, 632, f° 54). Marguerite Behorelle, v^ve^ Tassart du Cornet, pour le maison *du Moelinel* en l'Abbeie, XXXI drs. II cap.

8. A Martin Pinion. (1396 : aud. Martin). **Les Maillés.**

(H, 632-1398, f° 54). Martin Pinion, pour le maison des *Maillés* ensiévant, demi marc de fin argent.

(Emb. 1425-26, f° 202 r°). Pierre de Raincheval vend une maison et un gardin en le rue de l'Abbeye, nommée *les Maillés*, tenant à Jeh. du Cornet et d'autre part *à une ruelle estans entre le d. maison vendue et l'Ospital as Chariotes* et le gardin estans au derrière de led. maison tenant aud. hospital.

(H, 630-1420, f° 48). Gillot Testart, pour le maison des *Maillés* en lequelle maison sont deulx membres tant en le grant rue comme en le *petite ruelle contre l'Ospital aux Chariottes*, demi march de fin argent.

9. **Le Sauch** ou **Le Saulx** *(Le Saule)* est à Jeh. Damours. (1396 : aud. Jehan).

(Emb. ext. 1355, f° 12). Willaume Boinebroque vend à Jeh. d'Arras, taintelier, une maison c'on dist de *le Saulx*, séans entre le maison de *le Clef* (dernière du 4e tour de St-Géry, *faisant touquet de le rue de Sauch*) et *l'Ostellerie de St-Waast.*

(Emb. 1400, f° 106 v°). Jeh. Damours gage une obligation sur une maison nommée *le Sauch desoux le pont St-Waast*, tenant à le maison de *le Clef* et d'autre lés à St-Waast.

Il ne s'agit pas ici du Pont St-Waast déjà rencontré et situé au point de rencontre des rues des Tainturiers et des Agaches, mais de l'ancien Pont Levon de Guiman, dont M. Van Drival (*Cartulaire*, p. 452) déclare ignorer l'emplacement. Il y avait aussi à cet endroit une sorte d'abreuvoir appelé le *Wez de le Sauch.*(Voir 20 du 7e tour).

(Emb. 1435, f° 30 v°). A la suite d'un partage, Loys Dupont a les *Estuves de le Sauch* et Willaume d'Arleville la maison de *le Clef.*

L'acte contient quelques détails sur une rectification des murs de séparation des deux propriétés, qui joignaient aux murs des greniers et des écuries de l'abbaye de St-Waast.

(Emb. 1454, f° 70 r°). Dame Agnès Barrois, vve Jeh. du Pont vend à Pierre Carbonnel, tainturier de draps, une maison nommée *les Estuves de le Sauch*, tenant à l'héritage de *le Clef* à vve Willaume de Harlaville et à l'*Ostellerie de St-Waast* et aboutant aux murs et estables des chevaux de l'église dud. St-Waast et par devant au Crinchon.

10. Le maison *qui tient au Pont St-Waast* est en le main de l'*Ostélerie St-Waast.* (1396 : idem).

11-12. Le masure et le maison ens. sont à le vve Jeh. Froissart. (1396 : à led. vesve).

(H, 632-1398, f° 65). Dame Sainte, vve de Jeh. Froissart, pour se maison, IX drs.

13. A Marousse de l'Aubelet. (1396 : à Walle de Lattre, tainturier).

(H, 632, f° 65). Walle de Lattre, pour une maison ens., qui fu à Martin de Laubelet, XII drs.

14. A le Ville. (1396 : à Colart Coquel, parmentier).

(II, 632, f° 65). Colart Coquel, pour se maison ens., xvi drs.

15. A Jeh. d'Aubigny. (1396 : aud. Jehan, parmentier).

(*Ibid.*, f° 65). Jeh. d'Aubigny, pour deux maisons, xxxii drs.

16. A le v^{ve} Jeh. Agache. (1396 : à Estène Lescuier).

(*Ibid.*, f° 65). Estevène Lescuiër, pour une maison, xii drs.

17-18. As hoirs le v^{ve} Pierre de Noefville. (1396 : à Mik. Loir, parmentier).

(II, 632, f° 64). Les hoirs Miquiel Loir, pour deux maisons, xii drs.

19. A Pierre de Hainau, fourmegier. (1396 : à Jeh. Fouquier).

(*Ibid.*, f° 64). Jeh. Fouquier, carbonnier, pour le maison ens., qui fu Piérot Holandois, xii drs.

20. A Pierre de Hainau. (1396 : à Jeh. de Hénau).

(*Ibid.*, f° 64). Piérot Holandois [de Hainau], pour le maison *sur le touquet*, iii cap.

21. Le maison *qui fait l'autre touquet* est à le v^{ve} Rasse Nepveu. (1396 : le maison qui fait *le touquet dessoubs le Court le Conte* est à Andrieu Nepvéu).

(Emb. 1401, f° 288 v°). Andrieu Nepveu gage un prêt sur le maison où il demeure, *dessoubs le Court le Cónte, faisant touquet de Grauechon* et tenant à le v^{ve} Jeh. Cardon.

22. A le v^{ve} Rasse Nepveu. (1396 : à Jeh. Cardon, questeur).

23. As hoirs le v^{ve} Pierre de Noefville. (1396 : à Jeh. Cardon). **Le Chierf en Grauechon.**

(II, 632-1398, f° 64). Andrieu Nepveu, pour iii maisons (21-23), xviii drs.

(II, 630-1417, f° 77). Jeh. Durane pour iii maisons, xviii drs.

(Emb. 1421, f° 94 v°). Jeh. Durane vend à Jeh. Paien, plétier, une maison en Grauechon nommée *Le Chierf*, tenant à le v^{ve} Jeh. Cardon et à Martin le Brun, cordewanier, dit Holande et aboutant au Grinchon.

Jeh. Paien (emb. 1438, f° 10 r°) revend à Gille Wallois cette maison, tenant alors à Simon de Monchi et, en 1454 (emb.

f° 86 v°), Pierre de Berle, tisseran de draps, gage une obligation sur une maison, séant en le rue de Grauchon, nommée *le Chierf en Grauchon*, tenant à Ferran de Monchi et aboutant par derrière au Crinchon et courant de le ville.

24. As hoirs le v^ve^ Pierre de Noefville. (1396 : à Jeh. Cardon).

A noter que au cueilloir des rentes de St-Waast de 1398, après les trois maisons (21-23) qui sont au nom de Andrieu Nepveu, Jeh. Cardon paie (f° 64) pour une maison qui fu Andrieu Nepveu, VI s.

(H, 641-1437, f° 60). Féran de Monchy, pour une maison qui fu Andrieu Nepveu, VI s.

25. A Jehenne le Cloquemande. (1396 : à Caterine Harache et à Jeh. de Lattre).

(Emb. 1436-38, f° 171 v°). Jeh. de Lattre vend à Willaume de Noielle une maison séant au dessoubs de le Court le Conte tenant à Feran de Moncy et *faisant le touquet de le rue par lequelle on va à led. Court le Conte et aboutant par derrière à l'éritage de led. Court.*

26 A le v^ve^ Philippot Loir. (1396 : à led. vesve).

(H, 632-1398, f° 64). Le v^ve^ Philippot Loir, pour II maisons, XII drs.

27. A Jeh. Rage. (1396 : aud. Jehan).

28. A Piérot Wafflart. (1396 : aud. Piérot).

(H, 632, f° 64). Piérot Wafflart, pour se maison, XII drs.

29. A Jaquemart de L'Arsin. (1396 : à Piérot Wafflart).

(Emb. ext. 1390, f° 1 r°). Henri de L'Arsin, fils de Jaquemart, vend à Piérot Wafflart sa maison séant en le rue de Grauechon.

(Emb. 1400, f° 198 v°). Jehanne Wafflarde et Bertoul Enauld, son plévy (garant, caution solidaire), vend à Jeh. Postel deux maisons en le rue de Grauechon, tenans à le v^ve^ Jeh. Rage.

(H, 633-1408, f° 60). Jeh. Postel, pour II maisons, XII drs.

30. A Jeh. de Saint-Valéri. (1396 : à le v^ve^ dud. Jehan).

(Papiers de rentes de le Povreté, 1395). Sur le maison qui fu Jeh. de Saint-Walery en Graucchon, tenant à le maison Piérot Wafflart, XXVI s.

31-32. A Jeh. Graine, potier d'estain. (1396 : aud. Jehan).

(H, 631-1396, f° 60). Jeh. Graine, pour le maison *du touquet devant St-Aubert*, VII drs.

(Emb. 1423, f° 45 r°). Le v^ve^ Jeh. de St-Waast donne à Péronne de St-Waast, sa fille, femme de Jeh. Cocquet, une maison qui fu jadis Jeh. Graine, potier d'estain, *devant l'Ospital St-Jacque.*

(Emb. 1426-28, f° 26 v°). Dans la succession de Simon Lionne, Simon David et sa femme, Jehanne Lionne ont, dans leur lot, des rentes sur « le maison Simon Desfossés, potier d'estain, où il demeure, *devant St-Aubert, faisant le touquet de le rue de Grauechon* ».

33-34. A Huart le Coutelier. (1396 : aud. Huart).

35. A Gillot L'Englentier. (1396 : à Savalle de le Ruelle et à Gillot L'Englentier).

(H, 632-1398, f° 96). Gillot Englentier et Sauwalle de le Ruelle pour une cuisine et un pont derrière leur maison, II poulles.

36-38. Les III maisons ens. sont à l'Ospital Saint-Jak. (1396 : aud. Hospital Saint-Jaque).

39. *Li Hospital.* (1396 : **Le Petit Hospital Saint-Jaque**).

Une impasse existait alors entre les n°s 39 et 40.

(Arch. mun., Mémorial IX, f° 5 r°). Le XVIIIe jour d'apvril l'an mil IIII^c^ LXIIII, après Pasques, le candeille fu allumée, après les criées sur ce faictes, pour bailler à rente une maison nommée *Le Petit Hospital Saint-Jacque*, appartenant aud. hospital, *tenant au Goulot Saint-Aubert*, et faisant *coing de le ruelle de le Maison et Four de Canteraine.*

40. **Le Moelin de Canteraine** à Jeh. Gardel. (1396 : Le maison nommée **Le Four de Canteraine** à Jeh. Bau).

41. A le v^ve^ Mik. du Bos. (1396 : à v^ve^ Andrieu Wion).

42. A Bétrémieu de St-Waast. (1396 : aud. Bétrémieu).

(Papiers de rentes de le Povreté, 1395). Sur le maison Bétrémieu de St-Waast, en le grant rue St-Aubert, tenans à Jeh. Buffoy, XLII s.

43. A Jeh. Buffoy. (1396 : le maison et les appendances sont aud. Jeh. Buffoy).

(H, 632-1398, f° 96). Jeh. Buffois, pour se maison en II membres, IIII s.

(Emb. 1428, f° 126 r°). Miquiel Courson vend ses rentes sur une maison séant en le grant rue St-Obert, *à l'opposite de l'ostel où pent l'image de St-Martin,* jadis appartenant à Jeh. Buffoy.

On se souvient que le 4° tour de St-Aubert commence au touquet devant lad. maison Jeh. Buffoy dont la situation exacte est ainsi doublement fixée.

44. A Emmelot de le Bassée. (1396 : à Jeh. d'Yppre).

45-46. A Martin de le Bassée. (1396 : aud. Martin).

47-49. Les III maisons sont à le v^ve^ Tassart de Fampoux. (1396 : à Huart Rumault, saieteur).

50. A Jak. de Noefville. (1396 : aud. Jaque).

51. A Jak. de Noefville. (1396 : à Jeh. Durant, viésier).

52. As hoirs Jak. d'Iser. (1396 : à Jeh. d'Iser).

53. A Jeh. le Hocheteur. (1396 : à Jeh. Bernart, plommier).

(Emb. 1435, f° 52 v°). Mah. Pisson, viésier, vend à Robert de Neufville une maison séant en le rue St-Obert, tenant à Jeh. des Fossés et aboutant par derrière *et aiant yssue sur le fégart de lad. ville en le rue des Gouverneurs.*

54. A le v^ve^ Raisse des Fossés. (1396 : à Jeh. des Fossés).

55. A Jeh. de Laon. (1396 : à Pierre le Verriér). **Le Blanque Merdieu** (sans doute *La blanche Mère de Dieu*).

(Emb. 1414, f° 75 r°). Jeh. des Fossés et sa femme donnent à leur fils Simon *deux* maisons, séans en le rue St-Obert, *tenans ensemble*, l'une nommée *le Blanque Merdieu* et l'autre où lesd. conjoins demeurent, tenant à Jeh. Bernart.

56. A Nicaise Buignet. (1396 : aud. Nicaise).

(Emb. 1429, f° 235 r°). Adam Ronchin vend à Willaume d'Arras la moitié qu'il a en une maison à l'encontre de Jeh. Ronchin à qui appartient l'autre moitié, icelle maison estans en le grant rue St-Obert, à *l'opposite de le maison qu'on nomme le Fer de Queval* (16 du 4e tour), tenant d'une part à Jeh. des Fossés et d'autre part à l'éritage *du Faucon* appartenant à Jacobte Aligonne.

(Emb. 1435-36, f° 6 v°). Jeh. d'Arras, fils de Willaume, réconnaît la validité de la vente faite par sa mère et son frère Hanotin de la susdite maison décrite de la même façon, « séant *devant le Fer de Queval* et tenant à l'éritage de Jacobte Aligonne, nommé *le Faucon* ».

57. A Gillot de Lattre. (1396 : aud. Gillot, boulengier). **Le Faucon.**

(Papiers de rentes de le Povreté, 1395). Sur le maison Gillot de Lattre, séans en le rue St-Aubert, tenans à Nicaise Buignet, II s.

(Comptes de le Povreté, 1419-20, f° 14). Le vve Willaume Aligonne, pour se maison *nommée le Fauchon, faisant le touquet de le ruelle par lequelle on va derrière le Court le Conte*, II s.

58. A Gillot Leureux. (1396 : le maison ens. et une *autre par derrière* sont à Jeh. Maton).

59. A Jeh. Harache. (1396 : aud. Jehan).

(Emb. 1419, f° 222 r°). Jeh. Harache vend à Jehan de Roucq une maison, séant en une ruelle *par lequelle on va à le Court le Conte*, tenant aud. Jeh. de Roucq.

60. A Jak. le Wamier. (1396 : à Jaquemart Jaquet dit le Wamier).

(*Ibid.*, f° 221 v°). Jaquemart de Reincheval vend à Jeh. de Roucq, qui en avait déjà les deux tiers, le troisième tiers d'une maison séant *en le rue St-Aubert* et faisant *le touquet d'une ruelle par lequelle on va à le Court le Conte.*

61. A Gillot de Lattre. (1396 : aud. Gillot).

62 A Bétrémieu des Cauderons. (1396 : à Bétrémieu Blanchart).

63-64 A Gillot de Lattre. (1396 : à Flourent de Bourghes).

65. A Colart Heudebinel. (1396 : à Robert le Caron, tonnelier). Touquet de la place du Châtelain.

(Emb. 1390, f° 3 v°). Gillot de Lattre vend à Robert le Caron x sols parisis de rente qu'il prendoit sur le maison dud. Robert, séans en le *plache le Castellain*, joignans à le maison des enfans feu Estène de Hénin.

66. A Estène de le Bovette. (1396 : as enfans de Estène de Hénin, ménestrier).

67-69. Les III maisons sont à Jeh. de Houvin. (1396 : les trois maisons *en le place le Castellain* à Lambert Clay, télier).

70-72. Les II maisons ens. sont à le v^{ve} qui fu le Lièvre. (1396 : *Les III maisons en le Noble Rue* [rue des Rapporteurs] à Bétrémieu Blanchart, goudalier).

(Emb. 1426, f° 88 v°). Colle de Lattre, v^{ve} de Bétrémieu Blanchart, vend à Mah. Pisson, viézier, une maison séant en le grant rue St-Obert (62) *avecq trois petites maisons, tenans ensemble, faisant front de rue en venant de le place le Castelain à le Court le Conte*, estans *derrière* le maison dessus déclairée.

73. A Jeh. des Monchiaux. (1396 : les *deux* maisons *à l'autre renq* sont aud. Jehan).

Après avoir appartenu assez longtemps à Périn Boulsiot, cette propriété passe à Robert de Wailli qui, en 1454 (emb. f° 7 r°), vend à Willaume de le Vallée, un gardin séant en le *rue de Noble Rue*, tenant aud. Robert de Wailli et *de tous aultres sens au flégart de la ville*. Led. Willaume revend peu après (*ibid.*, f° 25 v°) à Jeh. Panyer, parmentier, ce gardin « séant *devant le Court le Conte*, tenant à Robert de Wailli, pourpointier, et par derrière *aboutans à le rue de Patimuche et de deux aultres sens faisant front sur rue* ».

Ce jardin situé devant la Cour le Conte remplaçait des masures que nous retrouverons au 1er tour de la Madeleine.

74. A Jak. Panot. (1396 : à Robert de Mailli).

(Emb. 1414, f° 26 r°). Régnault le Preudomme vend à Marcq de le Porte une maison séans *lés le place le Castellain*, tenant à Willaume de Jumelles et *par derrière à le rue Patymuche.*

(Emb. 1419, f° 194 v°). Led. Marck de le Porte revend à Guffroy d'Enmilleville cette maison séant en le *rue de Noble Rue vers le Cours le Conte*, tenant d'une part à Périn Boulsiot et d'autre part à Martin Doré et *yssant sur le rue Patymuche.*

(Emb. 1421, f° 144 r°). Guffroy d'Enmilleville vend à Jeh. Gauchel, paintre, forain, une maison séans *en le Noble Rue*, tenant à Périn Boulsiot et à Martin Doré et *ayant yssue en le rue de Putimuche.*

(Emb. 1423-24, f° 46 r°). La v^ve de Jeh. de St-Waast donne à sa fille mariée à Jeh. Cocquet, échevin, ses rentes sur nombre de maisons, entre autres « sur le maison Mark de le Porte située *en le Noble Rue*, tenant à le maison Ysabel Postelle où demeure Willaume de Jumelles *devant le porte de l'Esprevier* ».

De même que *l'Ostoir (l'Autour)* de la grande place (39 du 12e tour de Ste-Croix) était devenu *le Faucon*, sous la plume d'un scribe, il est certain que cet *Esprevier* n'est pas autre chose que *le Faucon* (57) qui avait une sortie sur la *Noble Rue* (actuellement rue des Rapporteurs).

(Emb. 1429, f° 133 r°). Jeh. Gauchel, paintre, demourant à Metz-en-Loraine, vend à Englebert Luppart, plétier, une maison séans *en le Noble Rue*, tenant à Périn Bulsiot et d'autre part à Willaume de Jumelles et *aboutant en le rue Puthimuche.*

(Emb. 1436-38, f° 83 v°). Jehanne Thabaris, v^ve Englebert Luppart, vend à Willaume de Noielle, plétier, son droit de viage en une *petite* maison séans en *le Noble Rue*, tenant à Périn Boulsiot et à Jeh. le Clerc, toilier.

75. A Jeh. Calequin. (1396 : à Yzabel Postelle). **Le Calisse** ou **Le Calisse d'or.**

(Papiers de rentes de le Povreté, 1393). Sur le maison Ysabel Postelle, séans *en le Noble Rue*, tenans d'une part à Robert de Mailly et d'autre part à Jeh. de Wamin et siet *à l'oposite de derrière le maison Gillot de Lattre* (57, *le Faucon*), XXX s.

(Comptes de le Povreté, 1423-24). Martin Doré pour se maison qui fu Ysabel Postelle, *en le rue des Gouverneurs*.

(Emb. 1423, f° 151 v°). Martin Doré, cordewanier, vend à Willaume de Jumelles une maison nommée *le Calisse*, séant en *le Noble Rue*, tenant d'une part à Jeh. Gauchel et d'autre part à le v^{ve} Jeh. de Wamin et par derrière à *le rue de Putymuche*.

(Emb. 1427, f° 150 v°). La ville vend quelques rentes appartenant à la Pauvreté, entre autres une rente « sur le maison Willaume de Jumelles, séans en *le rue des Gouverneurs*, xxx sols vii drs., vendus xvii drs le denier ».

En 1433 (emb. f° 61 r°), Willaume de Jumelles vend à Jeh. le Clerc, caucheteur, une maison nommée *le Calisse d'or*, séant *derrière le porte des Gouverneurs*, tenant d'une part à Enguerran Luppart et d'autre part à Jeh. de Raincheval et *aians yssue en le rue de le Putimuche*.

76-78. Les iii maisons sont à Jeh. de Wamin. (1396 : aud. Jehan).

79. A Jak. de Salau. (1396 : Les ii maisons aud. Jaquemart de Salau, viézier).

(Emb. 1390, f° 31 v°). Jeh. de Billi, fils de feu Mahieu de Billi, vend à Jeh. Herlant ses rentes sur le maison Jaquemart de Salau qui *fait touquet sur la place du Castellain* et sur une autre maison tenant à ycelle qui appartient aux hoirs de feu Leurent Lescaudé.

(Emb. 1414, f° 112 v°). Jeh. de Salau vend à Jeh. Bauchart, dit Gallois, viézier, une maison *faisant touquet sur le plache le Chastellain, en alant vers le Court le Conte* et tenant à le v^{ve} Jeh. de Wamin.

80. As hoirs Lourench Lescaudé. (1396 : auxd. hoirs).

(Emb. 1399, f° 29 v°). Simon Dansaing vend à Simon Escaudé les droits qu'il peut avoir « en une maison séans *en le place le Castellain*, tenant d'une part à Jaquemart de Salau et d'autre part à le demiselle du Luiton ».

81. A Mahieu de Billi. (1396 : à le demiselle du Luiton).

(Emb. ext. 1388, f° 11). Jeh. Louchart vend à Simon Louchart ses droits « sur les deux maisons Mah. de Billi *en le place le Cathelain* ».

(Emb. 1390, f° 9 v°). Jeffroy et Pierre de Billi, enfans de feu Mahieu, vendent à Jeh. Herlant et à Agnès de Billi, sa femme, tel droit qu'ils pouvoient avoir « en cinq sols parisis et deux cappons qu'ils avoient sur deux maisons séans sur *le place le Chastellain* et tenans ensemble *à l'opposite des maisons Robert de Mailli et font touquet en alant de led. place à le Court le Conte* ».

82-84. Les III maisons à l'autre rencq *devant le* maison dud. Mahieu sont à Robert de Mailli. (1396 : les III maisons *à l'autre rencq en le place le Castelain* sont aud. Robert).

(Papiers des rentes de le Povreté, 1395). Sur les III maisons de Robert de Mailly, vairier, séans *sur le plache du Chastellain*, XXX s.

(Comptes de la Povreté, 1419-20). Aelis Béhourde, pour ses III maisons qui furent Robert de Mailly et *font le touquet de le Plache le Castellain*, XXX s.

Comment peut-il se faire que la maison Jak. de Salau (79) et la maison Mahieu de Billy (81) forment toutes deux touquet sur la place du Châtelain « en alant à le Court le Conte » ? Un retrait en équerre après le n° 79 suffirait à expliquer les deux touquets ; mais pour que la maison de Mahieu de Billy fût *réellement « devant »* et *« à l'opposite de »* la maison de Robert de Mailli, il faudrait admettre entre ces deux propriétés une encoche plus ou moins profonde, sur laquelle une des maisons dud. Robert ferait touquet. Il ne s'agit pas en effet, ici, du coin de la rue Putymuche occupé par la *Catoire* (48 du 1er tour de la Madeleine). N'ayant pas trouvé les éléments pour le résoudre, je me borne à poser ce petit problème.

Li IXe tours de le parosce St-Aubert commenche à le maison de le Bovette *devant le plache le Chastellain en alant tout autour et en revenant par devant les* Campions *jusques à led. Bovette (f° 122 r° et suiv.).*

(1396 : Même rédaction, bien que le scribe fasse le tour en sens inverse, f°s 212 r° à 214 v°).

---

1. **Le Bovette** et **Le petite Bovette** à Jak. le Borgne. (1396 : *Le Bovette* et une petite maison d'en costé aud. Jaquemart).

Cette maison en deux membres était située au coin de la ruelle des Cauderons « devant le plache le Chastellain » en face de l'hôtel des *Cauderons* qui à son tour est parfois indiqué (emb. 1438, f° 190 v°) comme faisant le touquet de lad. place et de « le rue de le Bovette ».

(*Ibid.*, f° 193 v°). Jeh. de Lens, v^ve de Colart Robechais, dit du Cornet, vend à Gillot le parmentier, dit de Roue, deux maisons tenans ensemble, une grande et une petite, l'une nommée **le Bovette** et l'autre **le petite Bovette**, séans au devant de le *place le Castellain, faisans touquet de le rue des Cauderons* et aboutans à l'éritage des hoirs de Pierre de Raincheval.

2. A Jeh. de Noefville. (1396 : aud. Johan).

3. A Robert le Borgne, fourmegier. (1396 : à Jeh. de Noefville).

(Emb. 1420-28, f° 148 v°). Dem^lle Ysabel de Crezecques, v^ve de Gille de Raincheval, donne à son fils Jaquemart *deux* maisons, tenans ensemble, scituées en le *rue des Cauderons, emprès le place le Castellain*, tenans d'une part à *le Bovette* et d'autre part à l'éritage qui fu Colart Petit, crieur de vin, et par derrière aux *Campions* appartenant à led. vesve.

Jaquemart revend cet héritage à son frère Pierre de Raincheval en 1434 (emb. f° 117 v°).

4. A Tassart de Fouquières. (1396 : à Colart le Petit, crieur de vin).

5. A Mah. Broulin. (1396 : à Colart le Petit).

(Emb. 1392, f° 106 v°). Waghe Climench et Aelids le Caronne, sa femme, vendent à Colart le Petit, crieur de vin, une maison séans *en le ruelle des Cauderons*, joignans à l'éritage dud. acateur, et d'autre part à Simon le Mareschal et par derrière aux *Campions*.

6. A Simonnet le Marissal. (1396 : Le maison qui *fait le touquet de le rue de le Bovette* est à Simon le Mariscal).

7. Le maison du *Four* est as hoirs Piérot de Henninel. (1396 : **Le grant Four en Halserue** à Jeh. du Pont, goudalier. — Note marginale : vendu par led. Jeh. du Pont à Gille de Raincheval le XXIIIe jour de février IIIIxx et XVI).

8. Le maison *qui fait le touquet de le ruelle* est as hoirs Piérot de Henninel. (1396 : à Jeh. du Pont).

9. Le maison *qui fait le touquet de le rue du Puch St-Josse* est à Mik. Gloria. (1396 : aud. Mikiel).

10. A Mik. Gloria. (1396 : aud. Mikiel).

11. A Robert le Caucheteur. (1396 : aud. Mik. Gloria).

12. A le vve Simon de Roncestoc. (1396 : à Simonne le Muine).

13. A Thumas de le Cauchie. (1396 : le maison est *waste et laissié pour les rentes*). Nouvel exemple de ces masures effondrées dont le propriétaire abandonne le terrain aux rentiers.

14. A Thumas de le Cauchie. (1396 : à Régnault Béquet, *en le rue du Puch St-Josse*).

Cette indication du Rentier de 1396 s'explique par le fait que le scribe suivant comme je l'ai signalé, un itinéraire en sens inverse, arrive ici dans ladite rue.

15. A Jeh. le Clerc. (1396 : Le maison qui *fait le touquet de*

le rue du Puch St-Josse est à Gillot le Fèvre, sergant à mache).

16. A Robert Bosquet. (1396 : à Colart le Fèvre, parmentier).

17. A Maroie Cauvette. (1396 : à Jehenne le Mairesse).

18. A lad. Maroie Cauvette. (1396 : à Gillot de Lattre).

19. A Jeh. de Goy. (1396 : à Jeh. de Rouc, carpentier).

(Emb. 1444, f° 23 v°). Jaque Sévérondel vend à Gillot le Parmentier, dit de Roucq, les rentes qu'il prend sur la maison dud. de Roucq « *séant derrière le Fer de Queval* ».

20. **Les Campions** *(Les Champions)* as hoirs Colart de Paris. (1396 : à Gille de Rainsceval).

21. **L'Escu de Saint-Pol** à Pierre Heudebinel. (1396 : à Boidin Haton).

(Emb. 1425, f° 238 v°). Ysabel de Crezecque, vve de Gille de Raincheval, donne à son fils Jehan une maison en le grant rue *vers le place le Castellain* nommée *l'Escu de St-Pol*, tenant *aux Campions* et à l'éritage des hoirs Jeh. Morin.

22. A Camus le Prévost. (1396 : à Jeh. Mourin, huchier).

(Papiers des rentes de le Povreté, 1395). Sur le maison Jeh. Mourin, huchier, qui fu Camus le Prévost, tenans à *l'Escu de Saint-Pol, emprès le plache le Castellain*, xxxiii s. vii drs.

(Emb. 1427, f° 150 v°). Baudin Laisné, comme procureur général de la ville, vend à Simonne le Borgne, avec l'autorisation du duc de Bourgogne, les rentes que la ville prenait sur un certain nombre de maisons, entre autres, « sur une maison *emprès de l'Escu de St-Pol* à le vve Jeh. Morin ».

(*Ibid.*, f° 216 v°). Mariette et Péronne, fille de feu Jeh. Mourin, vendent à Willaume de Noielle une maison *emprès le place le Castellain*, tenant à l'éritage de Jeh. de Raincheval et d'autre part à *le Bovette*, à Bertran le Jone.

PAROISSE DE S^T-ETIENNE

Li premiers tours commenche en Haiserue à le maison du Four de l'Espée *en alant tout ce rencq et en entrant en le rue de le Couppette et en alant tout ce rencq jusques devant le fumier et en requéant aud. Four de l'Espée (f° 125 r° et suiv.).*

(1396 : Même rédaction, f° 216 r° à 219 r°).

---

1. **Le Four de l'Espée** à le v^ve Simon de Lens. (1396 : à led. vesve).

La maison de *l'Epée* ou *Four de l'Epée* était située à l'angle des rues actuelles du Collège et des Capucins.

2. A le v^ve Simon de Lens. (1396 : à led. vesve. — Note marginale pour les deux maisons : vendues par led. vosve à Willaume le Drappier [Willaume le Caron, drappier] le XXVe jour de may IIII^xx et XVII).

(Emb. 1415, f° 24 r°). Willaume le Caron, fils, vend à Martin le Brun, dit de Hollande, cordewanier, une maison séant en *le rue de Haizerue*, tenant d'une part à l'éritage de *l'Espée* à Willaume le Caron, son père, et d'autre part à un autre héritage dud. Willaume père.

3. A Mikiel Franchois. (1396 : à Miquiel le Franchois).

(Emb. 1401, f° 317 v°). Micquiel Santère, dit le Franchois, vend à Willaume le Caron, une maison séant en Haizerue, tenant à l'éritage dud. acateur et d'autre part à Joh. le Carpentier.

(Emb. 1421, fo 111 ro). Sainteron le Caronne, fille de feu Robert le Caron, vend à Jeh. de Belleval une maison en Haizerue, tenant à *celle qui fait touquet de le rue du Chisne.*

4. A Joh. le Carpentier, cordewanier. (1396 : aud. Jehan).

(Emb. 1400, fo 115 ro). Willaume de Lambres vend à Jaquemart Postel ses rentes sur le maison Jeh. le Carpentier, faisant *touquet de le rue des Grauwés en Haizerue.*

5. A Colart du Prayel. (1396 : à Gillot de Latre). **Les Grauwés** *(Les Crochets)* puis un peu plus tard **Le Chisne** *(le Cygne).*

(Emb. 1401, fo 312 vo). Philippe de Latre vend à Jeh. Régnault une maison nommée *Les Graués* en Haiserue, tenant à *une ruelle qui est entre l'héritage de led. maison des Graués* et le maison Jeh. le Carpentier et aboutant à l'éritage Mik. de Coursson qui fu Boidin Haton.

Au cueilloir de St-Waast pour 1410, on trouve la première mention d'une porte fermant l'impasse.

(H, 634, fo 118). Jeh. Régnault, hoste du Chisne et Mikiel Courson, pour une porte assise sur le flégart de le ruelle, tenant aud. *hostel du Chine,* chascun d'eulx deux I dr. II drs.

(H, 649[3]-1476, fo 415) Willaume Baudouin, pour *une porte qui clot le ruelle du Chine sur le flégart tenant au Chine,* II drs.

(Emb. 1414, fo 87 vo). Jeh. Régnaut, maistre des œuvres de le ville, et sa sœur, enfans de feu Jeh. Régnault, vendent à Julien Macquaire la part qu'ils ont « en le maison, nommée *le Chine* en Haiserue, faisant *le touquet d'une ruelette qui* **n'a pas d'yssue,** tenant d'autre part à Jeh. Bassée et aboutant par derrière à le grange Mik. de Coursson ».

(Emb. 1423, fo 143 ro). Marguerite de Baudart, vve de Agnieulx de Nédonchel, hérite de Jeh. de Baudart XVII sols IIII drs. de rente sur le maison *du Chisne en Haiserue* **qui fu Les Graués.**

Ces différents textes établissent de la façon la plus précise la situation de la *ruelle des Graués* ou *du Chisne* qui était une *impasse.* Les auteurs des *Rues d'Arras* (t. I, p. 262) confondent cette ruelle *sans issue* avec la rue du *Pied de*

Bœuf ou des *Chevalets* (alias, rue du Petit Héronval) parallèle à la rue Héronval (Voir le 8e tour de St-Géry).

6. A Gillot le Clerc. (1396 : à Estène Fuscien).

(Emb. 1414, fo 84 vo). Jeh. Haut de Coer vend à Jeh. Bassée une maison tenant à l'éritage *du Chisne* appartenant aux enfants de feu Jeh. Régnault et à l'éritage de Mik. de St-Riquier.

7. A le vve Adan de Beugin. (1396 : à Colart de Marquais. — Note marginale : vendue par led. Colart à Miquiel de St-Riquier le XXVIIIe jour d'avril IIIIxx et XVII).

8. A Flourent Sacquel. (1396 : aud. Flourent). **Le Trébus** (*Le Trébuchet* sorte de machine de guerre).

(Emb. 1401, fo 267 ro). Mik. Hourier et Jehanne Sacquelle, sa femme, vendent à Jeh. Croet, apostieaire de madame la duchesse de Bourgogne, une maison nommée *le Trébus*, séans en Haiserue, tenant d'une part à le maison qui fu Adan de Beugin et d'autre part à le maison *du Boef*.

En 1414, cette maison est en deux membres. Mah. de Lobel vend, en effet, à Toussains du Hamel (emb. fo 38 ro) **Le grant Trébus** et le **petit Trébus** en Haiserue, tenant d'une part à Mikiel de St-Riquier et d'autre part *au Boef* à Jehan de le Motte et aboutant par *derrière à le rue Sauwalon le Bastart*.

Toussains du Hamel revend presque immédiatement (*Ibid.*, fo 68 vo) le *grant Trébus* et le *petit Trébus* à Jeh. de Boileux.

9. Le Boef as hoirs Lambert du Boef. (1396 : as hoirs Grard du Boef).

(II, 632-1398, fo 95). Le vve Grard du Boef, pour le maison *du Boef* en Haiserue, vi drs.

(Emb. 1414, fo 115 ro). Marie de le Bare, vve de Jeh. de le Mote vend à Toussains du Hamel, dit Lignier, une maison séant en Haise rue, nommée *le Boef*, tenant à l'éritage *du Trébut, avec iii maisons* (10-12), tenant d'une part à le dite maison du Boef et *d'autre part à le ruelle de le Couppette*.

(Emb. 1415, fo 43 ro). Le vve de Jeh. Pélerin vend à Tassart de Bruay le tierch droit qu'elle avoit en une maison, nommée *le Boef*, tenant à l'éritage *du Trébus* et *aboutant sur une rue qui va au fumier* et en *trois petites maisons*, tenans ensemble aud. *Boef* et *d'autre part faisant le touquet de le rue de le Couppette*. Led. Tassart de Bruay possédait déjà les deux autres tiers, « l'un d'iceux à cause d'acat par luy fait à Nicaise Caboche et l'autre à luy appartenant à cause de sa femme comme hoir de feu Toussains du Hamel ».

(Emb. 1433-35, f° 156 r°). Toussains de Quéhen vend à Willaume le Fer, drappier, une maison séant en Haiserue, nommée le *Boef, dont on fait chine louages, parmi le porte* (y compris la porte par derrière) *estans tout un membre*, tenant d'une part au Trébus, appartenant à le v[ve] Jeh. de Bailleux et d'autre part *à le ruelle de le Coupette* et par *derrière aiant yssue par led. porte en une rue dont on va au fumier*.

(H, 640-1435, f° 102). Toussains de Quéhem (mots raturés et remplacés par :) Willaume le Fer pour le maison du *Buef* en Hayserue en deux membres et fu partie en l'an IIIIe et XXI, VI drs.

10-12. A Jak. de Ruit. (1396 : aud. Jaque).

On vient de voir que ces trois maisons, étaient souvent vendues avec l'hôtel du Bœuf. On les trouve parfois séparées.

(Emb. 1426, f° 53 r°). La v[ve] de Jaquemart Pinte vend à Andrieu Hanebot, sergant à mache du duc de Bourgogne, trois maisons séans en Haiserue, estans tout d'un membre et faisant touquet d'une ruelle que on nomme *l'orde ruelle*.

Il fallait que ce quartier fût singulièrement sale, pour que nos ancêtres, moins délicats que nous, aient qualifié de *rue du Fumier* et de *orde ruelle*, deux venelles qui le traversaient.

(Emb. 1427, f° 173 r°). Jeh. Pigache vend à Jeh de Lille, dit Dervillers, trois maisons séans en Haiserue, tenans ensemble, tenant d'une part à l'héritage *du Boef*, à Tassart de Bruay, et d'autre part *au Régnart*.

13. A Jeh. de Bailloel. (1396 : aud. Jeh.). **Le Regnart** *(Le Renard)*. D'après ce qui précède, *le Renard* dont je n'ai trouvé que cette seule mention était la première maison de la rue de la Coupette.

14. As hoirs Lambert du Boef. (1396 : grange en le *rue de le Coupette* à Colart le Long).

15-17. As hoirs Lambert du Boef. (1396 : Les III maisons dont *li une fait le touquet de le rue Sauvale le Bastart*) as hoirs Grard du Boef.

(Emb. 1401, f° 267 r°). Mik. Hourier vend à Jeh. Croet ses rentes sur une maison qui fu Grard du Boef en le *rue de le Couppette*, faisant *touquet de le rue Savalon le Bastart.*

En 1438 (emb. 161 v° et 166 r°). Les enfants de Willaume le Fer se partagent les immeubles de sa succession, parmi lesquels, l'hôtel *du Bœuf* et les quatre maisons adjacentes, tenant par derrière à une maison « nommée **Les noeufves estuves** séant en le *rue de le Couppelle* et faisant *touquet de le rue qui maine au lieu que on dist le fumier.*

Henriette et Jaquette le Fer vendent cette maison des *noeufves estuves* à Jeh. Martre (*Ibid.*, f° 167 v°) avec autorisation pour l'acheteur de prendre « veue sur le gardin de led. maison du Boef,... et ou cas que les estuves seroient abolies, led. achepteur seroit tenus de remplir lesd. fenestres et veues de machonnerie » et le propriétaire du Boef pourrait « estecquier ou planter au devant desd. fenestres certaine cantité de pillos de quesnes ou autres... » de haulteur telle que on ne puist veir par desseure esdites estuves.

Il y a tout lieu de croire que ces « *noeufves Estuves* » étaient les « **Estuves du Dieu d'Amour** » restaurées. L'indication (emb. 1435-36, f° 85 v°) d'une maison de la rue de la Coupette appartenant à Nicaise Mignot, située *devant les Estuves du Dieu d'Amour* et tenant de part et d'autre à Jeh. de Cresecque ne serait décisive que si j'avais retrouvé la position exacte de cette maison, au 2e tour de St-Etienne. J'ai constaté seulement (emb. 1435, f° 57, etc.), que la famille de Crezeque avait diverses propriétés de l'autre côté de la rue, ce qui n'apporte qu'une grande probabilité à cette conjecture.

18. As hoirs Lambert du Boef. (1396 : gardin à Colart Mauroy, cervoisier).

19. As hoirs Lambert du Boef. (1396 : à Maroie de Rivières).

20. A Willaume le Cras. (1396 : à Willaume le Caron).

21. A Jehenne de Fouconvillers. (1396 : aud. Willaume le Caron).

22-23. Les II maisons ens. dont *li une fait le touquet* sont à Jak. le Mue. (1396 : à Piérot de Bappalmes).

24. A le fille des Flagos d'argent. (1396 : à Jeh. Levou, viézier. — Note marginale : vendue à Jaquemart Raoul dit de Valenchiennes le darrain jour de juillet IIIIxx et XVI).

25. A le fille des Flagos. (1396 : à Simon de Miraumont).

26. A Jeh. le Bochu. (1396 : à Philippot le Mariscal).

27-28. A Jehan le Bochu. (1396 : à le vve Jeh. le Prévost).

Les dépendances de l'hôtel des Flagos d'argent restreintes d'abord à deux ou trois petites maisons s'étendent ensuite du nº 24 au nº 28, comprenant (emb. 1426-28, fº 66 vº) « courtieux, granges et marescauchies » (maréchalerie). Dans les ventes et les transmissions, ces dépendances suivent naturellement le sort de la maison principale. Je n'en citerai qu'un exemple parmi cinq ou six actes que j'ai relevés.

(Emb. 1435-36, fº 54 vº). Pierre de Bais vend à Focart Vichery la maison des *Flagos d'argent* et quatre maison et une grange séans au derrière desd. *Flagos* en le *ru du Fumier*, et aboutants par *derrière à une rue ou a yssé la maison du Chisne*.

29-30. A Pierre de Bailloel. (1396 : à Jaquemart de Croisilles).

31. A Philippot le Marissal. (1396 : à Jaquemart de Valenchiennes).

(Emb. 1400, fº 182 vº). L'exécuteur testamentaire de Jaquemart Raoul, dit de Valenchiennes, vend à Willaume le Caron, drappier, une maison séant *derrière les Cauderons de goudalle*, tenant d'une part à Jaquemart de Croisilles et d'autre part à le maison *de St-Martin* .

32. A Willaume le Caron, drappier. (1396 : à Nicaise de le Masure). **Saint-Martin.**

32 *bis*. La maison qui précède se dédoubla certainement en deux membres, ce qui, on l'a déjà vu, se produisait souvent.

(Emb. 1426-28, f° 106 r°). Robert de le Rue et Jacobte Le Caron [fille de Willaume le Caron] sa femme, vendent à Jeh. le Brun, dit Hennequin, plétier, une maison tenant d'une part *à l'Ostel de St-Martin* et d'autre part au *Four de l'Espée*.

(II, 639-1420, f° 157). Jeh. le Brun pour le four de se maison, tenant à *l'Ostel de St-Martin, derrière les Cauderons* et à le *maison de l'Espée*, II drs.

Li II° tours de St-Estène commenche en Haiserue à le maison Jeh. de Bailleul qui fait le touquet de le Couppette *en alant jusques à le porte de Haiserue et en retournant par les Placettes et revenant jusques à led. maison (f° 126 r° et suiv.).*

(1396 : Même rédaction, f° 219 r° et suiv.).

---

1. Le maison qui fait *le touquet de le ruelle de le Couppette* est à Jeh. de Bailloel. (1396 : aud. Jehan, boulengier).

(Emb. 1421, f° 109 r°), Jeh. le Fournier vend à Jeh. le Bailliu une maison séant en le rue de Haizerue, faisant le toucquet *de le ruelle de le Couppette* et d'autre part *tenant à l'Ostel de le Couppette*, à Gillot de Croisilles.

2-3. Les II maisons sont à Jak. le Clerc dit de le Couppette. (1396 : Le maison, le grange et *autres héritages* sont à Gillot Douchet). **Le Couppette** *(La petite Coupe).*

L'hôtel de la Coupette comprenait outre les deux maisons susdites *d'autres héritages*, c'est-à-dire une grange et deux maisons (38-40) situées de l'autre côté de la maison de Jeh. de Bailleul, dans la ruelle, ce qui explique l'attribution du nom à cette ruelle.

(Emb. 1427, f° 220 r°). Gillot de Croisilles garantit une dette sur une maison séant en *le rue de Haizerue, nommée le Couppette* et sur une grange *en le rue de* **le Couppette.**

4. A Jeh. de Wailly. (1396 : à Tassart le Droc, pélotier).

(Emb. 1400, f° 140 v°). Tassart le Drocq vend à Jeh. Maupin une maison en Haiserue, tenant à le maison de *le Coupetette* (*sic*) et d'autre part à le maison de *l'Esquiéquier.*

5. A Jak. le Clerc dit de le Couppette. (1396 : **L'Esquéquier** à Willaume de Gaverelle).

(Emb. 1464, f° 13 r°). Jeh. Agueche, archier de corps de Monsgr le duc de Bourgogne, vend à Jeh. de le Haye et à demlle Périne Hacquebare, sa femme, une maison nommée *l'Esquéquier,* tenant à Jeh. Wallois et d'autre part à *l'Escu de Fosseux* et ayant *yssue par derrière sur le ruelle de le Couppette.*

6 7. A Bertoul du Loncestal. (1396 : aud. Bertoul du Longestal). **L'Escu de Fosseux.**

(Emb. 1400, f° 115 r°). Thumas le Roy gage une dette « de xviii frans » sur une maison en Haizerue, tenant à l'*Esquiéquier* et d'autre part à le maison de le vve Colart Climent et par derrière *à le rue des Sarrazins.*

(Emb. 1434, f° 142 v°). Led. Thumas le Roy vend à Jeh. de le Haye une maison tenant à l'héritage de l'*Eschéquier* et d'autre part à une maison dud. vendeur et aboutant *à le ruelle des Sarrazins.*

(Emb. 1464, f° 12 v°). Jeh de le Haye et Perrigne Hacquebare, sa femme, vendent à Jeh. Aguèche une maison et gardin nommée l'*Escu de Fosseux* tenant à l'*Eschéquier,* aud. acheteur et d'autre part à l'héritage desd. vendeurs et abouiant par derrière à *le rue de le Couppette.*

Il est fort possible que *l'Ecu de Fosseux* ait abouti *à la rue de la Coupette* et *à la rue des Sarrazins.* Peut-être n'y a-t-il qu'une erreur du scribe.

8. A Colart Climench. (1396 : à Emelot Bétrémieue, vve Colart Climent).

(Emb. 1401, f° 280 r°). Jehan Platel vend à Jeh. Warnet

une maison séant en Haiserue, tenant à l'*Escu de Fosseux* et d'autre part à le maison des Sarrazins.

(Emb. 1428-29, f° 30 r°). Guillaume Plichard et ses fils Régnauld et Noël renoncent en faveur de Béatrix Plichard, fille dud. Guillaume et à l'occasion de son mariage, à tous leurs droits sur une maison tenant à l'*Escu de Fosseux* et d'autre part *aux Sarrazins* appartenant à Messire Jeh. Gosson.

9-10. Courtiux et maison à Simon Louchart. (1396 : gardin et maison nommée **Les Sarrasins** au Bèghe de Raisse).

11. Le maison *faisant le touquet des Sarrasins* est à Pasquier le Cordier. (1396 : à Gillot Puteffin, ceppier de le Court le Conte).

(Papiers de rentes de le Povreté, 1395). Sur le maison et gardin qui furent Pasquier le Cordier, séans en Haiserue, *contre le maison des Sarrazins*, xII drs.

12. Aud. Pasquier le Cordier. (1396 : à v^ve^ Huart Puteffin).

13. A Huart du Blanc Mouton. (1396 : Le nom est laissé en blanc).

14. **Les Widecos** *(Les Coqs de Bruyère)* à Jak. le Borgne. (1396 : aud. Jaquemart et le v^ve^ Jak. Mulet).

15-16. Maison et courtiux à Piérot Callebare *(sic)* pour Haquebare qu'on trouve plusieurs fois dans les actes). (1396 : à Piérot Haquebare).

(Emb. 1415, f° 58 r°). Jacotine Puteffin vend à Jaquemart Plumet, dit Belarme, machon, deux maisons, tenans ensemble, en Haiserue, tenans à le maison des *Widecos* et à Jaquemart Hanebot et aboutant aud. Hanebot.

17. Courtiux à Estène le Fèvre. (1396 : le gardin tenant à celui devant escript, *en le rue des Plachettes* est à Piérot Bertin).

18 20 Maisons et gardin à Jeh. de Ronville. (1396: gardin à Willame Haut de Coer).

(Emb. 1401, f° 304 r°). Henry Loir, dit de le Soyoire, vend à Jaquemart de Baudart, dit Cotte de Fer, une maison *emprès le porte de Haiserue*, tenant à Piérot Bertin.

(Emb. 1436, f° 168 r°). Led. Jaquemart de Baudart vend à Jaquemart Hodet, trois maisonchelles avec une grangette et un gardin, *emprès le porte de Haiserue*, tenans lesd. maisonchelles d'une part à Jaquemart Bertin et d'autre part au flégart et voyerie de le ville et aboutans à Jeh. Bassée, dit Puteffin, et ledit gardin *marchissans les crestiaux*.

21. A Jeh. de Ronville. (1396 : Le gardin *au bout de le rue des Plachettes* est à Jaquemart Hanebot).

On voit dans ce coin des maisons qui se transforment en jardins où bientôt s'élèvent de nouveau des maisoncelles. Toutes ces bicoques, je le répète, n'ont aucune importance. Ce qu'il convient de dégager des textes, c'est la configuration du quartier et la direction de ses ruelles. Or, ici, il n'y a pas de doute possible. De la porte de Haiserue à la rue Héronval, une ruelle nommée *les Plachettes* longe les remparts. D'où vient ce nom, qui, on l'a constaté au 8e tour de St-Géry, s'appliquait aussi à la rue du Petit Héronval et même, mais plus rarement à la rue Sauwale le Bastard ? Il résulte de certains actes qu'il existait à la périphérie de ces vastes îlots de maisons, des échancrures, des encoches, de *petites places* où plusieurs propriétaires avaient leurs entrées et issues. (Ex. : emb. 1475, f° 40 r° — une maison en Haiserue, assez près de la porte tenait « à une *place de Flégard* ». Voir aussi nos 28-29). Telle est *probablement* l'explication de cette expression assez singulière de « *Rue des Plachettes* ».

22. A Jak. Cosset. (1396 : le gardin *à l'aultre renc tenant au gardin des Sarrasins* est à Guffroy du Praiel).

23-26. Les III maisons sont à Enguerrant Castellain. (1396 : les trois maisons et gardin *qui font touquet de le rue des Plachettes* et sont bordiaus, sont à Jeh. Cauproiet, cabaretier).

(Emb. 1390, f° 5 v°). Enguerrant, le Castellain et Sainte Castellaine, femme de Jaquemart le Carpentier font un accord pour le partage des propriétés qui leur reviennent par succession. Enguerrant Castellain a dans son lot « deux maisonchelles tenans ensemble, séans *as plachettes*, tenant à Jeh. Cauproiet et *faisant touquet d'une rue qui va en Haiserue* ». Devenu propriétaire de tout ce groupe de maisons, Jeh. Cauproiet en fait ce qu'indique le Rentier de 1396.

(Emb. 1418, f° 27 v°). Willaume de Lambres vend à Pierre du Montonchel, VIII sols de rente qu'il a sur le maison Pierre Roche, séant au *bout de le rue du Petit Héronval au devant des murs de le ville* et *faisant le touquet en alant à le porte de Haiserue*, et tenant *d'un lez vers les Quevalés* à Piérot du Chine.

(Emb. 1421, f° 60 v°). Jeh. Roche vend à Bétrémieu Richard *estavles et gardin aux plachettes faisant front sur deux rues* et tenant à Pierre Quesnel.

C'est certainement le même coin de rue qui en quelques années a changé d'aspect et de destination.

27. A Adam Loissel. (1396 : à Colart Capellain).

28-29. A Colart le Merchier. (1396 : Les II maisons qui font *le touquet* sont à Jeh. le Patinier).

(Emb. 1415, f° 20 v°). Piérot du Mez vend à Guffroy Larmoyeur une maison en *le rue des Plachettes* (ici, rue du Petit Héronvál), tenant à Piérot Quesnel, *faisant touquet de led. rue des Plachettes* et tenant d'autre part à **une plachette** estans entre led. héritage et l'héritage Jeh. Danvet.

(Emb. 1424, f° 22). Led. Guffroy Larmoyeur vend à Bétrémieu de Gasquieres, maison manable, marescauchie et courtil tenans ensemble *en les plachettes*, tenans à Pierre Quesnel, cabaretier, et faisant *touquet de le rue de le Couppette.*

30. A Colart le Merchier. (1396 : à Jeh. Danvet).

31. A Simon du Chevalier. (1396 : à v^ve^ Gillot de le Ruelle).

32-33. A André Brisebare. (1396 : à le v^ve^ Andrieu Brisebare).

34. A Gillot d'Origni. (1396 : as hoirs Grard du Boef).

35. Courtiux à v^ve^ Willaume Bouge. (1396 : à Jeh. Boughe).

(Reg. Mém. IX, f° 8 r°). « Le VIIe jour de septembre, l'an mil IIII^c^ et LXIIII, Messieurs accordent qu'*une ruelle sans yssue, séans en le rue de le Couppette, devant les noeufves estuves* ». (17 du 1er tour de St-Estienne) puisse être close par les propriétaires riverains, « à leurs frais et despens, de portes treillées ».

36-37. Les II maisons sont à le mairesse de Sailli. (1396 : Les II maisons *dont li une fait le touquet derrière le Couppette* sont à le fille Bertoul des Trompettes). **L'Estandart.**

(Emb. 1464, f° 45 r°). Henry de Ronville vend à Marie Obin une maison en le rue de le Coupette, nommée *l'Estandart*, tenant à Jeh. Agueche, archier du corps de Monsgr le duc de Bourgogne.

Comme l'*Echiquier*, dont Jeh. Agueche était propriétaire, avait une sortie *en la rue de la Coupette*, plus loin que les nos 38-40 appartenant à l'hôtel de la Coupette, il est très probable que l'*Etendard* servait d'enseigne à l'une de ces deux maisons.

38-40. Maison, grange et maison à Jak. le Clerc. (1396 : Ce sont « *les autres héritages* » que le scribe de 1396 à réunis à *la Coupette* (2-3).

Li IIIe tours commenche à le porte de Hayserue en alant tout ce rencq jusques à le porte de Puignel et en alant au Payage *et en venant tout à mont jusques devant le maison Jeh. le Verrier (f° 128 et suiv.).*

(1396 : f° 222 v° et suiv.).

1-2. Le maison et courtieux qui *tient à le porte au rencq des Plachettes* sont à Jeh. le Keux. (1396 : à Henri de le Soioire).

3. Le maison *tenant à le porte en l'autre rencq* est à Piérot Postel. (1396 : à Frémin le Roy, dit Lolieur).

Pour se représenter la position de ces deux maisons *qui tiennent à la porte* sans être *sur le même rang*, il faut admettre une montée du rempart symétrique à la rue des Placettes (Voir 2e tour) sur laquelle faisaient front la maison et le courtil (1-2) alors que, le n° 3 placé en retour sur la rue de Haiserue se trouvait en *l'autre rang*.

4. A Jeh. Gambier. (1396 : à Henri de le Soioire).

5. A Robert Driévart. (1396 : à Henri de le Soioire).

Ces deux maisons (4 et 5) rejoignant par derrière le n° 3, la maison et le courtil (1 et 2) constituaient à Henri de le Soioire une assez vaste propriété.

6. A Marie Panée. (1396 : à Piérot Bertin).

7. Le maison ens. *qui est en le ruelle* est à Jak. Pinte. (1396 : le grange *en le ruellette* à Jak. Pinte le fil).

Quelle ruelle ? Quelle ruellette ? Les plus anciens plans ne signalent aucune voie en ces parages, et d'autre part je n'ai rencontré dans les embreveures aucun acte relatif aux premières maisons du 3e tour de St-Etienne.

Il me paraît impossible d'établir le commencement de ce tour, en conformité des indications des Rentiers de 1382 et de 1396 sans admettre que *l'impasse actuelle des Cinq-Plaies* se prolongeait alors par un coude jusques à la rue de Haiserue. Un acte de 1444 (emb. f° 15 v°) mentionne une «*rue de Quoquignolles* ASSEZ PRÈS DE LE PORTE DE HAISERUE », (d'après les papiers de rentes de la Povreté [1395] les maisons de Jak. Pinte sont *assés près de le Porte de Haiserue).* Est-ce la ruelle en question ? Le mot Quoquignolles n'est-il qu'une altération du nom de la *rue Crocquescuelle*, rencontrée au 1er tour de St-Aubert ? Mais cette *rue Crocquescuelle* est située au Val St-Estène et non en *Haiserue, assez près de la porte*. Il n'est donc pas téméraire, non seulement de conjecturer, mais même d'affirmer, d'après les textes précités, qu'il existait, presque en face de la rue des Sarrasins, une ruellette qui rejoignait la rue de la Capellerie (Impasse des Cinq-Plaies), et qui comme beaucoup d'autres passages de ce genre a disparu avant la fin du XVIe siècle.

Il est d'ailleurs à noter que l'impasse actuelle de St-Etienne, était, elle aussi, une rue, la rue de Puignel, qui conduisait à la porte de ce nom.

8-9. Les II maisons ens. *dont li une fait le touquet* sont aud. Jak. Pinte. (1396 : Le n° 7 est ainsi libellé : le grange en le ruellette et II maisons ens. avec gardins sont à Jaquemart Pinte).

Le *touquet* en question, pour les raisons que je viens d'indiquer et celle que je signalerai au n° 15 ne peut être, à mon avis, q e l'angle formé par le coude de la ruelle.

10-11. A Jeh. de Clary. (1396 : aud. Jehan).

12-14. Les III maisons sont à Jak. le Borgne. (1396 : aud. Jaquemart).

15. A Guffroy Decques. (1396 : Le maison ens. EN HAISERUE nommée **Les Corblaux** est à Monsgr de Naves, chevalier. — Note marginale : donnée par led. chevalier après son déchès à Caise du Moustier, se mesquine).

Les mots : *en Haiserue*, à moins d'avoir été placés là *inutilement*, ce qui est presque sans exemple dans les Rentiers, prouvent qu'on sort ici de la ruelle pour revenir dans la grande rue. Bien que je ne puisse établir la transmission par un acte, il n'est pas douteux que *les Corbeaux* appartenant en 1396 à M. de Naves, ne soient la maison Guffroy Decques. En effet, par un hasard heureux, les cinq maisons qui précèdent et la maison qui suit n'ont pas changé de propriétaires en 1396.

En 1425 (emb. f° 177 r°), Baudin de Calonne vend ses rentes sur diverses maisons, entre autres « sur la maison des *Corbeaux* à Piérot Bracquet, tenant à Jeh. Corion, XXXIII s. IIII drs., vendus XV drs. le denier valent XXV livres ; sur la maison Jeh. Corion tenant aux *Corbeaux* et à Jeh. Picquart XV s. vendus XVI drs. le denier valent XII livres.

L'année suivante (emb. 1426-28, f° 74 r°), Jeh. Truppin et Piérot Bracquet, époux de Sainte Truppine, sœur dud. Jehan, font un partage de leurs propriétés. Piérot Bracquet a dans son lot la maison *des Corbeaux en Haiserue.*

16. A Jeh. Davesnes. (1396 : aud. Jehan). **Les Petits Corbeaux.**

En 1464 (emb. f° 10 r°), Jehanne Picarde, v^ve^ de Jeh. Corion, vend à messire Jeh. de Bairy, prestre, une maison nommée les *Petits Corbeaux* tenant à Piérot Bracquet.

17. A Régnault Climench. (1396 : à Jeh. Rudis).

18. A le v^ve^ Ansel Picavet. (1396 : à Colart Caveron).

19. A Jeh. de Perreumont. (1396 : à le v^ve^ Jeh. Escaillet).

20-21 Les II maisons à Jeh. Brulant. (1396 : à Mik. Loir)

22. A Lambert de St-Waast. (1396 : aud. Lambert).

23. A Jeh. de Frépays. (1396 : à Huart le Cuvelier, machon).

24. **Le maison du Four** à Jeh. du Pont. (1396 : Le maison du *Petit Four* aud. Jehan, goudalier).

25 A le v^ve^ Mik. Derquin. (1396 : à Mah. Cuffort).

26. A le Capellerie de St-Estène. (1396 : à led. Capellerie).

27-29. Le maison ens. *et II derrière en le ruelle* sont à Simon Godebert. (1396 : le maison ens. *et II petites derrière en le rue de le Capellerie* sont aud. Simon, manouvrier).

(Rentes de le Povreté, 1395). Sur les III maisons Simon Godebert séans *emprès St-Estène, en le rue de le Capellerie,* tenans par derrière à Mahieu Cuffort, VI s. VI drs.

30. Le gardin à Jeh. le Senne.

31. A Mah. Cuffort. (1396 : Le maison et un gardin (30) aud. Mahieu).

32. Le maison *devant le Moustier St-Estène* est à Grard de Carnoy. (1396 : le maison *devant le Moustier* est à Jeh. le Fournier).

33-34. Les II maisons ens. sont à Piérot du Bos. (1396 : les II maisons ens. *en le rue de Puigniel* sont à Henri de le Soioire).

Cette rue de Puigniel est l'impasse St-Etienne actuelle.

35. As hoirs Lourench Aubri. (1396 : à Henri de le Soioire).

36. A Jeh. Juri. (1396 : à Jeh. le Maire, goudalier).

(Emb. 1400, f° 160 r°). Maroie du Croquet, v^ve de Jeh. le Maire, vend à Jeh. Plumet, dit Belarme, une maison *en le rue de Puigniel*, tenant à Henri de le Soioire.

37. A Jeh. de Bailloel. (1396 : aud. Jehan).

(Papiers de de rentes le Povreté, 1395). Sur le maison Jeh. de Bailloel, séans *vers led. église St-Estène*, tenans à le maison Belarme, machon, icelle séant à Pugniel, XVI s.

(Emb. 1401, f° 260 v°). Sainte Parande, v^ve de Jeh. de Bailloel, vend à Robert de Ruit *une maison devant Saint Estène* tenant à une place qui fu Jeh. Juri et à Jeh. Belarme.

(Comptes de le Povreté, 1419-20, f° 16). Le v^ve Robert de Ruit pour se maison qui fu Jeh. Bailloel, séans *emprès le porte de Puigniel* et tenans à le maison Belarme, XVI s.

(Emb. 1423, f° 46 r°). La v^ve de Jeh. de St-Waast donne à Jeh. Cocquet, mari de sa fille Péronne de St-Waast, ses rentes sur le maison de le v^ve Robert de Ruit, *emprès le porte Puigniel*, tenant à Jeh. Belarme.

38. A Tassart le Dro. (1396 : à Jeh. Plumet dit Belarme).

(Emb. 1401, f° 271 v°). Guillaume de Berbenchon vend à Baudin de Calonne ses rentes sur le maison Jeh. Plumet, dit Belarme, tenant à le maison Robert de Ruit et d'autre part *à le porte de Puigniel*.

(Emb. 1419, f° 188 v°). Jaquemart Plumet, fils de feu Jehan, vend à Gillot Crestelot une maison en le rue *de Puignel*, tenant *à une voye par où on va aux murs de le ville*. Ledit Gille Crestelot revend (emb 1423, f° 54 v°) à Martin de Coupigny cette maison tenant à Robert de Ruit et à une *rue par laquelle on va aux murs de le ville*.

Cette maison tient *à la porte de Puignel*. « La *voye* » en question ne peut donc être qu'un sentier montant aux remparts sur lequel s'ouvrait le jardin de Jeh. Josep séant *emprès le porte Puignel joignant aux murs de la ville* et par derrière à le maison Belarme (emb. 1414, f° 22 v° et 1423, f° 45 r°).

39. A le v^ve Willaume de Bairi. (1396 : Le maison *qui est à l'autre rencq* à Piérot Cousin).

(Emb. 1401, f° 292 v°). Piérot Cousin et sa femme et Sainte Parande, v^ve de Jeh. de Bailloel vendent à Loys le Bailli une maison, *à le porte de Paigniel*, tenant au gardin Belarme et d'autre part à Maroie Boistelle.

Ce jardin vendu à Gillot Crestelot par Jaquemart Plumel dit Belarme en 1449, en même temps que la maison n° 38 « *tenait à la porte Paignel* ».

40. A le v^ve Willaume de Bairi. (1396 : à Maroie le Boulengière).

(Emb. 1399, f° 112 v°). Maroie Boistelle, dite le Boulenghière, donne à son nepveu Thumas le Roy une maison, séans en le rue *Saint-Estevène, assez prés de le porte de Paigniel*, tenant à le maison de le v^ve Jeh. de Bailloel.

41-42. Les II maisons ens. sont à Sainte-Théryo. (1396 : Les II maisons *tout un membre*, à led. Sainte Thério).

43. A Simon Mauroye. (1396 : à Piérot Cousin).

44-46. Les III maisons sont à Jeh. de Monnie. (1396 : Les III maisons ens. nommées **Les Cappellés** [*Les Chapelets* ou les *Chapelles*] sont à Tassart de l'Esclüze).

(Emb. ext. 1387, f° 3 v°). Piérot Cousin échainge avec Henri Quiéquin la maison des *Chapelles devant St-Estène* contre un maison *devant le Sauch*, dessous le pont St-Waast.

47-48. Maison et gardin à Jeh. du Four. (1396 : à Jeh. le Fournier, dit le Noir, couvreur de tieule).

(Emb. 1433, f° 20). Gillot de Grincourt et Jehanne le Fournière, sa femme, gagent une dette sur une maison tenant aux *Cappellés* et à une ruelle qui *va aux téraulx* qui *est entre led. maison et l'héritage du Paiage*. Ces deux maisons qui font l'objet de transmissions assez fréquentes avaient « *yssue sur le rue du Paiage* ».

49-50. Le maison et gardin **du Payage** sont à Colart Plouvier. (1396 : aud. Colart).

Il semble bien, d'après les actes ci-dessous transcrits, que *le Péage*, installé jusque vers 1430 dans la maison (50) sise sur le côté de la rue qui se trouve en amont de la branche du Crinchon « qui cœurt oudit lieu » fut, vers cette époque, transféré en face, au nº 51.

(Emb. 1436, fº 83 rº). Andrieux Viseux vend à Leurent le Cuvellier une maison nommée *le Paiage*, séant en un lieu que on dist *ou Val St-Estène*, tenant à Gillot de Grincourt (52) *et à une ruelle de flégart qui maisne aux téraulx de le ville et aboutans par derrière aux téraux.*

(Emb. 1438, fº 257 rº). Leuren le Cuvellier garantit une obligation sur la maison *du Paiage*, séant *ou Val St-Estène, tenant aux téraux de la ville* et au Ventalle Trébusquel.

Evidemment la maison du Péage ne peut *tenir et aboutir « aux téraulx » de la ville* que si elle occupe la place du nº 51. Mais les actes suivants, relatifs aux nºs 51 et 52 et *antérieurs à 1430*, prouvent que le Péage était au nº 50. La translation des bureaux de perception dudit Péage de l'autre côté du pont peut seule expliquer ces anomalies.

51. Le grange et le maison *à l'autre rencq* as hoirs Leurench Aubri. (1396 : à Jeh. le Maire, goudalier).

(Emb. 1392, fº 122 rº). Jeh. Aubry, fils de feu Leurent, vend à Jeh. le Maire, goudalier, tous ses droits sur une grange et estables séans ou val St-Estène et tenant au Crinchon qui court oudit lieu.

52. As hoirs Leurent Aubri. (1396 : *Le foulerie avec un grant gardin derrière les Estuves du Wes-d'Amain* sont à Nicaise Manchion, foulon).

(Emb. 1392, fº 122 vº). Led. Jeh. Aubri vend à Nicaise Manchion, foulon, tous ses droits sur une maison, séant *emprès St-Estène, devant le maison du Paiage,* joignant à Jeh. le Maire et à Jeh. le Fournier, avec tous les vaissiaulx, caudières et coses appartenant à enchine de foulerie.

Il suffit de jeter les yeux sur le plan pour voir qu'en effet ce grand jardin occupant l'emplacement actuel des écoles académiques et traversant la rue des Gauguiers qui n'était alors qu'une « *ruelle* sans yssue » pouvait parfaitement aboutir au derrière des étuves du Wes-d'Amain et selon les termes de l'acte suivant au pouvoir de Chaulnes.

(Emb. 1419, f° 173 r°). Sire Bertoul Manchion et Hanotin Manchion, vendent à Gillot de Grincourt, ung gardin au Val St-Estène, marchissans aux murs de le ville et tenant au *pooir de Chaulles.*

53-54 Gardin et maison à Piérot le Jone. (1396 : à Joh. le Fournier).

55. A le vve Bétrémieu Sarquèle. (1396 : à Joh. Grigore).

56-57 A Jacotte de Barli. (1396 : à Jaquemart des Yaues).

58-59. As hoirs Lambert du Boef. (1396 : à Joh. le Fournier, dit le Noir).

60. A Katerine le Lormière. (1396 : à Willaume Haudecœur, fournier).

61 A Jacote de Barli. (1396 : à Willaume Haudecœur).

62. Courtieux et maison à Willaume de Manin. (1396 : à Willaume de Moy).

63. A Colart Cauderon. (1396 : à Willaume de Moy).

64. A vve Raisse. Nepveu. (1396 : à ..... le François, fournier).

65. A Jak. Mouton [devant le maison Joh. le Verrier]. (1396 : à Joh. du Puch et FAULT *là le parrosce* — c'est-à-dire là finit la paroisse).

On a vu cependant que, à la fin du 1er tour de St-Aubert, le scribe du Rentier de 1382, arrivé au coin de la rue du Puch St-Josse sur la rue de l'Espée (actuellement des Trois-Pommettes) signalait trois maisons à Nicaise Régnault « *séans en le parosce St-Estène* » dans la rue de l'Epée. C'est ici que logiquement il aurait dû les placer.

66-67. (1396 : à Maroie de Puisieux).

68-70. A Nicaise Régnault. (1396 : à Nicaise Phanée).

(Papiers des rentes de le Povreté, 1395). Sur les III maisons (y compris le n° 47 du 1er tour de St-Aubert) Nicaise Régnault tenant à Piérot Pasquier (46 dud. tour) et au barbier, II s.

(Emb. 1401, f° 225 v°). Piérot de Hamelincourt, dit le Barbier, vend à Miquiel de St-Riquier une maison en le rue de l'Epée, tenant aud. Piérot et à Nicaise Fanée.

(Comptes de le Povreté, 1419-20). Thumas Saudoyer, fèvre, pour IIII petites maisons qui furent Nicaise Fanée, tenant à Piérot, le barbyer, qui soloient devoir par an, II s., lequelle rente fu diminuée jà piécha par mesd. seigneurs et remise à XIIII drs.

Li IIIIe tours de St-Estène commenche à le maison de le curé Saint-Estène en alant devant le Grange de l'Ours *et en alant à le rue de l'Espée en entrant en Haiserne et alant tout ce rencq jusques à le maison de led. curé (f° 131 et suiv.).*

(1396 : même rédaction, f° 226 v° et suiv.).

---

1. **Le maison de le Curé** St-Estène. (1396 : id.).

La maison du curé de St-Etienne, comme tous les presbytères, devait être à proximité immédiate de l'église. Il résulte de tous les documents qu'elle était, en effet, située derrière le chevet de St-Etienne, au fond de la place actuelle.

2-3. Maison et courtiux à sire Ansel Lohier. (1396 : à le maison Dieu en Chité).

(Emb. 1434, f° 225 v°). Jehanne Wion, v^ve Tassart Amion, vend à sire Willaume Garson, prestre, curé de St-Estène, les droits qu'elle a « en une place non amasée, tenant d'une part au presbitaire de St-Estène et *de deux autres costés à deux rues qui maisnent une d'icelles à St-Obert et l'autre à le pourcession de ledite église.*

4 5. Les II maisons ens. de **Le Grange de l'Ours** sont à Martin Penel. (1396 : Les II maisons dont l'une est *le Grange de l'Ours* et le maison *de l'Ours en Haiserue* sont à Willaume le Hardi. — Note marginale : vend. par led. Willaume à Pierre le Maire le XVe jour d'aoust IIII^xx et XVII).

6. A Jeh. le Senne. (1396 : à Baudin Laillier).

7. A Wailli le Machon. (1396 : à Baudin Laillier).

8. A Willaume du Valhuon. (1396 : à Jeh. Grigore).

9. A Willaume du Valhuon. (1396 : le maison qui fait le *touquet de l'Espée* est as hoirs Piérot de Wailli).

(H, 632-1398, f° 59). Jeh. de Wailli, machon, pour une maison *au bout de le rue de l'Espée*, emprès St-Estène.

10-13. Les III maisons as hoirs Pierre de Henninel. (1396 : à Jeh. du Pont, goudalier).

14. A Jeh. Rage.

15 A Estène de le Bovette.

16. Le maison *qui fait le touquet* est à Piérot Boistel. (1396 : aud. Piérot). **Le Barillet.**

(Emb. 1432, f° 47 r°). Pierre Roussel, cordier, et Marie Davesnes, sa femme, donnent à leur fille Rosette une maison séant *en le rue de Haiserue*, nommée *le Barillet, faisant touquet de le rue de l'Espée*, tenant à Loys Dupont et *aboutant* aud. Loys Dupont.

(Emb. 1444, f° 81 v°). Jeh. Aliamart, barbier, gage une dette sur une maison séans *en haiserue au-devant du four de l'Espée, faisant touquet de le rue de l'Espée* et tenant d'un côté et par derrière à Jeh. de Barli.

17-18. Les II maisons sont as hoirs Pierre de Henninel. (1396 : à Jeh. du Pont). **Le Blancq Rosier.**

(Emb. 1438-39, f° 83 r°). Agnès de Relly, v^ve^ de Jeh. du Pont et Loys du Pont, son fils, en garantie d'une obligation contractée envers feu Aubert Bauduin, engagent au profit de Marguerite Régnault, sa veuve, la maison et *hostel du Blancq Rosier, séant en Haiserue* et une autre maison tenant à icelle.

19. A Jeh. Grigore. (1396 : aud. Jehan).

20 As hoirs Lambert du Boef. (1396 : à Jeh. du Boef, du Pellican).

21. A Leurench le Prieur. (1396 : aud. Leurench, tonnelier).

22. A Thumas Grigore. (1396 : aud. Thumas).

23. A Andrieu Latitel. (1396 : à Jeh. Latitel. — Note marginale : vendue par led. Jeh. à Piérot le Maire, sergent à verghe).

24 Le maison de **L'Ours**, le grange et une maison (4-5) derrière sont à le v^ve^ Piérot le Flamenc. (1396 : à Willame le Hardi).

(Papiers de rentes de le Povreté, 1395). Sur le maison de *l'Ours* et une grange appartenant à ycelle, séans en Haiserue, appartenans à Willaume le Hardi, demourant à Vitery, cnu s.

(Emb. 1424, f° 54 v°). Maroie Marcadée donne en nantissement d'une dette la maison de *l'Ours* en Haiserue, tenant à Gillot de le Motte et à Jeh. des Fossés.

(Emb. 1428, f° 2 r°). Piérette Desgle, v^ve^ de Jeh. Marcadé, vend à Pierre Boulsiot une maison, grange et courtil en Haiserue, estans tout d'un membre, tenant à Gillot de le Motte (25) à Jeh. des Fossés aians *yssue en le rue St-Estène*.

La *Grange de l'Ours* « en le rue St-Estène » (4-5) était une dépendance de *l'Ours* avec lequel elle communiquait par derrière.

25. As hoirs Leurench Aubry. (1396 : à Jeh. Willin).

26. A Piérot Cousin. (1396 : à Robert Mauroy). **Le Noir Lion.**

(Emb. 1418, f° 80 v°). Jeh. Mauroy vend à Jeh. Brunel une maison, séant en le rue de Haiserue, nommée le *Noir Lion*, tenant à l'éritage de feu Jeh. de Soumillon (27-28) à la charge de xxvii s. vi drs. de rente à la ville d'Arras (ce qui est précisément la somme inscrite au registre de 1396, comme charge de la maison Robert Mauroy.)

(Emb. 1421-22, f° 178 v°). Martin Roche vend à Jeh. le Prévost la maison *des Noirs Lions*, en Haiserue tenant à Gillot de la Motte (25).

(Emb. 1420-28, f° 115 v°). Jeh. Braquet vend à Jeh. Passet dit Portefin une maison *qui nagaires est fondue et cheue*, séans en *le rue de Haiserue*, nommée le *Noir Lion* tenant à Gillot de le Motte et *aboutans par derrière à l'éritage de le Curé St-Estène*.

(Emb. 1432, f° 83 v°). Pierot Cullemer, dit Waban, vend à Jeh. le Bouchier et à Jacobte Cullemer, sa femme, sœur dud,

Pierre, la moitié d'une maison séant en Haiserue et tenant à Gillot à le Barbe (27), et *par derrière à l'éritage du presbitaire de St-Estène*. Jeh. le Bouchier le revend en 1436 (emb. f° 102 v°), à Robert de Boudrainghem.

27. A Colin de l'Ostel. (1396 : à un Capellain de Mons^gr^ de Bourgogne). **L'Escu de Bourgogne.**

28. A Nicaise d'Ambrechicourt. (1396 : à Jak. Soumillon).

(Emb. 1438. f° 20 v°). Gillot à le Barbe et Alis Soumillon, sa femme, pour garantir une dette engagent « par fourme d'ipotesque », *deux* maisons (27-28) séans en le rue de Haiserue; *tenans ensemble*, l'une nommée *l'Escu de Bourgogne* et tenans à l'éritage qui fu Jeh. le Bouchier (26).

29. As hoirs Tassart de le Couturelle. (1396 : à Colin le Vasseur).

30 31. Les II maisons sont à Piérot de Wailli. (1396 : à le v^ve^ dud. Piérot).

32. A Jak. Lenglentier. (1396 : à Gillot Lenglentier). **L'Englentier** *(l'Eglantier)*.

(Emb. 1444, f° 57 v°). Jeh. de Morry, tonnelier, vend à Henry Monyot, une maison nommée *l'Englentier*, séant en Haiserue, *faisant front sur led. rue de Haiserue*, tenant à Colart Sacquel et *aboutant à le pourcession de l'église St-Estène*.

33. A Jak. Lenglentier. (1396 : petite maison derrière à Gillot Lenglentier).

(Emb. 1435, f° 19 r°). Colart Sacquel, carpentier, gage une dette sur une maison en Haiserue, tenant à l'éritage *du petit Cornet*.

34. A Gillot Lenglentier. (1396 : aud. Gillot). **Le petit Cornet.**

35. **Le Cornet à le Goudale** à Jeh. le Maire. (1396 : à Gillot Lenglentier).

Emb. 1418, f° 114). Mah. Lanstier et sa femme, à l'occasion du mariage de leur fils Miquiel avec la fille de Martin Quiquemaque, lui donnent leurs rentes sur nombre de maisons, entre autres, sur le *Cornet en Haiserue*, tenant *au bout de le rue lez l'église St-Estène.*

36-37. Les II petites *maisons derrière* (le Cornet) sont à Jeh. le Maire. (1396 : à Gillot Lenglentier).

Il y a en Haiserue quelques enseignes qui n'apparaissent qu'une seule fois dans les registres et que je n'ai pu identifier. Ce sont : **Le blanc Coullon** (emb. 1415, f° 33 v°).

Dans la succession de Tassart de Wavrans, Willemette de Wavrans, femme de Martin de Paris, a, parmi d'autres propriétés, une maison *en Haiserue*, nommée *le blanc Coullon*, tenant à Jeh. Deffossés et à Thumas Farse.

Jeh. des Fossés a tant d'immeubles dispersés dans ce quartier que son nom est une indication insuffisante. Je n'ai rencontré nulle part ailleurs le nom de Thumas Farse, qui peut-être m'a échappé.

Le Griffon. (Emb. 1423, f° 149 r°). Parmi les nombreux biens de la succession de Pierre de Baudart figurent VII s. VIII drs. de rentes sur le maison Willaume Haudecœur, nommée *le Griffon*, séant en Haiserue. Au rentier de 1396 Willaume Haudecoer possède au 2e tour de St-Etienne une propriété (18-20) dans la *rue des Plachettes* et au 3e tour deux maisons (60-61) dans *la rue St-Etienne*, mais nous sommes en 1423, et en l'absence de documents intermédiaires toute conclusion est impossible.

L'Esquignécat *(Le chat écorché)*. (Emb. 1427, f° 109 r°). Pour une amende de XXX sols où a esté condempnée Jehanne Pinchonne, femme Pierre Vatel, pour avoir battu Isabel hostesse de *l'Esquignécat en Haiserue.*

PAROISSE DE LA MADELEINE

Li premiers tours de le parosce de le Magdelaine commenche au renc du Four des Prestres *en alant tout amont, en retournant jusques à le porte Jaque Wambourt et en alant jusques à* le Katoire *par devant le Magdelaine (f° 125 et suiv.).*

(1696 : même rédaction, f° 239 v°).

1-2. Les II maisons au *rencq du Four des Prestres* sont à Colart Fendry. (1396 : à Robert de Mailli, se vie durant, et après son trespas à l'ospital Saint-Mahieu).

(Emb. 1428-30, f° 52 v°). Jeh. de Beauvoir, escuier, seigneur d'Avelus, vend à Jeh. Thiré, plétier, quatre maisonchelles, tenans ensemble, séans en le rue des Prestres, tenant d'une part à l'éritage et porte des *Hotiers* (13 du 7e tour St-Géry) *du derrière,* et d'autre part à l'éritage Colart de Lobelet (*Les Barrois*).

(Emb. 1438, f° 266 r°). Jeh. Thiré garantit un emprunt de vingt huit livres sur quatre maisons, tenant à l'héritage des *Hotiers*, en le rue des Prestres et d'autre part à Colart de Lobelet.

3-4. Le maison ens. et une autre d'en costé sont à Jak. Wambourt. (1396 : Les II maisons, nommées **Les Barrois**, sont aux escoliers de Dainville). **Les petits Barrois et les grands Barrois.**

(Emb. 1423, f° 128 r°). Jeh. de La Fontaine, maistre-ès-ars, bachellier en droit, maistre du Collège de Dainville, fondé à Paris en le rue de le Harpe, comme procureur... représentant le plus grant et saine partie des maistres et escolliers d'icellui Collège..... baille à rente annuelle et perpétuelle à Colart de Lobelet ung hostel, ouquel est et sont comprins les *petits Barrois*, court, gardin et appartenances... appartenans aud. Collège... séans en ceste ville, appelé l'ostel *des grans Barrois*, tenant à le maison *de l'ospital Saint Mahieu* (1) et à le maison *des Hotiers*, moiennant le somme de XII lbs.

5. A Jeh. Ledet. (1396 : à Henri Nepveu, sergant du Roy). **Les trois Puchelles** (*Les trois Pucelles*).

(Emb. 1414, f° 126 v°). Juliane de Marchaulx v^ve de feus Jeh. Loendet et Henri Nepveu, vend à Jeh. Paien, plétier, une maison, séans *en le rue de Chastel* faisant le *touquet de le ruelle des Barroys* et tenant d'autre part à l'éritage de Andrieu de Ranssart et aboutant aud. héritage ; icelle maison escheue à icelle demiselle de le succession de Marie Laidette, sa fille.

(Emb. 1444, f° 35 r°). Jeh. de Houdaing et Marie le Merchier vendent à Jeh. Thibault l'aisné, marchant, sept maisons, tenans ensemble, qui au temps passé furent tout un membre, dont il y en a deux séant sur *le grant rue du Castel* au devant de le porte de le maison Monsgr de Noeuville (55 du 3° tour) nommées *Les III Puchelles* ; trois *sur le rue des Jongleurs* au devant de l'ostel de Monsgr de Noeuville et les deux autres sur une ruelle qui maine de led. rue des Jongleurs à le porte des hoirs de feu Colart de Lobelet (la porte de derrière *des Barrois*), tenant d'un côté et par derrière à l'éritage des hoirs de feu Jeh. Paien et de deux autres sens à Clément Malebranque.

(Emb. 1464, f° 1 v°). Walleran Cosset vend pour quatre vingt livres à Willaume de Libessart et à Pierre Frémin, quatre livres de rente sur IX maisons tenans ensemble, appartenant auxd. acheteurs, lesquelles furent à Simon de Longueval à cause de Colle Thibault qui fu sa femme *et fille de Jeh. Thibaut*; icelles maisons séans *en le rue des Prestres*, tenans d'une part à l'éritage de Pierre de Bailleul nommé *Les trois Puchelles* et d'autre part à Colart le Vasseur.

(*Ibid.* f° 54 v°). Pierre Frémin gage un prêt de trente deux livres consenti par Willaume de Libessart sur le moitié qu'il a en VIII maisons séans en *le rue des Jongleurs* faisant touquet devant le maison Monsgr de Neufville tenant d'une part à l'éritage Pierre de Bailleul nommé *Les trois Puchelles* et d'autre part au flégart de le ville.

Il est certain que, malgré l'imprécision déconcertante des indications fournies par ces documents, les sept, huit ou neuf maisons dont il vient d'être fait mention, constituent l'îlot compris entre les rues actuelles : Dugommier, de la Caisse-d'Épargne, des Petits-Viéziers et de la Madeleine et sont représentées sur le plan par les nos 5-12. Remarquons d'abord que si la maison *des trois Puchelles* est dite située tantôt dans « *le rue des Prestres* » (rue des Récollets) tantôt dans « *le grant rue du Castel* » (rue de la Madeleine), les actes s'accordent à la placer *devant* l'hôtel de Monseigneur de Neuville. Or cet hôtel nous est connu. C'est « la grande maison » (55 du 3e tour de la Madeleine) formant le coin de la « rue du Grant Dieu » et comprenant les immeubles occupés de présent par Me Moreau, notaire et par M. Franqueville, carrossier. Il n'y aurait donc pas de difficulté, si les autres maisons étaient groupées dans « *le rue de le Vigne en Castel* » (des Petits Viéziers), mais les actes précisent qu'elles sont « *en le rue* ou *sur le rue des Jongleurs* ». Sous peine de ne plus rien comprendre aux actes concernant les maisons suivantes on est amené à penser que les scribes, avec leur insouciance habituelle, ont appliqué à la rue *de la Vigne en Castel*, ou *des Lieueurs*, le nom de *rue des Jongleurs* de même (voir no 2 du 2e tour) qu'ils appellent *rue des Lieueurs* la *rue des Jongleurs*. Cette conjecture devient une certitude quand on lit les actes relatifs aux nos 8-11 et quand on constate (voir nos 20 et 21) qu'ils appellent également *rue des Jongleurs* la *rue du Renard* c'est-à-dire l'impasse qui est une sorte de prolongement de la rue de la Vigne et qui deviendra la rue de la Caisse-d'Épargne. Nous retrouverons d'ailleurs dans l'îlot en question tous les noms cités dans les trois actes ci-dessus transcrits : Jehan-de Houdaing, le Merchier, Jehan Thibaut, Jehan Paion, Clément Malebranque, Willaume de Libessart et Pierre Frémin.

6. A le v^ve^ Jak. de Main. (1393 : à Andrieu de Ransart).

(Emb. 1432, f° 3 r°). Jeh. de Raincheval et Jehanne de Ranssart, sa femme, vendent à Jeh. Paien, plétier, une maison séant *en Castel*, tenant à l'éritage dud. acateur et à Robert le Merchier et *aiant yssue par derrière sur le ruelle des Barrois.*

7. A le v^ve^ Colart le Moisne. (1396 : à Piérot de Laon).

(Emb. ext. 1388. f° 6 v°). Jeh. Wiloie et Marie le Conte, sa femme, vendent à Pierre de Laon une maison séans en Castel... etc.....

(Emb. 1426. f° 26 v°). Les héritiers de Simon Lionne se partagent sa succession et Jacotte Lionne, femme de Jeh. Walois, a dans son lot « une maison située *en le rue de le Vigne en Castel,* tenant de toutes parts à l'éritage de Robert le Merchier.

8-11. Les III maisons ens. sont à Colart le Merchier. (1396 : Les IIII maisons *tout un membre* sont à Robert le Merchier).

(Papiers de rentes de le Povreté, 1395). Sur les III maisons Robert le Merchier, séans en Castel *en le rue des Jongleurs,* XV. s, III cap.

(Emb. 1444. f° 13 v°). Climent Malbranque, pélelier, donne à Pierot Cannel et à Péronne Malebranque, sa niepce, femme dud. Pierot, une maison séant *en le rue des Jongleurs, au devant du Raynouart* tenant d'une part et par derrière à Jehan de Houdaing et d'autre part *faisant touquet d'une ruelle qui maine à le porte derrière de le maison de feu Colart de Lobelet* (La porte *des Barrois*).

(Emb. 1454, f° 78 v°). Colart le Vaasseur, poissonnier d'eaue douche et Gillote le Thérier, sa femme, gagent une obligation sur une maison séant *en le rue des Jongleurs,* tenant de deux sens à Jeh. Thibaut et de deux autres sens *faisant front sur rue.*

(Emb. 1464. f° 3 v°). Colart le Vasseur, tondeur de grans forches, Gille et Maroie le Vasseur enffans dud. Colart et de défuncte Gillotte le Thérier vendent à Willaume de Libessart et à Pierre Frémin une maison séant en *le rue des Jongleurs* tenant de deux sens à l'éritage des acheteurs et de *deux autres sens au flégart* de la ville.

12. A Philippot de Flandres.

13-16. Les III maisons ens. *qui sont devant le porte Jak Wambourt* (c'est-à-dire la porte de derrière *des Barrois* sont à Colart le Merchier). Au registre de 1396, il n'y a entre le n° 11 et le n° 17 qu'une seule maison, indiquée en ces termes : le maison *devant le Grange sur le touquet* est à Robert le Merchier. Il est infiniment probable que cette maison est le n° 12 et que les quatre maisons (13-16) ne sont là que par suite d'une répétition fautive de l'article précédent (8-11) échappée à l'inattention du scribe. S'il en est ainsi, comme je le crois, le n° 12 répond bien à toutes les indications, il est sur un touquet devant la porte de derrière *des Barrois* et devant la maison *de le Grange.*

17. Le maison *devant, à l'opposite* est à sire Mik de Dainville et y demeure Mik. Cocquiaux. (1396 : Le maison ens. nommée **Le Grange** est à Loy le Maistre, marronnier).

(Emb. 1421-22, f° 192 v°). Jeh. Davesnes donne à Jaquemart Wardavoir tout tel droit qu'il avoit en une maison nommée *Le Grange*, séant en *le rue du Rainouart* tenant d'un *lez à une rue qui va derrière les Hotiers* et d'autre part à *le maison du Castellain* et aboutans aux Hotiers.

(Emb. 1427, f° 155 v°). Jacquemart Wardavoir vend à Jeh. Paien, plétier, une maison et grange nommée *le maison de le Grange, devant le porte de derrière des Barrois*, tenant d'une part à l'éritage des *Hotiers* et d'autre part à le maison dite *Castellerie d'Arras.*

18. Le maison ou demeure Sauwale le pissonnier est au *conte d'Artois.* Cette maison que les actes appellent la maison du Castelain ou de la Castellerie devait, de ce côté, servir à la Cour le Châtelain d'entrée et d'issue.

19. A le v^ve Jeh. Agache. (1396 : à Maroie Driévarde).

(Emb. 1428-30, f° 179 r°). Jeh. Chevalier dit Moeulin, haultelicheur et Jehanne de Pénin, sa femme, vendent à Gillot d'Aisseville, caudrelier, une maison séant en *le rue des* **Jongleurs** tenant à Jeh. le Carpentier, plétier, et à Thomas Le roy, veneur.

20-21 Les II maisons sont à Willaume Bernart. (1396 : Le maison **du Regnouart** *(Le Renard)* et une maison d'en costé, à Jehan d'Aigni). **Le grant Renouart et le petit Renouart.**

(Emb. 1394, f° 24 r°). Jeh. le Marchant, vend à Jeh. de Senghin une maison séant *au derrière de le Vigne en Castel*, nommée le maison *du Renouart* joignant à Maroie de Pénin.

(Papiers des rentes de le Povreté, 1395). Sur les II maisons Jeh. d'Aigni et Jeh. du Molin séans *en Castel en le rue des lieueresses*, VI s.

(Emb. 1399, f° 37 v°). Guilllaume de Brebenchon vend ses rentes sur nombre de maisons, entr'autres « sur le maison *du Renouwart en Chastel* appartenant à Jeh. Postel, II s. et 1 capon,

(Emb. 1415, f° 93 r°). Willemet Postel, fils de feu Jehan, donne à sa sœur Ysabel, à l'occasion de son mariage, *deux* maisons tenans ensemble, l'une nommée le Rainouart, tenant à Jeh. du Molin.

(Comptes de la Povreté, 1419-20). Jeh. Postel, dit Postelet, pour ses II maisons, séans en Castel, tenans au *Renouart*, VI s. Déjà led. Jeh. veut laisser ces maisons délabrées pour les rentes.

Aux comptes de 1424-25 on voit que Guillaume Postel réalise ce projet « pour ce que les maisons aloient à ruine ». Elles sont criées à la bretèque et rebaillées à Baudin Haquebare, maçon, avec une remise de la moitié des rentes pendant douze ans.

Jeh. le Carpentier gage à plusieurs reprises (emb. 1427, f° 128 v° ; 1428 f° 26 v° et 70 v°) des obligations, sur une maison *séant en le rue des Jongleurs*, tenant à le Castellerie appartenant au duc de Bourgogne et à Jeh. du Molin.

(Emb. 1433-35, f° 152 r°). Thumas le Roy, veneur, et Maroie de le Croix, sa femme, Jeh. de le Haie et Perrigné Hacquebare, sa femme, fille de led. Maroie et de Jeh. Hacquebare qui paravant led. Thumas, fu son mary, vendent à Jeh. le Varlet, plétier, deux maisons, séans *derrière les Barrois* à Colart de Lobelet, nommées l'une le *Raynart* et l'autre joignant à icelle maison, tenant d'une part à l'héritage Monsgr. le duc de Bourgogne et d'autre part à le maison Gillot le Caudrelier qui fu Jeh. du Molin et *aboutant par derrière à le court le Castelain.*

(Emb. 1435-36, f° 140 r°). Jeh. le Varlet, dit Huin, donne en garantie d'un achat « de cincquante neuf francs de plèterie, deux maisons nommées l'une *le grand Renouart* et l'autre *le petit*

Renouart, séans derrière le porte de Colart de Lobelet tenant à Gillot le Caudrelier.

(Emb. 1436-38, f° 80 v°). Ledit Jeh. Varlet gage encore une obligation sur cette maison séant en *le rue des Jongleurs* et (*ibid.* f° 91 r°) la vend à Mahieu du Carieul.

(*Ibid.*, f° 127 v°). Cornille Baudechon vend à Pierre de Colestourt, dit du Carieul, ses rentes sur *deux maisons faisant touquet de le rue du Chastellain en alant en le maison du Chastellain.*

22. A Willaume Posqueboine. (1396 : à Jeh. du Molin).

23-24. Le maison qui *fait le touquet de le Catoire* et le maison ens. sont à Jak de Noefville. (1396 : aud. Jaque).

(Emb. ext. 1379, f° 8 v°). Jak de Noeville prend à ferme à Jeh. d'Arras, Chastellain recepveur de le Comtesse d'Artois et de l'abbé de St-Waast, pour l'espace de trois ans et moiennant la somme de LXVI lbs. par chascun an, le tonlieu du détail courant en led. ville et oblige, pour ce paier, une maison séant *sur le touquet de le rue de Pute y muche.*

25. A Piérot d'Arghoewe. (1396 : aud. Piérot, pôletier).

26. A Jeh. de Mailli. (1396 : aud. Jehan).

(Emb. 1424-26, f° 122 r°). Piérot de Colestourt dit du Carieul garantit un emprunt de quatre vingt quatre couronnes d'or sur une maison séant *en le rue des Jongleurs,* tenant à l'éritage qui fu Henri de Larsin (25) et d'autre part à l'éritage Jeh. Landrieu qui fu Margot le Natière, et sur une maison scituée en le rue de Putimuche tenant par derrière auxd. Henri de Larsin et Jeh. Landrieu.

(Emb. 1438, f° 190 v°). Jeh. du Bosquel vend à Colart le Borgne, maieur d'Arras, ses rentes sur diverses maisons..... sur le maison Piérot le Merchier. [Piérot de Colestourt dit le Merchier qu'on retrouve plus bas] où il demeure ad présent séant en le rue *des lieuweurs* tenant à maistre Loeren le Bar VIII s. et sur le maison dud. M° Loeren le Bar (27) tenant aud. Piérot : VIII s.

27-27 *bis.* A Jeh. de Mailli. (1396 : aud. Jehan et un gardin *par derrière*).

(Emb. 1399, f° 74 r°). Margot de Terruwane v^ve^ de Jeh. de Mailli, autrement dit Rifflart, donne à Jeh. Landrieu une maison en lequelle elle demoure, séant en *le rue des Jongleurs* devant *le maison Roger le Lieueur* (1 du 2e tour), tenant à Jeh. de Mailly et d'autre part à Jacquemart de Valenchiennes. Item une petite maison en le rue Putimuche et le gardin derrière tenant à Piérot d'Argoewe par derrière et à l'éritage Mik. le Bourguignon (34).

(Emb. 1424-26, f° 73 v°). Jeh. Landrieu donne à Willemet le Mach, deux maisons qui furent dame Margot de Terewane dite le Natière dont l'une est *en le rue des Jongleurs* et tient au manoir (28) qui fu Lion de Tenquettes et l'autre en le rue de Putimuche tenant à l'estable qui fut Piérot dit ghoeule (*sic*, pour Piérot d'Argoeuwe) et au courtil qui fu Mikiel le Bourguignon.

(Emb. 1426-28, f° 33 r°). Willaume le Mas vend à Me Loeren le Bar, secrétaire du duc de Bourgogne, deux maisons tenans ensemble *par derrière*, l'une *faisant front de rue au devant ou assez près de le place le Chastellain et de le rue ou maison des Loueurs*, tenant à l'éritage Pierre le Merchier et d'autre part à l'éritage dud. Me Loeren qui fu à feu Lion de Tenquettes et l'autre maison, aboutant *sur le rue de Putymuche au devant* de l'éritage de vve Jeh. de Wamin, tenant d'une part aud. Piérot le Merchier et d'autre part à l'éritage qui fu Miquiel le Bourguignon, pour desd. héritages joir et possesser par led. Me Loeuren et Asseline le Chastelaine dite du Bosquel se meschine... et après le trespas du dernier vivant par Katerine le Bar, fille desd. Me Loeren et Asseline.

(Emb. 1428-30, f° 33 r°). « Me Loeren le Bar, recepveur des villes, terres et seigneuries de Careney, Ais en Gohelle, Duisans et Aubigny... pour, ou nom et proffit de Monsgr le duc de Bourgogne et Anseline le Chastellaine dite du Bosquel, à présent demourant avec led. Me Loeren » donnent en garantie d'un cautionnement de cinq cents livres que leur ont avancé Herbert Thiré et Jeh. Paien deux maisons, assavoir : celle où demeure led. Loeren par lui acquestée à le vve Lion de Tenquettes (28) et une autre joignant à icelle (27), les dites maisons tenant d'une part à l'éritage de Pierre de Collescamp (Les scribes l'appellent de Colestourt, de Collescamp, de Stolencourt, mais plus souvent Colestourt) dit le Merchier et aboutans d'autre part *à le pourchession de l'Eglise de le Magdelaine* et par devant *à le maison des Loueurs*.

(Emb. 1438, f° 265 v°). Maistre Loeren le Bar, conseiller du duc de Bourgogne s'étant porté caution pour son beau fils

« d'une somme de onze livres III sols » donne en garantie une noeufve maison séant entre le maison Pierre de Stolencourt (*sic*) dit le Merchier et le maison où il demeure ad présent, lez *le pourcession* de l'Eglise de le Magdeleine.

28 A Jak. Béchon. (1396 : à Jaquemart de Valenchiennes). **Le Cat qui vielle** *Le Chat qui joue de la Vielle).*

(Emb. 1399, f° 122 v°). Les exécuteurs testamentaires de feu Jak Raoul dit de Valenchiennes vendent à Maistre Hénry Carpentier, médechin de Madame la duchesse de Bourgogne, la maison où led. feu demeuroit tenant d'une part à Margot le Natière et d'autre part *à le pourcession de le Magdeleine* (Rue actuelle *du Conseil*).

(Emb. 1415, f° 42 r°). Périne de Framezelles dite de le Porte, v^{ve} de Jeh. Philippe et Obert Sausson vend à Jeh. de Tenquettes dit Lionnel, escuier, lieutenant de Monsgr le Gouverneur du Bailliage d'Arras, une maison nommée *Le Quat qui vielle*, tenant d'une part à Margot le Natière et d'autre part *à une ruelle par lequelle on va de le rue qui est devant le maison Rogier Culier dit le Lieueur* (1 et 2 du 2e tour) *à l'Eglise de le Magdelaine*. Icelle maison, nommée *le Cat qui vielle*, escheue à led. demiselle de le succession de feu Obert Sausson, son mary.

(Emb. 1424-26, f° 230 v°). Liénor de Baizival, v^{ve} de Lyon de Tenquettes, vend à Me Loeren le Bar, secrétaire du duc de Bourgogne, une maison et gardin, tenant ensemble, *séant en le rue des Jongleurs*, tenant d'une part aux héritages qui furent Jeh. Landrieu et d'autre part *à le pourcession de l'Eglise de le Madelaine*. Après le trépas de Me Loeren, cette propriété reviendra à Anseline du Bosquel, se meschine, et aux enfants qu'ils ont eus ensemble.

(H, 639-1429, f° 151 v°). Maistre Loeurens le Bar pour ung four à sa maison faisant le touquet de le rue des loueurs, II drs.

29-30. Les II maisons ens. sont à Robert de le Magdelaine. (1396 : à Jeh. Danvet). **Le grande Magdelaine** et **Le petite Magdelaine.**

(Emb. 1391, f° 54 r°). Robert le Prévost dit de le Magdeleine donne en garantie « de sexante frans d'arriérages de rentes » sa maison de *Le Magdelaine en Castel*.

(H, 632-1398, f° 72). Jeh. Danvet pour le maison *de le Magdelene en Castel* en II membres, XV drs.

(Emb. 1432, f° 74 v°). Mahieu de Beaumont et Marie Durane, sa femme, vendent à Colle le Chastellaine dite du Bosquel, deux maisons tenans ensemble et tout ung membre nommées *les grande et petite Magdelaine*, scituées en le grant rue que on dist en Castel, tenant d'une part à *le pourchession de l'Eglise de le Magdelaine* et d'autre part à l'éritage de led. Eglise.

(H, 648-1465, f° 72). Monsgr le Conte de Charny ad cause de madame Marie de Bourgoingne, sa femme, pour le moytiet de le maison de le Madeleine et Maistre Nicolle Roussel pour l'autre moitiés de lad. maison qui doit VII drs. ob.

Item, les dessus dits pour ung aultre membre en icelle maison *faisant le coing de la rue des Lieueurs* et à Madelle le Castellaine, VII drs. ob.

31-32. Les II maisons ens. *qui sont devant Notre-Dame en Castel*, sont à l'église de le Magdelaine. (1396 : id.).

(H, 639-1429, f° 151 r°). Les Marglisseurs de le Magdelaine pour ung four qui est en le maison de l'Eglise au *touquet de le rue qui va de rue en aultre*, I dr.

33 **La maison de le Curé** de le Magdelaine. (1396, id.). Cette maison du presbytère est encore située à la fin du XVIIe siècle (Répert. Dom Page. II, 1183 f° 203 v°) à l'endroit où la placent les Rentiers de 1382 et de 1396.

34. Au Conte d'Artois. (1396 : à Mikiel le Bourguignon). On a vu plus haut que le 27 *bis* tenait au Courtil dud. Mikiel en le rue Putimuche, c'est-à-dire au derrière de la présente maison.

(H, 633-1408, f° 80). Le Conte d'Artois pour une maison *sur le touquet, derrière le Magdelene* et y demeure Maistre Leurens des Tentes, IIII drs.

(H, 635-1415, f° 71). Le Conte..... et y demeure le v[ve] de Maistre Leurent des Tentes, IIII drs.

(H, 644-1446, f° 73). Le Conte..... et y demeure v[ve] Leurent des Tentes et à présent y demeure Jaques Daret, paintre, IIII drs.

(H, 647-1439, f° 257). Le Conte d'Artois..... et y soulloit demorer Jacque Daret, IIII drs.

(H, 648-1465, f° 72). Le Conte d'Artois pour le maison de *l'Esquirie*, IIII drs.

35. Le maison ens. *qui fait le touquet* est à seur Jehenne de Fain, dame de le Thieuloie. (1396 : à led. Jehenne).

Le cueilloir de St-Vaast pour 1398 ne signale pas que la maison du Comte d'Artois occupe *le touquet* ; ce qui permet de conjecturer avec vraisemblance, qu'elle a englobé la maison de Jehenne de Fain avant 1408. Ainsi s'expliqueraient tout naturellement les indications au premier abord contradictoires, qui placent à l'angle de la rue en 1382 le n° 35 et en 1408 le n° 34. Cette conjecture est confirmée par les documents relatifs aux maisons suivantes (36-38).

36-38. Les III maisons sont à Piérot Hellin, cépier (geôlier) de le Court-le-Conte. (1396 : aud. Piérot).

(Emb. 1424-26, f° 235 r°). Marguerite Gaverelle donne à son nepveu Philippot de Loffres *quatre maisonchelles* tout d'un membre, séant *emprès le court le Conte*, tenant toutes ensemble et d'une part à l'éritage où demeure maistre Colart des Tentes et d'autre part à une ruelle *qui maisne de devant led. Court le Conte à le rue Putymuche* et aboutant aud. Colart des Tentes.

La rédaction de cet acte n'est pas claire, mais les deux actes suivants sont plus précis. Colart des Tentes était sans doute le fils de Laurent des Tentes.

(Emb. 1428, f° 60 v°). Philippot de Loffres vend à Gillot de Thiéboval, tout tel droit qu'il avait en quatre maisons séant *au devant de le porte des gouverneurs*, tenant à l'éritage Me Colart des Tentes et d'autre *part à le rue Puchmuce*.

(Emb. 1436-38, f° 62 v°). Gillot de Thiéboval, cirier, vend à Jeh. du Tertre, quatre *petites* maisons et ung petit gardinet estans tout ung membre, tenans ensemble et d'une part à l'éritage où demeure Me Colart des Tentes et à l'éritage appartenant à le Cappelle fondée à le Court le Conte et led. gardin *tenant à le rue de Putymuche*.

39-47. Les IX maisons ens. sont à Jak de Noefville. (1396 : aud. Jaque).

(Emb. 1399, f° 9 r°). Jaquemart de Noefville et Tasse Wiquarde, sa femme, entravestissent (1) leurs propriétés, par condition que, en cas de prédécès de sa femme, led. Jak. jouira, sa vie durant, de tous les héritages acquestés pendant leur mariage est assavoir : « le maison en lequelle ils demeurent en le rue St-Aubert et IX maisons tenans ensemble *séans devant le porte des Gouverneurs* ». Le même jour ils donnent à Colette Evrard les mêmes propriétés pour en jouir après leur trépas.

Il est à remarquer que, au Rentier de 1396, ces IX maisons doivent V sols à la Pauvreté d'Arras. Nous avons le cueilloir des rentes de la Pauvreté pour 1395. Voici l'article relatif à ce groupe de masures : « Sur les IIII maisons Jaquemart de Neuville séans *devant le porte de l'Ostel des Gouverneurs*, tenans à le rue de Putimuche, V s. » Il est donc probable qu'il n'y avait en cet espace, d'ailleurs restreint, que *quatre* maisons en *neuf* membres, remplacées, en 1454, on l'a vu plus haut (73 du 8e tour de St-Aubert) par un jardin.

(Comptes de le Povreté, 1419-20). Perin Boussiot (propriétaire du no 73 du 8e tour de St-Aubert) tailleur de Mousgr le duc de Bourgogne pour ses maisons séans *devant le porte des Gouverneurs*, V. s.

48. Le Catoire (La Ruche) à le vve Baudin du Mont-St-Eloy. (1396 : à Mikiel Sacquespée).

La maison de *la Catoire* formait sur la place le Châtelain l'angle de la rue Putymuche (Putevin) opposé à la maison de Jaque de Noefville *« qui faisoit le touquet de le Quatoire »* (23). Elle tenait donc aux maisons Robert de Mailli, les dernières du 8e tour de St-Aubert, qui, on s'en souvient, *« allait jusques à le Catoire »*. *La Catoire* était encore là à la fin du XVIIe siècle. (Dom Page, fo 205).

(1) L'entravestissement est un acte « par lequel les conjoints, privés d'enfants, donnent à celui des deux qui survivra l'autre, les biens dont la coutume du pays permet de disposer par cette voie » *(Répert. de jurisprudence de Guyot*. T. 7, p. 10).

Li IIe tours de la Magdelaine commenche à le maison Rogier Culier, lieueur, à l'encontre du gardin de le Court le Castelain, en alant à le maison de le demiselle de le Vigne et entrant dans le rue du Grant-Dieu et finant à le Halle des Varriers (f°s 137 v° et suiv.).

(1396 : même rédaction, f^o **242** r^o et v^o).

---

1. Le maison séant à *l'encontre du gardin de le Court le Castellain* est à Rogier Culier, lieueur. (1396 : aud. Rogier).

(H, 632-1398, f° 72). Rogier le lieueur pour le *maison du touquet*, I dr.

(Emb. 1418, f° 115 v°). Mah. Lanstier l'aisné et Martine Baudarde, sa femme, donnent à leur fils Mik. Lanstier, à l'occasion de son mariage, leurs rentes sur diverses maisons, « VII. s. sur le maison Andrieu Sacquespée séant *devant le Raineuwart, tenant au touquet de le rue* et à Jeh. Durane ».

(Emb. 1424-26, f° 218 v°). Jeh. de Croisilles et Colle Sacquespée, sa femme, vendent à Oudart de Harnes tout tel droit qu'ils ont en une maison séant en *le rue du Renouart* tenant par *derrière au gardin de le Vigne en Castel* et d'autre part à le v^{ve} Jeh. *Durane*.

2-2 *bis*. A Willaume Pesqueboine. (1396 : à Rogier Culier). **Les Lieueurs** *(Les Loueurs ?)*.

(Emb. 1392, f° 70 r°). Willaume Pesqueboine et Katerine Flourie, sa femme, vendent à Rogier Culier, dit le lieueur, une maison séans en le *rue des Jongleurs* joignans à l'éritage dud. acateur et d'autre part à l'éritage de le maison de *le Vigne*.

(Emb. 1414, f° 78 r°). Messire Henry Culier, prestre, fils de Rogier Culier, pour aider son père à remplir certaines obligations envers les enfants « meuresdans » de Mah. De Lattre, consent à ce que « son dit père vende une maison tenant d'une part à l'éritage dud. Rogier et d'autre part à l'éritage de le demiselle de le Vigne.

(Emb. 1435, f° 17 v°). Melsior le bouchier et Julienne *Durane* sa femme, garantissent un emprunt de LXIII lbs VI s. sur deux maisons séans en *le rue des Jongleurs* faisant touquet de le rue et tenant à une maison appartenant aud. conjoints (3).

Ces maisons appartenant à Jeh. Durane puis à sa v^ve étaient échues à leurs filles Julienne et Marie.

(Emb. 1436-38, f° 107 v°). Lesdits Melsior et sa femme, vendent à Mahieu de Beaumont et à Marie Durane, sa femme, leurs droits sur deux maisons *scituées et assises en le rue des lieneurs au devant de le maison Maistre Loeren le Bar.* (28 du 1er tour), *faisant touquet de le rue*, tenant à l'éritage Herlin Paien, plétier (3), et aboutans par derrière à *le Vigne en Castel* à Maistre du Maisnil.

(Emb. 1438-39, f° 251 r°). Mahieu de Beaumont et Marie *Durane* donnent à leur fille Jehanne, à l'occasion de son mariage avec Andrieu Yvain, deux maisons *séans à l'opposite de le maison Maistre Loeren le Bar*, tenant à l'éritage de le v^ve Jeh. Paien dit Herlin et d'autre part *par derrière* à l'éritage de *le Vigne en Chastel.*

3. A le demiselle de le Vigne. (1396 : à Jaque le Faveresse et à Gillot de Heuchin).

(Emb. 1435, f° 18 r°). Melsior le Bouchier et Juliane Durane vendent à Jeh. Paien dit Herlin, plétier, une maison séant en *le rue des Jongleurs* tenant à le maison *des Lieueurs* appartenant auxd. conjoints et d'autre part à Piérot de Gauchin.

4. Le Vigne en Castel à le demiselle de le Vigne. (1396 : Le maison nommée *le Vigne* est à Mik. Sacquespée).

(Emb. 1464, f° 76 v°). Guillaume de Vignacourt et Jehanne du Carieul, sa femme, garantissent le prix d'achat de le maison *du Dromadaire* séant rue de l'Ours, « sur le maison où ils demeurent ad présent, séant en *le rue des prestres*, nommée le *Vingne en Castel* tenant d'une part à le Lanterne et de tous autres sens au flégart de la ville.

En fait, *La Vigne en Castel* était dans la rue des Jongleurs mais elle contournait *La Lanterne*, et se trouvait ainsi sur la rue des Prestres ou de la Madeleine. Par ses dépendances et son jardin elle longeait même la plus grande partie de la rue actuelle des Petits-Viéziers.

5. A Joh. Germain. (1396 : à Piérot (nom en blanc), chavetier). **Le Lanterne.**

(Emb. 1392, f° 122 v). Hanotin et Simonnet Lescaudé, fils de feu Loerent, vendent à Pierre Querquefoeulle, scellier, leurs rentes sur nombre de maisons entre autres « sur le maison qui fu Jeh. Germain, *séans en Castel faisant le touquet* de le *rue des Lieuresses*, II s. VI drs.

Incontestablement, et j'insiste sur ce point, la rue des Lieueurs ou des Lieuresses est ici la rue actuelle des Jongleurs. La maison des Lieueurs (2) est dite « scituée et assise » tantôt dans la rue des Lieueurs, tantôt dans la rue des Jongleurs mais toujours *devant* et « à l'opposite de » la maison de maistre Leurent le Bar (28 du 1er tour — maison qui appartenait à notre ami feu M. Souillart).

(Emb. ext. 1397, f° 15 v°). Jeh. Sénescal dit de St-Waast vend à Jeh. Danvet ses rentes sur le maison appartenant aud. Danvet, qui fu Jeh. Germain *séans devant le Magdeleine en Castel*, tenant à *l'ostel de le Vigne en Castel* de part et d'autre.

Cette indication ne laisse aucun doute. L'hôtel de la Lanterne faisait coin en face de l'hôtel de la Madeleine, dans *la rue actuelle des Jongleurs*.

(Emb. 1423, f° 71 v°). Danel Ramon, hoir de feu Jeh. Ramon, son fils et Colart de Laubelet en son nom et au nom des enfants « de feu Pierre de Laubellet et de Jaquotte Danvet qui deppuis le trespas dud, Pierre espousa led. Jeh. Ramon » donnent auxd. enfants « meuresdans » diverses propriétés, entre autres « la moitié de le maison de *le Lanterne* faisant le touquet de le rue des... (en blanc... des Jongleurs, ou des Lieuresses ou des Prestres) et tenant à le maison de le *Vigne en Castel* ».

(Emb. 1426-28, f° 301 v°). Les enfants de feu Pierre de Lobelet et de Jacobte Danvet vendent à leur oncle, Colart de Lobelet, la moitié « qu'ils avoient en une maison, séant en Castel, nommée *le Lanterne* tenant de part et d'autre à l'éritage de Jeh. de Pressy à l'encontre de sire Robert Danvet qui a l'autre moitié ».

(Emb. 1428-30, f° 6 v°). Colart de Lobelet et messire Robert Danvet, prestre, vendent à Martinet de Lobelet une maison, nommée *le Lanterne en Castel*, tenant de part et d'autre à *le Vigne en Castel* à Monsgr Jeh. de Pressy.

6 7. Les deux maisons *devant, à l'opposite* sont à le demiselle, de le Vigne. (1396 : à Mik. Sacquespée). **Le Sermon en Castel** et **le petit Sermon.**

(H. 633, 1408, f° 82). Le vve Mik. Sacquespée pour la maison du *Sermon en Castel*.

8. Le maison *devant le Grant Dieu* est à le vve Jeh. Brulant. (1396 : à Jaquemart Poulain).

(Emb. 1432-33, f° 139 v°). Mah. Galeby, taintelier, donne en nantissement d'un achat de waides, les loyers d'une maison séant devant le *Grant Dieu* (86 du 3e tour) tenant d'une part à le maison Jeh. de Gauchin, nommée le *petit Sermon* et d'autre part à Julien Meulie.

9. A Jeh. Bridoul. (1396 : à Jeh. Haton).

(Emb. 1392, f° 97 v°). Jeh. Haton, baille en manière de louaige à Piérot Grigore, une maison séant *derrière les maisiaux, assés près du Grant Dieu* joignant à l'éritage Jaquemart Poulain et à Guérard d'Iser.

(Emb. 1433-35, f° 9 r°). Julien Meullie et Maroye Linotte sa femme, gagent un achat de rentes viagères sur une maison située *devant le Grant Dieu*, tenant d'une part à Mah. Galby et d'autre part à Robert Pippelart.

10-11 A Grard d'Isor. (1396 : aud. Grard).

(Emb. 1438-39, f° 110 r°). Robert Pippelart et Mahieue du Vieffort sa femme, vendent à Tassart de Cambray une maison séant en *le rue du Grant Dieu* tenant à Julien Moelie et auxd. conjoints et *ayant yssue par derrière en une rue vers les murs St-Waast*.

(Emb. 1444, f° 11 r°). Sainte le Caron, vve de Pierre Obert bouchier, donne à Julien Obert, son fils, une maison séant en *le rue du Grant Dieu* tenant d'une part à l'éritage qui fu Julien Meulie et d'autre part à Robert Dasquet et *aboutant et ayant yssue par derrière au devant des murs St-Waast*.

12-13 Les II maisons ens. sont à Jak Bridoul. (1396 : à Huet Bridoul).

(Comptes de le Povreté 1424-25). Robert Gallant pour ses

II maisons qui furent Jaquemart Bridoul séans en *le rue du Grant Dieu*, XII s.

(Emb. 1424-26, f° 206 v°). La ville vend les rentes que la Pauvreté avait sur diverses maisons entre autres « sur deux maisons (12-13) et gardin à Robert Gallant, bouchier, tenant ensemble, seituées en *le rue du Grant Dieu*, tenant à Robert Pippelart *et faisant le gardin à l'autre lés touquet de rue* : douze sols vendus XIIII drs. le denier.

(Emb. 1432-33, f° 51 r°). Robert Gallant donne à sa fille Jaquotte, son droit de vinage sur deux maisons et ung gardin tenant ensemble, *devant le grant Dieu*, tenant à Robert Pippelart et aboutant à le *Halle des Viéziers* et ayant *yssue en une ruelle estans derrière les murs St-Waast.*

14. Le maison qui *fait le touquet* est à Thumas Haton. (1396 : à Jeh. Haton).

On vient de voir que cette maison devint un jardin rattaché à la propriété de Robert Gallant.

Comme on le voit, la rue des murs St-Vaast n'était alors à cet endroit qu'une ruelle, sur laquelle donnaient les jardins et les issues des maison de la rue du Grant Dieu (actuellement rue St-Denis).

15. Le Halle des Vairiers. (1396 : id.).

(H. 640-1435, f° 72). Jeh. Bouchant, homme vivant et mourant pour le *halle des Viés Wariés*, II drs.

Comme l'explique très bien M. Guesnon (*Le hautelisseur Pierre Fére*, p. 9, note 1), c'est par suite d'une méprise, qu'on a traduit le mot flamand *waeriers*, viéziers, fripiers, par *vairiers*, pelletiers. Cette halle était la halle ou salle de réunions des viéziers.

Li IIIe tours de le Magdelaine commenche derrière les murs Saint-Vaast à une maison qui est devant le halle des Varriers en alant tout à mont jusques au Prayel des Ardans *et jusques devant* l'Uys de for *en rentrant dans le ; ue jusques à led. maison (f°s 138 r° et suiv.).*

(1396, même rédaction, f°s 243 r° à 245 v° ; 9 r° et v^o).

---

1. Le maison *qui fait le touquet devant le Halle des Varriers* est à Philippot le Conreur. (1396 : à le v^ve Piérot Postel).

(Emb. 1425, f° 193 r°). Piérot de Bus vend à Julien Meulie son droit de viage et tout tel droit qu'il avoit en une maison séant *derrière les murs St-Waast tenant à le Halle des Vairriers* et d'autre part à le *Halle des Pissonniers.*

Cette maison était bien entre les deux halles, mais elle ne tenait pas à la halle des Viéziers dont une rue la séparait, ce que d'ailleurs constatent les deux rentiers et l'acte suivant.

(*Ibid.*, f° 201 r°). Julien Meulié et Maroie Linotte, sa femme, vendent à Périn Baudet tout tel droit qu'ils avoient en une maison séant derrière les murs St-Waast, *faisant le touquet d'une rue à l'encontre de le Halle des Viéziers* et tenant d'autre part à le *Halle des Pissonniers.*

(Emb. 1429, f° 153 r°). Colart Coquel, dit Catier et Germaine Linotte, sa femme, vendent à Pierre Baudet, conreur de cuirs, tout tel droit que lesd. conjoints, à cause de lad. Germaine ont ou porroient avoir tant par le déceps et trespas de Jehanne, v^ve de Piérot Linotte, mère de led. Germaine, comme aultrement, en une maison séant *derrière les murs St-Waast* tenant à le *Halle des Viéziers* et à le *Halle des Pissonniers* (même erreur que plus haut).

2. Le Halle des Pissonniers. (1396 : idem.).

(Emb. 1418, f° 94 r°). Comparurent Jaquemart Wardavoir, Loys Poulier, Jeh. Poulier, Jaquemart Poulier, Jeh le Court... etc., tous pissonniers et confrères d'une part et Tassart Poulier, confrère desd. pissonniers d'autre part, et ont dit et recongnut que comme à eulx appartenoit ung lieu et place, nommé le *Halle des Pissonniers*, séans derrière les murs St-Waast tenant à Piérot du Bus et à Nicaise Rogier, lequelle place lesd. recongnoissans, comme la plus saine partie desd. confrères ont baillié aud. Tassart pour en joir par led. Tassart ou ses ayans cause, le vie de lui et de Simonnet son fils durant et du derrain vivant tout tenant, à charge de paier les rentes que le Halle doit et d'emploier en *clotnre et réparations de led. plache* le somme de xx livres et après le trespas d'iceulx père et fil, retournera led. plache ou halle auxd. confrères.

Si les confrères avaient espéré par ce moyen assurer la restauration et l'entretien de leur halle ruineuse, ils furent déçus dans leur attente car ce bâtiment ne tarda pas à disparaître.

(H, 639-1429, f° 72). Tassart Poulier, pour le halle des pissonniers *et est ad présent gardin.*

3. **Le Halle des Goudaliers**. (1396 : id.).

La maison où était la *Halle des Goudaliers* ou brasseurs semble avoir été aliénée vers la même époque par les confrères.

(H, 635-1415, f° 72). Nicaise de Graincourt pour une maison qui *fu Hale des Goudaliers.*

La même mention se retrouve dans les registres suivants.

4 A Robert de Doullens. (1396 : aud. Robert de Dourlens).

5. A le v^ve^ Jeh. Boutillier. (1396 : à Robert de Dourlens).

6-7 Les II maisons ens. à Robert Dorin. (1396 : aud. Robert).

(Emb. 1401, f° 264 r°). Willaume de Berbenchon vend ses rentes sur « les maisons Robert Dorin, séans *derrière les murs St-Waast*, tenans à Robert de Dourlens et à le v^ve^ Piérot d'Aubigny, III s. pour le pris de XXX s.

8. Le maison *qui fait le touquet* est à Piérot d'Aubigny. (1396 : les II maisons *qui font le touquet* sont aud. Piérot). Il ne s'agit là, sans doute, que d'un simple dédoublement de la maison.

9. **Le Halle des Fèvres**. (1396 : id.).

Les fèvres se réunirent dès le milieu du XVe siècle dans leur chapelle « *en la Vigne-lez-Arras* » (voir ma notice sur *La Confrérie de St-Eloi*).

10-11. Les II maisons ens. à Martine Poulière. (1396 : à Jaquemart Dorin).

12. A Jeh. Damours. (1396 : aud. Jehan. — Note marginale : vend par led. Jeh. Damours, bouchier à Jeh. Wasset, bouchier, le XXe jour d'aoùt IIII[xx] et XVII).

13. A Pierre de Terewane. (1396 : aud. Pierre).

14. A Robert Hanon. (1396 : aud. Robert).

(Emb. 1438-39, f° 184 v°). Robert Hanon vend à Jeh. de Monstroel deux maisons (13 et 14) séant en le *rue de le Larderie*, tenant ensemble et d'une part à Jeh. Wasset et d'autre part à l'héritage qui fu Jeh. de Lens.

(*Ibid.*, f° 264 r°). Jeh de Monstroel gage un emprunt sur ces maisons décrites de la même façon, puis en 1454 (emb. f° 12 v°) vend à Nicaise Mignet, bouchier, une maison, court et héritage en le rue de le Larderie, aboutant par derrière au flégart qu'on nomme *les plachettes* (?).

15-16. Les II maisons à Jeh. Clarentin. (1396 ; aud. Jeh. de Clarentin).

17-18. Les II maisons ens. dont *li une fait le touquet devant le Praiel des Ardans* sont à Jeh. d'Iser. (1396 : aud. Jehan).

(Emb. 1425, f° 177 r°). Baudin de Calonne vend à Jeh. Sacquespée ses rentes sur diverses maisons... « sur le maison Robert Gallant, bouchier, séant devant le porte de derrière du Praiel des Ardans, tenant à l'éritage dud. Robert (17) et d'autre part faisant touquet devant led. porte, XXXII s. à XVI deniers le denier valent XXVII lbs.

(*Ibid.*, f° 221 v°). Robert Gallant et Jaquotte Galant, sa fille, led. Jaquotte par le Conseil de Jeh. Wasset, son taion, et de Robert de Colencamp, son cousin yssu de germain, et pour acquitter led. Robert, son père, envers Maistre Loeren Bar et eschiéver l'aliénation de ses autres héritages, vendent à Régnault Picquet, bouchier, deux maisons tenant ensemble, en le *rue de le Larderie* et ung gardinet *faisant touquet devant le porte de derrière de Notre Dame des Ardans.*

19-19 *bis*, **Le Teste de Mouton à le Goudale** à Jak. le Bailliu. (1396 : à Jeh. le Bailliu dit de le Teste).

(Emb. 1425, fº 120 vº). Mah. Pisson, viézier, et Jacobte le Fèvre, sa femme, vendent à Mah. le Térier, goudalier, deux maisons tenans ensemble, l'une nommée le *Teste de mouton* et le gardin estans en icelle, séans *derrière le Boucherie*, tenant led. maison de le *Teste de mouton* à l'éritage Mikiel de le Houe et l'autre maison à Henry le Bailliu et aboutant par derrière au gardin dessus dit.

(Emb. 1454, fº 33 vº). Colart le Vaasseur, tondeur de grans forches, et Gillotte le Thérier, sa femme, pour s'acquitter envers Simon le Thérier lui vendent le tiers et tout tel droit qu'ils avoient à l'encontre dud. Simon et de Jehanne le Thérier, tous enffans de feu Mah. le Thérier, en deux maisons tenans ensemble, l'une *nommée le Teste de mouton.*

20. A Jak. le Bailliu. (1396 : aud. Jaquemart).

(Emb. 1426, fº 35 rº). Jeh. Thénart de Gonehem, bouchier, vend à Baudet Parot, marchant et bouchier, une maison scituée *derrière le salle du Praiel des Ardans* tenans d'une part à l'éritage de le *Teste de mouton* et d'autre part à l'éritage Jeh. Wasset nommé *les IIII Fils Emon*, et par derrière *à une place waste* (peut-être les plachettes dont il est question au nº 14).

21. A Jak. le Bailliu. (1396 : aud. Jaquemart). **Les IIII fils Emon.**

22. A Jak. le Bailliu. (1396 : aud. Jaquemart).

(Emb. 1433-35, fº 99 rº). Jaque Wallé dit Cotois et Driénne le Bœuf, sa femme, paravant femme de feu Jeh. Wasset, renonchent à une maison séant *devant le salle des Ardans* en le *rue que on nomme de le Larderie* tenant à l'éritage qui fu aud. Jeh. Wasset nommé *les quatre Fieux Emons* et ayant yssue en le *rue du Grant Dieu.*

23. A Jak. Cosset. (1396 : à Jeh. le Franchois).

24. A Pierre le Leu. (1396 : à Jeh. le Franchois).

25. A Jeh. d'Iser. (1396 : aud. Jehan).

26. A le v^ve^ Jeh. Pateloré. (1396 : à Jeh. de le Porte, carpentier).

(Emb. 1401, f° 264 r°). Guillaume de Berbenchon vend ses rentes sur le maison qui appartient aux hoirs de Jaque Pateloré et qui *siet devant le porte des maisiaux*, II s. VI drs. pour le pris de XL s.

27. A le v^ve^ Jeh. Pateloré. (1396 : A Jeh. de le Porte).

(Emb. 1438, f° 88 r°). Mah. le Bouchier et Agnès Foeullié, sa femme, vendent à Jeh. le Wautrelot une maison en *le rue de l'Euwillerie*, tenant d'une part à Pierre Lendel et d'autre part à Robert Panot.

(Ibid., f° 176 r). Jeh. Wautrelot, vend à Piérot Lendel, une maison séans en *le rue de l'Esguillerie* tenant aud. acateur et à le v^ve^ Robert Panot.

28. A le v^ve^ Jeh. Pateloré. (1396 : à Jaquemart de Harmaville).

(Emb. 1436-38, f° 135 v°). Mah. le Bouchier de Bray et Agnès Feullié, sa femme, vendent à Robert Panot, sergant du Chastellain, une portion d'une maison qu'ils ont située *au derrière des Maisaux* en le rue *de l'Eswillerie*, led. héritage tenant auxd. conjoints...

29. A Jeh. Buridan. (1396 : aud. Jeh).

(Emb. 1438-39, f° 39 r°). Mah. le Bouchier et Agnès Feulliée, sa femme, gagent un emprunt sur une maison où ils demeurent, séant *derrière les maisaux* tenant d'une part à Robin Panot, et d'autre part à Jeh. Tarmaison.

30. A Jeh. Buridan. (1396 : aud. Jehan).

(Emb. 1424, f° 2 r°). Mah. le Bouchier et Agnez Feullée, sa femme, vendent à Jeh. Tarmaison, armoieur, une maison située *derrière les maisiaux, en le rue de l'Eswillerie au devant de l'Huis de fer* (26 du 4e tour), tenant d'une part as places et maison dud. Mahieu et par derrière à l'éritage de le v^ve^ Robert Lescaudé.

31. A Jeh. Buridan. (1396 : aud. Jehan).

(Emb. 1415, f° 61 r°). Simon Doublet, parmentier, et Marguerite de Hennin, sa femme, vendent à Mahieu le Bouchier une plache wide sur laquelle eut japiécha, maison manable, en le *rue de l'Eswillerye*, tenans de deux lez aux héritages qui furent Jeh. le Franchois, *aboutans par derrière* à Robert Lescaudé et *estans droit devant l'Uys de fer*.

32. A Jeh. de Terewane. (1396 : à Jaquemart des Yaues).

(*Ibid.* f° 95 v°). Mik. de le Haye et Jehanne le Franchois, sa femme, vendent à Mah. le Bouchier et à Agnès Foeullet, sa femme, une maison en le *rue de l'Eswillerie*, tenant à une plache wide appartenant aud. Mahieu et aboutans par derrière à Robert Lescaudé, *faisans front sur rue devant l'Uys de fer et faisans le touquet d'une rullette venans au marquet et autre part*.

(Emb. 1418, f° 60 r°). Mah. le Bouchier gage un achat de moutons de la valeur « de quarante chinq frans » sur une maison séans *en le rue de l'Eswillerie devant l'Uys de fer, faisant le touquet de led. rue* et tenant d'autre part à Robert Lescaudé.

(Emb. 1423, f° 146 r° et 147 r°). Dans la succession de Pierre de Baudart, déjà mentionnée, on trouve une rente sur une maison et place (31) appartenant à Mah. le Bouchier, située devant *Le Mor de Morriane* qui soulloit devoir XVIII s. qui a esté moderée à XII s. et une rente de III s. et II cappons sur une autre maison (32) aud. Mahieu, *séant devant le four de l'Uys de fer*.

(Emb. 1432, f° 5 v°). Guérart Wambourc, Bailli de Béthune et Jehanne de Baudart, sa femme, donnent à leur fille Marie, la susdite rente de XII s. sur la maison et plache appartenant aud. Mah. le Bouchier *séans devant le Mor de Morianne* (27 du 4e tour).

33. A Tassart Lescaudé. (1396 : à Robert Lescaudé).

34. A Thumas Haton. (1396 : à Piérot Evrard).

(Emb. 1392, f° 149 v°). Jeh. Haton, bouchier, vend à Piérot Evrard, bouchier, une maison *séans derrière les Maisiaulx* en le rue derrière *le Boef à la Goudalle* (46) joignans à Robert Lescaudé et à l'éritage dud. acateur d'autre part, et par derrière marchissans à Caterine Pateloré et à Jacquemart de Harville (26-28).

35. A Agnès Evrarde. (1396 : à Piérot Evrard).

36. A Willaume de Diéval. (1396 : à Nicaise de Es, bouchier).

37-37 *bis*. A Jak. de Calais. (1396 : Les II maisons sont à

Jehanne de Calais. — De ces deux maisons, dédoublement de celle de Jak Calais, l'une, d'après une note marginale, est donnée à Jehanne Glorieuse et l'autre est vendue à Jeh. le Barbier, bouchier le XXIIIe jour de décembre IIII[xx] et XVI).

(Emb. 1399, f° 17 v°). Jeh. le Barbier ayant déclaré dans son testament qu'il laissait ses biens en paiement de diverses dettes, Jeh. Marcadé et Sainte Barbière, sa femme, renoncent au profit de Robert du Molin à une maison, séans *derrière les maisiaux*, tenant à le maison Nicaise d'Es et d'autre part à Jeh. Rudis.

(*Ibid.*, f° 47 v°). Led. Robert du Molin, revend à Jaquemart Dorin, bouchier, cette maison, séans en le rue *de le Larderie*, tenant à Nicaise d'Es, et d'autre part à Jehanne Glorieuse et à Jeh. Rudis.

38. A Jeh. Rudis. (1396 : aud. Jehan).

39. Le maison *à l'autre rencq, à l'opposite* est à Maroie Dorine. (1396 : à Jeh. Rachine).

(Emb. 1423. f° 46 r°). Jehanne Maugarde, v[ve] de Jehan de St-Waast, donne à Jeh. Coquet, son gendre, ses rentes sur diverses maisons..... XXV s. sur le maison Jeh. Rachine, *séant derrière le Grant Dieu* (60), *tenant d'une part au toucquet de le rue et assez près du puch* d'autre part.

(Emb. 1428, f° 116 v°). Robert de Mallines et Marguerite le Baillieu, sa femme, et Jehanne du Chastel dite Rachine, fille de lad. Marguerite qu'elle eut de Jeh. du Chastel dit Rachine, vendent à Willemotte de Sounastre une maison gardin et héritage tenant ensemble, séant en le rue *du four en Castel*, tenant à Robert Pippelart (62 du présent tour) et d'autre part *à une ruelle qui va derrière l'éritage du Boef*. (Cette ruelle est l'impasse qu'on trouvera plus loin après plusieurs maisons appartenant à Jeh. Rachine).

(Emb. 1435, f° 75 v°). Pérote de Caucourt, v[ve] de Martin du Gardin donne à son fils Wibert du Gardin, à l'occasion de son mariage avec Jehanne des Fossés, fille de Simon des Fossés... LX sols de rente sur une maison séant derrière les maisiaux qui fu à Jeh. Rachine, ad présent à Jeh. Dervillers, bouchier, tenant à Robert Pippelart et au flégart de le ville.

40-41. Les II maisons ens. sont à Jacot Dorin. (1396 : il y a une lacune au registre de 1396).

(Emb. 1414, f° 48 r°). Johanne Maugarde, v^ve^ de Jeh. de St-Waast et sa fille Pérote vendent à Jeh. du Castel, dit Rachine, une plache et héritage, lau il eut jadis deux maisons, séans en le rue *du four en Castel* tenant aud. Jeh. et d'autre part *à une ruelle qui tient à l'éritage Piérot Trucquet, lequelle ruelle n'a point d'yssue.*

(Emb. 1432, f° 18 r°). Willemotte de Monchy, v^ve^ de Thumas Augrenon, dit de Souastre et Ysabel, sa fille, vendent à Colart d'Amiens, bouchier, une maison, gardin et héritage qui jadis furent deux héritages scituées en *le rue du four en Castel* tenant d'une part à Robert Pippelart et d'autre part *à une ruelle qui va derrière l'éritage du Boef.* (C'est-à-dire 39-42).

42-43. Les II maisons ens. *dont li une est en le ruelle* sont à Jeh. Ruby (*sic* pour Rudis). (1396 : le maison en le ruelle est à Jeh. Rudis).

(Emb. 1391, f° 71 r°). Jeh. Rudis gage une obligation sur une maison (43) qui siet entre *le four du Castel et le porte du Boef* (au fond de l'impasse).

44-45. Les II maisons ens. dont li une fait le touquet devant *l'Uys de fer* sont à Piérot de Bappames. (1396 : à Jeh. de Chérisi). **Le Belle Dame.**

(Papiers de rentes de le Povreté 1396). Sur les II maisons Jeh. de Chérisy, séans *contre l'Uis de fer* dont l'une fait le touquet, XXVI s.

(H, 632-1398, f° 73). Jeh. de Cherisi pour le maison de *Le Belle Dame,* II drs.

(H, 635-1415, f° 72). Piérot Trucquet pour le maison de *Le Belle Dame faisant touquet devant l'Uys de fer,* II drs.

(Comptes de le Povreté, 1419-20). Pierre Truquet, huchier, pour ses II maisons qui furent Jeh. de Chérisy, bouchier, devant l'Uys de fer, XXVI s.

(Emb. 1421, f° 33 v°). « Pierre Trucquet, Hanotin et Marion Trucquet, enffans dud. Pierre et de deffuncte Aélips de Chérisi, Colart de Coulemont et Marie de Chérisi, sa femme », s'accordent pour partager la succession de feu Jeh. de Chérisi, bouchier. Led. Pierre Trucquet aura « sa vie durant, une maison nommée *Le Belle Dame* derrière les maisiaux, en lequelle maison a enchine de four, *faisant toucquet de le rue de le Larderie* et tenant à l'éritage du *Boef* ». Après sa mort cette maison reviendra à ses enfants.

(Emb. 1438, f° 230 r°). Pierre Trucquet, Colart Doré et Marie Trucquet, sa femme, à l'occasion du mariage de Jeh. (Hanotin) Trucquet, fils dud. Pierre avec Jacobte Martin, consentent que en cas de prédécès dud. Jeh. lad. Jacobte ait sa vie durant, entre autres avantages, « la moitié d'une maison qui est une enchine de four, séant derrière les maisiaulx, *faisant touquet d'une rue au devant de l'Uys de fer* et tenant à l'éritage du Boef.

(Emb. 1464, f° 59 r°). Marie Trucquet, v^ve^ de Colart Doré et ses cinq enfants gagent une obligation sur une maison séant en *le rue de le Larderie* tenant *d'une part au flégart de la ville* et d'autre part à l'éritage du Boef, à Huart Longuespée.

46. **Le Boef à le Goudale** à le v^ve^ Simon du Boef. (1396 : as enfans de feu Estène de Hénin, mouresdans).

(H. 632-1398, f° 73). Les hoirs Estenne de Hennin pour le *Boef*, II drs.

(Emb. 1434, f° 219 r°). Sainte d'Arras, v^ve^ de Jeh. le Gay, goudallier, vend à Adam le Gay et Marguerite de Monchy, sa femme, une maison avec tous les vaisseaux servans à brasser le goudalle ; estans led. maison en le *rue de l'Agullerie*, tenans au four Pierre Trucquet et à Jeh. Pecquet.

(Emb. 1438, f° 37 r°). Lesd. Adam le Gay et Marguerite, sa femme, gagent un emprunt sur une maison *nommée le Boef*, séant *assez près de l'Uys de fer* et tenant... (comme dessus).

(Emb. 1444, f° 106 r°). Gillot Longuecespée gage un prêt sur la maison *du Boef* tenant au four de le *Belle Dame* à Colart Doré.

Il y a ici au Rentier de 1396 deux maisons qui ne figurent pas au Rentier de 1382 et dont l'existence est attestée par des actes. Peut-être ont-elles remplacé, dans l'intervalle, des dépendances du *Boeuf*.

47. (1396 : à Jaquemart Maisné, caudrelier).

(Emb. 1391, f° 64 v°). Jeh. des Rosettes, vend à Gillot le Gillon ses rentes sur une maison appartenant à *Jaquemart* le Pouffre, dit *le Caudrelier*, tenant au *Boef à le goudale*.

(Emb. 1399, f° 81 v°). Gillot le Gillon vend à Thumas Bouchel trente sols de rente sur une maison séans, *derrière les maisiaux* de présent appartenant à Jaquemart le Pouffre dit le Caudrelier, joignans d'une part à l'éritage du *Boef à le goudale* et d'autre part à Jaquemart des Yauwes.

48. (1396 : à Jaquemart des Yauwes).

49. *A le Povreté de le Magdelaine.* (1396 : idem.).

50. A Hugueline de l'Escluse. (1396 : à Andrieu d'Aisseville).

(Emb. 1428, f° 126 v°). Gillot d'Aisseville vend à Mik. d'Aisseville son frère, tout tel droit qu'il pourrait avoir « après le déceps de Jacobte de l'Escluse, femme de Jaquemart des Passés, nièpce desd. Gillot et Mikiel, en une maison séant en le rue de *l'Eswillerie* tenant d'une part à l'éritage de *l'Eglise de le Magdelaine* et d'autre part à Tassart de l'Escluse.

(Emb. 1429, f° 183 r°). Jaquemart des Passés, couvreur de tieule, et Jacobte de l'Escluse, sa femme, vendent à Mikiel d'Aisseville leur droit de viage sur une maison... (comme dessus).

51. A Hugueline de l'Escluse. (1396 ; à Tassart de l'Escluse).

(Emb. 1399, f° 72 r°). Tassart de l'Escluse, cordewanier, donne en nantissement d'un achat de treize livres seize sols de cuirs une maison qu'il a en *le rue de l'Eswillerie* tenant à le maison Andrieu d'Aisseville et à Jaquemart de Reu.

52-53 A Jak de Reu. (1396 : aud. Jaquemart de Reu).

(Emb. 1401, f° 283 r°). Jaquemart de Reu vend à Jeh. Bayart dit Audenare II maisons, tenans ensemble, séans *derrière les maiseaux*, tenans d'une part à Tassart de l'Escluze et d'autre part à le v^ve^ Andrieu Compaignie.

Emb. 1428, f° 125 v°). Gaudeffroy d'Arleux et Tasse Baiart dite Audenare vendent à Willaume Baiart dit Audenare tout tel droit qu'ils avoient après le décès de Jehanne de Chérisi, v^ve^ de Jeh. Baiart dit Audenare en une maison (52 séant en le rue de *l'Eswillerie* tenant à Tassart de l'Escluse et à l'éritage dud. Willaume 53).

A noter que dans le Rentier de 1382 les maisons se suivent dans l'ordre suivant : Tassart de l'Escluze, Andrieu Compaignie et Jak. de Reu et que dans le Rentier de 1396 cet ordre est interverti : Tassart de l'Escluse, Jak. de Reu et Andrieu Compaignie, ce qui correspond complètement aux renseignements fournis pour les actes.

54. A Andrieu Compaignie. (1396 : aud. Andrieu). **Le Glay.** (*Le Glaieul*).

(Emb. 1401, f° 245 v°). Ysabel de Rains, vve de Andrieu de le Marche, dit *Compaignie*, donne à Gillot de le Marche, dit Compaignie, son fils, par don irrévocable fait entre vifs, une maison tenant à Jaquemart de Reu et d'autre part à l'éritage de Monsgr de Tramecourt et faisant *touquet de le rue de l'Euwillerie*.

(Emb 1423, f° 66 r°). Dans le partage des biens de Jeh de Croisettes, plétier, fait par sa vesve, Colart Pronnier et Marie de Croisettes, sa femme, ont la maison *du Glay*, située en le *rue de l'Eswillerie*, tenant à Willaume Audenare d'une part et d'autre part à l'éritage de Madame de Tramecourt.

(*Ibid.*, f° 149 r°). Parmi les biens de la succession de Pierre de Baudart, on trouve une rente de VIII drs. sur la maison Jeh. de Croisettes qui fu Andrieu Compaignie, *séant devant le Cat en Castel*.

(Emb. 1427, f° 130 v°). Colart Pronnier et Maroie de Croisettes vendent à Frémin de Boulogne, plétier, une maison *nommée le Glay*, séant *rue de l'Eswillerie*, tenant à Willaume Audenare et à Madame de Tramecourt.

(Emb. 1433-35, f° 52 r°). Mariette du Molinel, fille de feu Colart du Molinel que il ot de Marie de Croisettes à présent femme de Colart Pronnier, consent à la vente faite par led. Colart Pronnier à Frémin de Boulongne d'une maison nommée *le Glay*, tenant d'une part à Willaume Audenare et à l'éritage des hoirs Monsgr de Tramecourt.

55. *Le grande maison* ens. est à Pierre de Courchelles. (1396 : à Pierre de Courcelles, escuier). **Le Gayant**.

Pierre de Courcelles, écuyer, seigneur d'un fief sur l'office du châtelain d'Arras, habitait cette maison en Castel. Pierre II, son fils, quitte le nom de Courcelles et, depuis lors, est connu sous celui de sa seigneurie de Tramecourt. Péronne de Tramecourt porte le fief d'Arras dans la maison d'Ocoche, dite de Neufville Witasse en épousant Jehan d'Ocoche. (*Histoire généalogique de la maison de Tramecourt* par le comte de Brandt de Galametz, p. 17-19).

Jean, seigneur de Neufville, mort avant 1454, s'était marié avec Pétronille de Tramecourt. (*Histoire généalogique de la maison de Neufville* par A. C. de Neufville, p. 112 et 218).

Cette maison s'est appelée *le Gayant* vers 1424.

(II, 632-1398, fo 72). Messire Pierre de Courcelles, chevalier, pour une maison en II membres, II drs.

(II, 635-1415, fo 72). La vve sire Pierre de Courchelles, chevalier, pour une maison, II drs.

(II, 638-1424, fo 75). Led. vve pour une maison *nommée le Gayant*, II drs.

(Ces mots ont été visiblement ajoutés, et apparaîtront désormais dans tous les cueilloirs).

II, 641-1437, fo 70). Mademoiselle de Noefville pour une maison nommée *le Gayant*, II drs.

56-59. Quatre *petites maisons en le rue du Grant Dieu*, à Pierre de Courcelles. (1396 : aud. Pierre).

60. Le Grant Dieu, à Pierre de Courchelles. (1396 : aud. Pierre).

61-62. (Le Rentier de 1396 ajoute ici une maison en ces termes: Le maison après *le Grant Dieu* tenant à le maison Jeh. Rachine (39) est à Robert Lallart, trippier).

Les actes suivants montrent qu'il y en eût bientôt deux.

(Emb. 1433-34, fo 115 ro). Colart d'Amiens, bouchier, garantit un achat « de blancques bestes à laisne » sur une maison scituée *derrière les maisiaux* où il demeure, tenant d'une part à l'éritage *du Grant Dieu* et d'autre part à Robert Pippelart.

(Emb. 1436-38, fo 103 vo). Robert Pippelart, vend à Jeh. le Bouchier dit de Bray, une maison séant en le rue du *Grant Dieu* tenant à Régnault du Faistel dit de Tramecourt et d'autre part à Jeh. Dervillers (39), et par derrière *ayant yssue en une rue qui va vers le maison du Boef en revenant aux maisiaux.*

Li IIIIe tours commenche à le maison Willaume de Saint-Mahieu, tenant à le porte de l'Angèle *devant Saint-Jéry en alant au rencq devant* le Boof à le Goudale *et en tournant derrière les maisiaux jusques au* Praiel des Ardans *et finant au bourdel devant les murs St-Vaast (f° 140 v° et suiv.).*

(1396 : même rédaction f°s 6 r° et v°; 19 v° et r°; 249 r° et v°).

1-2. Les II maisons tenant *à le porte de l'Angèle* sont à Willaume de Saint-Mahieu. (1396 : à Guffroy Dèques, sergant à verghe).

(Emb. 1400, f° 84 v°). Marguerite Lescaudé, v^ve^ de Guiffroy Deques, donne en garantie d'un prêt de XLIII frans les maisons qu'elle a *séans en le rue des Prebstres,* tenans ensamble et tenans à le poste de *l'Angle* d'une part et d'autre part à le maison Mikiel le Machon.

3. A Mik. le Machon. (1396 : aud. Miquiel).

4. A Thiébaut Clay. (1396 : à Jeh. Eurri, bailli de St Waast).

5. A Thiébaut Clay. (1396 : à Robert de Mailli).

(Emb. 1391, f° 65 v°). Thiébaut Clay et Jehanne le Gillonne, sa femme, vendent à Robert de Mailli, vairier, une maison séant *en le rue des Prestres,* tenant à l'éritage desd. vendeurs et d'autre costé à l'éritage de Thumas de St-Thumas marissal, et, par derrière, à *le maison du Cat.*

(Emb. 1401, f° 295 r°). Robert de Mailly et Tasse Dambrine, sa femme, vendent à Jeh. Durane, une maison *séans en le rue des Prestres,* tenans à l'éritage de feu Jeh. Eurry d'une part, et à le maison Jeh. Bréquin d'autre part et par derrière *au Cat.*

Le Rentier de 1382 s'exprime ainsi : les II maisons (4 et 5) et le *maison du Kat* sont à Thiébaut Clay. Il semblerait, d'après cette rédaction que *Le Chat* fût le n° 6. Il n'en est rien et tout les documents prouvent que cet hôtel était au n° 12. Quand un propriétaire payait en bloc des rentes sur plusieurs maisons qui se tenaient *directement* ou *par derrière,* le scribe les groupait en un seul article. Il y a plusieurs exemples de cette façon de procéder qui complique la difficulté déjà grande d'assigner aux maisons leur véritable place.

6. A v^ve Nicaise Escarlate. (1396 : à Maroie [en blanc] femme qui fu [prénom en blanc] Thiré).

(Emb. 1392, f° 112 r°). Thumas de St-Thumas, marissal, en son nom et avec la procuration de Sainte Escarlate, sa femme, « qui pour le présent n'est point au pays » vend à Jeh. Malatiré, tous les droits qu'il avoit à cause de son vinige en une maison *séans en le rue des Prestres*, joignans à l'éritage Robert de Mailli, pèletier, d'une part, et à Jeh. Gaurelay d'autre part.

7. A Jeh. de Conin. (1396 : à Jeh. Gaurelay — note marginale très détériorée : [vendue] par les hoirs dudit [Gaur]elay à Jeh. de [Crois]ettes, pèletier.

8. A Henri Béchon. (1396 : à Jeh. de Croisettes). Cette maison, on le verra tout à l'heure, faisait le touquet de la rue des Prestres sur la rue de l'Eswillerie.

9. A Henri Béchon. (1396 : à Jeh. de Croisettes).

(Emb. 1391, f° 48 v°). Willaume Wagon, Pierre de St-Pol et Sauwale de le Ruelle, exécuteurs testamentaires de Pérote de Chérisi, v^ve de Henri Béchon vendent à Piérot d'Ouppi, campgeur, deux maisons (8-9) tenans ensemble, séans en Castel *contre le maison des Barrois* tenans d'un costé à le maison Jeh. Gaurelay et d'autre part à l'éritage de demiselle de le Vigne et Pierre Baudart.

(Emb. 1392, f° 150 r°). Pierre Lalexandre dit d'Ouppi et sa femme donnent à Jeh. de Croisettes, pèletier, deux maisons qu'ils avoient en Castel *devant les Barrois*, tenans.... (comme dessus).

Jeh. de Croisettes finit par posséder six maisons sur ce coin, comme il apparaît par l'acte de partage de ses biens après son décès.

(Emb. 1423, f° 66 r°). « Jehanne Coulonne, v^ve de Jeh. de Croisettes, Philippe de Croisettes et Simonne du Pont, sa femme, Willemet de Croisettes, Hanotin de Croisettes, Colart

Pronnier et Marie de Croisettes, sa femme, Jeh. Sohier et Jacotte de Croisettes » partagent à l'amiable et du consentement de lad. veuve, « les héritages qui leur estoient escheus par le trespas de leur père » et dont lad. veuve était usufruitière : Jeh. Sohier et Jacotte ont « le maison qui fu Jeh. Bréquin (6) séant en le rue du Prestres, tenant aux hoirs de Philippot de Croisettes ; Philippe de Croisettes a le maison qui fu Jeh. Gaurelay (7) et plus tard Jeh. et Philippot de Croisettes, tenant à l'héritage qui fu Jeh. Bréquin et à l'héritage où demeuroit led. feu [Jehan] ; Hanotin a l'héritage où demeureit led. feu (8 et 9) *faisant le touquet de lad. rue des Prestres et de le rue de l'Euwillerie* tenant d'une part à l'héritage qui fu Philippot de Croisettes et d'autre part à l'héritage que ara led. Willemet ; Willemet a deux maisons (10-11) tenans ensemble, situées en *le rue de l'Euwillerie* tenant d'une part à l'héritage qui fu aud. feu et d'autre part à le *maison du Cat*. (Pour mémoire, Colart Pronnier et Marie de Croisettes ont la maison *du Glay* presque en face de la *maison du Chat*).

10. A demiselle de le Vigne. (1396 : aux hoirs Pierre de Baudart et à Mikiel Sacquespée).

11. A demiselle de le Vigne. (1396 : à Sawale de le Ruelle).

(Emb. 1399, f° 77 r°). Sauwale de le Ruelle et Aélips Aubrye, sa femme, vendent à Jeh. de Croisettes une maison séans derrière les maisiaux, tenans à le maison des hoirs de Pierre de Baudart et à le *maison du Cat*.

(Emb. 1438-39, f° 145 v°). Colart Pronnier et Marie de Croisettes vendent à Philippot de Croisettes tout tel droit qu'ils ont en une maison séant en le *rue de l'Euwillerie*, tenant à Piérot Thiré et à l'éritage de Mahieu de Beaumont *nommé le Cat*.

12. *Le maison* **du Kat** est à Thiébaut Clay. (1396 : à Jeh. Eurri, bailli de St-Waast).

(Emb. 1433-35, f° 135 v°). Marguerite le Fondeur, v^ve de Jeh. Leurent dit Borgnet, Colart de Paris et Jehanne de Walois, sa femme, vendent à Mahieu de Beaumont deux sols de rente sur le maison appartenant aud. Mah. nommée le *maison du Cat*, séant en le *rue de l'Euwillerie*, tenant à Phillippot de Croisettes et d'autre part aud. de Beaumont et au *gardin de le Rose* à Jeh. Caulier.

13-14. Les II maisons ens. *dont li une (14) fait le touquet* sont à Gille Crespin. (Ces deux maisons et les deux suivantes ne figurent pas au Rentier de 1396).

(Emb. 1423, f° 26 v°). Jeh. de Relly, dit Griffon, chevalier, et Jehanne de Happlaincourt, sa femme, vendent à Piérot Grivet, caudrelier, une maison tenant à l'éritage de le v^{ve} Jeh. Qui se maria (13) et d'autre part *faisant touquet de le rue de l'Eswillerie.*

(Emb. 1433, f° 38 r°). Pierre Grivet gage une obligation sur deux maisons dont l'une *faisant touquet de le rue de l'Eswillerie,* puis (emb. 1435, f° 60 v°), vend à Ansel le Coutelier, caudrelier, la maison du touquet.

(*Ibid.*, f° 39 v°). Ansel le Coutelier, donne en garantie d'un prêt la maison où il demeure, séant derrière les maisiaux tenant d'une part à Pierre Grivet et d'autre part *faisant touquet de le rue venant à le porte de le Rose.*

15-16. Les II maisons ens. *en alant en le ruellette* sont as hoirs Jeh. Louchier.

17-25. Les IX maisons ens. sont à Jak. Willaye. (1396 : Les IX maisons qui furent Simon Augrenon sont à Pierre d'Estroeng, et *siéent derrière les maisiaux*).

Ce groupe de neuf maisons constituait le petit îlôt délimité actuellement par les rues des Grands-Viéziers, et du Canon-d'or et par la place de la Vacquerie.

(Emb. 1399, f° 71 r°). Pierre Bourguelin, dit d'Estroen, carpentier, vend à Pierre de Tilloy (pour VII^{XX} livres, ce qui prouve qu'il ne s'agit que de maisoncelles) sept maisons tenans ensemble, derrière les maisiaux, *assez prés de le porte de le Rose* et tenant à le maison Baudin le Trippier.

(Emb. 1414, f° 123 r°). Gille d'Aubry, v^{ve} de Pierre de Tilloy, garantit une obligation contractée par son mari « sur sept maisons, tenans ensemble *au devant et assez prés de le porte et yssue de le maison de le Rose à Jeh. Gaulier* ».

26-27. Les II maisons ens. dont li une est **L'Uys de fer** sont à Jeh. Buridan. (1396 : Les II maisons dont l'une est **Le Four de l'Uis de fer** *(La porte de fer)* et l'autre **Le Mort de Morlane** [généralement écrit *Mor de Moriane* c'est-à-dire *le More de Mauritanie*, ou *la Tête de Nègre* — indication fournie par M. A Guesnon] aud. Jehan).

(Emb. 1401, f° 237 v°). Marguerite Wionne, fille de Robert Wion et de demiselle Jaque le Fèvre jadis femme dud. Robert Wion et depuis femme de Jeh. Buridan, vend à Jeh. le Marissal deux maisons, tenans ensemble, séans derrière les maisiaux, l'une nommée *Le Four de l'Uys de fer* et feisans le touquet de *le rue de le Teste de mouton en alant vers le praiel des Ardans* et l'autre nommée le *Mordemoriane* tenans d'une part à le maison Hénin Salhadin (45) chavetier, et d'autre part à le v^{ve} Amouri Pateulle.

(Emb. 1401, f° 238 r°). Sire Robert Eloy, prestre, nagaires recevour des rentes que feu Jeh. Buridan avoit en le ville d'Arras et ailleurs et Robert Pippelart, procureur de demiselle Jaque le Fèvre, v^{ve} dud. Jeh. Buridan et de Marguerite Wionne « reconnaissent qu'ils se tiennent » pour contens et paiés de tous les louages dus par Martin Estrelin, sergent à mache du duc de Bourgogne pour le maison du *Mordemoriane*.

(Emb. 1425, f° 232 v°). Miquiel le Marissal dit de l'Uis de fer et Ysabel de Ronville, sa femme, gagent une obligation sur deux maisons, tenans ensemble, l'une nommée *l'Uis de fer* et l'autre *Le Mordemoriane, faisant l'Uis de fer le touquet de le rue de l'Euwillerie* et aboutans par derrière à le v^{ve} de Hénin Salhadin, et le *Mordemoriane* tenant à l'éritage Clément Pintart.

(Emb. 1429, f° 234 v°). Led. Miquiel garantit encore un prêt sur ses deux maisons, décrites dans les mêmes termes. En 1432 (emb. f° 109 v°) nouvel emprunt de xxviii lbs. gagé cette fois sur *une* maison, séant en *le rue de le Larderie* nommée *le four de l'Uis de fer faisant touquet de led. rue*, aboutant à l'éritage de Jehanne Sallehadin et tenant d'autre part à Clément Pinte, (qui sans doute avait acheté le *Mordemoriane*).

(Emb. 1436-38, f° 149 v°). Enfin led. Miquiel vend à Willaume de Colencamp « une maison où a enchine de four, nommée *le four de l'Uis de fer, faisant cuing de le rue de le Larderie* et tenant à Climent Pinte dit Pintart.

28. A Amoury Pateuille. (1396 : à le v^{ve} Amouri Patoeulle).

(Emb. 1399, f° 37 v°). Guillaume de Brebenchon, chevalier, vend ses rentes sur le maison qui fu Amoury Pateulle en le rue de *le Teste de mouton*, iiii s. ix drs. à xiiii drs. le denier.

29. Le plache est wasto et ne le claime nuls. (1396 : Le place waste est à Maroie Bouteleu, v^{ve} Piérot le Leu. — Note marginale : vendue par elle à Jeh. de Chérisi, bouchier, le XXIXe jour d'avril IIII^{xx} et XVI).

30-31. Les III maisons sont à Jeh. de Chérisi. (1396 : aud. Jehan).

32-34. Les III maisons sont à Piérot le Leu. (1396 : à Jeh. de Chérisi).

(Emb. 142', f° 33 v°). Dans la succession de Jehan de Chérisi Colart de Coulemont et Marie de Chérisi, sa femme, ont six maisons, *séans en le rue de le Larderie*, tenant à ung muretel d'une plachette qui tient à le maison Jeh. le Bouchier et à le maison qui fu Jeh. le Meur.

(*Ibid.* f° 125 v°). Colart de Coulemont et Maroie de Chérisi, sa femme, vendent à Jeh. de le Fontaine, bouchier, VI maisons tenans ensemble, en deux membres, séans derrière les maisiaux, tenans à l'éritage qui fu Climent Pinte, bouchier, et à l'éritage qui fu Jeh. Meur et *faisant touquet de le rue devant le Teste de mouton.*

35-36. Les II maisons sont à Jeh. de Milleville. (1396 : à Jaquemart Bosquet, huchier).

37-38. Les II maisons sont à Jeh. Pillewille, bouchier. (1396 : aud. Jehan).

(Emb. 1418, f° 90 r°). Maroie du Hautoy, v^{ve} de Jeh. de Longueval dit *Pilleuville*, vend à Jacotin Tainart deux maisons, tenans ensemble, *séans en le rue de le Larderie*...

39-40. A le v^{ve} Sauwale le Borgne. (1396 : Les II maisons *contre le Moutonchel* sont à Jaquemart le Roy, goudalier).

(Emb. 1438-39, f° 41 v°). Henry Sacquel, comme procureur de Simon Clauwin vend à Guffroy l'Armoieur, une maison séant en le *rue de le Larderie* (39) *faisant le touquet devant l'ostel qu'on dist le Moutonchel* et tenant à Colart le Clerc et d'autre part à Jeh. Wague.

(Emb. 1464, f° 39 v°). Willaume Larmoyeur, vend à Jeh. le Bouchier, marchant de draps, une maison qu'il avoit en le *rue de le Larderie,* faisant *touquet d'une rue qui maine de le boucherie de le ville au Praiel des Ardans,* tenant à Colart le Clerc et à Simon Bertoul, chavetier.

(Emb. 1444, f° 8 v°). Bettremet Waghe, fils de feu Jehan, demourant à St-Omer, vend à Ernoul Chartier une maison (40) séant au devant des maiseaux tenant à Guffroy Larmoyeur et à Simon de Couppigny.

41. A le v^ve^ Sawale le Borgne.

(Emb. 1438-39, f° 171 v°). Jeh. Hanequin, vend à Simon de Couppigny une maison séant *derrière le porte des Noirs Maiseaux* tenant aux hoirs de Jeh. Waghe et d'autre part à Piérot Herlant et aboutans par derrière à Jeh. de Fontaine dit Bregier (30-34).

42. A Robert Dorin.

43. A v^ve^ Piérot le Poryer.

(Emb. 1414, f° 6 r°). Béatris de Langle v^ve^ de Assensse le Quien vend à Clément Pintart, bouchier, une maison séant derrière les maisiaux, *faisant le front de le rue Ynocq,* tenant d'une part à Piérot Herlant, bouchier, et d'autre part à une plachette (la placette des Caudreliers), et aboutans par derrière à l'éritage dud. Clément (28) et à l'éritage Hénin Salehadin (44).

(Comptes de le Povreté 1419-20). Climent Pinte [dit Pintart, voir n° 27] pour se maison, *au bout de le rue Winoq,* x s. x drs.

44. A Jeh. Salhadin. (1396 : le maison *à l'autre costé* [En effet, après le n° 25, le Rentier de 1396 passe à la maison Salhadin, qui est de *l'autre côté* de la rue] est à Hénin Salhadin).

45-46. Les II maisons dont li une fait le touquet sont à Jeh. de Bairy. (1396 : à Margot Coquelle).

47-48. Les II maisons sont à Betrémieu Maillin. (1396 : à Margot Maline).

(Emb. 1392, f° 117 v°). Bétrémieu Malin, donne en nantissement d'un prêt deux maisons séant *derrière les maisiaux, faisant le touquet de une ruelle estans entre lesd. maisons et le maison Margot Coquelle.*

(*Ibid.*, f° 126 r°). Jeh. Augrenon du Luppart vend à Jaque Postel, vingt sols paresis de rente qu'il avoit et prenoit chacun an sur une maison (47) séant *derrière les maisiaulx*, appartenant à Bétrémieu Molin, *faisant le touquet d'une ruelle sans yssue* qui est entre led. maison et le maison Margot Coquelle et joignant à l'éritage dud. Bétrémieu.

49. A Jeh. de Harmaville. (1396 : à Jeh. de le Choule).

(Emb. 1399, fo 37 vo). Guillaume de Brebenchon, vend xx sols de rentes « sur le maison Jeh. de le Choule *d'alès le porte du Praiel des Ardans.*

50. Le maison *qui tient à le porte du Prayel des Ardans* est à Thumas Haton. (1396 : à Bétris Calonne, vve dud. Thumas).

(Emb. 1433-35, fo 112 ro). Jehanne de Beaumetz, fille de feu Jaquemart, vend à Pierre de Hénin, le moitié qu'elle a en une maison séant *en le rue du Praiel des Ardans,* à l'encontre dud. Piérot qui a l'autre moitié tenant *d'une part et par derrière aud. Praiel.*

51. A Colart Choquet. (1396 : aud. Colart, fendeur de gloés).

52. A Simon Sacquespée. (1396 : aud. Simon).

53. A Emelot d'Eps. (1396 : as hoirs Emelot de Es. Note marginale : vendue à Piérot Poulier et à Maroie, sa femme, et depuis donnée par led. Piérot à led. Maroie... juing IIIIxx et XVI).

(Emb ext. 1399, fo 5). Loy Poulier vend à son frère Jehan une maison séant *derrière les murs St-Waast, à l'encontre de le Halle des Fèvres* (19 du 3e tour), tenant à Simon Sacquespée.

54. A Jeh. Bacqueler. (1396 : à Jeh. Pétach).

55. A Gille Ségart. (1396 : à Baudin le Gay).

PAROISSE DE NOTRE-DAME EN CITÉ

M. A. Guesnon explique parfaitement dans son travail sur *Les Origines d'Arras et de ses Institutions* (Arras-Ville, t. Ier, chap. III : *Strata*, l'Estrée) comment *l'Estrée*, bien que située dans l'enceinte des murs de la Ville, faisait partie de la paroisse de Notre-Dame *en Cité*.

Voir le même ouvrage pour tout ce qui concerne le moulin du Wetz d'Amain et l'hôtel de Chaulnes (p. 43 et suiv.).

Li premier tours commenche au Wes Damain en alant tout ce renc à le porte de Chité (f° 143 et suiv.).

(1396 : même rédaction, fos 18 r° et v°, 247 r° à 248 v°).

---

1. Le maison du **Moelin du Wes-Damain** est à Andrieu de Courchelles. (1396 : à Jeh. Nacaire).

Ce moulin était situé au fond de la place, à gauche. Tout ce coin a été considérablement modifié au cours des âges par la régularisation du Wez Damain et plus tard par la suppression de cet abreuvoir.

(Comptes de le Povreté, 1419-20, f° 17). « Jeh. des Yauys pour le maison du mollin du Wes Damain, led. mollin et le maison d'en costé qui fu Willaume le Fèvre, pissonnier d'iaue

Paroisse de Saint-Estène (quatre tours)
Paroisse de Notre-Dame-en-Cité (deux tours)

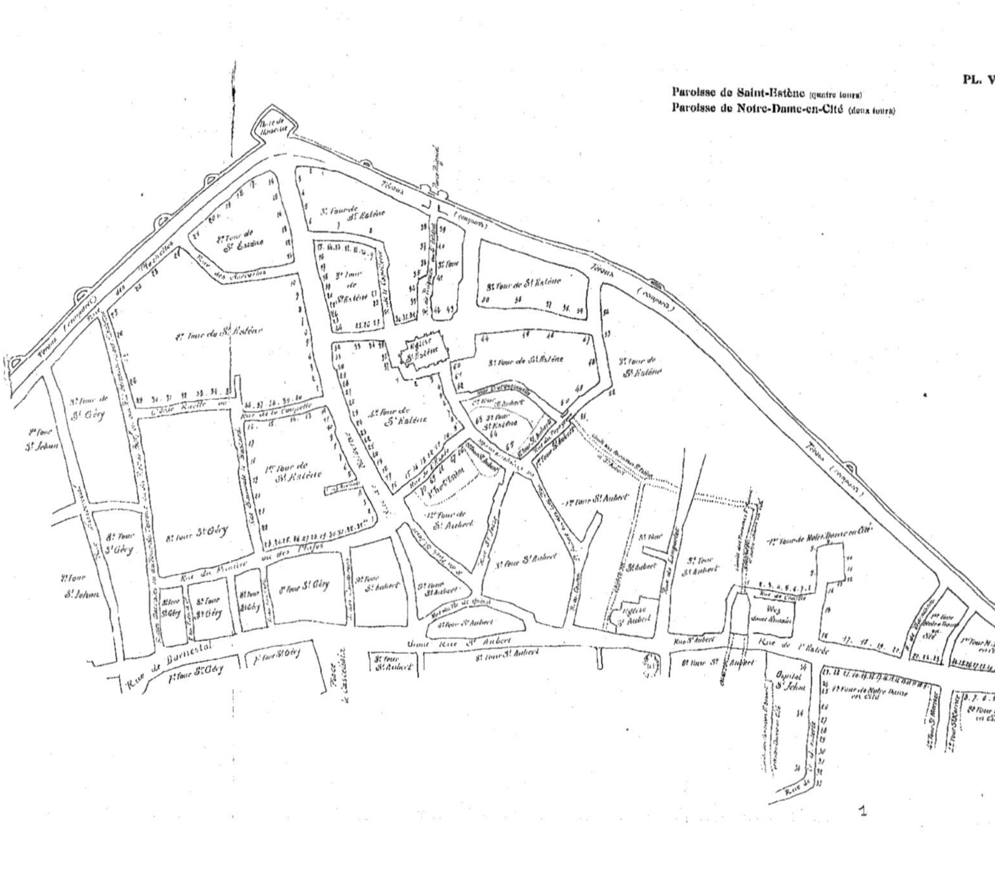

doulce, LXIIII s. et pour ce que led. molin et le maison d'icely estoient déqueux (déchus) et tailliés (sur le point) d'aler à ruine » led. Jeh. demande aux échevins et obtient « pour ayde de remettre led. molin et maison en boin estat » la remise pendant quatre ans de la moitié des rentes.

2. Le maison ens. tenant au Courtil dud. moelin est à Jak. le Gouge. (1396 : à Willaume le Fèvre, pissonnier).

3-6. Les IIII maisons ens. sont à Adam Gayard. (1396 : Les IIII maisons sont à Willaume le Fèvre et sont *places wastes*).

7. A Jeh. d'Avesnes, cordier. (1396 : à Jaquemart le Gouge).

8. Le Rentier de 1396 place ici : une grange *tenant à le porte de Chanle*, à Willaume le Fèvre.

(Emb. 1400, f° 8 r°). Willaume le Fèvre vend à Martin Ouisson, cordier, une maison, séans en le rue de Chanlle tenant à Jaquemart le Gouge et à le maison de Chanlle.

9. **Le maison de Chaune** à Willaume du Savoire. (1396 : le *maison de Chanle* à Maistre Mah. de Helleville).

10. A Waast Bourgois. (1396 : à Jeh. Cozel. Note marginale : vendue par led. Cozel à Jeh. Wardavoir le premier jour de novembre IIII^{xx} et XVI).

(Emb. ext. 1388, f° 3). Le main du roy est assise par Henri Nepveu à une maison appartenant à Jeh. Cosel, séans *en le rue de Chanlle*. (Il s'agit d'une saisie).

(1419, f° 231 v°). Piérot Roussel, cordier, vend à Pierre le Jone, le moitié d'une maison et grangette séans en le rue de *Chanle*, tenant à le porte de l'ostel de Chanlle et par derrière à Jeh. Peppin dit Pillart.

(Emb. 1436-38, f° 120 r°). Jeh. Hoel le Jone et Marie de Tilloy, sa femme, vendent à Piérot le Jone, eschoppier, une rente de XVI deniers et ung cappon bourgois de VIII drs. qu'ils avoient sur une maison séant en le *rue de Chanlle* tenant de part et d'autre au fégart de le ville et aboutant par derrière à l'éritage des relligieux du mont St-Éloy et à le v^{ve} Jeh. Peppine dit Pillart.

11 A Waast Bourgois. (1396 : à Waast le Court).

12-13. A Jeh. Bonvart. (1396 : à Waast le Court).

14. A Jeh. Bonvart. (1396 : Les *trois* maisons et un gardin sont à Marguerite le Pautonnière). **L'Erche** (L'une de ces maisons semble bien avoir été *l'Erche*.

(Emb. 1399, f° 9 r°). Marguerite Craqueline, v^ve^ de Nicaise Pautonnier, donne à Nicaise Denis quatre maisons séans au lieu que on dist l'Estrée, tenans ensemble, faisant *le touquet de* **l'Erche** d'une part et *contre le Wez Damain* d'autre part.

15. A Jeh. de Berneville. (1396 : aud. Jehan).

(Emb. 1421, f° 146 r°). Marie le Rouyne, vend à Robert d'Equancourt une masure et gardin séans devant St-Jehan en l'Estrée *tenant à une place sur lequelle eust jadis une maison nommée* **l'Erche** et aboutant *par derrière à le rue de Chanlle.*

On voit qu'en 1396 il y a dans ce coin de la place quelques masures de plus qu'en 1382 et que la maison de *l'Erche* avait disparu avant 1421 et pourtant dans la succession de Pierre de Baudart (Emb. 1423, f° 142 v°) Tristran de Paris a encore XLVIII s. de rente « *sur le maison de l'Erche en l'Estrée* ». D'où il faut conclure ou que la maison de l'Erche a été reconstruite ou que son emplacement, transformé en jardin, continue à payer la rente que Marguerite le Pautonnière devait à la v^ve^ de Pierre de Baudart (Rentier 1396, f° 18 v°).

(Emb. 1433-35, f° 128 r°). Colart de Quevaussart vend à Martinet le Bocquillon une maison et gardin, tenant d'une part et par derrière aux hoirs de feu Simon de Buissy.

16. A Thumas le Marissal. (1396 : à Simon de Buissi).

17-18. Le maison ens. et un Courtieux derrière sont à Jeh. Cosel (1396 : à Jeh. Calet).

(Emb. 1436-38, f° 164 v°). Ysabel de Beaumont, v^ve^ de Pierre le Sicure, vend à Tassart le Vesque et à Jehanne le Sicure, sa femme, une maison séant *en l'Estrée* tenant à Piérot le Bocquillon et d'autre part à Pierre Cauvin et aboutant aux téraux et à le maison de Chanle.

19. A Thumas Haton. (1396 : à Bétris de Calonne vve dud. Thumas).

20. A Colart Barbe. (1396 : à Baudine de Duisans).

(Emb. 1424-26, f° 172 r°). Cateline de Duisans, vend à Piérot le Bocquillon, une maison située en *le rue de l'Estrée* tenant d'une part à Pierre Cauvin et d'autre part à une ruelle que on nomme *Warehencq*.

(Emb. 1454, f° 74 v°). Tassart le Vesque, couvreur de thieulle, et Jehanne le Sieurre, sa femme, gagent une obligation sur une maison séant en l'Estrée tenant à *le ruelle de Warnehem*.

Les papiers de rentes de la Povreté (1395) signalent VIII s. et II capp. de rente sur les maisons Robert Cardon *en Warehem*, lesquelles sont de le maison de Chanle et sont gardin appliquiet a led. maison. La Pauvreté essaya en vain d'en tirer parti. Les Comptes de 1419 à 1425 constatent que « ce manoir séans *en Warrehen* a esté de longs tamps et est encore à ruyne et ne peult-on trouver personne qui le mette à pourfit ». Cette propriété ne figure pas sur les rentiers.

21. A Piérot d'Estroen. (1396 : aud. Piérot d'Estroeng, carpentier).

22-23. A Piérot d'Estroen et un four derrière. (1396 : aud. Piérot).

(Papiers de rentes de le Povreté. 1395). Sur les deux maisons et *un four au derrière d'icelles*, l'une appartenant à Piérot d'Estroeng tenant à le grande maison dud. d'Estroeng et l'autre à Hustin Lanstier, XLIIII s. III drs.

(Comptes de le Povreté. 1419-20, f° 17). Jeh. Hurpe, plommier, et Jeh. Fastoul, saiéteur, pour leurs II maisons tenans ensemble XLIIII s. III drs.

(Emb. 1415, f° 50 v°). Thibaut Floury et Jehanne de Paris, sa femme, vendent à Jeh. Fastoul, saiéteur, une maison séant *en Lestrée*, tenant à Jeh. Hurpe et d'autre part faisant touquet d'une rulette par lequelle on va aux crestaulx de led. ville et aboutant par derrière aud. Hurpe.

(Emb. 1421, f° 28 v°). Jeh. Fastoul, saiéteur, et Maroie des Mares vendent à messire Jeh. le Merchier, curé de Habart, demourant oud. lieu de Habart, une maison, située en le *rue de l'Estrée*, en lequelle lesd. conjoins demeurent, tenant d'une part à Jeh. Hurpe et d'autre part à le ruelle qui va aux crestiaux.

(Emb. 1432-33, f° 39 v°). Jacques de Warignies et Jehanne Broyarde, sa femme, donnent à Leurent de Wailly fils de feu Mahieu de Wailli et de lad. Jehanne qui fu sa femme, une maison séant *en l'Estrée*, tenant à Jeh. Hurpe et à une ruelle qui va aux crestaux.

24. A Thumas Haton. (1396 : à Bétris de Calonne v^{ve} dud. Thumas).

(Emb. 1426-28, f° 206 r°). Maroie Maugis v^{ve} Jeh. Gouffroy tenue d'une dette envers Jeh. de le Cauchie, lui abandonne jusqu'à entier paiement la jouissance d'une maison *en l'Estrée* « faisant *toucquet d'une ruelle par lequelle on va aux cresteaux* emprès le puchet que on dist en l'Estrée et tenant d'autre part au *Blancq Coulon* à Thibaut Floury ».

25. A Thumas Haton. (1396 : à Bétris de Calonne). **Le Blancq Coulon.**

(Emb. 1426-28, f° 226 v°). Thiébaut Floury loue à Jeh. Calot une maison, nommée le *Blancq Coulon*, séant en le rue de l'Estrée tenant d'une part à Jeh. de le Cauchie et d'autre part à Piérot le Becquillon.

26-27. A Jeh. le Fèvre dit de Rumilli. (1396 : aud. Jehan).

(Emb. 1415, f° 48 r°). Me Mah. de Herleville, sgr de Chaunes, messires de l'Eglise de Notre-Dame d'Arras, les cappelains d'icelle église... etc. avaient des rentes « sur deulx maisons, tenans ensemble, qui *furent jadis tout d'un membre*, en le *rue de l'Estrée* tenant d'une part au *Blancq Coulon* et d'autre part à Jeh. Monnart... » « Considérant que lesd. maisons et par espécial celle qui tient aud. *Blancq Coulon* en lequelle demeure Jeh. le Blont et Gille son fils, qui derrainement appartenoit à Jeh. de Rumilli et est de présent aux dits rentiers pour leurs rentes et en l'autre demeure Jeh. Fastoul, fust et voist en ruyne, chacun jour, par deffault de repparations, par quoy lesd. rentiers n'ont eu ne receu desd. rentes quelque chose, grant espace de temps et sont en adventure de les perdre », lesd. rentiers baillent à rente perpétuelle lesd. maisons à Jeh. le Blont et Gille son fils, à condition qu'ils remettront « en bon et souffisant estat » led. héritage, moyennant quoi ils les déchargent de toutes rentes pendant sept ans.

(Emb. 1421, f° 65 v°). Jeh. le Blond et Maroie Wionne, sa femme, vendent à Pierre Bosquillon une maison en *le rue de l'Estrée* tenant d'une part à l'éritage du *Blanc Coulon* et d'autre part à Jeh. de Bailleul.

(Emb. 1433-35, f° 30 v°). Piérot Voisin vend à Jeh. Cauderon une maison tenant au *Blancq Coulon* appartenant à Thibaut Flouri et d'autre part à Piérot Fourdin.

(Emb. 1415, f° 137 v°). Jeh. Fastoul et Marie des Mares, sa femme, vendent à Jeh. de Bailleul, une maison en le *rue de l'Estrée* (27), tenant à Jeh. le Blond et d'autre part à Jeh. Monnart et aboutant par derrière à l'éritage du *Blanc Coulon* à Thibaut Floury.

(Emb. 1424-26, f° 125 r°). Jeh. de Bailleul, carpentier, et Jehanne Godarde, sa femme, vendent à Pierre du Fortel dit Fourdin, une maison tenant à Pierre le Bosquillon et d'autre part à l'éritage qui fu Jeh. Monnart et par derrière au *Blanc Coulon*.

28. A Jeh. Artu. (1396 : à Raoul des Mares, lanternier).

29. A Jeh. du Hamel, à cause de sa femme — Cette maison doit alors LXXIIII s. VI drs. de rentes à la Pauvreté. — (1396 : à Jeh. de Levincourt).

(Papiers de rentes de le Povreté 1395). Sur une maison en l'Estrée qui fu Jeh. Chaffot, cordier, tenant à le maison de Maroeul (peut-être par derrière, car la maison de Mareuil est le n° 31) laissiée pour LXXIIII s. VI drs. de rentes et rebailliée à Jeh. de Levincourt, le vie durant de... (en blanc), sa femme, (probablement, d'après ce qui suit, la v^{ve} de Jeh. Chaffot) et pour le treffons aux enfans dud. feu Jeh. Chaffot et *de led. femme* pour XLVI s. IIII drs. l'an.

(Emb. 1400, f° 113 r°). Catherine Chaffotte, fille Jeh. Chaffot vend à Baudin de Frenay, dit Laillier, une maison tenant à une maison qui fu Raoul des Mares et à le maison de Maroel, à charge de XLVI s. IIII drs. de rente à le Povreté.

(Comptes de le Povreté 1419-20). Jeh. Monnart pour se maison en l'Estrée qui fu Jeh. de Levincourt, XLVI s. IIII drs.

30. A dame Jehanne Poppine. (1396 : à Jeh. de Lattre, cordier. — Note marginale : donnée par led. de Lattre à se femme et à leur fils Jeh. de Lattre, le XIXe jour de juillet IIII^{xx} et XVI. — Cette maison a esté laissiée

pour les rentes et a esté rebailliée pour XXXII s. pour tout (au lieu de 68) par acort des rentiers... en mil IIII c. et deux.

31. A l'abbeye de Maroel. (1396 : à l'abie de Maroel).

32. A Jeh. d'Avesnes. (1396 : à Maigron d'Avesnes). **L'Esteulette** (Esteule signifiant : *chaume*, le mot *Esteulette* correspond exactement au mot *Chaumière*, qui dans maints endroits se rencontrait pour désigner des guinguettes rustiques. Si c'est là le véritable sens du mot on ne sera pas étonné de trouver plusieurs Esteulettes en ce quartier de masures, aux confins de la Ville et de la Cité).

(Emb. ext. 1354, f° 61 r°). Sachent tous que comme Jeh. Quekins ad présent collecteur des rentes de le ville eust esté mis ens en une maison qui fu Willaume Lestulier, séant en l'Estrée, que on dist le maison de *l'Esteulette*, tenant à le maison de *l'abbie de Mareulle* d'une part... lequelle maison estoit sy dékeue et sy empirés et en tel point l'avoit laissée led. Willaume que led. Jeh. Quékins ne povoit estre payé de dix sept sols parisis de rente que le ville avoit sus (Ces 17 sols figurent encore à lad. maison au Rentier de 1396) cascun an, led. collecteur, sur l'ordre des échevins fait « oster *huis et fenestres ainsi que est accoutumé* » et crier à le bretesque que quiconque pouvait avoir un droit sur cette maison le fit valoir dans les quarante jours, nul ne s'étant présenté, la ville livre à rente lad. maison à Bauduin le Queux, (18 avril 1356).

33. A Jeh. Calot. (1396 : à Martin Ouisson, cordier). **L'Escurel** *(l'Ecureuil)*.

(Emb. 1418, f° 168 r°). Piérot le Jone et Esmelot d'Avesnes, sa femme, vendent à Piérot Roussel le moitié d'une maison séant en le rue de l'Estrée, tenant d'une part à l'éritage dud. acateur, et d'autre part à l'éritage qui fu Margot Grignarde et aboutant à l'éritage de l'abbeye de Mareul.

(Emb. 1423, fo 33 ro). Guérart de Wambourc, bailli de Béthune, et Jehanne de Baudart, sa femme, vendent leur rente sur diverses maisons.... Item, sur le mayson *del Escurel* en l'Estrée appartenant à Piérot le Jouene : IIII s. VIII drs.

(Ibid. fo 142 vo). Les héritiers de Jeh. de Baudart se parta-

gent ses rentes sur diverses maisons... sur le maison de *l'Escureu* en l'Estrée à Piérot le Jone, merchier, III s. VIII drs.

(Emb. 1432-33, f° 5 v°). Guérart Wambourt et sa femme, transportent à Marie, leur fille, femme de Flourent de Habart et paravant femme de Jeh. de Paris, leurs rentes sur diverses maisons... sur le *maison de l'Escureux* en l'Estrée à Piérot le Jone.

34. A Robert Grignard. (1396 : à Margot Grignarde).

35. A Pierre de Baudart. (1396 : aux hoirs dud. Pierre).

Li II° tours commenche à l'autre renc de le porte de Chité en venant tout à val ledit rencq en le Queuterie et en retournant à l'ospital Saint Jeh. en l'Estrée (f°s 145 r° et suiv.)

(1396 : même rédaction, f° 251 r° et v°, 250 r° et v°).

1.) Courtiux tenant à le porte de Chité est à Estevène le Clop. (1396 : à Rogier Cardon. — Note marginale : vendue par led. Rogier à Jeh. Mourin, huchier, le XIII° jour de juing IIII^xx et XVI). **L'Esteulette.**

(H, 631-1396, f° 36). Rogier Cardon pour se gardin tenans à le porte de Chité et joignans as murs de le ville, VIII drs.

(H, 633-1408, f° 72). Jeh. Mourin pour gardin.... etc.

(H, 640-1435, f° 62). Jeh. de St-Pol (mots raturés et remplacés par :) Robin, Mariette et Jeh. de St-Pol pour gardin... etc., VIII drs.

(Emb. 1433-35, f° 157 v°). Robin Mariette et Jeh. de St-Pol, enfans de feu Robert de St-Pol, gagent une obligation sur une maison séans *assez près du povir de Chité*, nommée *l'Esteulette*, tenant *d'une part aux téraux de le ville* et d'autre part à l'éritage du *Pan qui boit*.

(H, 645-1451, f° 71). Robert, Mariette et Jeh. de St-Pol pour gardin et *maison* tenant à le porte de Chité, VIII drs.

(Emb. 1454, f° 90 r°) .Robert de St-Pol et Maroye Lamy, sa femme, donnent en nantissement d'un emprunt « une maison qu'ils ont à l'encontre de Philippot de Fampoux et de Jeh. de

St-Pol *tenant aux téraux de le ville* et à l'éritage de Mahieu de le Tainture.

2. A Mik. Martin. (1396 : à Tassart de l'Esteulette). **Le Pan qui boit.**

Cette maison était en plusieurs membres ; il est fort possible, comme semble l'indiquer le nom du propriétaire en 1396 que l'Esteulette n ait fait partie. Le n° 1 qui n'était d'abord qu'un jardin, comporte ensuite un jardin et une maison peut-être détachée du n° 2, dont le reste aurait constitué *le Pan qui boit.*

(H, 645-1451, f° 71). Mahieu de le Tainture pour une maison qui fu Jehanne l'Estulière, III ob.

3. A Gillot Calot. (1396 : à Emelot Castellet).

(Papiers de rentes de le Povreté, 1395). Sur les II maisons (3 et 4). Gillot Calot, séans en l'Estrée, *assez près de le porte de Cité,* tenans à Marguerite Fuellette, VI s.

(Emb. 1423, f° 45 r°). Jehanne Maugard, v^ve de Jeh. de St-Waast donne à Jeh. Coquet, échevin, mari de Péronne de St-Waast, sa fille, « XXXV sols de rente qu'elle avoit sur le maison Marie Calotte, tenant d'une part au *Pan qui boit* et d'autre part à l'éritage Jaquemart le Cras, le père, et séant *emprès le porte de Cité.* »

(H, 640-1435, f° 62). Emmère du Gardin pour se maison, III ob.

(Emb. 1436-38, f° 140 v°). Jeh. du Gardin dit Esmère et Marie Calotte, sa femme, vendent à Jaquemart le Cras, le jone, fils de Jaquemart le Cras, une maison tenant à l'éritage Mah. de le Tainture et à Jaquemart le Cras, l'aisné (le père).

(H, 644-1446, f° 64). Jaquemart le Cras (le jone) pour se maison, III ob.

(Emb. 1454, f° 90 r°). Led. Jaquemart engage, en garantie d'un prêt de XII livres à lui fait par Mahieu de le Tainture, sa maison tenant aud. Mahieu et d'autre part aux hoirs de Jaquemart le Cras (le père).

4. A Gillot Calot. (1396 : à Emelot Castellet). **Le grande Gueulle.**

(Emb. 1423, f° 45 r°). La susdite Jehanne Maugard donne également XXI sols de rente « sur une maison emprès led.

maison (3), nommée le *grande Gueulle* où *demeure* Jaquemart le Cras (le père) tenant à le maison Colart le Cayelier » (5).

Ce Jaquemart n'a jamais été complètement propriétaire de lad. maison. (H, 645-1451, f° 71). Jaquotte Brousse, vve de Jaquemart le Cras pour les deux tierchs de le maison, l'un acheté en l'an XLV aux hoirs Jeh. de Lens (le propriétaire de 1408, H, 633, f° 72) ; Mah. de le Tainture y a un tierch, III ob.

5. A Marguerite Foellette. (1396 : à led. Marguerite).

(H, 631-1396, f° 36). Marguerite Foellette, vve de Raoul Robelot pour se maison, III ob.

(H, 635-1415, f° 63). Colart le Clerc, caielier, pour se maison qui fu Raou Robelot, III ob.

6-8. Les III maisons à Jeh. Mansart. (1396 : à le vve Jeh. Mansart de Manin. — Note marginale : esqueues par le mort de led. vve à Henri de Baudart à cause de sa femme et vendues par iceux conjoins à Tristran de Bièvre, le VIIIe jour de janvier IIIIxx et XVI).

(H, 631-1396, f° 36). Le vve de Mansart de Main pour III maisons en deux membres II drs. ob. et pour le maison ensiévant II s. (Le nom de la vve est biffé et remplacé par celui de Henri de Baudart).

(H, 632-1398, f° 66). Henri de Baudart (nom biffé et remplacé par celui de Tristran de Bièvre) pour plusieurs maisons en III membres *faisant le touquet*.

A noter que la quatrième de ces maisons qui fait le touquet appartient au 4e tour de St-Maurice (62).

9. A le fille qui fu Piérot de Hées (1396 : à Miquiel de Ligni). Michel de Ligni était propriétaire de deux maisons *tenant ensemble* l'une (61 du 4e tour de Saint-Maurice) faisant touquet de la rue St-Maurice et l'autre faisant front sur la rue de l'Estrée.

10. A Ysabel Cambrelengue. (1396 : à le Povreté de le Ville).

(Papiers de rentes de le Povreté 1395). Le petite maison où demeure à présent Jeh. du Clin, tenant à le maison Miquiel de Ligny est à le Povreté et est liewée (louée) cascun an. Led. maison est baillée à Jeh. Charle pour cascun an héritablement, XL s.

(Comptes de le Povreté 1419-20). Jeh. le Caron, notaire, pour se maison qui fu à Jeh. Charle, et paravant à le Cambrelenghe, XL s.

11. A Ysabel Cambrelongue. (1396 : à Nicaise Buridan).

(H, 632-1398, f° 55). Nicaise Buridan pour *ses maisons* en II membres, VII s. (voir l'acte suivant).

(Emb 1415, f° 61 v°). Jehanne Bracquette, v^ve^ de Jeh. de Clary vend à Willaume Buridan, vint sols de rente sur une maison séant en le rue de l'Estrée appartenant à messire Nicaise Buridan tenant à Jeh. le Caron et aux hoirs de feu Andrieu Camp et aboutant à l'éritage dudit messire Nicaise (59 du 4e tour de St-Maurice).

12. A Thumas Haton. (1396 : à Béatris Calonne v^ve^ dud. Thumas).

(H, 633-1408, f° 58). Grardin et Jehanne de Mailly pour II maisons (12-13), III drs.

(H, 635-1415, f° 48). Les hoirs d'Andrieu Camp pour une grande maison qui fu aux enfans de Mailly, III drs.

13. A Thumas Haton. (1396 : à Béatris Calonne).

14. A Gillot de Fèvre. (1396 : à Mah. de Wailli).

(H, 634-1410, f° 19). Jaquemart de Vergny pour se maison qui fu Gillot le Fèvre, III ob.

15. A Jeh. le Verrier. (1396 : à Jeh. Hurpe).

(H, 631-1396, f° 31). Jeh. le Verrier pour maison ens., III ob.

(H, 635-1415, f° 47). Jeh. Hurpe pour une maison tenant à Jaquemart Camp, III ob.

16. A Colart Gonnet, wantier. (1396 : aud. Colart).

(Papiers des rentes de le Povreté, 1395). Sur le maison Colart Gonnet, wantier, tenant à Colart de le Planque, fustaillier, x s.

(H, 631-1396, f° 31). Colart Gonnet pour se maison, XXVIII drs. ob.

(H, 635-1435, f° 47). Jaquemart Camp pour se maison tenant à Colart de le Planque, XXVIII drs. ob.

17. A Colart de le Planque. (1396 : aud. Colart).

(H, 633-1408, f° 58). Colart de le Planque pour se maison, XIII drs.

18-19. Les deux maisons ens. sont à Simon de Wamin. (1396 : aud. Simon).

(H, 631-1396, f° 31). Simon de Wamin pour maison tenant à Colart de le Planque, XIII drs.

(H, 633-1408, f° 58). Jeh. de Lattre pour maison.... XIII drs.

20. A Guichart du Prayel. (1396 : aud. Guichart).

21. A Jeh. le Moine. (1396 : à messire Jeh. de le Ruelle, prestre). **Le Pourchelet** (Le petit *Pourcel* ou *Pourceau*).

Cette maison avait un jardin dans la rue de la Queuterie sur lequel St-Waast et les chanoines de Notre-Dame percevaient une rente.

(H, 633-1408, f° 67). Ysabel de Baillon pour un gardin qui fu sire Jeh. de le Ruelle, XII drs.

(Ibid., f° 66). Les Canoines de Notre-Dame d'Arras pour rentes qu'ils ont sur un gardin de le maison du *Pourchelet* et est de présent le maison à Ysabel de Baillon, VIII drs.

(H, 635-1415, f° 58). Olivier Buride à cause de sa femme pour.... (comme dessus) XII drs.

(*Ibid.*, f° 58). Les Canoines.... (comme dessus) et est de présent le maison à Ysabel de Baillon *femme Olivier Buride*, VIII drs.

(H, 645[a]-1453, f° 225). Percheval, Régnauldin, Collette et Jennette Buride, hoirs de Jaquemart Buride pour gardin et maison qui fu à messire Jeh. de le Ruelle., XII drs.

(Emb. 1454., f° 31 v°). Percheval Buride et Benoitte Obroin, sa femme, vendent à Pierre le Nain, dit Lanstelot, le tiers qu'ils ont à l'encontre de Jeh. de Houdaing, à cause de sa femme Jehanne Buride et Colette Buride, sereurs dud. Percheval en une *maison et gardin*, séans en le rue de l'Estrée, nommée *le Pourcelet*.

(H, 647-1458, f° 60). Pierre le Nain pour maison et gardin qui fu messire de le Ruelle, XII drs.

22. A Jak. de Savie. (1396 : aud. Jaquemart).

23. A Colart Barbe. (1396 : le maison ens. qui est en *le rue de le Queuterie et fait le touquet* est à Baudine de Duisans.

(Emb. 1423, f° 14 v°). Joh. Lonbert, dit Rifflart et Pérotte Lohière, sa femme, vendent à Jeh. de Libersart une maison séant en le rue de l'Estrée, *faisant touquet de le rue de le Queuterie* et tenant à l'éritage de Jeh. de Lattre, plétier, (qui déjà propriétaire des maisons 18 et 19 avait dû acquérir le n° 22).

(Emb. 1436-38, f° 73 r°). Jeh. de Haynau, dit Gauguier le Jone, vend à Guérard Reblouquié, ses rentes sur le maison appartenant aux hoirs de feu Jeh. de Libersart, tenant d'une part à Jeh. de Lattre, plétier, et d'autre part *faisant touquet de le rue de le Cœuterie.*

24-25. Les deux petites maisons derrière à Jak. de Savie. (1396 : à Baudine de Duisans).

(Papiers de rentes de le Povreté, 1395). Sur les II maisons Jeh. le Cordier, carpentier, faisant *le touquet de le rue de le Queuterie*, II s.

26-27. Les deux maisons ens. sont à Jak. de Douay. (1396 : aud. Jaquemart).

(Papiers de le Povreté, 1395). Sur les II maisons, Jaquemart de Douay, *séant en le rue de le Queuterie*, tenans à le maison Jeh. le Cordier, II s.

28-29. Les deux maisons ens. sont à le v^{ve} Jeh. le Bochu. (1396: à Jeh. de Valenchiennes).

(Emb. 1401, f° 324 v°). Jeh. Pasquier, dit de Valenchiennes, vend à Baudin de Fressay une maison qui s'estent en deux louaiges tenans ensemble, séans ou lieu *que on dist le Queuterie* tenans à le v^{ve} Jak. de Douay et par derrière à l'éritage Buride (21).

30-32. Les trois maisons ens. sont à Jak. Wambourt. (1396 : à le v^{ve} Jaquemart Wambourt).

(H, 633-1408, f° 66). Guérart Wambourt pour plusieurs maisons en II membres, VIII drs.

33. Le Halle des Cordewaniers. (1396 : id.) La halle des Cordonniers, au bout de cette première partie de la rue de la Queuterie, formait la limite du 2e tour de Notre-Dame en Cité et tenait au Glay (31 du 6e tour de St-Aubert).

34. **Li Hospital St-Jehan en l'Estrée**, au conte d'Artois. L'hôpital occupait tout l'autre côté de la rue de la Queuterie dont il avait englobé les maisons particulières, maisons sur lesquelles l'Abbaye de St-Waast continuait à percevoir des redevances.

(H, 633-1408, f° 67). Saint Jeh. en l'Estrée pour le sale où li malade gisent, xIIII s.

Item, pour le maison qui fu Wautier Pingle, adjoustée à led. maison St-Jehan, xvIII drs.

Item, pour une autre maison qui fu Wautier Pingle, adjoustée à led. maison St-Jehan, vI drs.

Item, pour une maison qui fu Robert le Sénescal, adjoustée à led. maison St-Jehan, xII drs.

D'accroissement en accroissement, l'hôpital Saint-Jean finira par absorber la rue de la Queuterie elle-même et les propriétés qui la bordaient de l'autre côté.

TABLE DE CONCORDANCE

des noms officiels *actuellement attribués aux rues d'Arras et des noms par lesquels on désignait* arbitrairement *ces mêmes rues au XIVe et XVe siècles. Les dénominations qui se sont maintenues jusqu'à la fin du XIXe siècle, sous leur forme intégrale, ou dont la déformation n'a pas été assez complète pour les rendre méconnaissables, sont imprimées en caractères gras.*

Les noms modernes, sans correspondance aucune avec les anciennes appellations sont imprimés en lettres capitales et les noms anciens disparus en caractères demi-gras.

Abbaye (rue de l'). Voir rue Méaulens.

ADOLPHE-LENGLET (place). Ancienne place des **Etats**.

En 1170 (cart. Guiman, édit. Van Drival, p. 216) *platea advocati*, place de l'Advoé (avoé, advoué). Il s'agit de l'Avoué de St-Waast dont la maison est identifiée par M. Guesnon (1) avec *les Hotiers* (13 du 7e tour de St-Géry, p. 166). — Place de la *Miauwe* du nom de la maison no 89 du 1er tour de St-Jean, puis en 1508 (H, 653, f° 98), par déformation du mot : place *Myâoust*.

P. 14, 17, 165, 166.

Agaches (rue des). De la rue des Teinturiers à la rue St-Aubert.

Cette rue s'appelait au moyen âge rue de *Grauechon* ou de *Grauwechon*, nom qui mal lu est devenu Granchon, assimilé par les auteurs des *Rues d'Arras* (T. I, p. 124) à Grinchon et

(1) Bulletin de la Commission des Monuments historiques T. I, p. 81.

Crinchon. Or, il dérive très probablement, comme le suggère M. A. Guesnon, (*Les Origines*... T. II, p. 6, n. 1) de grauwet, crochet. On trouve une rue des *Grauwés* en Haiserue (p. 388) et au XVIIe siècle la rue du Marché au filé s'appelait rue des Crochets. Graucchon signifierait *petit* crochet en vertu du suffixe diminutif *chon* dont on rencontre nombre d'exemples en ce présent ouvrage : Hue, Huchon ; Herbert, Herbechon ; Mourée, Mourcechon, etc., etc. L'enseigne du *Nid d'Agaches*, puis des *Agaches* (28 du 6e tour de St-Aubert) lui donna dès le début du XVe siècle le nom qu'elle porte encore aujourd'hui.

P. 347 à 351 ; 375 à 377.

Aguillerie (rue de l') Euwillerie, Esguillerie. Voir rue des Grands-Viéziers.

Archers (rue des). De la rue Méaulens à la rue du Bloc.

Cette ruelle anonyme « qui maine en le rue du Blocq » ne prit le nom des Archers qu'après l'installation, en 1464, des Confrères de l'Arc à main sur l'emplacement occupé aujourd'hui par le Couvent du Bon Pasteur.

P. 286, 287, 363, 364.

Arsin (rue de l'). Deux rues portaient ce nom. L'une est devenue la rue du Larcin (voir ce nom) ; l'autre, *rue de l'Arsin ou du Four de l'Arsin* reliait la rue de la Halle à la laine (rue des Portefaix) à la rue du petit Feutre.

P. 260, 261, 262.

Aubel (rue de l'). Voir rue d'Avalleau.

AUGUSTINES (rue des). De la rue de l'Œillette à la rue du Four-St-Adrien.

Doit son nom au couvent qui s'y installa au XVIIe siècle. De toute ancienneté cette longue artère s'appelait « *rue du Grant Gardin* », ou « *Grant rue du Gardin* » parce qu'elle traversait le verger ou *pomerium* de St-Waast, mais parfois les scribes donnaient à ses différentes parties le nom d'une maison notoire : « *rue de la Meulle du Molin* » (p. 225), « *rue de le XX*[ne] » (p. 240).

P. 198, 199, 203, 213, 214, 219, 224, 225, 226, 228, 229, 240, 241, 252, 253.

AVALLEAU (rue d') c'est-à-dire « d'à-vau-l'eau, ainsi nommée de sa déclivité » (A. Guesnon. *Excursion*... p. 27).

Dès le XIVe siècle « rue de l'Aubel » ou de l'Obel (peuplier blanc) ou « du four de l'Aubel ».

P. 199 à 203.

Avoué (place de l'). Voir place Adolphe-Lenglet.

Bailliage (rue du). Voir rue du Saumon.

Balances (rue des). De la Petite-Place à la rue Emile-Legrelle.

Elle s'appelait au XIIe siècle (Guiman, p. 211) Cruneurue. M. A. Guesnon (*Origines*... T. I, p. 15, n. 2) pense que ce mot pourrait bien venir de *trutina* : balance, ce qui aurait donné Trunçurue et par erreur de copiste Cruneurue. Dès le XIIIe siècle, *rue des Balances*, de l'enseigne du n° 17 du 5e tour de St-Nicolas et, simultanément, rue *Dame Sarre Wagonne*. Cette dame « morte fin décembre 1234, possédait un hôtel dans la rue qui portait son nom » (A. Guesnon : La *Satire à Arras au XIIIe siècle*, p. 76).

P. 80, 81, 96, 97, 98.

Baleine (cour). De la Petite-Place à la rue de l'Hermite.

Ce passage conduisait autrefois à la cour et aux dépendances de l'hôtellerie de la *Balaine* (11 du 4e tour de St-Nicolas). D'où le nom qu'il a conservé à travers les siècles.

P. 72, 74 et 77.

Barrois (ruelle des). Voir rue Dugommier.

Batterie (rue de la). De la Petite-Place à la rue du Vert-Galant.

Ce nom, dont l'origine historique est inconnue, s'appliquait aux rues actuelles de la Batterie et des Trois-Marteaux. On trouve cependant déjà en 1382 *la rue des Martiaux* (p. 156).

P. 148, 149, 154, 155, 156, 157.

BAUDETS (rue des). De la rue Emile-Legrelle à la rue Gambetta.

« *Ruelle par lequelle on va de le rue St-Nicolay à le grant rue de Ronville* » (p. 5). « *Rue de Scelles* » (Sécelles ou Séchelles) du nom de la grande maison (33 du 1er tour de St-Jehan) dont les dépendances s'étendaient le long de cette voie étroite.

P. 4, 5, 9, 10.

Béchaie (place de la). Voir place des Potiers.

Bécheron (ruelle de). Impasse aujourd'hui disparue, place de le Béchaie. Béchaie et Bécheron sont deux mots de signification inexpliquée.

P. 228.

BLANC-PIGNON (rue du). De la rue des Bouchers à la rue des Murs-St-Waast.

Blanc pignon, nom d'une enseigne, signifie : blanc pennon ou drapeau. (A. Guesnon : *Excursion*...) Cette rue s'appelait au moyen âge, comme plusieurs rues voisines : *rue de la Larderie* ou *rue du Praiel des Ardans* (p. 447).

P. 429, 430, 447.

Bloc (rue du). De la rue des Teinturiers à la rue St-Maurice.

« Les pouvoirs, dit M. A. Guesnon (*Excursion*... p. 34) formaient des sergentises dont les titulaires avaient « prison ferme, chep, chaisnes et *blocq* pour mettre prisonniers par eux arrêtés pour dettes ». Serait-ce en vertu de la survivance de ce vieux sens du mot que l'expression : *mettre au bloc* signifie encore : mettre en prison et dans la marine : *mettre aux fers* ?

P. 317 à 321, 362 à 365.

Boine Seur (rue) c'est-à-dire rue Bonne Sœur, ruelle aujourd'hui disparue qui reliait la rue de Paris à la rue de l'Aubel.

P. 196 et 200.

Boins Varlais (ruelle et place des) c'est-à-dire des Bons Valets. Voir rue des Onze-Mille-Vierges.

Bordiaux (rue des), ou rue des Fillettes ou des Fillets. Impasse supprimée de la rue des Teinturiers (voir aux *corrections*).

BOUCHERS (Impasse des). Au XIVe siècle « ruelle sans yssue », anonyme.

P. 446, 447.

BOUCHERS (rue des). De la rue du Tripot à la place de la Vacquerie.

Avant la création de cette place, elle formait le prolongement de la rue des Grands-Viéziers et portait les noms de rue *de l'Aguillerie* (p. 432) ou de *rue de la Larderie* (p. 444) ou

de *rue de la Tête de Mouton*, (nº 19 du 3e tour de la Madeleine).
P. 430 à 433, 443 à 445, 446.

BOUCHERIES (Impasse des). Elle était avant la création de la place de la Vacquerie, comme le prolongement de la rue des Boucheries ou des Maisiaux. C'était l'impasse du *Moutonchel*, aujourd'hui fermée par une porte.
P. 110, 112 et 113.

Boule (rue de la). Voir rue du Petit-Héronval.

Bovette (rue de la). Voir rue du Petit-Chaudron.

BRADERIE (rue de la). De la rue des Trois-Visages à la place de la Vacquerie.

Elle se prolongeait autrefois jusqu'à la rue des Bouchers. Au moyen âge : rue de *la Larderie* (p. 110, 111) ; parfois rue de *la Tête de Mouton*, comme la rue des Bouchers (p. 112), ou rue du *Moutonchel*, de l'enseigne de la maison nº 8 du 4e tour de St-Géry (p. 113). L'enseigne du nº 13 : *l'Escu du Portugal* lui vaudra plus tard le nom de rue du Portugal.
P. 109 à 114.

Cailloux (rue des). De la rue des Trois-Filloires à la rue du Crinchon.

C'est le nom déformé de la vieille rue des *Cailleaux* (les petits Chiens), ainsi appelée d'une enseigne déjà disparue en 1382. On trouve une autre enseigne des Cailleaux dans la rue St-Géry (p. 105).
P. 281, 282, 283.

CAISSE-D'ÉPARGNE (rue de la). De la rue St-Géry à la place du Théâtre.

Cette rue, ouverte seulement à l'extrême fin du XVIIIe siècle, reçut d'abord le nom de Poitevin-Maissemy, le premier préfet du département du Pas-de-Calais. Elle a été formée, par la réunion, à travers la propriété des Récollets, de l'impasse des Hotiers (p. 166) à l'impasse du *Renard* (p. 415, 416).

CANON-D'OR (rue du). De la place de la Vacquerie à la rue des Grands-Viéziers.

Doit son nom à une enseigne (nº 959 du répertoire de dom Page) correspondant au nº 10 du 4e tour de la Madeleine, p. 443.

Cette ruelle, le plus souvent anonyme, est pourtant parfois désignée par l'expression : « rue de la porte de *la Rose* ». La Rose, (8 du 2e tour de St-Géry) y avait, en effet, une issue qui existe encore.

P. 104, 106, 433.

Capellerie (rue de la). Voir impasse des Cinq Plaies.

Capelette (rue de la). Voir rue de la Fourche.

CAPUCINS (rue des). A cause du Couvent fondé à la fin du XVIe siècle.

Si loin qu'on remonte dans notre histoire locale, cette voie s'appelait *Haiserue*, qu'on trouve dans Guiman (1170) et bien avant lui dans une bulle originale de 1104. Haiserue conduisait à Hadis, une des *villæ* suburbaines de St-Waast (Guiman, p. 248). Haise différent de Haie s'est conservé dans le sens de palissade et figure, sous ce nom, parmi les pièces héraldiques. Il est à noter que, de ce côté, Arras plus facilement accessible, était protégé, au moyen âge, par de nombreuses barrettes *extra muros*. (A. Guesnon : *Origines*... T. I, p. 16, n. 1).

P. 387 à 390 ; 393 à 395 ; 398 à 401 ; 407 à 409.

CARDINAL (rue du). De la grande Place à la rue de Justice.

Cette ruelle n'a pas de nom au XIVe siècle. On la désigne par une périphrase : « ruelle qui maine du grant marchié, par derrière *le Regnart*, en le halle aux draps » (p. 64). Elle était bordée par les dépendances, les quartiers et les portes de derrière des maisons du grant marché et de la rue de la Taillerie. Vers 1700, dom Page y signale plusieurs immeubles notamment l'auberge du *Cardinal*, séparée du no 17 du 3e tour de St-Nicolas par une maison et immédiatement suivie du *Chevalier Rouge*. Ces deux hôtelleries s'étendaient jusqu'à la rue du *Quiévron*, à laquelle la dernière a donné son nom.

P. 63, 64, 71, 72.

Castel (rue du). Voir rue de la Madeleine.

Caudérons (rue des). Voir impasse du *Chaudron et rue du petit Chaudron*.

Caudreliers (place des). Les caudreliers étaient des chaudronniers.

Cette placette que nombre d'Arrageois ont encore connue

sous le nom de *place des chaudronniers*, était située au bout de la rue Vinocq et a formé une partie de la place de la Vacquerie.

P. 106, 446.

Cavech St-Aubert (rue du). Voir rue des Louez-Dieu et rue des Gauguiers.

Charlottes (Impasse des). Rue Méaulens. C'était la porte de l'hôpital *La Chariotte*, fondé par messire à Chariot.

P. 127, 373.

CHARIOTTES (rue des). A pris ce nom dans les temps modernes, lorsque l'établissement des Chariottes s'y est transporté.

Cette rue « qui maine de le rue de l'Abbaye à l'héritage des *Rosettes à le Goudale* » (p. 130) était indifféremment désignée par le nom de diverses maisons notoires. Rue du *Sauvage* (5 du 5e tour de St-Géry, p. 128) ; rue du *Pot d'Estain* (8 du même tour, p. 129 et 131) ; rue *des Rosettes* (22 du 9e tour de Ste-Croix, p. 129) ; rue de *l'Ospital des Drappiers* (5 du 10e tour de Ste-Croix, p. 129 et 242) ; rue *des Plouviers* (8 du même tour, p. 129) et enfin rue des *Lombards*, après l'installation, en 1467, de ces usuriers dans la maison des Plouviers.

P. 128, 129, 130, 239, 242, 243.

CHARITÉ (rue de la). Ainsi nommée de l'établissement des Filles de la Charité fondé au XVIIe siècle.

C'est dans notre plan la « rue as Testes » ou des Têtes, du nom d'une enseigne dont je n'ai pas trouvé mention au XIVe siècle, mais qui reparaît au XVIIIe siècle sous le nom des *Trois Têtes* (II, 625, registre aux grâces de 1746) ou « ruelle du *Gayant* » de la maison no 30 du 2e tour de St-Jean, qui en faisait le coin.

P. 25, 26.

Chastellain (place le) ou le Castellain. Voir place du Théâtre.

Chaudron (Impasse du). Grande Place. S'appelait en 1382 « ruelle des Cauderons », du nom de la maison no 39 du 1er tour de St-Nicolas.

P. 43.

Chaulne ou **Chanlle** (rue de). Cette rue était située derrière le Woz-Damain.

Elle a disparu après la transformation de ce wez ou abreuvoir en place. Son nom lui venait de la maison de Chaune (9 du 1er tour de notre Dame en Cité).

P. 449.

Cherf-Volant (rue du). Voir rue de la *Grosse-Tête*.

CHEVALIER ROUGE (Impasse du). Grande Place.

C'est sur le plan, la ruelle du *Quiévron*, du nom de la maison qui en formait le coin (12 du 3e tour de St-Nicolas). Plus tard l'auberge du *Chevalier rouge*, contiguë au *Cardinal*, mais ayant une entrée dans cette ruelle, lui donnera le nom qu'elle porte encore.

P. 62.

CINQ-PLAIES (Impasse des). Place St-Etienne.

Du nom d'un hospice fondé au XVIIe siècle. En 1382, une maison (26 du 3e tour de St-Estène) appartenant à « la Capellerie de St-Estène » lui valait de s'appeler *rue de la Capellerie*.

P. 399, 401.

Coclipas (rue du). De la rue du Four St-Adrien à la place du Rivage.

Du nom d'une enseigne : *Coppe li le pas*, *Coppe li pas* et par déformation *Coclipas*. Cette enseigne, analogue aux nombreuses formules inventées par les cabaretiers pour engager les passants à s'arrêter et à entrer chez eux, apparaît pour la première fois dans les cueilloirs de rentes de St-Waast en 1510, (H, 653[1] f° 149). « L'hospital St-Jehan en l'Estrée pour deux maisons tenant à Coppe li le pas ». Le Cueilloir de 1553 (H, 660, f° 10) est plus précis : « L'hospital St-Jehan pour deux maisons [40 et 43 du 10e tour de Ste-Croix, p. 249] l'une tenant à la maison de *Coppe li le pas* et l'autre *séant devant la rue des Filleresses et tenant à ledite maison de Coppe li le pas* et aussi pour rente qu'il prend sur ladite maison de *Coppe li le pas* et sur la maison Thomas le Vasseur, faisant *coing devant la rue des Filleresses, le tout contenant quatre membres*. D'où il résulte que le *Coppe li pas* correspond aux nos 41 et 42 dudit tour. Or, les Cueilloirs du XVIIe siècle et le répertoire de dom Page (f° 10) signalent que la maison du *Four St-Adrien* située sur le même rang « *faisait coing de la rue du Cocli-*

pas », ce qui permet de conclure que *le Four St-Adrien* fut installé dans la maison même du *Coppe li pas* ou dans la maison voisine. — Sur notre plan : « *rue par dessoubs le XX*[ne] *par lequelle on va à le Croix ou Pré* ». — Rue du *Four de la Place* (50 du 3e tour de Ste-Croix) ou rue de *Toussains*, sans doute le nom d'un propriétaire. Toutes ces dénominations s'appliquaient aux rues du Four St-Adrien et du Coclipas, qui sont dans le prolongement l'une de l'autre et qui n'ont été distinguées que dans les temps modernes.

P. 211, 212, 213, 241, 248, 249, 250, 251.

Colgnée (rue de la). De la rue des Trois-Filloires à la rue du Crinchon.

Ainsi dénommée, non pas, comme le dit l'auteur des *Rues d'Arras* (T. I, p. 261), « parce que sa configuration lui donnait l'apparence de cet instrument dont se servent les bûcherons ». Mais à cause de l'enseigne de *le Cuignie* (9-11 de la Chapelette) emblème du nom du propriétaire. Cette rue s'appelait en 1382 : « rue *sire Robert de Quignie* » ou rue *de le Cuignie*, maison dudit Robert, tenant au pont Robert Quignie.

P. 274, 275.

Colimoge (rue du) ou du Cok Limoge ou Cocq Limoge. Voir rue du Noble.

COLLÈGE (rue du). De la place de la Croix-Rouge à la rue des Capucins.

A pris ce nom depuis l'établissement du Collège des Jésuites, à l'extrême fin du XVIe siècle. — Au moyen âge, « *rue du Fumier* » ou simplement « *le Fumier* » puis « rue des *Flajols d'argent* », de l'enseigne du n° 7 du 8e tour de St-Géry. Flajos signifie flageolets et non fléaux et par suite cette rue ne devait pas son nom « au bruit que faisaient les cultivateurs en battant leur blé » ! (*Rues d'Arras*. T. I, p. 262).

P. 174, 176, 189, 190, 392, 393.

CONSEIL (rue du). De la rue des Jongleurs à la Madeleine.

Le Conseil d'Artois installé au XVIe siècle dans les bâtiments de la Cour le Comte. En 1382 ruelle anonyme « qui va de la maison Rogier Cullier (1-2 du 2e tour de la Madeleine) à l'église de la Magdelaine ». C'était « *le pourcession de le Magdelaine* »

P. 419, 420, 421.

Coqueterie (rue de la). Voir rue du Petit-Atre.

Corbilliers (rue des). Voir rue du Petit-Atre.

Cornet (rue du). Du nom de l'enseigne du n° 35 du 8e tour de Ste-Croix. On l'appelait aussi « *rue du Cornet Hellin* » — Depuis quelques années elle a reçu le nom du peintre Doncre.

P. 229 à 231, 251, 252.

Coulons (rue aux). Voir rue du Pignon-Bigarré.

Coupe d'Or (rue de la) Voir rue des Trois-Visages.

Coupette (rue de la). Voir rue des Quatre-Crosses.

Crinchon (rue du). Au moyen âge « *rue des Crinchons* », parce qu'elle était longée non seulement par la riviérette, mais par ses dérivations et ses ventelles.

P. 196, 206 à 210.

Crocquescuelle (rue). De la rue St-Etienne à la rue du Péage. Cette rue a été supprimée. Le nom de Crosquescuelle, dont l'origine historique est inconnue s'appliquait aussi aux rues avoisinantes.

P. 334, 335.

Croissant (rue du). En 1382, s'appelait déjà ainsi, de l'enseigne du n° 8 du 6e tour de Ste Croix, ou « *rue de Froimont* » ou du « *Puch de Froimont* ». Ce puits était situé à l'angle de la rue des Filleresses.

P. 219, 220, 223, 224.

CROIX-ROUGE (rue de la). De la rue Ernestale à la rue du Collège.

Cette ruelle « *par lequelle on va au Fumier* » (p. 175) prenait le nom de rue du *Panchel* ou du *Paoncel*, de la maison n° 12 du 8e tour de St-Géry, maison qui plus tard deviendra *la Croix-Rouge* (n° 1846 du répert. de dom Page).

P. 175, 176.

Cugnette au bure (rue de la) ou du Cuignet au buro. Voir rue du Nocquet d'Or.

Dame Maroie le Loresse (rue) ou **Dame Sarre le Loyeresse** (p. 140 et 161). Voir rue du Noble.

Dame Sarre Wagonne (rue). Voir rue des Balances.

Dame Tasse Poulière (rue) ou rue **Baude Poulier**. Voir rue du Presbytère-St-Nicolas.

Darnestal (rue). Voir rue Ernestale.

Delquenterie (rue). De la rue St-Aubert à la rue du 29 Juillet.

C'est dans notre *plan*, la ruelle Warehem, Warehencq ou Warnehem (p. 451). On l'a transformée dans le dernier plan d'Arras, mis dans le commerce, en le rue de l'Esquinterie. Ce mot, mal lu dans les textes anciens, a donné lieu aux interprétations les plus fantaisistes. « *Coterie*, dit M. Van Drival (Cart. Guiman, p. 455), c'est-à-dire district des habitants de degré inférieur » ! D'après les *Rues d'Arras* (T. I, p. 282) : « Canterie, musique vocale, à cause du voisinage de la chapelle de l'hôpital St-Jean » ! En effet, la vraie rue del Queuterie ou de la Queuterie aujourd'hui disparue et englobée dans l'hôpital, faisait communiquer la rue des Agaches avec la rue de l'Estrée. Queuterie signifie matelasserie ; c'était le quartier des matelassiers. (Voir A. Guesnon : *Origines*. T. I, p. 23, n. 2).

P. 351, 352 ; 459 à 461.

DOMINICAINS (Impasse des). «*Rue aux fromages* » p. 45.

DOMINICAINS (rue des). De la grande Place à la rue du Presbytère-St-Nicolas.

Capre mons (Guiman. p. 213) « le lieu que on dist en Quièvremont » ; « *Rue de Quièvremont* » ; « rue du markiet as fourmages ».

P. 45, 46, 61.

DONCRE (rue). Voir rue du Cornet.

Dorlots (Impasse des). Rue St-Maurice.

La rue du *Dorelot* est signalée dès le XVe siècle (p. 289). Elle tirait son nom de la maison et étuves du *Dorlot*. Il semble que cette dénomination d'abord appliquée à la partie de rue qui reliait les ruelles parallèles de l'*Englentier* et du *Tonnelet*, se soit étendue plus tard à toutes ces voies enchevêtrées et qui ont été en grande partie supprimées.

P. 305.

Doulzième (rue de la). De la rue des Trois-Filloires à la rue du Crinchon.

Au moyen âge : « *rue Douysienne* » ou « *rue du Pont Douysien* ». Douisien signifiait : Douaisien, de Douai. Était-ce une enseigne ou le surnom d'origine d'une propriétaire? Je l'ignore. On la trouve une fois (p. 282) appelée rue du Fresne.

P. 205, 283, 284.

Dromadaire (rue du). Voir rue du Vert-Galant.

Dromont (rue du). Voir rue Ronville.

DUGOMMIER (rue). De la rue de la Madeleine à la rue de la Caisse-d'Epargne. C'était la « *ruelle des Barrois* » du nom de la maison n° 4 du 1er tour de la Madeleine.

P. 411, 412.

ECU-DE-FRANCE (Impasse de l'). Rue St-Nicolas.

Son nom lui vient d'une enseigne appendue vers 1470 à une partie de la maison du *Plone,* en face de laquelle elle s'ouvrait, (voir aux *additions).*

EMILE-LEGRELLE (rue). Nom récemment substitué à celui des *Trois-Faucilles.*

Cette rue est une partie de la longue artère désignée au XIVe siècle sous le nom de « grant rue St-Nicolay » et qui comprenait plusieurs sections : De la place St-Géry à la rue des Balances, c'était la « *rue de la Halle* » (p. 98) à cause de la Halle de l'Echevinage (7 du 1er tour de St-Jean) ; De la rue des Balances à la rue Ronville, elle prenait le nom de rue des Faucilles, enseigne du n° 8 du 5e tour de St-Nicolay ».

P. 2 à 6 ; 49 à 51 ; 79, 84 à 86 ; 98, 99.

Englantier (ruelle de l'). Voir impasse des Dorlots.

Ermite ou **Hermite** (rue de l'). De la rue de Justice à la rue St-Nicolas.

Cette partie de la rue de Houche Gillet, s'appelait déjà en 1382 « *ruelle de l'Ermite* » (p. 77) de l'enseigne du n° 18 du 2e tour de St-Nicolas.

P. 54, 72, 77.

Ernestale (rue). De la rue Gambetta à la rue St Aubert.

« *Le lieu que on dist Darnestal* » (p. 167) ou « en Darnestal » ou rue Dernestal allait, dès 1382, de la place de la Miauwe à la place du Châtelain. Cette constatation écarte les étymologies données par les auteurs des *Rues d'Arras.* (T. I, p. 292). Le nom de rue des Mallongues ou Mélangeurs (1), rappelé aussi par les mêmes auteurs n'est qu'une déformation du nom de l'enseigne des Mazenghes (51 du 8e tour de St-Géry). En réalité, aucune explication définitive n'a encore été trouvée du mot *Dernestal.* Dans une intéressante notice sur *le Clocher de saint Saulve à Montreuil,* M. Roger Rodière, l'érudit secrétaire de la Commission des Monuments historiques signale (p. 11) une place de Montreuil nommée place du *Darnestal.* Je lui ai demandé s'il connaissait l'étymologie de cette dénomination. Il m'a très obligeamment répondu que, d'après dom Ducrocq (Recherches sur le Boulonnais, mss. de la bibliothèque de Boulogne, p. 518) ce mot signifierait : petite place marchande (*Darne*, en vieux breton veut dire toute sorte de marchandise et *stal* exposition en vente, étalage) mais que cette explication donnée par un compilateur sans critique et sans autorité n'avait aucune valeur. La traduction *Darnes-thal, vallée* des épines, ajoutait-il, ne pouvait s'appliquer à la place du Darnestal située au point *culminant* de la ville de Montreuil. Puis il énumérait un certain nombre de lieux-dits *Darnetal* en diverses localités : près de Rouen, la ville *drapière* de Darnétal ; à Caen, sancti Petri de *Darnestal* Cadomi (T. I, des *olim* p. 115) ; à Compiègne : rue appelée, en 1530, *Darnetal* ou *Darnotal* (Aubrelique : *Rues, hôtels et quartiers anciens* à *Compiègne,* p. 38) ; à Rue : Darnata, fief noble, alias Darnatal (*minutes des notaires de Rue*); enfin à Paris : rue Darne-estal ou Dennetal, appelée aujourd'hui rue *Gréneta.* (Vidal : l'église d'Avon, p. 17). Notons que, par une coïncidence curieuse, la rue Dernestal à Arras a pris au XVIIe siècle (répert. de dom Page, f° 269) le nom de rue *Granata,* dont l'origine est également inconnue. Ce petit problème reste donc posé.

P. 14, 167 à 172 ; 175 à 180.

Escos (rue des) ou des Coqs. De la rue du Bloc à la rue des Teinturiers.

Ce nom se déforma plus tard en Estocqs. « C'était là, disent les auteurs des *Rues d'Arras* (T. I, p. 203, n. 1) que se vidaient les querelles survenues entre les Archers : » L'explication est fantaisiste, car cette rue, dont il ne reste qu'une impasse dans la rue des Teinturiers, s'appelait dès 1393 *rue des Escos* et les Archers ne se sont installés dans le voisinage qu'en 1464.

P. 365, 367.

Esquéquier (ruelle de l'). Impasse aujourd'hui disparue.

P. 85.

Estrée (rue de l'). Voir rue St-Jean en l'Estrée.

Esturjeon (ruelle de l'). Voir impasse du Mont-de-Piété.

Estuves du Wetz Damain (ruelle des). Voir impasse de Saulty.

Fauquembergues (rue). Voir rue du Petit-Atre.

Fer-à-Cheval (rue du). De la rue St-Aubert à la rue Ste-Barbe.

La vieille rue du *Fer de Queval*, de l'enseigne du n° 16 du 4e tour de St-Aubert, se prolongeait jusqu'à ladite rue de St-Aubert.

P. 338, 340, 341, 386.

Feutre (rue du). Encore au XIXe siècle la rue actuellement nommée rue du Petit-Feutre, s'appelait rue du Feutre, comme au moyen-âge, de l'enseigne du n° 17 du 12e tour de Ste-Croix.

P. 260, 261, 262, 263.

Filleresses (rue des) Voir rue des Trois-Filloires.

Fillettes (rue des). Impasse supprimée de la rue des Teinturiers (voir aux *corrections*).

Fils d'Or (rue du). N'est plus qu'une impasse fermée d'une porte dans la rue Ernestale ; du nom de l'enseigne du *Fieu d'Or* (30 du 8e tour de St-Géry).

P. 177, 178, 190.

Flajos d'argent (rue des). Voir rue du Collège.

Fleur de Lys (rue de la). Impasse aujourd'hui anonyme de la rue aux Ours ; devait son nom au n° 2 du 6e tour de St-Géry.

P. 140, 160, 161, 162.

FLEUR DE LYS (rue de la). De la grande Place au boulevard Faidherbe.

C'était en 1382, la *ruelle de l'Ospital de la Madelaine* ou la *ruelle de la Roe de fer* tirant son nom des deux maisons du grand marché, située aux coins de cette voie étroite.

P. 37 et 38.

Font en paille (rue). Impasse disparue de la rue du Pré.

P. 299.

Foulons (place des). Voir place Quincaille.

FOULONS (rue des) prolonge *actuellement* la rue de la Fourche jusqu'à l'ancien pont de la Cappelette. Voir rue de la Fourche.

P. 277, 278.

Four en Castel (rue du). Voir rue de la Larderie.

Four de la Pierre (rue du). Voir rue aux Ours.

Four de la Place (rue du). Voir rue du Coclipas.

FOUR-St-ADRIEN (rue du). De la rue du Mont-de-Piété à la rue du Coclipas. Au XIVe siècle elle ne formait qu'une seule rue avec celle du Coclipas. Voir rue du Coclipas.

P. 212, 213, 251.

Four du Temple (rue du). Voir rue du petit Héronval.

FOURCHE (rue de la).

C'est l'ancienne rue de la Cappelette aboutissant par ses deux branches au pont des Foulons et au pont de la Cappelette, appelé plus tard le Pont-Amoureux. Encore en 1700 (répert. de dom Page) la branche de gauche en descendant était la rue des Foulons et la branche de droite la rue du Pont-Amoureux. C'est maintenant le contraire. Cette transposition, anormale au point de vue historique, date du plan de Beffara.

P. 276 à 278.

Fresne (rue du). Voir rue des Portes-Cochères, rue Douizième et aussi rue du Puits-de-Saulty.

Froimont (rue de). Voir rue du Croissant.

Fromages (rue aux). Voir impasse des Dominicains.

Fumier (rue du) ou le Fumier. Voir rue du Collège.

Gaiant (ruelle du). Voir rue de la Charité.

Galletoires (rue des). De la rue du Moulinet à celle du Coclipas.

Devait son nom à une sorte de jeu de boule qu'on trouvait aussi à St-Sauveur. (A. Guesnon : *Excursion*... p. 38) et nullement aux raisons bizarres proposées par les *Rues d'Arras*. (T. II, p. 13). Au XIVe siècle la rue des Galletoires était une « ruelle qui n'a point d'yssue » (p. 372), c'est-à-dire une impasse de la rue du Moulinet. Cette impasse réunie plus tard à la rue *Toussains* ou de la *halle Toussains* a formé la rue actuelle des Galletoires.

P. 248, 249, 372.

GAMBETTA (rue). Nom récemment substitué à celui de St-Jean en Ronville que beaucoup d'Arrageois ont encore connu.

Dès le XIVe siècle, cette rue s'appelait « grant rue de Ronceville » (p. 5) ou « grant rue de St-Johan en Ronceville » ou même simplement rue de Ronville.

P. 8, 9 ; 10 à 14 ; 19 à 27.

GAUGUIERS (rue des).

Ce nom lui est venu au XVIe siècle de l'enseigne d'une étuve : *Le Gauguier* et non (*Rues d'Arras*. T. II, p. 16), des plantations [de noyers] qui s'y trouvaient ». C'était, en 1382, une *ruelle sans yssue* (p. 343) nommée *rue du presbytère St-Aubert* (Emb. 1421-22, f° 110 v°) ou, improprement d'ailleurs, *rue du Cavech St-Aubert* (p. 342) ou encore *rue de l'Angle* ou *de l'Anguelet*, du nom d'une étuve, le futur *Gauguier*.

P. 342 à 344.

Gobelés (rue des). Voir rue du Vieux-Tripot.

Gouvernance (rue de la). De la rue des Rapporteurs à la place de la Madeleine,

Le nom de *rue des Gouverneurs* s'appliquait non seulement à la rue de la Gouvernance, mais encore à celle des Rapporteurs, deux voies qui aboutissaient « à la petite Cour le Comte que les Gouverneurs d'Arras occupaient au XIVe siècle ». (A. Guesnon : *Les Origines*... T. I, p. 15).

P. 421, 422.

Grant Dieu (rue du). Voir rue St-Denis.

Grant Gardin (rue du). Voir rue des Augustines.

GRANDE PLACE. C'était le *grand Marché*, qui, de temps immémorial eut les mêmes dimensions que de nos jours.

Il dépendait de trois paroisses.

De la porte St-Michel à la rue de Quiévremont (1er tour St-Nicolas) (p. 33 à 45).

De la rue de Quièvremont à la Taillerie (3e tour St-Nicolas) (p. 61 à 65).

De la Taillerie à la rue du Colimoge (6e tour St-Géry) (p. 157 à 159 ; 162).

De la rue du Colimoge à la rue Ste-Croix (12e tour Ste-Croix) (p. 268 à 272).

De la rue du Cornet à la rue de l'Oliette (11e tour Ste-Croix) (p. 253 à 257).

De la rue de l'Oliette à la porte St-Michel (1er tour St-Croix) (p. 191).

Le marché aux chevaux se tenait près de la porte St-Michel (p. 191).

Le marché aux poulets, du Chevron d'or au Noir Lion (p. 64).

Le marché aux pois devant l'Ostoir et le Veau d'Or (p. 268, 269).

En vertu d'un ban du 5 décembre 1394 (reg. mém. III, f° 113) le marché aux waides (guèdes) est transféré de la rue de Haiserue sur le grand marché, devant la *Teste d'Or* les *Trois Luppars* et le *Sartaire* et aura lieu les mercredi et samedi de chaque semaine (p. 251, 256).

GRANDS-VIÈZIERS (rue des). De la place de la Vacquerie à la rue de la Madeleine.

C'était le quartier des fripiers ou marchands de « viézeries ». Au moyen-âge cette voie s'appelait rue de *l'Aguillerie* et se prolongeait jusqu'au préau des Ardans. Elle empruntait cette dénomination, non au fait que « l'aiguille adroite des viéziers réparait les outrages du temps » (*Rues d'Arras*, T. II, p. 84) mais aux fabriques d'aiguilles que le Cartulaire de Guiman (p. 201) y signale dès 1170 : *domus Guillermi qui acus facit.* (A. Guesnon : *La satire au XIIIe siècle.* p. 39, n. 3). Elle s'appelait aussi *rue de la Larderie* et rue de *la Teste de mouton* dans la partie disparue pour former la place de la Vacquerie.

P. 431 à 433; 435 à 437 ; 441 à 445.

Graueohon (rue de). Voir rue des Agaches.

GROSSE-TÊTE (rue de la). De la grande Place au boulevard Faidherbe.

Du nom d'une enseigne qui remplaça celle du Cerf volant (43 du 1er tour de St-Nicolas). C'était, en 1382, la « *ruelle du Cherf volant* » qui conduisait au rempart.

P. 44, 45.

GUÉRIOL (rue). De la rue Méaulens au quai Méaulens.

J'ignore l'étymologie de ce mot. Celle que donnent les *Rues d'Arras* (T. II, p.86) tirée de la proximité du corps de garde de la porte est fantaisiste. La ruelle en question était au moyen âge une partie de la rue du Pré.

P. 296, 297.

Guinegatte (rue). De la rue des Augustines à la rue du Puits-de-Saulty.

Cette rue s'appelait, au XIVe siècle, *la ruelle de l'Escorcécat* ou Escorchécat (p. 215) « enseigne de cabaret, sans doute un chat peint en rouge » ; puis *Esquinnécat* ou, comme une autre enseigne en Haiserue (p. 410) *Esquignécat*. M. Guesnon, qui a le premier signalé « la rêverie étymologique des *Rues d'Arras ; geum gate* la porte du marais, ajoute que « le parler artésien a fait de esquignécat, *Esquinegate* que les clercs reproduisirent dans les actes avec toutes sortes de variations orthographiques » *(Introd. au Livre rouge de la Vintaine, p. 31*, n. 2). Comme une partie de la rue du Grand Jardin, la rue d'Escorchécat prit parfois le nom de rue de *Moele du Moelin*, enseigne de la maison du coin (1 du 7e tour de Ste-Croix).

P. 215, 216, 221, 222.

Haiserue ou **Hagerne**. Voir rue des Capucins.

Halle (rue de la). Voir rue Emile-Legrelle.

Halle à la laine (rue de la). Voir rue des Portefaix.

Héronval (Rue). De la rue Ernestale à celle des Quatre-Crosses.

In Hairunval. (Cart. Guiman. p. 217). La maison du *Hairon* (p. 28) a plutôt emprunté sa désignation à la rue qu'elle ne la lui a donnée. L'explication historique et décisive de l'expression Héronval, *val du héron* ou *des hérons* n'a pas encore été découverte; mais il est probable que la présence d'un grand nombre de hérons dans un endroit voisin du Castrum et plus tard englobé dans l'enceinte de la ville, en a été l'origine au XIIe siècle. Jusque dans les temps modernes la rue Héronval aboutissait au rempart.

P. 28 à 32; 180 à 184.

Hôpital des Drapiers (rue de l'). Voir rue des Chariottes.

Hôpital de la Madeleine (rue de l'). Voir rue de la Fleur de Lis.

Hôpital St-Mathieu (rue de l'). Voir rue des Louez-Dieu.

Hotiers (ruelle des). Voir rue de la Caisse-d'Epargne.

Housse (rue de la). De la petite Place à la rue St-Nicolas.

Ce nom qui provient de celui d'une très ancienne hôtellerie: *le Houche-Gillet* puis le Houche (17 du 2e tour de St-Nicolas), s'appliquait autrefois aux rues actuelles de l'Ermite, de St-Nicolas et de la Housse.

P. 76, 77, 82.

Ierre (place de l'). Voir place Quincaille.

JACQUES-LE-CARON (rue).

Nom du «*maistre machon*», architecte et entrepreneur des travaux du beffroi, par lequel on a remplacé naguère la très vieille appellation de *Ynocq* (Ynoc, Vinocq, Winok) dont l'étymologie est inconnue, mais n'a aucun rapport avec le commerce du vin (*Rues d'Arras*. T. II, p. 426).

P. 107, 108, 110.

Jérusalem (rue de). De la rue des Chariottes au Rivage.

Du nom des étuves établies vers 1454 dans la maison no 10 du 10e tour de Ste-Croix (p. 244), avant l'installation des Lombards dans la maison des Plouviers (1466), ce qui exclut l'explication donnée par les *Rues d'Arras* (T. II, p. 92). Cette voie s'appelait auparavant et même encore longtemps après: *rue de Noeféglise*.

P. 243 à 248.

JÉSUITES (rue des). De la rue Ernestale à la place de la Croix-Rouge.

Elle conduisait au Collège des Jésuites. N'est désignée dans notre plan que par cette périphrase : *ruelle devant Blainsevelle* (38 du 7e tour de St-Géry).

P. 176.

Jongleurs (rue des). Relie actuellement la rue de la Madeleine à la place du Théâtre.

Au XIVe siècle, les scribes ont parfois appelé cette voie *rue des Lieneurs* ou des *Loueurs* et appliqué le nom de *rue des Jongleurs* à la rue des Petits-Viéziers et à l'impasse du *Renard*, confusion qui s'explique en partie par le fait que les maisons de cet îlot donnaient sur les deux rues.

P. 419 ; 423 à 425.

Justice (rue de). Déjà, en 1382, *rue de le Justiche*, sans doute parce qu'elle conduisait droit à la maison du Bailliage (56 du 1er tour de St-Nicolas).

P. 55, 56, 59, 60 ; 70 à 73.

Larcin (rue du). De la rue du Bloc à la place Quincaille.

En 1382, rue de *l'Arsin*, c'est-à-dire de l'incendie. Il ne peut être question de l'Arsin judiciaire. La loi d'Arras ne connaissait guère ce châtiment, d'ailleurs inapplicable *intra muros* (A. Guesnon. *Excursion*... p. 34).

P. 322 à 325.

Larderie (rue de la). De la place de la Vacquerie à la rue des Murs-St-Waast.

Au XIVe siècle l'expression : *en le Larderie* était appliquée à tout un quartier situé derrière les *maisiaux* ou boucheries. Par suite on appelait rue de la Larderie non seulement celle qui portait naguère encore ce nom auquel on vient de substituer celui *d'Ernest-de-Lannoy*, mais aussi les rues actuelles de la Braderie (p. 111, 112), du Blanc-Pignon (p. 430) et l'ancienne rue de l'Aguillerie, dans la partie prise par la place de la Vacquerie (p. *444*). On rencontre cette rue sous la dénomination de rue *du Four en Castel* (p. 435) et même de rue du Grand Dieu (p. 431).

P. 427, 431, 433, 434, 435.

Lieueurs ou Lieuresses (rue des). Voir rues des Petits-Viéziers et des Jongleurs.

LIONS (rue des). De la rue Héronval à celle de Ste-Marguerite.

Cette rue devrait s'appeler rue Deslyons, du nom d'une grande famille arrageoise. Elle n'a pas de nom spécial dans notre plan et se nomme tantôt *rue de Pavie* ou *ruelle qui va en Pavie*, tantôt *rue as Têtes*.

P. 26, 27, 29, 30.

Lolliette (rue de). De la grande Place à la rue des Porteurs.

« La rue de l'Olliette ou à l'olliette fut, dès l'origine, en relation à la fois industrielle et étymologique avec le moulin à l'huile de Poterne ». (A. Guesnon : *Excursion...* p. 25).

P. 191, 192, 193, 253.

Loliette (ruellette de). Voir rue du Vert-Baudet.

Lombards (rue des). Voir rue des Chariottes.

Lormerie (rue de la). Voir rue de la Taillerie.

Louez-Dieu (rue des). De la rue St-Aubert à la rue St-Etienne.

Cette ruelle prend sur notre plan diverses appellations : *Rue du Cavech St-Aubert*, parce qu'elle se trouvait, en effet, au chevet de ladite église ; *rue de Crocquescuelle* (?) ; *rue de l'Ospital St-Mahieu* ; *rue St-Mahieu* et enfin *rue des Loez-Dieu*.

P. 326 à 330 ; 335 à 338.

MADELEINE (rue de la). De la rue des Récollets à la rue des Agaches.

Sous sa forme actuelle, cette rue date de la reconstruction du Monastère au XVIIIe siècle. Le haut de la rue s'appelait, en 1382 : *rue du Chastel* ou *grant rue du Castel* (p. 412) ou simplement : *en Castel*. Assez souvent même les scribes employaient le nom de *rue des Prestres*, réservé en général à notre rue des Récollets.

P. 411 à 414 ; 424 à 426 ; 437, 438.

Maisiaux (les). Ce mot désignait plutôt le quartier des boucheries qu'une rue spéciale. Les boutiques des bouchers occupaient les deux côtés d'un passage qui traversait l'îlot où plus tard s'élèvera l'Hôtel de Ville.

P. 109.

Marche (rue de la). Du nom du propriétaire de la grande maison (le pensionnat Jeanne-d'Arc actuel) qui en faisait le coin (10 du 1er tour de St-Jean).

P. 2, 3, 16.

Marché au Filé (rue du).

On lit, page 135 : « le Transnel est situé ou marquiet au fillé, *en le rue Ste-Croix* ». Cette partie de la rue Ste-Croix était, en effet, affectée au marché du fil à tisser, du filé. De là son nom. « Les dis filés se doivent vendre le vendredi et le samedi, au lieu que on dist le marchiet au fillé, entre quatre bournes dont l'une est au touquet de la *Coupe d'or*..., l'autre, emprès le puich joignant à *le Vingnette* ; le troisième emprès l'ostel des *Capperons* et la quarte au touquet de *la rue des Trompettes* ». (Accord conclu le 2 avril 1444, entre le duc de Bourgogne et l'abbaye de St-Waast, relativement au tonlieu. A. Guesnon. Cartul. d'Arras, p. 240).

P. 134, 135, 136, 237, 238, 239, 257, 258.

Marché aux Fromages (rue du). Voir rue des Dominicains.

MÉAULENS (rue). Les mots de *rue de l'Abbaye*, de *grant rue de l'Abbaye* ou simplement *en l'Abbaye* ont été uniquement employés jusqu'à la fin du XVe siècle pour désigner la rue de Méaulens actuelle, de la rue des Murs-St-Waast à la porte Méaulens.

Encore au XIXe siècle on appelait rue de l'Abbaye la partie de la rue comprise entre ladite rue des Murs-St-Waast et la rue des Teinturiers. Peut-être aurait-on bien fait de conserver cette dénomination presque millénaire, le *vicus abbatiæ* de Guiman.

P. 125 à 128 ; 130 à 133 ; 285 à 296 ; 368, 369, 373.

Meule de Moulin (rue de la). Voir rue des Augustines et de Guinegatte.

MONT-DE-PIÉTÉ (Impasse du). S'appelait *ruelle de l'Esturjeon* du nom de la maison 12 *bis* du 9e tour de Ste-Croix.

P. 238.

MONT-DE-PIÉTÉ (rue du). Au XIVe siècle, rue des Trompettes, de l'enseigne du no 18 du 9e tour de Ste-Croix.

P. 238, 239.

Moulinet (rue du).

En 1382, *rue du Moelinel* du nom de la maison du Moelinel (7 du 8e tour de St-Aubert) sise dans la rue de l'Abbaye mais ayant ses dépendances dans la susdite rue.

P. 369, 370, 372, 373.

Moutonchel (Impasse du). Voir impasse des Boucheries.

Moutonchel (rue du). Voir rue de la Braderie.

Murs-St-Waast (rue des). De la rue Méaulens à celle des Jongleurs.

Cette appellation est une des plus anciennes de la ville et doit remonter à l'établissement du *Castrum* à la fin du IXe siècle. Dans le Cartulaire de Guiman, la halle des parmentiers est dite située *juxta* ou *retro murum sancti Vedasti*.

P. 427, 428, 429, 447.

NOBLE (rue du). De la grande Place à la rue aux Ours.

Cette rue tire son nom d'une enseigne relativement moderne : *Le Noble* (no 1287 du répertoire de dom Page, correspondant au no 11 du 12e tour de Ste-Croix). « *Rue qui fu dame Sare le Loyresse* » (p. 140) ; rue « *que on dist dame Maroye le Loresse de présent appelée le rue du Colimoge* » (p 161). Le Loyresse (Loiresse ou Loresse) n'est sans doute que le féminin de le Loir comme le Clergeresse ou Clergesse de le Clerc, le Chevalleresse de le Chevalier et plusieurs autres du même genre qu'on a rencontrés dans le présent ouvrage. *Rue du Colimoge*, Cok ou Cocq Limoge (coq émaillé, faisan, A. Guesnon : *les Origines...* T. I, p. 41) de l'enseigne du no 66 du 6e tour de St-Géry. — *Le Croissant d'or* (no 63 du même tour) a aussi donné son nom, par la suite, à une partie de la rue.

P. 160, 161, 162, 259, 260.

Noblerue. Voir rue des Rapporteurs.

NOCQUET-D'OR (rue du). De la place Ste-Croix à la rue des Augustines.

L'enseigne du *Nocquet d'Or*, c'est-à-dire du loquet, du cadenas d'or remplaça au XVIe siècle la très vieille enseigne du *Cuignet au bure* (58 du 8e tour de Ste-Croix). Cette substitution entraîna le changement du nom de la rue, connue au moyen âge sous l'unique dénomination de *Cuignet au bure*.

P. 225, 236, 237.

Onze-Mille-Vierges (rue des). De la rue Méaulens à celle du Pré.

Ainsi nommée de l'hôpital des Onze-Mille-Vierges ou plutôt de la Chapelle de la maison hospitalière des *Bons Varlets*, chapelle fondée sous le vocable de Ste-Ursule et de ses compagnes. Les scribes appelaient aussi cette voie rue du Pré, rue ou *ruelle des Boins Varlais*.

P. 300 à 303.

Ours (rue aux). De la rue des Trois-Visages à la place Ste-Croix.

C'était, au moyen âge, la *rue de l'Ours*, de l'enseigne du n° 53 du 5e tour de St-Géry. On la nommait encore *rue du Pois*, rue de *la Halle au Pois* (50 du même tour); rue du *Four de la Pierre* (8 du 12e tour de Ste-Croix) et même (p. 140) *rue de la Warance*, à cause de la proximité de la vraie rue de ce nom, centre du commerce de la garance.

P. 138 à 142 ; 258 à 263.

Panchel (rue du). Voir rue de la Croix-Rouge.

Paris (rue de). Voir rue des Portours.

PASTEUR (rue). Nom substitué à celui de *rue Fausse-Porte-St-Nicolas* section de l'ancienne *grant rue St-Nicolay* allant de la rue Ronville à la porte St-Nicolay.

P. 49, 50, 51 ; 84 à 86.

Pavie (rue de). Voir rue Ste-Marguerite.

Péage (rue du). De la rue Ste-Barbe à la rue de l'Arsenal.

En 1382, *rue du Paiage* ou *Payage* ; sans doute à cause du droit perçu pour la traversée du pont sur le Crinchon. La maison du *Paiage* (50 du 3e tour de St-Etienne) devait, en ce cas, être celle du fermier de ce droit. On appelait aussi cette ruelle *rue de l'Ospital St-Mahieu* et *Val St-Estène*.

P. 330, 331 ; 403, 404.

PETIT-ATRE (rue du). De la rue des Augustines à celle du Vivier.

S'appelait *Cuerbillerie* en 1261 ; puis rue des Cuerbillers, Corbilliers (vanniers), et par altération Corbillots (A. Guesnon. *Excursion...* p. 27). D'où il suit que le nom de *petit Atre* (petit cimetière) est relativement moderne et ne remonte pas, comme le dit l'auteur des *Rues d'Arras* (T. II, p. 244) au moyen âge. Paraît s'être appelée aussi (p. 204) rue de *Fauquembergues*, rue de *le Coqueterie* et rue *des Praiaux*. Mais ces dénominations s'appliquaient plutôt à une ruelle transversale aujourd'hui disparue, qui allait de la rue de l'Aubel à la rue Douyzienne.

P. 203, 204, 205, 220, 221.

Petit-Chaudron (rue du). De la place du Théâtre à la rue du Collège.

Porte sur le plan le nom de ruelle *des Caudrons*, de la maison nº 4 du 8e tour de St-Géry, ou rue de *le Bovette*, du nº 1 du 9e tour de St-Aubert.

P. 173, 384, 385.

Petit Feutre (rue du). Voir rue du Feutre.

Le nom de Petit Feutre se rapportait au moyen âge surtout à la partie de la rue du Feutre qui rejoignait la rue du Colimoge.

Petit Héronval (rue du). Parallèle à la rue Héronval.

Cette ruelle allait de la rue de Darnestal au rempart, et ses diverses sections empruntaient des dénominations différentes à certaines maisons notoires : *rue des Quevallés* (47 du 8e tour de St-Géry) ; rue *de la Boule* (57 puis 84 du même tour) ; rue du *Four du Temple* (117 du même tour) ; rue du *Piet de Boef* (82 du même tour) ; rue des *Plachettes* (p. 187). Il ne reste plus trace de cette ruelle qu'ont absorbée les Couvents des Jésuites et des Capucins et la caserne Héronval.

P. 179, 184 à 187, 189, 190.

PETITE PLACE. Le *petit Marché* occupa dès la fondation de la ville la même superficie que notre petite Place.

Il appartenait à deux paroisses. De la rue de Justice à la rue de la Housse (4e tour de St-Nicolas), p. 73 à 76. De la rue St-Géry à la rue des Balances (1er tour de St-Géry), p. 89 à 96. De la rue Ynocq à la rue du Moutonchel ou de la Braderie (3e tour de St-Géry), p. 107 à 109. De la rue de la Warance à la Taillerie (6e tour de St-Géry), p. 146 à 152. Sur le petit Marché on trouvait la pyramide, la maison rouge, la croix de grès, la rue des changes et le marché aux poissons d'eau douce.

PETITS-VIÉZIERS (rue des). Relie les rues de la Madeleine et de la Caisse-d'Epargne.

Au XIVe siècle, elle s'appelait rue de *la Vigne en Castel*, du nom de la maison nº 4 du 2e tour de la Madeleine, maison située dans la rue *des Jongleurs*, mais bordant par ses dépendances et son jardin la rue actuelle des Petits-Viéziers ; — *Rue des Lieueurs* ou des *Lieuresses* ou des *Loueurs* à cause de la maison nº 2 du même tour, qui faisait le coin de la place du Châtelain et de la rue des Jongleurs, mais donnait également sur la rue des Petits-Viéziers, parfois même rue des Jongleurs, sans doute pour la raison que je viens d'indiquer.

P. 412 à 415, 423.

Peustich (rue du). De la rue Héronval à la rue du Petit Héronval.

C'est l'impasse des Bordaux (*Rues d'Arras*, T. I, p. 203) qui, au XIVe siècle, rejoignait la rue Ernestale par la rue des Quevalés. Elle a disparu entièrement.

P. 181.

Piet de Boef (rue du). Voir rue du Petit Héronval.

PIGNON-BIGARRÉ (rue du). De la grande Place à la rue des Augustines.

D'une enseigne : *le Pignon* (pennon ou drapeau) *bigarré* (bicolore). C'est sur le plan la rue *as Goulons*, nom dont le sens et l'attribution s'expliquent d'eux-mêmes (A. Guesnon : *Excursion*, p. 19 et 20).

P. 252, 256.

Plachettes (rue des). Longeait les remparts de la rue Héronval à la porte d'Hagerue. Désignait parfois une partie de la rue du petit Héronval.

P. 395 à 397.

Plouviers (rue des). Voir rue des Chariottes.

Pochonnés (rue des). Voir rue St-Germain.

Pois (rue des). Voir rue aux Ours.

PONT-AMOUREUX (rue du).

Comme je l'ai signalé à propos de la rue de la Fourche c'est par suite d'une confusion relativement récente que la branche gauche qui jadis aboutissait au pont des Foulons s'appelle maintenant rue du Pont-Amoureux. Au XVIIe siècle le Pont-Amoureux était l'ancien pont de la Cappelette.

Porte de la Rose (rue de la). Voir rue du Canon-d'Or.

PORTEFAIX (rue des). De la rue aux Ours à celle du Petit Foutre.

C'est l'ancienne rue de *la Laine* ou rue *derrière la halle à la laine* (25 du 12e tour de Ste-Croix).

P. 262, 263.

PORTES-COCHÈRES (rue des).

Dès le XIIe siècle cette rue se dénommait : *Rue du Frêne, in vico qui dicitur Fraxinus* (Cart. Guiman, p. 216). On désignait aussi sous le nom de « rue de le pourchession de St-Jehan en Ronville », la partie de la rue du Frêne qui s'étend de la petite rue St-Jean à la rue des Baudets.

P. 3, 10, 15, 16.

PORTEURS (rue des). De la rue des Augustines à la rue du Crinchon.

Avant le XVIe siècle, elle s'appelait *rue de Paris*, vraisemblablement « du nom de quelque enseigne de cabaret ». Le mot *Porteurs* n'est pas ici synonyme de *portefaix*. Il s'agit « des porteurs de pestiférés, des croquemorts de la grande épidémie de 1522, que la ville avait isolés dans deux maisons louées par elle non loin de la Poterne ». (A. Guesnon : *Excursion...* p. 26).

P. 193 à 197.

Pos d'argent (rue des). Voir rue Ronville.

Pot d'estain (rue du). Voir rue des Chariottes.

POTIERS (place des).

Au moyen âge, place de *la Bèchaie* « nom énigmatique qui remonte au XIIIe siècle ». Devenue place des Potiers parce que « les frères Frémault, tous potiers de terre s'y étaient établis dans la seconde moitié du XVIe siècle ». (A. Guesnon : *Excursion...* p. 28).

P. 226 à 229.

Pouchin (ruelle). Impasse supprimée de la rue Méaulens.

P. 293.

Poulier (rue Baude), ou rue dame Tasse Poulière. Voir rue du Presbytère-Ste-Croix.

Pré (rue du). Ainsi nommée parce qu'elle traversait le pouvoir du Pré, de la Croix au Pré à la rue Méaulens en passant par l'actuelle rue Guériol

P. 297 à 303.

Presbytère-Ste-Croix (Rue du), ou *rue du Curé de Ste-Croix*. La maison curiale était le n° 14 du 8e tour de Ste-Croix.

P. 227, 228.

PRESBYTÈRE-St-NICOLAS (rue du). De la rue des Dominicains à la rue de Justice.

Sur le plan : « ruelle devant le Machue » ; *rue Baude Poulier* ou dame Tasse Poulière. La famille Poulier possédait plusieurs immeubles en ce quartier.

P. 60, 61.

Prestres (rue des). Voir rue des Récollets.

Processions (rue des). C'était la « rue de *le Pourchession de le Cappelette* ».

La vraie « procession » de la Chapelette était une venelle aujourd'hui disparue, qui reliait la rue de la Cappelette à la rue qui a conservé le nom de rue des Processions.

P. 278, 279, 280, 281.

Puigniel (rue de). Voir impasse St-Etienne.

Puits-de-Saulty (rue du). Sur le plan « *rue du Puch de Saulty* » ou même « *rue de Saulty* » (p. 218). On la trouve aussi appelée *rue de la Craulière* et une seule fois *rue du Fresne*.

P. 217, 218, 220, 222.

Puits-St-Josse (rue du). Tirait son nom du puits situé non loin de la maison de St-Josse (35-36 du 1er tour de St-Aubert) appartenant à l'hôpital Saint-Jaque. On la nommait aussi *rue St-Josse*.

P. 332, 333, 338.

PUTEVIN (rue). De la place du Théâtre à la rue de la Gouvernance.

Au moyen âge, la ruelle s'appelait *Pute-y-muche* ou *Pute-muce*, nom que les contemporains comprenaient fort bien et que le patois suffirait encore à expliquer.

« L'erreur d'un scribe, reproduite d'acte en acte depuis 1581 en a fait la rue *Poitevin*, aujourd'hui *Putevin*. Le mot n'a plus de sens. La première étymologie était plus claire ». (A. Guesnon : La Trésorerie des Chartes d'Artois, p. 12, n. 3).

P. 417, 420 à 422.

Pute-y-muche (rue de). Voir rue Putevin.

QUATRE-CROSSES (rue des). Du nom d'une enseigne moderne.

La rue des Quatre-Crosses, ouverte au XIXe siècle n'a plus rien de commun avec la voie sinueuse, étroite et infecte qu'on appelait *l'Orde ruelle* (p. 390) ou *la rue de la Coupette*, du nom de l'hôtellerie située en Haiserue (2-3 du 2e tour de St-Etienne).

P. 188, 390, 391, 397, 398.

Quevallés (rue des). Voir rue du Petit Héronval.

Queuterie (rue de la). Voir rue Delquenterie.

Quiévremont (rue de). Voir rue des Dominicains.

Quiévron d'Or (rue du). Voir impasse du Chevalier Rouge.

QUINCAILLE (place). Sur le plan : *place de l'Ierre*, à cause des étuves de l'Ierre ou du Lierre, ou encore *place des Foulons*, à cause des fouleries qui s'y trouvaient.

« La place Quincaille (A. Guesnon : *Excursion*... p. 35) n'a rien à voir avec la Quincaillerie ». On l'appela d'abord *place Pierre Quincault* puis place *Quincault*, du nom d'un orfèvre parisien qui se fit recevoir bourgeois d'Arras en 1484 et devint propriétaire de sept maisons sur cette place. (H, 653-1508, fo 53). « Pierre Quincault, pour III maisons faisant le touquet de la rue du Vivier, VII drs. (*Ibid.* fo 59) Ied. Pierre Quincault, pour la grande maison qui fut Simon de Penin, contenant III membres tant par devant que par derrière, XVIII drs. » Ce sont les maisons portant les nos 51 à 56 du 6e tour de St-Aubert.

P. 323, 356, 357.

RAPPORTEURS (rue des). De la place du Théâtre à la rue de la Gouvernance.

Ainsi nommée dans les temps modernes d'une enseigne : le *Rat-porteur*, probablement allégorique pour Rapporteur, comme dans certaines villes de Facultés on trouve l'enseigne de *l'Eléphant droit* pour l'élève en droit ! C'est sur le plan « *Noblerue* » *ou* « *rue de Noblerue* » ou *rue des Gouverneurs* parce qu'elle aboutissait à « la petite Cour-le-Comte, appelée la Gouvernance, que les Gouverneurs d'Artois occupaient au XIVe siècle ». (A. Guesnon : *Les Origines*... T. I, p. 15 et n. 1).

P. 380 à 382.

RÉCOLLETS (rue des). De la rue St-Géry à la rue de la Madeleine.

Au XIVe siècle, le nom de *rue des Prestres* s'appliquait non seulement à la rue actuelle des Récollets, mais aussi à la partie de la rue de la Madeleine qui s'étend jusqu'à la place.

P. 105, 106, 163, 164, 411.

Renard (impasse du). Voir rue de la Caisse-d'Epargne.

REFUGE-MAREUIL (rue du). Rue des Teinturiers-place Quincaille.

Sur le plan : « *rue de l'Ierre* », du nom des étuves, de la maison et du four de l'Ierre ou rue de *la Croix St-Andrieu* de l'enseigne du n° 55 du 6e tour de St-Aubert. Le refuge de l'Abbaye de Mareuil fut installé dans les maisons ayant appartenu au susdit Pierre Quincault.

P. 356, 357, 358.

RIVAGE (place du).

Appelée autrefois : *La Croix au pré* « rendez-vous des vieilles femmes et des fées de la Mesnie Hellequin dans *le jeu de la Feuillée* » d'Adam de la Halle (A. Guesnon : *Excursion*... p. 33). C'était aussi « *la place sire Henry Regnault de Henin* » la place *de la Rouyne*, de la *Rouynette*, de la *Royne*.

P. 247, 370, 371.

RIVAGE (rue du).

Il n'y avait là au XIVe siècle qu'une impasse : *la ruellette nommée le Tanet* (le Tanée, le Tannet) ou *ruelle de le Mairie* qui fut sans doute l'amorce de la rue actuelle du Rivage.

P. 291, 292.

Roches (rue des). Voir rue Ste-Croix.

Roe de fer (ruelle de le). Voir rue de la Fleur de Lys.

Ronville (rue). De la rue Emile-Legrelle à la rue Gambetta.

Cette rue se présente au moyen âge sous plusieurs dénominations : *Rue des Pos d'argent* de l'enseigne du n° 9 du 6e tour de St-Nicolay ; rue *du Dromont*, de l'enseigne du n° 27 du 1er tour de St-Jean ; *rue de Ronville*, à cause de sa proximité de la porte de Ronville.

P. 6, 7, 8, 83, 84.

Rosettes (rue des). Voir rue des Chariottes.

Saint-Aubert (rue). Actuellement, réunie à la rue de Saint-Jean-en-l'Estrée, va de la place du Théâtre à la Terrée-de-Cité.

Au moyen âge, de la place le Chastelain au Wetz Damain : *Le grant rue St-Aubert* ou *rue St-Obert*, à cause de l'église située au coin des rues actuelles St-Aubert et des Gauguiers.

P. 326, 336, 340, 341, 344 à 347, 377 à 380.

Saint-Christophe (rue). Rue du Vert-Soufflet - rue St-Maurice.

De l'enseigne de la maison n° 42 du 4e tour de St-Maurice, située au coin de la rue dite *du Vivier* parce que les dames du Couvent du Vivier possédaient toutes les maisons de cette ruelle.

P. 309, 310.

SAINT-DENIS (rue). Rue de la Larderie - rue de la Madeleine.

S'appelait rue du *Grant Dieu*, de l'enseigne du n° 60 du 3e tour de la Madeleine. L'enseigne de *Saint-Denis*, appendue plus tard à une maison située presque en face du *Grand Dieu* lui a donné son nom actuel.

P. 426, 427, 434.

SAINT-ETIENNE (place). De l'église qui y était élevée. Entre l'église et le fond de la place le passage s'appelait *la pourcession*.

P. 406.

Saint-Etienne (impasse). Sur la place St-Etienne. C'était la *rue de Puigniel* ou *de St-Estevène* qui conduisait au pouvoir de la Vigne par la porte de Puigniel.

P. 401, 402, 403.

Saint-Etienne (rue). La rue St-Etienne prolongement de la rue des Louez-Dieu était désignée, au moyen âge, par les mêmes dénominations. On trouve aussi *rue St-Estevène.*

P. 335, 405, 406 et 407.

SAINT-ETIENNE (petite rue). Ruelle anonyme.

P. 401.

SAINT-GERMAIN (rue).

De l'enseigne adoptée au XVIIe siècle par la maison n° 73 du 1er tour de St-Jean (p. 15). « De là le nom de celle de St-Germain que la plaque indicatrice appelle aujourd'hui St-Hubert et réciproquement, transposition due à une erreur du plan de Beffara, rectifiée d'ailleurs par son répertoire. (A. [illegible] *Nicolas Gosson*, p. 22, n. 2). Quoi qu'il en soit, cette rue St-Germain qui devrait être la rue St-Hubert, est désignée [illegible] plan par les noms de rue *des Pochonnés* (51 du 1er tour de St-Jean) et *rue du Cauffour*.

P. 13.

Saint-Géry (place).

De toute ancienneté cette placette s'est appelée St-Géry, parce que l'église de ce nom y était située. On a récemment substitué à cette appellation celle de *place des Etats,* lorsqu'on a donné à cette dernière le nom d'*Adolphe-Lenglet.* Mais puisque le monument de l'ancien maire a été transféré au *carrefour Ste-Marguerite,* ne serait-il pas simple et logique de baptiser ce carrefour : *Place Adolphe-Lenglet* et de restituer à la place St-Géry sa dénomination millénaire ?

P. 1, 99.

St-Géry (rue). De la petite Place à la rue Ernestale.

En 1382, elle s'arrêtait à la place de la Miauwe (Adolphe-Lenglet) où commençait ce qu'on appelait Darnestal. C'était la *grant rue St-Jéry ; rue St-Jury* (Géri, Géry).

P. 17 à 19, 87, 88, 102 à 106, 164 à 166.

SAINT-HUBERT (rue).

Du nom de l'enseigne de saint Hubert que prit dans les temps modernes la maison n° 50 du 1er tour de St-Jean. La rue actuelle de St-Hubert, qui, sans l'erreur sus-mentionnée, continuerait à s'appeler rue St-Germain, est anonyme sur notre plan.

P. 13, 15.

Saint-Jacques (rue). Du nom de la chapelle qui s'ouvrait sur cette ruelle. Voir A. Guesnon : *La Confrérie de St-Jacques).*

P. 226, 236.

SAINT-JEAN (petite rue). C'est dans cette rue que s'ouvrait le grand huis de l'Eglise St-Jean — « *rue qui vient de St-Jehan en le rue de Ronville* ».

P. 11, 16.

Saint-Jean-en-Ronville (rue). Tel fut son nom de temps immémorial jusqu'à l'époque récente où elle devint *rue Gambetta.*

Saint-Jean-en-L'Estrée (rue). Récemment réunie à la rue St Aubert dont elle est le prolongement. Elle allait de la rue des Gauguiers à la Terrée-de-Cité. En 1382, *l'Estrée (strata)* ou « *la rue de l'Estrée* » reliait le Wez-Damain à la porte de Cité.

P. 450 à 461.

Saint-Josse (rue). Voir rue Ste-Barbe et rue du Puits-St-Josse.

Saint-Mahieu (rue). Voir rue des Louez-Dieu et rue du Péage.

Saint Maurice (rue). A cause de l'église de ce nom. Au XIVe siècle, St-Moorisse, Morisse, Morisce, Meurisse.

P. 304 à 317.

Saint-Michel (Impasse). Rue des Gauguiers. Du nom de l'enseigne de la maison n° 2 du 5e tour de St-Aubert.

P. 342.

SAINT-NICOLAS (rue). De la rue de l'Ermite à la rue Ronville. Se nommait *rue de le Houche Gillet.*

P. 51 à 54, 78, 79.

Saint-Nicolay (rue ou grant rue). Voir rue Emile-Legrelle et Pasteur.

Saint-Nicolay sur les Fossés (rue). Voir rue du Saumon.

Sainte-Barbe (rue). De la rue du Puits-St-Josse à la rue du Péage.

C'est sur le plan, *la rue St-Josse* et même la *rue du Puch St-Josse* et à la fin du XVe siècle *la rue Ste-Barbe,* de l'enseigne du n° 33 du 1er tour de St-Aubert.

P. 331, 332, 338.

Sainte-Croix (place). L'église de ce nom y était située.

P. 235, 236, 238.

Sainte-Croix (rue). De la grande Place à la place Ste-Croix.

Au moyen âge comprenait la rue actuelle du *Marché au Filé*. Elle se nommait aussi *rue des Roches* (41 du 8e tour de Ste-Croix).

P. 135, 232 à 235, 263 à 268.

SAINTE-MARGUERITE (rue). A cause de l'hospice des Jardinets, placé sous le vocable de Ste-Marguerite. En 1382, *rue de Pavie,* nom dont l'explication n'a pas encore été trouvée.

P. 24, 25.

Sauch (rue de le). Voir rue des Tointuriers.

Saulty (rue de). Voir rue du *Puits-de-Saulty.*

SAULTY (Impasse de). C'est une véritable rue reliant la rue St-Aubert à la place du Wez-Damain. Dans le plan : *ruelle des estuves du Wez-Damain ; ruelle par laquelle on va au molin du Wez-Damain.*

P. 344, 345.

Saumon (rue du). Rue des Dominicains - Rue Pasteur.

De l'enseigne du n° 28 du 2e tour de St-Nicolas. Se nommait aussi *rue du Bailliage* (56 du 1er tour) et *rue St-Nicolay sur les Fossés,* de l'église située à son extrémité.

P. 47, 48, 56, 57, 58, 59.

Sawale le Bastart (rue).

Cette rue englobée dans le Collège des Jésuites faisait, en prolongeant la rue du Panchel, communiquer la rue Darnestal avec la rue de la Coupette. Elle devait son nom à quelque propriétaire inconnu d'ailleurs, d'une maison dans cette voie rustique.

P. 188, 189, 391.

Séchelles (rue de). Voir rue des Baudets.

Soufflés (rue as). Voir rue du Vert-Soufflet.

Taillerie (rue de la). Entre les deux places.

Elle doit son nom à la halle aux draps (37 du 3e tour de St-Nicolas). Elle s'appelait aussi *rue de la Lormerie,* parce que les lormiers ou fabricants de harnachements garnis d'ornements en métal s'y étaient installés.

P. 65 à 70, 152 à 155.

Tanet (ruelle de le). Voir rue du Rivage.

Teinturiers (rue). Rue Méaulens - rue des Agaches.

Arras était une ville drapière. On y trouve donc des liches, des fouleries et de nombreuses teintureries, surtout le long du Crinchon dans *la rue de le Sauch* (9 du 8e tour de St-Aubert) appelée simultanément *rue des Tainturiers* ou des *Tainteliers.*

P. 358 à 362, 366 à 368, 373 à 375.

Teste de Mouton (rue de le). Voir rues de la Braderie et des Grands-Viéziers.

Testes (rue as). Voir rue de la Charité.

THÉATRE (place du). Ancienne place le Castellain ou du Châtelain.

La Castellerie ou *Court le Castelain* occupait l'emplacement sur lequel ont été construites les salles du Théâtre et des Concerts.

P. 173, 174, 175, 380, 382, 383, 384, 416, 417, 422, 423.

THIERS (rue). Ruelle anonyme sur le plan.

P. 385.

Tonnelet (rue du). De la rue St-Maurice à la rue du Bloc. Rue aujourd'hui disparue.

P. 304, 305, 306, 318.

Toussains (rue). Voir rues du Coclipas et des Galletoires.

Trois-Faucilles (impasse). Rue Emile-Legrelle. De l'enseigne *des Faucilles* (8 du 5e tour de St-Nicolas).

Trois-Filloires (rue des).

Elle s'appelait, au XIVe siècle, *rue des Filleresses*, nom qu'elle porte encore au début du XVIIIe siècle, dans le répertoire de dom Page, qui constate d'ailleurs (fo 15 vo) que « l'ancien fief du *Four de la Place* se nomme à présent le fief des *Trois Filloires* ». On lui donnait aussi le nom de *rue des Tisserans* et même de *place des Tisserans* ou des *Filleresses*, à l'endroit où elle s'élargit un peu devant la rue de la Cappelette.

P. 211, 212, 216, 217, 273, 276, 279, 281, 283.

Trois-Marteaux (rue des). Du nom du fief *des Martiaux* (49-50 du 6e tour de St-Géry), s'appelait *rue des Martiaux*.

P. 156.

TROIS-POMMETTES (rue des). Rue des Capucins - rue St-Etienne.

D'une enseigne relativement moderne. Sur le plan : rue de *l'Espée*, parce qu'elle était en face de la maison de *l'Espée* en Haiserue (1 du 1er tour de St-Etienne). Un peu plus tard au début du XVIe siècle (II, 653-1508, fo 101), *rue du Barillet*, l'enseigne du no 16 du 4e tour de St-Etienne.

P. 405, 407.

TROIS-VISAGES (rue des). Petite-Place - Rue Méaulens.

Ce nom lui vient d'une enseigne (un buste à trois faces) substituée en 1509 à la *Grosse Teste* (44 du 5e tour de St-Géry, p. 138), comme le prouvent ces deux articles des cueilloirs de rentes de St-Waast : (II, 653-1508, fo 78) Noël Merle pour la maison de la *Grosse Teste*, II drs. (II, 653*-1510, fo 300) : Noël Merle pour la maison *des Trois Visages*, II drs. De toute ancienneté cette rue s'appelait *rue de la Warance*, c'est-à-dire de la Garance (Cart. Guiman. 1170, p. 203), et rue de la *Coupe d'or* dans la partie où se trouvait cette enseigne (30 du 5e tour de St-Géry).

P. 114 à 124, 136 à 138, 143 à 146.

TROMPETTES (rue des). Voir rue du Mont-de-Piété.

Vautelette (rue de la). Voir rue de la Wattelette.

VERT-BAUDET (rue du).

De l'enseigne du *Verd Baudet* (nº 1525 du répertoire de dom Page, correspondant au nº 29 *bis* du 3º tour de St-Nicolas, p. 67).

Dès 1508 (II, 653, fº 87), cette rue s'appelait rue du *Chanfrain d'or*. C'est le passage voûté, la vautelette, dont le *Frein doré* (29-30 dud. 3º tour) formait le coin. On la trouve une fois nommée *ruellette de Loliette*.

P. 68.

Vert Escu (ruelle du). Impasse fermée par une porte rue du Saumon (p. 57, 58). L'hôtel du *Vert Escu* y avait une porte de derrière.

VERT-GALANT (rue du). De la rue des Trois-Marteaux à la rue aux Ours.

Le *Vert Galant* (nº 1313 du répert. de dom Page) était la maison contiguë au *Dromadaire*. Au XIVº siècle, *rue du Dromadaire* (5 du 6º tour de St-Géry).

P. 141, 157.

Vert-Soufflet (rue du). Place Quincaille - rue St-Maurice.

C'est sur notre plan la rue *as Soufflés* ou *des Soufflets*, nom d'une enseigne disparue avant 1382, mais qui reparaît plus tard, changée en *Vert-Soufflet*.

P. 307, 308, 309.

VIEUX-TRIPOT (impasse du).

Dom Page constate que le nº 1446 de son répertoire (correspondant à deux ou trois des cinq maisons de Blanche Beauparsis, nºs 32-33 du 1er tour de St-Nicolas p. 41), était *autrefois* le *Vieil Tripot*. C'est sur notre plan : *la ruelle des Gobelés*.

P. 41, 42.

Vigne en Castel (rue de la). Voir rue des Petits-Viéziers.

Vinocq (rue). Récemment appelée *Jacques-le-Caron*. Voir ce nom.

Vintaine (rue de la). Voir rue des Augustines.

Vivier (rue du). Voir rue St-Cristophe.

VIVIER (rue du). De la rue du Petit-Atre à la rue du Puits-de-Saulty.

Sur le plan, ruelle anonyme désignée par sa direction « *en allant au Puch de Froimont* ».

P. 205, 220.

Warance (rue de la). Voir rue des Trois-Visages.

Warehem (rue). Voir rue Delquenterie.

Wattelette (rue de la).

Altération du mot *Vautelette* (petite voûte) « *le Bar d'or est desseure le Vautelette* » (p. 90). Il ne s'agit donc pas de Wastiaux ou gâteaux (*Rues d'Arras*. T. II, p. 420) ni de boutiques de boulangers-pâtissiers. Ce passage voûté existe encore. Une maison (53 du 1er tour de St-Géry) en avait pris le nom et l'avait communiqué à toute la rue.

P. 88, 90, 91, 99, 100, 101.

Wez-Damain (place du).

Le vrai nom français de cet abreuvoir, définitivement comblé en 1812, est *Gué Damain*, qu'on trouve dans le procès-verbal de 1375 : *Le gué* ou dans le dialecte artésien *le Wez de dame Emmain*, devenu dans la rapidité de la prononciation Wez-Damain. (Voir A. Guesnon : *Origines*... T. I, p. 59).

P. 448 à 450.

TABLE DES ENSEIGNES

et des dénominations sous lesquelles étaient connus les Edifices et les maisons d'Arras-Ville à la fin du XIVe siècle et dans la première moitié du XVe.

	PAGES
Abalestre (l')	76
Abriss[illegible]	165
Agaches [illegible]	178
Agaches (l[illegible]	351
Aignelet (l')	265
Amiral de mer (l')	148
Angèle (l')	105
Angèle (l')	270
Angle (l')	360
Angle (le petit)	92
Angles (maison as)	303
Ansselet (l')	154
Archons (les)	269
Asne Royet (l')	108
Auwe Rouge (l'). Voir aux *additions.*	XXXI
Babuins (les)	160
Bachinés (les)	121
Baillie (la)	48
Balaine (la)	74
Balanches (les)	81
Bar d'Or (le)	90
Bargé d'Or (la)	150
Barillet (le)	407
Barisel (le) ou Barisiaux (les)	27
Barisel (le)	231
Barrois (les)	411
Barrois (les petits)	411
Barrois (les petits)	74
Beau Berger (le)	48
Beauffort (maison)	26
Beaumès (maison de)	253
Becqués (les)	174
Becqués (les)	232
Beffroi (le)	100
Belle Dame (la)	435
Besant d'or (le)	254
Beste sauvage (la)	41
Blainsevelle (maison)	171
Blanc Cherf (le)	232
Blanc Coulon (le)	95
Blanc Coulon (le)	198
Blancq Coulon (le)	410
Blancq Coulon (le)	452
Blanc Rozier (le)	60
Blanc Rozier (le)	407
Blancs Moisnos (les)	18
Blanque Cloque (la)	122
Blanque Lévrière (la)	172

PAGES

Blanque Lévrière (la) 358
Blanque Merdieu (la 378
Blanque Tour (la) 205
Boef au Gardin (le) 212
Boef en Haiserue (le) 389
Boef en Ronville (le 11
Boef à le Goudale (le) 436
Boins Enfans (les) 164
Boins Enfans en le Taillerie (les) 152
Boins Varlès (les) 301
Bos (le) 287
Boujons d'Or (les) 19
Boule (la) 181-187
Bourse d'Argent (la) 151
Bourse d'Or (la) 137
Bouteilles d'Argent (les) 72
Bouton (le). Voir aux *additions.* XXXI
Bovette (la) 384
Bovette (la petite) 384
Braqués (les) 34
Braqués (les) 174
Bretesque (la) 74
Buisson St-Nicolay (le) 42

Cache du Cherf (la) 153
Cadran (le) 219
Cailliaux (les) 105
Calisse d'Or (le 381
Camel (le) 344
Campions (les) 237
Campions (les) 386
Cange d'argent (le). Voir aux *additions.* XXXI
Cange d'Or (le) 95
Cange d'Or (le petit) 96
Cappel de Fer (le) 151
Cappel Rouge (le) 168
Cappelle (la) 147
Cappelle St-Jakème (la) 235

PAGES

Cappelles (les) 18
Cappelles (les 73
Cappelles (les) 278
Cappelles (les) 403
Capperons (les) 257
Cardonnal (le) 271
Carebonchel (le ou Carbonchiaux (les) 91-100
Carioel (le) 90
Carpenterie (la) 254
Castel Amourous (le) 56
Castel Amourous (le) 274
Castel d'Argent (le) 56
Castellés (les) 172
Cat (le) 442
Cat Cornu (le) 436
Cat qui vièle (le) 410
Catoire (la) 422
Cauderons (les) 43
Cauderons (les) 17[illegible]
Caulfour (le) 13
Cercle d'Or (le) 107
Chaune (maison de) 449
Cherf en Granechon (le) 375
Cherf en la Warance (le) 137
Cherf (le) 219
Cherf vollant (le) 45
Cherf vollant (le) 80
Chérisy (maison de) 202
Cheval Escappé (le) 66
Chevrette (la) ou Kiévrette 59
Chinchelles (les) 134
Chine (le) 92
Chine (le) 191
Chisne (le) 388
Chocque Moise (la) 305
Choule (la) 225
Chuynes (les) ou Cigognes 270
Chuynes (les) 351
Claux d'Argent (les) 145
Clef (la) 105

	PAGES
Clef (la)	126
Clef (la)	159
Cocquelés (les)	21
Cocquelés (les)	147
Cocquelés (les)	289
Colimoge (le)	160
Connin (maison de)	288
Constentin de St-Géry (le)	17
Constentin (le)	158
Coppegeule (le)	185
Corbel (le)	130
Corbiaus ou Gardin (les)	205
Corbiaux (les)	400
Corbiaux (les petits)	401
Cornemuse (la)	97
Corne d'Or (la)	265
Corne d'Or (la)	281
Co[illegible] (les)	146
Corn[illegible]	230
Cornet [illegible]	400
Cornet (le petit)	409
Couppe d'Or (la)	136
Couppette (la)	393
Couronne d'Argent (la)	230
Couronne d'Or (la)	9[illegible]
Coutiaux à pointes (les)	142
Credo (le)	136
Creviches (les)	131
Croche d'Or (la)	24
Croissant (le)	89
Croissant (le)	159
Croissant (le)	220
Croissant (le)	234
Croissant (le)	345
Croissant (le)	352
Croissant d'Or (le)	99
Croix d'Or (la)	63
Croix d'Or (la)	90
Croix Hémont (la)	141
Croix Hémont (la)	239
Croix de St-Andrieu (la)	356

	PAGES
Cuignette au Bure (la)	236
Cuignie (la)	275
Danse du Lièvre (la)	150
Daulphin ou Doffin (le)	272
Dautoire (la)	39
Dotoire (la)	252
Dragon (le)	92
Dromadaire (le)	141
Dromont (le)	6
Dromont (le petit)	5-7
Empereur (l')	149
Englentier (l')	6
Englentier (le petit)	6
Englentier (l')	408
Erche (l')	167
Erche (l')	191
Erche d'Or (l')	319
Erche en l'Estrée (l')	450
Ermines (les)	96
Ermite (l')	54
Escache (l')	1
Escache (l')	232
Eschopette (l')	217
Escu d'Argent (l')	51
Escu d'Argent (l')	259
Escu d'Artois (l')	136
Escu de Bourgogne (l')	78
Escu de Bourgogne (l')	408
Escu de Bretaigne (l')	267
Escu de Flandres (l')	103
Escu de Flandres (l')	130
Escu de Fosseux (l')	394
Escu de France (l') Voir aux *additions*.	XXXI
Escu de France (l')	148
Escu de France (l')	169
Escu de Ghines (l')	75
Escu de Hainau (l')	99
Escu d'Or (l')	138

	PAGES
Escu de Pontieu (l')	77
Escu de Pontieu (l')	176
Escu de Portingal (l')	114
Escu de St-Pol (l')	386
Escurel (l')	454
Esgle d'Or (l')	120
Esgle d'Or (l')	240
Esgle Noir (l')	359
Espée (l')	66
Espée (l')	120
Espée de l'Aubel (l')	200
Espée en Ronville (l')	13
Espée de la Vintaine (l')	240
Espert de Mer (l')	47
Espine d'Argent (l')	150
Espinette (l')	234
Esprevier (l')	158
Esprevier (l')	240
Esprevier (l')	351
Espringhale (l')	268
Esquelle d'Argent (l')	70
Esquéquier (l')	85
Esquéquier (l')	270
Esquéquier (l')	345
Esquéquier (l')	394
Esquignécat (l')	410
Estandart (l')	398
Esteulette (l')	454
Esteulette (l')	456
Estoile (l')	33
Estoile (l')	289
Estoile d'Argent (l')	63
Estriers d'Or (les)	65
Esturjeon (l')	238 (1)
Estuves de l'Angle (les)	360

	PAGES
Estuves de l'Anguelet (les)	343
Estuves de la Croix au Pré (les)	210
Estuves du Dieu d'Amour (les)	394
Estuves du Dorelot (les)	305
Estuves du Forthuis (les)	352
Estuves du Glay (les)	352
Estuves de la Grant Margot (les)	352
Estuves de l'Ierre (les)	308
Estuves de l'Isle Adan (les)	354
Estuves de Jérusalem (les)	244
Estuves (les Nœuves)	394
Estuves de Plaisance (les)	327
Estuves des Pumes d'Or (les)	207
Estuves des Quatre Fieux Emont (les)	360
Estuves de le Sauch (les)	73
Estuves du Wez Damai[illegible]	345
Fauchilles (les)	79
Fauchilles (les)	264
Fauchon (le)	3
Faucon (le)	238
Faucon (le)	268
Faucon (le)	370
Fer de Quéval (le)	341
Feutre (le)	261
Feu d'Or (le)	177
Flajos d'Argent (les)	174
Fleur de l'Englentier (la)	4
Fleur de Lis (la)	38
Fleur de Lis (la)	140
Fleur de Lis (la)	355
Fontaine de Jouvent (la)	102

(1) On lit dans le *Journal de la Paix d'Arras* (1435), par Ant. de le Taverne, p. 105, que le Cardinal de Ste-Croix, légat du Pape, fut logé à l'hôtel de Pierre de Canteleu, nommé *l'Esturgeon*. Ce nom s'appliquait sans doute, non seulement à la petite maison 12 *bis* du 9e tour de Ste-Croix, mais aux deux maisons 14 et 14 *bis* que possédait également, dès 1396, la famille de Canteleu.

	PAGES
Four (la maison du)	401
Four de l'Arsin (le)	262
Four des Aubiaux (le)	202
Four de Canteraine (le)	377
Four de la Cappelette (le)	277
Four Careaude (le)	401
Four des Cuvelles (le)	136
Four de l'Espée (le)	387
Four Goret (le)	102
Four en Haiserüe (le grant)	385
Four de l'Ierre (le)	357
Four de le Kievrette (le)	59
Four de le Machue (le)	55
Four du Moelinel (le)	373
Four des Mortelez (le)	70
Four de le Pierre (le)	259
Four de le Plache (le)	211
Four [illegible] la Porte de Méaulens	296
Four des [illegible] (le)	163
Four des Q[illegible]lés (le)	179
Four de St-[illegible]se (le)	317
Four de Séc[illegible] (le)	9
Four du Temple (le)	190
Four de la Traille (le)	139
Frain doré (le)	67
Fremail d'Or (le)	233
Gaiant (le)	115
Gaiant (le)	372
Gaiant (le)	438
Gayant en Rouville (le)	25
Garbe d'Or (la)	27
Garbe d'Or (la petite)	28
Ghisarme (la)	45
Gisterne (la)	259
Glay (le)	437
Gobelés d'Argent (les)	42
Goudendas (le)	2
Grande Gueule (la)	450
Grange (la)	249
Grange (la)	415
Grange de l'Ours (la)	406
Grant Dieu (le)	439
Grant Godet (le)	145
Grant Lion (le)	97
Grant Voire (le)	235
Grauwés (les)	388
Griffon (le)	63
Griffon (le)	410
Griffon d'Or (le)	118
Griffon Volant (le)	236
Grosse Teste (la)	138
Hairon (le)	28
Halle des Basiniers (la)	153
Halle des Béghines (la)	115
Halle des Bouchiers (la)	112
Halle des Boulengiers (la)	332
Halle des Caucheteurs (la)	74
Halle des Cauchiers (la)	93
Halle des Cauteurs (la)	94
Halle des Cordewaniers (la)	460
Halle as Cuirs (la)	109
Halle as Draps (la)	69
Halle as Draps (la)	109
Halle des Eschevins (la)	2
Halle des Fèvres (la)	429
Halle des Goudaliers (la)	429
Halle à le Laine (la)	264
Halle as Pain (la)	93
Halle des Pissonniers (la)	428
Halle as Pois (la)	139
Halle as Saies (la)	110
Halle as Toiles (la)	70
Halle des Vairiers (la)	152
Halle des Waeriers (la)	427
Hanas d'Argent (les)	89
Harpe d'Or (la)	95
Haubercq (le)	232
Haubert (le)	91
Haulte Loge (la)	162

PAGES

Hayaume (le) 39
Hayaume (le petit) 39
Hayaumes (les) 18
Hospital des Boins Varlés (l') 301
Hospital Dame Tasse Huquedieu (l') 239
Hospital la Chariotte (l') 127
Hospital des Drappiers (l') 243
Hospital de la Madelaine (l') 38
Hospital de Maingoval (l') 127
Hospital Me Jehan Joli (l') 314
Hospital Saint-Jaque (l') 347
Hospital Saint-Jaque (le petit) 377
Hospital Saint-Jehan en Lestrée (l') 461
Hospital Saint-Julien (l') 294
Hospital Saint-Mahieu (l') 330
Hotiers (les) 166
Houche Gillet (la) 53
Hyrechon (l') 3

Ierre (maison de l') 356
Innocens (les) 33
Irechon (l') 3

Jobart (le) 156
Jongleur (le) 161

Kiévrette (la) 59
Kiévrette (la petite) 59
Kiévrette (la) 498
Kiévron d'Or (le) 62

Lanterne (la) 425
Let Loudier (le) 116
Leu (le) 144
Leu (le petit) 143
Leu (le) 220
Leu Marin (le) 55
Liches (les) 298

PAGES

Liches (les) 314
Liches (les) 360
Licorgne (la) 149
Lierre (le) 356
Licueurs (les 423
Limechons (les) 147
Lion d'Argent (le) 256
Lion de Flandres (le) 183
Lion d'Or (le) 87
Lion d'Or (le) 258
Lionchel (le) 247
Lionchel (le) 264
Loez Dieu (les) 329
Louches d'Or (les) 271
Louches Trauwées (les) 266
Louchettes (les) [illegible]
Louchettes (les) [illegible]
Lunette (la) 63
Luppart (le) 177
Luppart (le) 257
Luppart (le petit) 257

Machue (la) 55
Magdelaine (la) 419
Magdelaine (la petite) 419
Maillés (les) 178
Maillés (les) 270
Maillés (les) 373
Maillés en le Béchaie (les) 226
Maillés en Ronville (les) 21
Maisiaux (les) 109
Marmousés (les) 143
Martiaux (les) 156
Mazenghes (les) 179
Merchier (le) 149
Miauwe (la) 17
Mionnés (les) 174
Miroir (le) 143
Miroirs (les) 145
Moelin de Canteraine (le) 377
Moelin de Poterne (le) 195

	PAGES
Moelin du Wez Damain (le)	448
Moelin d'Or (le)	165
Moelinel (le)	373
Moelle de Moelin (la)	221
Moelle de Moelin (la petite)	221
Monniers (les)	234
Monnios (les)	131
Mor de Moriane (le)	443
Mouton d'Argent (le)	38
Mouton d'Or (le)	162
Moutonchel (le)	112
Moutonchel (le petit)	112
Moutonchel (le)	238
Nacaires (les)	133
Nasse (la)	146
Nef d'Argent (la)	160
N[illegible] d'Argent (la petite)	160
Noe[illegible] (les)	368
Noir [illegible] (le)	161
Noir Li[illegible]	20
Noir Lio[illegible]	64
Noir Lio[illegible]	183
Noir Lio[illegible] (le)	203
Noir Lion (le)	408
Noirs Maillés (les)	340
Noire Teste (la)	153
Nonnettes (les)	120
Nonnettes (les)	131
Ny d'Agaches (le)	351
Oliffant (l')	132
Onze mille Vierges (les)	301
Ours (l')	139
Ours (l')	408
Ours et le Lion (l')	28
Ostoir (l')	268
Ostrisse (l')	157
Païen (le)	50
Pan qui boit (le)	456
Panchel (le)	34
Paon (le)	75
Paoncel (le)	175
Pappegais (les)	3
Pappoire (la)	93
Paradis (le)	351
Pas Salhadin (le)	348
Pastouriaux (les)	93
Pastouriaux (les)	117
Pastourelles (les)	63
Patinés (les)	93
Patynés (les)	116
Paullons (les)	103
Pavillon en Ronville (le)	23
Payage (le)	403
Pennevaire (la)	81
Pellican (le)	97
Pellican (le petit)	97
Piet de Boef (le)	186
Pinchons (les)	105
Pinchons (les petits)	105
Plat d'Estain (le)	35
Plone (le)	78
Plone (le petit)	79
Plouviers (les)	243
Pochonnés (les)	12
Pœstich en Héronval (le)	185
Pois (maison as)	129
Pooir du Faucon (le)	84
Pork Espy (le)	64
Pork Espy (le)	234
Pork Sengler (le)	234
Porte St-Michiel (la)	[illegible]
Portelettes (les)	263
Pos d'Argent (les)	84
Pot d'Estain (le)	129
Pot de Cœvre (le)	43
Pourchelet (le)	38
Pourchelet (le)	459
Pourpais (le)	94
Praiel des Ardans (le)	149

	PAGES
Presbitaire de St-Aubert	342
Presbitaire de la Chapelette	278
Presbitaire de la Madelaine	420
Presbitaire de Ste-Croix	227
Presbitaire de St-Estène	406
Presbitaire de St-Géry	104
Presbitaire de St-Jehan-Ronville	11
Presbitaire de St-Maurice	317
Presbitaire St-Nicolay sur les Fossés	48
Pryer (le)	72
Pume d'Or (la)	123
Pumettes (les)	207
Pumettes (les)	91
Pumettes (les petites)	92
Quatre Fieus Emon	10
Quatre Fieux Emont	123
Quatre Fieux Emont	360
Quatre Fieux Emont	431
Quesnes (les)	20
Queval d'Or (le)	141
Quevallés (les)	179
Quien (le)	263
Quien d'Espaigne (le)	83
Quiévrette (la)	198
Régnart (le)	69
Régnart (le)	390
Regnouart (le)	416
Regnouart (le petit)	416
Roches (les)	231
Roe de Fer (la)	37
Rose (la)	104
Rosettes (les)	162
Rosettes (les)	239
Rouelle d'Argent (la)	269
Rouet (le)	9
Rouet en Ronville (le)	23
Rouge Chevalier (le)	25
Rouge Chevalier (le)	179
Rouge Chevalier (le)	264
Rouge Lion (le)	264
Rouge Maison (la)	68
Rouge Maison (la)	185
Rousignot (le)	38
Sacq (l'Ostel du)	282
Saint-Christoffle	37
Saint-Christoffle	132
Saint-Christofre	178
Saint-Christophle	201
Saint-Christophle	309
Saint-Jakème à le Goudale	235
Saint-Jehan à le Goudale	22
Saint-Jorge	159
Saint-Josse	334
Saint-Julien	70
Saint-Julien	82
Saint-Julien	353
Saint-Martin	7
Saint-Martin	36
Saint-Martin	75
Saint-Martin	85
Saint-Martin	149
Saint-Martin	233
Saint-Martin (le petit)	233
Saint-Martin	339
Saint-Martin (le petit)	338
Saint-Martin	392
Saint-Miquiel	192
Saint-Miquiel	342
Saint-Miquiel, voir aux *additions.*	XXXI
Saint-Nicolay	42
Saint-Nicolay à le Goudale	85
Saint-Nicolay	315
Saint-Nicolay	349
Sainte-Barbe	331
Sansse le Fort	98
Sarrazins (les)	395

PAGES

Sartaire (le) 255
Sartérion (le) 83
Sarton (le) 219
Saumon d'Argent (le) 57
Saumon d'Argent (le) 76
Sauch (le) 373
Sauvage (le) 128
Sauvage (le petit) 128
Scelles ou Séchelles (maison de) 9
Selle dorée (la) 65
Sermon en Castel (le) 426
Sermon (le petit) 426
Singe (le) 147
Soioire (la) 52
Soioire (la) 175
Soret d'Or (le) 73

T[illegible] (la) 367
Tambour d'Argent (le) 21
Teste d'Or (la) 251
Teste de Mouton (la) 431
Tonnelet (le) 97
Tour (la) 119
Tour du Louvre (la) 165
Tour des Nonnettes (la) 120
Tournois en Ronville (le) 27
Tournoy (le) 64
Tournoy (le petit) 64
Tournoys (le) 166
Tourtereulles (les) 44
Tourtiaux de Waide (les) 266
Traielle (la) 158
Traille (la) 139
Trannel (le) 135
Trébus (le) 389
Trébus (le petit) 389
Trelle de Fer (la) 158
Trois Luppars (les) 256
Trois Roys (les) 141

PAGES

Trois Roys (les) 183
Trois Roys (les) 267
Trois Roys (les) 70 (1)
Trois Puchelles (les) 412
Trompettes (les) 239
Trupinés (les) 116
Truye qui danse (la) 103
Truye qui fille (la) 44
Turpinés (les) 73

Uys de Fer (l') 443

Van d'Or (le) 61
Van d'Or (le) 254
Vautelette (la) 101
Veau ou Vel d'Or (le) 269
Velet (le) 142
Verde Maison (la) 92
Vert Bos (le) 34
Vert Bos (le) 139
Vert Bos en l'Abbeye 28[illegible]
Vert Chevalier (le) 20
Vert Chevalier (le) 67
Vert Escu (le) 53
Vert Hostel (le) 118
Vesque des Asnes (le) 144
Vielles (les) 119
Viés halles de Douay (les) 110
Viés Maieur (maison du) 171
Vigne (la) 24

(1) (Mém. 3, 1393, f° 23 v). Les marchands de toiles doivent vendre leurs marchandises à la halle dite des *Trois Roys*. — Dom Page (répert. f° 359, n° 1532) dit que l'ancienne *halle aux toiles* s'appelle à présent la *brasserie des Trois Roys*. — On voit que cette enseigne remonte au XIVe siècle.

	PAGES
Vigne en Castel (la)	424
Vignette en Ronville (la)	26
Vignette (la)	36
Vignette (la)	134
Vignette (la)	314
Vintaine (la)	214
Widecos (les)	395

De tous ces noms d'enseignes deux seulement subsistent et servent encore à désigner les mêmes maisons qu'en 1382 : Les Trois Rois, *dans la rue aux Ours, et* Les [Trois] Coquelets, *sur la Petite-Place. On voit aussi, sculptés dans la pierre de certaines façades, des emblèmes tels que* la harpe, la baleine, l'amiral, etc., *qui étaient jadis des enseignes, mais qui ne sont plus que des ornements sans signification. Il est étonnant que les occupants de ces maisons ne songent pas à raviver des souvenirs six fois séculaires et à utiliser ces vieilles dénominations léguées par les siècles passés.*

TABLE DES MATIÈRES

PAGES

Introduction V

Corrections et additions XXIX

Paroisse de St-Jehan en Ronceville (deux tours)..... 1

1er tour : p. 1 — 2e tour : p. 19.

Paroisse de St-Nicolay sur les Fossés (six tours).... 33

1er tour : p. 33. — 2e tour : p. 49. — 3e tour : p. 60.
4e tour : p. 72. — 5e tour : p. 78. — 6e tour : p. 83.

Paroisse de St-Géry (huit tours).................. 87

1er tour : p. 87. — 2e tour : p. 102. — 3e tour : p. 107.
4e tour : p. [illegible]. — 5e tour : p. 127. — 6e tour : p. 140.
7e tour : p. 164. — 8e tour : p. 173.

Paroisse de Ste-Croix (douze tours)................ 191

1er tour : p. 191. — 2e tour : p. 201. — 3e tour : p. 206.
4e tour : p. 211. — 5e tour : p. 216. — 6e tour : p. 219.
7e tour : p. 221. — 8e tour : p. 225. — 9e tour : p. 237.
10e tour : p. 242. — 11e tour : p. 251. — 12e tour : p. 257.

Paroisse de la Cappelette........................ 273

Paroisse de St-Maurice (cinq tours)................ 285

1er tour : p. 285. — 2e tour : p. 290. — 3e tour : p. 297.
4e tour : p. 304. — 5e tour : p. 317.

Paroisse de St-Aubert (neuf tours)................ 326

1er tour : p. 326. — 2e tour : p. 334. — 3e tour : p. 336.
4e tour : p. 340. — 5e tour : p. 342. — 6e tour : p. 346.
7e tour : p. 362. — 8e tour : p. 372. — 9e tour : p. 384.

Paroisse de St-Etienne (quatre tours).............. 387

1er tour : p. 387. — 2e tour : p. 393. — 3e tour : p. 398. 4e tour : p. 406.

Paroisse de la Madeleine (quatre tours)............ 411

1er tour : p. 411. — 2e tour : p. 423. — 3e tour : p. 428. 4e tour : p. 440.

Paroisse de Notre Dame en Cité (deux tours)...... 448

1er tour : p. 448. — 2e tour : p. 455.

Table des noms de rues...................... 463

Table des noms des enseignes................ 501

www.ingramcontent.com/pod-product-compliance
Ingram Content Group UK Ltd.
Pitfield, Milton Keynes, MK11 3LW, UK
UKHW020306200726
13857UKWH00001B/103

9 782012 92753